The Story of Western Architecture

(Fourth Edition)

This translation of the Story of Western Architecture, 4th edition is published by SDX Joint Publishing Company by arrangement with Bloomsbury Publishing Plc.

西方建筑的故事

（第四版）

［英］比尔·里斯贝罗 著
罗隽 何晓昕 何岩芳 译

生活·讀書·新知 三联书店

图书在版编目（CIP）数据

西方建筑的故事：第 4 版 / (英) 比尔 · 里斯贝罗著；
罗隽，何晓昕，何岩芳译. —北京：生活 · 读书 · 新知
三联书店，2024.5
ISBN 978-7-108-07545-1

Ⅰ. ①西… Ⅱ. ①比… ②罗… ③何… ④何…
Ⅲ. ①建筑艺术－西方国家－普及读物 Ⅳ. ① TU-861

中国国家版本馆 CIP 数据核字 (2023) 第 161065 号

责任编辑 唐明星
特邀编辑 韦净念
装帧设计 刘 洋
责任校对 曹忠苓
责任印制 卢 岳
出版发行 生活·讀書·新知 三联书店
(北京市东城区美术馆东街 22 号 100010)
网 址 www.sdxjpc.com
图 字 01-2018-4518
经 销 新华书店
印 刷 北京隆昌伟业印刷有限公司
版 次 2024 年 5 月北京第 1 版
2024 年 5 月北京第 1 次印刷
开 本 635 毫米 × 965 毫米 1/16 印张 30
字 数 446 千字 图 163 幅
印 数 0,001－5,000 册
定 价 69.00 元
(印装查询：01064002715；邮购查询：01084010542)

目　录

导　言

赫伯特出版社成立之初，其创始人大卫·赫伯特（David Herbert）出资资助了18本书稿的出版。《西方建筑的故事》为其中一种。在书中，我们探讨了有关西方建筑发展的基本脉络，让读者能够辨识出不同历史时期的建筑风格和特征。

我是建筑师和城市规划师，不是艺术史学家。我尊重从事艺术史研究的专业人士，但不打算效仿他们的学术方法。我更注重建筑的实用层面，诸如建筑的社会角色，它们的建造资金从何而来？如何设计和建造？如何使用？由谁使用？又让何人受益？

因此，本书将透过一个更为广阔的大视野，考察西方建筑发展的不同历史时期和风格。在1979年的建筑评论界，这样的历史唯物主义方法尚不常见。当时，凡是宏伟设计或杰出设计师之外的天地，很难引起广大读者的关注。但对我和许多其他同道来说，唯此方能提供某些洞见。

如今，本书已被列入众多图书馆的编目书单和相关课程的参考书，亦被翻译成多种文字，并已两次增补和修订。但就像其作者一样，它也在老化。过去30多年来，世界已发生巨变。同理，本书又到了该翻新的时刻。于是我有幸回顾之前的文本，再添些新材料（包括插图），其中有些来自不同语种的外文版本。这一切机缘得益于麻省理工学院出版社和A & C Black出版社，对此我不胜感激。

但它还是原来的那本书，我也毫不怀疑自己当初写作时所运用的历史唯物主义方法。相较于20世纪70年代，此等方法在当下也许显得有些落伍，然而它依旧能够帮助我理解周遭所发生的一切。事实上，鉴于后现代世界的蒙昧主义，它比以往的任何时候都显得更为必要。

正如马克思所言，任何时代的主流思想总都是统治阶级的思想。保守派历史学家经常说，自己是为了历史而研究历史。但那样做不仅让历史与实际生活脱节，而且将历史变成了他们的私有财产。纵然嘴里说着中立，不关乎政治，他们对历史的阐释却只能站在精英主义的立场，将建筑视为个体而非社会的活动。建筑的历史——与托马斯·卡莱尔（Thomas Carlyle）[①]的著名英雄史观如出一辙——变成了一系列伟大建筑师的个人作品集。对文化和美学层面的解析占据了主要篇幅，对社会和经济层面的考察几乎被完全排斥在外。但建筑恰恰是一门最具社会性和经济性的艺术。精英主义立场仅仅关注建筑史上恢宏的纪念性建筑，从中只能阅读到统治阶级的故事。如此历史观只着眼于往昔——这样的往昔已然消亡。

对于历史特别是建筑史，我的看法是应该以人及其需求作为出发点，进而探索人的需求能够在多大程度上通过建造活动得以满足。为此，我们的考察和辨析将深入到社会、经济和美学各个层面，从而揭示出阶级社会所存在的问题及其行事方式，诸如它如何将建筑变成了用于销售的商品而不再是必需品。此等探索还让我们明白：历史是动态和辩证的，永远处于变化当中。正如黑格尔所言，它总是引起冲突，让人去解决冲突，然后出现更多的冲突。在那些有志之士的推动下，它总是有能力朝着更进步的方向发展。换言之，我的历史观是多元的而非精英主义的，我关注更为广泛的社会和物质环境。最重要的是，这样的历史观不单单追忆往昔，它还着眼于当下和未来。今日世界的

① 托马斯·卡莱尔（1795—1881），苏格兰哲学家、历史学家、评论家、讽刺作家。——译注

现况其实在告诉我们，历史与当下息息相关。如果说历史看上去孤远和死寂，说明我们所提的问题不对。同样，对往昔的感悟，可以帮助我们创造未来，追忆从前的建造过程，可以帮助我们建立一个更为公平的世界。

但最终，得由读者决定接受或拒绝接受本书的哪些观点，继而付诸相应的行动。感谢所有的读者，包括那些未及吾意乃至过求甚解的读者，还有支持我的同事、学生、评论家、朋友和家人，从他们身上，我学到了许多。

有太多人需要感谢，以致难以一一列出。在之前的版本中，我已向如下人士表达过谢意：Ian Boutell，Colin Davis，Gillian Elinor，Brenda Herbert，Ana LeCore，Linda Lambert，Peter Lennard，Scott Melville，Matthew Risebero，Alan Seymour，Nicky Shearman，David Stevenson，Tim Sturgis，Annabel Taylor，Pamela Tudor-Craig，以及Keith Ward。在此，再次致谢。我还要感谢Jo Addison，Christine Atha，Mark Beedle，Jonathan Charley，Caroline Dakers，Michael Edwards，Nasser Golzari，Dougie Gordon，Patrick Hannay，Simon Hollington，Aaron McPeake，Malcolm Millais，Lesley Paine，David Pike，Norman Reuter，Michael Rustin，Jane Riches，Chris Seaber，以及Sam Webb。需要特别指出的是，本书的初版发起人大卫·赫伯特始终让我深怀感激。对于这个新版本，我的感激还要给予大力支持和帮助我的编辑琳达·兰伯特（Linda Lambert）和艾莉森·斯泰斯（Alison Stace）。当然，我的爱和感激一如既往地献给我的妻子克里斯汀（Christine）。

第一章

城市革命：从史前时代到罗马的诞生

> 那些人向东迁徙时，碰巧在示拿地（Shinar）遇见了一处平原，便在那里定居下来。他们彼此相告："来吧，让我们造砖，还要把砖给烧得结实些。"他们将砖当石块用，将沥青当灰泥用。[①]

正如上述《创世记》引文中的尼姆鲁德人（Nimrud）那样，为了满足自己的需要，我们的先民自古以来就在不断尝试着改善周边的环境，他们开垦森林、种庄稼、打制武器和工具。建造一处遮阳、挡风和避雨的住所是人类最基本的需求之一，对我们的物质和社会生活至关重要。但这样做却也是一种超越功能需要的行为，因为通过应对不同的气候和天气，通过发现和制作建筑材料，人类与自然界建立起一种创造性的合作关系，开发了自己的心智和技能。如此进程是一种自我创造的表现。诚如马克思所言，人由此：

> 启动、调节和控制自己与自然界之间物质上的互动关系……当他通过行动应对外在的世界并对之施以改造之际，人同时也得到了自我改善。他开发了自己沉睡的潜力和技能，又让这一切服

① 《创世记》11：1-9。——译注

从于自己的掌控。[1]

本书的故事从史前时代说起。那是一个原始、残酷和愚昧的年代。彼时的人类生活全靠着自然界的施舍。尽管充满着恐惧和变数，在武器和器具制造以及房屋建造技术方面，人类总是在一步步向前迈进。通过学会掌控身边的环境，人实现了自我创造。

我们的故事——暂且——止笔于资本主义时代。这是我们自己的时代，在物质和知识层面上均取得了伟大成就。对某些人而言，这个时代给他们带来巨额财富，让他们实现了自己的抱负。然而，它也引发了前所未有的大规模战乱、饥荒、贫穷和肮脏。用马克思和恩格斯的话说，在资本主义城市，人们看到“远超过埃及金字塔、罗马输水道和哥特式大教堂的奇迹”。但是，与之并存的却是暴力、萧条的街道、肮脏的贫民窟和无家可归者。如今，建造什么、建于何处、房屋的设计方式、对建筑材料的选择以及谁是建筑的使用者等议题，都是由以牟利为目标的商品价值来决定，而非基于人类的需要。大众再也不能控制自己身边的环境了。

某种意义上说，这一类故事代表了进步。房屋被一幢接一幢地垒起，让后人能够借用前人所累积的知识。随着社会经济的发展，建造技术得到相应的提高。问题是，此等故事也意味着倒退。房屋的建造过程中，那些初始的自创行为逐步演变为复杂的工序，统统由统治阶层把持和操纵。显然，西方建筑的故事也是关于阶级社会发展的叙事。

大约700万年前，猿开始直立行走，进化为最早的人类。随着新人种的不断出现，他们的大脑和身躯变得更为壮硕和成熟，适应环境的能力也得到增强。到了100多万年前或更早，直立猿人（Homo Erectus）成为第一个使用火的物种，他们以狩猎为生，发明了石头器

① 马克思《资本论》第一卷《资本的生产过程》，第三篇《绝对剩余价值的生产》第五章“劳动过程和价值增值过程”（英文版第七章）。——译注

具，很可能也在使用语言。这个原始的石器时代之后，也就是距今大约60万年前，出现了尼安德特人（Neanderthal Man），他们发展了制衣和复杂的雕刻技能。大约20万年前，智人（Homo Sapiens）在非洲现身。到了大约5万年前，智人已经非常成熟。相对于前辈尼安德特人来说，智人在体格上要弱小一些，但更加聪明，并最终取代了前辈。

几次连续的冰川纪（Ice Age）之后，第一批人类在地球的可栖居地带生存了下来。他们的人数不多，游离不定，主要靠狩猎和采集食物为生。他们用燧石或骨头制作矛、弓和箭。有了这些武器，再加上有专为狩猎而驯化的猎狗相助，他们与食肉动物（诸如剑齿虎）争夺猎物。他们或者穴居于岩洞，或者用树枝、猛犸象骨建造棚屋（屋顶以芦苇或动物的毛皮遮盖）。由此，他们发展出编织和珠宝制作等家政技能。通过自己的文化，他们与周围的环境熟络起来。这种文化包括万物有灵崇拜，自然界的方方面面于是被赋予超自然的意义。相关的宗教仪式包括为死者举办葬礼和洞穴岩画。面对条件恶劣的自然界，葬礼无疑给人一种和谐的连续性。洞穴岩画遍及全球，从非洲到美洲、亚洲到澳洲。最早的洞穴岩画差不多涂抹于3万年前，著名的旧石器时代岩画实例有法国的拉斯柯（Lascaux）岩画，还有西班牙的阿尔塔米拉（Altamira）岩画。画面上所描绘的鹿和野牛，凸显了以狩猎为生的人与猎物之间紧密而魔幻般的关联。

公元前8000年左右，在一场可能要算地球上最重大的环境变化中，最后一个冰川纪结束，冰川消融，海平面上升，各大陆板块分隔开来，森林和草地滋长茂盛。由于不能适应如此之大的变故，许多巨型动物——麝牛、大鹿和披毛犀——相继灭绝。在新的温带地区，农业得到发展。以狩猎和游牧为主要生活方式的族群，只得辗转到自然条件较为恶劣的边缘地带。随着社会渐趋稳定，文明的技能也得到了发展。公元前6000年左右，人类发明了车轮子，烧制了第一批陶器，尝试着以铜打造武器和工具，石器时代开始了向青铜时代的过渡。在小亚细亚出现了第一批永久性聚落，都是些以泥砖建造的村庄，某些村庄的规模还相当可观。在耶利哥（今约旦河西岸一带），很可能早在公元前8000年就出现了巴勒斯坦聚落。可以肯定的是，公元前5000年左右，美索不达米亚人和埃及人已经在运用灌溉技术。由此，这些人与自己所居住的土地、其间的历史与未来紧密地联系到一起。到了石器时代晚期，大约公元前4700年以降，人类又建造起巨石碑之类的构筑物。巨石碑常常以石棚①的形式出现，就是说，由数块竖立的巨石支撑起类似于门楣的扁平状大型石板。其功用很可能是作为坟墓或神庙，充当着人与其周围环境之间的宗教性媒介。类似的实例遍及全球，其中在欧洲的著名遗址，除了法国布列塔尼半岛的卡纳克巨石林（Carnac in Brittany），还有英国威尔特郡的巨石阵（Stonehenge in Wiltshire）。

古代最伟大的社会发展当推城市革命。公元前3500年左右，世界各地都出现了城市。城市通常比之前的任何一座村庄都要大得多，它所占据的土地多达10平方公里，拥有的人口数以千计。但城市与乡村之间的主要区别不在于规模，而在于质的不同。乡村生活较为单纯，它是部落式的，以大家庭为单位，绝大多数人都在从事着相同的农业生产。城市则拥有各种不同的社会阶层，包括一个统治城市的家族，依附于该家族的贵族和祭司、诗人和音乐家、官僚和武士、市民、商贾及其家人、工匠、艺人、工人和奴隶。城市的出现表明，一种新型的社会组织不仅是可能的，也是必要的。之所以可能，是因为农业已经得到充分发展，足以养活一大群不从事生产的消费者了；之所以必要，是因为只有通过一个以统治阶级为基础的政治体系，方能让规模更大、生产力更高的农业社会受到控制和保护，让社会的凝聚力得到加强。

随着部落的世代发展，部落之间开始拉帮、结盟，其长老们彼此间的相互效忠高于各自对本部落的义务。借此，长老们确保了自己的

① 又译为“石棚墓”或“支石墓”。——译注

终身统治权，也形成了世代传承的统治阶级。彼时拥有的财富多寡取决于对土地的拥有量和可支配劳工的数量：一个人拥有的土地和劳工越多，其拥有的财富也就越多。因此，对统治阶级而言，控制劳工和防御领地，便是至关重要的两件大事。公元前4000年左右，书面文字的发展带来了税收制以及用于管理税收的官僚机构。军队的组建既可以维护内部治安，还能够抵御外敌攻击。祭司阶层以及整套的文化机制有助于创建强权，让统治阶层维持自己的霸主地位。

四个以城市为核心的伟大帝国应运而生，两个在亚洲，两个在小亚细亚，全部地处肥沃的河谷地带。具体说来，一个位于中国的长江与黄河之间；一个位于印度的印度河岸边；一个位于埃及的尼罗河河谷，那里每年都会有河水泛滥，从南部冲积下来的淤泥让这片土地特别肥沃；另一个便是苏美尔文明，它出现于美索不达米亚（今日伊拉克），也就是底格里斯河（Tigris）与幼发拉底河（Euphrates）之间肥沃的新月地带。在那里，人们建造了若干座很可能是人类有史以来的第一批城市，包括乌尔（Ur）、乌鲁克（Uruk）和拉迦什（Lagash）等。

城市是文化上的创新者。万物有灵论的宗教观，让自然界拥有了非凡的意义：出生与死亡、时间与四季、太阳、月亮以及赐予万物以生命的河流，都是至高无上的。对来世的信仰，不仅激发了香油涂尸防腐的艺术，还推动了解剖学的发展，由此又惠及活着的人们。对现实享乐的信仰，促进了对药物和美容化妆品的使用。

相应地，自然科学，尤其是天文学、数学和几何学逐步发展起来，诸如1小时为60分钟、1年为365天、一整个圆圈为360度等见解，都始于古代。书写文字很可能最早始于苏美尔，此即所谓的楔形文字，通过削尖的木棒或芦苇秆在软泥板上刻写而成。起初，楔形文字采用象形符号的形式，仅能代表有限的事物，却也是文员编制货物清单或军团名单的有用工具。随着演进，它变得更富于语素化，并且能够代表口头语言所发出的声音，让一些抽象的概念得以表达，文字早期的

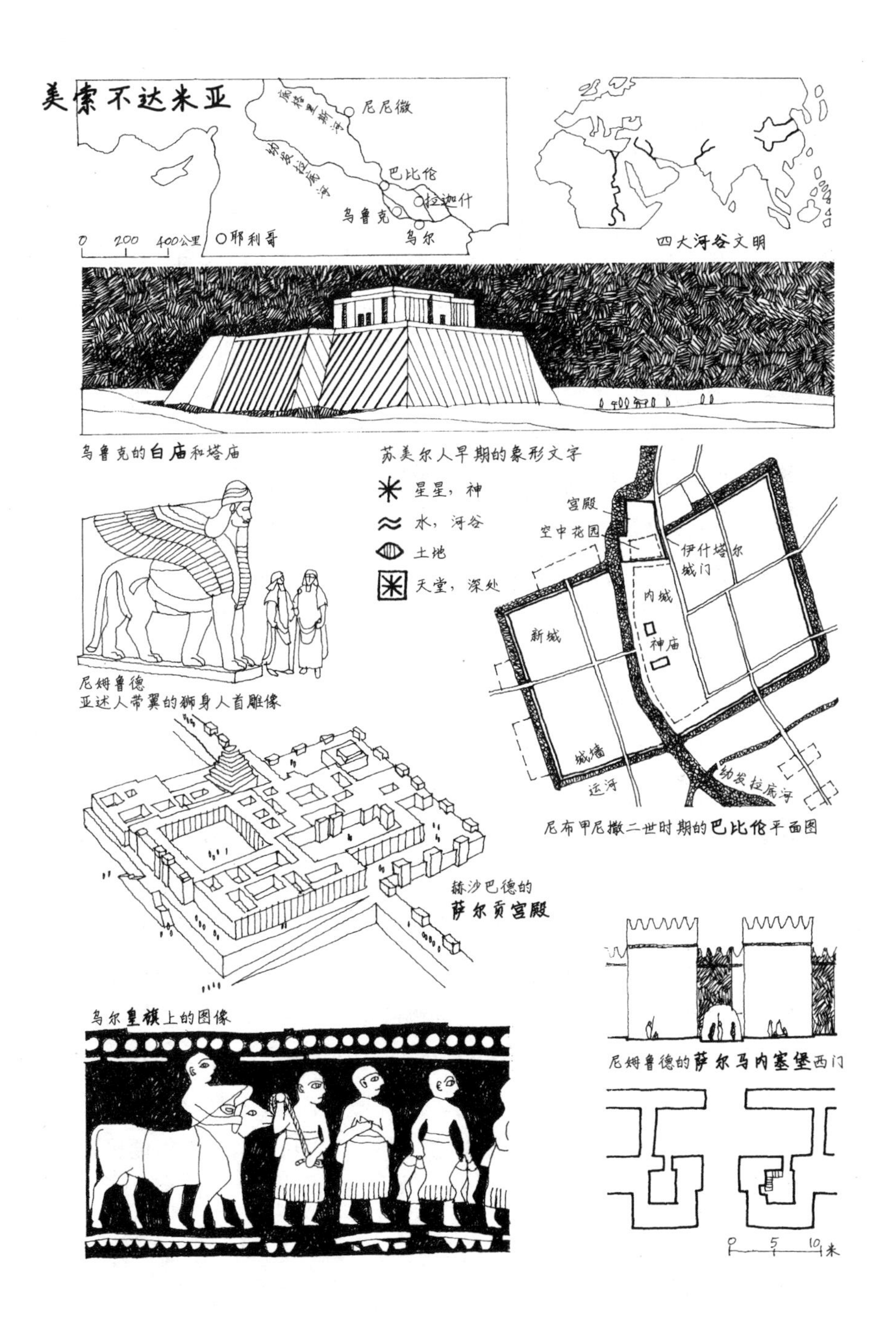
美索不达米亚
底格里斯河
尼尼微
幼发拉底河
巴比伦
拉迦什
乌鲁克
乌尔
0 200 400公里
耶利哥
四大河谷文明
乌鲁克的白庙和塔庙
苏美尔人早期的象形文字
星星，神
水，河谷
土地
天堂，深处
宫殿
空中花园
伊什塔尔城门
内城
新城
神庙
城墙
运河
幼发拉底河
尼布甲尼撒二世时期的巴比伦平面图
尼姆鲁德
亚述人带翼的狮身人首雕像
赫沙巴德的
萨尔贡宫殿
乌尔皇旗上的图像
尼姆鲁德的萨尔马内塞堡西门
0 5 10米

行政角色衍生出文化上的功用和意义。公元前3000年左右，在苏美尔开始出现书面故事，描写人类英雄探险的《吉尔伽美什史诗》(*Epic of Gilgamesh*) 是其中之一。

对小亚细亚的建造者来说，木材算不上充裕，却并非不可得。像棕榈树干甚至紧扎在一起的芦苇捆，都可以用作建造房屋的立柱或横梁。不过最常见的建筑材料是泥砖——鉴于燃料的短缺——泥砖的制作不是在窑中烧制，而是放在太阳底下晒干。泥浆是一种短命的材料，很容易因为日晒风吹而遭受侵蚀。为得到更好的保护，一些较为重要建筑物的外表就需要覆以烧制的黏土砖，要不就是简单地涂上一层灰浆或石灰水——埃及的首都便因此而得名“白墙孟菲斯”。许多小型房屋的屋顶很可能都是拱顶结构，如此方式一方面源于泥砖的自然性能，另一方面也是因为缺少用于屋顶横梁的木材。尽管这些房屋有可能被建到四层高，但大多是单层，谈不上坚固。建于远古的泥砖房多已消失，今人仅仅依靠一些考古证据才知其存在。最重要的古代建筑大多用石头建造，只有这样的建筑方能幸存于世。

最著名的苏美尔建筑是塔庙[①]，它们占据着各自城市最显赫的地段。塔庙主要由“高台”和“神庙”组成。所谓“高台”，其实就是人工垒成的夯土墩。这么做无疑是为了将神庙从原本平坦的河谷地形抬升，营造出居高临下的气势。沿着宽广的台阶拾级而上，到了高台的顶部，便是一座神庙。伟大的乌鲁克城拥有不少的宗教特区，其间的许多神庙都是前所未有地宏大和气派。在柱庙，人们第一次使用了由泥砖砌筑的自由立柱。立柱的周身饰以圆锥形马赛克图案，以模仿棕榈树的树干。苏美尔文明至今保存得最好的建筑之一是所谓的白庙。其历史可追溯到公元前3000年之前，由石头与晒干的泥砖建造。为获得纹理丰富之效，其外表贴以烧制的黏土砖，再粉刷石灰浆以便更好地保护墙体。

① 又译为“观象台”或“山岳台”。——译注

尼罗河王国

公元前3200年左右，历史上第一个有名有姓的人美尼斯（Menes）统一了上、下埃及并创立了法老体系。统一后的王国，南至今日的阿斯旺，首都位于尼罗河三角洲的孟菲斯。“法老”[①]一词的意思是“大房子”（王宫），法老体系强化了统治者、支持者与统治者所辖地区之间的永久性关联。通过将法老升华到神的地位并据此来组织社会，可以促进政治的稳定。从美尼斯时期到公元前2400年左右，一系列代代相承、连续不断的法老王朝，构成了埃及文明的第一个主要阶段，即古王国时期。总体上，这个时期的政治、文化和宗教尤其是葬礼，全都在致力于展现王权不容置疑的连续性。对于此等政治抱负的实现，法老建筑功不可没。不过，以泥砖砌筑的城市和宫殿几乎全部消亡，只有石头垒成的神庙和其中的墓室保留了下来。

孟菲斯作为首都持续了好多个世纪。最早的一批陵墓大多建于附近。在美尼斯统治时期，典型的王室陵墓被称为“玛斯塔巴”，形式为由砖石砌筑的长条形墓冢，带有若干间墓室，其内安葬着死者，并放有让死者（他或她）在另一个世界享用的财富。美尼斯本人的玛斯塔巴，很可能位于萨卡拉的王室陵园，简单朴素。随着王国一统江山之后财富的增长，埃及人开始建造更高更大的陵墓，最终形成了史诗般规模的金字塔形制。位于萨卡拉的昭赛尔金字塔（约公元前2800年），当推世界上第一座大型石头建筑，其高度大约60米，呈阶梯状，由昭赛尔的宰相伊姆霍特普（Imhotep）组织建成。伊姆霍特普也因此成为世界上已知的第一位建筑师。由于当时的盗墓风气，阻止盗墓者劫走法老珍贵陪葬品的预防措施已成为必要。昭赛尔国王的墓室因此建于石山之下。麦登的胡尼金字塔（约公元前2700年）和达舒尔的斯奈弗鲁“弯曲”金字

① 自新王国时期的图特摩斯三世开始，“法老”作为颂词用于描述国王，并逐渐演变为对国王的尊称。再后来又成为国王的正式头衔。——译注

塔（约公元前2600年）更为高大，其高度分别为90米和102米。

所有金字塔中，最令人惊叹的是位于今日开罗附近的吉萨金字塔群。建于公元前2500年左右，由一座巨大的狮身人面像和三座金字塔组成。这三座金字塔中，孟卡拉金字塔较为矮小，其余的两座堪称人类有史以来最高大的建筑，分别是胡夫金字塔和哈夫拉金字塔。希腊人将胡夫金字塔称为齐奥普斯金字塔，它最初高达146米，比罗马的圣彼得大教堂还要宏大。哈夫拉金字塔比胡夫金字塔略小一些，希腊人称之为齐弗伦金字塔。胡夫金字塔的墓室颇为特别，它恰好位于金字塔的正中，高于地面70米。正方形的房间庄严肃穆，其内安放着花岗岩石棺。墓室四周的墙壁亦为花岗岩垒砌。

除了规模宏大，上述金字塔另一显著特征在于建造的精准。其布局与罗盘的方位基点几乎完全对齐，各自的地基绝对地水平，石块的尺寸惊人地准确。一想到所有的石块必须用铜凿子开采，便不胜感慨。石块之间的接缝相当地细密，仅仅用砂浆作为润滑剂，以帮助砌筑时定位叠放。起初，金字塔的外表全部覆以磨光的石灰岩贴面。随着时光的流逝，大多数石灰岩被搬走，用于建造其他建筑。

如果说埃及人建造金字塔的技艺非同凡响，他们实施建造的组织能力就更为令人惊叹。当时尚且只有极为简单的机械装置——杠杆、滚轴以及供施工用的斜面板——却显然拥有充足的人力，任由专制政府征用——只不过他们并非我们通常所以为的那般不幸，也并不是悲惨的奴隶。石匠们都是技艺高超的手艺人，劳工则是在洪水泛滥期间从农地上闲置下来的农人。在最大的金字塔建造期间，很可能动用了多达10万名建造者，以100人为组来安排工事。据史料记载，那些人精力充沛，各小组相互竞争，并且给自己的小组冠以美名，诸如“可爱的胡夫”“微醉的孟卡拉”。

大势所趋，专制政权要么被更为强大的外力摧毁，要么从内部腐败。公元前2800年左右，美索不达米亚的苏美尔政权落入阿卡德人之手。经过一连串的权力争斗，到了公元前2300年左右，萨尔贡大帝

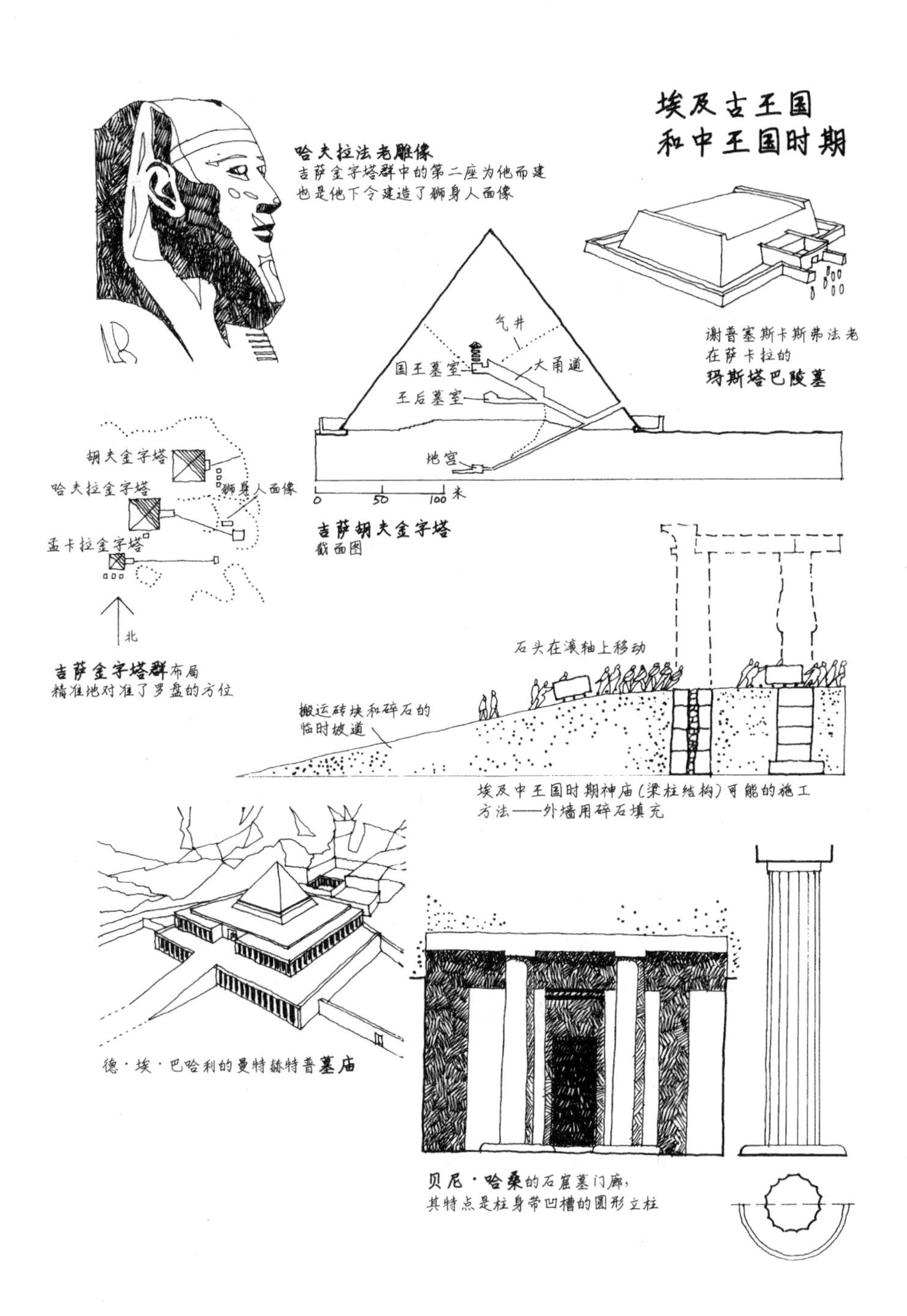
埃及古王国
和中王国时期
哈夫拉法老雕像
吉萨金字塔群中的第二座为他而建
也是他下令建造了狮身人面像
谢普塞斯卡斯弗法老
在萨卡拉的
玛斯塔巴陵墓
气井
国王墓室
大甬道
王后墓室
地宫
0
50
100
米
吉萨胡夫金字塔
截面图
胡夫金字塔
哈夫拉金字塔
狮身人面像
孟卡拉金字塔
北
吉萨金字塔群布局
精准地对准了罗盘的方位
石头在滚轴上移动
搬运砖块和碎石的
临时坡道
埃及中王国时期神庙(梁柱结构)可能的施工
方法——外墙用碎石填充
德·埃·巴哈利的曼特赫特普墓庙
贝尼·哈桑的石窟墓门廊,
其特点是柱身带凹槽的圆形立柱

（Sargon the Great）挫败了所有对手，创建了阿卡德帝国，其疆土远超出两河流域。这个时期，在乌尔建造了乌纳姆（Urnammu）塔庙群，在马里（Mari）建造了皇宫。后者还带有一所面向政府行政官员的文书学校和一间皇家档案馆。对它们的考古发掘，向我们提供了有关该地大量的历史知识。宫殿中的壁画，展现了此地与另一新兴城市文明的交往，那便是地中海的克里特岛。正是克里特岛，在当时发达的小亚细亚与较为落后的欧洲之间架起了文化的桥梁。

公元前2400年左右，因为叙利亚人的数次入侵，埃及也陷入动荡，古王国崩溃。往后的300多年里，埃及内战频发，没有建造任何永久性宏伟建筑。然而渐渐地，一些铁腕人物如曼特赫特普二世（Mentuhetep Ⅱ）[①]，再次通过征战统一了王国。到了公元前2100年左右，和平中又是一片欣欣向荣，且持续了大约300年。后世将这个时间段称为中王国时期。此时埃及人还在红海与地中海之间开凿了一条运河，大大促进了埃及的海外贸易。埃及的疆土再次向南扩张，远至努比亚（Nubia）。政府首都搬迁到靠近整个王国地理中心的地段，即尼罗河西岸的底比斯（Thebes），与今日的卢克苏尔（Luxor）隔河相望。统治者大兴首都的同时，又在它南边的德-埃-巴哈利（Deir-el-Bahari）开辟了王室陵园，其中最主要的建筑是曼特赫特普二世的墓庙（mortuary temple）[②]。那里也成为法老们丧葬仪式的举办地。由列柱围绕的塔庙气势非凡，塔庙的正中以一座金字塔封顶。

随着更多宏伟建筑的建造，埃及建筑师逐步发展出一种较为精致的石棚式构造。如今，我们称之为“梁柱结构”。其特征是以立柱支撑起扁平的过梁或横梁，立柱的横截面通常为圆形。至于级别较低的建筑，它们在结构上更为大胆，采用了砖砌的拱门和拱顶。不过当时尚未发展出石造拱顶技术。事实上，也无此必要。因为有大体量的石块

① 原文写作曼特赫特普三世，疑为作者笔误，译文已更正。——译注
② 又译为“葬祭庙”。——译注

做横梁，也有足够的人力来搬运石块。然而，石块的重量以及石材的抗拉性能限制了建筑的跨度不能太大，在其屋顶下不得不建造众多的立柱，仿佛立柱森林。这个时期，还出现了另一种类型的陵墓，即建于贝尼-哈桑（Beni-Hasan）的贵族墓群。它们都是沿着坚硬的石崖凿岩而成，并配有入口柱廊。柱廊立柱的横截面呈圆形，柱身带有浅凹槽，柱头和柱础均为扁平形状——这种柱形在后来的西方建筑中反复再现。

大约公元前2000年到公元前1800年间，整个地区再次陷入政治骚乱。在美索不达米亚，巴比伦城崛起。约公元前1757年的一场争斗中，马里的王宫被汉谟拉比（Hammurabi）捣毁。此君随即创立了巴比伦尼亚强权，并通过严酷的法典巩固自己的统治。但在他去世不久，加喜特人（Kassites）控制了该地，从前的法典失去了往日的威力。大概也是在这个时期，《圣经》故事中的“多国之父”亚伯拉罕（Patriarch Abraham）带着其家人和信徒，从自己的出生地乌尔向南迁徙，继而在迦南人的地盘上住了下来。渐渐地，这支古老的腓尼基民族，占据了地中海东部向约旦乃至更远地段的沿海地区。在埃及人眼里，他们是“跨河而来”的民族，于是称之为“希伯来人”。

埃及也再次陷入混乱。当时在小亚细亚还名不见经传的亚洲军队，乘着战车骑着战马，驰骋沙场所向披靡。借着胜利，他们在埃及建立了希克索斯（Hyksos）王朝，此即持续了大约200年的牧人王朝。大型建筑的建造再一次暂且搁置。

在这个混乱时期，克里特文明在文化方面贡献卓著，且在政治上达到顶峰。爱琴海地区的早期发展，很大程度上得益于其独特的地理环境。这一点与河谷文明大相径庭。从地质学上看，构成希腊大陆的板块往西北折向阿尔卑斯山脉[①]，往东南倾斜出众多互为平行的山丘和山谷。到了爱琴海地区，平行的山丘和山谷蜿蜒出若干的小海湾、港

① 确切地说，应该是狄那里克阿尔卑斯山脉（Dinaric Alps）。——译注

新王国时期

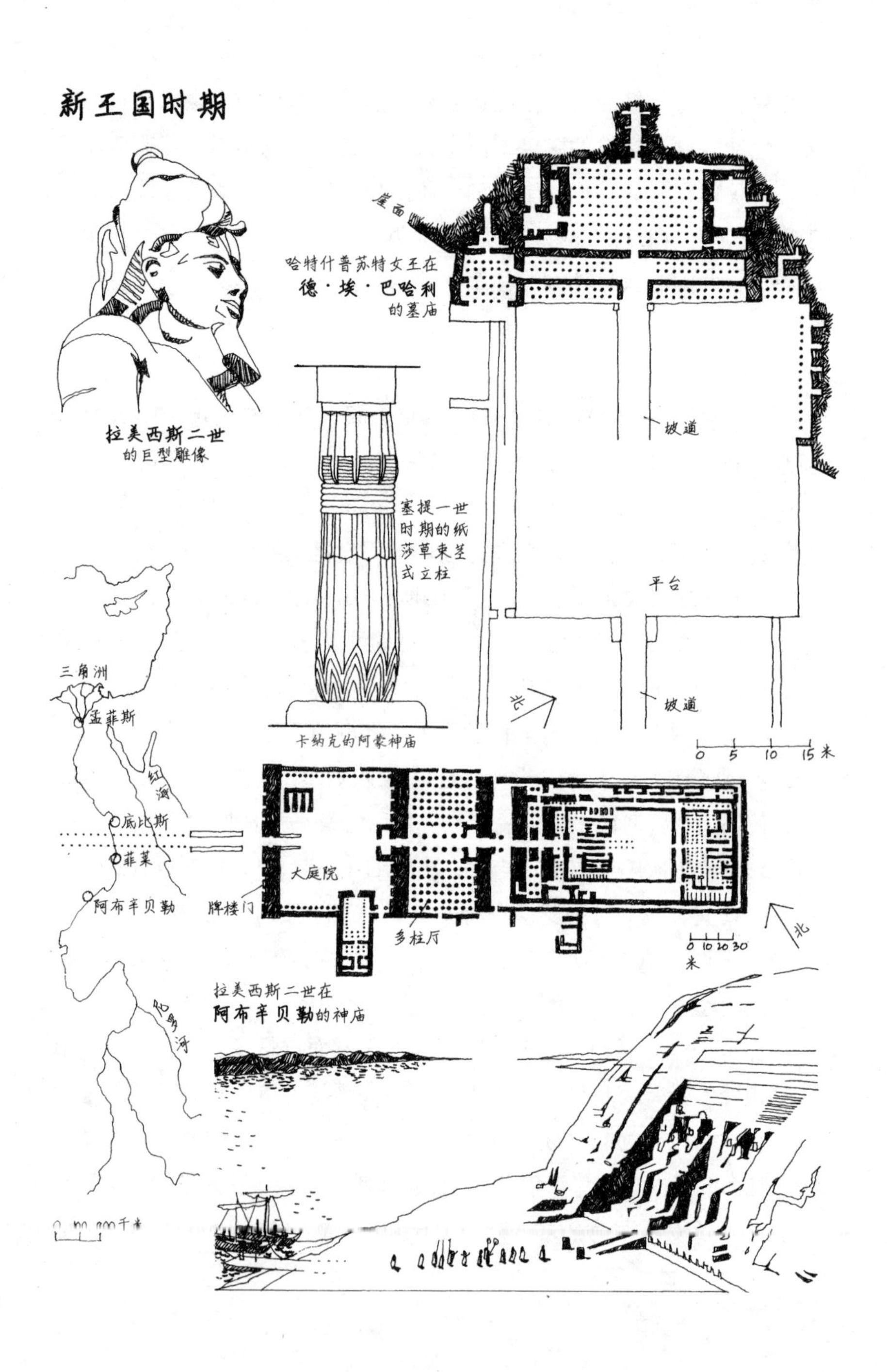

拉美西斯二世
的巨型雕像
崖面
哈特什普苏特女王在
德·埃·巴哈利
的墓庙
坡道
塞提一世
时期的纸
莎草束茎
式立柱
平台
三角洲
孟菲斯
红海
北
坡道
卡纳克的阿蒙神庙
0 5 10 15 米
底比斯
菲莱
大庭院
阿布辛贝勒
牌楼门
多柱厅
0 10 20 30
米
北
拉美西斯二世在
阿布辛贝勒的神庙
尼罗河

口和岛屿。在这些不同的山谷和岛屿，散居各处的居民们过着闭塞而自给自足的生活。爱琴海却让他们拥有共同的利益，促进了航海技术的发展，并带来交通、贸易和文化交流的便利。丰富的游历还催生了比河谷文化更为活跃、更易于适应外界的生活方式。爱琴海地区的居民不仅有能力继承埃及人的经验，而且将之发扬光大。

克里特岛的富强得益于采矿业、金属冶炼业、珠宝加工业和陶瓷业的发展。在米诺斯王朝几位国王的统治下，克里特岛与埃及和叙利亚通商，其政治势力扩张到爱琴海群岛和希腊大陆的部分地区。埃及的建筑形式，尤其是中王国时期的梁柱结构，经由克里特岛传入希腊。克里特岛上的主要城市费埃斯托斯（Phaestos）和克诺索斯（Knossos）发展壮大。后者巨大的米诺斯王宫仿佛迷宫，是米诺陶牛魔王传奇故事的源头。

一神信仰

公元前1580年左右，希克索斯人被赶出埃及，古埃及最后也是最重要的历史阶段揭开大幕，此即新王国时期。彼时，青铜时代已开始让位于铁器时代，给那些有能力开发新武器和工具的国家（如埃及）带来极大的优势。埃及涌现出一批批伟大的法老：公元前16世纪，有图特摩斯一世（Tutmose Ⅰ），公元前15世纪，有图特摩斯一世的女儿哈特什普苏特（Hatshepsut）和图特摩斯三世（Tutmose Ⅲ），公元前13世纪，有塞提一世（Seti Ⅰ）和拉美西斯二世（Rameses Ⅱ）。无疑，那是一个埃及与其周边其他民族广泛交流的时代，一个追求知识的时代。宗教朝着一神崇拜的方向发展，太阳神阿蒙-拉（Amon-Ra）渐渐获得一尊的地位，统领众神。公元前15世纪[①]，在将首都从底比斯迁

① 此处疑为作者笔误。一般认为，法老埃赫那吞统治的时间大约在公元前1353—前1336或前1351—前1334年之间，当为公元前14世纪。——译注

往阿玛纳（Amarna）期间，法老埃赫那吞（Akhenaten）甚至完全摒弃了多神崇拜，转而仅仅崇拜阿吞神（Aten）。

埃赫那吞的一神教信仰与埃及希伯来人的宗教之间，有着强烈的相似性。举例说，在风格和内容上，埃赫那吞的“太阳神赞美颂”与《旧约》中《诗篇》的第104篇非常雷同。彼时的埃及居住着各种不同的宗教团体，其中的一支，很可能由亚伯拉罕的孙子雅各创立。他们在雅各的带领下，从迦南南迁而来，成为跨文化活动的活跃分子。在未来三大宗教的发展进程中，这个人数不多的希伯来群体将发挥至关紧要的作用。

相比之下，埃赫那吞的一神崇拜却是昙花一现。他一死，底比斯重新成为首都，之前的阿蒙神崇拜再次流行，后者继续对法老建筑产生了深远的影响。正是在这个时期，奠定了典型的埃及神庙形制：神庙的内部与外部空间都是一组长长的序列，沿着中轴线对称布局。先是一条由石羊或狮身人面像组成的神像大道，大大小小的神像群直通向分别立于神庙主入口两侧巨大的“埃及式门楼”。门楼实为由石头砌成的梯形实体墙，看上去仿佛顶部被截掉的金字塔。门楼之后的第一进院落完全露天，由高墙围绕；第二进院落的四周环绕着带有屋顶的柱廊；再往里便是多柱厅，其屋顶由许许多多巨大的立柱支撑，就仿佛森林一般。厅内的采光通过小小的天窗。接下来的一组组房间越来越暗，越来越神秘，最终延伸到尽头的至圣之所。

神庙并非集体敬神的场所，而是神与其在世俗的代表（即法老）会面的地点。此处的空间序列，特意设计为从户外的明媚阳光到室内的幽暗神秘，让其间所举办的仪式恰到好处地烘托出神与法老之间的特殊关系。所有的建造都充满着象征自然的神圣意义。门楼象征山脉，多柱厅的屋顶象征天空，立柱被雕刻成棕榈或莎草植物形状，建筑的方位则经过精准的布局。于是在特定的重大时刻和季节，能够让阳光或闪耀在门楼之间，或照进某些厅堂。雕像或浮雕刻画了神或者以神之面目现身的法老。古埃及的神祇名目繁多，有作为天神的阿蒙-拉

克里特岛和迈锡尼

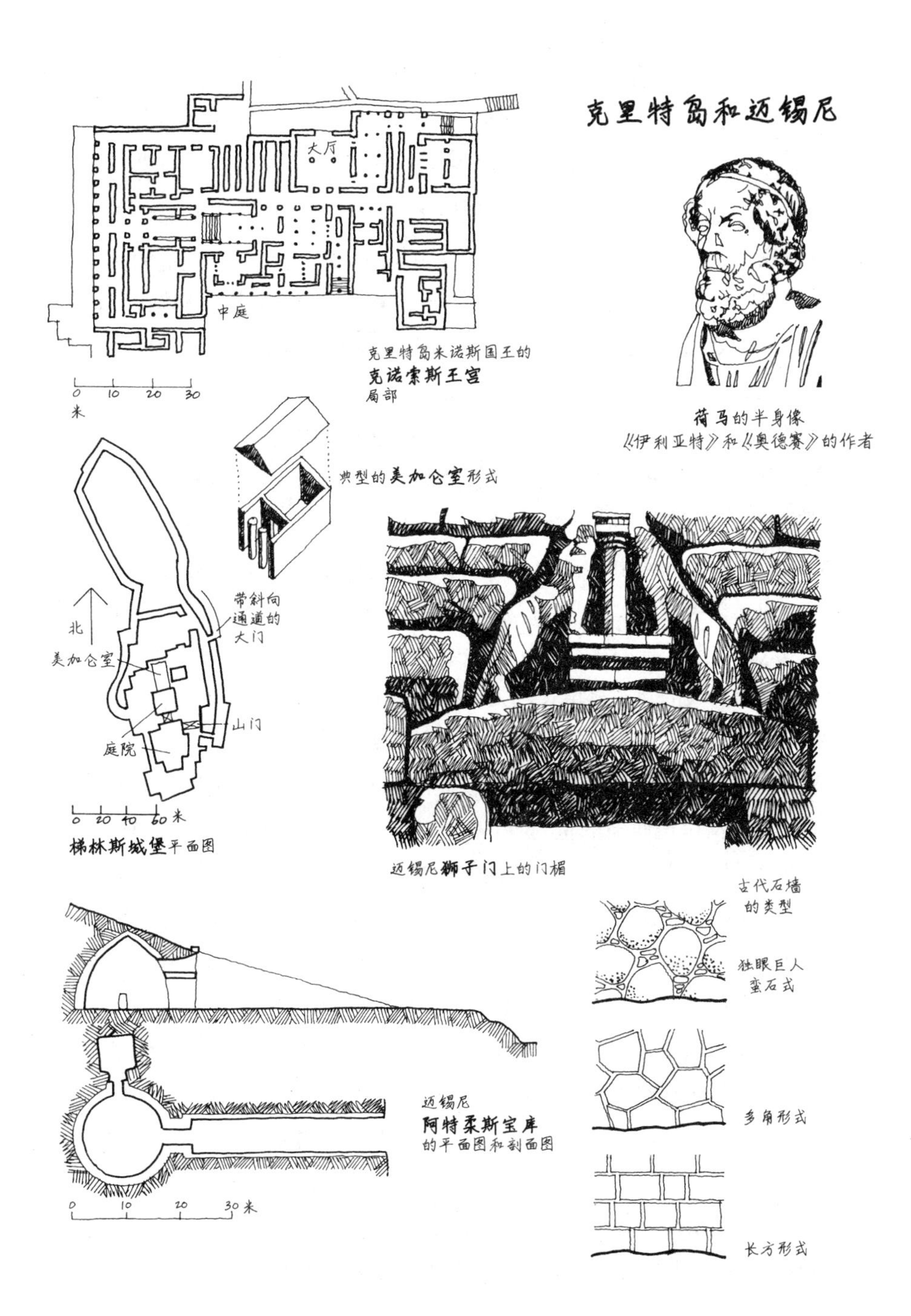

克里特岛米诺斯国王的**克诺索斯王宫**局部

荷马的半身像
《伊利亚特》和《奥德赛》的作者

典型的**美加仑室**形式

梯林斯城堡平面图

迈锡尼**狮子门**上的门楣

迈锡尼
阿特柔斯宝库
的平面图和剖面图

太阳神、霍露斯神（Horus）和哈索尔神（Hathor）；有作为生育神的奥希里斯神（Osiris）和伊希斯神（Isis）；还有以胡狼头人身出现的导引亡灵之神阿努比斯（Anubis），等等。

在底比斯附近尼罗河西岸的德-埃-巴哈利，哈特什普苏特女王的墓庙（约公元前1529年）顺着岩石山坡就势而建。带有坡道的多层结构恢宏巨大，其设计参照了近旁建于500多年前的曼特赫特普二世墓庙。随处可见的立柱采用了典型的中王国时期风格——将圆形柱身与平柱头和谐结合。相邻的还有拉美西斯二世（Ramesseum Ⅱ）墓庙（约公元前1300年），那里同样建有巨大的门楼和立柱，某些立柱上雕刻着奥希里斯神的形象。当地最为壮观的建筑是尼罗河东岸的神庙群，其中的卢克苏尔神庙区始建于公元前1400年左右，历时100多年方才完工。神庙的布局和建造，遵循了典型的中王国形制，但规模更为宏大。到了拉美西斯二世时期，又增建了一进巨大的入口院落。以那里为起点，一条长长的神道通往不远处的卡纳克（Karnak）阿蒙神庙。

这组巨大的建筑群由长约360米、宽约110米的厚重围墙环绕。它最震撼人心的是气势恢宏的多柱厅，厅内建有134根高达24米的立柱，总共16行。卡纳克神庙区始建于公元前1530年左右，其主体完工于塞提一世以及拉美西斯二世时期，但整组建筑的加建却持续了上千年。辽阔的场地之上，除了一些其他的小神庙和一片圣湖，还建有供祭司及其奴仆居住的住宅和驻军营地。为了保卫祭司们所囤积的巨额财富，必须要有士兵驻守。只是后来，这些祭司的财宝逐渐增加，不仅达到与法老相匹敌的地步，甚至威胁到法老的统治地位。

拉美西斯二世之后，法老体制及其所把持的埃及政权渐渐衰落。古代社会僵化的政治体制很难得到革新。几乎可以肯定地说，彼时的财富并不能用于改进社会，它只是落入那些已经富裕起来的富人之手，被用于消费、炫耀或者被藏匿起来。到了一定的时候，不能再生的财富积累终归走向末路。因此，富有讽刺意味的是，那些用来宣扬其创造者永恒权力的伟大建筑，常常意味着这些人权力的终结。

如今，拉美西斯二世最广为人知的建筑，是位于阿布辛贝勒（Abu Simbel）的两座神庙。它们建于公元前1300年左右，标志着拉美西斯二世帝国辽阔的南疆。两者均沿着努比亚地区尼罗河岸边的悬崖峭壁雕凿而成。较小的那座，供奉着拉美西斯二世的妻子妮菲塔莉（Nefertari）和哈索尔女神。这一点体现于它入口处四座以哈索尔面目示人的巨型王后雕像。较大神庙的入口处，供奉着四座神化了的拉美西斯二世的巨型坐像。每尊坐像高达20米。在神庙的主殿，刻有奥希里斯神像的立柱，一排排直通向岩洞内大约60米处的圣堂。当明媚的阳光在某些特定的时刻照耀着整座庙宇，圣堂内的三尊神像跟着一起熠熠发光。代表冥界之神卜塔（Ptah）的第四尊雕像却永远为黑暗所笼罩。

埃及政权的日渐衰落激发了人口外迁。根据传说，其中的一批外迁户即为由族长摩西领导的希伯来人。至于是否如《出埃及记》（*Exodus*）所描述的那样为了逃避被奴役，或者仅仅只是由于经济原因而移民，目前尚不清楚。当时，因为有提尔（Tyre）、西顿（Sidon）以及耶路撒冷这样的贸易城市，迦南一带经济发达，生产力旺盛，对移民颇具吸引力。在初期，希伯来人不得不在迦南的沙漠边缘地带度过了许多年的半游牧生活。想要在此地生存，就必须与土地和谐共处。后来见于《利未记书》（*Leviticus*）中的严酷法律，便是用来界定人们应该吃什么，如何饲养动物，以及如何以可持续的方式维护土地。

公元前1400年左右，克里特岛的米诺斯王国不明就里地突然结束，克诺索斯的宫殿被摧毁。爱琴海文化的重心开始向基克拉迪群岛（Cycladic islands）和伯罗奔尼撒半岛（Peloponnese）迁移，后者紧挨着希腊大陆。在梯林斯（Tiryns）和迈锡尼（Mycenae），部落社区已然成长。正是他们与特洛伊的战争，日后成为荷马史诗《伊利亚特》（*Iliad*）传奇的素材。他们的建筑也是尚武的，他们的城池防御森严——比那些依靠海防的岛屿城市更甚——其城墙厚达7米乃至更多。像迈锡尼的城墙，都是由一些粗糙而不规则的巨石随意堆砌。按照荷马在其另一部史诗的提示，此等砌筑方法如今称为“独眼巨人蛮石式”。通向迈锡尼的主要入口，是举世闻名的狮子门（约公元前1250年）。狭窄的门洞之上，横跨着一根巨大的石头过梁。过梁之上，雄踞着一对石狮雕像。迈锡尼另一著名建筑阿特柔斯宝库（约公元前1325年）——有时又称为阿伽门农（Agamemnon）墓——是一间蜂窝状地下室，高约13米，通过一条顺着山坡侧沿的露天甬道进入。爱琴海地区的建筑不像埃及的那般复杂，却同样震慑人心。与其同时代埃及的石造梁柱结构相比，阿特柔斯宝库古拙的石砌叠涩穹隆更富于创造力。

随着埃及政权的衰落，亚述的力量日益增长。在古代世界，亚述人最为好战。他们发明的攻城槌和攻城器械，让那些以砖坯砌筑的城墙毫无招架之力。在大约四百年的时间段里，亚述帝国从波斯湾扩张到地中海，北及黑海，南达埃及。与所有的军事政权一样，亚述人依靠精准的控制实现强权统治。其运作良好的道路网络和邮政系统，让各省级的总督和军官们能够随意施展威权。亚述帝国的城市，如阿舒尔（Ashur），以及后来的尼姆鲁德、赫沙巴德（Khorsabad）和尼尼微（Nineveh），都得到不错的发展。所有这些城市都建有神庙、宫殿和行政大楼，洋洋洒洒，颇为壮观。阿舒尔城是亚述王国的文化和宗教中心，城中的塔庙（约公元前1250年）供奉着王国的主神阿舒尔，这座城市，正是因为这尊神而得名。

到了公元前1200年左右，特洛伊战争所导致的经济衰退，严重削弱了迈锡尼的实力。来自北方的部落——主要是多利安人（Dorians）和爱奥尼亚人（Ionians）——开始侵入到希腊大陆。这些人所拥有的铁器时代的技术，给各自带来决定性优势。多利安人占领了希腊大陆的北部和伯罗奔尼撒半岛，爱奥尼亚人主宰了阿提卡（Attica）、爱琴海岛屿，以及隶属今日土耳其的爱琴海沿岸安纳托利亚（Anatolia）。入侵者的主要建筑是美加仑室形式。美加仑室以当地的材料建造，却巧妙借鉴了北部森林地区的木工技术。从功能上说，它既适用于住宅亦可作为神庙。从形式上看，那是一种以斜坡茅草屋顶建造的长方形房屋，其前端为一间带有柱廊的简朴门廊。这种形式是古希腊神庙的前身，而希腊神庙在西方建筑的故事中扮演着至关重要的角色。

与此同时，希伯来人的力量日益增长，足以让他们在与迦南人的对抗中擦出战争的火花，更让他们成功拿下了耶路撒冷。迦南一带变成以色列人的天下。大约四百年的时间里，在一系列强权国王尤其是扫罗（Saul）、大卫（David）和所罗门（Solomon）的统治下，那里出现了一个黄金时代。到了公元前10世纪，这个从前的游牧民族终于完成了一件最具象征性的大业：在耶路撒冷建造了所罗门神庙，让颠沛流离的圣约柜（Ark of the Covenant）总算拥有了一处安息之所。尽管在今日的圣殿山几乎找不到任何有关所罗门神庙的考古证据，《圣经》故事却让那里饱含着金、铜，以及散发着异国情调的高树丛林。美妙的故事同时还向我们描述了它的建筑类型，如同埃及神庙，它也是一进一进连续的庭院和厅堂。

随着亚述帝国的日趋强大，一座又一座伟大的城市建立起来。公元前880年左右，亚述的阿舒尔纳齐尔帕二世（Ashurnasirpal Ⅱ）重建了尼姆鲁德城堡，并将其作为自己的首都。他还建造了一座巨大的宫殿，宫殿里无数的建筑围绕着庭院而建，为后世树立了典型的亚述宫殿模式。公元前859年，在尼姆鲁德之外，纳齐尔帕二世的继任萨尔马内塞三世（Shalmaneser Ⅲ）又建造了一座城堡，并迁都于此。直到公元前720年左右，也就是萨尔贡二世（Sargon Ⅱ）建造新城赫沙巴德之前，那里一直都是亚述帝国的首都。新城赫沙巴德占地超过3平方公里，周围是高大的城墙，城墙上建造了许许多多的塔楼和通道。城市的一角建有一组公共建筑群，主宰这组建筑群的是萨尔贡二世自己的宫殿，占地约10公顷。宫殿的厅堂和庭院中，贴满了色彩绚丽的釉面砖，上面雕刻着带翼的牛身人首和狮身人首雕像。最后，在公元前7世纪初，萨尔贡的儿子西拿基立（Sennacherib）建立了拥有严密防御工事的尼尼微，将之作为首都。到了公元前670年，亚述人的势力通过小亚细亚渗透到日渐衰落的埃及。

但是，北方好战的迦勒底人时时威胁着亚述帝国。公元前612年，尼尼微被入侵者攻陷，从此一蹶不振。不过，迦勒底人尼布甲尼撒二世重建了被西拿基立摧毁的旧巴比伦城，并以此为首都。他甚至在包括以色列和迦南在内的整个地区建立了自己的政权。公元前586年，所罗门神庙被毁，从此开启了一个所谓的“巴比伦之囚”年代。对以色列人来说，那是一段充满苦难的岁月，对巴比伦人来说，却是辉煌的黄金时代。仅仅巴比伦城就建造了两圈同心的防御工事，坐落于幼发拉底河岸边的内城占地大约一公里见方，城内有宽广的主干道和无数的塔楼，如伊什塔尔城门（Ishtar Gate）和螺旋式的“巴别塔”，等等。主宰整座城市的是皇宫，皇宫内建于河边的“空中花园”被誉为古代世界的奇迹之一。

与此同时，地中海西部地区开始发展出自己独特的政治和文化特质，这在往后的西方历史中扮演了非常重要的角色。当地的经济依然以农业为主，但可观的海运贸易有助于建立起一批沿海城市。自公元前8世纪以来，弱小的伊特鲁里亚人（Etruscan）开始从经济和政治上对相邻的拉丁人施加影响。他们开发出若干实用的城市建设技术，包括石拱门建造等，不仅用于房屋建造，还用于建造排水沟和下水道。

希腊城邦的崛起

此刻的希腊亦在发展中，其分散的地理环境和错综复杂的部落社群，确保了当地的各个城市——雅典、科林斯等——能够在政治和文化上独立发展。构成希腊社会的基本单元称为“polis”，它由自治城市、其周边的农业腹地以及它所拥有的贸易网共同组成。英文通常将“polis”翻译为“city-state”，意即城邦或城市国家。城与邦（国家）合二为一的同义性，让希腊迥异于河谷地带的强权帝国。一方面，城邦庞大的生产力足以使其成为一股政治力量。另一方面，由于它规模较小并且紧密集中，从而让所有的公民都能够参与政治。城邦为希腊两项最重要政治遗产的发展奠定了基础：民主制度与柏拉图思想。

这些发展显然也得益于社会经济结构的变更。新兴的农业和贸易带来一个新的有产阶层。自公元前8世纪以来，氏族头领的力量走弱，氏族制开始瓦解，代之而起的是贵族和商人的寡头统治。后者的权力基于财富而不再是血统。以拉科尼亚地区的斯巴达城为例，它在米诺斯时期就已经非常重要，但直到多利安人入侵之后才发展出自己的特色。作为一座内陆城市，斯巴达的贸易机会受到限制，成为一个自给自足的农业社区，由严格的军纪管理。其僵化的社会结构由三大层级构成：斯巴达贵族，主要为多利安人后裔；地主和商人，多为土生土长的庇里阿西人；农奴，其人数最多，多为土生土长的希洛人。所有古代社会的最底层都是奴隶，他们没有任何权利可言。

随着社会的逐步稳定和城市的发展，希腊各地开始建造起更多的永久性石砌建筑。建筑工匠也有能力借鉴一些存留至今的建造知识和建筑形式，包括从北部引进的木构建筑、有关梯林斯和迈锡尼本土建造方法的文字记载，以及依然鲜活的埃及式建筑传统。早期的泥瓦匠按木构建筑的形式照猫画虎般建造石头建筑。但后来，石头建筑尤其是希腊神庙的建造技术变得更为自然，更符合石头本身的特性。希腊神庙逐渐从简朴的美加仑室演变出更加精致的形式。它们通常带有两间首尾相连的厅堂：正殿和内殿（或说密室）。前者供神起居之用，后者或作为藏宝库或作为帕提农。所谓帕提农——即供奉处女神的圣堂。神庙的两端各建有门廊，由此整栋建筑被拉长，造就了典型的纵向神庙。其窄边的跨度较小，能够轻易地覆以木结构斜坡屋顶。更大、更重要的神庙通常都建成围廊式。就是说，在神庙的四周环绕着一圈连续的柱廊。此等简洁的形制，让后人继承沿用了很多年，并通过无数次的建造实践日臻完善。

改良进程中，渐渐发展出为今人所熟知的“柱式”。这是一种用于掌控神庙建造之细节和比例关系的秩序系统，但它亦可运用到其他新的类型中。希腊柱式分为三大类：多立克柱式、爱奥尼柱式和科林斯柱式。对它们的辨识，主要通过考察各立柱的形态特征。三者最古老的是多立克柱式，其特征在于带有凹槽的圆形柱身、平柱头以及厚重敦实的整体外观。某种程度上，它让人想起埃及石柱。在曼特赫特普墓庙，在哈特什普苏特墓庙，在贝尼·哈桑的陵墓，类似形态的柱式随处可见。但如果顾名思义，它最初与希腊的多利安地区尤其是科林斯和斯巴达有关。早期的多立克式建筑实例有奥林匹亚的赫拉神庙（约公元前590年），科林斯的阿波罗神庙（约公元前540年），再就是德尔斐的阿波罗神庙（约公元前510年）。

在政治上，斯巴达从未真正超越其当初寡头政治的荣耀，其他的城邦却做到了，又以雅典最为引人瞩目。雅典的海域和港口让它能够通过贸易获得大宗的商品，包括粮食、橄榄、葡萄酒、蜂蜜、铁器、陶土、大理石和银器等等。雅典人崇尚的爱奥尼亚文化——而不是多利安文化——让雅典更为开放，从而受到来自其他地区包括更为富裕的东方的影响。在公元前7世纪和前6世纪的雅典，知识得到长足的发展，涌现出许许多多爱奥尼亚学派的哲学家和科学家，如毕达哥拉斯（Pythagoras）、泰勒斯（Thales）、赫拉克利特（Heraclitus）和色诺芬尼（Xenophanes）。通过荷马、赫西俄德、伊索和萨福等人推广完善的希腊语，希腊实现了文化上的统一。花瓶绘画、雕塑和爱奥尼式建筑，全都是美轮美奂。爱奥尼式建筑采用的柱式通常被称为爱奥尼柱式，它带有优雅的深凹槽柱身，柱头的左右各有一个秀逸纤巧的涡卷。早期最优秀的爱奥尼式建筑，大多位于安纳托利亚的沿海地区，有以弗所的阿耳忒弥斯神庙（约公元前560年），还有爱琴海萨摩斯岛的赫拉神庙（约公元前525年）。

在经济上，爱琴海地区是一个利益共同体。在安纳托利亚沿岸一带，建起了殖民城市，如米利都和普列安尼。宗主城市大多随着不同的历史时期逐渐成长，其城市形态基本为不规则布局。殖民城市通常都是由测量员迅速做出规划，因而呈现出规则的棋盘式街道布局，从中很容易看出其殖民的起源。经过一代又一代的传承，棋盘式街道布局后来成为许多新建城市的特征，19世纪的芝加哥便是如此。规则式布局让行政区划简单明了，长方形街区又让各建筑地块的划分较为便捷。在希腊的殖民城市，住房通常设计为低矮的长方形，并带有一个露天的内庭院，为家庭生活提供了活动中心，并有利于空气的流通。

因为地处爱琴海，雅典拥有比斯巴达更为自由的社会制度，其松散的社会等级依次划分为：贵族、商人和工匠、农民、拥有部分公民权的外来者——被吸引到该地的外国商人——以及奴隶。所有这些不同的阶级各有不同（甚至对立）的政治诉求。如何调解各阶级之间的矛盾成为雅典一个亟需解决的问题。在这个进程中，无论是政治的理论发展还是实践方面，雅典人均做出了重要贡献。

公元前7世纪末，为平息社会上的骚乱，身为贵族的德拉古编制了一套严酷的法律制度。一代人之后，同为贵族的梭伦削弱了土地所有者的特权，赋予下层阶级更多的权益。与此同时，梭伦创建了两大重要机构：一是由上层人士组成的四百人议事会；一是以平民为主的公民大会。此后的不同时期，由于专制政权常常需要得到下层民众的支持，保证不同阶级之间权力平衡的做法常常走得更远。连僭主庇西特拉图都颁布了反贵族法案，并通过招摇过市的市政工程来维系自己的脆弱统治。到公元前6世纪末，克里斯提尼的政治改革结束了社会各阶层之间的极端对立。改革的门类众多，包括让所有的成年男性自由民都享有公民权，允许所有的公民都有权参与集会和辩论，并拥有投票权等。这便是民主制，让人民参与统治。当然，所谓的“人民”仅仅占总人口的三分之一，妇女和奴隶都不属于人民。

公元前5世纪初期，因为波希战争，上述雅典体制受到严峻考验。公元前6世纪中期，居鲁士大帝（Cyrus）和他的儿子冈比西斯（Cambyses）征服了巴比伦，将两河流域肥沃的新月地带纳入囊中，创立了有史以来最为辽阔的帝国，其疆域西到安纳托利亚，南抵小亚细亚。到了大流士一世（Darius Ⅰ）时期，又将疆域拓展到埃及和印度。

扩张后的帝国划分为20个行省，每省由一位拥有绝对权威却也相对宽厚的总督管理。为了保持社会稳定，大流士容忍甚至推动当地的文化发展。他还允许被流放的以色列人回归故里，被占国埃及的经济也得以发展。波斯艺术和建筑开始表现出包罗万象的文化多样性。为了建造靠近波斯湾的埃及古城埃兰附近的新首都苏萨（Susa），大流士引进了来自亚述、埃及和希腊的工匠。用于建城的砖块由巴比伦人制造，雪松从黎巴嫩进口。因此，无论是苏萨宫殿还是大流士在波斯波利斯（Persepolis）的宫殿，均呈现出独特的波斯风格，气势宏伟。例如，波斯波利斯宫的百柱厅，其细部构造极为丰富，五颜六色的釉面砖光辉耀眼。

当波斯人控制了希腊人在安纳托利亚的殖民城市时，他们与雅典发生了冲突。米利都市民的叛乱遭到镇压，却让雅典和斯巴达陷入与波斯人持续不断的战争。在希腊中部的温泉关（Thermopylae）战役，斯巴达的一支部队被歼灭。随之，雅典被占领和摧毁。但到了公元前480—前479年之间，希腊人在萨拉米斯（Salamis）、普拉塔亚（Plataea）和米卡里（Mycale）等地取得决定性胜利，波希战争宣告结束。随着外侵威胁的解除，战后的恢复很快。斯巴达的经济继续之前的自给自足，雅典在发展的同时开始了帝国的扩张，从黑海到西西里岛，雅典人的声势不断壮大，不过其势力尚未触及意大利大陆。在那片土地上，拉丁人于公元前509年奋起反抗伊特鲁里亚人的统治，建立了一个以罗马为核心的共和国。

通过控制城邦间的提洛同盟，加上对同盟资金的侵占，雅典人成为希腊的霸主，让自己步入一个经济和文化大发展的黄金时代。它在公元前5世纪所取得的文化成就委实令人惊叹，仿佛已达成一个“完美”的社会。我们今日了解这些是通过那些故人留下的文字记录，他们都是受过教育的雅典男人——不是斯巴达人，不是斯基泰人，不是雅典女人，更不是为他人服务的下层人。那是一个充满悖论的时代：一面是民主，另一面是帝制。市民拥有自由，妇女却处于附属地位，

古希腊的黄金时代

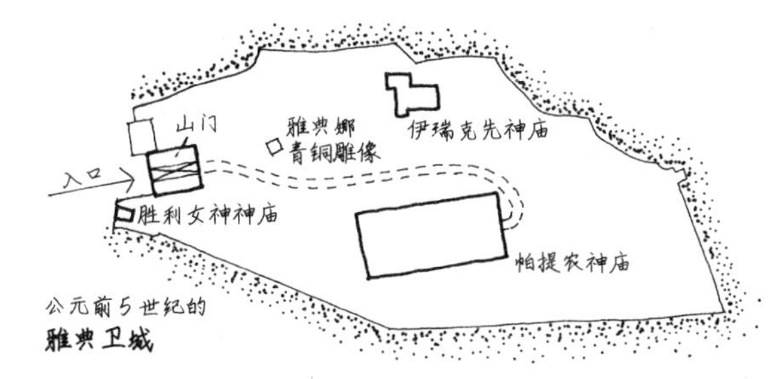

公元前5世纪的
雅典卫城

伯里克利
雅典民主城邦的领袖

伊瑞克先神庙
南门廊的女像柱

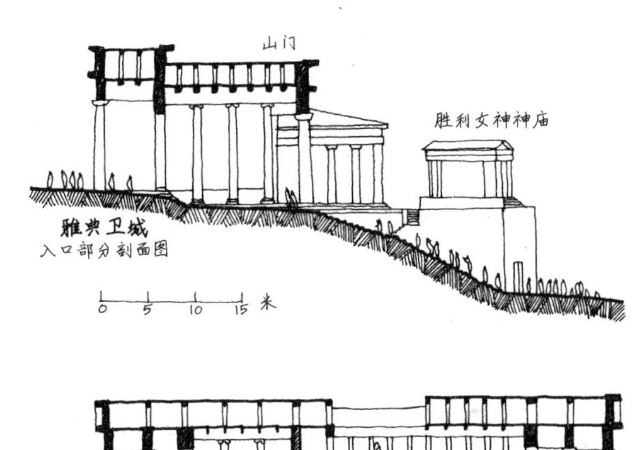

雅典卫城
入口部分剖面图

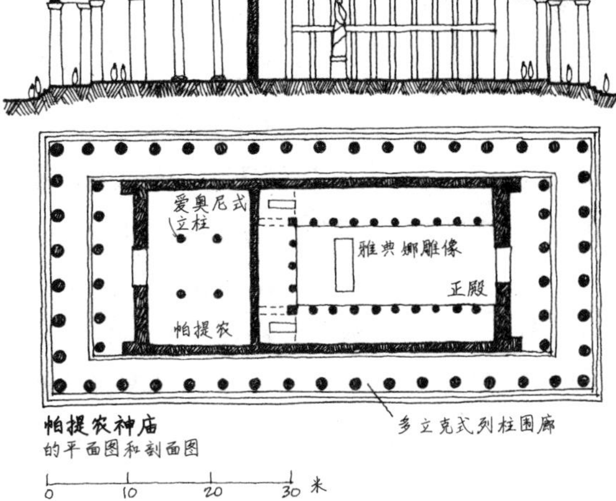

帕提农神庙
的平面图和剖面图

奴隶饱受盘剥。

战后，雅典在社会和物质层面上均需重建。当时的社会动荡不安，伯里克利（Pericles）等领导者通过创建民主制驾驭民众。物质上的破坏需要大规模公共工程建设，这提供了大好的就业机会。一条连接雅典与大海的防御大道“长城”得以建造。雅典也开始呈现出古希腊城市的经典形态，是为城邦哲学概念的最佳物化表达。在市中心建造了集市广场，广场四周有公共建筑环绕，两者一起构成城市的商业、社交和市政中心。石头牌匾上刻着国家的法律，布告牌上贴满了有关政治集会和法案审判的各种信息。商贩们一早就摆开摊位，到了晚间，闲散人士或劳作了一天的工匠们到此一游，观看演员和乐师的娱乐表演。此外，那里还建有学校，让青年男子接受写作、诗歌、音乐、舞蹈以及战争计谋方面的教育。不过，年轻的女性没有学校可上。除了操持家务，她们不需要学些什么。

集市广场背后的高处有一座小山，山巅坐落着雅典卫城。从前，那里是一座防御性城堡，也是雅典老城的中心。到了公元前5世纪，它成为供奉雅典城保护神雅典娜的特区。多年来，随着德尔斐阿波罗神庙（公元前510年）、奥林匹亚宙斯神庙（公元前460年）和雅典提塞翁神庙（公元前449年）的建造，多立克式神庙建筑已逐渐走向成熟。如今借着对雅典卫城的重建，这类风格达到完美的境界。

一条大道沿着陡峭的山坡通向雅典卫城新建的入口——山门。高大的山门由建筑师穆尼西克里（Mnesicles）设计。其精妙的构思，堪称对各种风格富于想象力的融合，对爱奥尼柱式的运用则是希腊大陆上的首例。山门一侧，矗立着一座小巧而优雅的爱奥尼风格建筑，那是供奉胜利女神妮姬（Nike Apteros，又称无翼女神）的神庙。穿过山门，迎面是一尊高大的雅典娜青铜雕像，它很可能由大雕塑家菲狄亚斯（Pheidias）亲手创作。其挺拔的身姿，据说在50公里之外沿海一带的苏尼翁角都能够望见。青铜像的左边是伊瑞克先神庙（Erechtheion），其自由式形态颇为奇特。除了一些爱奥尼式立柱，它还带有一些雕刻成少女站立姿态的立柱，即女像柱。青铜像的右边也就是卫城的后部，矗立着供奉雅典娜的多立克式神庙堪称宏伟巨制。这便是建筑师伊克提诺（Ictinus）和卡里克拉特（Kallicrates）的杰作——帕提农神庙。总之，雅典卫城的建筑群是西方建筑最伟大的成就之一。这不仅体现于各组建筑在山岩间精巧绝妙的布局，还在于它们的造型以及与景观的完美结合。此外，各种柱式的娴熟运用和组合，细节上的精致入微，大理石雕刻的精湛技艺，都可谓巅峰之作。

帕提农神庙的建造仅花了9年时间，建于公元前447—前438年之间。它采用了典型的希腊神庙形式，由两间厅堂——正殿与设有神坛的帕提农[①]——后者正是帕提农神庙名称的来源——背靠背首尾相接。两间厅堂的四周环绕着列柱围廊，规模庞大。整座神庙的基址占地长约70米、宽约30米。列柱围廊的两端和两侧各有8根和17根多立克式立柱，全部立于基座之上。所谓基座，是一个带有三级台阶的台基，其主要功能是用来调节高低不平的地面，以让所有立柱都能立于一个水平的底座或基础上。立柱支撑着檐部及上部的结构横梁，再往上便是坡屋顶，坡屋顶两端是三角形的山形墙。

建筑各部分之间的比例和细部，包括立柱的直径与其高度之间的比例、立柱之间的间距、柱身的凹槽数量等，都经过仔细考量。在多立克式建筑中，立柱的高度与其直径之间的比例是6∶1或7∶1。檐部通常由三部分组成——额枋、檐壁和檐口。除了这些精细的考量，整座建筑的最富奥妙之处，在于它拥有一套视差矫正系统。所有的立柱都运用了卷杀的处理手法，让柱身微微隆起，整个立柱便显得丰满挺拔而避免其中部显细的错觉；为了让柱子看起来等距，柱子之间的间距并不相等；为了强调立柱的垂直感，所有的立柱都向内稍稍倾斜；位于四角的立柱，因为裸露在天际，四周光线的漫射会使它们看起来比实际纤细，因此它们要比其余的立柱粗壮一些；所有看似水平的表

---

① 关于这间厅堂的功能，不少学者认为是宝库和档案馆。——译注

面，诸如台基面和檐壁，其实都被做成了一定程度的凸面，便让它们看起来是水平的。

正殿[①]的室内高度比室外的列柱围廊要高得多，采用了爱奥尼柱式。其柱头上的涡卷装饰，与他处的多立克式平柱头形成鲜明对比。爱奥尼柱式没有死板的比例规则，更富于装饰性，因此可用来解决一些特殊的设计问题。例如在这间正殿的室内，就可以让立柱更高一些，而无须相应地增加立柱的直径。但如果细细品味，帕提农神庙的魅力不单单在于所谓的巧思，而是兼具酒神狄俄尼索斯与太阳神阿波罗的精髓，色彩斑斓，美轮美奂，各式各样的雕饰鬼斧神工——在两端山墙的三角楣上，自由奔放的人物和图像姿态万千；在檐部四周的垄间壁/嵌板上，高浮雕惟妙惟肖；在列柱围廊内墙四周的顶部，浅浮雕装饰带气势恢宏。所有雕塑里最为壮观的，当推矗立于正殿内的雅典娜雕像，由雕塑家菲狄亚斯亲自创作，以黄金和象牙雕刻而成。

建造帕提农神庙的精湛技艺同样令人惊叹。用于建造正殿墙体的石块通过铁箍连到一起，再用铅嵌缝。其他处尤其是砌筑立柱的石块，则仅仅通过自身的重力保持稳定。为达到天衣无缝的外观，石块的交接处略微挖空，由此让各石块之间的四条边牢牢地结合到一起。较重的石块由牛拉运到现场，再通过坡道或简易的起吊装置将其滑向或吊至需要砌筑的部位。屋顶采用了木构框架，框架之上，以瓦片覆盖，有关的建造也是依靠其自身的重力固定。如此精致的建筑竟然由如此简单的方法建造，足以让我们明白建造活动背后的智慧。

公元前5世纪，苏格拉底教导他的学生追求绝对的美德标准，并通过尊崇“神圣的法则”寻求精神上的真理。同理，艺术家们也都在追求绝对的美学标准，即以秩序作为美学的基本原理。音乐家发展了音阶、和声、节奏的概念，奠定了西方音乐的基础；埃斯库罗斯

① 根据权威性复原图和本书插图，采用爱奥尼柱式的建筑并非本殿，而是西端的厅堂，疑为作者笔误。——译注

（Aeschylus）、索福克勒斯（Sophocles）和欧里庇得斯（Euripedes）的戏剧围绕着三一律展开，遵循着时间、地点和行动（情节）的一致性。对雕塑家来说，绝对的美体现于人体的比例。按照惯例，他们笔下的男性以裸体现身，女性则披着衣袍。总之，古希腊人的宇宙和谐观，将所有的艺术门类纳入同一体系，各自以相同的准则，致力于表达超乎物质世界的本体或者说“精神”。

民主的衰落

但是，与所有古代社会一样，尽管雅典人的思想精致非凡，它也有自己的局限性。纵然它追求民主，却仍旧是一个奴隶制的阶级社会。城邦的职能恰恰是维护奴隶制。那是一种极端不平等的社会结构，对它的保护意味着限制了知识的开化。占总人口三分之二的奴隶和自由民女性，既无权接受教育也不能参与社会。在受教育的人群中，革新者和持异议人士很可能会遭到流放或者被处死。苏格拉底就是因为涉嫌企图颠覆城邦而被处死。此情之下，科学得不到进一步发展，即便是拥有敏锐洞察力的德谟克利特，也往往只依赖于冥想而不是观察。我们知道，技术的发展需要通过习惯、实践、试错方能达成。以科学为基础的技术对改善生产力并促进社会的进步至关重要，这一类技术在古代世界得不到良好的发展。

当时的建筑很清晰地体现了上述矛盾。希腊建筑采用的梁柱结构其实颇为简单，甚至有些平庸，远不如希腊人在其他领域所展现的创造力。希腊工匠以超大木材建造屋顶，是因为他们还没有掌握结构原理，也没有三角形原理的概念。他们更乐于将一种无须冒险的简单结构发挥到极致，而不去费心探索新的结构原理。

公元前431年，当科林斯和斯巴达两座城邦奋起反抗雅典人的统治之际，表面上的民主国家与本质上帝制之间的矛盾昭然若揭。伯罗奔尼撒战争持续到公元前404年。伯里克利率领雅典人草率参战，他们以为自己能轻易获胜，结果出了问题。雪上加霜的是，被围攻的雅典城又惨遭瘟疫的蹂躏。最终，雅典军队在西西里岛战败投降，从前的民主城邦让位于由斯巴达政治寡头所操纵的傀儡国家。

提洛同盟继续存在，其领导权落入斯巴达人之手。贸易一如既往，然而在战争期间，社会动荡加剧，许多土地荒废，生产力下降。对奴隶的大规模使用削弱了小商贩商品的售价。心怀不满的工匠和农民要么频繁起义，要么移民到意大利、俄罗斯、小亚细亚或者北非。在各自的所到之处，他们创造出一个个颇富影响力的希腊文化移民社群。

公元前4世纪期间，不稳定的社会环境催生了柏拉图哲学并促其兴盛。柏拉图和他的追随者亚里士多德关注的是真切的社会问题——如何以最佳方式组织社会，从而让两件最有可能发生冲突的事情——政权稳定与个人的自我完善——均能够得到兑现。柏拉图的主要政治著作是*Politeia*，英文通常将之翻译为*The Republic*，即《理想国》。不过这个术语的现代含义比柏拉图的原意要狭窄一些。柏拉图所关注的不是单纯的政体，而是整个社会制度。在《政治学》一书中，亚里士多德进一步发展出“有机”城邦的国家理念。

按柏拉图主义者的说法，民主体制已然失败，它不能带来稳定的社会。截至柏拉图之前的所有政治家，甚至包括伟人伯里克利，全都在把人民引入歧途，让他们走进物质主义死胡同，其目标是权力和财富而不是真善美。因此，必须要有理想主义。我们相信我们生活在一个真实的世界，但这其实只是一个更为真实的世界的影子，那个世界处于时间和空间之外。尽管它最终也无法实现，却依然作为一种理想，值得上下求索。柏拉图主义还认为，人类由三大基本要素组成，欲望穿肠，勇气存于心，这两大要素存在于普通时空；只有第三大要素，也就是存于大脑的理性，才有能力去追求理想。毋庸置疑，之前的政治家们仅仅停留于较低的层面。在他们那里，理性让位于狡诈，勇气让位于暴力，欲望毫无节制。因此，城邦制最终走向失败。

在政治上，唯有通过创立理想国方能解决上述问题。构成理想国的基础是劳动者，他们通过诚实和辛勤的工作表达自己的真实心愿。理想国还需要一批护卫者，他们训练有素并且勇往直前。理想国的统治者则是那些拥有真正理性的人士，他们是哲人式国王，天生就是为了统治理想国，也为此而历经锤炼。他们生活严谨，没有家人或家庭来分散其注意力。财产会引发人的贪心，所以哲人式国王不能拥有财产。他们是独立的也是神秘的，从而深化自己君权神授的威望。

柏拉图的理念对后世西方哲学产生了深远影响，在当时也是颇具威力。它对不平等观的支持，让当时的奴隶制合法化。它的威权主义、精英主义以及反民主观点，有利于应对伯里克利平顺时代之后复杂和不稳定的社会局面。于是，让希腊人拥有政治稳定的模式只剩下一种——理想国。某种程度上说，柏拉图的理想国，应该指的是理想化的斯巴达城邦。

在这些不太稳定的时期，艺术变得不那么追求精神层面的含义了。雕塑艺术在其黄金时代所表现出的静穆，如今让位于人文主义和情感主义。人们开始描绘从前不被接受的裸体女性形象。公元前4世纪的雕塑家代表是普拉克西特利斯（Praxiteles），他的两大著名作品《赫耳墨斯》（*Hermes*）和《阿芙洛蒂特》（*Aphrodite*）体现了那个时期更柔和、更浪漫的造型风格。也是在这个时期，爱奥尼式建筑达至巅峰。较小的爱奥尼式建筑实例之一是克桑西斯的涅瑞伊德纪念碑（Nereid Monument，Xanthos，约公元前400年）。它是一座坟墓，其顶部有一个小神庙。为拥有充足的空间用来安放精雕细琢的海仙女涅瑞伊德斯（Nereids）[①]雕像，小神庙的柱子间距很大。当时最大最宏伟的爱奥尼式建筑是在以弗所重建的阿耳忒弥斯——“以弗所的狄安娜女神”——神庙（约公元前356年）。这是在希腊重要殖民地以弗所原有遗址上的

① 涅瑞伊德斯是希腊神话中海神涅柔斯（Nereus，又名“海上长者”）的女儿们，一共有50个。所以常常以复数（Nereids）来描述。涅瑞伊德纪念碑又俗称“海仙女纪念碑”，其大部分遗留现陈列于大英博物馆。——译注

第五次重建，其基座占地大约长112米，宽52米。基座之上的神庙设计为双排柱围廊式，即神庙本殿的四周环绕着双排立柱，它们高达18米，以其丰富多彩的雕饰而声名远扬。

以弗所是泛爱奥尼亚节的举办地。希腊有许多类似的场址，让周围的社群定期聚集，举办一些宗教和文化集会。这当中又以位于伯罗奔尼撒半岛西部的奥林匹亚最为著名。人们在那里每四年举办一次宗教节庆，进行一些纪念众神的竞技活动。起初，竞技活动附属于宗教仪式，所采取的形式很可能是带着祭品跑向神庙。随着此等节庆的广受欢迎，它吸引了所有来自希腊化地区的民众。到最后，竞技本身成为人们前来此地的目的。于是奥林匹亚建造了一座体育场、一所摔跤学校和一家供来访者住宿的旅舍。

另一类似场址是阿尔戈斯埃比道拉斯的阿斯克勒庇翁神庙（Asclepion）。在此举办的节庆，是为了纪念药神阿斯克勒庇俄斯（Asclepios）。阿斯克勒庇俄斯是一位神秘的治疗师，正是他激发了希波克拉底（Hippocrates）[①]的灵感。与奥林匹亚类似，此地的节庆同样是宗教仪式伴随着赛会，但尤其注重戏剧表演。公元前4世纪，古希腊为阿斯克勒庇俄斯建造了一座古代世界最精美的剧场。当时，剧场的形式已经标准化，它们通常包括：一个马蹄形碗状露天看台；为马蹄形看台所环绕的圆形乐池，乐队在此弹奏吟唱；乐池后方带有表演舞台的景屋[②]。这座位于埃比道拉斯的剧场巨大，其马蹄形看台的直径达118米，可容纳14000人。尽管如此巨大，由于观众的视线按几何原理精准设计，每一位观众都能够清晰地观看到舞台上的表演，剧场的音响效果也堪称完美。

在这些场地，崎岖而富于诗意的景观与有机的建筑及其布局完美结合，相得益彰。其中又以科林斯湾供奉阿波罗的圣地德尔斐最

---

① 希波克拉底为古希腊伯里克利时期的医师，西方医学奠基人。——译注

② 景屋相当于古希腊剧场的后台，在这里演员可以换服装和道具。——译注

为神奇：一条宽广的神道蜿蜒通向山腰，它先是经过一组神坛和宝库，接着便是多立克式阿波罗神庙，最后抵达山顶上的剧院和皮提亚（Pythian）竞技场。德尔斐最迷人的建筑是索洛斯神庙（Tholos，约公元前400年）。这是一座圆形神庙，直径约15米、周边由20根多立克柱式组成的列柱围廊环绕。不过，阿波罗神庙才是人们来此地崇拜和朝圣的目的地。有权有势的政治家和籍籍无名的农民无不来到这里，以求得皮提亚的神谕。皮提亚是阿波罗神庙所供奉的先知女神。祭司将女神艰涩的预言重新阐释成中听但模棱两可的术语。根据希罗多德的描述，威震四方的吕底亚（Lydia）国王克罗伊斯（Croesus）企图发动抗击波斯人的战争，为此他来到德尔斐请求神谕。神谕告诉他，他将摧毁一个伟大的王国。于是他悍然发动了战争。结果，他摧毁的却是自己的王国。

斯巴达人的执政期匆匆而过，因为他们不善于君主专制政体。又一番争斗之后，提洛同盟的领导权转由底比斯人掌控。公元前4世纪末，希腊人厌倦了一个又一个城邦之间的权力更替及其带来的动荡不安。泛希腊主义理念，也就是人们对希腊语世界团结统一的诉求，开始成形。公元前338年，势力不断扩张的马其顿国王腓力二世先发制人，拿下了雅典在小亚细亚的殖民地，击败了提洛同盟的军队并占领了底比斯。他将底比斯彻底摧毁，以此作为对其他希腊城邦杀一儆百的警示。公元前336年，腓力二世之子，也就是后来的亚历山大大帝继承了王位。五年后，亚历山大发起的一场军事行动摧毁了波斯政权，吞并了波斯帝国，并将自己帝国的疆域从印度边境拓展到埃及。

突如其来的泛希腊主义很快就盛行四方。作为深受亚里士多德亲自教诲的门徒，亚历山大积极扶持希腊语言和文化，并希望借此缔造一个大一统的帝国。随着帝国重心的东移，希腊语言和文化也因为东方的浸染而变得多姿多彩。在这个所谓的希腊化时期内，最为外人称道的，便是富裕的统治者对科学和艺术活动的慷慨相助，还有它文化上的丰富和成熟。那是一个科学大发展的时代，涌现出了欧几里得的

希腊化的兴起

起居室
门廊
入口
露天庭院
厨房
通往上层的楼梯

基克拉迪群岛之**提洛岛**上公元前2世纪的住房
宽敞的公用空间适合于柏拉图式的讨论

雕塑艺术的精湛技艺

萨莫色雷斯**胜利女神像**

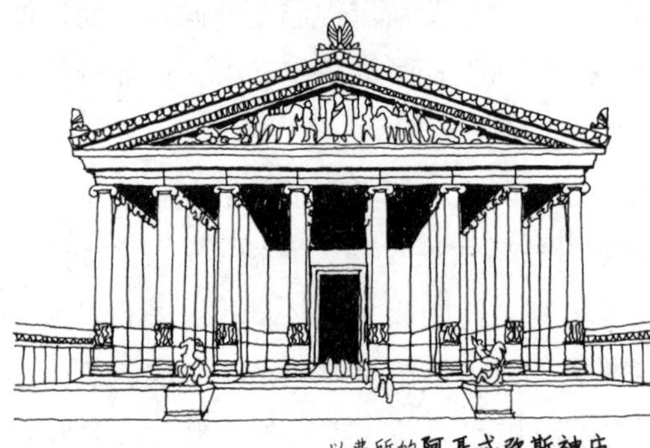

以弗所的**阿耳忒弥斯神庙**展示了爱奥尼风格所能达到的东方繁复之美

克桑西斯的**涅瑞伊德纪念碑**——爱奥尼式建筑的另一佳作

阿耳忒弥斯神庙中巨大而华丽的立柱之一

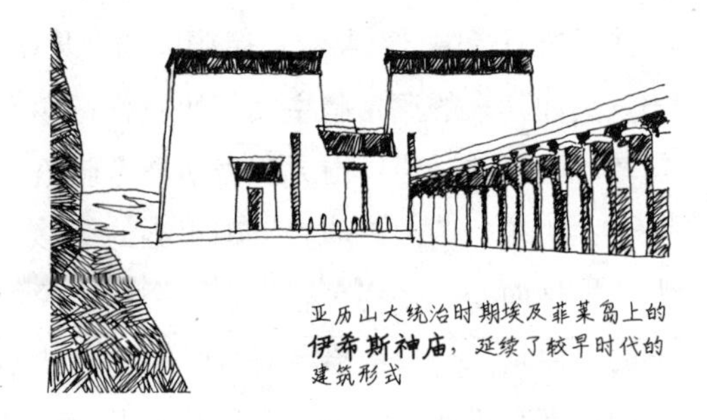

亚历山大统治时期埃及菲莱岛上的**伊希斯神庙**，延续了较早时代的建筑形式

几何学、阿基米德的力学和希帕克斯的天文学。与此同时，科学家进行了人体解剖实验，确认了神经系统的存在。随着东方神秘宗教诸如琐罗亚斯德教（拜火教）的传入，希腊的宗教传统也变得更为丰富。在哲学层面，则从柏拉图学说的确定性，转向了伊壁鸠鲁派和斯多葛派的相对主义。此外，亚历山大还创建了众多学校和图书馆，将新的思想传播到帝国的四面八方。

希腊化时期雕塑的经典之作是《拉奥孔》雕像、《垂死的高卢人》雕像，以及带翼的《萨莫色雷斯胜利女神》雕像。它们造型丰富，技巧卓越。随着科林斯风格——即第三种柱式——的盛行，建筑呈现出丰富多彩的东方气息，其中最富有代表性的作品大多建于雅典：雅典奖杯亭（Lysicrates Choragic Monument，公元前334年）、雅典奥林匹斯宙斯神庙（公元前174年）和风之塔（公元前48年）。奖杯亭的建造，是为了纪念一次成功的戏剧竞赛；奥林匹斯宙斯神庙恢宏巨大；风之塔的建造，据说是为了计时和观测天气。科林斯风格丰富多彩，尤其柱头上精雕细琢的卷草和叶状装饰，非常适合于表达希腊化时期信心满满的精神。

希腊文化在埃及也得到繁荣发展。亚历山大曾经短暂造访过埃及，在那里创建了一座伟大的希腊化城市，并以自己的名字命名为亚历山大城。他对埃及的占领，开创了一个统治者说着希腊语的埃及王朝——托勒密王朝。正是说着希腊语的统治者们，让亚历山大城升华为一座重要的知识文化中心，尤其在自然科学方面颇有建树。托勒密二世在此建造了博物馆和图书馆。图书馆有50万册藏书，吸引了来自世界各地的学者。亚历山大还极力促进埃及传统宗教，在托勒密王朝时期修筑了大量希腊式神庙，如爱德府（Edfu）的霍露斯神庙（公元前237年），考姆翁布（Kom Ombo）的塞贝克和霍露斯双神庙（公元前180年或稍晚），登德尔（Dendera）的爱神哈索尔神庙（公元前110年）。这些神庙个个优雅而装饰精美，最美者是今日阿斯旺附近菲莱岛上的伊希斯小神庙（公元前289年）。它们的建造全都是精湛非凡，其建筑形式基于近乎失传的新王国时期的法老仪式。

亚历山大英年早逝，其帝国一分为三个独立的王国：马其顿王国、（埃及）托勒密王国和（叙利亚）塞琉古王国。但希腊主义持续流行，遍地开花，所到之处皆发展出自己的地方特色。通过持续不断的贸易活动，希腊文化——包括语言和建筑——广为传播，北抵俄罗斯，南达非洲，又经由小亚细亚向西流转到意大利。接下来的岁月里，它不仅成为世界上即将崛起的另一伟大帝国的通用语言，还成为最普世之宗教运动的通用语言。

第二章

基督教时代的来临：公元前2世纪—公元5世纪

到了公元前265年，罗马强大到足以与四邻相抗衡。居住在其北部的高卢人以及南部的希腊人和迦太基人统统被赶出了意大利大陆。地中海是罗马人的奋斗目标。公元前241年，他们占领了西西里岛。公元前201年，罗马统帅大西庇阿（Scipio）击败了迦太基统帅汉尼拔（Hanniba）。接着，罗马人吞并了科西嘉岛（Corsica）、撒丁岛（Sardinia）、西班牙和北非。公元前 197年，迦太基的盟国马其顿被占，公元前146年，连迦太基也遭到彻底摧毁，其人民被奴役。公元前133年，日益衰落的希腊城邦被攻克，罗马人的势力迅速拓伸到之前为希腊所殖民的小亚细亚帝国。

让上述一切得以实现的政治制度是罗马共和制，拉丁文写作“Res publica”，意思是“属于人民的东西”。像希腊城邦一样，罗马共和国代表了大众的利益。罗马法声名远扬，其主要特征便是保护自由民的权利。如此意识形态提倡自由和公正。然而同希腊一样，如果不能在内部实施严厉的控制，罗马也无法实现其对外征服。若干年之后，一个强大的国家机器应时而生，此即掌控着元老院和议会的贵族阶级。依靠征收苛捐杂税，罗马贵族们得以操纵着一个高度发达的军事体制。

随着罗马的壮大和经济繁荣，为争得掌控国家的领导权，各路敌对的政客们群雄逐鹿。随着时间的推移，贵族们至高无上的霸权也受到中产阶级平民的挑战。但是，财富对于普通民众来说依然遥不可及，贫富之间的差距继续扩大，越来越多的人心怀不满。乡村贫民遭到地方官员的盘剥，城镇工人不堪重税，主要由外省人组成的军队并非总是对罗马共和国忠心耿耿，甚至连奴隶都开始了反叛。农庄中对奴隶的大量使用，则让许许多多的农民无活可干，大批的农民继而涌向城市，变成了城里令人头疼的流氓无产者。为了安抚和利用这些人，不择手段的政客们便许诺向他们提供“面包和马戏”[①]。

对国家而言，建筑是推动意识形态宣传一大强而有力的武器。蔚为壮观的公共建筑不仅给人江山稳固的印象，还能够转移那些不满者的注意力。在罗马的中心地带建造了朱庇特神庙，旁边是古罗马广场。后者是城市中最古老、最令人尊敬的公共场所。同雅典古代集市一样，古罗马广场起初也是一处集市场所和娱乐中心。斗转星移，所有的原始功能几乎消失殆尽，转而建起了庄严的神庙、纪功柱、雕像以及称为巴西利卡的市政大楼。古罗马广场本身则成为共和体制的象征。再后来，又在城市的其他地段建起更多的广场，由此形成一连串的大型公共空间。在各大、小广场的周边或者附近，则建造了更多的神庙、巴西利卡、剧院、露天剧场、豪华浴场和竞技场。所有这些全部被统治者用作笼络人心的工具。

罗马在各地复制了自己的城市规划。当时的许多罗马殖民城镇起初都被作为军营，布局为规则的几何图形。一般都是通过两条以直角相交的主干道，将整座城市划分为四大街区。这两条主干道分别被称为“卡尔多”与“德库马努斯”，在它们相交的十字路口处，建有广场、神庙、剧院、巴西利卡等公共建筑。所有的建筑无一不因袭罗马的建造方式。四大街区的街道全部是棋盘式网格布局，网格里建

---

① 指统治者为了转移民众的注意力，用廉价食物（面包）和肤浅的娱乐活动（马戏）来满足民众最基础的需求。——译注

有住房。与罗马一样，殖民城镇的外围亦带有一圈防御性城墙和壕沟。最终，在整个西方世界，从英国的切斯特到叙利亚的巴尔米拉（Palmyra），罗马殖民城镇所特有的布局方式比比皆是。

殖民地驻军有助于维持整个国家的运转。罗马的财富也正是仰仗来自各处殖民地的产品：铁矿石和动物毛皮等原材料，小麦、玉米和肉类等食品，制成品以及用之不竭的劳动力。罗马帝国的经济由两大层级支撑，其底层是凯尔特农民，他们的领土被侵占，只能通过耕种小块的田地生产粮食。底层之上是罗马人的农庄，由富有的地主拥有，辽阔的土地由奴隶耕种。二大层级一起生产了宗主城所需要的大部分食品和物资。

罗马的统治阶级还需要花样众多的奢侈品。商人们不惜冒险涉足更远的地区去寻找货源。当时的海运比陆运更快也更便宜，因此对地中海的控制可让罗马人获得商机。但地中海西部的大西洋尚不为人所知，令旅行者望而生畏，贸易商们只得转而向南前往非洲，或者向东穿过红海和波斯湾抵达印度和中国，从那里带回丝绸、象牙、树脂和香料。其结果是，地中海与东方之间的一些中转地，如拜占庭、安条克和亚历山大城等港口城市的规模和财富全都得到了增长，经济实力渐渐达到与罗马相匹敌的地步。

贸易给罗马带来的不仅仅是物质商品。如同政治方面的盘算，罗马人在文化上也本着务实之态接受一切对自己有用之物。希腊帝国及其语言恰好向罗马提供了一套现成的体系，罗马人便将希腊字母改良后拿为己用。希腊的诗歌和戏剧成为罗马作家的样板，甚至连希腊的男神和女神也都变成了罗马诸神，并以拉丁文重新命名。

同理，为了与罗马人自己的建造技艺相匹配，希腊的建筑风格被改造为罗马风格。但在用料上，罗马的建筑工匠不拘一格。除了石灰石，他们还采用其他建筑材料，如火山凝灰岩、火山岩和浮石，并开始大量使用一些低廉的材料，如砖、赤陶土和混凝土——后者是一种

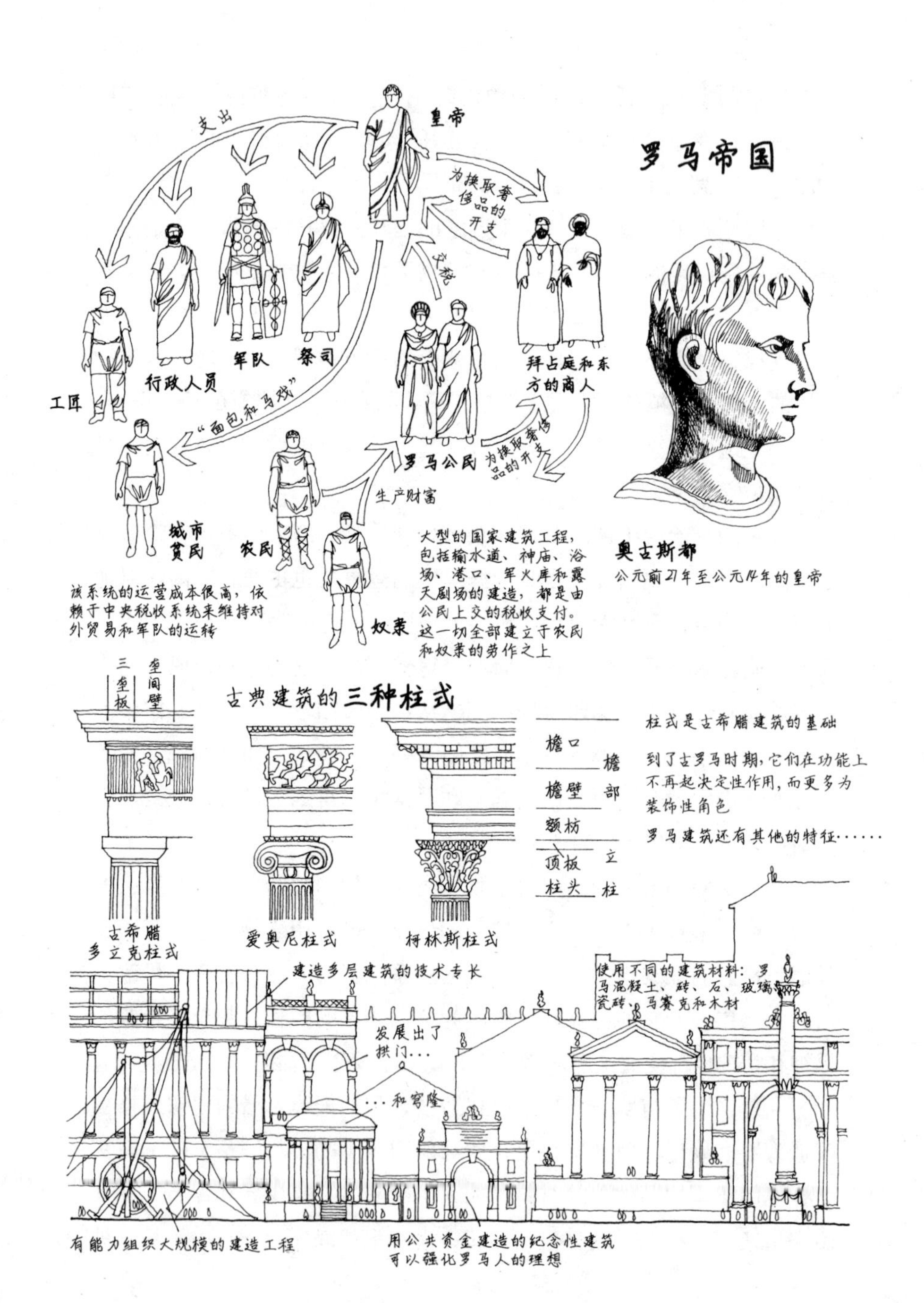
罗马帝国
皇帝
支出
为换取奢侈品的开支
交税
行政人员
军队
祭司
工匠
拜占庭和东方的商人
“面包和马戏”
罗马公民
为换取奢侈品的开支
生产财富
城市贫民
农民
奴隶
大型的国家建筑工程，包括输水道、神庙、浴场、港口、军火库和露天剧场的建造，都是由公民上交的税收支付。这一切全部建立于农民和奴隶的劳作之上
该系统的运营成本很高，依赖于中央税收系统来维持对外贸易和军队的运转
奥古斯都
公元前27年至公元14年的皇帝
古典建筑的三种柱式
三垄板
垄间壁
檐口
檐壁
额枋
檐部
顶板
柱头
立柱
古希腊多立克柱式
爱奥尼柱式
柯林斯柱式
柱式是古希腊建筑的基础
到了古罗马时期，它们在功能上不再起决定性作用，而更多为装饰性角色
罗马建筑还有其他的特征……
建造多层建筑的技术专长
使用不同的建筑材料：罗马混凝土、砖、石、玻璃、瓷砖、马赛克和木材
发展出了拱门…
…和穹隆
有能力组织大规模的建造工程
用公共资金建造的纪念性建筑可以强化罗马人的理想

称为“灰泥”的硬质复合物[①]。希腊的建筑工匠受制于梁柱结构，罗马人则发明了半圆形拱。由此又衍生出诸多变种，如筒形拱、十字拱和穹隆。

与希腊同行一样，罗马建筑工匠也受到社会的束缚。在专制社会，他们地位卑微，无权接受教育，也没有自由。奴隶制纵然提供了用之不竭的劳动力，却阻碍了技术革新，工匠们只能依靠各种尝试乃至错误来提高自己的技能。然而，罗马人的超级财富带来了对大型建造工程的巨大需求，这种需求让各行省的所有建筑技术都得以整合使用。仅此一项就意味着技术进步，尽管仍然是靠经验摸索，但能够以较快速度付诸实现。

公元前133年，为了让共和国体制更为合理，格拉古兄弟（Tiberius and Gracchus）发起了一场变革。不幸的是，反招致一片混乱。经过一系列奴隶起义、外邦蛮敌的入侵和内战，罗马共和国走向独裁统治。耐人寻味的是，此刻却恰恰是罗马最富于文化气息的时期。主宰这个时代的，是卢克莱修（Lucretius）笔下精致的伊壁鸠鲁主义（Epicureanism），是光芒四射的伟大诗篇。除了维吉尔的《埃涅伊特》（*Aeneid*）和卡图卢斯（Catullus）的抒情诗，还有奥维德（Ovid）和贺拉斯（Horace）诙谐的讽刺诗，无一不文采斐然。

公元前60年，元老院为三头同盟取代。不久三头变为两头，开始了庞培（Pompey）与尤里乌斯·恺撒（Julius Caesar）之争。恺撒此时作为大将军已经征服了高卢，如今他向罗马进军，先是将庞培逼退到希腊，后又将其驱赶到埃及。最终，在击败庞培的同时，凯撒拓张了帝国。虽说尚无皇帝之名，却已坐拥皇权之实。他也努力让自己扮演一个开明角色。在其短暂的统治期间，他期望通过建筑改善城市，为此建造了帝国广场（Forum of the Emperors）和马克西姆斯竞技场（Circus Maximus）。恺撒还试图推进社会改革，但公元前44年

① 此即古罗马天然混凝土，其主要成分为当地特有的火山灰、石灰和碎石等。——译注

他遇刺身亡，一切戛然而止。接着，统治罗马帝国的便是由安东尼（Antony）、屋大维（Octavius）和雷必达（Lepidus）组成的后三头同盟。一番争斗后，屋大维获胜，共和制走向终结，罗马进入帝国时代。公元前30年，屋大维成为奥古斯都皇帝。他任命自己为终身执政官、保民官、首席公民、凯旋大将军和大祭司长。这位身兼数职的皇帝不但可以随意制定法律，而且有权否决元老院的提案。

在奥古斯都的统治下，罗马帝国的权力和影响力达至巅峰。其疆域从东部的埃及扩张到西部的不列颠，从莱茵河与多瑙河之滨延伸到北非，这段时期被称为罗马治世（Pax Romana）[①]。在长达两百多年的时间里，罗马的法律、税收制、贸易惯例、道路交通网和军队保障了整个欧洲地区的稳定发展。财富以前所未有的方式源源不断地流入罗马。一批散文作家如塞内加（Seneca）、普林尼（Pliny）、普卢塔克（Plutarch）和塔西佗（Tacitus）为这个时代撰写编年史，也留下了批判性文字。还有诗人马提亚尔（Martial）和尤维纳利斯（Juvenalis），他们在讴歌的同时，也讽刺了这个时代。

据说，在奥古斯都之前，罗马是一座砖砌之城，在他离开后却留下了一座大理石城。在他执政期间，罗马及其殖民地到处都在展开大规模建设。罗马的帕拉蒂尼山（Palatine）上开始建造起皇宫。此外，还建造了剧院和数不清的神庙，包括马赛拉剧院（Marcellus，公元前23年）、战神庙（Mars Ultor，公元前14年）、康考德神庙（Concord，公元前7年）和克斯特-帕勒克斯神庙（Castor and Pollux）。罗马城之外，差不多整个罗马帝国都在修建神庙。有公元前16年在尼姆（Nîmes）建造的方形神庙（Maison Carrée）[②]，还有公元10年在巴勒贝克（Baalbek）建造的朱庇特神庙等。希腊神庙基本是岿然一座，独自矗立于宗教圣地。罗马神庙通常位于繁忙的闹市，基本只注重临街的

① 又译为“罗马和平”。——译注
② 音译为“卡利神庙”。——译注

正立面，两侧为其他房屋所簇拥的边墙不作处理。

早期教会

神庙建设的热潮却掩盖不了一个事实：经过若干世纪的兴盛之后，古老的多神教信仰已成强弩之末。正是在奥古斯都统治期间，耶稣降生到帝国偏远的东部——犹地亚的伯利恒。基督教在性质上不同于过往的任何宗教，它不是为了吸引少数富人，而是面向为数更多的穷人。这便对许多现有的社会和政治规范构成了威胁。公元30年左右，耶稣受难，但通过一小群门徒秘密地集会，通过信徒们（如塔尔苏斯的保罗）的著述，耶稣的教义传了下来。

随着与犹太教的分道扬镳和它向罗马的传播，基督教被视为洪水猛兽。基督徒不时地被指控为颠覆分子或带来社会问题的替罪羊而遭到迫害。但他们的宗教信仰继续向四处传播。连犹太人也被视为危险分子，尽管他们渴望独立的愿望一直受到大希律王（Herod the Great）的约束。这位犹太国王试图与罗马当局和平共处，他在耶路撒冷重建的圣殿，显然是为了摆出一种姿态，以表明自己与罗马保持一致，当地的时局岁月静好。可是后来，当公元66年犹太人爆发起义时，作为回应，罗马执政者摧毁了希律王的圣殿和大半个耶路撒冷。公元73年，犹太人在犹地亚沙漠的马萨达（Masada）背水一战，终归被罗马人彻底击败。

奥古斯都之后，罗马帝国的统治愈加独断专横。帝国的皇帝们天性残酷，其中的卡利古拉（Caligula）、尼禄（Nero）、维斯帕先（Vespasian）和提图斯（Titus）甚至把残暴当成了家常便饭。任何形式的政治骚乱都会遭到他们极端野蛮的镇压。尼禄对“要命的迷信分子”基督徒的迫害，后来被塔西佗记录下来。一些精美的建筑，如提图斯凯旋门（Arch of Titus，公元82年）和维斯帕先神庙（Temple of Vespasian，公元94年），都是为歌颂粉碎犹太人起义和摧毁耶路撒冷的暴君而建。

罗马的消费持续增长。为满足这些需求，北方的森林被大肆砍伐，南方的玉米田被过分耕种。为将更远地区的商品和物资运进罗马，还建设了铺向各地的道路和很多拱形高架渡槽。人们对奢侈品的欲望增强，对各种消遣娱乐的需求也越来越大，因此又建造了许许多多的剧院。当然，其建造方式与希腊人的风俗大不同。罗马人的剧院不是坐落于偏远神圣山谷的准宗教建筑，而是面向普通市民的娱乐场。在那里上演的主要是喜剧和传奇故事，如普劳图斯（Plautus）或泰伦斯（Terence）的戏剧。

更为风行的是竞技场（举行战车比赛）和角斗场。其中又以弗拉维圆形剧场（Flavian Amphitheatre）为典型代表。它建于公元70年维斯帕先统治时期，亦称为罗马大角斗场或斗兽场（Colosseum），其平面为椭圆形，直径约200米，四周环绕着一圈气势磅礴的外墙。外墙下部的三层为连续的叠券柱式[①]，各层采用不同的柱式，自下向上依次为多立克式[②]、爱奥尼式与科林斯式。墙内，一圈圈观众席一直铺展到中心部位的椭圆形露天表演区。观众席之下是三层带有拱顶的房间，它们错综复杂，分别作为角斗士住所、关野兽的笼子和牺牲品的牢房。大胆的结构和根据不同部位的构造要求采用不同材料的做法——以熔岩加强地基，以洞石和砖砌筑墙壁，以浮石减轻拱顶的重量——让整栋建筑既宏伟又极富独创性。

维斯帕先和提图斯之后的几位皇帝，如图拉真（Trajan）、哈德良（Hadrian）和马可·奥勒留（Marcus Aurelius），获得了“贤明”的好名声。然而考虑到罗马帝王的残酷特性，所谓贤明的说法，可能只是个相对概念。他们三人其实都对基督徒施加过迫害，甚至连称得上斯多葛派大哲学家的马可·奥勒留也不例外。至于图拉真，罗马人为

① 第四层为外部饰以科林斯式壁柱的实墙。——译注

② 某些书中写作“塔司干式”（Tuscan Order）。——译注

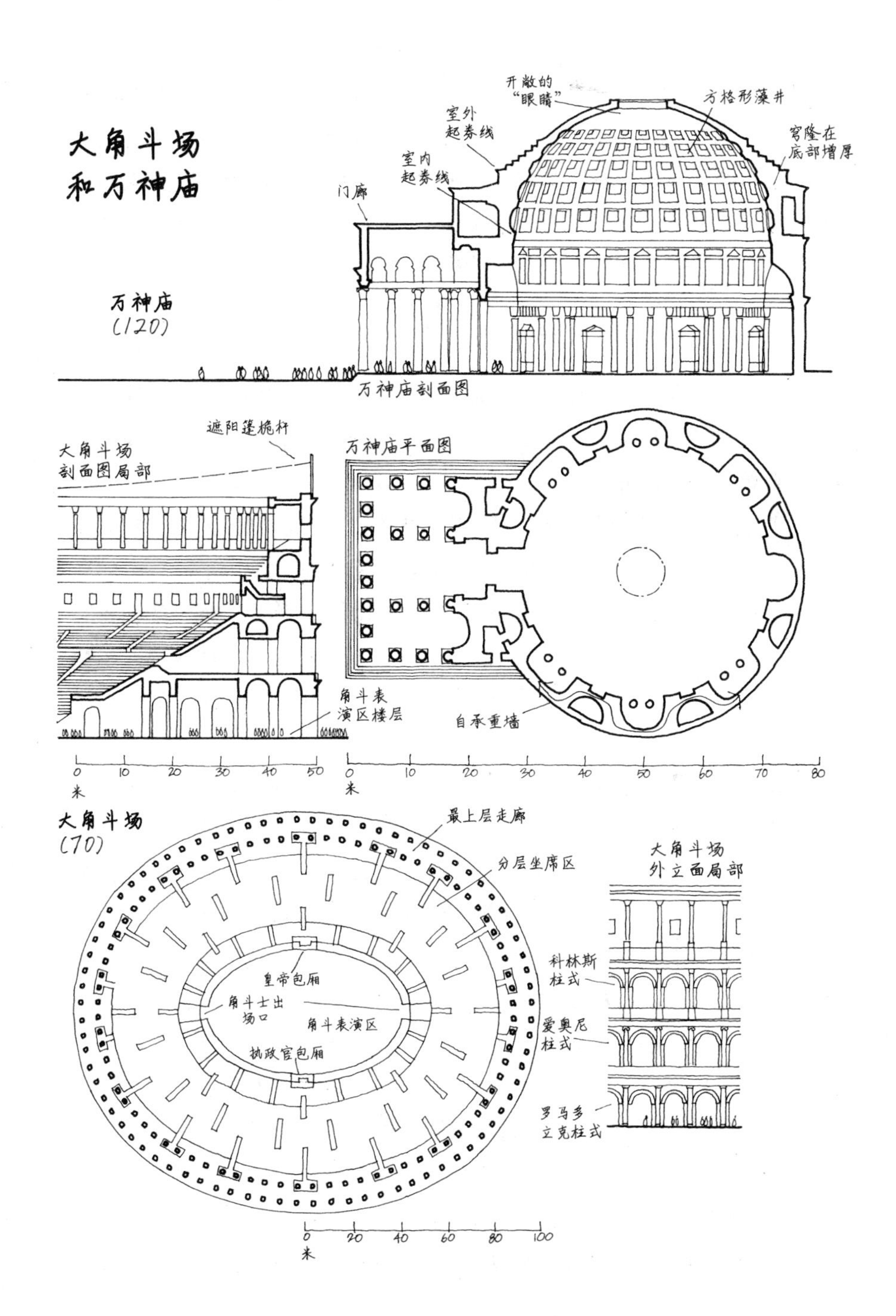
大角斗场
和万神庙
万神庙
(120)
开敞的
"眼睛"
方格形藻井
室外
起券线
穹隆在
底部增厚
室内
起券线
门廊
万神庙剖面图
遮阳篷桅杆
大角斗场
剖面图局部
万神庙平面图
角斗表
演区楼层
自承重墙
0
10
20
30
40
50
米
0
10
20
30
40
50
60
70
80
米
大角斗场
(70)
最上层走廊
分层坐席区
大角斗场
外立面局部
皇帝包厢
科林斯
柱式
角斗士出
场口
角斗表演区
爱奥尼
柱式
执政官包厢
罗马多
立克柱式
0
20
40
60
80
100
米

庆祝和纪念他的丰功伟绩，除了建有一座以他的名字命名的广场，还建造了著名的图拉真纪功柱（公元113年）和一座巴西利卡（公元98年）。巴西利卡是一种专用于处理公共行政和商务的房屋，它通常带有一间笔直长条的中殿。中殿之上横跨着一连串筒形拱或十字拱，或者更常见的是一个木质斜屋顶。中殿两侧分别是一些较低的侧廊。侧廊上方建有高侧窗，以让光线照射进建筑物的中心部位（即中殿）。中殿的一端或两端为半圆形后殿，后殿内设有祭坛——因为每一重要的决定都伴随着献祭——以及陪审推事的座席和执政官的宝座。巴西利卡是一种相当实用的建筑，其简单的结构使在巨型长方形空间上建造屋顶成为一种经济可行的方式。

哈德良统治时期的代表性建筑是他位于蒂沃利的别墅（Villa at Tivoli，公元124年）。所谓别墅其实是一座占地大约18平方公里的私家林园。一环套一环的建筑和空间洋洋洒洒，堪称当时最奢华的乡间休闲胜地。它与丘陵景观紧密结合，在建筑上堪与奥林匹亚或德尔斐圣地相媲美。几个世纪之前，此等建筑胜境只能用于敬神，而今它已用来奉献给专制的君主了。

蒂沃利别墅还带有一座以穹隆封顶的大殿。与它同时代的罗马万神庙是这种建筑形式的范例。万神庙建于哈德良统治时期的公元120年，坐落于奥古斯都的女婿阿格里巴（Agrippa）所建的神庙遗址之上。它参照了之前老神庙的一些建筑手法，又以自己特有的方式做了许多改进。老神庙的矩形地基，差不多全部用来建造新神庙宽敞的门廊。建造门廊的材料大多是一些废旧的老料，如柱上楣便是当初的老物件，其上还带有阿格里巴建造它时刻下的铭文。新门廊的门幅比老神庙的面宽要窄一些，但山墙的高度不变，看起来有些过于陡峭。可见当时的罗马工匠已经完全抛弃了希腊建筑的比例规则。

万神庙的主体为一间带有穹隆的圆形大殿。43米的直径与室内高度完全相等。墙壁与屋顶的主体结构都是以罗马天然混凝土筑造，再以砖和大理石等不同材料贴面。在圆形大殿的室内，用来支撑上部结构的八根巨大墩柱相当引人注目。各墩柱之间以八个巨大的壁龛相隔。由于墩柱的后部已经被挖空，它们其实与墙壁连为一体，从平面上看，一如蛇形般弯曲迂回。正面望去，状如扶壁。室外支撑穹隆的鼓座共三层，但从室内看却只有两层。这是因为穹隆从第二层的顶部便开始起券，第二、第三层鼓座之间的结构也因此更为厚实一些，以帮助遏制来自穹隆的外推力。为减轻穹隆的重量，穹隆在室内的表面被挖空，形成了网状的方格形藻井。长久以来，室内采光的唯一方式是通过穹隆顶部的圆洞或者“眼睛”采光，给整栋建筑增添了一份戏剧性色彩，令人印象深刻。

渐渐地，罗马治世走向崩溃。罗马帝国大型建筑的建造费用、军队费用、行政薪资、对东方奢侈品的采购和对城市氓民的施舍等，都是由农民和商人上交的税收支付。罗马帝国的经济依赖于对足够而广袤的生产用地加以守护，且要确保土地上的物产富足，这便成了罗马军团的主要任务。也正是军团精心设计的军事营地体系，让他们得以日夜守卫着帝国从黑海沿岸到多瑙河和莱茵河之滨，长达5000公里的边境线。到了公元3世纪，纳税人为此所付出的巨大代价浮出水面。遍及帝国的各大小城镇，无一不受到通货膨胀的打击，接着是死亡率上升，生育率下降。凡是移居到罗马帝国的公民，人人都在为了逃避苛捐杂税而想方设法。大量敌军集结在帝国的边界，不仅限制了贸易，也加速了帝国的衰亡。

公元3世纪的几位皇帝试图维持帝国的完整。但当时的社会已显败象，让他们主导的一些巨型建筑工程颇具反讽意味。公元211年为卡拉卡拉皇帝建造的浴场是一个突出的实例：古代世界最恢宏的建筑之一，为最残暴的君主而建。这座占地约300平方米的庞然大物实为一组大型综合体，包括一座公园、体育场和若干浴场。露天式冷水浴池和带有穹隆的热浴厅，分别被布置在中央大厅的两侧。中央大厅长56米，宽24米，高33米，其屋顶上铺满了以罗马天然混凝土建造的十字拱，可谓当时最大胆的创新。大厅室内以大理石和马赛克贴面，华丽多彩。漫步其间，古代世界最精美的雕塑随处可见，某些雕塑是从希腊掠夺而来的。

公元284—305年间，戴克里先皇帝（Diocletian）效仿东方专制君主的统治，极尽皇权威严，倒也减缓了罗马帝国政治分裂的颓势。在罗马亦建有以他的名字命名的浴场（302年），其奢华程度只是比卡拉卡拉浴场略逊一筹。但此刻的罗马已不再是戴克里先的关注点。为了加强控制，他将罗马帝国划为东、西两半，各由一位皇帝统治，每位皇帝由一位称为“恺撒”的副皇帝辅佐。他让自己成为帝国东半部的皇帝，并为自己在达尔马提亚海岸的斯普利特兴建了一座壮观的宫殿。新宫殿占地大约3.2公顷，平面呈长方形，四周环绕着高墙，墙的四角分别设有防御性塔楼。宫殿中，两条道路以直角相交，令其颇富罗马帝国殖民城市的特征。事实上，它的确是一座城市。由这两条道路所划分的四大街区里，有两大街区用作宾客和官员的住处，其他两大街区是皇宫的所在地，正对着亚德里亚海。

地中海东部的城市在经济上更为富足，比罗马拥有更强的生存韧性。公元4世纪，君士坦丁大帝将罗马帝国的首都迁至拜占庭，将之更名为君士坦丁堡。这导致罗马在政治和经济上沦为死水一潭。罗马的体制已不能承受更多，走向衰亡的厄运无法避免。

然而，一种新的秩序在帝国内部生根发芽，培育它的土壤是凯尔特人的部落社会。尽管被超级强大的罗马体制所笼罩，它依然存活了下来。来自莱茵河以北的日耳曼部落（Germanic tribes）充当了催化剂。自公元2世纪以来，日耳曼人不断渗入罗马帝国，因为他们所到之处的土地尚未被密集地耕种，在与当地人未发生冲突的情况下，他们通过从事农耕顺利实现了同化。到了公元4世纪，从东部大草原过来的匈奴人向西挺进直达里海，大批的日耳曼部落随之向西南移民。面对这样一群人，士气低落的罗马军团再也无法抵挡。

公元4世纪和5世纪期间，东哥特人和伦巴第人向南迁徙到意大利；西哥特人、汪达尔人和苏维汇人长驱伊比利亚；法兰克人和勃艮第人挺进法兰西。日耳曼各部落的迁徙运动开始格外地活跃，其中之一便是盎格鲁-撒克逊人入侵不列颠。至于各处的罗马人和凯尔特人，他们要么流离失所，要么被同化。传统的说法是：野蛮的外邦人“摧毁”了西罗马帝国。事实上，它早就已经崩溃。外邦野蛮人所做的，不过是占用和保护帝国辽阔的疆土，并运用自己更古老、更简单的生产方式来发展农业，实现了当地的自给自足。只是如此一来，贸易衰落，钱币成了无用之物。

一般来说，蛮族能够容得下当地的习俗和法律，他们中的许多人不仅包容甚至还信奉罗马人的宗教。基督教在经历了卑微和艰难的初创期之后，其影响力和权威日益增强。精明的罗马皇帝随即意识到，可以将基督教作为实现政治统一的工具。公元337年，君士坦丁皈依基督教。他的继任狄奥多西（Theodosius）更是将基督教立为罗马帝国的国教。从此，基督教信徒们结束了自己的半地下身份。

早期基督徒秘密集会的场所要么是住宅，要么是从其他用途改造而来的房屋。人们通常认为，第一座真正的基督教教堂建于公元232年，位于幼发拉底河边的杜拉欧罗普斯城（Dura Europos）。随着基督教地位的巩固，需要在各大圣地和罗马本土建造教堂。公元330年，君士坦丁在伯利恒建造了圣诞教堂（Church of the Nativity），在耶路撒冷建造了圣墓教堂（Church of the Holy Sepulchre），在罗马建造了老圣彼得教堂和拉特朗圣若望教堂（Church of San Giovanni in Laterano）。[1]

从前异教徒的神庙主要用作供奉神的圣所，祭神活动都在室外举行。然而基督教的崇拜活动主要是向信众布道，就必须要将信众安置于教堂室内，为此需要一种新的建筑形式。从一开始，西欧基督徒所采用的教堂建筑形式便是罗马人的巴西利卡：纵直的中殿两侧是侧廊，尽端为祭坛。这一形式也成为未来基督教教堂建筑设计的模板。对那

① 欧洲大陆的教堂大多称为“Basilica”，但本书几乎一律写作“Church”，我们的译文随之。——译注

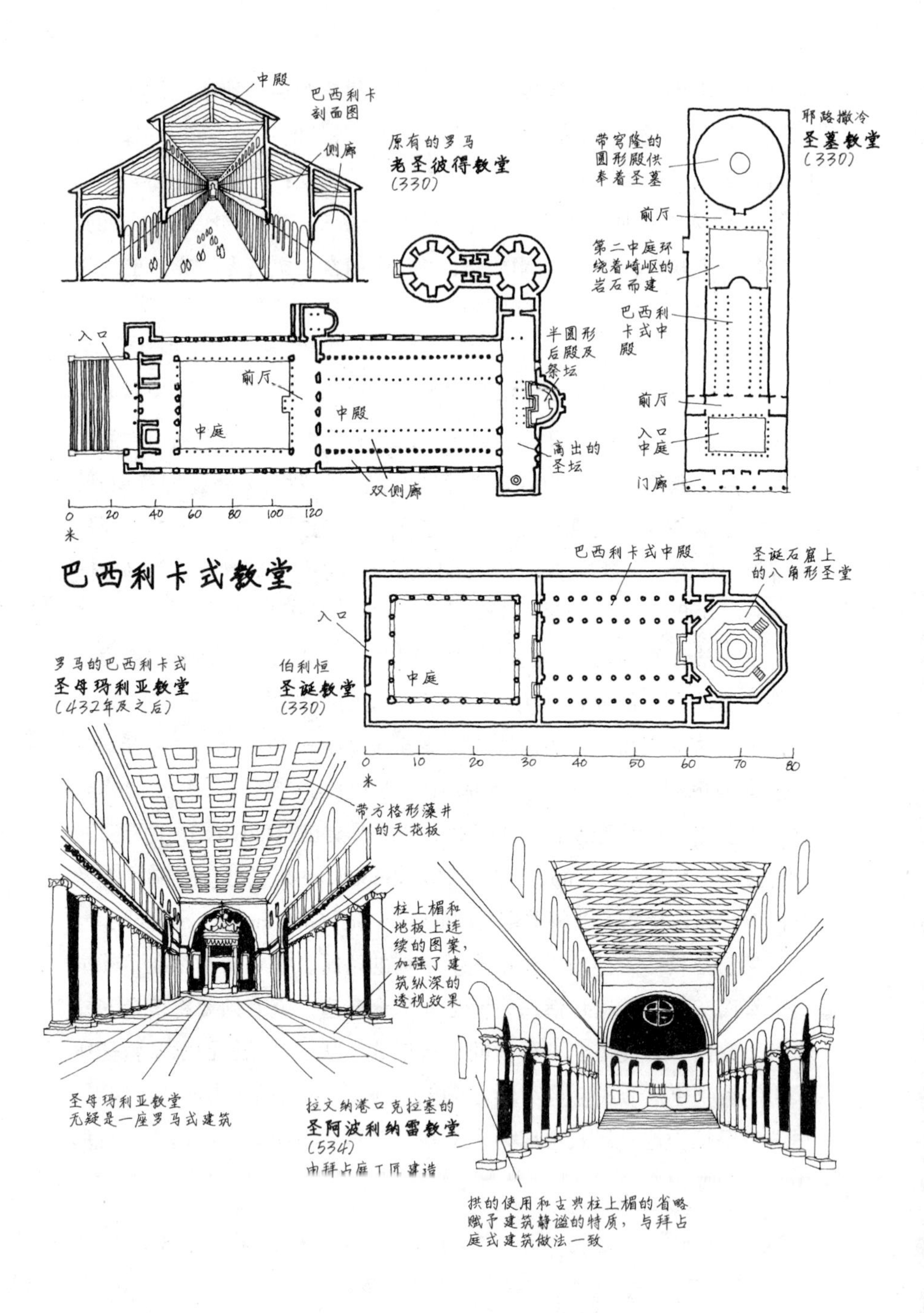
中殿
巴西利卡
剖面图
侧廊
原有的罗马
老圣彼得教堂
(330)
耶路撒冷
圣墓教堂
(330)
带穹隆的
圆形殿供
奉着圣墓
前厅
第二中庭环
绕着崎岖的
岩石而建
巴西利
卡式中
殿
前厅
入口
中庭
门廊
入口
前厅
中殿
中庭
半圆形
后殿及
祭坛
高出的
圣坛
双侧廊
0 20 40 60 80 100 120
米
巴西利卡式中殿
圣诞石窟上
的八角形圣堂
入口
中庭
罗马的巴西利卡式
圣母玛利亚教堂
(432年及之后)
伯利恒
圣诞教堂
(330)
0 10 20 30 40 50 60 70 80
米
带方格形藻井
的天花板
柱上楣和
地板上连
续的图案，
加强了建
筑纵深的
透视效果
圣母玛利亚教堂
无疑是一座罗马式建筑
拉文纳港口克拉塞的
圣阿波利纳雷教堂
(534)
由拜占庭工匠建造
拱的使用和古典柱上楣的省略
赋予建筑静谧的特质，与拜占
庭式建筑做法一致

巴西利卡式教堂

些建造过早期巴西利卡实例的罗马工匠来说，沿袭巴西利卡的建筑形式可谓第二天性。有些时候，他们甚至将从异教神庙废墟上掠来的立柱直接就用于新教堂建造。

罗马建有不少巴西利卡式教堂。城外圣保罗教堂（San Paulo fuori le Mura，380年）是最大最精致的一座；圣母玛利亚教堂（Santa Maria Maggiore，423年）是最美的一座。在它们的中殿，一排排立柱之上的楣构都是古典式样的老物件。离罗马不远的拉文纳是东哥特狄奥多里克大帝（Theodoric the Great）的首都。这位大帝在位时间不长，却以强有力的王权统治着当时的意大利。他在拉文纳建造的圣阿波利纳雷教堂（Sant'Apollinare Nuovo，493年）优雅宽敞，铺满了丰富多彩的拜占庭式马赛克镶嵌画。后来，在拉文纳的港口克拉塞（Classe），又建造了圣阿波利纳雷教堂的姐妹堂（534年），鳞次栉比的立柱支撑着一排排半圆拱。

罗马帝国没有消亡：它的许多机构业已衰落，但依然有一些在适应了新环境后传承下来，其法律制度被纳入日耳曼人的各种法典。它的道路系统年久失修而逐渐湮没——蛮族自给自足的乡村生活不太需要贸易和旅行——但几个世纪后，至少有一部分罗马帝国的道路被重新发现。许多城镇在走向衰败，一些作为农庄、修道院、主教的宅邸或城堡幸存了下来，另一些完全消失。经济上，拜占庭成为罗马帝国的继承人，多少延续了前朝的某些旧制，继续使用古罗马人的钱币，保持古罗马的工艺和建筑传统。教会则成为罗马帝国文化上的传承者，成为古籍和文学作品的宝库。最重要的是，凯尔特人和蛮族们发展了一种新的经济体制，中世纪社会的根基——封建主义，将从中破土而出。

第三章

封建时期的欧洲：6—10世纪

在罗马帝国时期，欧洲西部实为凯尔特人的天下。自史前时代以来，尤其是公元前的最后几百年里，凯尔特土著人的文化逐渐成长，并发展出德鲁伊宗教（Druidic religion）和一套完善的民法及道德法。凯尔特人多才多艺，他们不仅仅是武士，还是织工、珠宝商、铁匠、雕塑师和乐师。

农业是凯尔特社会的经济基础，大家庭或宗族是该社会的基本单元。虽说其社会生产基于自给自足，但也拥有一套关于商品交换和思想交流的机制。因此凯尔特人的建筑既属于地方上的建造活动，亦遵循着普遍存在于欧洲各地的建筑传统。凯尔特人社区由两大层级构成：一是当地的统治者及其附庸，包括武士、祭司、吟游诗人和谋士；二是农民。前者统治着后者。在整个凯尔特人的世界，尤其是不列颠、爱尔兰和西高卢，不同的社区各自作为完整的社会单元聚居在一起。他们的农庄由一小群住屋、牛棚和库房组成，其外围是防御性沟渠、栅栏和门楼。

在西高卢，几乎所有的房屋都是圆形。典型的库房或小型住屋大多由一圈木质椽子搭建。椽子的下端嵌人地面，上端并到一起，由此构成一个圆锥体。圆锥体的外围覆以石楠丛草毡或草皮。对小型圆锥体房屋而言，其室内的净空高度自然受到限制，因此通常都会将地面向下挖掘，使地面层下降，从而增加空间。挖出的土壤垒筑到屋外四周，以加强椽子在基础部位的稳定性，并形成了简陋的墙壁。屋子中央有一个火炉用来取暖和做饭。火炉生出的烟雾通过屋顶中央的孔洞排出。不难想见，圆锥体房屋的体量取决于用作椽子的木材长度。当一些有身份的屋主需要较大的住屋时，他们发明了一种带有两层椽子的复合结构。底层椽子的一头着地，另一头固定到一圈由短木柱支撑的环形横梁之上，再在横梁上架起通向屋顶的上层椽子。一般来说，此等大房子便足够族长的家人和家臣居住了，他们通常会在房屋四周的边缘布置一系列小隔间，每一隔间分配给一组家庭成员居住，房屋的中央部分用于会客、娱乐和用餐。

在罗马帝国末期的几个世纪里，欧洲大陆的凯尔特人口一直呈下降趋势，出现了一些人烟稀少的地区，让从北方过来的日耳曼部落有隙可乘。他们很容易就定居下来，与当地人融合同化。向西迁移的盎格鲁-撒克逊人就没有这般自在了。为了在不列颠站稳脚跟，从大约5世纪中叶到9世纪初，他们历经四百来年的艰苦奋斗，才终于获得霸主地位。像凯尔特人一样，日耳曼人根子上也是自给自足的农人。他们的移民大多是年轻人，对武力征服没什么兴趣，只热衷于在这初到的南方为自己和家人开辟一个新家园。新房的构造很自然地沿用了北方老家的模式。

在恺撒留下的评著中，他对日耳曼人与凯尔特人的文化和文明有明确的区分。由于日耳曼人相对落后一些，恺撒称之为“贱民”或“野蛮人”。在诗歌和音乐方面，也的确找不到什么证据说明日耳曼人有能力与凯尔特人一较高下。然而在其他方面，两者确实有很多共性，尤其经过几个世纪各种族之间的持续交往，“野蛮人”已掌握了许多凯尔特人在编织、武器制造和珠宝方面的技能。某种程度上，“野蛮人”的技巧甚至更为娴熟。由于他们曾经长期生活于欧洲北部的沿海一带，与大海关系亲密，也就精于造船。若干世纪之后的一些伟大杰作，如维京人的船舶制造技术、斯堪的纳维亚人和盎格鲁-撒克逊人的木结

部落制：凯尔特人的社会结构

一个人数较少的精英阶级主宰……

……一大群农民……

威尔士亨利斯城堡的凯尔特人村庄复原图

……但除了权力结构，欧洲野蛮人的生活在其他方面是平等的。住房、服饰和食物的质量在社会各阶层之间没有什么大不同。各地方团体根据自己的需要建造建筑。中央权威的缺失意味着没有大规模的财富集中

简易的圆形小屋，地面层挖空

公元前晚期，公元早期凯尔特人的住屋

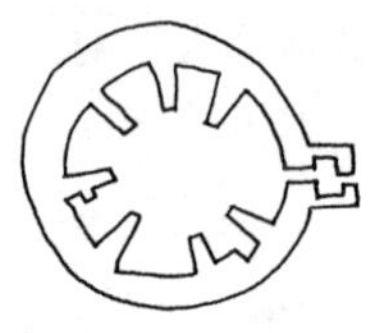

舍特兰的"轮形"住房平面：用石墙和土墙划分出不同的隔间，供不同的家庭居住或作其他用途

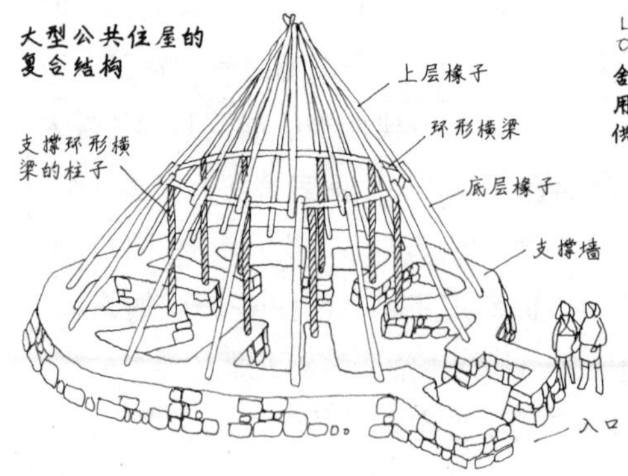

大型公共住屋的复合结构

凯尔特人手镜背面的装饰图案

构房屋，应该都跟这个传统有关。

日耳曼人拥有与凯尔特人极为相似的社会机制：都是以农业为基础，都有一个由当地统治者及其武士、祭司和农民构成的两层级结构。不过日耳曼人的定居点模式和房屋的类型更为多样化。在初期的几个世纪里，他们在不同的时间和地点建造了各式各样的住屋：有独户的农庄，有由栅栏围合的长方形村庄，有从中央向四周辐射的圆形村庄，有建于山巅的防御式堡寨。此外，最引人注目的是一种呈松散布局的称为"特棚"（Terpen）[①]的村庄。特棚大多分布在荷兰弗里斯兰（Friesland）和德国下萨克森北部的低洼沿海地区。为避免被海水所淹，它们通常建于由人工垒成的土丘之上。最著名的"特棚"是建于公元1世纪的弗得森韦尔德村（Feddersen Wierde），位于北萨克森海岸。

日耳曼人与凯尔特人的住房也没什么大不同，都是那种地面往下挖空的圆锥状木棚，日耳曼人通常称之为"坑屋"（Grubenhaus）。不过在弗里斯兰，另有不少较为复杂的"带过道"或"长条"状房屋。那是一种超长的矩形结构，比圆形建筑更为宽敞，尚存的地基长度从10米到30米不等，宽度可达10米。支撑这个大型茅草屋顶需采用复合结构。做法是将椽子铺设于通长的屋脊与檐梁之上，檐梁由嵌入地面、粗壮的立柱支撑，立柱之间绑上由荆条编织的篱笆作为墙壁。由于屋脊与檐梁之间的跨度太大，就需要很长的椽子，这些椽子通过跨度之间的檩条分段铺设，而檩条同样由自地面升起的立柱支撑。因为施工时的模块化构架，这种大房子可以被划分出很多小隔间，用作不同的用途。最常见的分区是生活区与牲口区：房屋的一端建有炉膛和居室作为生活区；另一端为一排排牲口棚。在弗得森韦尔德村，大概有二十多栋长条状住屋和其附属建筑，它们成组以放射状环绕着中央的一大片空地。

来自北方的入侵者还将自己的日耳曼方言带到欧洲，创造了欧洲

① 意译为"土丘寨"或"土丘堡"。——译注

日耳曼部落的住房

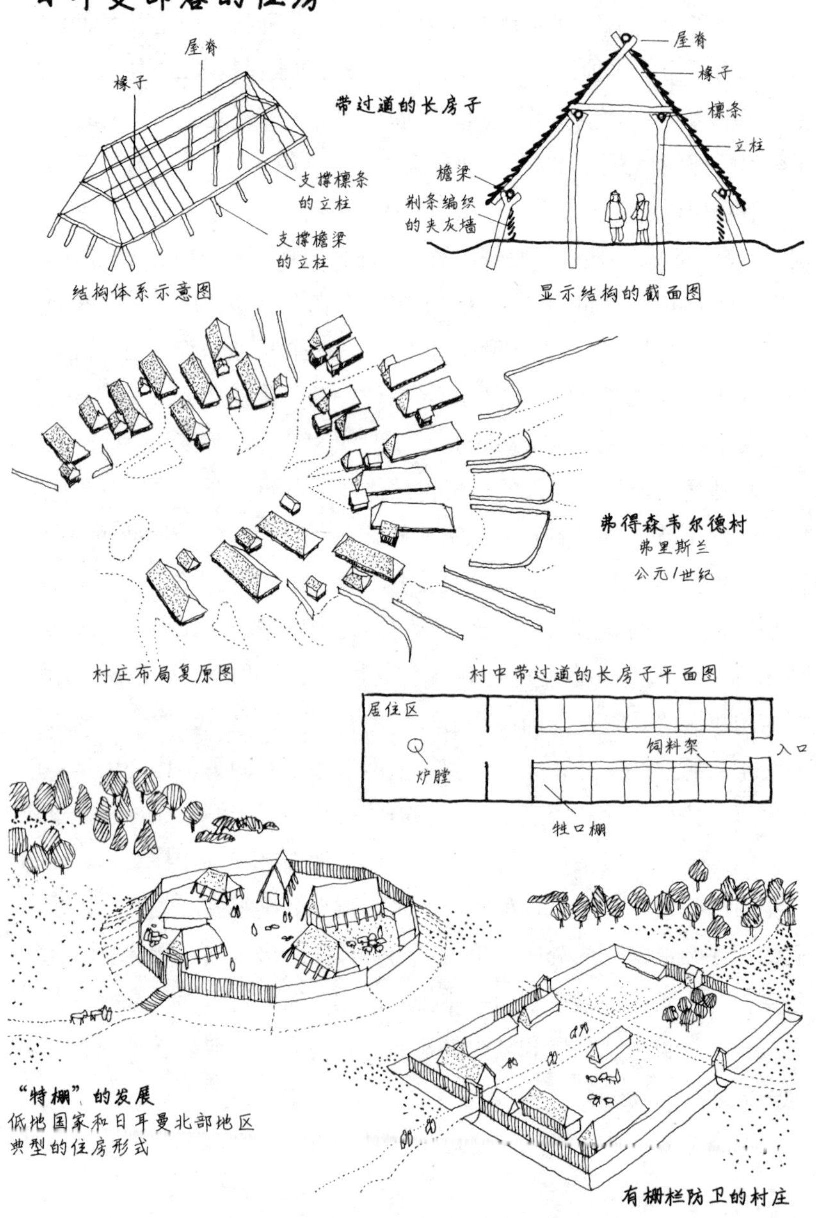
屋脊
椽子
支撑檩条的立柱
支撑檐梁的立柱
结构体系示意图
带过道的长房子
屋脊
椽子
檩条
立柱
檐梁
荆条编织的夹灰墙
显示结构的截面图
弗得森韦尔德村
弗里斯兰
公元1世纪
村庄布局复原图
村中带过道的长房子平面图
居住区
炉膛
饲料架
入口
牲口棚
"特棚"的发展
低地国家和日耳曼北部地区典型的住房形式
有栅栏防卫的村庄

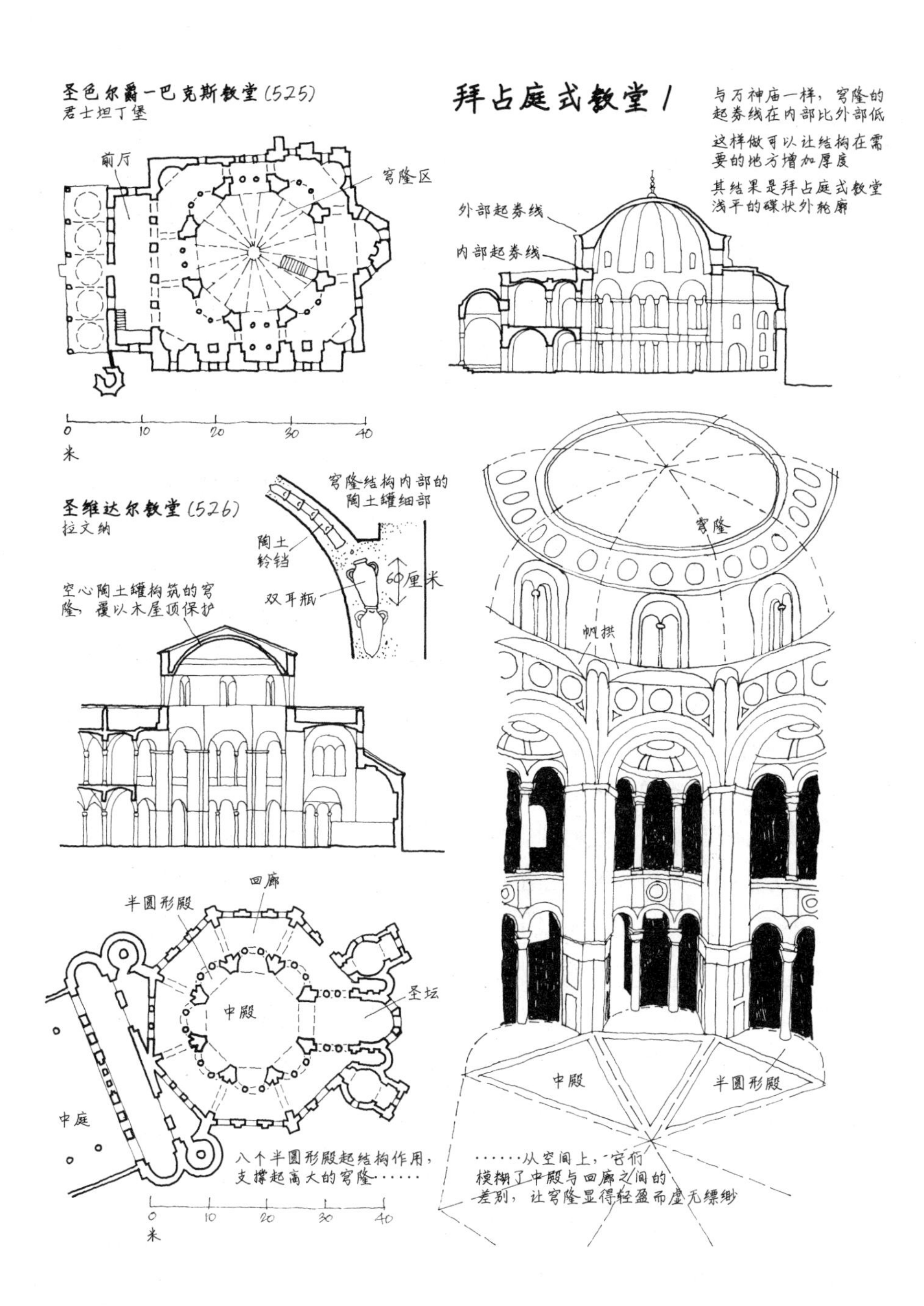
圣色尔爵—巴克斯教堂(525)
君士坦丁堡
前厅
穹隆区
0 10 20 30 40
米
拜占庭式教堂 I
与万神庙一样，穹隆的起券线在内部比外部低
这样做可以让结构在需要的地方增加厚度
其结果是拜占庭式教堂浅平的碟状外轮廓
外部起券线
内部起券线
圣维达尔教堂(526)
拉文纳
穹隆结构内部的陶土罐细部
陶土
铃铛
60厘米
双耳瓶
空心陶土罐构筑的穹隆，覆以木屋顶保护
穹隆
帆拱
回廊
半圆形殿
中殿
圣坛
中庭
八个半圆形殿起结构作用，支撑起高大的穹隆……
0 10 20 30 40
米
……从空间上，它们模糊了中殿与回廊之间的差别，让穹隆显得轻盈而虚无缥缈
中殿
半圆形殿

延续至今的语言多样性。在其他方面，蛮族文化与罗马-凯尔特人文化逐渐融合，日耳曼人的建筑和工艺技术为凯尔特人所吸收。基督教的传播更是促进了两者之间的和平共处，通婚变得更为普遍，人口出生率上升。基督教所倡导的社会责任感，意味着弱势群体能够得到更好的关怀，死亡率下降。600—800年间，欧洲的人口逐渐增加。

罗马人的农作物主要种植于地中海沿岸。那里土壤疏松，只需一种轻巧的犁，再加上精耕细作和轮番种植，便可保持农作物的产量。随着罗马体系的崩溃，上述耕种方法逐渐在欧洲失传。但随着整个西欧的人口不断增加，需要采用来自北方的新耕作方式。北方的土壤较为坚硬和潮湿，早在公元7世纪，当地人就开发出由一大群牛拉牵的轮式犁。由于个体户农民不可能拥有一大群耕牛，轮式犁的出现说明彼时的欧洲北部已经存在一定程度的生产协作，亦显示了当时欧洲北部人民普遍的创新水准。在随后三百年左右的时间里，他们发明了很多农业技术，包括对地表土壤实行泥灰施肥、用水车推磨、对耙的运用、连枷打谷法，还有就是对一些谷物新品种的引进等。开垦成片的森林和大面积条带状耕地的开发，成为常见的模式。

然而，政治和经济都不够稳定，中央政府的职权有限。农民需要寻求靠山以免受当地乱局的影响，很多时候他们甚至不惜以牺牲某些自由为代价，以换取地方领主的保护。这种做法自罗马帝国的最后几年就成为常态，封建庄园制于是逐渐取代了部落制。在未来四个世纪的动荡岁月里，封建制度始终是让西欧得以统一的经济力量，基督教则提供了文化上的连续性。当然，这并不意味着教会众口同声、毫无杂音，也不是说它不参与政治。事实上，中世纪早期的欧洲政治史，恰恰就是一部同时期教会的发展史。彼时的一些领袖人物，如君士坦丁大帝、狄奥多西一世、查士丁尼一世和格里高利一世，都是集属世魄力与属灵魅力于一身的人。人们很快发现，并不断利用这一点，即宗教团结有助于打造民族或帝国身份，建造教堂竟然可以用来展示精神和政治的力量。

基督教化的拜占庭

从5世纪到9世纪，动荡不安的社会环境使西欧几乎所有的大型建筑项目全部陷入停滞。拜占庭的经济却依然在强劲发展。通过与东方的贸易，那里获得了富足的商品供应，而且都是些为西欧统治者所渴望却不可得的商品——丝绸、香料、珠宝、谷物等。稳定的经济带来大兴土木的热潮，尤其激发了建筑技术的创新。拜占庭的建筑工匠迸发出一种非凡的综合力，将罗马人与中东人的建筑技术巧妙地融为一体。从罗马人那里，他们继承了砖砌和天然混凝土的建造法；从中东人那里，他们学到了穹隆的建造法。

罗马万神庙的穹隆置于圆形空间之上，圆形空间却限制了建筑的用途。为解决这个难题，拜占庭建筑工匠发展出将穹隆安放到方形和矩形空间之上的技术，从而让自己有更大的操作自由，设计出五花八门的平面形式。这当中，砖砌工艺的发展起了关键作用，因为砖可以砌筑成不同的形状，拜占庭的建筑工匠便可以创造出各式各样的几何图形。其中又以“帆拱”（pendentive）[①]最为巧妙，帆拱位于穹隆底部与其下方形空间交接处，即四个转角的位置，其形状为三角形球面。在拜占庭建筑的室内，砖砌的表面很少原样裸露，它们要么被抹上灰泥，要么被贴上大理石或马赛克。于是在帆拱、墙壁和天棚等处，也就给壁画和马赛克镶嵌画提供了表现的良机。基督教的教堂开始出现大量宗教题材的图像。

君士坦丁堡是早期基督教（包括东、西教派）建筑发展的荣耀之地。当地的圣色尔爵-巴克斯教堂（Church of St Sergius and St Bacchus，525年）便是将穹隆建于方形空间之上的早期实例，由8根墩柱支撑。拉文纳的圣维达尔教堂（San Vitale，526年）同样由8根墩柱支撑起穹隆，不过其穹隆下方的空间为八边形。该教堂由拜占庭工

① 又译为“穹隅”。——译注

拜占庭式教堂 2

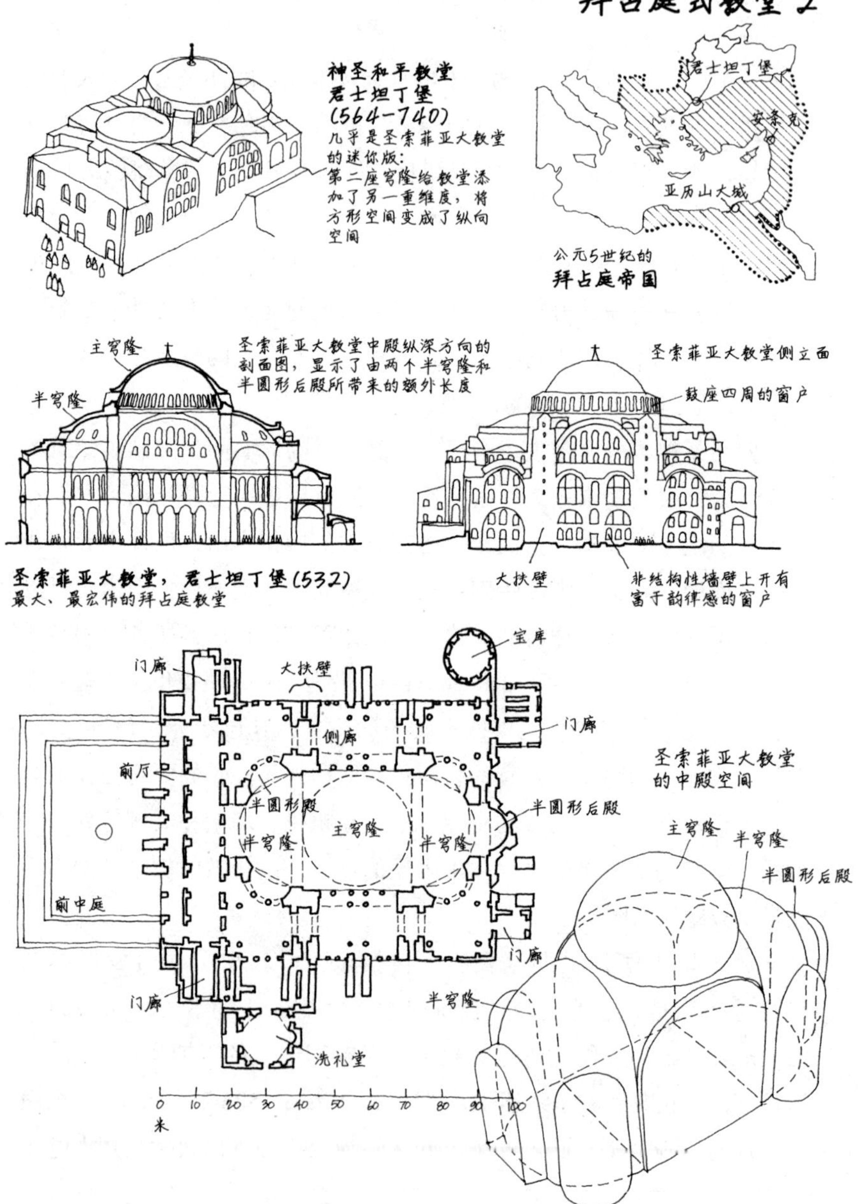

神圣和平教堂
君士坦丁堡
(564–740)
几乎是圣索菲亚大教堂的迷你版：
第二座穹隆给教堂添加了另一重维度，将方形空间变成了纵向空间
君士坦丁堡
安条克
亚历山大城
公元5世纪的
拜占庭帝国
主穹隆
半穹隆
圣索菲亚大教堂中殿纵深方向的剖面图，显示了由两个半穹隆和半圆形后殿所带来的额外长度
圣索菲亚大教堂侧立面
鼓座四周的窗户
圣索菲亚大教堂，君士坦丁堡(532)
最大、最宏伟的拜占庭教堂
大扶壁
非结构性墙壁上开有富于韵律感的窗户
宝库
门廊
大扶壁
门廊
侧廊
前厅
半圆形殿
半圆形后殿
主穹隆
半穹隆
半穹隆
前中庭
门廊
门廊
洗礼堂
0 10 20 30 40 50 60 70 80 90 100
米
圣索菲亚大教堂的中殿空间
主穹隆
半穹隆
半圆形后殿
半穹隆

匠在东哥特人统治意大利期间建造，以陶土罐构筑的穹隆重量较轻，便可让其下方的立柱和墙壁做得小巧，让整座教堂呈现出轻盈优雅的外观。君士坦丁堡神圣和平教堂（Church of St Irene，始建于564年）甚至拥有两个大小不同的穹隆，均坐落于巴西利卡式长方形中殿之上。其中较大的那个应该是在鼓座上建造穹隆的最早实例，鼓座的四周还开有许多窗户。与圣色尔爵-巴克斯教堂和圣维达尔教堂的集中对称式布局不同，神圣和平教堂采用了纵长平面。

在纵长平面上建造穹隆的最优秀实例是君士坦丁堡的圣索菲亚大教堂。这座伟大的教堂由查士丁尼一世于532年下令建造，匠心独具，丰富却又简洁。其核心是一处跨度大约为30米的正方形空间，正方形空间的四角各有一根巨大的石造墩柱，墩柱之间通过半圆拱连接，半圆拱之上是巨大的半球状主穹隆。通过在它的东、西两端分别添加一座同样由墩柱支撑的略小一些的半穹隆，这个方形空间向东、西延伸。中央的主穹隆与其两侧的半穹隆的下方形成了一间巨大的椭圆形中殿，其纵深约70米。中殿四周环绕着若干稍低一些的房屋，包括教堂的入口前厅、侧廊和后殿等。为支撑主穹隆，除了利用东、西两端的半穹隆及其飞扶壁，还在南、北两端的侧廊上方分别建造了四个巨型飞扶壁。主穹隆和四周墙壁上的窗户让教堂的室内光亮满堂，再加上丰富多彩的大理石和马赛克镶嵌画，教堂的室内无处不散发着勃勃生机。丰富的装饰细部与总体设计的雄伟简约形成了绝妙对比，这便是拜占庭建筑巅峰期的风格特征。6世纪的拜占庭式穹隆教堂之于东方基督教教派，就如同巴西利卡式教堂之于西方基督教教派。它们所凝练出的建筑形式成为未来一千年东正教教堂建筑的基础。

但并非所有基督教教派都希望通过建造伟大的教堂来宣扬自己。相反，在某些教派看来，基督徒只能过贫穷和艰辛的生活。早在3世纪，便有一些基督徒前往埃及的沙漠地带过起隐修生活。如今，随着对建制派教会的不满，欧洲再度兴起了隐修运动，其本意是通过贫穷、禁欲和孤独的生活寻求精神上的满足。

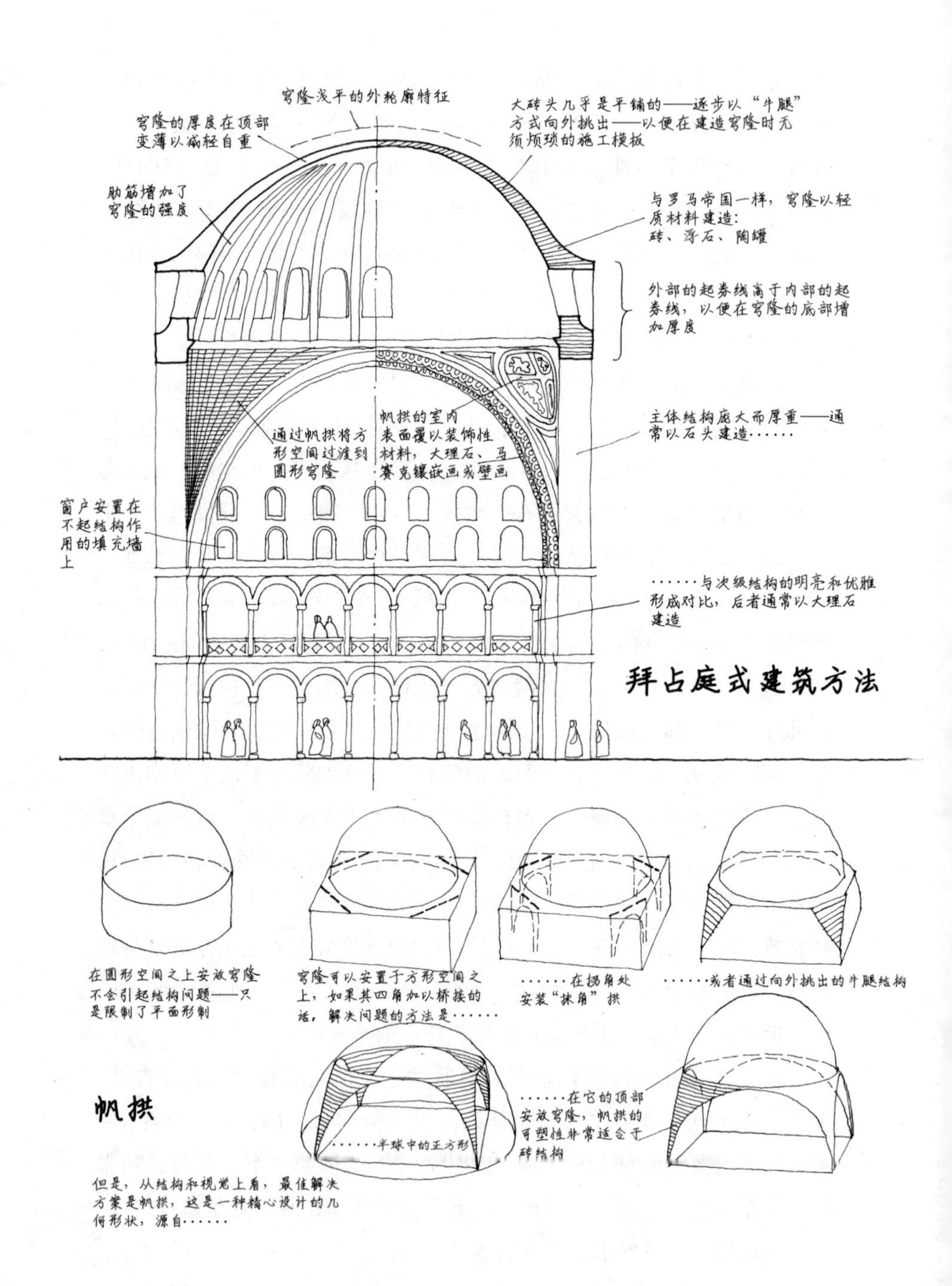
穹隆浅平的外轮廓特征
穹隆的厚度在顶部变薄以减轻自重
大砖头几乎是平铺的——逐步以“牛腿”方式向外挑出——以便在建造穹隆时无须烦琐的施工模板
肋筋增加了穹隆的强度
与罗马帝国一样，穹隆以轻质材料建造：砖、浮石、陶罐
外部的起券线高于内部的起券线，以便在穹隆的底部增加厚度
通过帆拱将方形空间过渡到圆形穹隆
帆拱的室内表面覆以装饰性材料，大理石、马赛克镶嵌画或壁画
主体结构庞大而厚重——通常以石头建造……
窗户安置在不起结构作用的填充墙上
……与次级结构的明亮和优雅形成对比，后者通常以大理石建造
拜占庭式建筑方法
在圆形空间之上安放穹隆不会引起结构问题——只是限制了平面形制
穹隆可以安置于方形空间之上，如果其四角加以桥接的话，解决问题的方法是……
……在拐角处安装“抹角”拱
……或者通过向外挑出的牛腿结构
帆拱
……半球中的正方形
……在它的顶部安放穹隆，帆拱的可塑性非常适合于砖结构
但是，从结构和视觉上看，最佳解决方案是帆拱，这是一种精心设计的几何形状，源自……

据信，欧洲的第一座修道院于5世纪初出现在马赛附近的勒宁（Lérins）。461年，上述隐修运动由圣帕特里克（St Patrick）带到爱尔兰。英格兰的第一座修道院很可能建于廷塔杰尔（Tintagel，470年）。苏格兰的第一座修道院，则由圣高隆（St Columba）创立于爱奥那岛（Iona，563年）。这些早期的修道院大多立于偏僻崎岖的山崖上，与繁复精致的拜占庭教堂相比，显得简陋而原始，主要原因在于其宗教信仰对世俗的排斥和当地建造方法的落后。但某些简陋修道院的选址定位却是非同寻常地拿捏得当，还真不简单，如廷塔杰尔的修道院巧妙地铺展于康沃尔郡沿海的海岬之上；又如距凯里郡海岸大约15公里的斯凯利格·米迦勒（Sceilg Mhichil）修道院，恰到好处地紧贴着大斯凯利格岛（Great Skellig Rock）的悬崖一侧。

隐修运动的初衷，是通过清贫和独处来寻求真理，却也吸引了一些富人和自我放逐者。这些人或为了追求安静和浪漫生活，或希望通过禁欲积善行德。有鉴于此，努西亚的圣本笃（St Benedict of Nursia，卒于543年）[①]觉得有必要正本清源。他为自己位于意大利中部的蒙特卡西诺（Monte Cassino）修道院制定了一套规章，包括坚守贫穷和独身、顺从修道院院长、守规矩的祈祷生活、通过参加集体劳作增强修道者之间的团契关系等。圣本笃会规改变了整个欧洲的隐修生活，更让修道院发展成一股强大的精神力量。在哲学家波爱修斯和狄奥多里克的大臣卡西奥多罗斯等人的熏陶下，求学和求知成为修道士的职责。此后的数百年里，隐修运动在西欧产生了巨大的文化影响。

圣本笃会规并不需要在教堂中执行。在公共礼拜仪式尚未得到充分发展前，修道士的祷告活动都是以个体为单位，只需一间小祈祷室即可。在这个早期阶段，散布于欧洲多石偏远地区的修道院，通常都是些状如蜂巢般的石屋，一些作为生活区，一些作为小祈祷室，修道院的四周环绕着防御性石墙。

① 音译为“圣本尼迪克特”。意大利天主教教士、圣徒，本笃会的创建者。——译注

但随着公共礼拜活动的日渐普及，教堂建筑成为必需。在一个地方化且支离破碎的社会，人们基本上只采用当地的建造方法。早期的修道士代表了最接近泛欧洲文化的群体，他们在建造教堂时采用了两种模式：一是纵向的长方形平面形制，它或多或少源自古罗马-基督教传统的巴西利卡；二是集中式平面形制，它源自拜占庭的穹隆教堂。

爱尔兰和诺森布里亚的凯尔特人教堂便是直接沿袭了古罗马传统，尤其注重纵向的长方形平面布局。欧洲大陆那些新近得以基督教化的蛮族，则发展出欧洲大陆式传统。在后者眼里，拜占庭依然是文化上的引路人，而且也只有拜占庭还坚守着尚存于世的砖石建筑传统，因此需要向拜占庭传统学习。在西班牙的巴尼奥斯（Baños），西哥特人建造的圣约翰教堂（Church of San Juan de Bautista，661年）即采用了方形集中式平面。在英格兰威尔特郡艾文河畔的布拉德福德（Bradford-on-Avon），建于8世纪初的盎格鲁-撒克逊人教堂从外形上看大体为古罗马式，却有一个源于拜占庭的希腊十字平面。欧洲小型教堂中最富于拜占庭特征的，当推法兰西奥尔良附近的热尔米尼代普雷小教堂（The Oratory of Germigny-des-Pres，806年），它兼具方形的平面和中央穹隆。

这个时期的几乎所有遗构都是由石头建造。然而，当时的大多数教堂很可能都是易燃的木构建筑，只不过它们在9世纪政治动荡的浩劫中，未能幸免于难。木材是当时最常见的材料，对地方上那些精于造船工艺的工匠来说，木材更易于加工。虽然没有遗留下可供考据的实物，但根据时人对建于“四根大柱子”上的盎格鲁-撒克逊木制教堂的描述，可以推测它采用的是拜占庭式平面，并带有中央塔楼。后来建于挪威的“木板”教堂，便是以高超的木构建造技术融合了古罗马与拜占庭式建筑形制。由此，不难想象早在几个世纪之前的北欧木材工艺的发达程度。

正当罗马帝国废墟之上新兴的文化逐步走向稳定发展之际，远方小亚细亚从前属于波斯帝国的大地上，同样兴起了一场宗教、文化和

教堂平面布局的早期发展

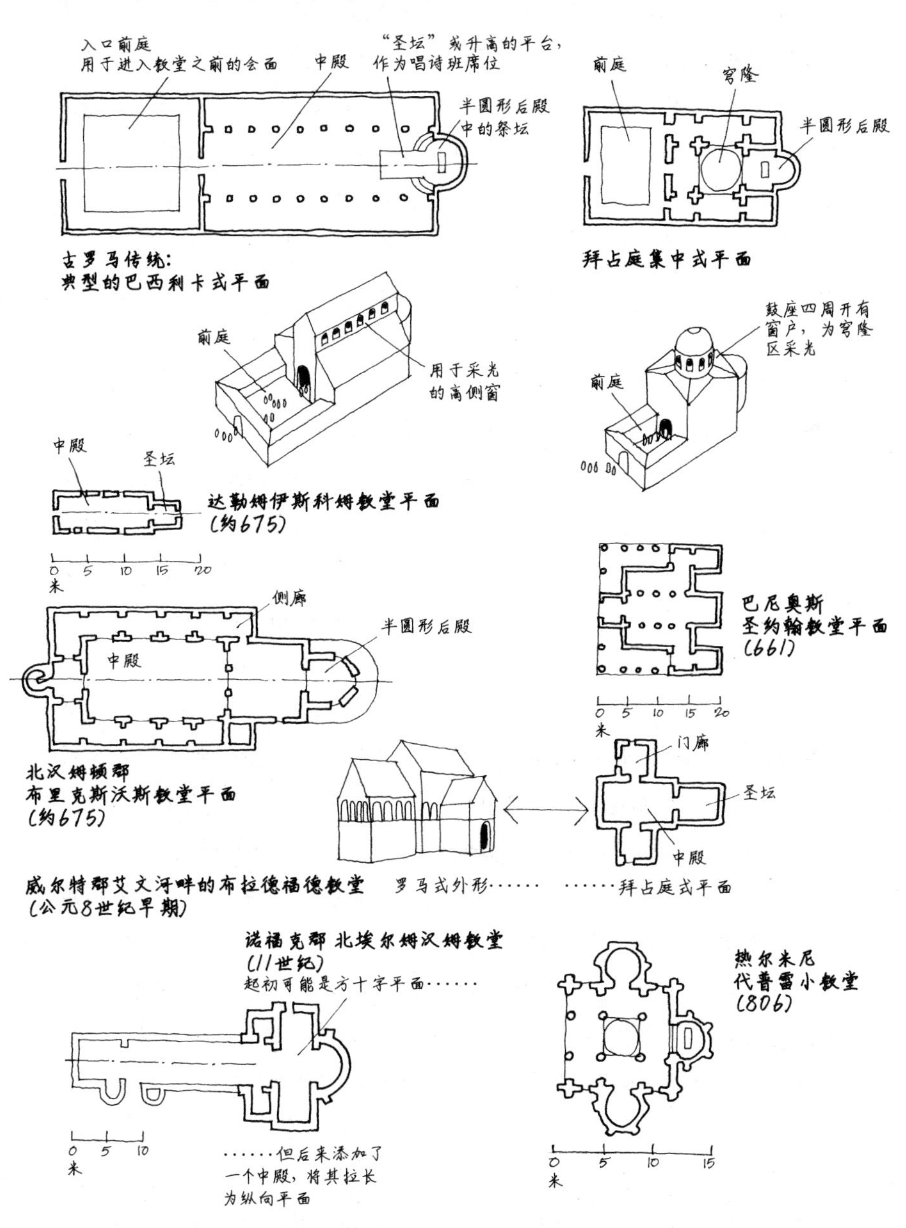

政治运动。后者将让欧洲再次陷入动荡。569年，穆罕默德诞生于麦加。在他的巨著《古兰经》里，穆罕默德描述了一种新型的宗教。通过穆罕默德的忠实信徒，这一宗教在阿拉伯部落广泛传播。到了7世纪中叶，在经济力量和宗教狂热的推动下，穆斯林军队踏上征战之旅，他们攻下了中东、印度和北非。西班牙沦陷，拜占庭只能勉强对抗，西欧危在旦夕。

蛮族人的部落中，只有居住在相当于今日法国和德国一带的法兰克人有效地组织起来，进行了抵抗。此前，法兰克人已经在克洛维一世（Clovis Ⅰ）领导下，于481年实现了王国的统一。687年，来自埃斯塔勒的丕平二世（Pepin of Heristal Ⅱ）接过大权，极大地巩固了王国的地位，并让他的儿子查理·马特（Charles Martel，714—741年在位）[①]拥有了一定实力，从而在图尔和普瓦捷（Poitiers）的大战中击败穆斯林军队，将他们逼退到西班牙。西欧开始在政治上变得较为团结和自信。纵然伊斯兰教对地中海的把控遏制了欧洲的贸易和思想交流，阻碍了文化发展，欧洲文化依然获得了某些进步。不过，这些进步只是零散地出自修道士之手。不用说，那是塞维利亚大主教伊西多尔（Isidore of Seville，卒于636年）及其科学研究的时代；是《林迪斯法恩福音书》（*Lindisfarne Gospels*，大约于7世纪末问世）广为传播的时代；是圣比德修士（Bede，卒于735年）的《英吉利教会史》（*Ecclesiastical History of the English People*）风行不衰的时代。

西欧宗教注重审视内心，伊斯兰教则通过令人惊叹的建筑来表现自己的强大。后者追求一种集宗教、政治、社会于一体的完整生活，通过对宗教真理的寻求，达成生活上各个层面的卓越。穆罕默德的追随者通常对其他宗教持宽容之态。他们认为自己是古老的犹太-基督教传统的继承者，同时并不轻看自己所继承的建筑传统。一方面，他

---

① 意译“铁锤查理”。虽然本书列出了其在位期，但铁锤查理与他的父亲一样，并没有获得法兰克国王的称号，其头衔为“宫相”（Mayor of the Palace）。——译注

们从希腊化地区、叙利亚、古罗马和拜占庭传统建筑中汲取灵感；另一方面，他们根据世界上许多被征服地区的本土技术对上述传统加以重新诠释。由此，他们将砖石砌筑发展成一种精湛的工艺，并运用此工艺完善了筒形拱、十字拱、半圆拱和尖拱等结构的建筑技术，其中最重要的推陈出新要算穹隆技术了。最早带有穹隆的伊斯兰建筑是耶路撒冷的圆顶清真寺（688年）。这么做很可能是为了与君士坦丁建造的圣墓教堂比高低，因为后者带有穹隆。但不管怎样，圆顶清真寺自有其独特的伊斯兰特征，也让它在未来的几个世纪里举足轻重。特别是，它高耸的、带有明显东方风格而非西方式样的穹隆以及室内以大理石和玻璃马赛克贴面的丰富几何形装饰，成为日后伊斯兰建筑的一大特征。

785年，伊斯兰建筑师设计了可能是当时西欧有史以来最辉煌、最精致的建筑：科尔多瓦（Cordova）大清真寺。它由叙利亚工匠建造，承袭了大马士革的建筑风格。整座建筑的主体建立在一片被回收的古典大理石柱林之上。由于古老的立柱不可能达到清真寺室内高度的要求，便在上面加建了仿佛高跷般的“支桩”，以此支撑其上的拱券。为获得更高净空，在横向拱方向，以下层拱券券顶作为起券线，加建了一系列拱券。这种简洁的功能性做法，让建筑造型极为流畅和多样，又通过在某些部位加建穹隆以及各种墙面装饰，让一切变得更加丰富。

与基督教建筑相比，伊斯兰世界的建筑风格较为相似。很大程度上，是因为伊斯兰教教徒普遍将《古兰经》作为解决生活中一切问题的指南，建筑设计自然也受其影响，由此带来伊斯兰建筑的某些基本特征：宗教与世俗建筑之间在本质上是相同的。因为在伊斯兰教教徒看来，精神生活与日常生活并无明显不同。对小规模而富有人情味的尺度的喜好，则让他们抵触恢宏巨制的纪念碑式建筑。伊斯兰建筑的设计理念偏好低浅和横向构图。

在某个基本层面，伊斯兰建筑对西方建筑的影响巨大。《古兰经》

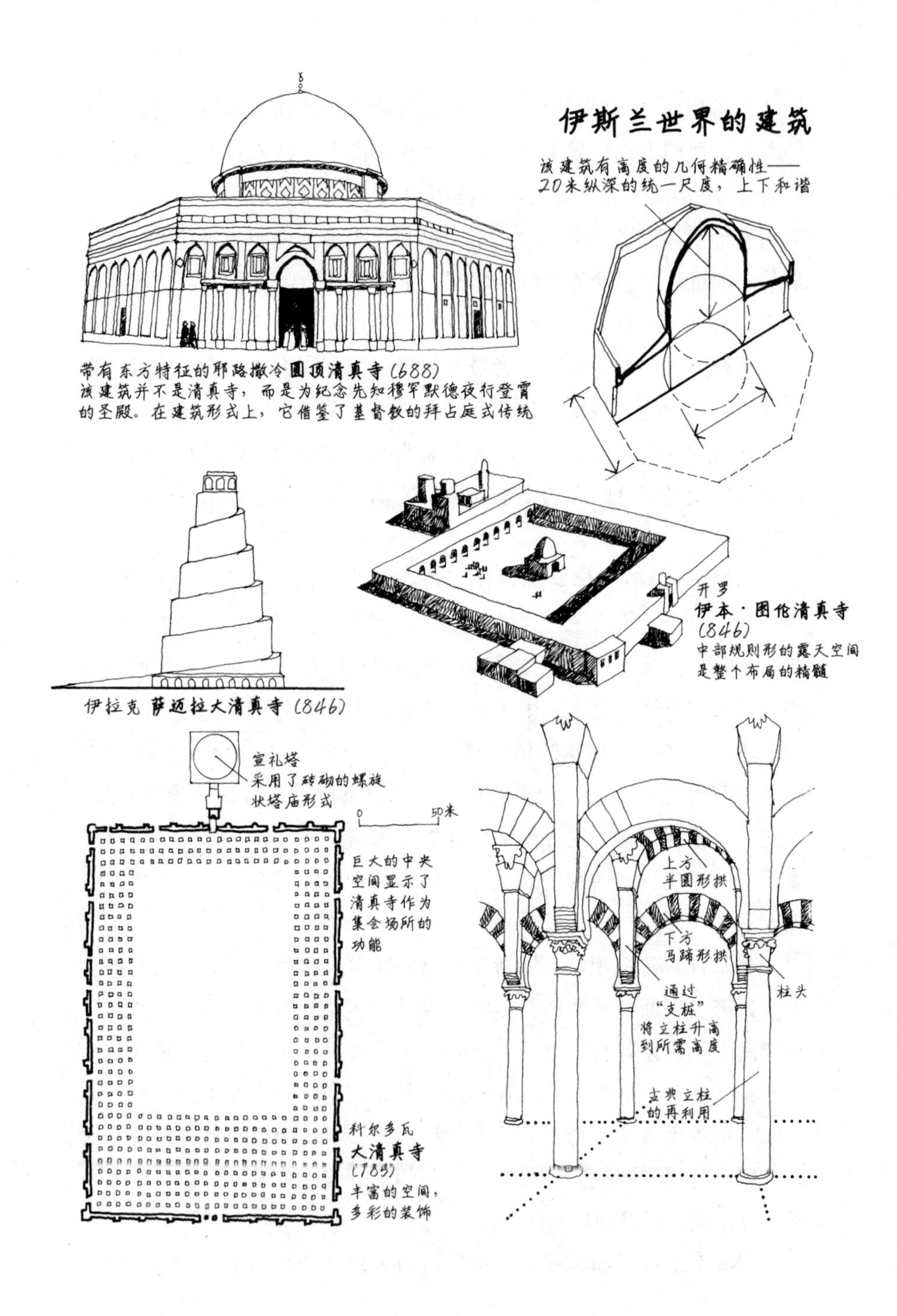
伊斯兰世界的建筑
该建筑有高度的几何精确性——
20米纵深的统一尺度，上下和谐
带有东方特征的耶路撒冷圆顶清真寺（688）
该建筑并不是清真寺，而是为纪念先知穆罕默德夜行登霄
的圣殿。在建筑形式上，它借鉴了基督教的拜占庭式传统
开罗
伊本·图伦清真寺
（846）
中部规则形的露天空间
是整个布局的精髓
伊拉克 萨迈拉大清真寺（846）
宣礼塔
采用了砖砌的螺旋
状塔庙形式
0
50米
巨大的中央
空间显示了
清真寺作为
集会场所的
功能
科尔多瓦
大清真寺
（785）
丰富的空间，
多彩的装饰
上方
半圆形拱
下方
马蹄形拱
通过
“支桩”
将立柱升高
到所需高度
柱头
古典立柱
的再利用

禁止在宗教场所运用具象艺术，因此伊斯兰建筑中很少看到西方风格的绘画和雕塑，却将抽象的艺术形式发挥到极致。尤其在建筑物表面，出现了许多从自然形式或自阿拉伯书法发展而来的抽象图案。阿拉伯人是卓有成就的数学家，他们的设计风格带有显著的数学烙印，也就强化了他们对建筑上几何图形的感知。伊斯兰教建筑的精确性和巧妙的几何特征，让西方建筑师终身受益。

加洛林王朝时期的欧洲

800年，教皇利奥三世（Leo Ⅲ）宣查理曼大帝（Charle-magne，768—814年在位）为神圣罗马帝国的皇帝。查理曼大帝是一位精力充沛、才华横溢而残酷的政治家。他将法兰克王国治理为自西罗马帝国衰亡以来西欧最强大的政体，还为王国建立了合理的、可防御的领土边界，促成了欧洲与东方帝国以及与巴格达的哈里发诃伦的贸易往来。但他与教皇利奥三世的关系微妙，而后者同样强势，让两人之间的摩擦不断。耐人寻味的是，查理曼大帝将自己帝国的首都定于亚琛（Aachen）而非罗马。因为在亚琛，他可以设立由自己掌控的机构，而免受罗马教廷的干扰。一时间，神圣罗马帝国又掀起了回归强大中央政府的势头。虽然查理曼大帝自己没受过什么教育，但在身边聚集了一批智囊学者，包括来自约克的阿尔昆（Alcuin of York）。在这些人的协助下，雄心勃勃的查理曼大帝主导了一场艺术和学术复兴。在其作为皇帝的短暂而辉煌的统治期间，中世纪欧洲实现了书写字体的标准化，即“加洛林小写体”。除了教会主办的学校，他还设立了世俗化的宫廷学校，教授语法、修辞和逻辑。此外，还印刷了许多优美的书籍和诗篇。总之，那是格里高利圣咏大发展的黄金时代，也是珠宝和冶金工艺取得辉煌成就的新纪元。

加洛林王朝时期的欧洲，封建制已然成熟。社会关系不再是部落时代的大家庭或宗族式亲属关系，而是基于社会不同阶层间复杂的互惠关系。部落时代没有分工制，在田地务农的男人到了必要时须拿起武器保卫家园。如今，从事农业生产与从事军务的人分属不同阶层。他们之间的关系、权利以及义务都有严格规定。

封建制的基础是采邑或封地，即领主拥有的大型地产，由居住在封地的佃农租种。遇到麻烦时，佃农会得到领主的保护。作为回报，佃农须无偿劳作。对领主来说，他在国王或皇帝的授权下拥有了封地，其回报便是向国王或皇帝提供军事服务。封地通常分为三大类：属于领主专用的土地、出租给佃农的土地、各人都拥有一定使用权的公共用地。佃农通常必须每周在领主的土地上工作三天。此外，他们还需向领主履行些其他额外义务。封建制的最大特征是缺乏流动性：佃农不仅受制于自己所处的阶层，还被束缚在土地上，任何试图逃离这一体制的行为都会遭到严厉惩罚。封建领主很可能同时也是修道院院长、主教、骑士或男爵。这一强大阶层的崛起，对国王和皇帝至高无上的权力构成了巨大挑战，亦成为中世纪早期最令人头痛的政治问题之一。

加洛林王朝时期的欧洲并不富裕，它依然以农业经济为主，其行政体系也相对分散，也就不可能建造出能够与拜占庭和科尔多瓦建筑相媲美的杰作。但不管怎样，此间依然建造了一批房屋。与罗马帝国的早先的皇帝一样，查理曼大帝的财富主要来自税收。这个来源倒也足以让他的政府有能力提供经费资助，以实现其文化上的雄心，诸如设立宫廷学校，发展音乐和艺术，建设精美的建筑。

亚琛的宫殿建筑群，主要由查理曼大帝的御用建筑师、修士和学者埃根哈德（Eginhardt）设计，其中的帕拉丁小礼拜堂（Palatine Chapel，792年）得以存留至今。那是一座带有中央穹顶的小型多边形建筑，原是打算作为查理曼大帝的陵墓，后来却成为历代神圣罗马帝国皇帝的加冕圣地。从建筑层面看，它显然效仿了东哥特人在拉文纳建造的拜占庭式圣维达尔教堂：两者均拥有同样的双层柱廊，柱廊之上是穹隆，柱廊之外环绕着侧廊。纵然不如圣维达尔教堂那般精细，它仍然是一座在当时来说堪称优雅的建筑。以拜占庭建筑的标准衡量，其规模也不够宏伟，但在结构上同样取得了相当可观的技术成就。其建筑设计虽然来自拜占庭传统，却也展示了相当的活力和创造性，并激发了此后中世纪建筑的发展。整座建筑的新颖之处，在于辟作宗教礼仪之用的西端，与东端的圣堂形成了一种建筑上的鲜明对比。西端最重要的元素是皇帝的御座，旨在表明查理曼大帝是基督在地球上的代表，无论他走到哪里，修道院和大教堂都会为他专设一间“宫廷礼拜堂”，让他这个皇帝端坐于西端，恰好正对着位于东端的上帝。同时期带有同样西端的实例，除了皮卡第阿布维尔的圣里基耶教堂（Church of St Riquier，Abbeville，790年），还有黑森的富尔达修道院教堂（Abbey Church of Fulda，802年）。前者带一座“羽翼丰满”的塔楼，近乎方形中殿的两端各有十字交叉区[①]。后者为巴西利卡形制，长方形平面的两端均建有半圆形后殿。

影响力最持久的加洛林建筑是位于今日瑞士东部的本笃会圣加仑修道院（Benedictine monastry of St Gallen，820年）。值得注意的是，与其说是该修道院建筑本身闻名，不如说是建筑师埃根哈德设计的总平面图闻名。该总平面图汲取了当时本笃会设计思想之精华，并成为未来几个世纪其他修道院的设计模式。在这张图上，我们可以看到典型的加洛林王朝时期双端式教堂形制。直到11世纪和12世纪，此类教堂仍然广受欢迎，尤其流行于日耳曼地区。更有趣的是，它显示了当时的修道院所偏好的布局：带有众多的配套设施，包括学校、医院、客舍、农场、磨坊、谷仓、打谷场和宗教性住房，让人们了解到修道院作为社会中心的重要性。

加洛林王朝的复兴随着查理曼大帝的谢世而告终。843年，根据法兰克人的习俗，《凡尔登条约》（Treaty of Verdun）将这个帝国一分为三，分别由查理曼大帝的继任者路易一世的三个儿子掌管，欧洲再

① 在本书插图的注解文字中，简写为“十字区”。——译注

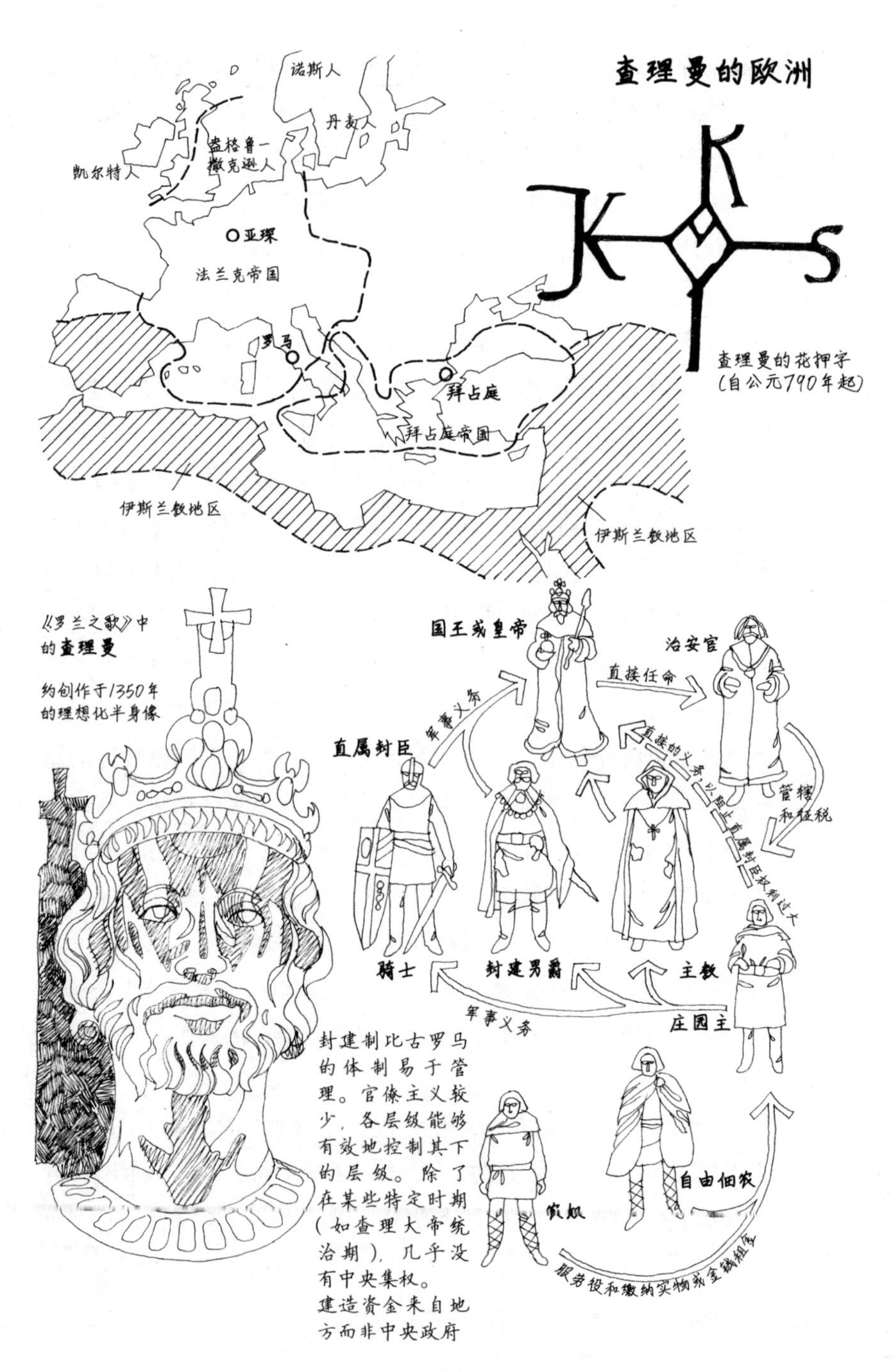
查理曼的欧洲
诺斯人
丹麦人
盎格鲁—
撒克逊人
凯尔特人
亚琛
法兰克帝国
罗马
拜占庭
拜占庭帝国
伊斯兰教地区
伊斯兰教地区
查理曼的花押字
(自公元790年起)
《罗兰之歌》中
的查理曼
约创作于1350年
的理想化半身像
国王或皇帝
治安官
直接任命
军事义务
直属封臣
直接的义务，以阻止直属封臣权利过大
管辖
和征税
骑士
封建男爵
主教
军事义务
庄园主
封建制比古罗马的体制易于管理。官僚主义较少，各层级能够有效地控制其下的层级。除了在某些特定时期（如查理大帝统治期），几乎没有中央集权。
建造资金来自地方而非中央政府
自由佃农
农奴
服劳役和缴纳实物或金钱租金

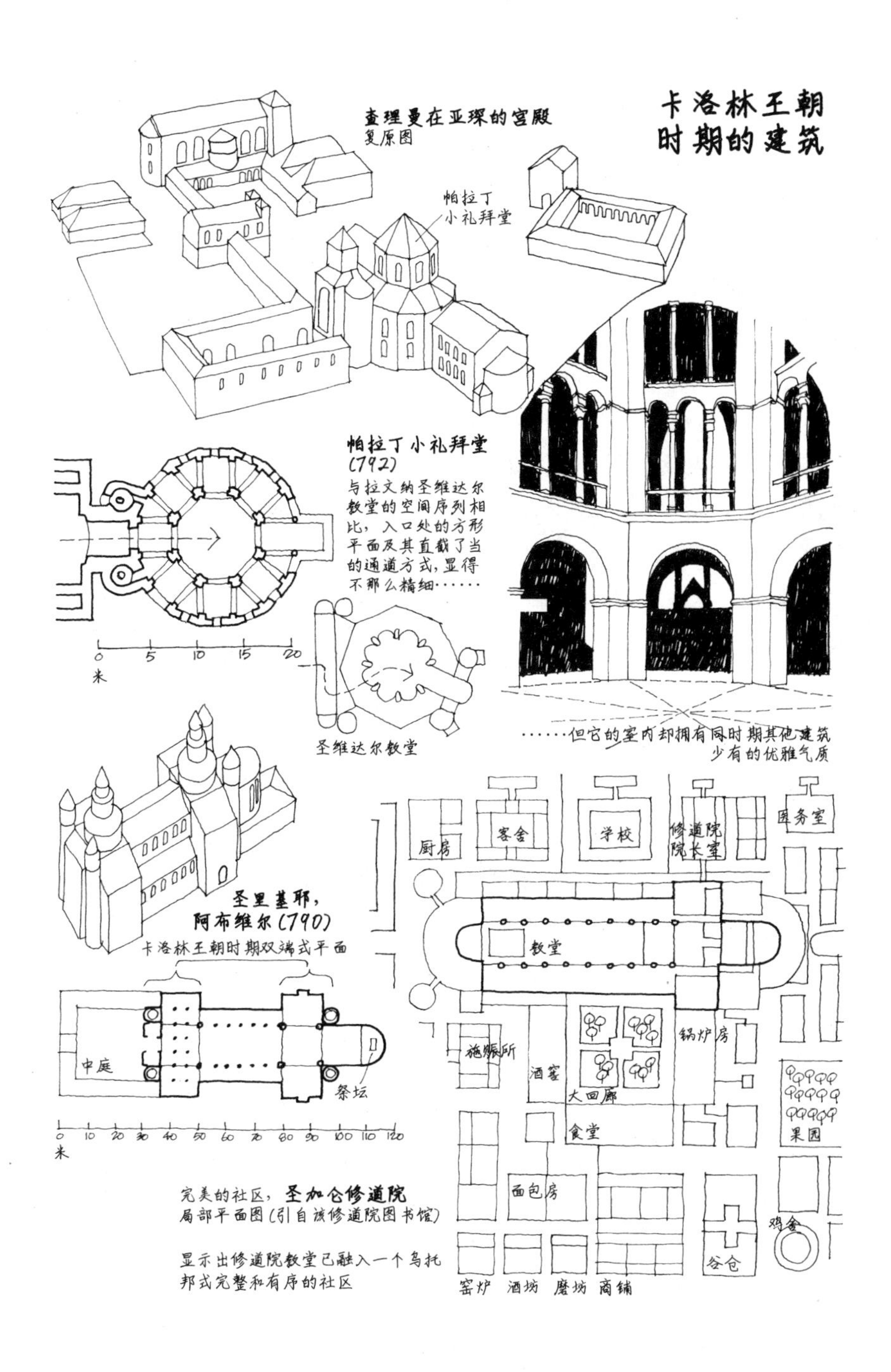
卡洛林王朝
时期的建筑
查理曼在亚琛的宫殿
复原图
帕拉丁
小礼拜堂
帕拉丁小礼拜堂
(792)
与拉文纳圣维达尔教堂的空间序列相比，入口处的方形平面及其直截了当的通道方式，显得不那么精细……
0 5 10 15 20
米
圣维达尔教堂
……但它的室内却拥有同时期其他建筑少有的优雅气质
圣里基耶，
阿布维尔(790)
卡洛林王朝时期双端式平面
中庭
祭坛
0 10 20 30 40 50 60 70 80 90 100 110 120
米
厨房
客舍
学校
修道院
院长室
医务室
教堂
锅炉房
施赈所
酒窖
大回廊
果园
食堂
面包房
鸡舍
谷仓
窑炉 酒坊 磨坊 商铺
完美的社区，圣加仑修道院
局部平面图(引自该修道院图书馆)
显示出修道院教堂已融入一个乌托邦式完整和有序的社区

次陷入政治动乱。马扎尔人从东部入侵了欧洲，维京人则沿着爱尔兰到俄罗斯的北部海岸线，袭击了欧洲北部沿海地区，打破了原本脆弱的和平局面。西欧与地中海东部间的贸易几乎完全中断。维京人在横扫了俄罗斯和波兰之后，又侵入法兰西、诺曼底和不列颠，成为欧洲北部地区的霸主。彼时的欧洲，只有远离北部和东部入侵者的西班牙建造了一些重要建筑，其中的几座教堂，如奥维耶多的纳兰科山圣玛利亚教堂（Church of Santa Maria de Naranco，Oviedo，848年）、莱娜的圣克里斯蒂娜教堂（Church of Santa Cristina de Lena，约900年），以及莱昂的圣米格尔·德·埃斯卡拉达教堂（Church of San Miguel de Escalada，León，913年），皆采用了带有罗马风建筑特征的筒形拱，从中可见彼时教堂建造的新趋势。不过在莱昂的教堂，那些强烈的伊斯兰特征不禁让人追忆起科尔多瓦大清真寺。总体而言，即便是小型建筑，此刻西班牙人的工艺技能也高于欧洲北部地区的整体水平。之前的穆斯林统治造就了一大批训练有素的西班牙工匠，他们有能力精准地建造规则整齐的建筑物，也有能力砌筑平整的砖墙和几何形拱券。

9世纪后期，由于异族入侵和地方上贵族间的政治斗争，西班牙之外的欧洲其他地区社会破碎，贸易陷入停滞，富于创意的文化活动已成明日黄花。然而，衰败的局面反而带来一些契机，为文化上的复兴创造了条件。此一复兴不仅让查理曼大帝时代相形见绌，甚至堪与罗马帝国相媲美。面对9世纪严峻的经济形势，也为了生存，欧洲南部的一些贸易城市与拜占庭和伊斯兰教地区开展了贸易往来。在9世纪和10世纪间，那不勒斯、拉文纳、米兰、阿马尔菲、比萨、帕维亚，尤其是威尼斯，纷纷致力于贸易复兴，从而促进了经济复兴。与此同时，维京人对欧洲北部沿海地区的统治，带来欧洲北部的贸易增长，其商路西抵不列颠，东达俄罗斯。在这两大商路的发展进程中，最终形成了中世纪欧洲两大主要的贸易体系：南部意大利各贸易城市之间的伦巴第同盟和北部的汉萨同盟。

随着农业的逐步扩张，养活更多人口成为可能。自罗马帝国晚期

城市的发展，400-1200

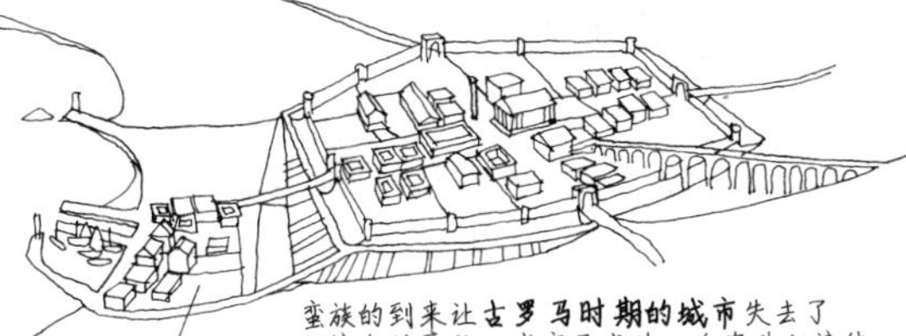

蛮族的到来让**古罗马时期的城市**失去了经济上的意义，城市已成为一个农业经济体

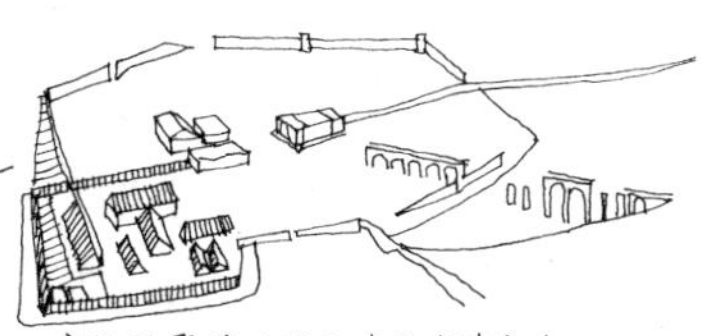

蛮族的聚落可能会建于城墙之内，但城市的其他区段变成了废墟

最终，古罗马时期的城市成为**中世纪的修道院或主教的教区**，其中心地带是一座教堂。因此，尽管流失了许多人口，它们并没有完全荒废

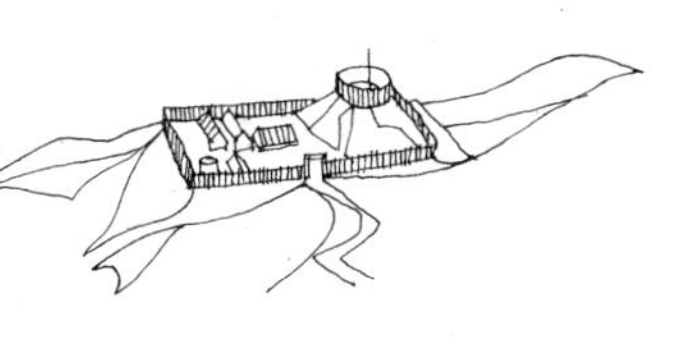

公元9世纪时，在一些战略要地建起了**防御性堡寨**，这些堡寨是军事上的据点而非经济中心

至此，无论是主教的**教区**还是**堡寨**都不是真正的城市，除了满足应急的需要，那里既没有独立的经济生活也没有介入商业或工业生产，二者皆基于封建制，其生活依赖于周边的乡村

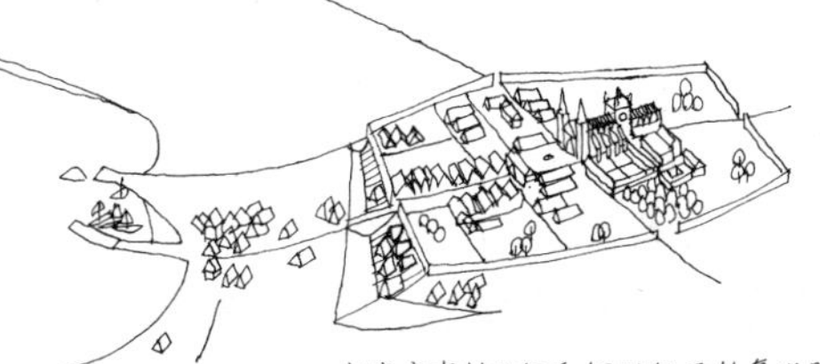

当城市在11世纪和12世纪开始复兴时，它们都在扩张。鉴于老城墙内的大部分土地为教会所有，商业**港口**在老城墙之外发展起来

同理，处于商业增长中心的堡寨，可能会在其防御中心（堡垒）之外发展出一个商业区或**郊区**

起初，**港口**和**郊区**都没有防御性设施。随着财富之争的日益加剧，对遭受袭击的恐惧加深。保护城内的“自由”民免受城外封建势力的侵袭也很重要。因此，在那些市民负担得起的城市，建起了规模宏大的城墙

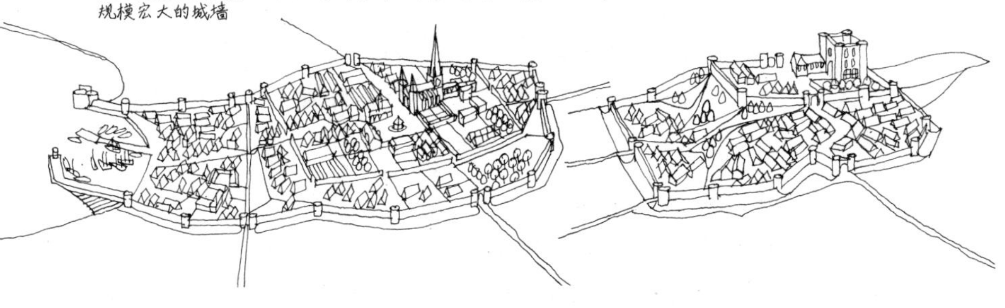

以来一直呈萧条之态的城镇走向复苏。不过，即便在欧洲封建社会的鼎盛期，能够发展成重大贸易中心的西欧城镇仍是寥寥无几：一些城镇被改造为部落的宅基和农庄，一些被选作主教的宅邸或修道院的所在地。它们虽保留了城市街区的外貌，却已经失去经济层面的重要性。许多古老建筑沦为提取建筑材料的采石场，一些隶属从前老城区的地段竟然变成了大片的耕地。但是，从乡村涌向城市的人口迁徙改变了所有的颓势。从一开始，逃往城市就意味着摆脱封建束缚走向独立。于是城镇成为自由思想和行动的中心，成为进步和激进主义的中心，成为促成社会变革的急先锋。

封建体制下，中央集权一旦无力施展强权控制，就会滋生出雄心勃勃、权力巨大的贵族阶层，随之而来的便是政治动荡。经过一系列弱势统治者后，日耳曼的奥托大帝（Otto the Great，936—973年在位）和法兰西的于格·卡佩（Hugh Capet，987—996年在位）分别在自己的地盘上重建了强大的中央政府。然而，教会却依旧盛行无政府主义。对许多拥有土地的富贵主教和修道院院长来说，通过出卖圣职而谋利的腐败行为已成为谋生之道。因此，新近出现的克吕尼运动试图通过严格遵守圣本笃会规来净化教会。神圣罗马帝国皇帝奥托三世（Otto Ⅲ，卒于1002年）看到这项改革有助于帝国的统一，故表示支持，由此开启了帝国与教会携手共进的新纪元。

改革的中心是勃艮第的克吕尼修道院。经过院长马节尔（Majeul）批准，有关修道院教堂的重建事项被提上日程，并于981年为新教堂举办了奉献礼，称之为“克吕尼第二教堂”（Cluny Ⅱ）。其意义重大：因为它不仅代表了修道院改革，更代表了一个新的建筑时代的开始。事实上，罗马风建筑风格就此瓜熟蒂落。此外，改革派们不仅在卢瓦尔河畔的图尔建造了圣马丁教堂（St Martin，Tours，997年），还在下萨克森的希尔德斯海姆建造了圣米迦勒教堂（St Michaels，Hildesheim，1000年），让克吕尼改革的雄心壮志通过建筑得到最佳体现和诠释。建造者是石匠和木匠，但设计师显然是寻求表达自己宗教理想的修道士。在法兰西，新教堂最引人注目的是拥有众多为新兴的宗教仪式所需要的小礼拜室，供大批的牧师为死去的亡灵做弥撒或祷告。在克吕尼第二教堂，它们以平行的方式布局；在圣马丁教堂，它们呈辐射状——环绕着教堂东端主祭坛后方宽阔而弯曲的回廊。在德意志，希尔德斯海姆的圣米迦勒教堂则依旧继承了加洛林王朝时期东西向布局的双端式。纵有不同，所有新建教堂已不再是对昔日传统半生不熟的翻版。它们体量庞大，风格简约，功能完善。最重要的是具有完整的设计理念，并在建筑的各部分之间建立起秩序关系。这代表了一种全新的设计方式。

关于中世纪历史的“千禧年”理论认为，由于许多人相信世界将于1000年走向末日，导致了10世纪文化上的停滞。事实并非如此。彼时的教廷和帝国已开始成为欧洲政治上的中坚力量，人口不断增加，城镇不断发展，一种新的宗教精神风起云涌，一场社会和文化运动已然起步。如此生机勃勃的铺垫，让未来二百年的欧洲建筑取得了最伟大的成就。

第四章

重建信仰：11—12世纪

> 在前文提及的千禧年之后，又过了三年。现如今的世界各地，尤其是意大利和高卢，再度兴起了重建巴西利卡式教堂的新高潮……基督徒们个个都在竞相努力着建造更为宏伟的教堂，仿佛整个地球都在震荡中摆脱了旧世界，白色的教堂遍布全球。

上述热情洋溢的文字，由克吕尼编年史家拉乌尔·格拉比（Raoul Glaber）写于1003年。通常而言，我们惯于将建筑的发展视为一种风格对另一种风格的传承演进，以至于很容易忽略了一些更为本质的变化。罗马风建筑风格自身的发展及其近年被发现的清晰思路固然重要，同样值得关注的是彼时新增建筑的数量，特别是它们巨大的体量。到了11世纪，整个西欧不断涌现出新的建筑。过去八个世纪以来，这还是第一次，新建筑呈现出与古罗马建筑一较高下的雄心。

建筑活动的激增，反映了财富的增长和政治稳定，但建造大体量的建筑意味着更重要的进步：对大型工程项目的组织、规划和预算能力，材料的运输能力和将团队凝聚起来协同工作的能力等。自中世纪早期，一个有序的封建社会已逐渐浮现。到了11世纪，这个有序的社会达至巅峰。控制它的是两大富有的社会阶层：一是由皇帝、国王和贵族之间按尊卑等级组成的集团；二是教会。两者都已经在社会上确

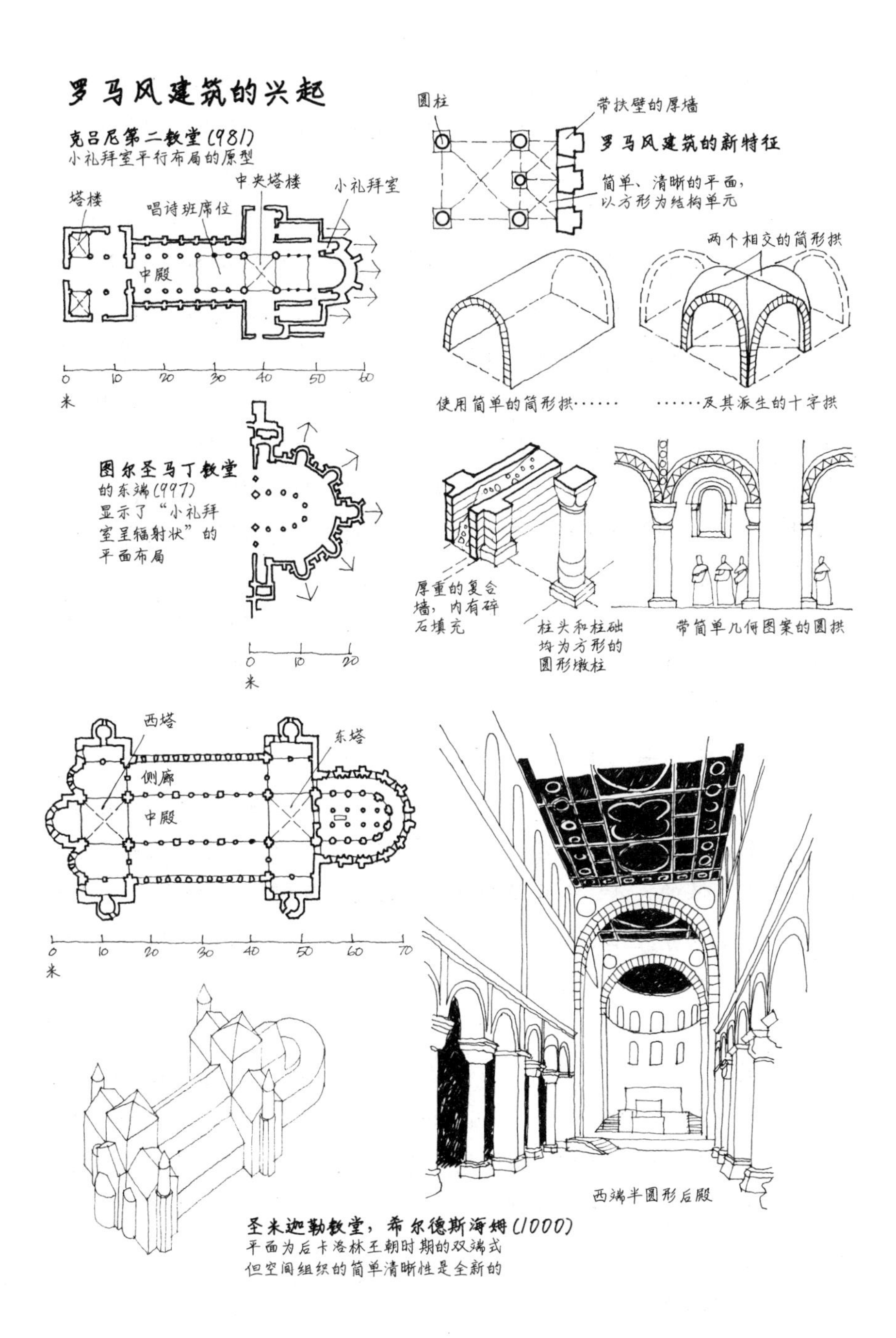
罗马风建筑的兴起
克吕尼第二教堂(981)
小礼拜室平行布局的原型
中央塔楼
小礼拜室
塔楼
唱诗班席位
中殿
0
10
20
30
40
50
60
米
圆柱
带扶壁的厚墙
罗马风建筑的新特征
简单、清晰的平面，
以方形为结构单元
两个相交的筒形拱
使用简单的筒形拱……
……及其派生的十字拱
图尔圣马丁教堂
的东端(997)
显示了“小礼拜
室呈辐射状”的
平面布局
厚重的复合
墙，内有碎
石填充
柱头和柱础
均为方形的
圆形墩柱
带简单几何图案的圆拱
0
10
20
米
西塔
东塔
侧廊
中殿
0
10
20
30
40
50
60
70
米
西端半圆形后殿
圣米迦勒教堂，希尔德斯海姆(1000)
平面为后卡洛林王朝时期的双端式
但空间组织的简单清晰性是全新的

立了稳固地位，各自拥有自己的内部组织机构。这让他们成为两大显著的社会阶层。此外，他们越来越讲究其欧洲风范，而不仅仅只追求地方形象。作为表现阶级力量的建筑，正在发展出鲜明的欧洲特征。

诺曼人是此等新精神的典型代表。从字面上看，“诺曼人”指的是“北方人”。三四代之前，他们是入侵者——维京人。而今的诺曼底已发展成一个充满活力的封建小国。严格意义上说，法兰西的历任国王是诺曼人的总领主，却很难控制他们。到了11世纪，诺曼人的势力遍及欧洲。1066年，他们征服了英格兰，让英格兰的文化发展与欧洲大陆联系起来。1071年，他们控制了意大利和西西里，1084年又拿下了罗马。有关诺曼人征服英格兰的故事，“贝叶挂毯”（Bayeux Tapestry）向我们提供了图像化表述。这幅挂毯很可能由一群盎格鲁-撒克逊艺术家编织，他们受贝叶奥铎主教（Odo）雇用，大约于1077年完成任务。韦斯（Wace）撰写的《罗洛的传奇》（*Roman de Rou*）亦有相关记载。韦斯是12世纪贝叶的一名咏礼司铎，他在书中写道：

> 入侵者一踏上这片土地，……他们便商量着，寻到一块好地基，能够在上面建造一座坚固的要塞。接着他们从船上搬出建筑材料，再把它们拖上岸。所有材料都是成形的、带框架的或是已经钻好孔的，只需以楔子和钉子将它们组装到一起即可。楔子和钉子也是事先准备好装在大木桶里带过来的，随时可用。所以，在天黑之前要塞就已经建好了。

在贝叶挂毯上，可看到类似于韦斯所描述的要塞，如今我们称之为“高台-堡寨”式城堡（motte and bailey）[1]。堡寨是一个大院子，里面建有住宅和仓库，四周环以壕沟和栅栏。高台是城堡中最坚固的据点，实为一座人工夯土台或者说土丘，其四周也是由壕沟保护，顶部

① 又译为“城寨城堡”。——译注

诺曼式城堡

高台—堡寨式城堡

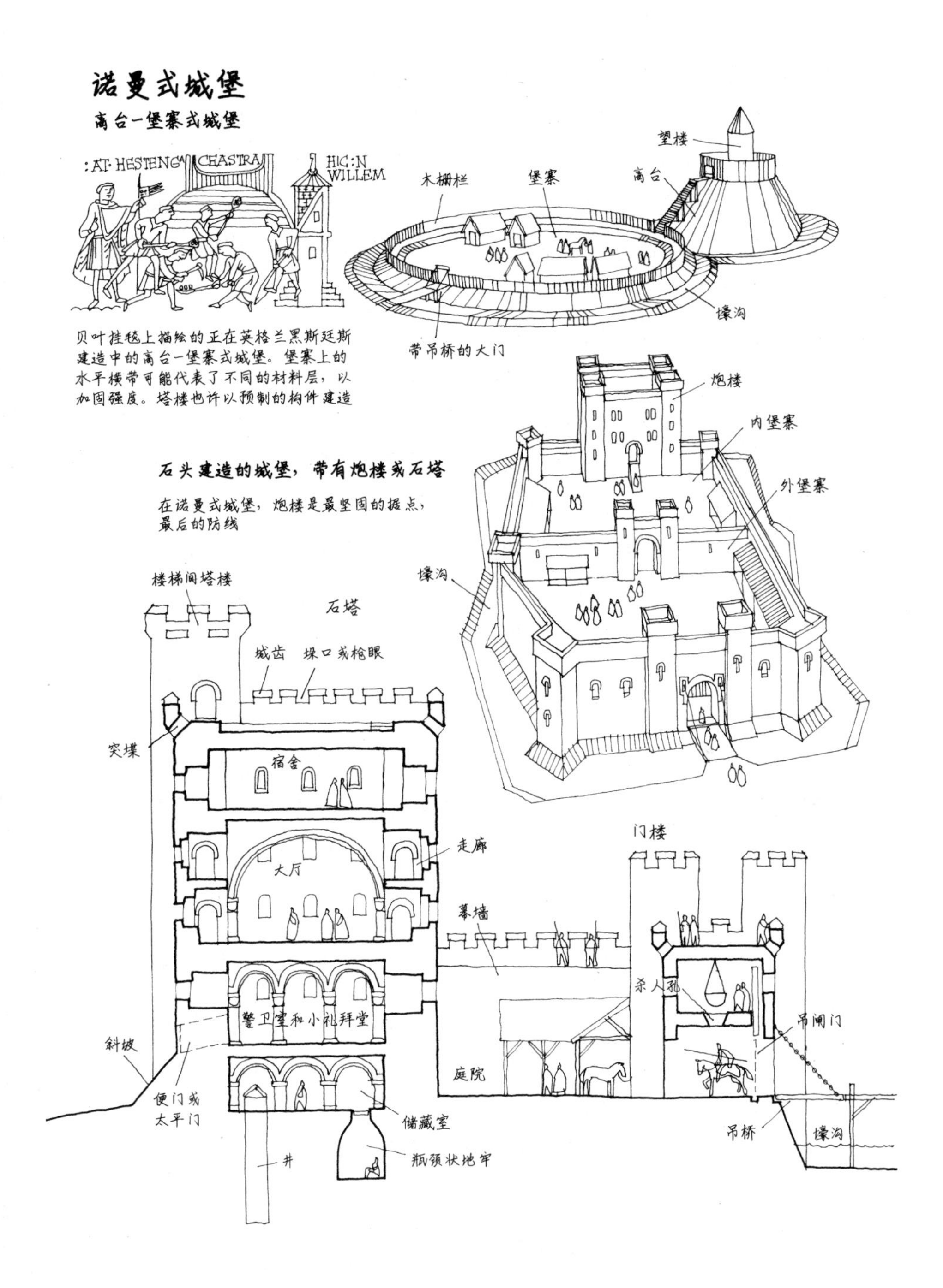

贝叶挂毯上描绘的正在英格兰黑斯廷斯建造中的高台—堡寨式城堡。堡寨上的水平横带可能代表了不同的材料层，以加固强度。塔楼也许以预制的构件建造

石头建造的城堡，带有炮楼或石塔

在诺曼式城堡，炮楼是最坚固的据点，最后的防线

建有栅栏或木塔。城堡建筑在欧洲的雏形始于9世纪。当时，为了捍卫帝国的边界，查理曼大帝和秃头查理[①]在一些战略要地大力构筑碉堡和掩体工事。11世纪初期，英格兰忏悔者爱德华国王将城堡建造引入英格兰。不过上述的"高台-堡寨"形制最先是由诺曼人确立的。现存的实例有很多。诺福克郡塞特福德小镇上的城堡遗迹，规模最大，高达25米。北爱尔兰的德罗莫尔城寨城堡（1180年）保存得最为完整。

1066年，诺曼底的威廉公爵（卒于1087年）成为英格兰的威廉一世。此君的统治非常高效。他对英格兰经济资源的详尽调查《末日审判书》(Doomsday Book，1081年)，便是他关于国家控制计划的重要一环，旨在通过广泛的征税实现对国家的全面控制。这一切取决于他手下的男爵们对各地管控的力度。于是他建造了许许多多的城堡，为男爵们提供征税基地，同时也利用它们对不安分的盎格鲁-撒克逊人实施严厉打击。在他21年的统治期间，威廉一世建造了50座供男爵们使用的城堡。除此，他自己还拥有大片的土地，并在全国各地为自己建造了至少49座城堡。借助这些城堡，威廉和他的治安官们可以监督男爵们在地方上的活动。

为了快速和方便，初期的城堡都是用木材建造。可如果想要更加稳固和更加安全，就需要以石头建造城堡。这种城堡原则上依然是"高台-堡寨"形制，但堡寨大院四周的防卫性围桩栅栏已改为石墙，并且尽可能地，在土丘（高台）上建造一座粗矮的防御性圆形石塔——"炮楼"。可很多仓促建造的高台往往不够坚固，无法承受任何体量的"炮楼"，于是摒弃了"高台-堡寨"形制，发展出"石头高塔式"城堡。它主要为一座大体量的方形石塔，有几层楼高，其内布置有警卫室、起居室、领主及其家人的卧室。此外，可能还设有囚禁犯人的牢房。方形高塔的底部通常筑有一段"斜坡"，以阻止敌方的工兵靠近塔身，同时让进攻者发射的炮弹在下落时反弹到他们自己头上。

① 即查理曼二世。——译注

城堡的入口一般都设置得很高，是为了令敌方难以利用撞槌来攻城。

沿堡寨外围，每隔一定距离还建造了向外凸出的塔楼。防御城堡的卫兵可在此发射带有火苗的利箭来保护城墙。由于通向堡寨大院的主要入口比城堡的主塔楼更容易受到攻击，通常在这里建造一座带有吊闸门的门楼。攻城者一旦抵达门楼下的吊闸门，便会遭到来自城堡上方石砌防御工事“杀人孔”的猛烈攻击。为了提供更多保护，有时还额外建造一座称为桥头堡的外凸式防御塔。

怀特岛上的卡里斯布鲁克城堡（Carisbrooke Castle，1140年），还有伦敦附近的温莎堡（1170年），至今仍保留着“炮楼”。不过那个时期最壮观的城堡已经是“石头高塔式”。其中最精美的应该是始建于1086年的伦敦白塔和法兰西盖亚尔城堡（Château de Gaillard，1196年）。前者为一幢方形塔楼，高30米，四个角落又各建有一座凸出高耸的小塔楼。东南角的小塔楼还特意被扩大，以建造罗马风式样独特优美的圣约翰礼拜堂。后者位于诺曼底莱桑德利（Les Andelys）的一处战略要地，由英格兰理查一世（Richard Ⅰ）下令建造。庞大的构筑物之外，带有三圈完整的地面防御工事和塔楼。

像古罗马军营一样，中世纪城堡能够让强大的中央集权政府抵御外敌入侵，保护其领土边界。虽说它常常被用作领主住所，而且通常是大型封建领地的中心，但它主要是一个军事设施，属于军事精英阶层。正如精英阶层的成员资格由国王恩赐，建造一座城堡也需要皇家的“特许建造执照”。

为保卫边界和山道不受外敌侵扰，需要不断地建造城堡。但城堡也具有管理内政的作用，也就是说通过它控制当地民众。建于11世纪和12世纪的城堡超级坚固，意味着它们易于防御，只需少量的驻军（20或30名男子）。毋庸置疑，坚固的城堡对当地民众起到了刻意的恐吓效果。具有讽刺意味的是，城堡通常由农奴们亲手建造。由于拥有皇家特许建造执照所赋予的特权，城堡的主人可以任意征召建造城堡的劳工。劳工们大多居住在很远的地方，因被征召而离乡背井。

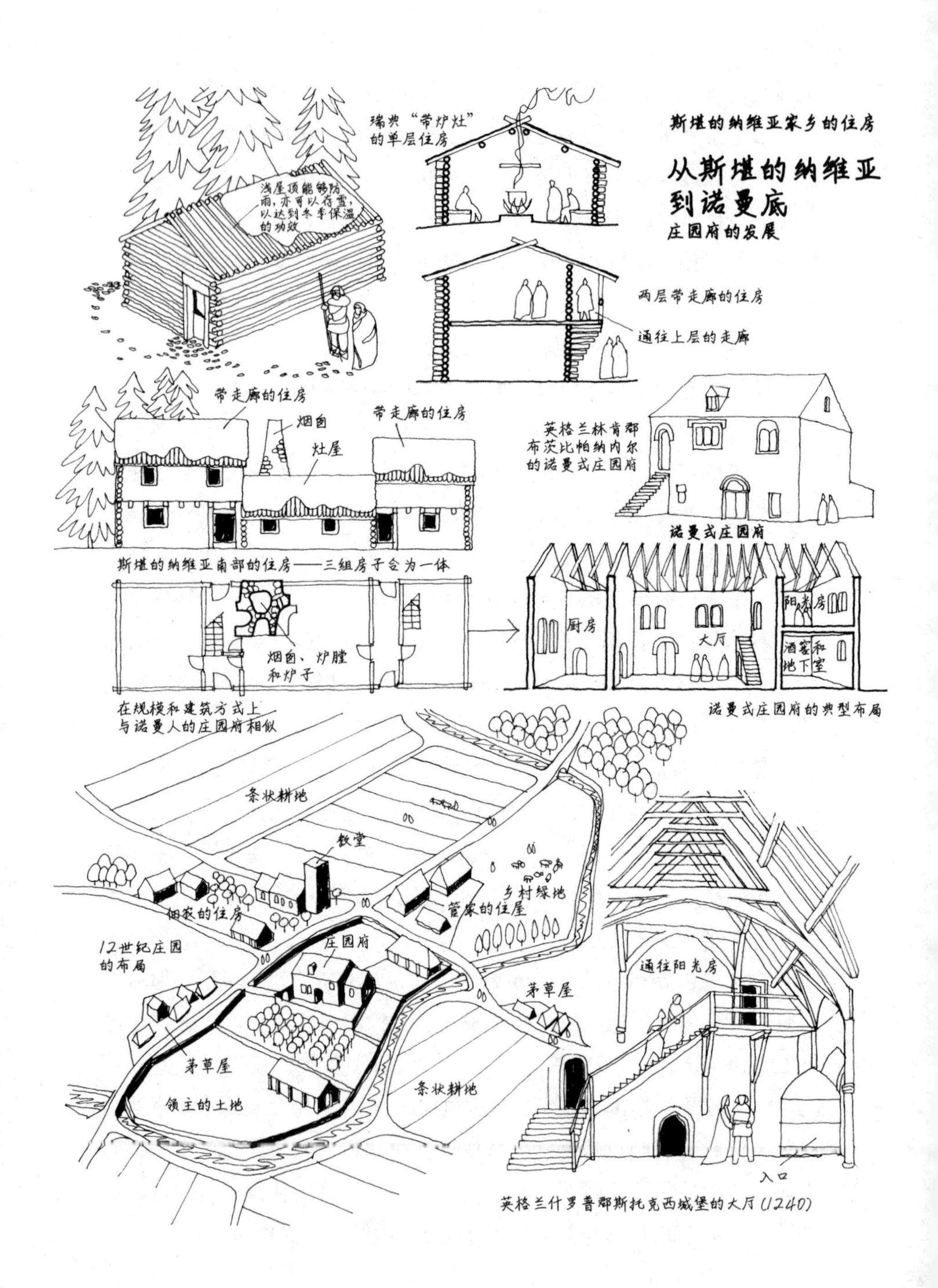

斯堪的纳维亚家乡的住房
从斯堪的纳维亚到诺曼底
庄园府的发展
浅屋顶能够防雨，亦可以存雪，以达到冬季保温的功效
瑞典"带炉灶"的单层住房
两层带走廊的住房
通往上层的走廊
带走廊的住房
烟囱
灶屋
带走廊的住房
英格兰林肯郡布茨比帕纳内尔的诺曼式庄园府
斯堪的纳维亚南部的住房——三组房子合为一体
诺曼式庄园府
厨房
大厅
阳光房
酒窖和地下室
烟囱、炉膛和炉子
在规模和建筑方式上与诺曼人的庄园府相似
诺曼式庄园府的典型布局
条状耕地
教堂
佃农的住房
乡村绿地
管家的住屋
12世纪庄园的布局
庄园府
茅草屋
茅草屋
领主的土地
条状耕地
通往阳光房
入口
英格兰什罗普郡斯托克西城堡的大厅(1240)

男爵阶层之下是一大群小领主，这批人维持着封建制度的日常运转。他们的住所被称为庄园府——一组由住宅、牲口棚和储藏仓库组成的建筑群，通常环绕在一个带有防御设施的大院四周。其中的主体建筑是供领主居住的府邸。其底层带有一间供餐食和日常生活起居之用的中央大厅。中央大厅一般很大，相邻处有厨房、储藏室和餐具室。楼上为休息室和用来睡觉的“阳光房”。

领主庄园府的原型源自诺曼人在斯堪的纳维亚家乡的住宅。几个世纪以来，彼处的普通民居一直都是斜屋顶的单层单室式，墙壁由笔直长条的软木横向铺设，各自在房屋的四角以井干式结构交接。到了中世纪初期，随着生活水准的提高，人们开始建造两层多室式住房。正是这一类住宅，为法兰西和英格兰领主的庄园府邸设计提供了样板。它们通常是木构，不过存留下来的佳例都为石砌，外形简约朴素，与其同时代的教堂建筑风格相类似。尚未发现11世纪住房的遗留，但某些12世纪的英格兰住宅带有相同特征。在英格兰林肯郡的布茨比帕纳内尔（Boothby Pagnell）、林肯城的圣玛利亚行会区（St Mary’s Guild），还有多塞特郡的克里斯特彻奇（Christchurch），可以看到一些实例。

克吕尼精神

欧洲日益发展的政治秩序，给封建制度注入了新的活力，让土地持有者受益颇多。不仅男爵得利，教会也收获满满，因为教会此时也已经拥有大量的地产。其中又以修道院最为富有，它们同时得到国王和富裕平信徒[1]的慷慨资助。前者希望通过修道院获得道义上的支持，后者为了寻求精神上的慰藉。如果一位富人决定去修道院过隐修生活，由于修道院的教规禁止他拥有个人财富，其财产便归属修道院了。据估算，到11世纪，欧洲各地修道院所拥有的金钱和财产，相当

① 平信徒指基督教教会中不担任教职的信徒，又称教友、会友、信友。——译注

于全欧洲总财富的六分之一。

与经济实力相匹配的是修道院的精神影响力。创立修道院的本意是为了对抗当时高高在上的建制派教会。与教皇及其手下的主教、教士和“世俗”神职人员相比，修道院所代表的教派表现出完全不同的气度。它们专注于精神和社会事务，基本不受政治阴谋和腐败的影响。而几个世纪以来，正是政治阴谋和腐败削弱了教皇的权威。于是，修道院成为欧洲人的精神领袖，尤其以克吕尼修道院的影响最大。克吕尼修道院一些大名鼎鼎的院长，如圣奥迪洛（St Odilo，994—1049年）和圣休（St Hugh，1049—1109年），甚至比教皇本人更具有精神上的权威性。随着克吕尼改革的不断发展，到了11世纪，更多的修会纷纷创立：1086年[①]，在法兰西东南部的格雷诺布尔附近，建立了加尔都西会[②]（Carthusians）；1098年，在法兰西东部的熙笃修院（Citeaux）和明谷修院（Clairvaux），建立了熙笃会[③]（Cistercians）。

修道院对教堂建筑的影响力同样强大。设计一栋复杂的建筑需要接受教育，而教育在当时依然为修道院所垄断。石匠和木匠通常都是农奴，他们当中只有较幸运者才有可能获得自由，并接受一定程度的教育。教堂建筑的设计师通常是接受过教育的修士。不过有些时候——尤其是10世纪之后——越来越多的修士设计师开始辅导平信徒从事设计。

到了1046年，连教廷都屈从于克吕尼改革[④]。这让世俗教会的地位得到提高，遍及欧洲的教区体制走向成熟。教区一般拥有三大特征：行政区段（通常根据封建领地的地理边界加以划分）、由教皇任命的教区牧师（其角色是作为当地居民的“灵魂治愈师”）和教堂建筑。

---

① 一般认为加尔都西会创立于1084年。本书作者对于有关年代的描述较为随意。鉴于其误差极小，我们不再一一附加译注。——译注

② 又名嘉都西会，是一个封闭的天主教教会，很少和外界接触，也不派遣任何传教士。——译注

③ 天主教修会，遵守圣本笃会规，属于修院改革势力。其修会清规森严，平时禁止交谈，故俗称“哑巴会”。——译注

④ 指的是1046年亨利三世任命一名克吕尼派神职人员登上教皇宝座。——译注

教区教堂与修道院教堂由于功能的不同，在建筑形式上也存在一定差异。修道院教堂的主体空间是“唱诗区”（Choir）[①]，修士们在此间敬拜。去修道院教堂做礼拜的平信徒很少，即使有的话，那里也极少甚至没有为他们设置专用的祭拜空间。教区教堂则需要有空间来容纳平信徒。自9世纪以来，带有大型中殿的世俗（教区）教堂开始出现。在被诺曼人征服之前，不列颠的一些教堂，如萨塞克斯郡沃斯小镇的圣尼古拉斯教堂（约950年）采用简单的蜂窝状平面布局，其中无疑以中殿为主。北安普敦郡厄尔斯巴顿镇诸圣教堂（约970年）的中殿被建为一座高大的塔楼，并以其盎格鲁-撒克逊式的“长-短工艺”（long-and-short）[②]闻名于世。

越来越多的教区教堂根据需要专门而建，但仍有一些是经修道院教堂改造而来。改造通常使用了修道院的资金和修士们的建造技能。毕竟教堂设计是修道院长期拥有的特权，世俗教会才刚刚开始学艺。在法兰西，勃艮第图尔尼的圣菲利贝尔教堂（Church of St Philibert，始建于950年）最初是本笃会的修道院教堂，但后来扩建了一个带有精致横向拱的中殿。佛罗伦萨优美的圣米尼亚托教堂（Church of San Miniato al Monte，1018年）从外观上看，继承了古罗马的巴西利卡形制，室内却出现了一些罗马风建筑的创新。尤其是笔直狭长的中殿被墩柱和半圆形横向拱划分为三个隔间的做法，显示了对空间组织的日益重视。

此时在整个西欧，大体量教堂建筑，无论隶属于修道院还是世俗社区，皆开始呈现出清晰的罗马风特征。可是在南欧和东欧，拜占庭风格的影响依然强盛。威尼斯圣马可大教堂（1063年）是一座杰作，其精湛的技艺受东欧的影响多于西欧。建造它是为了重建一座976年

---

① 又译为“唱诗班席位”。本书插图中即采用“唱诗班席位”。——译注

② 如书中插图所示，“长-短工艺”指：在外墙的四角沿着垂直方向贴以细长的角砾石（长），在水平方向每隔一定的间距以短石条镶嵌（短），因此被称为“长-短工艺”。亦称为“丁顺砌筑”。它既有结构上的加固作用亦带有装饰效果。——译注

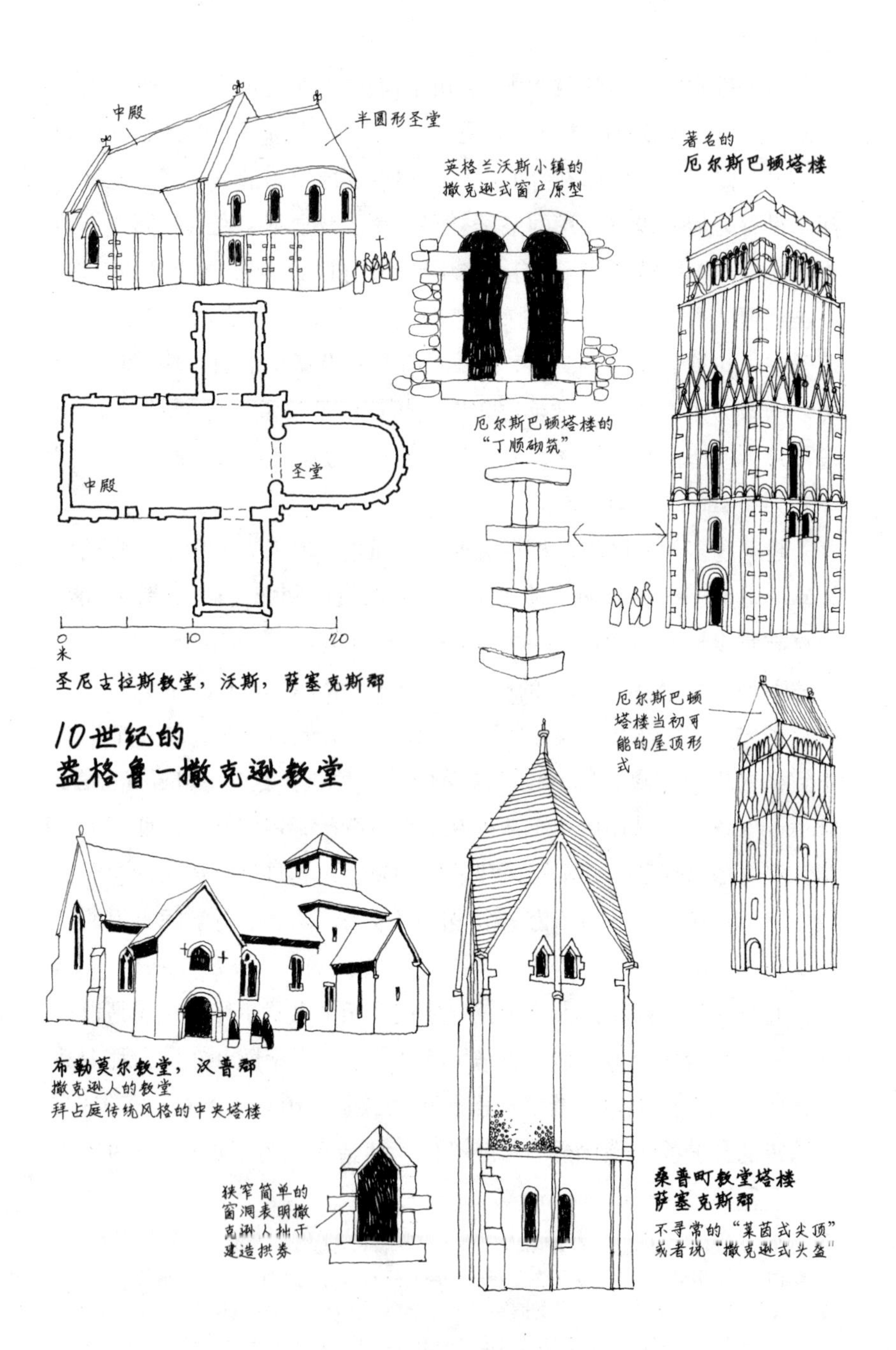

中殿
半圆形圣堂
英格兰沃斯小镇的
撒克逊式窗户原型
著名的
厄尔斯巴顿塔楼
厄尔斯巴顿塔楼的
"丁顺砌筑"
中殿
圣堂
0
米
10
20
圣尼古拉斯教堂，沃斯，萨塞克斯郡
厄尔斯巴顿
塔楼当初可
能的屋顶形
式
10世纪的
盎格鲁—撒克逊教堂
布勒莫尔教堂，汉普郡
撒克逊人的教堂
拜占庭传统风格的中央塔楼
狭窄简单的
窗洞表明撒
克逊人拙于
建造拱券
桑普町教堂塔楼
萨塞克斯郡
不寻常的"莱茵式尖顶"
或者说"撒克逊式头盔"

被焚毁的巴西利卡式教堂。建筑采用了希腊十字平面形制，中央主穹隆坐落于由四根巨型墩柱所支撑的帆拱之上。在入口门廊、南北耳堂以及圣堂上方的屋顶，又分别安置了一座较小的穹隆。由于它匠心独具地雄踞于都市，加上极富象征意味的马赛克镶嵌画、壁画和雕像，圣马可大教堂既欢呼着城市的崛起，亦成就了自己独树一帜的辉煌。

在拜占庭化的希腊，情况有所不同。同时期希腊最精美的建筑都是地处偏僻的修道院。俄西俄斯罗卡斯修道院（Hosios Loukas Monastery）与伯罗奔尼撒隔水相望，在它10世纪初建时，仅带有一座供奉“基督之母”（Theotókos）[①]的小教堂，其平面为方形十字，简素古朴，到11世纪初，又在附近加建了主座大教堂，其八角形空间之上是半球状穹隆；在偏远的希俄斯小岛，建于11世纪的希俄斯新修道院（Nea Moni Monastery, Chios）带有好几座教堂，也都供奉着基督之母；在雅典附近的森林地区，达夫尼修道院（Dafni Monastery）以圣母升天教堂为中心，其平面同样为方形十字。三座修道院皆为砖石混合建筑，简朴优美，室内铺满了11世纪的精美壁画和马赛克镶嵌画。其中，又以达夫尼修道院的画作最为精湛，完整表达了拜占庭时期“上帝与人”的宇宙观，并由穹顶上气势恢宏的基督普世君主像统领全局。

998年，基辅大公弗拉基米尔皈依拜占庭基督教（即东正教），并将之立为国教，东正教随即传播到俄罗斯。坐落于第聂伯河河谷的基辅和诺夫哥罗德，因为地处从北部波罗的海到南部黑海和拜占庭的贸易商路，自9世纪中叶以来就得到良好发展。随着东正教的传播，两地分别于1036年和1045年建造了供奉智慧女神圣索菲亚的教堂，宏伟巨大。与上述希腊的修道院教堂一样，两者均采用了“混合”式建筑技术。教堂屋顶之上，矗立着好几座高耸于鼓座的穹隆，为日后的俄罗斯东正教教堂建筑提供了优雅的模板。

① 是希腊东正教对圣母玛利亚特有的称呼。按字面上的意思，又可直译为“生神者”。——译注

1130年左右，中世纪俄罗斯的另一伟大象征——《弗拉基米尔圣母像》（*Virgin of Vladimir*）从拜占庭被带到基辅，为此地日后所有的宗教绘画提供了范本和标准。随着东正教的传播，俄罗斯建立起更多的宗教中心。向东趋近伏尔加河的地段，坐落着苏兹达尔（Suzdal）和弗拉基米尔（Vladimir）两座城市。前者创建于1024年，后者创建于1108年，在弗拉基米尔，于1158年建造了著名的金门，于1166年建造了小巧美丽的涅尔利代祷教堂（“涅尔利河上的教堂”）。正是这座城市，让上述的圣母像辗转之后安家落户，并于1197年开始陈列于圣德米特里大教堂（Dimitriyevsky Cathedral）。在苏兹达尔克里姆林宫的中央地带，弗拉基米尔·莫诺马赫二世（Vladimir Monomakh Ⅱ）大约于1096年下令建造了当地的第一座大教堂[①]。苏兹达尔和弗拉基米尔的诸多教堂皆以伏尔加本地的白色石灰岩建造。这种石灰岩易于精雕细琢，造就了日后俄罗斯东正教教堂许多别具一格的特征——外墙立面上一条条竖向装饰性“柱带”，大量半圆形或“船底形”山墙，高高的鼓座和葱头形穹隆，还有紧凑的希腊十字平面。

11世纪期间，随着西欧教堂的建造者更为雄心勃勃，拜占庭集中式希腊十字平面与古罗马巴西利卡式平面被巧妙地融为一体。通过在巴西利卡式长方形中殿的两侧以直角相交的角度向外加建与中殿体量相当的耳堂，设计师们开始规划和拓展教堂建筑的体量。在中殿与耳堂相交处，形成了一个称为“十字交叉区”的方形空间。立于方形空间四角的四根巨型墩柱，支撑起教堂的中央塔楼、尖塔或穹隆。按照罗马风建筑术语，这种平面布局称为“拉丁十字”。它不仅是欧洲西北地区第一批本土教堂的标准平面形制，也成为日后几乎所有中世纪大教堂布局的模板。

---

① 此处原文写得模糊，中译文略做改写。准确说，该教堂是当地第一座并非为斯拉夫王公（knyaz）贵戚们所独享的私家教堂。由于年久失修，它于13世纪20年代被拆除，原址之上建造了保留至今的圣母诞生大教堂（Cathedral of the Nativity of the Theotokos, Suzdal）。——译注

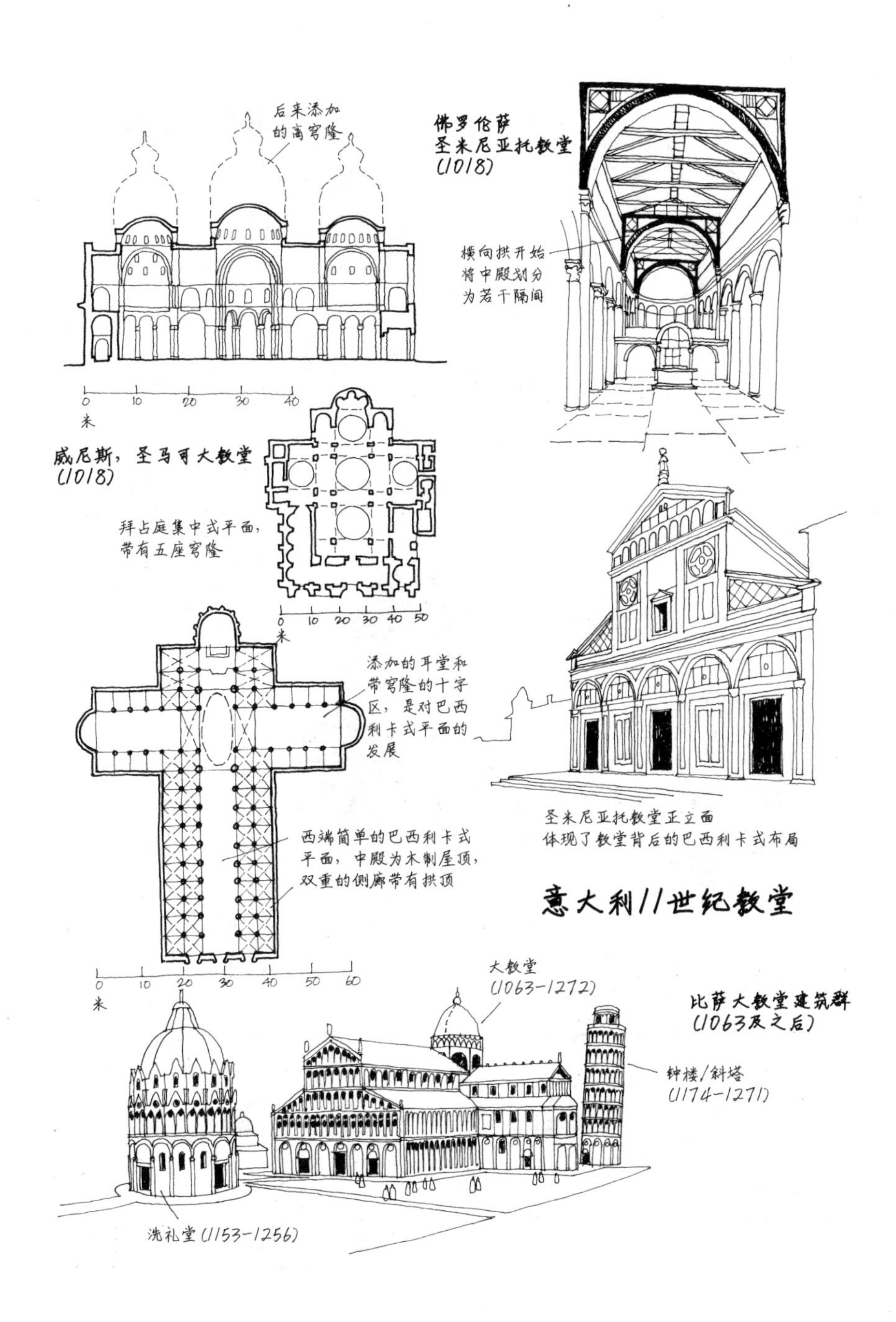
后来添加
的高穹隆
佛罗伦萨
圣米尼亚托教堂
(1018)
横向拱开始
将中殿划分
为若干隔间
0 10 20 30 40
米
威尼斯，圣马可大教堂
(1018)
拜占庭集中式平面，
带有五座穹隆
0 10 20 30 40 50
米
添加的耳堂和
带穹隆的十字
区，是对巴西
利卡式平面的
发展
圣米尼亚托教堂正立面
体现了教堂背后的巴西利卡式布局
西端简单的巴西利卡式
平面，中殿为木制屋顶，
双重的侧廊带有拱顶
意大利11世纪教堂
0 10 20 30 40 50 60
米
大教堂
(1063-1272)
比萨大教堂建筑群
(1063及之后)
钟楼/斜塔
(1174-1271)
洗礼堂(1153-1256)

基辅**圣索菲亚大教堂**（1057）复原图，为基辅罗斯王子智者雅罗斯拉夫而建，效仿了早期的诺夫哥罗德大教堂

诺夫哥罗德 **圣索菲亚大教堂**（1045），俄罗斯最早的石头教堂之一

弗拉基米尔
圣德米特里大教堂
（1194）
又称为“白石”
典型的12世纪
苏兹达尔风格

弗拉基米尔圣母像
东正教“温柔圣母”圣像的原型从君士坦丁堡途经基辅，最终被带到弗拉基米尔，注定成为中世纪俄罗斯的象征

弗拉基米尔的金门
（1164）
原本是被要塞城市的主要入口

将教堂的圣堂与中殿分开的**圣幛**

意大利的比萨大教堂（Cathedral of Pisa，1063年）是著名比萨教堂建筑群的核心，大教堂周边环绕着稍晚建造的洗礼堂和钟楼。它与佛罗伦萨的圣米尼亚托教堂一样，基本上属于巴西利卡式建筑。在它的中殿，一排排立柱支撑着半圆拱及其上方的高侧窗，中殿两侧的双重侧廊为教堂的底层提供了宽敞的空间。但通过在中殿两侧加建耳堂所形成的十字交叉区，其平面布局也跟上了当时流行于欧洲西北地区拉丁十字式平面的教堂新潮流。

诺曼底的教堂建筑为其他各地提供了模板。卡昂女子修道院教堂（Abbaye-aux-Dames，1062年），又被称为圣三一会教堂，是最早最伟大的诺曼底教堂之一。其主要构成为中殿、耳堂和十字交叉区方形塔楼。这一组合方式为当时的教堂建造确立了基本模式，且在接下来的几个世纪里被大加效仿。圣三一会教堂的屋顶为拱券结构，采用了早期略微粗糙的“六分拱”体系。圣三一会教堂的姐妹堂——卡昂男子修道院的圣艾蒂安教堂（1068年）——效仿了克吕尼第二教堂东端特有的半圆形后堂式布局，并采用了圣三一会教堂的六分拱体系，但在手法上更为成熟。它还引入了为日后若干世纪广为运用的两大手法：在教堂的西端建造两座形态一致、以尖顶收尾的双塔，此即后来哥特式教堂西立面的原型；在中殿两侧分别建造连续的半筒形拱，以遏制来自中殿拱顶的向外推力——这一概念——启示了飞扶壁的出现。

在不列颠被诺曼人征服之前的几年，该地的建筑就已经显示出诺曼式建筑[①]的影响。最著名的实例是最初由英格兰国王忏悔者圣爱德华建造的西敏寺（Westminster Abbey，1055年）。当时它采用的是克吕尼传统的欧洲大陆式修道院形制。虽说这一形制最终经过诺曼人大量的教堂建造方达炉火纯青，但不管怎样，与西敏寺一样，大多数英格兰大教堂都是源于修道院。它们当中的很多基本保留了当初的大回廊和某些辅助性建筑，但那些房屋多已改作他用。倒是一些大型

① 即建于英格兰的“罗马风建筑”，英格兰人习惯称之为“诺曼式建筑”。——译注

修道院废墟，包括里沃克斯修道院（Rievaulx Abbey，1132年）、喷泉修道院（Fountains Abbey，1135年）和科克斯多修道院（Kirkstall Abbey，1152年）废墟，可以让我们较为清晰地看到诺曼式修道院的昔日风貌。喷泉修道院废墟以一座残败的中世纪晚期塔楼最为醒目，它的拉丁十字教堂和别致的“带九座祭坛的小礼拜堂”，均为12世纪中期的遗留。废墟南端为修道院大回廊的内庭院，庭院一侧是一排90米长的房屋，作为修道院兄弟会教友的食堂和宿舍，相邻的建筑包括修士宿舍和食堂、牧师会礼堂、厨房、医务室、储藏室和修道院院长宿舍等。

在英格兰和威尔士，共有17座大教堂至今依然保留着相当多的诺曼式之风，包括伊利大教堂（Ely Cathedral）、奇切斯特大教堂（Chichester Cathedral）、圣奥尔本斯大教堂（St Albans Cathedral）和圣戴维斯大教堂（St Davids Cathedral）的中殿；格洛斯特大教堂（Gloucester Cathedral）和温彻斯特大教堂（Winchester Cathedral）的唱诗区；埃克塞特大教堂（Exeter Cathedral）耳堂之上的双塔。保留得较为完整的实例则为彼得伯勒大教堂（Peterborough Cathedral，1117年）、诺威奇大教堂（Norwich Cathedral，1096年）和达勒姆大教堂（Durham Cathedral）。在彼得伯勒大教堂，精美的结构和独特的装饰性木屋顶，均为诺曼式；在诺威奇大教堂，除了长长的中殿颇富于诺曼式特征，带有若干呈辐射状小礼拜室的半圆形后堂式唱诗区，亦让人一目了然。三者中最为辉煌的无疑是达勒姆大教堂。

罗马风世界

达勒姆大教堂于1093年动工，后又历经多年的建造。它坐落于一座石山之上，时刻俯视着脚下的威尔河。这个地点相当醒目，很适合建造城堡，让雄踞其上的建筑散发出一股阳刚之气。教堂的中殿又长又高，中殿内一排排圆形墩柱雄浑厚重，各墩柱之间由半圆形拱相连。

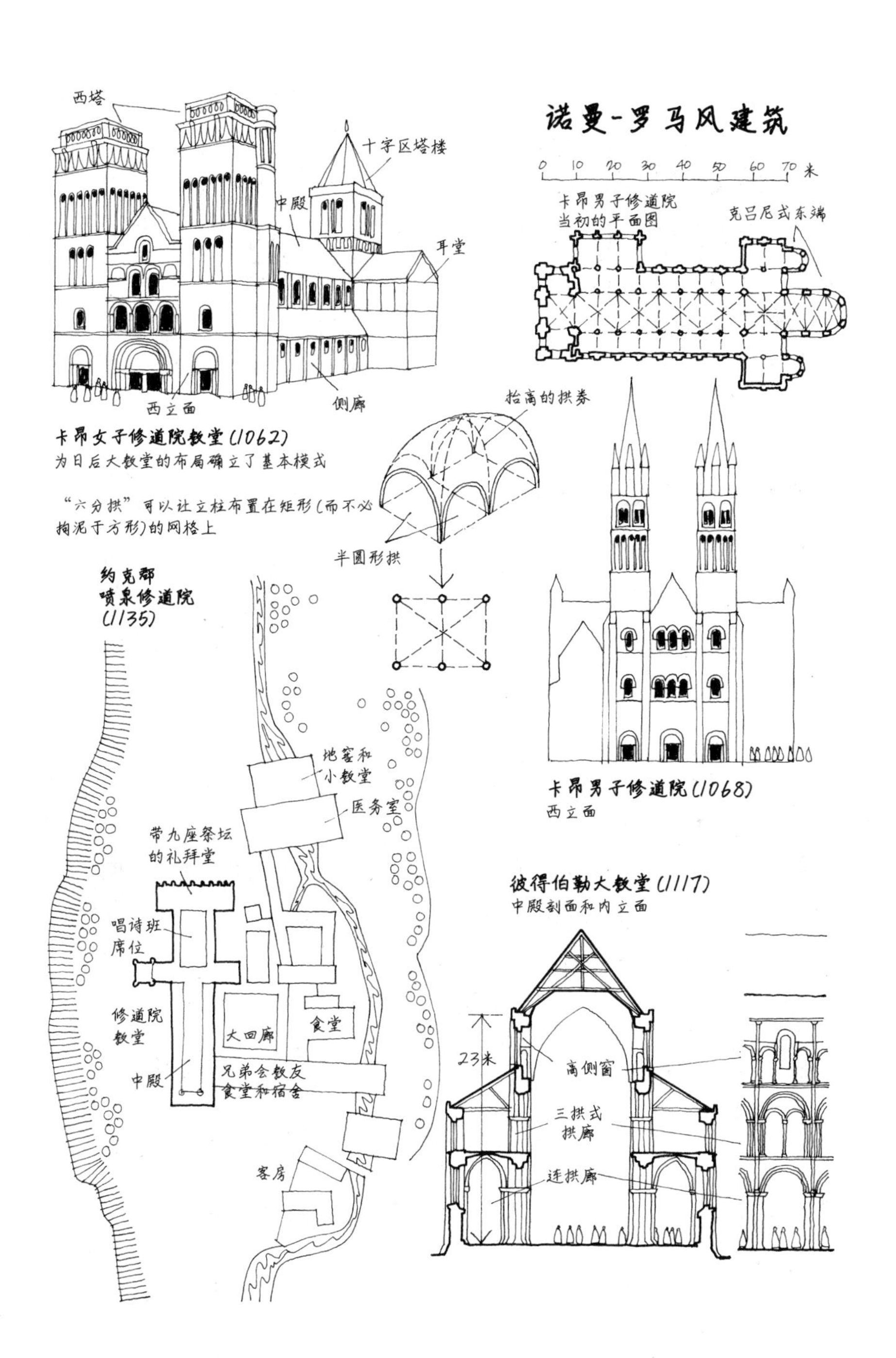

诺曼-罗马风建筑
西塔
十字区塔楼
中殿
耳堂
西立面
侧廊
卡昂女子修道院教堂(1062)
为日后大教堂的布局确立了基本模式
"六分拱"可以让立柱布置在矩形(而不必拘泥于方形)的网格上
0 10 20 30 40 50 60 70 米
卡昂男子修道院
当初的平面图
克吕尼式东端
抬高的拱券
半圆形拱
卡昂男子修道院(1068)
西立面
约克郡
喷泉修道院
(1135)
地窖和
小教堂
医务室
带九座祭坛
的礼拜堂
唱诗班
席位
修道院
教堂
大回廊
食堂
中殿
兄弟会教友
食堂和宿舍
客房
彼得伯勒大教堂(1117)
中殿剖面和内立面
23米
高侧窗
三拱式
拱廊
连拱廊

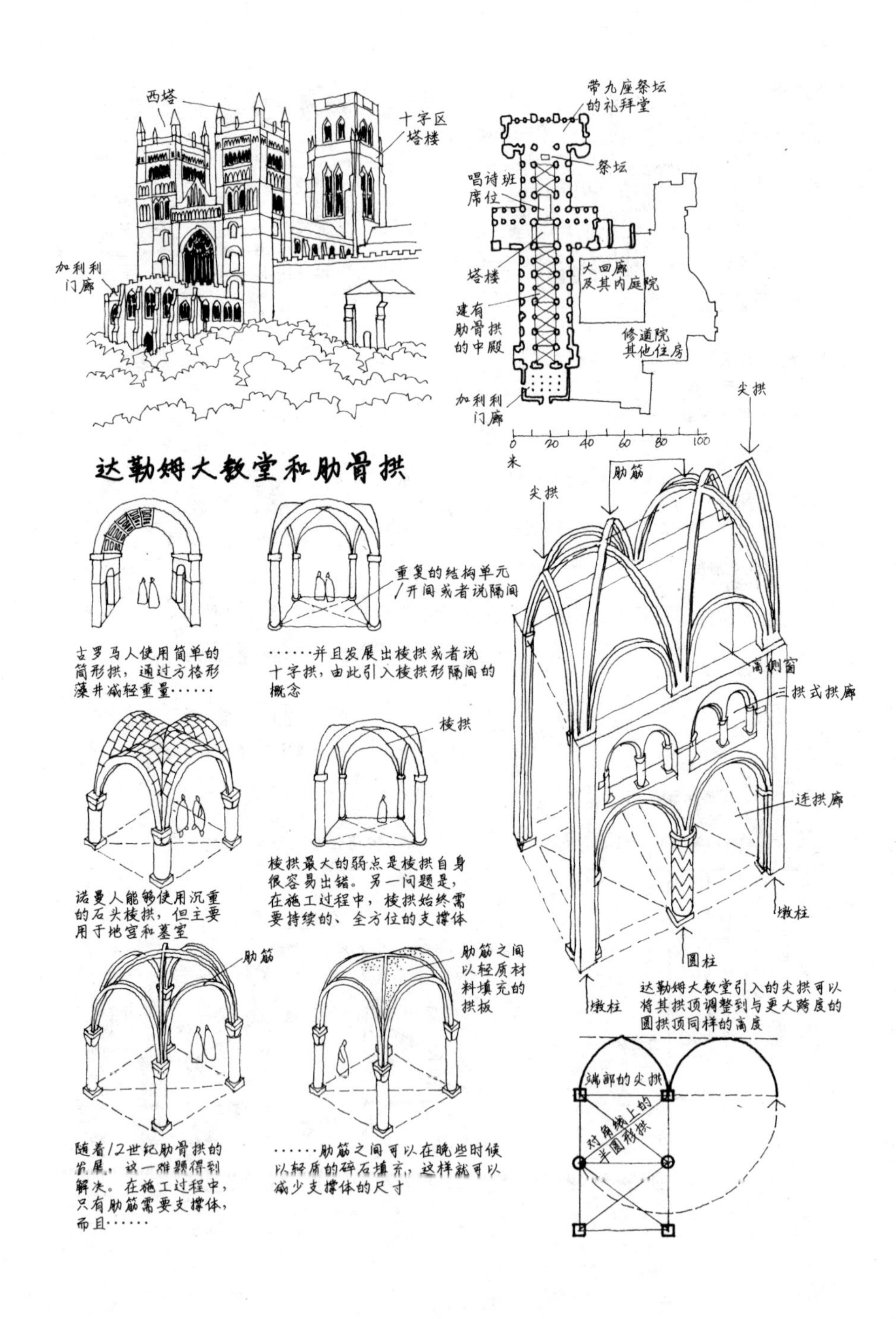
西塔
十字区
塔楼
加利利
门廊
带九座祭坛
的礼拜堂
祭坛
唱诗班
席位
塔楼
大回廊
及其内庭院
建有
肋骨拱
的中殿
修道院
其他住房
加利利
门廊
0 20 40 60 80 100
米
达勒姆大教堂和肋骨拱
尖拱
肋筋
尖拱
重复的结构单元
/开间或者说隔间
古罗马人使用简单的
筒形拱，通过方格形
藻井减轻重量……
……并且发展出棱拱或者说
十字拱，由此引入棱拱形隔间的
概念
高侧窗
三拱式拱廊
棱拱
连拱廊
棱拱最大的弱点是棱拱自身
很容易出错。另一问题是，
在施工过程中，棱拱始终需
要持续的、全方位的支撑体
诺曼人能够使用沉重
的石头棱拱，但主要
用于地窖和墓室
墩柱
圆柱
肋筋
肋筋之间
以轻质材
料填充的
拱板
墩柱
达勒姆大教堂引入的尖拱可以
将其拱顶调整到与更大跨度的
圆拱顶同样的高度
端部的尖拱
对角线上的
半圆形拱
随着12世纪肋骨拱的
发展，这一难题得到
解决。在施工过程中，
只有肋筋需要支撑体，
而且……
……肋筋之间可以在晚些时候
以轻质的碎石填充，这样就可以
减少支撑体的尺寸

再往上，便是第二层的“三拱式拱廊”和第三层的高侧窗，由此所营造的气氛纵然肃穆，却并不让人感到压抑。简朴而精雕细刻的抽象装饰、墩柱周身的凹槽和曲纹，让室内空间显得轻盈而灵动。1104年完工的唱诗区很可能是欧洲已知最早运用肋骨拱[①]体系的实例，对以后石构屋顶的发展具有极其重大的意义。1130年完工的中殿拱顶更是向前迈进了一大步，因为它引入了尖拱，从而让其拱顶与位于更大跨度之上的半圆形拱顶等高。两三个世纪之后，这一特征在哥特式建筑里演变出更加合理的形式。

11世纪建筑发展的动力之一，是探索如何建造实现更大空间跨度的屋顶。当然，这一目标完全可以通过使用木头材料实现。可是，使用蜡烛和灯芯草照明让木构建筑承受着随时发生火灾的风险。古罗马人曾以筒形拱和棱拱建造了大跨度拱顶，但到了11世纪，古罗马混凝土制造技术业已失传。以石头建造的筒形拱，其重量与强度的比率太高，限制了拱的跨度。肋骨拱的发展改变了这一窘境：因为拱肋自身即为结构组成，在石质拱肋之间填充相对较轻的石板便能实现更大的跨度。此外，拱肋将应力集中传递到局部点位下的立柱，而不必依靠由筒形拱支撑的连续墙承重。达勒姆大教堂的肋骨拱体系，便是很清晰地显示了应力的传递路径，赋予其室内空间生动、活泼的观感，预示了12世纪和13世纪伟大的哥特式教堂的室内特质。

其时，像达勒姆大教堂这般流畅的结构尚不多见，但整个欧洲的教堂设计已开始表现出类似追求，即注重结构元素的清晰表达，将室内空间划分为若干壁龛与隔间。米兰历史悠久的圣安博教堂（Church of Sant Ambrogio，1080年），坐落在米兰主教圣安博本人于4世纪开始建造的教堂遗址上，至今依旧保留了某些古老的特征，如入口处的中庭和东端的半圆形后殿。但它在11世纪末到12世纪初的重建中融入了一些新理念：庄重威严的中殿被横向拱分隔成若干间，且每一间都

① 又译作“骨架券”、“肋架券”或“券架拱”。——译注

米兰，圣安博教堂(1080)

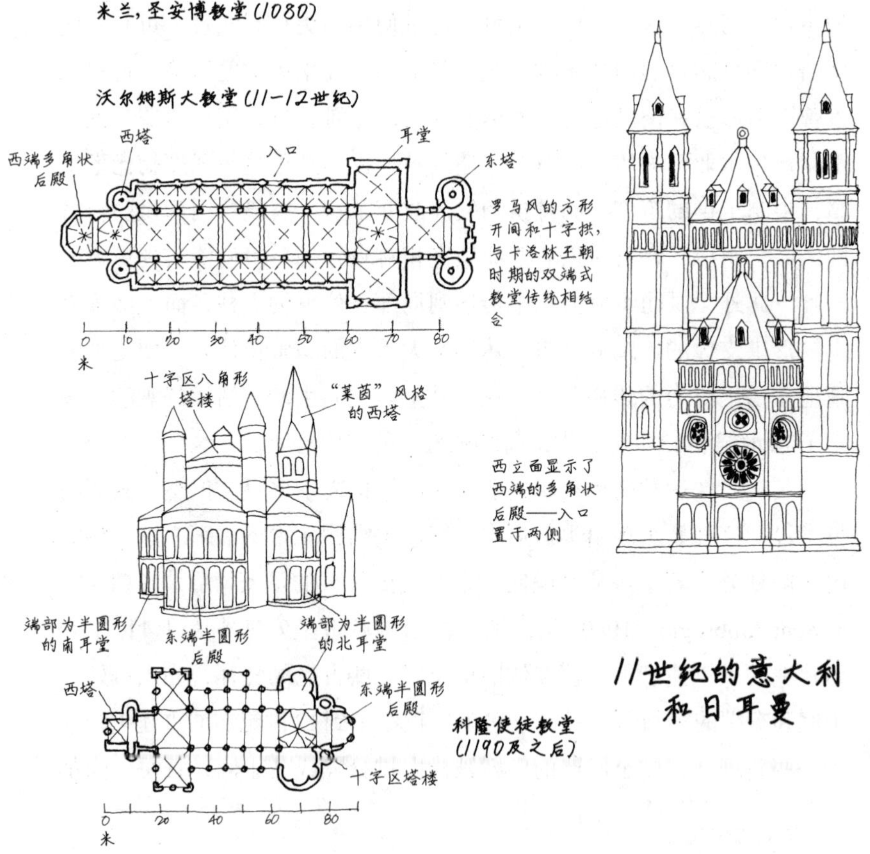

11世纪的意大利和日耳曼

冠以半圆形肋骨拱。与达勒姆大教堂里的同类一样，它们是欧洲最早的肋骨拱之一，也是被后辈大加效仿的模板，帕维亚的圣米迦勒教堂（San Michele，Pavia，1100年）即为其中之翘楚。

在同时期的德意志北部地区，很多教堂仍然保留着加洛林王朝时期的建筑特征，却也出现了新理念。科隆南部玛利亚拉赫修道院教堂（Maria Laach Abbey，1093年）西端的半圆形后殿让人缅怀起查理曼大帝的宫廷教堂，但它东端的三间半圆形后殿和若干座塔楼更让人想到克吕尼风格的建筑。建于11世纪的沃尔姆斯大教堂（Worms Cathedral）是当时重要的纪念性建筑，其西端以多角状后殿（apse）[①]收尾，同时建造了耳堂、十字交叉区塔楼、东端的两座塔楼以及西端的双塔，中殿和侧廊的屋顶采用了以方形隔间为单元的石质十字拱。稍晚建造的科隆使徒教堂（Church of the Apostles，1190年）的东端建有耳堂和半圆形后殿，耳堂以半圆形收尾，耳堂之上是一座八角形十字交叉区塔楼。可教堂西端只建造了一座位于中殿轴线上的高塔，让它的西立面异常突出。

法兰西勃艮第维泽莱的圣玛德琳教堂（Ste Madeleine at Vézelay，1104年）呈现了罗马风建筑不同的一面。与达勒姆大教堂类似，圣玛德琳教堂也是一座位于山顶的大型建筑。它拥有一个带侧廊的中殿、耳堂、西端的双塔和东端的半圆形后堂。从结构上看，圣玛德琳教堂不如达勒姆大教堂大胆（基本由一系列半圆形棱拱组成，带有肋骨拱的隔间通过巨大的横向拱交接），然而它同样也是一座伟大的建筑，其隐而不露的非凡成就在于匀称优雅的比例，在于简洁的结构与丰富的装饰之间所达成的和谐美妙。最令人折服的是中殿与东端之间的鲜明对比：前者通过高侧窗带来的光线温和轻柔，后者却明亮得清

① “后殿”这个术语在英语里以“apse”通用，其平面大多为半圆形但有时为多角状。本书多处皆笼统译为“半圆形后殿”，但遇特定情形（如此处）则明确译为“多角状后殿”。为更好理解，请读者参照书中插图。——译注

12世纪的法兰西

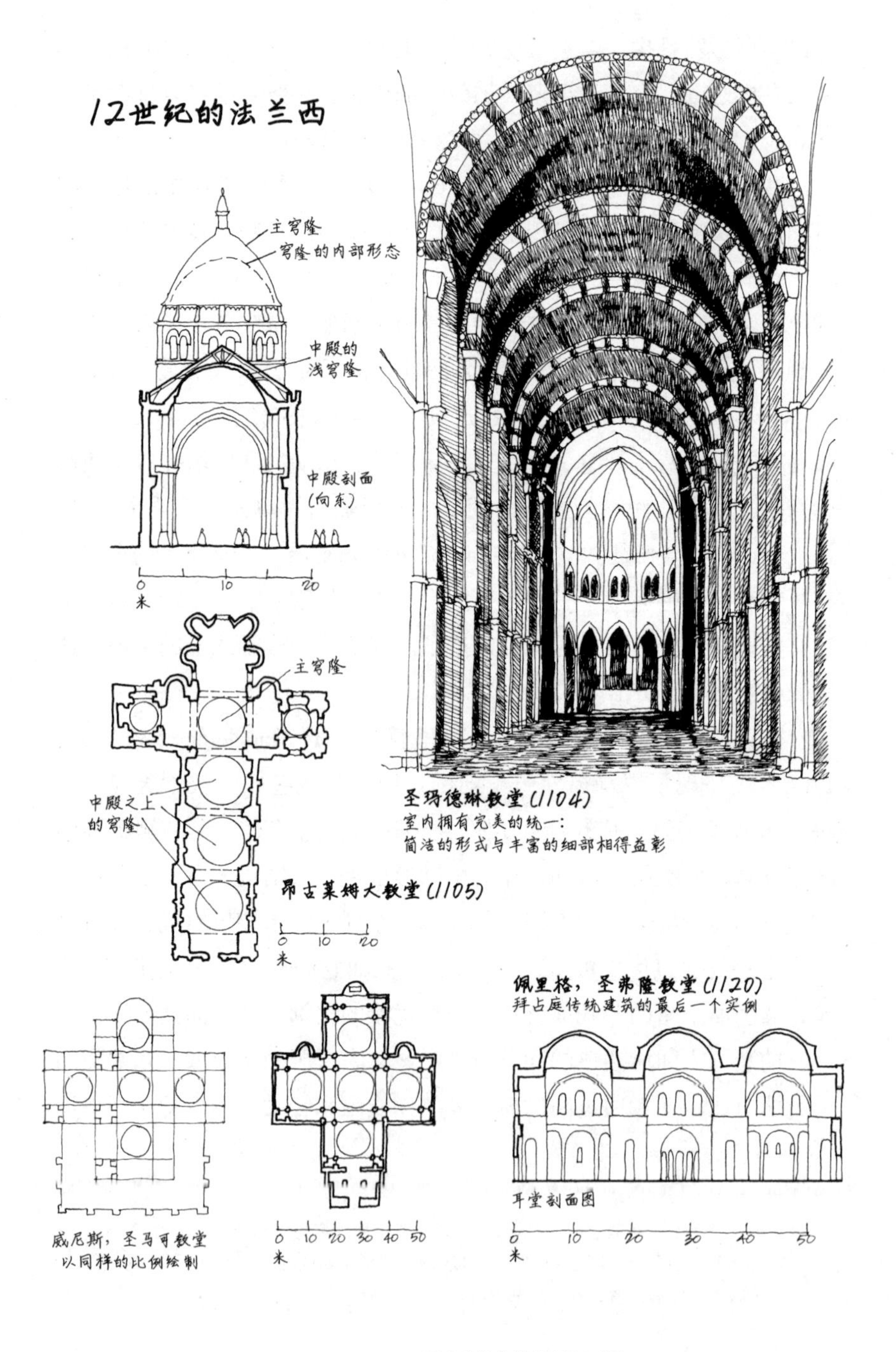

圣玛德琳教堂(1104)
室内拥有完美的统一：
简洁的形式与丰富的细部相得益彰

昂古莱姆大教堂(1105)

佩里格，圣弗隆教堂(1120)
拜占庭传统建筑的最后一个实例

澄透彻。

法兰西境内再往南地区的建筑，依然能感受到拜占庭艺术的余风。昂古莱姆大教堂（Angoulême Cathedral，1105年）拥有清晰的拉丁十字平面，在其东端还有多间或呈辐射状或平行布局的小礼拜室，无疑是一座罗马风建筑。但它的屋顶上矗立着一系列建于帆拱之上低浅的穹隆。佩里格的圣弗隆教堂（Church of St Front，Périgueux，1120年）属于类似的混血儿，其布局几乎与威尼斯圣马可大教堂如出一辙，同样采用了希腊式十字平面，同样矗立着五座穹隆。然而，圣马可大教堂闪耀着拜占庭式马赛克艺术的光芒，圣弗隆教堂的室内却完全为厚重朴实的石头所覆盖，堪称罗马风建筑简朴节制之美的典范。

伊斯兰教的侵占激发了西班牙人的欧洲认同感。出于政治和宗教的需要，位于圣地亚哥-德孔波斯特拉（Compostela）的圣雅各圣骨龛和通向该地的朝圣之路，吸引了欧洲大批朝圣客。法兰西图尔的圣马丁教堂作为朝圣者的主要停靠点，出落为一座伟大的朝圣式教堂（Pilgrimage Church）。沿着这条朝圣路线，途中的利摩日（Limoges）、孔克（Conques）和图卢兹（Toulouse）纷纷建起了同样的朝圣式教堂。鉴于圣地亚哥-德孔波斯特拉本身的重大象征性意义，更是需要在当地建造一座伟大的建筑，以安放圣雅各的骨龛，此即圣地亚哥-德孔波斯特拉大教堂（始建于1075年）。它同样采用了拉丁十字的平面布局，并建有十字交叉区塔楼以及带筒形拱顶的中殿和耳堂。中殿两边是侧廊，侧廊上方为楼廊，楼廊的屋顶以半筒形拱建造。与卡昂的圣艾蒂安教堂一样，此处半筒形拱的功能如同飞扶壁，也是为了支撑中殿的拱顶。教堂东端建有一圈连续的回廊，若干间小礼拜室沿着回廊呈辐射状分布，应该是模仿了图尔的圣马丁教堂。整座建筑因其丰富的细节而光彩照人，又以作为主要入口的“荣耀之门”（Portico de la Gloria，1168年）最为惊艳。

所有的朝圣式教堂，且不说是否直接受到克吕尼修道院第二教堂

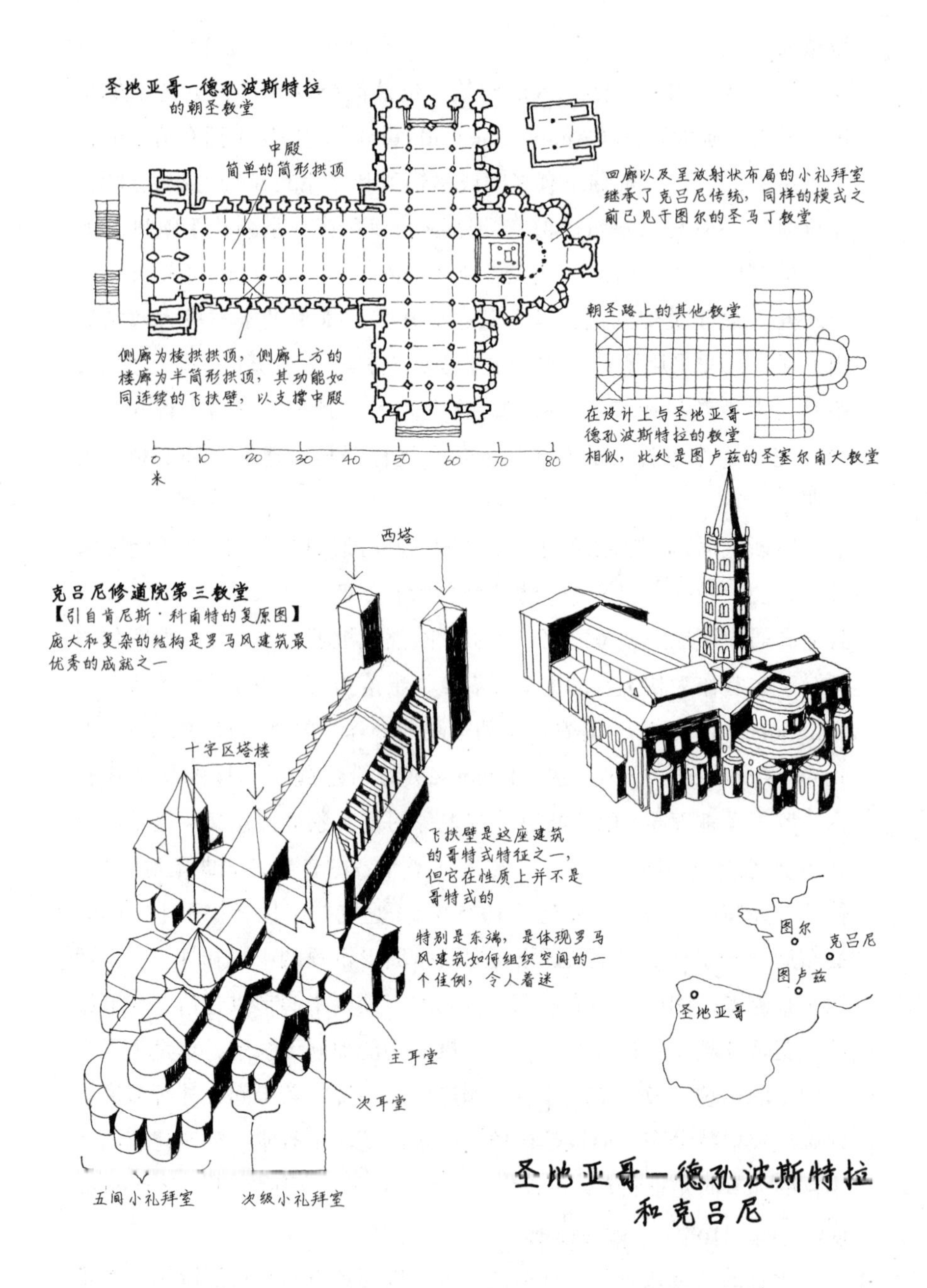

圣地亚哥—德孔波斯特拉
的朝圣教堂
中殿
简单的筒形拱顶
回廊以及呈放射状布局的小礼拜室
继承了克吕尼传统，同样的模式之
前已见于图尔的圣马丁教堂
侧廊为棱拱拱顶，侧廊上方的
楼廊为半筒形拱顶，其功能如
同连续的飞扶壁，以支撑中殿
朝圣路上的其他教堂
在设计上与圣地亚哥—
德孔波斯特拉的教堂
相似，此处是图卢兹的圣塞尔南大教堂
0
10
20
30
40
50
60
70
80
米
西塔
克吕尼修道院第三教堂
【引自肯尼斯·科南特的复原图】
庞大和复杂的结构是罗马风建筑最
优秀的成就之一
十字区塔楼
飞扶壁是这座建筑
的哥特式特征之一，
但它在性质上并不是
哥特式的
特别是东端，是体现罗马
风建筑如何组织空间的一
个佳例，令人着迷
主耳堂
次耳堂
五间小礼拜室
次级小礼拜室
图尔
克吕尼
图卢兹
圣地亚哥
圣地亚哥—德孔波斯特拉
和克吕尼

风格的启发，可以肯定的是，它们都或多或少受到了克吕尼之风的影响。1088年，克吕尼修道院教堂再次重建，近乎140米的长度让它成为法兰西最大最辉煌的建筑。遗憾的是，该教堂——克吕尼修道院第三教堂（Cluny Ⅲ）的大部分建筑已被毁坏，大大弱化了它在建筑史上的重要地位。那是一幢复杂的建筑，长长的中殿，双重的侧廊，双重的耳堂。每重耳堂与中殿相交的十字交叉区之上，均建有塔楼。在它的东端，簇拥着一间又一间小礼拜室。巨大的体量必然带来结构上的难题，解决措施是：在侧廊上方建造整排飞扶壁，以抗衡来自中殿屋顶的向外推力。这种做法是有史以来的第一例。从此，飞扶壁成为未来三百年教堂建筑的一个重要结构构件。在11世纪晚期，如此成果堪称对克吕尼人精湛技艺的褒奖，让踌躇满志的建设者备受鼓舞。新的建筑知识和技能的出现是大众重新觉醒的一部分结果，这种觉醒不仅体现于艺术领域，也标志了所有知识领域的进步。

然而文化的进步未必代表着社会的整体进步。知识的增长为完善社会发展提供了良机，却不能保证它一定能实现。11世纪的卓越成就并没有改善农奴的生活状况。事实上，当时的文化发展在某种程度上反倒是建立在不平等和剥削之上。然而，对富于才华的文化人来说，只有当社会让他们不必依靠低级劳动来养活自己，不必受人剥削，其才华才能得以施展。教堂的建造很可能是为了象征社会的团结和契约精神，其落成后也的确展现了统一和协作的理念。问题是，一座伟大教堂的建造取决于少数人手中的财富和权势，教堂的存在标志着社会的分裂。

11世纪欧洲的大多数人民依然蜗居在茅草小屋中，与5世纪那些所谓蛮族人的居住条件所差无几。除了在荒凉多石的地区能见到一些毛石砌筑的房子，木材依然是当时最通用的建筑材料，屋顶上覆盖的也依然是毡、芦苇、茅草或草皮。低矮的墙壁不是篱笆就是由泥土垒筑。农民和最贫困城镇居民的住屋大多只有一间房子，房子中央是炉灶，炊烟通过屋顶上的裂口排出。如果同一屋檐下尚有另一间房，那

12世纪的住房和茅草小屋

林肯城的亚伦府
以石头建造，既舒适又安全，地面层可能没有窗户，居住用房安置于楼上

典型的12世纪窗户
可承重密集负载的中央竖棂
是将窗户宽度加倍的最简单做法

曲木构架住房

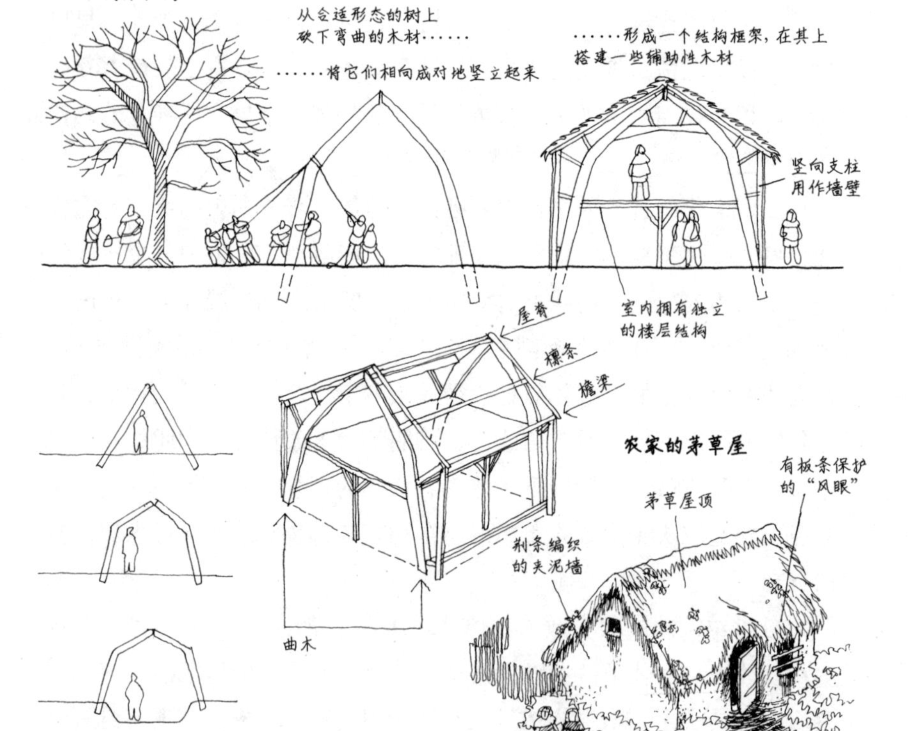

通过曲木或通过降低地面层
可以获得额外的层高

它很可能是用来圈养家畜的。至于房子的采光和通风，靠的是外墙上一两个简陋的“风眼”。

这类小屋在建造时，其业主所关心的只是为了让自己一代人有个安身之所，大多难以持久。保留至今的少数中世纪房屋，都是由农村自由民或较为富裕的城市商人所建，采用的是一些较为耐久的材料。盎格鲁-撒克逊人房屋的一大特征是，以较为厚重的硬木构成墙壁和屋顶的框架，通常以“曲木构架”的方式建造：将一排排弯曲的木材沿着地面向屋脊的方向，相向成对布置，形成一个基本框架。在这个基本框架之间，再搭建一些辅助性木材、墙壁和椽子。直到公元1600年左右，即便是富人的住房，很可能也还是以曲木构架建造，有单层的也有两层的。偶尔，非常富有的屋主可能会以修琢过的料石或者条石来建房。不过，即便是石头建筑，保留至今的也不多，能见到的大概只有林肯城的“犹太人家”（大约建于1160年）。其屋主犹太人亚伦（Aaron）是林肯城最富有之人，也是许多修道院的捐助人。那是一座简朴但非常精致的双层房屋，半圆形窗户和入口门道均带罗马风建筑特色。

欧洲随后的经济扩张得益于第一次十字军东征。到11世纪末期，拜占庭的军事力量已大大衰落，当时主宰伊斯兰世界的塞尔柱突厥部落（Seljuk Turks）对其频频发起进攻，让东罗马帝国皇帝阿历克塞一世（Alexis Ⅰ）无力招架。由于保持拜占庭的缓冲国地位符合西欧的利益，西欧的统治者们欣然同意支援东罗马帝国，一起攻打突厥人在圣地[1]一带的据点。1095年在法兰西的克莱蒙，教皇乌尔班二世（Pope Urban Ⅱ）发表了著名的圣战号召演说，他将这场战斗视作一次宗教使命：

> 去吧，为上帝的大业英勇作战。耶稣基督将亲领你们作战，

① 此处的“圣地”大致涵盖地中海与约旦河东岸之间的区域。——译注

你们比古时的希伯来人还要勇敢。去吧，为你们心中的耶路撒冷而战……让“上帝之愿”[①]的呼声响彻每一个角落。

彼时正值伊斯兰艺术和科学大发展的辉煌期：那是波斯学者尼札姆·穆勒克（Nizamal-Mulk）的时代，是诗人奥马尔·哈亚姆（Omar Khayyám）的时代。十字军东征让成千上万的西方人与先进文明迎头相遇。虽说十字军东征的发起出于政治和宗教原因，但毫无疑问的是，西方人由此在经济和文化上大大获益。经过一场以骑士精神和残暴而闻名的战役，十字军于1099年攻占了耶路撒冷。接着，他们在巴勒斯坦建立了一个为西欧人所统治的封建国家。建国早期的一个要务便是重建于11世纪初被摧毁的耶路撒冷圣墓教堂。

为保证通往耶路撒冷的朝圣路线安全畅通，罗马天主教会还建立了类似于圣殿骑士团的军事修会。此时欧洲的贸易开始主宰地中海东部地区，并打开了进入小亚细亚的商路。被俘的穆斯林工匠把自己高超的技能带入欧洲，被掠夺来的工艺品为西方工匠提供了可仿造的原型，被缴获的图书（包括一些古希腊和古罗马时代流传下来的典藏）将阿拉伯人的知识向欧洲传播。因此，阿拉伯人的政治力量没落之际，反倒是其文化影响力扩张之时。东方的纺织品、餐具、玻璃器皿、农业、银行运作的方法、几何、数学和医学知识，当然还有建筑技术，都在这个时期向西方传播。

第一批文化受益者是十字军战士及其随行的建造人员，他们最先目睹了伊斯兰世界的军事建筑。西班牙此前的一些建筑已显示出伊斯兰占领者的影响，如洛阿雷城堡（Castle of Loarre，1070年）的围墙和防御性塔楼，卡斯蒂利亚地区（Castile）的要塞城市阿维拉（Ávila，1088年）。后者的城墙总长2.5公里，并带有86座塔楼和10座城门。然而，真正获得伊斯兰建造技艺之精髓的，是那些为圣殿骑

① 原文为拉丁文“*Deus vult*”，第一次十字军东征以这个短语作为圣战的口号。——译注

士团、医护骑士团和条顿骑士团服务的工程师们。当他们在新征服的土地及东方朝圣之路上建造防御工事（即十字军城堡）之时，几乎全盘接受了这些撒拉逊人的建筑理念，由此也改变了西欧城堡的建造模式。

十字军城堡规模巨大，固若金汤，能够抵御任何形式的围攻，尤其适合于打持久消耗战。很多城堡之间的距离很短，彼此所发出的求救信号大多在对方的视线范围之内，但每座城堡都拥有一支主要由雇佣兵组成的庞大驻军，备足了应对长期围困的补给。为了对付内部雇佣军的兵变，很多城堡还设有坚固的内务防御据点。

十字军城堡通常采用同心圆式集中形制：城堡内最坚固处由一圈或多圈完整的防御性围墙环绕。围墙上每隔一段距离建造一座塔楼，塔楼通常为圆柱形，以最大限度抵御外侵。除了精心选址带来的天然优势，大多数十字军城堡还建有宽阔的护城河、壕沟和坚固的土垒工事，以提供额外的防御力度。在经历了一段漫长的荒废之后，位于叙利亚西部的索恩城堡（Château de Saone）由十字军于1120年左右启动重建。它坐落于一座呈三角状向外突出的石山之上，两侧有天然峭壁作为屏障，第三边是一条宽达20米的壕沟，直接从石山上开凿而来。城堡原有的方形主塔楼为欧洲风格，但第一圈围墙上的很多圆形塔楼都是由十字军新建。1188年，它被伊斯兰苏丹萨拉丁的军队攻陷。从此，该地得名萨拉丁城堡。

再往南，有著名的克拉克骑士堡（Krak des Chevaliers）。它由医护骑士团于1142年开始建造，是当地乃至全世界最坚固的堡垒。整座城堡雄踞于一座高山之巅，三面陡峭的地形为它提供了绝佳防御，由三座巨型塔楼共同组成的城堡主塔楼高耸于内堡场。为获得额外的防护，在内堡场的围墙脚下，还筑有巨大而结实的斜堤。外堡场亦有围墙环绕，围墙的墙头满布防御性突堞，并同样每隔一定距离建有一座圆柱形塔楼。城堡的主门楼效仿了穆斯林城镇的防御工事，以“曲面入口”的方式布局，其间的路线陡峭、曲折、狭窄，旨在限制敌方的进攻并

集中式城堡

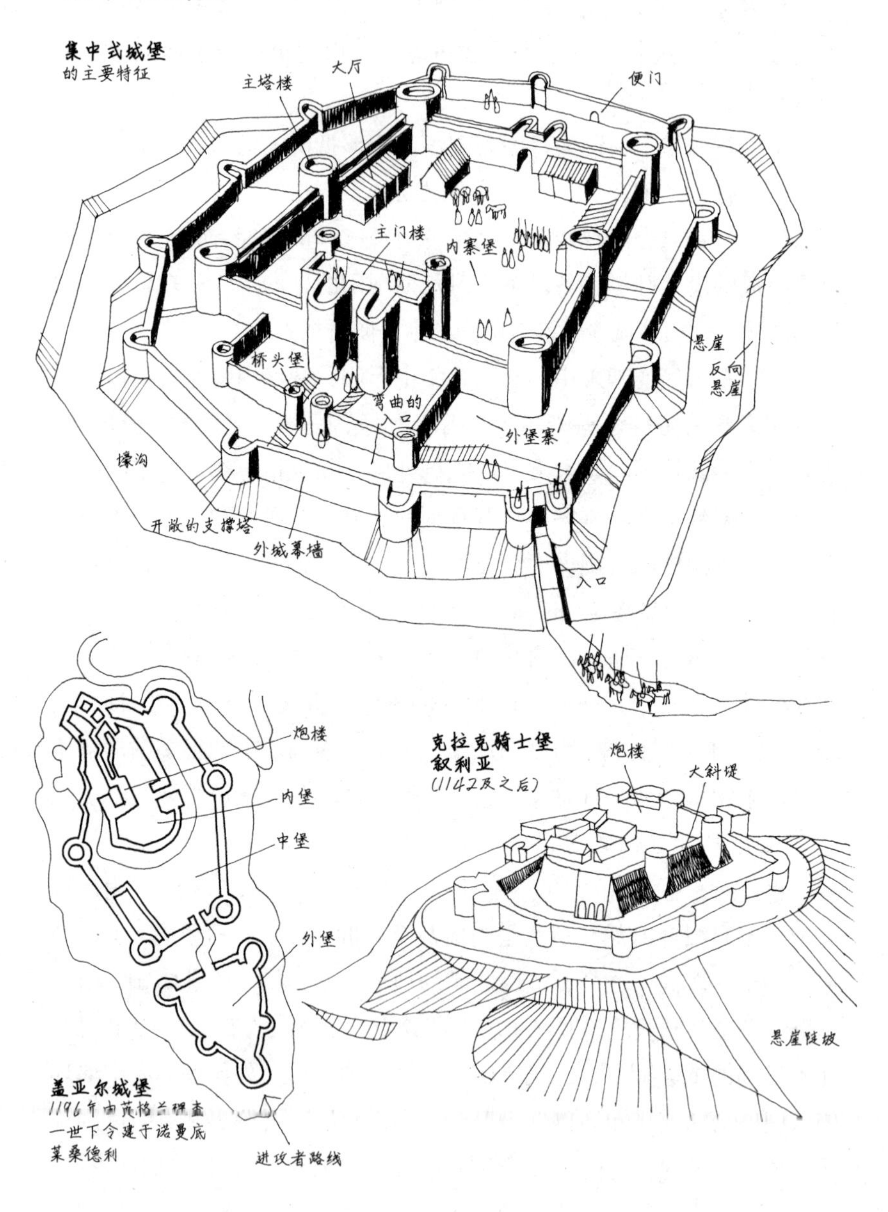

集中式城堡
的主要特征
主塔楼
大厅
便门
主门楼
内寨堡
悬崖
反向悬崖
桥头堡
弯曲的入口
外堡寨
壕沟
开敞的支撑塔
外城幕墙
入口
炮楼
内堡
中堡
外堡
克拉克骑士堡
叙利亚
(1142及之后)
炮楼
大斜堤
悬崖陡坡
盖亚尔城堡
1196年由英格兰狮心王理查一世下令建于诺曼底莱桑德利
进攻者路线

分散其兵力。克拉克骑士堡曾经被攻打和围困达十二次之多，从未失守过。但在1271年的第13次战斗中，它落入穆斯林军队之手。从此，便一直处于穆斯林掌控之下。无疑，它也是见证中世纪战争凄惨之美的最伟大纪念碑之一。

第五章

城市再生：12—13世纪

直到1100年，农奴阶级依然是欧洲人数最多的阶级。但为了摆脱封建劳役，众多的农奴已经迁徙到城镇，造成了乡村劳动力的短缺。彼时资本积累的唯一途径是拥有土地的所有权，但是土地在当时没有市场价值，不能像今天这样用作信贷的依据。随着不断壮大的商人阶层对建筑场地的强烈需求，城市的土地才渐渐地获得了商业价值。可如何让封建贵族和主教们转让出各自手中的土地所有权？事情在开始时，并没有公认的方式，紧张局势加剧。变革的最大阻力来自教会，因为土地所有权的分散会让其长期以来的特权受到威胁。再者，在教会眼里，诸多的商业行为——尤其是用于牟利的高利贷——在道德上是不可接受的。

新兴的资产阶级视教会为实现商业自由的绊脚石，他们主张实行公社化或者协商式自治。面对将商业成功当作唯一荣耀的世道，以基督教美德和骑士精神为依托的僵化的封建阶层走向没落。为保障自己的生存，商人们着手组建地方政府，履行起作为统治者的威权，向民众征税——特别是用于维护城墙的税款，因为城市的安全有赖于此——加强维持地方和平，控制出入城镇的人员，与乡村地区协商贸易渠道等。城镇之间则建立起贸易协会，如南欧的伦巴第同盟和北欧的汉萨同盟。每座城镇之内，带保护性的手艺人行会——织工行会、

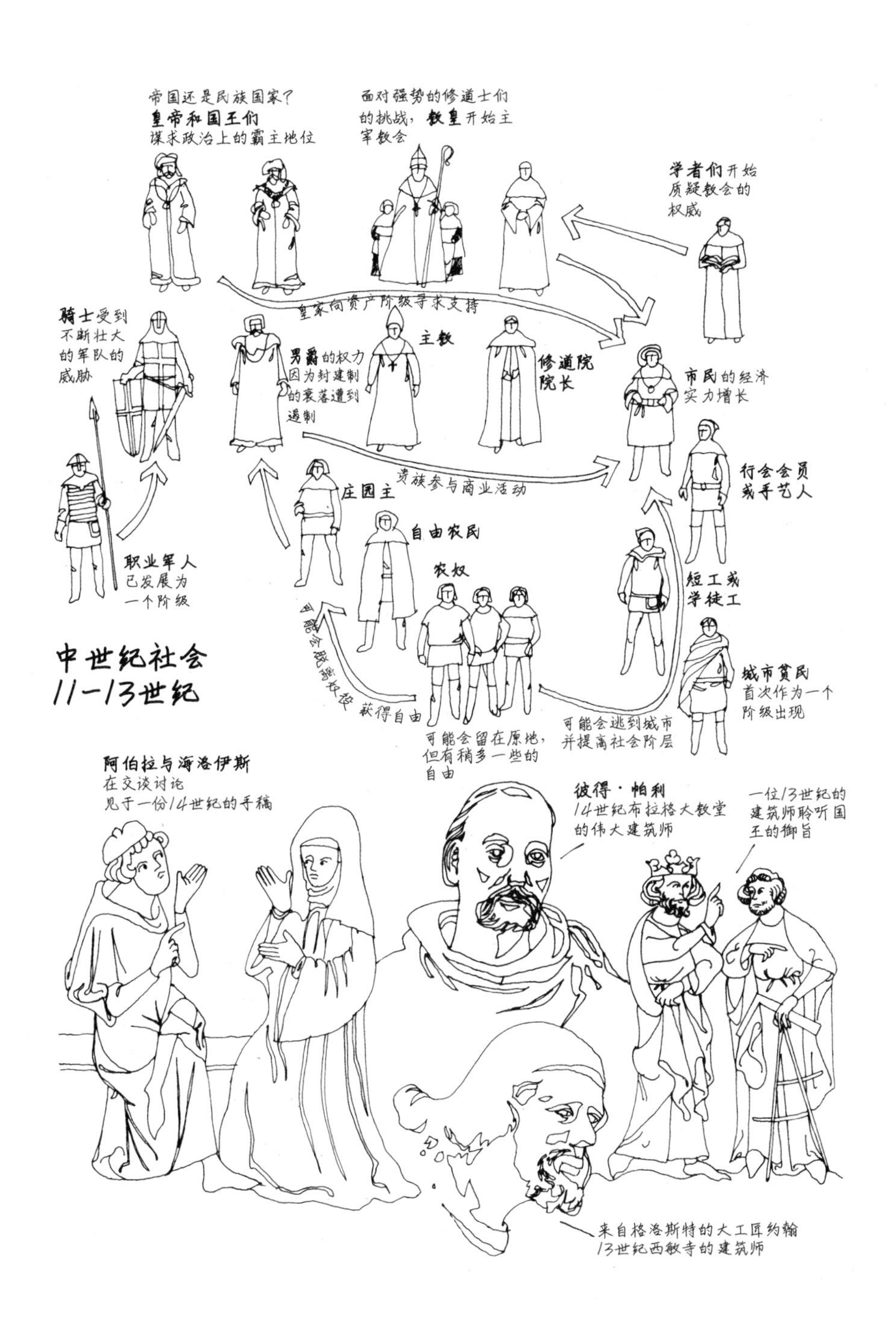
帝国还是民族国家？
皇帝和国王们
谋求政治上的霸主地位
面对强势的修道士们
的挑战，教皇开始主
宰教会
学者们开始
质疑教会的
权威
皇家向资产阶级寻求支持
骑士受到
不断壮大
的军队的
威胁
男爵的权力
因为封建制
的衰落遭到
遏制
主教
修道院
院长
市民的经济
实力增长
贵族参与商业活动
庄园主
行会会员
或手艺人
自由农民
农奴
职业军人
已发展为
一个阶级
短工或
学徒工
中世纪社会
11—13世纪
可能会脱离农奴
获得自由
城市贫民
首次作为一个
阶级出现
可能会留在原地，
但有稍多一些的
自由
可能会逃到城市
并提高社会阶层
阿伯拉与海洛伊斯
在交谈讨论
见于一份14世纪的手稿
彼得·帕利
14世纪布拉格大教堂
的伟大建筑师
一位13世纪的
建筑师聆听国
王的御旨
来自格洛斯特的大工匠约翰
13世纪西敏寺的建筑师

染色工行会、屠夫行会、面包师行会、杂货商行会——纷纷成立，以控制商品的质量和价格。

对建筑工匠来说，上述手艺人行会并不适合他们参与。12—15世纪期间，建筑工匠主要依赖一种称为“地方分会”的保护系统。从前，修道院的设计师通常都是修士，建造修道院的工匠是底层农奴。虽说其行业内存在着某种社区感和子承父业带来的连续感，建筑工匠却很少有机会与外界接触或交流思想。到了12世纪，较为开放的城市社会开始有了更多的思想交流，但此时的商务生活却更加不稳定。逻辑上，建筑工匠的确应该像其他行业的手艺人那样，寻求职业上的保护。

然而，建造房屋与其他行业不同：其他行业是由一群工匠从事同一类贸易，建筑业却需要由从事不同行业的人士组成一个团队。因此，建筑行业的“地方分会”成分复杂，等级分明。其主要构成有设计师、石匠、木匠、雕刻师、打磨匠、漆工，以及他们各自的雇佣工和学徒。一个分会只针对某一特定的建筑工程，工程完成后其队伍就自行解散，并到其他地方重新组队。从本质上说，“地方分会”与其他行会截然不同，它可以促进和保障石匠的自由流动，让他们有新的机会交流思想和技术。但这种流浪生活与异乡人身份或许也会招致城镇居民的不信任。为对抗怀有敌意的城里人，“地方分会”形成一种自我封闭的态度，确立了对新入会的石匠提供食宿招待的传统。

从11世纪中期到13世纪末，不列颠大约新建了120座城镇，包括勒德洛（Ludlow）、温莎、伯里圣埃德蒙兹（Bury St Edmunds）、朴次茅斯（Portsmouth）、利物浦和哈里奇（Harwich）等。1350年之前约一个世纪的时间里，法兰西大约新建了300座城镇。德意志地区建造的城镇甚至更多，吕贝克、柏林和布拉格等城市都是在这个时期发展起来的。这些城镇的显著特征是规则形布局——通常都是棋盘式矩形网格，四周以围墙和壕沟作为防御。今日法国，一些建于中世纪的防御性城市（bastides），如艾格莫尔特（Aigues Mortes）、卡尔卡松和阿维尼翁，依然保留着当年的防御工事。

总体而言，中世纪城镇的建设基于居民步行的生活方式，其狭窄的街道和骑楼式房屋使人们几乎不可能使用推车。城镇居民依靠手工业和小规模制造业为生，他们的住屋大多由自己建造，楼下的地面层用于作坊，楼上为起居空间和储藏室。在今天英国的约克肉铺街区（Shambles）和德国的奥格斯堡福格社区（Fuggerei），仍然能看到这种宜人却也稠密的中世纪建筑模式。尽管稠密，中世纪城镇的中心地带通常都拥有一个市场，用来贩卖产自周边乡村的农产品和城镇的手工制品。以现代人的标准衡量，中世纪城镇的规模都不算大。直到14世纪，像米兰、威尼斯、根特、布鲁日和伦敦这些"大城市"，居民人数也只在4万到5万之间。只有获得特殊地位的城市，才有可能发展得更大一些，如阿维尼翁，在它于1309年成为教皇的圣座之后，人口增长到12万。

中世纪的城镇，尤其是欧洲北部，其主要建筑材料仍然是木材。简单的曲木构架房屋尽管仍在普遍使用，却也在逐步被淘汰。到1500年左右，"箱形框架"的房屋已成为除了最贫困者以外居民的普遍选择。建设这种房屋的具体做法是：在砖或毛石砌筑的底座之上，架设起由立筋柱组成的框架，再在框架之间安置横梁以承受墙壁和屋顶的重量。立筋柱大多排列得很紧密——鉴于当时充足的橡树资源——立筋柱之间则填上抹有灰泥的编织枝条。如此形成的夹灰墙表面以石灰浆粉刷，让外墙带有一种典型的黑白外观。这种房屋在英格兰一般称为半木结构。各楼层的立筋柱并不垂直对齐，上层楼面通常比下层要往外突出一些，呈"突出的骑楼"形式。屋顶以茅草或瓦片覆盖。窗户起初没有玻璃，只在木格窗上嵌入百叶板，百叶板可关闭以让室内获得些额外保护。

渐渐地，上述骑楼式建筑被一种称为"气球框架"的更简单的箱形框架所取代。这种结构房屋的立筋柱从地面到屋顶一直是对齐的，避免了骑楼式的悬臂。由于木材开始变得稀缺，立筋柱的间距越来越宽，但因为整体结构更具连续性，反倒增强了房屋的稳定性。立筋柱

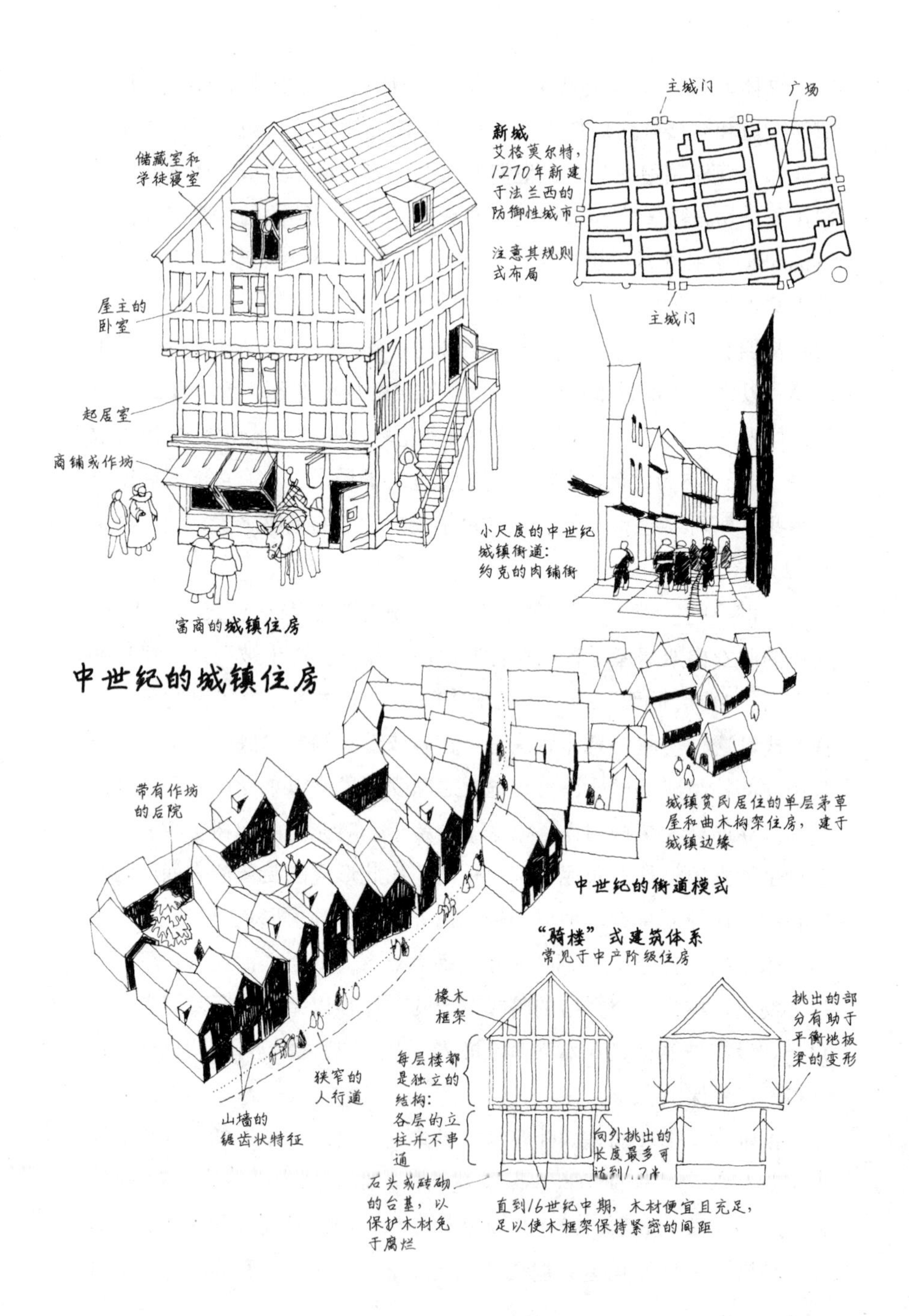
储藏室和
学徒寝室
屋主的
卧室
起居室
商铺或作坊
富商的城镇住房
新城
艾格莫尔特，
1270年新建
于法兰西的
防御性城市
注意其规则
式布局
主城门
广场
主城门
小尺度的中世纪
城镇街道：
约克的肉铺街
中世纪的城镇住房
带有作坊
的后院
城镇贫民居住的单层茅草
屋和曲木构架住房，建于
城镇边缘
中世纪的街道模式
山墙的
锯齿状特征
狭窄的
人行道
“骑楼”式建筑体系
常见于中产阶级住房
椽木
框架
每层楼都
是独立的
结构：
各层的立
柱并不串
通
向外挑出的
长度最多可
达到1.2米
挑出的部
分有助于
平衡地板
梁的变形
石头或砖砌
的台基，以
保护木材免
于腐烂
直到16世纪中期，木材便宜且充足，
足以使木框架保持紧密的间距

间的填充物依然是抹灰篱笆墙，墙体的表面同样以石灰浆粉刷。有时，整面墙和橡树框架全部涂以灰泥。

不同的建筑材料也带来各地区不同的建筑风格。在多石地区，人们常常以毛石砌筑替代木构架。相对而言，木构建筑比较容易通过添加楼层实现扩建，石建筑则只能在原有房屋的侧面加建。因此，在崎岖多石的地区——尤其是极为贫困的地区，因为唯一可用的建筑材料只有泥土——出现了一种较有特色的“长房子”。英格兰南部的“草泥墙”便是由烂泥、白垩以及芦苇或稻草等材料组成的黏合剂混合而成，若在其表面刷上厚厚的优质石灰浆（lime wash），倒也可以用上些时日。

随着城镇地理上的扩张，其经济也在增长。日益壮大的中央政府加速了这一进程。腓特烈一世（Frederick Barbarossa Ⅰ，1152—1190年在位）精明强悍，他既是德意志和意大利的国王，又是神圣罗马帝国的皇帝。他通过其手下的中央官僚机构有效地推行《马格德堡法》，大大削弱了男爵和主教们的威权。这不仅让欧洲的一些城镇得以自治，还促成了商人的崛起。英格兰亨利二世（Henry Ⅱ，1154—1189年在位）创立了“免服兵役税”，通过支付钱币替代封建劳役，在充实皇室国库的同时，进一步打击了封建主义。至于法兰西，在其强势大臣絮热（Suger，1081—1151年）的辅佐下，路易六世（Louis Ⅵ，1108—1137年在位）建立了一个与德意志颇为类似的官僚体系。随着城镇的发展，各地重建教堂的雄心空前高涨。

絮热既是一位政治家，也是一名神职人员。1140年，他组织重建了巴黎附近圣丹尼修道院教堂（Abbey of St Denis）的唱诗区。这栋教堂作为法兰西历史上多位帝王的陵寝之地，拥有宗教和政治层面上的双重意义。这栋建筑标志着哥特式建筑风格的开端，不是因为它拥有可识别的“哥特式”建筑特征——肋骨拱早就在达勒姆大教堂和其他建筑里出现过，飞扶壁在克吕尼修道院出现过，尖拱也已经有很多先例，尤其在中东地区被多次运用——也不是仅仅因为上述所有哥特式特征的建筑构件第一次被融合到统一的设计中（尽管这样做已足够意义重大），而是因为哥特式元素之间独特的组合方式，让空间排序有机会发生质的变化。

罗马风建筑的设计师将空间划分为井然有序的隔间，12世纪及其后的设计师对空间的分隔却越来越模糊化。他们不再使用为罗马风建筑所惯用的厚重毛石墙，而代之以更为精确和高效的“琢石”砌筑方式。柱子可以更为轻巧，分隔墙不再是厚重到让人感到沉闷，屋顶的形态更为自由，让室内各个区域的空间互为流通。所有这一切全部出现于圣丹尼修道院教堂的东端：弯曲的回廊，带有多间小礼拜室的半圆形后堂。最重要的是，它运用光作为敬拜的辅助工具。如此特色源自絮热所恪守的神学观。

此刻的欧洲已发展到一定阶段，需要专业人员来设计宏伟的建筑。从任何意义上说，圣丹尼修道院教堂都不是一个业余者设计的作品。在其修道院院长絮热撰写的两本“小册子”中，他热情洋溢地描述了修道院的教堂建筑如何得到了改进，却一次也没有提及建筑师的名字。可我们不应该据此认定并不存在一位建筑师。相反，所有的描述都暗示了建筑师的卑微地位和平信徒身份，让他的名字至少在修道院院长的眼里不值一提。历史的荣耀永远归功于书写历史的人——在12世纪，历史由修士书写。

然而建筑物本身足以说明设计它的建筑师睿智能干，同时还显示了一个自12世纪以来日益突出的现象：受过教育和文化熏陶却秉承世俗理念的人士，已经在知识生活中扮演越来越重要的角色。西方哲学很大程度上也得益于与东方的交往。1149年和1190年发起的第二次和第三次十字军东征在军事上以失败告终，可至少在思想交流方面取得了相当的进展。在阿拉伯学者和那些从阿拉伯语版本翻译过来的古希腊和拉丁文经典著作——包括《欧几里得几何学原理》——的影响下，理性成为哲学的一个重要组成部分，开放思想的探索开始取代盲目的信仰。

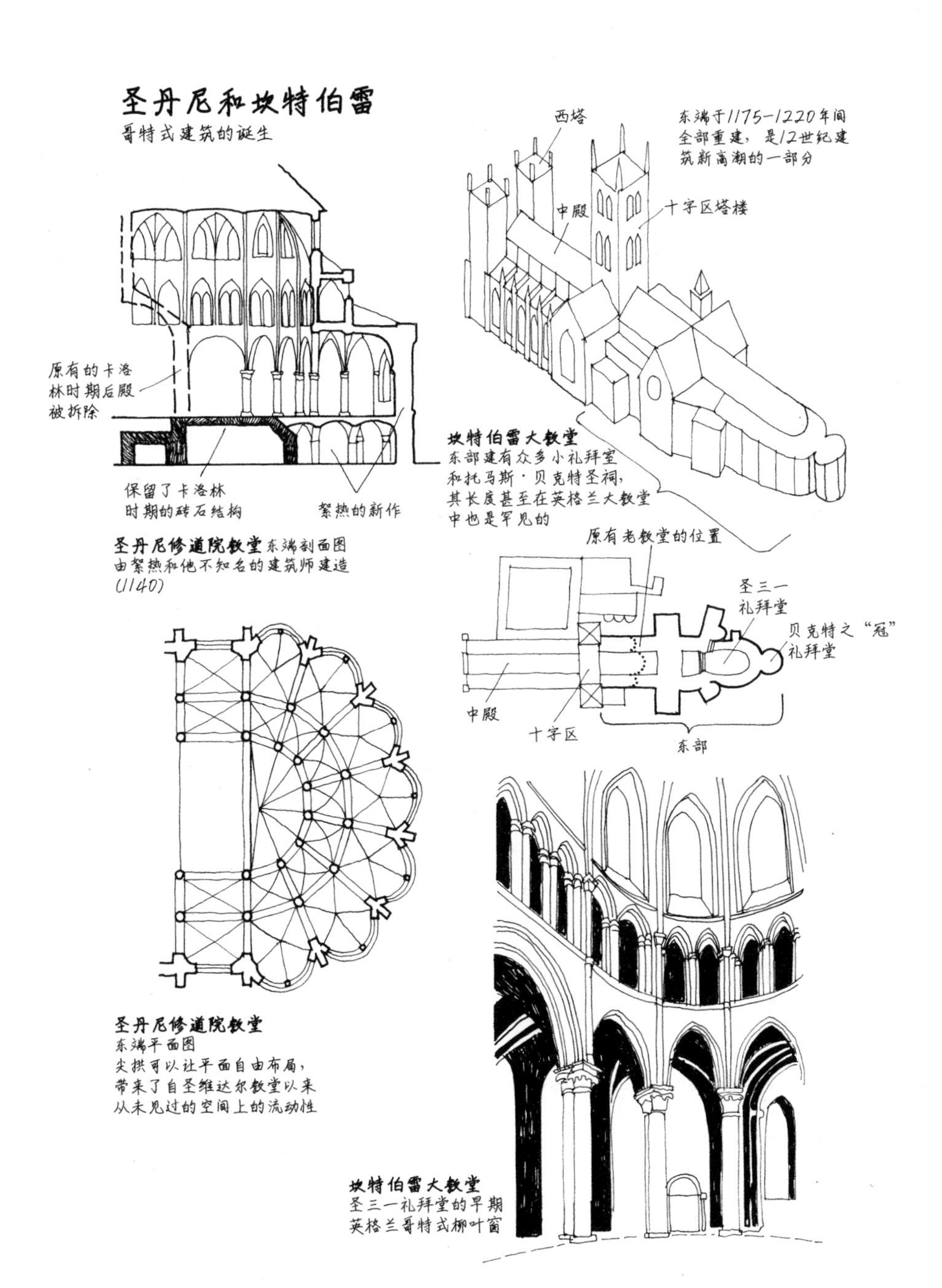
圣丹尼和坎特伯雷
哥特式建筑的诞生
原有的卡洛林时期后殿被拆除
保留了卡洛林时期的砖石结构
絮热的新作
圣丹尼修道院教堂东端剖面图
由絮热和他不知名的建筑师建造
(1140)
西塔
东端于1175—1220年间全部重建，是12世纪建筑新高潮的一部分
中殿
十字区塔楼
坎特伯雷大教堂
东部建有众多小礼拜室和托马斯·贝克特圣祠，其长度甚至在英格兰大教堂中也是罕见的
原有老教堂的位置
圣三一礼拜堂
贝克特之“冠”礼拜堂
中殿
十字区
东部
圣丹尼修道院教堂
东端平面图
尖拱可以让平面自由布局，带来了自圣维达尔教堂以来从未见过的空间上的流动性
坎特伯雷大教堂
圣三一礼拜堂的早期英格兰哥特式柳叶窗

中世纪建筑

一座普通的房子……

……可以由业主自己出资甚至动手建造……

……也许会得到当地的木匠和屋顶工的帮助，用他们自己的简单工具建造

像大教堂这样的建筑则较为复杂

由教会提供资金……

在城市市民的协助下

主任牧师或教长可能会充当工程主管……

……代表牧师会行事

他拥有建造用的机器和工具，雇用铁匠来维修和保养它们……

……并负责采石、砍伐木材和将其运到工地等事务

在操办的过程中，他会得到自己所任命的大工匠的辅助和建议

大工匠的工作是制定工程计划，安排开工的具体事务并雇用泥瓦匠投入施工

泥瓦匠是手艺人，大多来自城外

在施工过程中，他们建造一座供自己居住的小屋，在其间铺设一块描图地板，在上面绘制施工模板

泥瓦匠们劳作的时间很长，通常都是在白天进行
因此，他们在夏季的收入比冬季高
一座以木材建造的复杂建筑，显然需要任命一位木匠大师傅来监督普通木匠们的工作
非熟练劳动力可在当地雇用
有两种类型的泥瓦匠
瓦匠和石工精于石作工程……
自由泥瓦匠从事装饰性雕琢工作
作为外来者，他们受到城镇居民的猜忌
因此，他们对新来的泥瓦匠很热情
团结而强势，让他们有本钱背上工具丢下工作不干了

石匠大师

明谷修道院的圣贝尔纳（St Bernard of Clairvaux，1091—1153年）与彼得·阿伯拉（Peter Abelard，1079—1142年）之间的思想交锋，让我们有幸一窥彼时知识界的对立之态。前者代表的是正统思想，后者是探索性著作《是与非》（*Sic et Non*）的作者，代表着当时的进步思想。我们倾向于将“文艺复兴”视作15世纪意大利的特有现象，然而事实上，正如阿奎那、培根、但丁和乔托等人的著述所显示，许多与“文艺复兴”类似的观念和思潮早在12世纪和13世纪就已经存在。它们不仅仅流行于意大利而且遍及整个欧洲。大学正在创立，英格兰颁布的《大宪章》（1215年）[①]保障了人民基本的宪法权利。随着哥特式大教堂的出现，西方建筑开始步入其辉煌的历史阶段。

> 有谁曾见过！有谁曾听过……那些高贵的男女全都低下他们自大而傲慢的头颅，坐上了马车……驶向基督耶稣之屋。马车上装满了葡萄酒、谷物、油、石头、木材等物资。这般的阵势，到底是为了生活所需，还是为了建造教堂？！

如今，面对哥特式建筑所呈现的恢宏巨制，我们很容易就认定它是一种独特的宗教社会产物。其巨大的体量让我们进一步推测，只有通过整个社区的集体努力，方能取得如此辉煌的成就。但如果我们认识不到哥特式建筑其实是社会不断世俗化的产物，是社会上一小部分人所为，我们就会对它们心生误解。诚然，一座伟大教堂的建造由宗教人士决策，是为了上帝的荣耀。悖论也恰在于此：建造一座教堂需要资金，这些资金由资产阶级提供，而资产阶级与教会之间存在着道

① 英国封建时期的重要宪法性文件之一。该文件把王权限制在了法律之下，确立了私有财产和人身自由神圣不可侵犯的原则。——译注

德观上的冲突；需要数学和建筑知识，而此等知识与基督教教义无关；需要富于天赋和才干的石匠大师，而石匠所接受的教育和累积的经验却不在教会所能控制的范围之内。上述热情洋溢的文字，由修道院院长海蒙（Abbot Haimon）写于1145年，说的是夏特尔地区的民众如何团结起来重建大教堂。但此类描述加剧了更多人对哥特式建筑的迷思或误解，让他们误以为哥特式教堂是中世纪社会集体无意识的产物，它所表达的是普世的宗教信仰。不错，在哥特式教堂的建造期间，有时候可能需要城镇居民中的一些志愿者帮忙运载货物。事实却是，设计和施工均由技艺精湛的世俗建筑师和工匠组成的团队掌控，他们以一种全新的理性方式完成自己的工作。

哥特式建筑屹立于历史的关键转折点。此前，是以教会为主导的早期中世纪，之后是文艺复兴时期自由世俗的世界。也许正是这一现实，让它们获得了可说是西方建筑史上最辉煌的成就，也让它们完美体现了两个世界之间——在宗教信仰与理性分析之间，在代表旧秩序的宁静而封闭的修道院社会与新世界的动态扩张主义之间的——辩证关系。

一些石匠大师的姓名开始出现于编年史。最早的记载大约于1200年出自修士杰维斯（Gervase）之手。在有关坎特伯雷大教堂唱诗区1174年毁于大火的描述中，杰维斯写道，教堂的执事们召集了一群知名的法兰西和英格兰石匠，人多嘴杂，好在有个：

> 从桑斯（Sens）来的名叫威廉的人，他是一位活跃又肯干的工匠，对木工和石工技艺都很精通。基于他的才思敏捷和良好声誉，教堂执事们只留下威廉，打发了其他工匠。对威廉本人来说，能够得此重任也算是蒙上帝之恩。

威廉既足智多谋又富有创造力，他对工作兢兢业业又保持独立精神。他从法兰西船运来石料并设计了巧妙的装置用来装卸；将自己设计的图纸和模板分发给负责雕工的石匠们，以指导他们如何操作，还手把手辅导这些石匠。工程进展良好。四年后，他从一个很高的脚手架上摔下受了重伤，仍在担架上继续督导工程。

杰维斯最后告诉我们："当这位大工匠明白没有医生能够治好自己，便放弃了工作，漂洋过海回到自己的故乡法兰西。"留在他身后的，是一座新建的更大的唱诗区，矗立于之前被焚毁的诺曼式唱诗区的原址之上。带有尖拱和肋骨拱的大教堂，是不列颠第一座哥特式建筑，与法兰西的圣丹尼修道院教堂享有同等显赫地位。

此后，在12世纪和13世纪大部分时间里，欧洲都是一个开放的社会，几乎没有什么政治壁垒妨碍旅行和贸易。石匠们很容易从一地辗转到另一地工作，促进了建筑思想专业技能的传播。自它首次出现于法兰西岛以来，哥特式建筑风格迅速向四处传播，并且从形式到内容均形成了一套通用的语汇。不同地区尽管存在着某些地域差异，却统统遵循着一个基本模式。所有的哥特式教堂都拥有一个拉丁十字平面，由此所形成的空间序列，从西端的中殿起步，穿过十字交叉区，最后是东端的唱诗区和圣堂。

另一突出特征是巨大的石砌肋骨拱屋顶。它们向外的推力由飞扶壁加以抗衡。由于肋骨拱可将重力集中到沿墙壁的某些特定受力点，便可将受力点之间大片的墙壁打通作为窗户。12世纪期间，这种做法还带来彩色玻璃艺术的飞跃发展。今人大多以为中世纪教堂的室内都是灰暗的，属于只考虑功能需要的石头建筑。事实上，当时的教堂室内铺满了象征性壁画与雕刻，并因玻璃窗户的流光溢彩而熠熠生辉。壁画与雕刻讲的都是关于先知和殉道者的故事，让不识字的穷人也能够心领神会。

尖拱给平面设计带来较大的自由。若想让一个单元上的所有拱都保持在相同高度，半圆形拱就只能形成一个正方形的结构单元。这使罗马风建筑的平面布局只能局限于由正方形单元组合而成。如果采用尖拱，即便每个拱的跨度不同，也能很容易地将其拱顶调整到相同高度，于是哥特式建筑的平面拥有更大的自由度。矩形乃至三角形的结

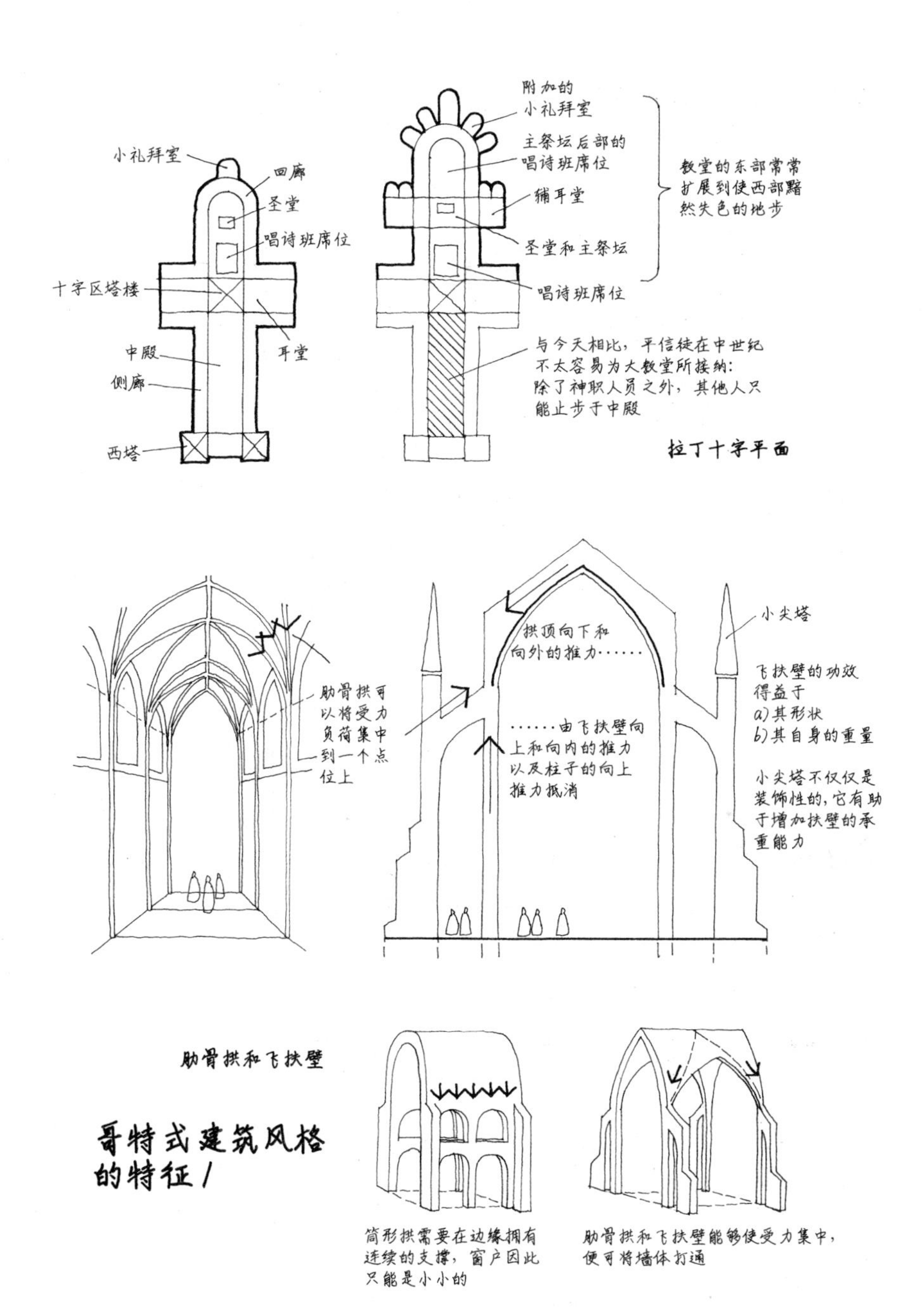

哥特式建筑风格的特征 /

筒形拱需要在边缘拥有连续的支撑，窗户因此只能是小小的

肋骨拱和飞扶壁能够使受力集中，便可将墙体打通

哥特式建筑风格的特征 2

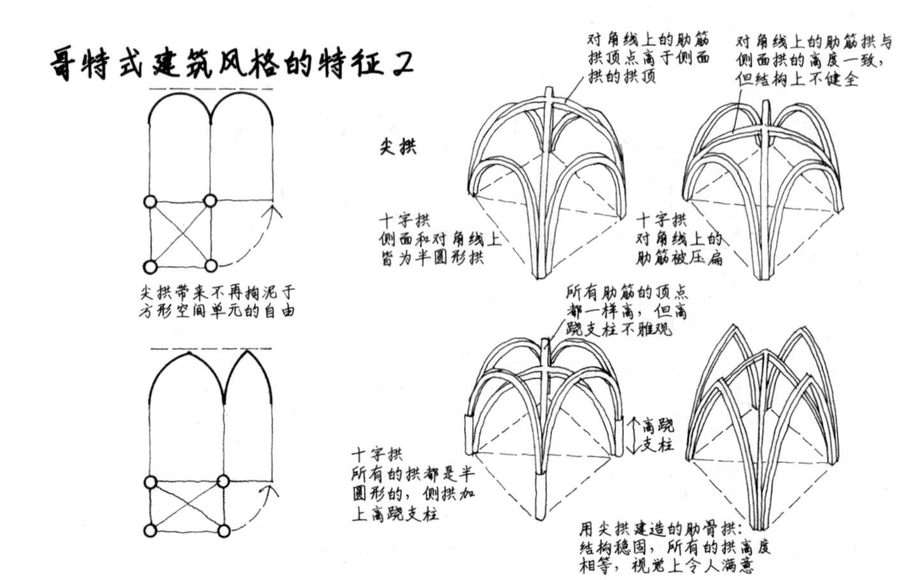

尖拱带来不再拘泥于方形空间单元的自由

用尖拱建造的肋骨拱：结构稳固，所有的拱高度相等，视觉上令人满意

木制屋顶的发展

简单的小屋顶完全由椽子组成

用系梁将成对的椽子连接起来，以增加强度

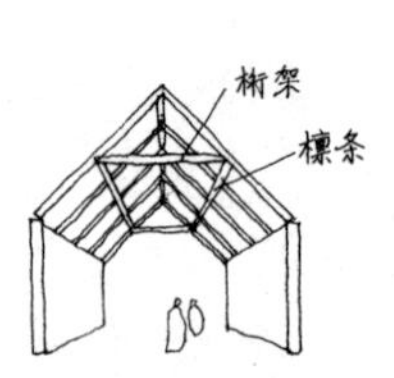

系梁、檩条和椽子组成的桁架，支撑屋顶

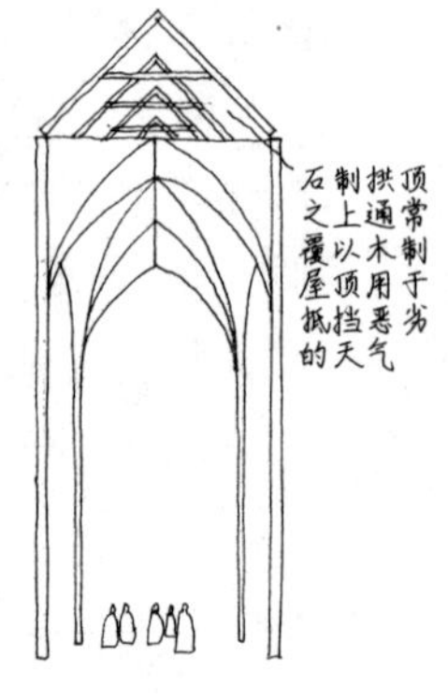

石制拱顶之上通常覆以木制屋顶用于抵挡恶劣的天气

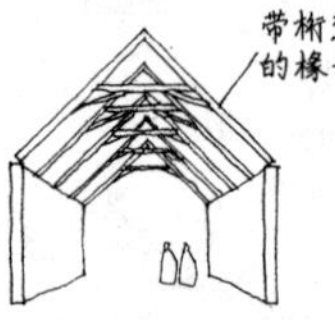

在较小的建筑中，桁架式屋顶通常本身就富于装饰效果

另一处理手法是在桁架的外表包上一层装饰性木质天花板：被称作筒状屋顶

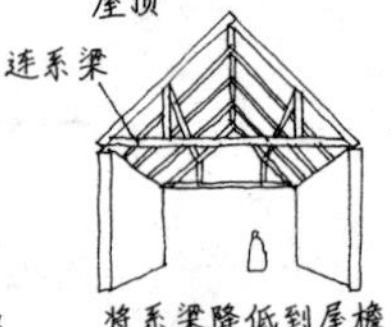

将系梁降低到屋檐的水平高度，成为连续的系梁，在结构上非常稳固

像连系梁屋顶一样，带中柱的桁架遮挡了屋顶的形状

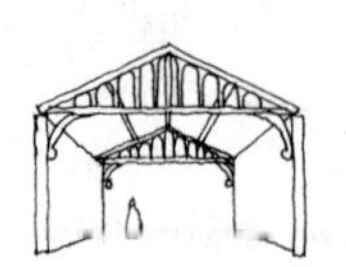

连系梁屋顶，通常被装饰得华丽多彩，适合于低浅斜坡的屋顶

以拱劵支撑的屋顶桁架迈出了重要一步，便可以建造……

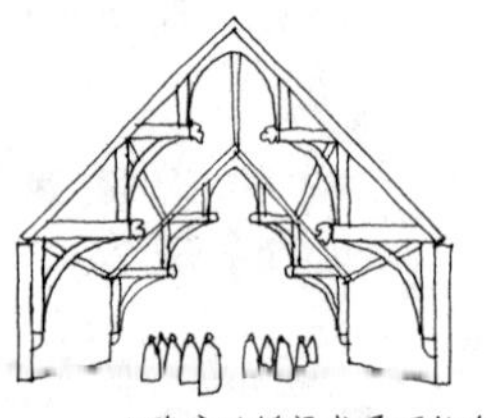

……大跨度的锤梁式屋顶桁架，这可能是中世纪屋顶设计的最高形式

构单元都是常见之事，从而让布局更灵活，结构更经济，空间感受更精妙。

在法兰西，哥特式大教堂自打一开始就发展得有模有样。因为建造者有钱又有抱负，建造起大教堂来大多是势如破竹。许多大教堂都是不间断地持续建造，一气呵成。夏特尔大教堂的建造总共只用了27年，表现出卓越的设计统一性。

哥特式大教堂的经典之作是巴黎圣母院（Notre Dame de Paris，1163年）。它非常高，中殿肋骨拱的顶部距地面达32米。中殿的两侧分别建有双重的侧廊，差不多要把短小的耳堂给包进去了。耳堂大约位于整栋建筑的中部，其东端设有为数众多的小礼拜室，并以半圆形后堂收尾。体量上，东、西两部分旗鼓相当。巨大的高度需要建造三层飞扶壁，最低的一层包裹在侧廊的屋顶中。教堂西端的双塔位于中央入口的两侧，入口的上方有一个巨大的轮形窗[1]。十字交叉区之上没有建造塔楼，唯有一个指向天穹的细长尖顶。这是因为建筑本身已经非常高，没必要再建巨大的中央塔楼，况且在结构上也不可行。总之，教堂内外尽显肃穆和威严，一些关键部位上繁复而富于人情味的雕饰又使之轻盈活泼。

最能与巴黎圣母院相媲美的当推巴黎圣礼拜堂（Sainte Chapelle，1243年）。虽说它更小更简单，却同样运用了所有的哥特式建筑语汇：入口门廊后为一个长方形空间，东端以半圆形收尾；屋顶由一系列深长的飞扶壁支撑，它们与外墙呈直角，在教堂内几乎看不到；外墙主要由宝石般的彩色玻璃组成，让室内呈现出梦幻般的戏剧性效果。

遍及法兰西岛的其他教堂全都复制着巴黎圣母院模式：西端的塔楼、高高的中殿、横跨在侧廊上方的飞扶壁、肋骨拱屋顶、半圆形后堂式东端。在鲁昂大教堂（Rouen Cathedral，1200年）和它附近的圣旺修道院教堂（1318年），在拉昂大教堂（Laon Cathedral，1170年）、

① 即“玫瑰窗”。不过“玫瑰窗”这种称呼到17世纪之后才开始出现。——译注

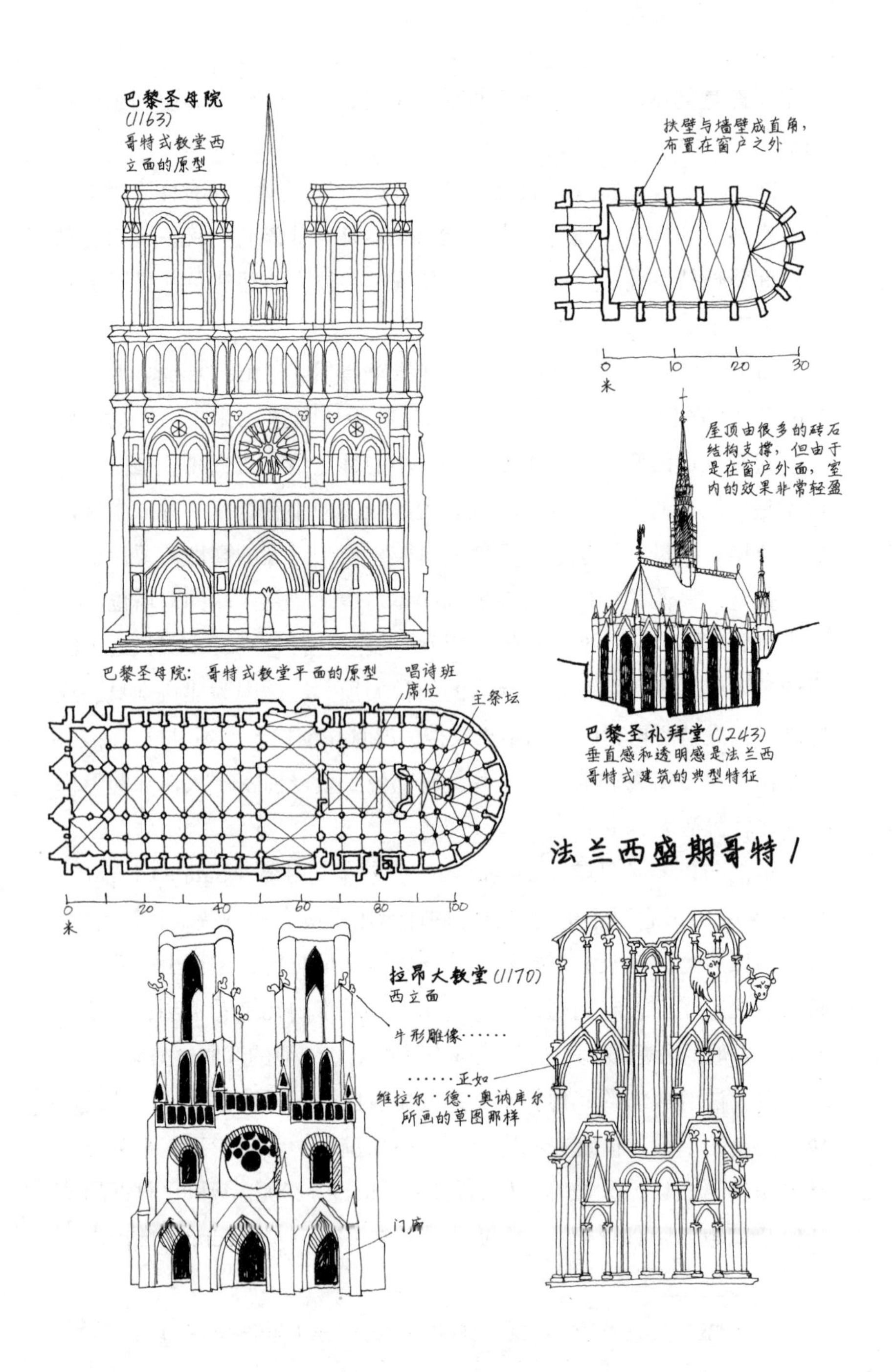
巴黎圣母院
(1163)
哥特式教堂西
立面的原型
扶壁与墙壁成直角，
布置在窗户之外
0
10
20
30
米
屋顶由很多的砖石
结构支撑，但由于
是在窗户外面，室
内的效果非常轻盈
巴黎圣母院：哥特式教堂平面的原型
唱诗班
席位
主祭坛
巴黎圣礼拜堂(1243)
垂直感和透明感是法兰西
哥特式建筑的典型特征
0
20
40
60
80
100
米
拉昂大教堂(1170)
西立面
牛形雕像……
……正如
维拉尔·德·奥讷库尔
所画的草图那样
门廊

法兰西盛期哥特 I

布尔日大教堂（Bourges Cathedral，1192年）、夏特尔大教堂（Chartres Cathedral，1195年）、兰斯大教堂（Reims Cathedral，1211年）、亚眠大教堂（Amiens Cathedral，1220年）和博韦大教堂（Beauvais Cathedral，1247年），上述所有的特征都可看得到，纵然各自都做了些调整，但万变不离其宗。

拉昂大教堂以其雄伟的西立面著称，入口门廊向外醒目地突出，强调了它的功能。西端双塔的平面由底部的方形演变为上部的八角形，赋予塔身以独特的可塑性造型，又因角塔上的牛形雕像更显灵动多姿。布尔日大教堂的平面与巴黎圣母院的非常相似，但由于未建耳堂，整座教堂从内到外展现出令人耳目一新的浑然一体感。至于其西立面，因在每个交接部位都建有凸出的扶壁，看上去如同纪念碑般坚固有力。

夏特尔大教堂可能是法兰西最具魅力的哥特式大教堂，不仅在于其多姿多彩的装饰性雕塑，还在于其铜红色和钴蓝色玻璃无与伦比的美感。尖顶塔在法兰西较为罕见，但夏特尔大教堂的西端拥有两座尖顶塔。南侧的那座建得较早、较低，也较为简洁。北侧的那座为16世纪初期重建，更高一些，装饰得极为华美。两者一起为大教堂带来一道独特的天际线，主宰着城镇和周边的乡村景观，却又是那般地随意而富于人情味。

夏特尔大教堂与鲁昂大教堂的设计师很可能为同一组人。两者拥有相同高度的中殿，相似的拱券体系，又均采用了钴蓝色玻璃，便很容易让人心生联想。两者间主要的不同是：鲁昂大教堂的十字交叉区上建有一座雄伟壮丽的塔楼，让它一度成为世界上最高的建筑。其精雕细琢的西立面后来因莫奈的画作声名远扬。

兰斯大教堂同样拥有与巴黎圣母院十分相似的平面形制。它曾经作为好几位法兰西国王的加冕圣地，配备了较宽和较长的耳堂以用作加冕礼堂。令人印象深刻的是其室内的高度——屋顶拱的顶部高达38米。亚眠大教堂可说是将巴黎圣母院所创立的模式发挥到了极致：其西端巍峨的双塔突出了中央入口，挺拔的中殿高达42米，中殿内一排排

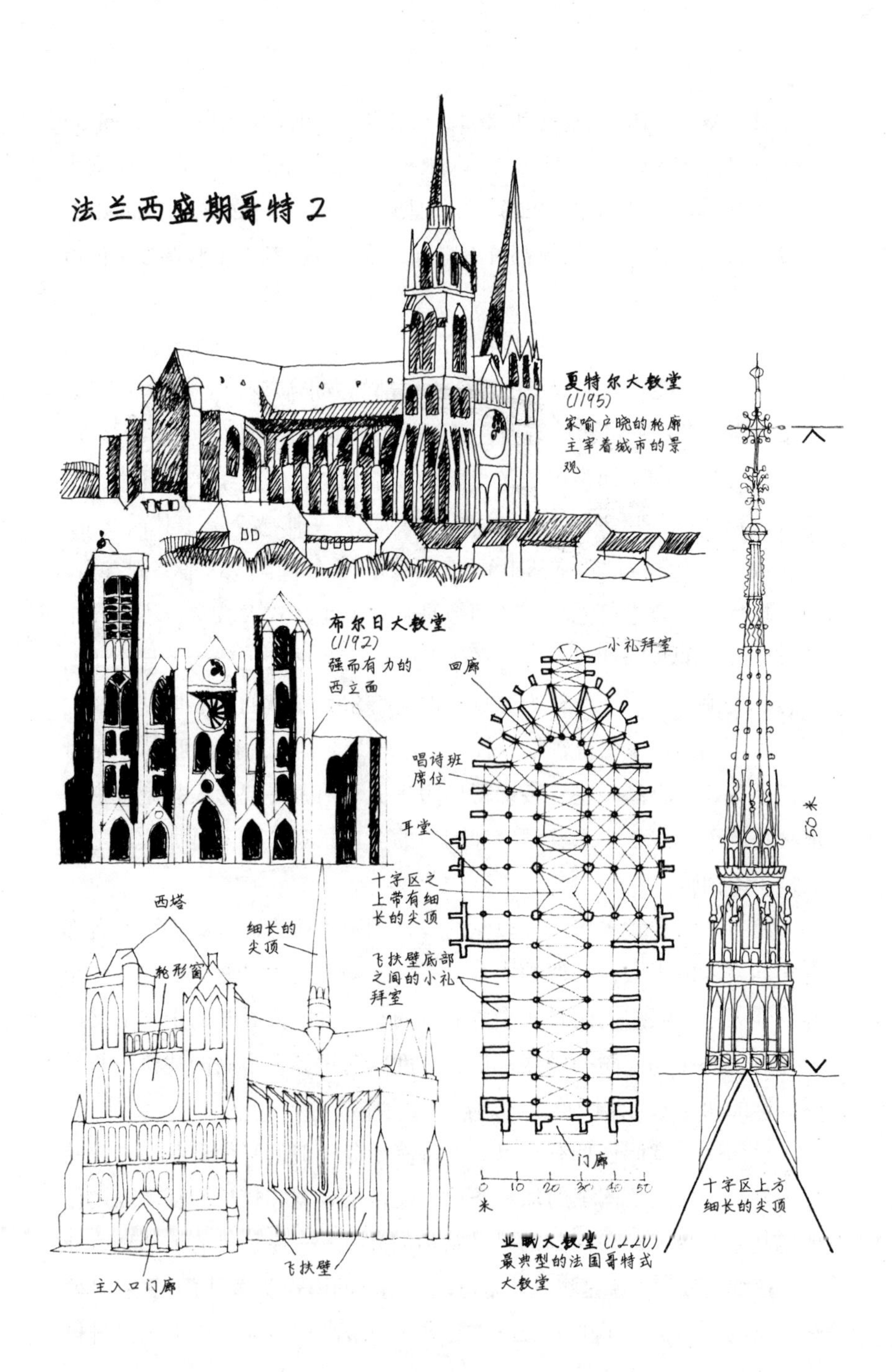

法兰西盛期哥特 2
夏特尔大教堂
(1195)
家喻户晓的轮廓
主宰着城市的景
观
布尔日大教堂
(1192)
强而有力的
西立面
小礼拜室
回廊
唱诗班
席位
耳堂
十字区之
上带有细
长的尖顶
飞扶壁底部
之间的小礼
拜室
门廊
0 10 20 30 40 50
米
50米
十字区上方
细长的尖顶
西塔
细长的
尖顶
轮形窗
主入口门廊
飞扶壁
亚眠大教堂(1220)
最典型的法国哥特式
大教堂

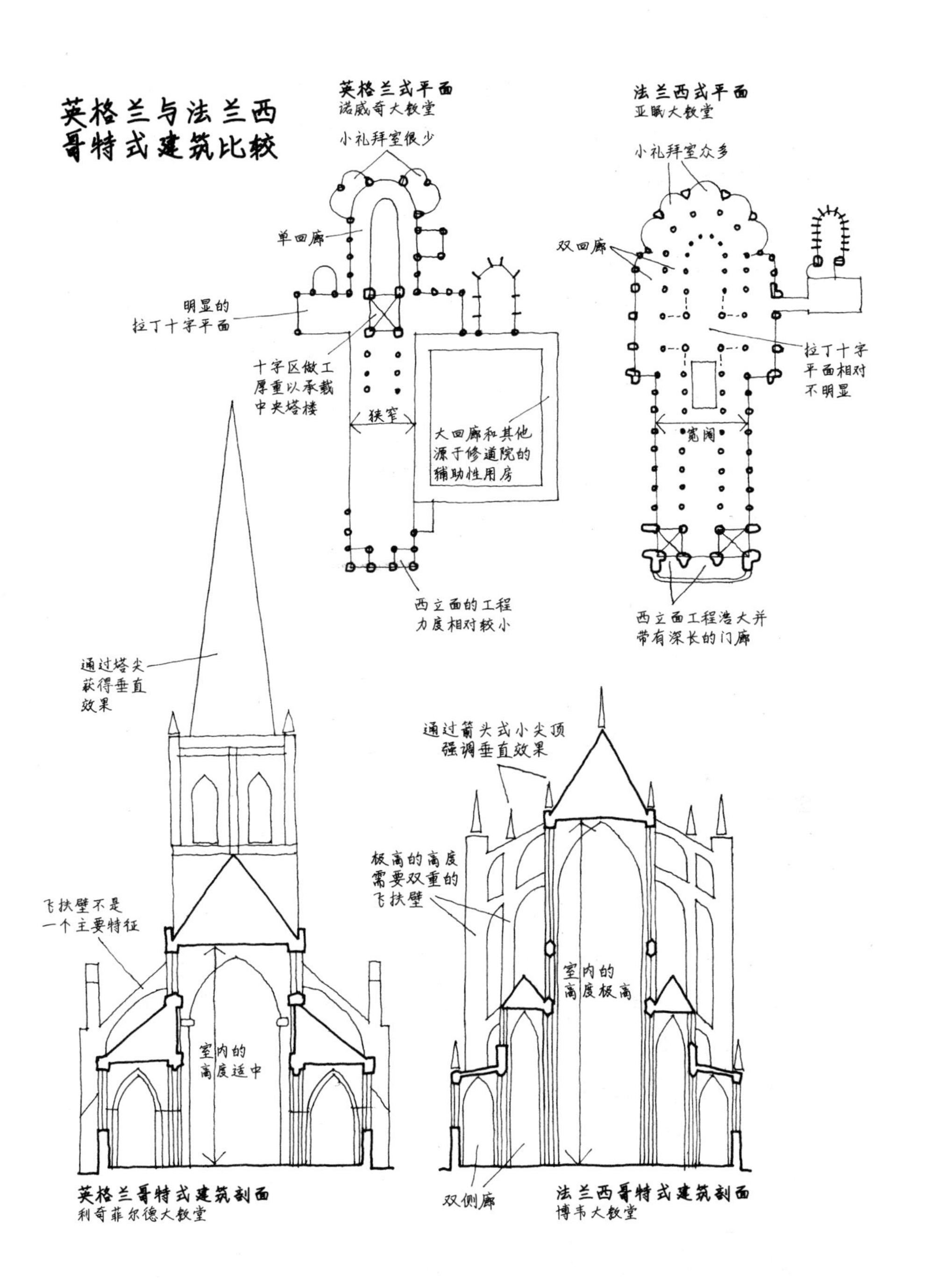
英格兰与法兰西
哥特式建筑比较
英格兰式平面
诺威奇大教堂
小礼拜室很少
单回廊
明显的
拉丁十字平面
十字区做工
厚重以承载
中央塔楼
狭窄
大回廊和其他
源于修道院的
辅助性用房
西立面的工程
力度相对较小
法兰西式平面
亚眠大教堂
小礼拜室众多
双回廊
拉丁十字
平面相对
不明显
宽阔
西立面工程浩大并
带有深长的门廊
通过塔尖
获得垂直
效果
飞扶壁不是
一个主要特征
室内的
高度适中
英格兰哥特式建筑剖面
利奇菲尔德大教堂
通过箭头式小尖顶
强调垂直效果
极高的高度
需要双重的
飞扶壁
室内的
高度极高
双侧廊
法兰西哥特式建筑剖面
博韦大教堂

立柱，引导着信众通向东端一间极富戏剧化的半圆形后堂式小礼拜室。

博韦大教堂的中殿甚至更高，屋顶拱的最高处达到惊人的48米，是欧洲最高的大教堂，也是所有哥特式建筑中最富于雄心的建造。我们今天所看到的，尽管庞大，其实只是一座从未完工的教堂的唱诗区和耳堂，原计划的中殿甚至没有动工。高达150米的十字交叉区塔楼于16世纪坍塌，残骸靠着拉杆和两排巨大的飞扶壁连在一起。中世纪尚未发展出结构理论，无法提前预算出建筑物的稳定性，只能在实践中摸索。建造者想要创新，要么基于坚定的信念，要么有大胆乃至狂妄的态度。在博韦大教堂的例子中，对高度的极端追求便受到了中世纪技术的制约。

三个世纪甚至更长的时间段里，哥特式风格主宰着欧洲的北部和西部，北达低地国家[①]和德意志地区，南抵西班牙和意大利北部。不过在意大利南部，古罗马的影响力根深蒂固，巴尔干半岛和俄罗斯则一直深受拜占庭的影响。

英格兰的哥特式建筑

在英格兰，人们以特有的热情追寻着法兰西人的这项发明。坎特伯雷大教堂的唱诗区便是明显的法式建筑风格，但英格兰的哥特式建筑很快就发展出自己的特色。英格兰的大教堂通常建造得很慢，建筑工程差不多要持续好几个世纪，此一过程中融合了多种多样的设计手法。很多英格兰大教堂起初都是修道院，并配有大回廊、食堂和修士宿舍等附属性房屋，其中的某些建筑依然保留至今。在修道院教堂，只有修士方能进入唱诗区以及各种相关的小礼拜室，新的教堂若想接纳平信徒，就需要建造一间更大的中殿，由此让英格兰哥特式大教堂拥有了较长的纵深。可能由于这个原因，它们通常比其法兰西的同类

① 指荷兰、比利时和卢森堡。——译注

要窄一些、低一些，不太需要大型的飞扶壁。不过，中殿高度的不足大多由塔楼和尖顶弥补。在十字交叉区上建造一座高塔，在西立面入口两侧建造两座稍低的双塔，是英格兰哥特式教堂常见的模式。

最大的英格兰哥特式大教堂当推约克大教堂（York Minster）。它巨大的规模、简洁而雄浑的设计风格令人印象深刻。西立面上后来加建的精细装饰和安装于中世纪的玻璃窗，又给人以轻快之感。北耳堂高大简洁的“柳叶”窗（lancet）让人联想起刀刃，这便是英格兰初期哥特式建筑的典型式样，通常被称为“早期英格兰”。

最长的英格兰大教堂是温彻斯特大教堂，加上主祭坛背后于1235年完工的唱诗区，整座教堂的总长达170米，比中世纪欧洲任何其他大教堂都要长。其优美的中殿差不多占了建筑物总长度的一半，可谓中世纪早期与晚期风格的完美结合。诺里奇大教堂的中殿更长，其长而低的横向体量与高耸的十字交叉区塔楼相得益彰。塔楼上后来加建的尖顶，雄踞于平阔的乡野之上，方圆数英里之外都望得见。

索尔兹伯里（Salisbury）大教堂的塔尖为不列颠之最高点，是其周边最壮丽之景观。它是早期英格兰大教堂中最具特色的建筑，由伊利的大工匠尼古拉斯于1220年开始施工，至1258年完成了大部分建造工程，较好地体现了风格的连续性。它有一个很长但不是太高的中殿和双重的耳堂。较大耳堂附近的十字交叉区之上，高耸着塔楼。在南侧廊的比邻处，建有大回廊和牧师会礼堂。整座教堂的平面简洁，并以矩形为基本单元，包括东端的加建部分都是如此，与它在法兰西的同类（如亚眠大教堂）的流畅性形成鲜明对比。

伊利大教堂的平面呈拉丁十字形，其东端的体量同样宏伟，设计简洁。但要说最为壮观的东端，也许是坎特伯雷大教堂。除了双耳堂和回廊，那里还建造了许多法式风格的小礼拜室。鉴于它作为供奉托马斯・贝克特（Thomas Becket）的朝圣地，其东端如此这般的规模和阵势显得十分必要，让其后英格兰本土的其他大教堂望尘莫及。

林肯大教堂的前身也是修道院，这一点体现于其东端庞大的体量。

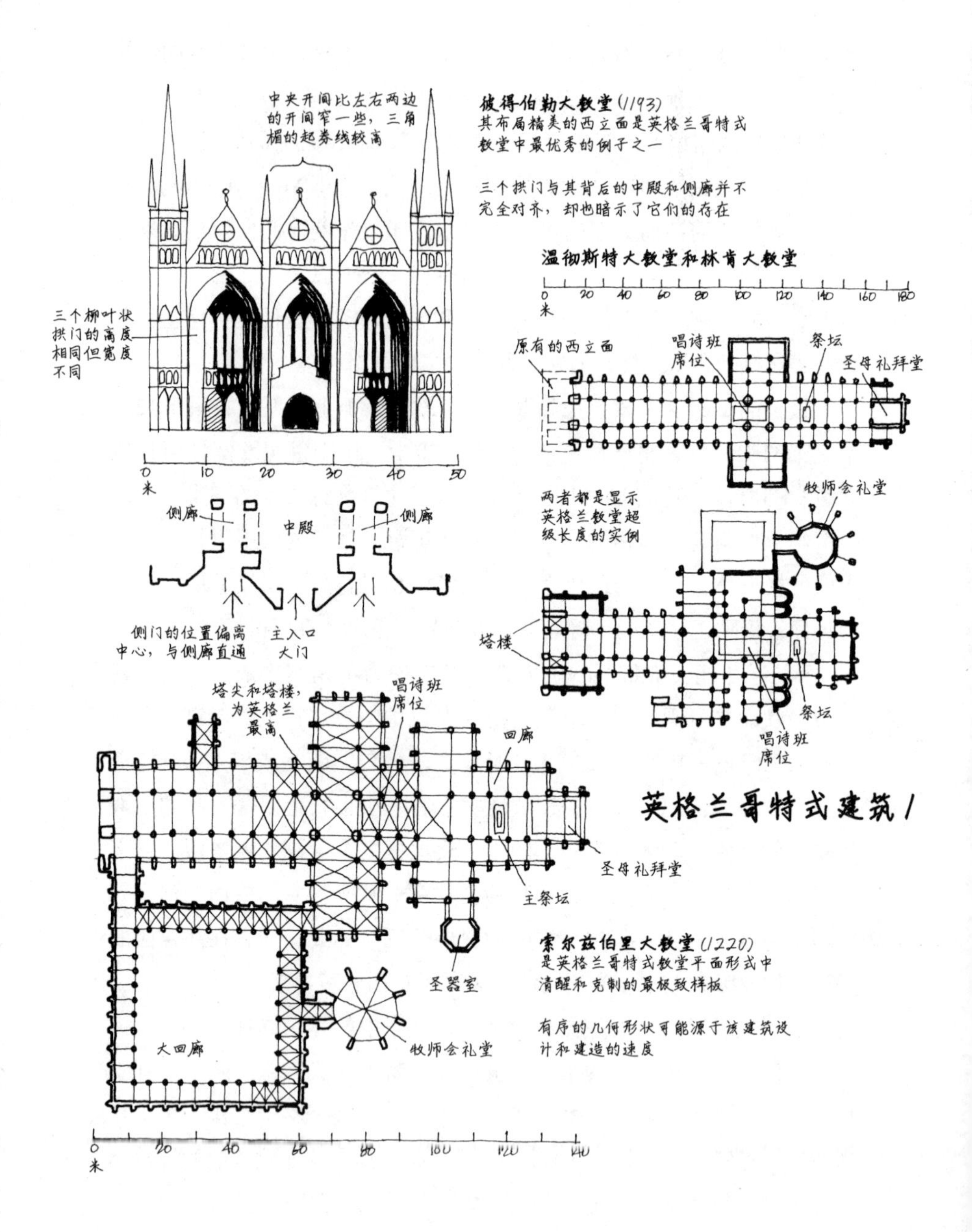
中央开间比左右两边
的开间窄一些，三角
楣的起券线较高
彼得伯勒大教堂(1193)
其布局精美的西立面是英格兰哥特式
教堂中最优秀的例子之一
三个拱门与其背后的中殿和侧廊并不
完全对齐，却也暗示了它们的存在
三个柳叶状
拱门的高度
相同但宽度
不同
0
10
20
30
40
50
米
温彻斯特大教堂和林肯大教堂
0
20
40
60
80
100
120
140
160
180
米
原有的西立面
唱诗班
席位
祭坛
圣母礼拜堂
侧廊
中殿
侧廊
侧门的位置偏离
中心，与侧廊直通
主入口
大门
两者都是显示
英格兰教堂超
级长度的实例
牧师会礼堂
塔楼
祭坛
唱诗班
席位
塔尖和塔楼，
为英格兰
最高
唱诗班
席位
回廊
英格兰哥特式建筑1
圣母礼拜堂
主祭坛
圣器室
索尔兹伯里大教堂(1220)
是英格兰哥特式教堂平面形式中
清醒和克制的最极致样板
有序的几何形状可能源于该建筑设
计和建造的速度
大回廊
牧师会礼堂
0
20
40
60
80
100
120
140
米

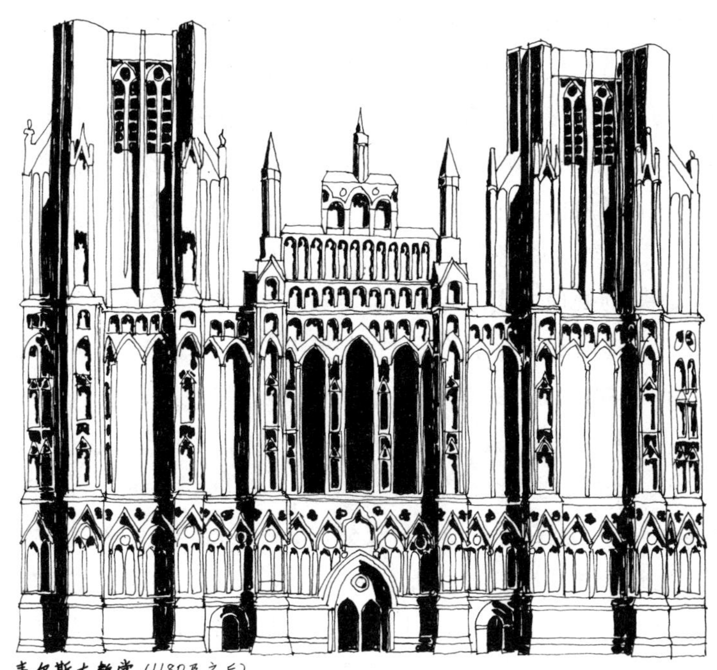

韦尔斯大教堂（1180及之后）
西立面富于装饰精雕细刻，但装饰的背后却拥有一个
强有力的基本结构，是英格兰哥特式教堂最好的实例之一

英格兰哥特式建筑 2

西敏寺室内巨大的高度、杰出的飞扶壁体系和半圆形后堂式布局
是英格兰教堂中最富于法兰西特色的教堂之一

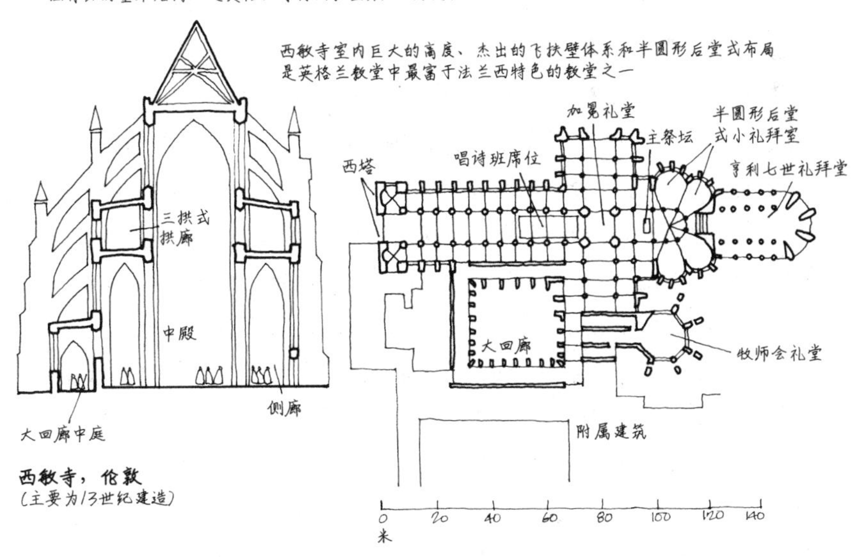

西敏寺，伦敦
（主要为13世纪建造）

它位于城内一座突出的山丘上，是我们所知道的第一座早期英格兰哥特式建筑，由石匠大师亚历山大于12世纪晚期开始建造。教堂的唱诗区和较小的耳堂约建于1192年。1209年加建的较大的耳堂、十字交叉区塔楼、入口门廊和牧师会礼堂延续了同样的风格。1256年，通过在东端主祭坛背后所添加的唱诗区，教堂的总长度进一步拉长。在西立面，一堵奇特的外屏墙遮掩了背后的大部分建筑。

对西立面的处理方式，英格兰教堂与其法兰西同类有所不同。在法兰西，差不多所有大教堂的西立面都遵循着同一模式。英格兰的设计师却将西立面的设计视作一个实验的良机，发展出许多不同的形式。达勒姆大教堂的西端根本就没有入口，仅以一间哥特式“加利利礼拜堂”或者说门廊替代；韦尔斯大教堂（Wells Cathedral）的室内空间紧凑而简朴，但拥有一个可追溯至1206—1242年间壮丽辉煌的西立面，由建筑师托马斯·诺睿斯（Thomas Norreys）与雕塑大师西蒙（Simon）精心设计和雕琢；彼得伯勒大教堂基本上属于一座罗马风建筑，但它的西立面却是早期英格兰哥特式风格，主要由三座巨大的内凹式柳叶状拱门组成，体现了立面背后中殿和侧廊的存在。

英格兰最重要的中世纪建筑遗留非西敏寺莫属。一千多年来，它也是英格兰政治生活的中心。如同查理曼大帝在亚琛的行宫，西敏寺集属世与属灵的权力宝座于一体：国王的宫殿西敏宫就在近旁，这便是君主制与教会合一的标志。西敏寺的源头可追溯到960年，由圣·邓斯坦（St Dunstan）在一座7世纪教堂的旧址上建造。1055年，英格兰忏悔者爱德华国王对之进行了大规模重建。13世纪，英格兰国王亨利三世又传下诏书，让整座修道院再次得到大翻新。今日西敏寺的大部分房屋便是亨利三世时期的遗留，其东部（包括主耳堂和中殿靠东的一些开间）于1245年开工建造，属于早期英格兰哥特式风格。14世纪晚期，当石匠亨利·耶维勒（Henry Yevele）将教堂向西扩建时，他着意效仿了此风格。唱诗区被布置到教堂的中殿，像兰斯大教堂那样空出了十字交叉区，用作加冕礼堂。西敏寺保留了许多其建造初期的修道院特征，包括大回廊及其附属建筑。但在其他方面，西敏寺是当时最缺少英格兰特征的大教堂，诸如它巨大的高度、复杂的飞扶壁体系、十字交叉区上无塔楼以及英格兰教堂中唯一完整建造的半圆形后堂式东端，无不彰显来自法兰西的影响。不难想象，英格兰当时的政治生活与法兰西是何等地密切。

中世纪早期，欧洲北部大部分地区所受到的文化影响源于斯堪的纳维亚。但到了12世纪，风向大变。此时在挪威、丹麦和瑞典，有关宏伟建筑工程的知识都来自法兰西和英格兰。建于挪威特隆赫姆的教堂（1190年）[①]与其同时代的林肯大教堂非常相似；乌普萨拉大教堂（Uppsala Cathedral，1273年）以英式风格开始建设，以法式风格完工；林雪坪大教堂（Linköping Cathedral，1240年）的中殿由一群英格兰石匠建造。

这些引进技术与当地木构教堂建筑的悠久传统互为融合。最早实例见于瑞典哥特兰岛的海姆瑟。那是一座简洁朴素的长方形教堂，屋顶为斜坡，所有墙壁都由“木板”（staves）建造，因而得名木板教堂。具体做法是：将一段段劈开的原木密集地排列到一起，原木的一端插入地下，平坦的一面朝向室内，圆形的一面朝向室外。木板教堂保留至今的最早实例是隆德的圣母玛利亚小圣堂（Sancta Maria Minor，1020年）。它与英格兰埃塞克斯郡的格林斯特德教堂（Greensted Church）差不多建于同一时期，两者的中殿非常相似。也是在那个时期，北欧引进了一种带有地面横梁的构架体系以承托木板墙，从而防止木板条因为潮气而引起的腐烂。大体而言，木板教堂的雕刻装饰常常是精工细镂、丰富多彩。坐落于挪威卑尔根松恩峡湾的乌尔内斯教堂（Urnes Church，1125年）即为最佳写照。其间的墙面上，随处可见凯尔特人传统式样的优美雕饰。此外，乌尔内斯教堂还展示了一种新型的双层结构。其主要特征是：在教堂的中央布置一个由木

---

① 此即尼达罗斯大教堂（Nidaros Cathedral）的前身。——译注

斯堪的纳维亚的木板教堂

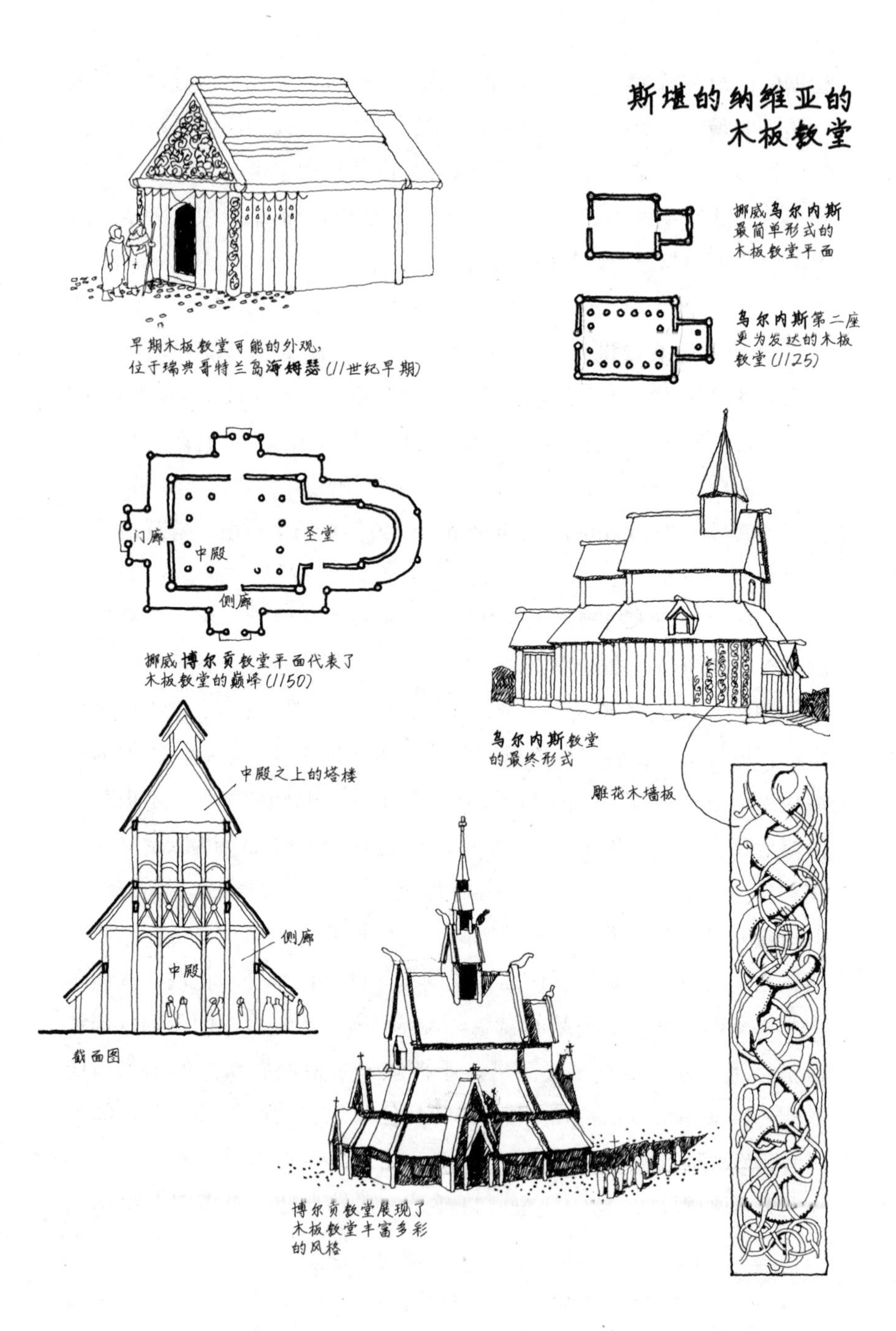

廊构成的挑高空间，四周则围以较低一些的侧廊。在霍普雷斯塔德（Hoprekstad/Hopperstad）教堂、在洛姆（Lorn/Lom）教堂、在博尔贡（Borgund，1150年）教堂，此等形式的建造达至巅峰，又以博尔贡教堂最为出色。其平面采用的是拜占庭传统的集中式，主要空间及其四周的围廊重重叠叠。教堂外部赫然醒目的视觉效果与内部空间的繁复多样，在气氛上堪与哥特式大教堂相媲美。

在法兰西的直接影响下，哥特式建筑在西班牙很早就发展起来。如阿维拉大教堂（Cathedral of Ávila），自1160年开始，它就打造了一个颇具法式半圆形后堂风范的平面布局。但由于阿拉伯的影响余音未了，西班牙哥特式建筑以其错综复杂的几何装饰著称。其中的一大特色便是石头雕制的镂空屏墙。它在风格上继承了阿拉伯传统，但已经改为基督教所用，并且相当普遍。以布尔戈斯大教堂（Burgos Cathedral，始建于1220年）为例，其室内的三拱式拱廊便带有精美的镂空屏墙，在它室外装饰华丽的十字区塔楼和西端塔楼的塔尖上，亦可看到精致镂空的石雕。布尔戈斯大教堂的平面尤其是半圆形后堂式东端，很容易让人看出些法式特征。但或许由于更为精细的宗教仪式之所需，该教堂的其他方面多为西班牙特色。簇拥在教堂一侧的小礼拜室数量之多、规模之大，令人瞩目。同样令人瞩目的是唱诗区的位置。在西班牙的大教堂中——与兰斯大教堂和西敏寺的做法相似——唱诗区通常放在中殿的东部，从而空出十字交叉区，以做礼拜之用。如此一来，中殿的西部被大大压缩，差不多没走几步就已经是前厅。

托莱多大教堂（Toledo Cathedral，1227年）和巴塞罗那大教堂（Barcelona Cathedral，1298年）同样采用了法式平面形制，同时又糅合了大量的西班牙元素。巴塞罗那大教堂东端九间小礼拜室组成的半圆形后堂法式风味十足。在主侧廊之外，也就是用来支撑主屋顶的各大扶壁之间的部位，又布置了多间小礼拜室。托莱多大教堂的平面布局与法兰西的巴黎圣母院和布尔日大教堂的做派大同小异，双重侧廊一直环绕至教堂的半圆形东端。另一与法兰西大教堂的雷同处是，相

西班牙哥特式建筑

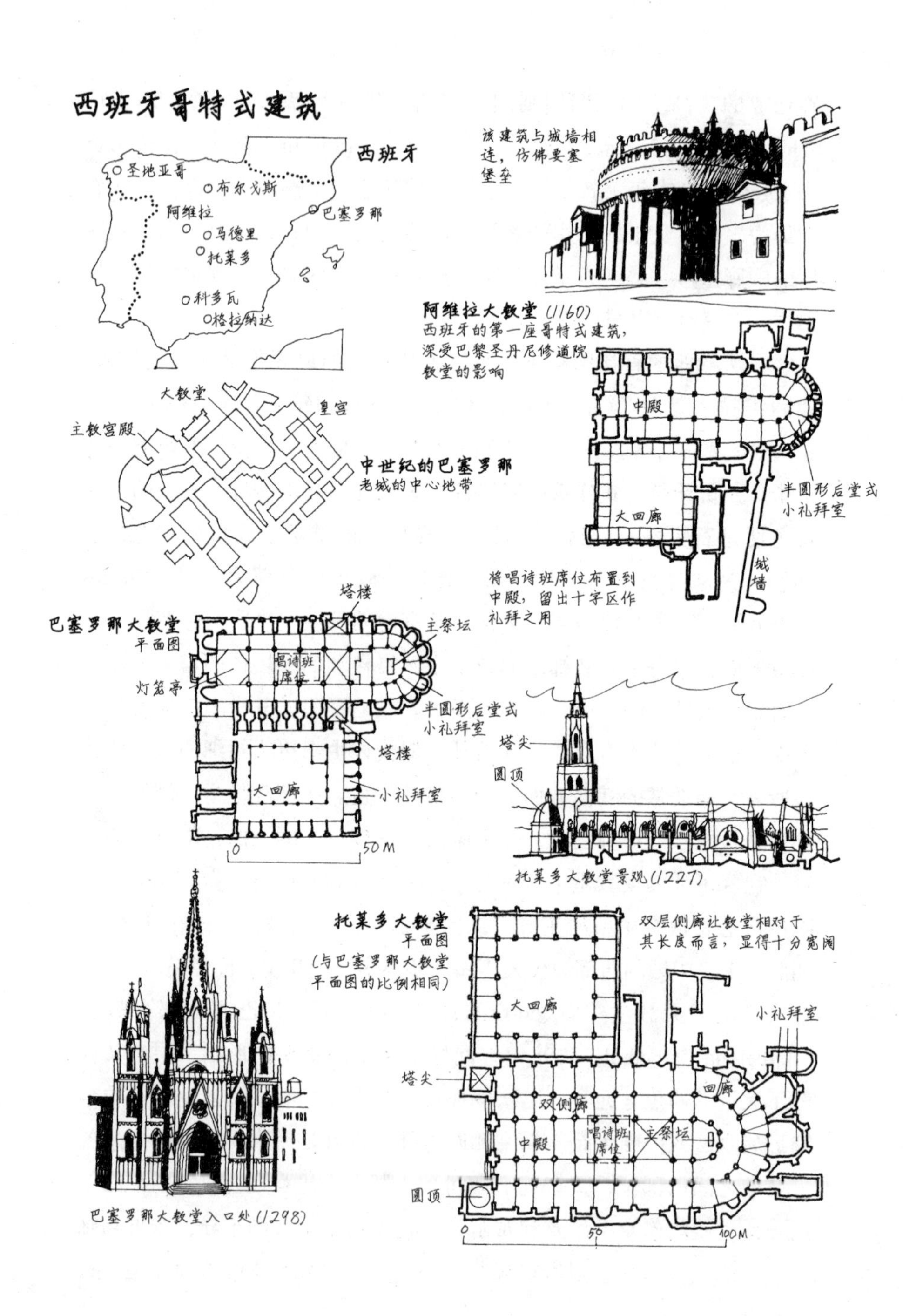

巴塞罗那大教堂入口处（1298）

对于自身的长度而言，西班牙的大教堂也都是较为宽阔，与其英格兰同类的纵深式布局形成了鲜明对照。托莱多大教堂的宽度超过60米，将这一特征发挥到极致。那是一幢宏伟而富于纪念意义的建筑，雕琢繁复的内饰和精美的彩色玻璃，又让一切显得轻盈而生动。

在低地国家和德意志地区，因为加洛林王朝和罗马风建筑传统的强烈影响，哥特式建筑风格虽有所发展，但较为缓慢。荷兰最早的哥特式建筑大概是布鲁塞尔的圣古杜勒教堂（St Gudule，1220年）。虽说其平面布局和西端的双塔属于法式哥特风格，但细部设计上仍然呈现出罗马风特色。乌得勒支的大教堂[①]（1254年）倒是较为完整地引入了法式哥特建筑风格，并让人联想起亚眠大教堂。不过其西端唯有独座塔楼的做法，当属显著的地方特色，亦是荷兰和比利时教堂中类似做法的鼻祖。在德意志地区，特里尔圣母堂（Liebfrauenkirche in Trier，1242年）中圆形拱与尖拱并存的现象，代表了从罗马风向哥特式的逐渐过渡。类似过渡同样出现于马尔堡的圣伊丽莎白教堂（Church of St Elisabeth，1257年）。一方面，它拥有显著的地方传统特征，如以半圆形收尾的耳堂和多角状东端，另一方面却让人一眼就能认出它属于哥特式建筑。

德意志地区早期哥特式建筑的巅峰之作，当推科隆大教堂（Cathedral of Cologne，1257年）、弗赖堡大教堂（Freiburg，1250年）和雷根斯堡大教堂（Regensburg，1275年）。三者之间同根同生，又以科隆大教堂最为显赫，并且它还是欧洲北部所有大教堂中规模最大的一座。其双重的侧廊令室内显得十分宽阔，室内的高度足以与博韦大教堂相媲美。如此巨大的规模相当引人注目，但要说科隆大教堂最引人注目的特征，应该是它西端巨大的塔楼。大约150米高的尖顶，高耸于莱茵河畔富饶的平原之上。不过，直到几个世纪之后，它才得以彻底完工。在尼德兰，能够与科隆大教堂相提并论的，要算安特卫普

① 此处指的是荷兰乌得勒支市中心的圣马丁大教堂（St. Martin's Cathedral，Utrecht）。塔楼为荷兰教堂中最高。教堂中殿于1674年的一场风暴中倒塌，此后再未重建。

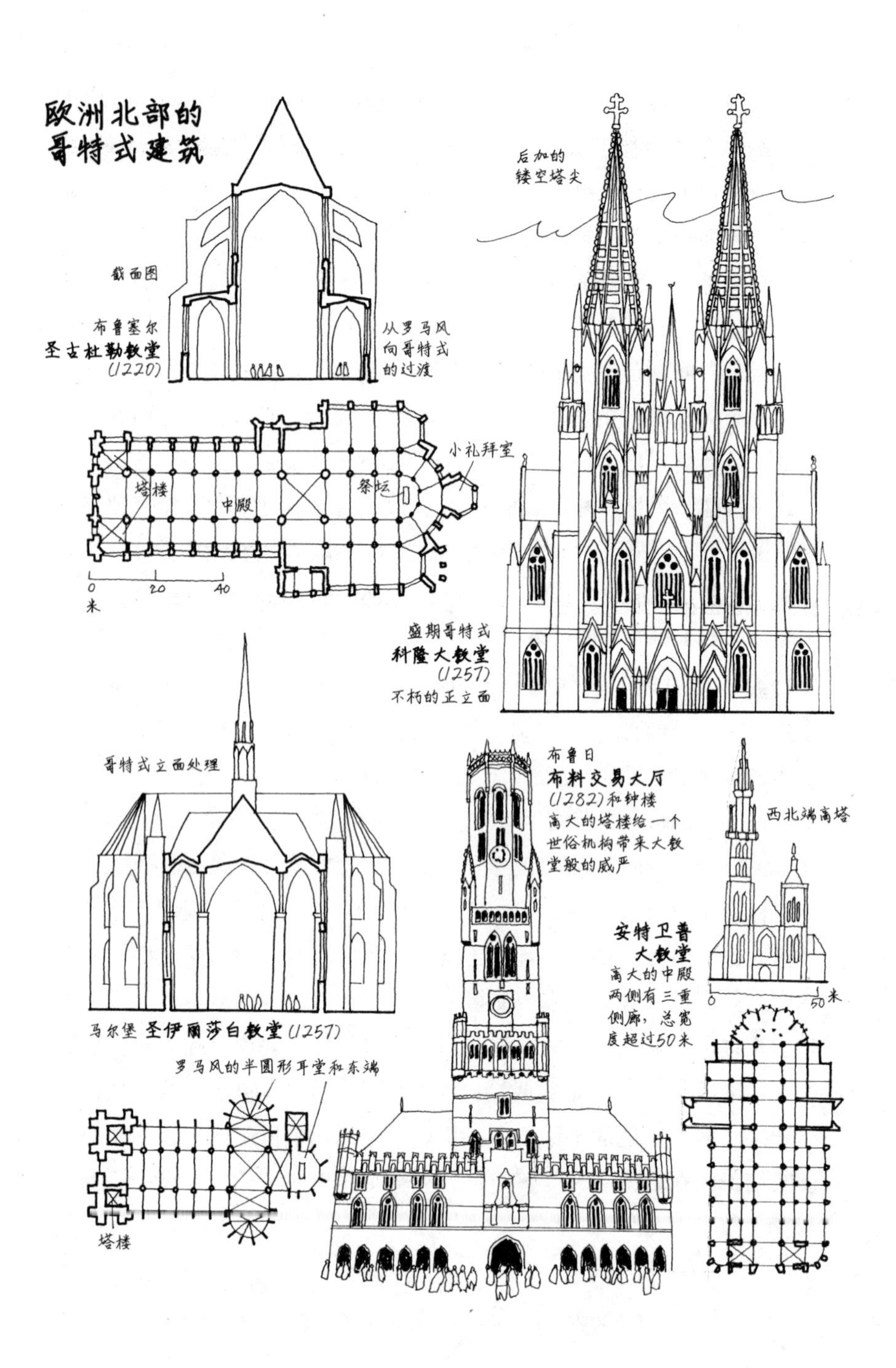

欧洲北部的
哥特式建筑
截面图
布鲁塞尔
圣古杜勒教堂
(1220)
从罗马风
向哥特式
的过渡
小礼拜室
塔楼
中殿
祭坛
0
20
40
米
后加的
镂空塔尖
盛期哥特式
科隆大教堂
(1257)
不朽的正立面
哥特式立面处理
马尔堡 圣伊丽莎白教堂(1257)
罗马风的半圆形耳堂和东端
塔楼
布鲁日
布料交易大厅
(1282)和钟楼
高大的塔楼给一个
世俗机构带来大教
堂般的威严
西北端高塔
安特卫普
大教堂
高大的中殿
两侧有三重
侧廊，总宽
度超过50米
0
50米

大教堂（Cathedral of Antwerp，1352年及以后），它由来自布伦的阿米尔石匠（Amel of Boulogne）设计。整栋建筑不算太高，但非常宽阔，其平面布局大体是法兰西模式，然而弥漫其间的比利时特色清晰可见，如教堂西端巨大的北塔楼显然带有比利时特征。

到了13世纪，汉萨同盟主宰了欧洲北部的贸易。往西建立了通往布鲁日和伦敦的商贸路线，东部的商贸路线从但泽、里加连到了诺夫哥罗德。科隆在地理上靠近所有这些贸易路线，它受益最丰。随着羊毛、金属、木材、毛皮以及各种制成品（包括布料）的贸易增长，欧洲许多其他的北方城镇同样是获益良多，便需要建造更多商业建筑。值得注意的是一些建于尼德兰地区的房屋：布鲁日巨大的布料交易大厅（1282年），其宏伟的钟楼绝不亚于安特卫普大教堂的塔楼；伊普尔的布料交易大厅（1202年）同样是庞然而简朴，堪称13世纪最精致的世俗性建筑，其体量和技艺与大教堂不相上下，凸显了商业与宗教一较高下的野心。显然，彼时的商业已开始成为社区生活的中心。

原始阶段的资本主义

在商业发展这一点上，意大利的情形有过之而无不及，因为与东方的贸易往来可以满足欧洲对丝绸和香料等进口商品的需求，商业活动在此地风行一时。通过东征的十字军，比萨、热那亚和威尼斯等城市，全都在因为与中东地区的贸易而日进斗金。在叙利亚和埃及，还建立了意大利人的商馆，威尼斯则建立了中东人的商馆。当时的欧洲北部，教会对放贷和高利贷的打击严重延缓了商业的发展。但在国际大都会式的意大利，叙利亚人、拜占庭人、犹太人，还有后来的西方基督徒，大可随心所欲地发展新兴的银行业务技术。到了13世纪末，锡耶纳、皮亚琴察、卢卡和佛罗伦萨已成为欧洲的银行中心，并引入了不可转让的汇票兑换、利息信贷以及复式记账系统等银行业务。

发生于13世纪的两大政治事件进一步巩固了意大利的霸主地位：

1204年的第四次十字军东征期间，十字军被说服离开耶路撒冷圣地，转而攻打君士坦丁堡，威尼斯由此获得了对地中海东部的控制权；13世纪40年代蒙古帝国的扩张带来亚洲大部分地区的统一，让意大利商人更容易进入印度和中国。在马可·波罗的鼓舞下，再加上他与成吉思汗大帝的密切关系，意大利商人紧紧抓住了大好商机。

资本主义的原始积累阶段充满着竞争，残酷非常。这个时期的建筑就必须既具备防御性又拥有攻击性。在一座拥挤而稠密的意大利城镇，富人的住房显然不同于封建城堡或领主的庄园，但两者均拥有两大重要的相同功能：捍卫主人的财产，使之免受劫匪和敌人的入侵；极力展现出主人的财富和权势。位于意大利博洛尼亚的阿西内利塔楼（The Torre Asinelli，1109年）和加里森达塔楼（The Torre Garisenda，1100年），以及10世纪至14世纪之间建于圣吉米尼亚诺的72座著名塔楼中所留下的13座，都是很好的例子。它们冷峻而毫无特色的立面显然是为了防御。其巨大的高度（某些塔楼高达70米或更高）不仅是因为所处地段的拥挤或出于高瞻远眺的需要，也为了借此昭示各自在本城的重要地位。

12世纪和13世纪意大利的城市宫殿通常设计为坚固的长条形，在5层左右，以浑然质朴的石头建造。出于防御需要，低楼层那些带窗棂的窗户比上层的窗户要小很多。城垛、堞眼和瞭望塔（至少部分是功能性的）构成了一抹极富特色的天际线。有些城市宫殿，如佛罗伦萨旧宫（Palazzo Vecchio，1298年）属于家族堡垒，有些属于市政建筑如锡耶纳的市政厅（Palazzo Pubblico，1289年）。在危难之际，后者可以作为公众的避难所。

所有中世纪宫殿中最绚丽的，应该是威尼斯的总督府（Doge's Palace，1309—1424年）。它位于圣马可大教堂附近，如同西敏宫之于西敏寺，属世与属灵的力量再次公开携手。总督是威尼斯共和国的首席执政官，象征着让整座城市的商业赖以生存的法律。与令人生畏的佛罗伦萨旧宫不同，威尼斯总督府以其丰富的色彩和质地欢迎公众

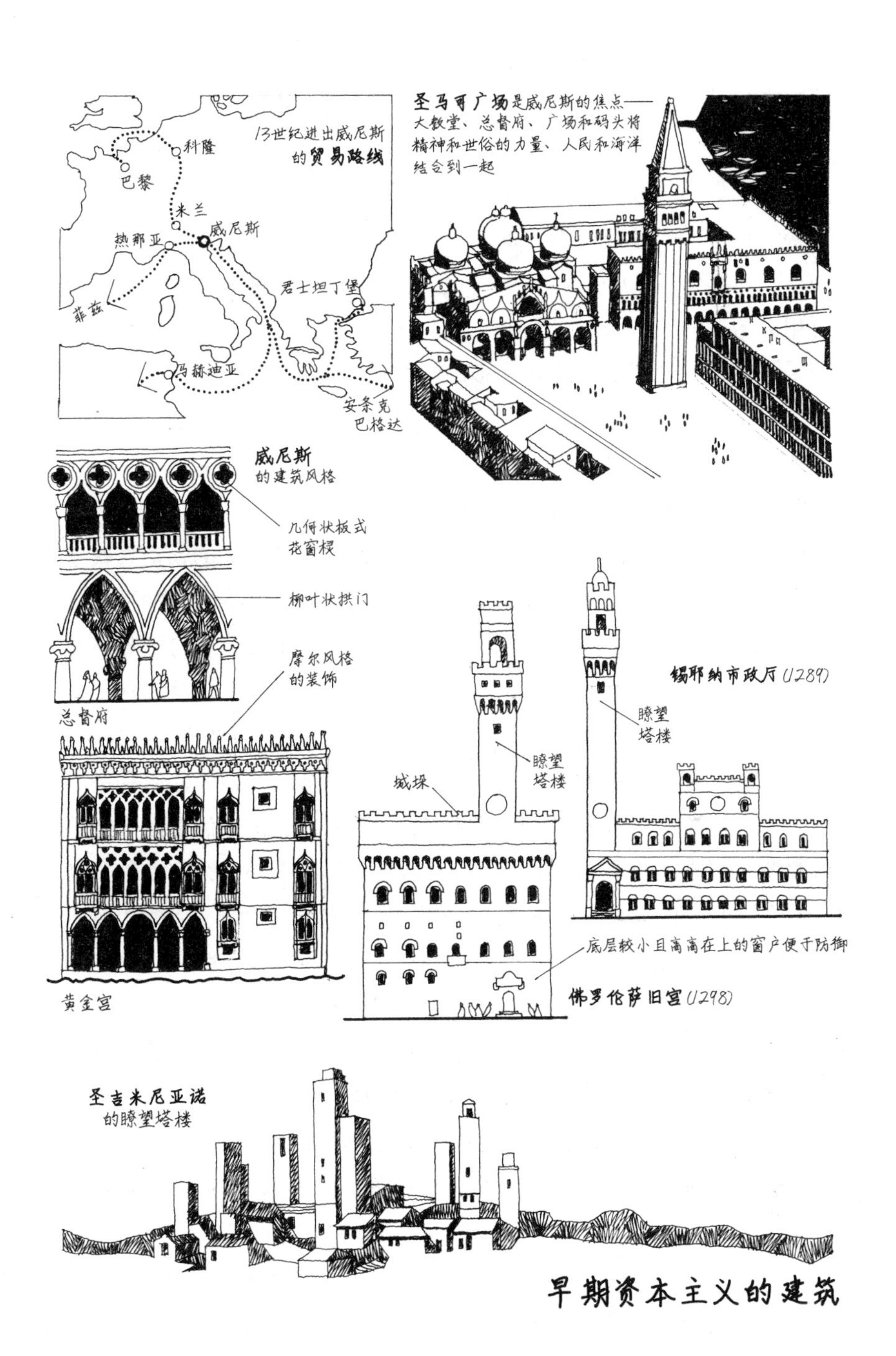
13世纪进出威尼斯
的贸易路线
科隆
巴黎
米兰
威尼斯
热那亚
君士坦丁堡
菲兹
马赫迪亚
安条克
巴格达
圣马可广场是威尼斯的焦点——
大教堂、总督府、广场和码头将
精神和世俗的力量、人民和海洋
结合到一起
威尼斯
的建筑风格
几何状板式
花窗棂
柳叶状拱门
摩尔风格
的装饰
总督府
黄金宫
锡耶纳市政厅(1289)
瞭望
塔楼
瞭望
塔楼
城垛
底层较小且高高在上的窗户便于防御
佛罗伦萨旧宫(1298)
圣吉米尼亚诺
的瞭望塔楼

早期资本主义的建筑

的到来。其底部为双层通高的开敞式柱廊，由哥特式尖拱与以石板镂空的板式花窗棂组成。屋顶上，从前为要塞城堡所惯用的防御性锯齿状雉堞，已改为精致的阿拉伯风格的石质花边。两位建筑师乔万尼（Giovanni）和巴托洛梅奥·布恩（Bartolomeo Buon）还设计了不远处的黄金宫（Ca' d'Oro，1424年）。它以较小的尺度展示了许多与总督府相似的特征，如地面层的连拱廊、哥特式板式花窗棂、阿拉伯风格的天际线以及轻快的质感和色彩。两座建筑均显示了威尼斯-哥特式建筑的独特风貌——既借鉴了当时流行于欧洲北部的哥特式建筑风格，又糅进了威尼斯自身丰富的拜占庭传统和富于装饰性的阿拉伯手工艺，当然还有威尼斯家大业大的富贵气。

威尼斯建筑风格统领了意大利的北部地区。帕多瓦的朝圣式教堂圣安东尼奥教堂（Sant' Antonio，Padua，1232年）虽然在东端配备了同时期法式半圆形后堂风范的小礼拜室，其屋顶上的七座穹隆却与圣马可大教堂的做派如出一辙。12、13和14世纪的意大利的确出现了一些带有欧洲北部特征的建筑，但几乎没有完全属于哥特式风格的建筑。如威尼斯的圣若望及保禄堂（Santi Giovanni e Paolo，1260年）和圣方济会荣耀圣母堂（Santa Maria Gloriosa，1250年），两者的平面形制均为欧洲北部风格的拉丁十字，均带有耳堂和半圆形东端，却沿袭了以方形开间为基本单元的拱券体系。在它们的中殿，采用了连系梁[①]而不是飞扶壁，由此让各自绝对笼罩于古罗马建筑传统的余晖之下。

阿西西的朝圣式教堂圣方济各教堂（Church of San Francesco，Assisi，1228年），虽然采用了哥特风格的尖拱和实验性飞扶壁，但作为山坡上大型修道院建筑群的一部分，它拥有罗马风建筑简朴和厚重的特征。罗马风建筑传统在意大利南部根深蒂固，尽管它由于靠近北非而受到伊斯兰文化的强烈熏陶。巴勒莫大教堂（Palermo Cathedral，1170年）的立面带有明显的摩尔风格，但采用了巴西利卡式平面。

① 又称“拉杆梁”。——译注

13世纪意大利最雄心勃勃的工程之一——建造锡耶纳大教堂（Siena Cathedral，1226—1380年），堪称一曲让当地市民备感自豪的华彩乐章。它精雕细刻的西立面为欧洲北部常见的哥特式，但它只是一个外立面，与背后那座富于创意的宏伟建筑几乎毫无关联。后者是半圆拱与尖拱体系之间奇妙的组合，其中心部位六边形的十字交叉区之上高耸着穹隆和采光塔或者说灯笼亭。

威尼斯的众多教堂暗示了市政当局与教会之间的合作关系，比人们所看到的更为紧密。现实中相互猜忌的两大机构，做出了让他们共生共荣的壮举。佛罗伦萨同样如此，那是一座拥有敏锐商业直觉的城市，通过成为教皇的官方征税者，它很快与教皇达成妥协，让双方获益。市政府还可以借着对宗教建筑的资助获得教会的支持。12世纪之后的意大利之所以建造了数目众多的教堂建筑，更当归功于市政府的这种资助手段，而非仅仅出自普遍高涨的宗教热情。

佛罗伦萨倾注了巨额投资建造房屋。在新圣母玛利亚教堂（Santa Maria Novella，1278年）和圣十字教堂（Santa Croce，1294年），他们均已投入了足够多的建造资金，然而他们还要对圣母百花大教堂（Santa Maria del Fiore）的建造做出特别贡献。与锡耶纳大教堂一样，圣母百花大教堂的建造费用由佛罗伦萨市政府承担，以彰显佛罗伦萨市民的雄心壮志。其建造历时200余年，虽由多位设计师经手，但设计风格相当地一致。1296年，教堂的设计和建造始于建筑师阿诺夫·迪·坎比奥（Arnolfo di Cambio）。当时的关注点是大教堂的东端，此处的平面为希腊十字，中心部位八边形十字交叉区的跨度宽达43米。由此向三个方向伸出的“手臂”分别形成了圣堂和耳堂。它们全部设计为短短的多角形后殿，并以若干间小礼拜室环绕。向西伸出的“手臂”设计成一个长方形中殿，由四个带有肋骨拱屋顶的方形开间构成，中殿的两边为侧廊。教堂的建造运用了一些哥特式建筑元素，但它的结构体系没有夏特尔大教堂或兰斯大教堂那般大胆，其室内的空间效果也不如后两者那般流畅，室外更没有飞扶壁或小尖塔来打破祥

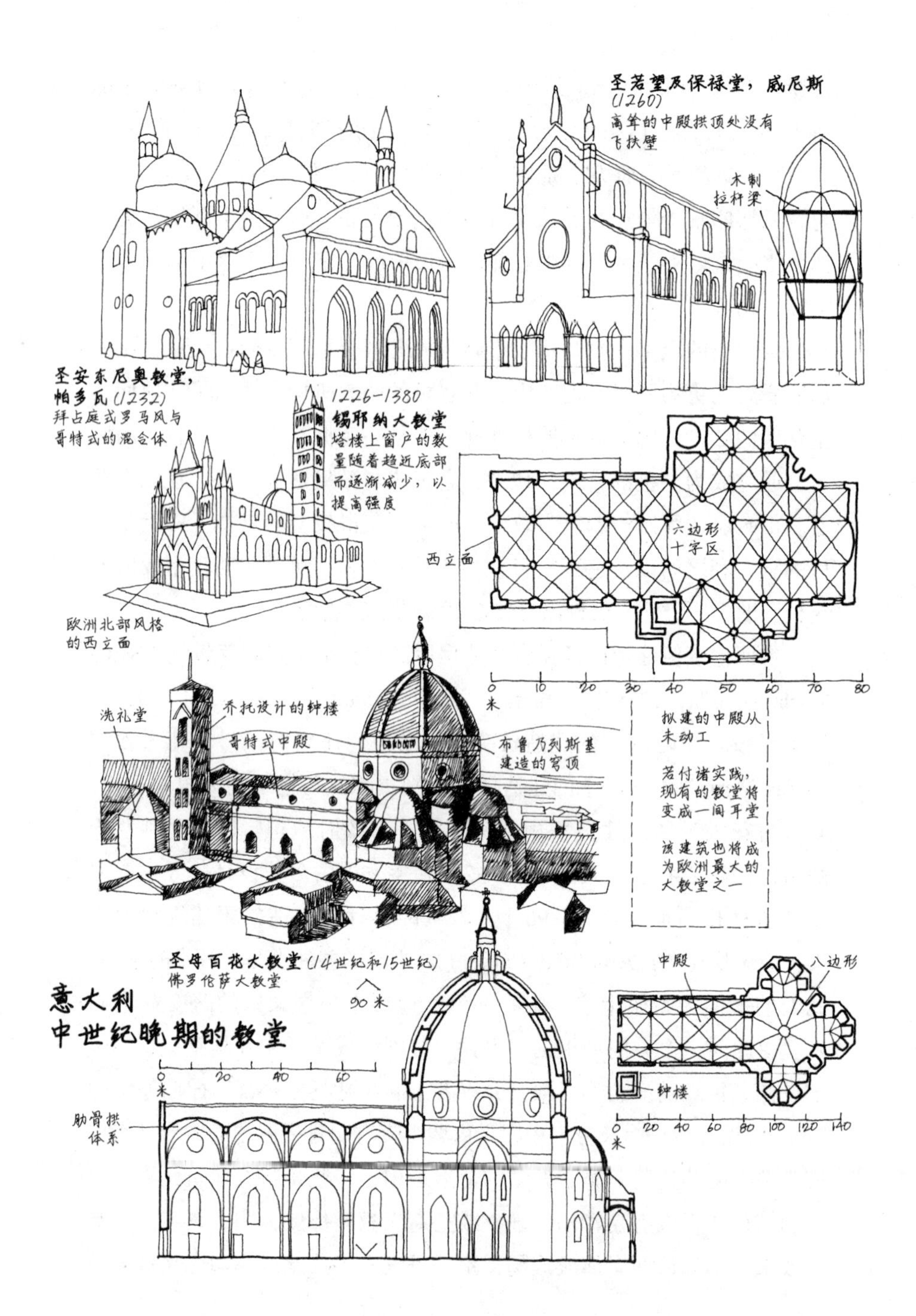

意大利
中世纪晚期的教堂

和宁静的天际线。除了一座由画家乔托设计的简朴长方形钟楼（1334年）作为点缀，大教堂附近的上空再无其他。后来的很多年里，佛罗伦萨人一直都在苦苦地思索：在这个尚未完工的十字交叉区之上，该建造一个何等的屋顶？为此，西方建筑的故事开启了新篇章。

第六章

资本主义的文艺复兴：14—15世纪

到14世纪初，欧洲的国王们与城市资产阶级已结成真正的经济联盟。两者一起取代了教会的地位，成为建筑物的主要投资者。最突出的实例之一，便是英格兰国王爱德华一世的城堡建设——英格兰诸王有史以来规模最大的建造工程——于13世纪晚期爱德华一世平定威尔士期间开始实施。1282年，威尔士独立时期的最后一位亲王卢埃林（Llywelyn the Last）战败而亡，让爱德华一世抓住良机，在威尔士建立起强大的军事基地，并借此重振了威尔士的经济。他不仅下旨建造了许多伟大的城堡，还建造了向城堡提供补给的城镇，促进了威尔士人从田园生活向都市生活的转化。威尔士的康威（Conwy）、卡纳芬（Caernarfon）、博马里斯（Beaumaris）、弗林特（Flint）、拉德洛（Ludlow）和切普斯托（Chepstow）等等，都是这个时期新建的城堡城镇，其规则式形态与其他各地专门兴建的新城镇大同小异。

爱德华一世时期的城堡带有多重同心圆式防御性城墙，应当是效仿了克拉克骑士堡和盖亚尔城堡。不同的是，这些城堡的主塔楼不再立于堡寨之内。相反，外城墙变为最坚固的防线。从前建于主塔楼的防卫及生活区等用房，如今都布置到门楼之内，即门楼同时拥有主塔楼的地位。它们巨大而坚固，威武地雄踞在城堡前方。作为保护，外城墙的外围，一律环绕着峭壁或壕沟，而为了阻止攻击者靠近墙根，通常还沿着外城墙的周边建造一段段低矮的丁坝墙。外城墙本身则每隔很短的距离建造一座可从侧面开火的圆塔。圆塔的间距都经过精准的算计，从而将最外端的防御堡垒划分为不同的区段。一旦有任何区段落入敌手，便能将之立即与其他区段隔开。位于北威尔士的康威城堡（Conwy Castle）和卡纳芬城堡（Caernarfon Castle）均始建于1283年，是威尔士最大、最坚固、最壮观的城堡。卡非利城堡（Caerffili Castle，1267年）、哈勒赫城堡（Harlech Castle，1283年）和博马里斯城堡（1283年）属于防卫体系最严密的城堡，其布局对称且井然有序。

但尽管这些城堡作为抵抗中世纪手工武器的防御工事坚不可摧，却也只有短暂的辉煌。由于火药的应用——不无讽刺的是，火药技术由国王和资产阶级推动研制，只有他们才拥有足够的财富和组织能力大规模地制造军备武器——即便有城墙保护，城堡也不再安全。随着城堡主人的财富不断增加，城堡逐渐变成了豪华府邸，里面加建了更多的起居房间，窗户也扩大了，住起来更为舒适，却削弱了城堡从前的防御功能。甚至早在英格兰玫瑰战争[①]期间，就已经有一些防御性城堡相继失守。

到17世纪中叶的英国内战时期[②]，几乎所有的城堡都变得不堪一击。南威尔士的拉格兰城堡（Rhaglan Castle）原是一座12世纪的高台-堡寨式城堡，于15世纪和16世纪改建为豪华府邸。在经受了内战时期的长期围攻之后，这一保皇派据点最终落入议会军之手。法国卢瓦尔河谷的洛什城堡（Château de Loches）和希侬城堡（Château de Chinon）最初于12世纪由英格兰国王亨利二世下令建造，后来却落入法兰西国王之手[③]，并于15世纪被大加改建，成为法兰西国王查理七世最喜爱的两座行宫，只是不久又遭废弃，因为查理七世看上了其他更

① 指英格兰国王爱德华三世的两支后裔的支持者为了争夺英格兰王位而发生的内战。战争发生于1455—1485年。——译注

② 指1642—1651年发生在英格兰的议会派与保皇派之间的内战。——译注

③ 12世纪英格兰的金雀花王朝曾占领了法兰西的大片土地，后被法兰西夺回。——译注

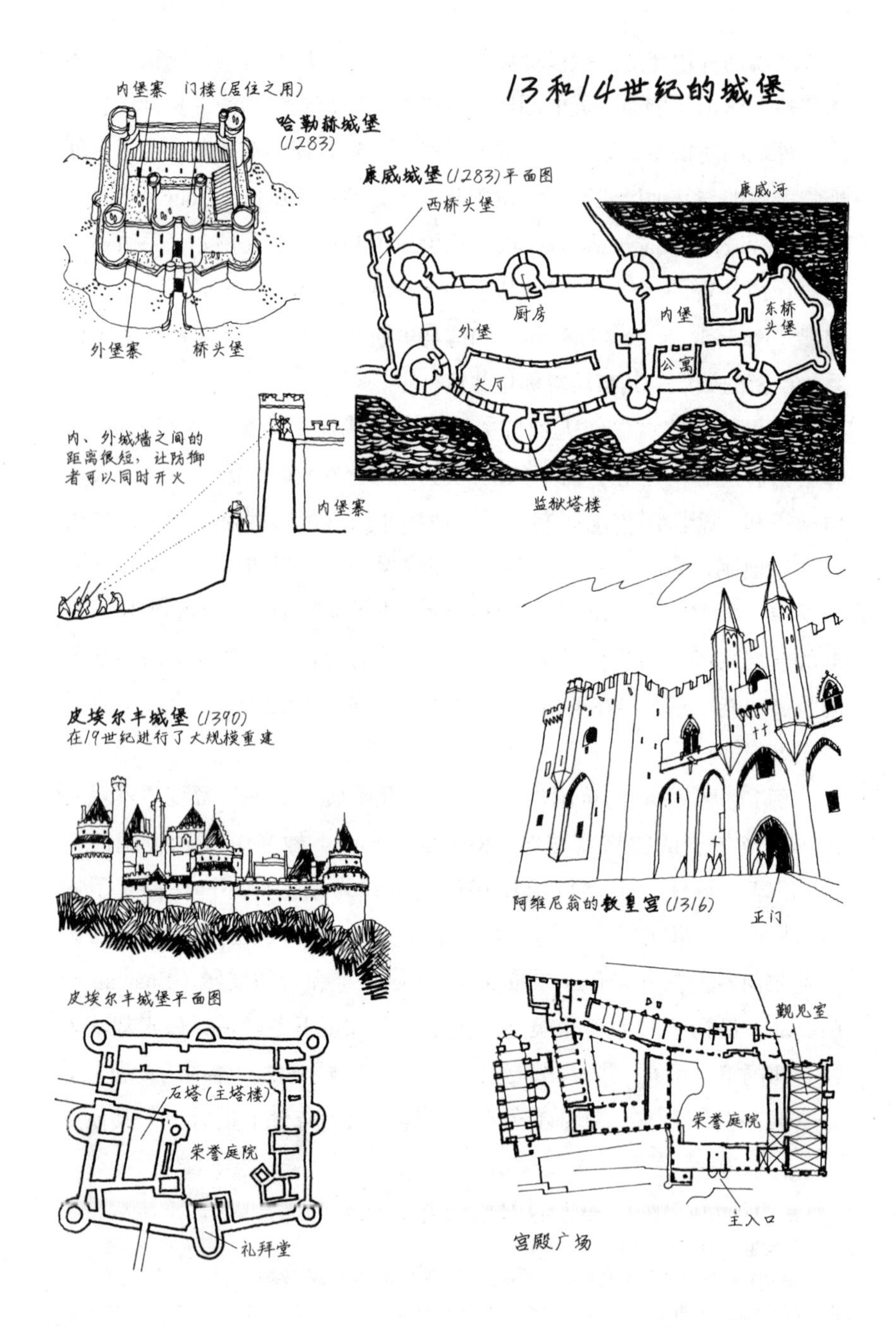
13和14世纪的城堡
内堡寨
门楼(居住之用)
哈勒赫城堡
(1283)
外堡寨
桥头堡
康威城堡(1283)平面图
康威河
西桥头堡
厨房
内堡
东桥
头堡
外堡
公寓
大厅
监狱塔楼
内、外城墙之间的
距离很短，让防御
者可以同时开火
内堡寨
皮埃尔丰城堡(1390)
在19世纪进行了大规模重建
阿维尼翁的教皇宫(1316)
正门
皮埃尔丰城堡平面图
石塔(主塔楼)
荣誉庭院
礼拜堂
觐见室
荣誉庭院
主入口
宫殿广场

为豪华的行宫。

由于软弱和腐败的教皇接二连三，教会的权势日渐衰落。此消彼长，民族国家及其国王的野心随之不断壮大。1309年，在法兰西国王腓力四世（Philip Ⅳ，1285—1314年在位）的谋划下，一位法兰西人被任命成为教皇，教皇的圣座被安置到法兰西阿维尼翁的一座宫殿。此后的70年里，历任教皇及其权力机构相继经历了一段所谓的“巴比伦之囚”[①]岁月，他们屈从于法兰西，媚俗、腐败又无能。至于伟大的阿维尼翁教宗宫殿，它高耸于城市之上，带有尖拱和扶壁的悬崖般的裙楼，看上去犹如一座名副其实的堡垒。然而对于居住其内的教皇来说，它无疑也是一座监狱。1378年，两位敌对人物同时当选为教皇，一位居于阿维尼翁，一位居于罗马，由此导致了基督教教会的“大分裂”，既让教皇的权威降到最低点，也严重分裂了教会。教会内部的改革派如约翰·威克利夫（John Wycliffe）等人向教会拥有物质财产的特权提出挑战，并谴责了教会的诸多教规；约翰·胡斯（Johann Huss）主张回归，要让《圣经》重新作为基督徒的生活准则；其他的一些基督徒开始信奉布道大师埃克哈特（Meister Eckhardt）的理念，转向神秘主义，并希望借此净化基督教信仰。

最能体现基督教如此困境的建筑是阿尔比大教堂（Cathedral of Albi，1282年）。它建于阿尔比教派[②]被列为“异端邪说”之际。其时，许多当地人不幸丧生于政府的残酷镇压。建造这栋大教堂的宗旨，便是要让被击垮的人民重生敬畏之心。由于石料的缺乏，整栋建筑以砖块砌筑，矗立于高而坚固的基座之上。素面的砖墙加上狭窄的窗户，给人的感觉，与其说是大教堂，不如说是一座城堡。与素净外观不同的是室内装饰十分丰富，墙壁和天花板上到处都绘有巨型的中世纪晚

① 这里不同于前文提到的以色列人遭受的“巴比伦之囚”，而是指阿维尼翁取代罗马成为教皇权力中心后相继在任的七位教皇。——译注

② 指卡特里派在法兰西阿尔比的分支，属于基督教派别，但是反对当时法兰西南部天主教神职人员享乐主义的生活方式。1209年受到教皇英诺森三世的暴力镇压。

期壁画，包括一幅令人肃然起敬的“最后的审判”。

吊诡的是，尽管时局动荡不安，但因皇室或资产阶级的不断赞助，14世纪欧洲的教堂建筑取得了巨大成就。虽说并没有新建多少大教堂，但是几乎整个欧洲，尤其是君主制主宰下的法兰西和英格兰，很多原有的教堂都得到扩建。几乎每一座城镇或村庄的教区都在新建或改建原有的老教堂。

法兰西国王腓力四世增加了税收，没收了犹太人的财产，与富有的资产阶级缔结了友谊。在一场激烈的战争中，他又吞并了圣殿骑士团的财产（后者在耶路撒冷圣战失利后即定居于法兰西）。腓力四世主导的重大建筑工程之一，便是对皇家加冕圣地兰斯大教堂的扩建。一组极富象征意义的圣母加冕雕像群（1290年）被安置到大教堂西大门的上方，从而隐喻了王权的神圣性。西立面精致的双塔（1305年）则让整座建筑更显宏伟。14世纪和15世纪的法兰西晚期哥特式建筑装饰华美，并带有大量的曲线和火焰状线条，因此被誉为火焰式哥特。它也成为彼时法兰西北部地区的主要建筑风格——博韦大教堂精美的南耳堂，旺多姆圣三一会修道院教堂（La Trinité，Vendome）的西立面，鲁昂的圣马洛教堂（Church of Saint Maclou），还有圣旺教堂（Church of St Ouen）十字交叉区塔楼之巅精美的灯笼亭，个个如此。

可是，法兰西国王日益壮大的权势虽然精准地削弱了封建贵族的实力，却也激起普通人的义愤。1337年，因为与英格兰国王为争夺土地而激烈交锋，腓力六世宣布没收阿基坦公爵的领地[①]，但发现自己得不到民众的支持。这一争斗后来演变为旷日持久的拉锯战，史称百年战争。战争的第一阶段，英格兰在1346年的克雷西会战和1356年的普瓦捷战役中获胜。两场较量中，小规模的盎格鲁-威尔士军队以其优越的战术和火力击败了强大对手，许多法兰西贵族战死沙场，法兰西君主的信誉尽毁，法兰西皇家赞助的建筑工程惨遭腰斩。如果说12世

---

① 当时的英格兰国王爱德华三世同时也是阿基坦公爵。

纪到13世纪初是法兰西引领了世界建筑的新潮流，那么到了13世纪末和14世纪初，英格兰开始独领风骚。

此刻，英格兰哥特式建筑进入更为自信的新阶段。早期哥特式建筑的几何规则式逐渐演变为曲线型，装饰也更为丰富华美。这种"装饰性"风格可谓法兰西火焰式哥特在英格兰的变种。1261—1324年之间，约克大教堂带有英式哥特风格的中殿、牧师会礼堂，以及富于"装饰"风格的西立面相继完工。后来又于14世纪安装了精美华丽的彩色玻璃窗。

1307年，林肯大教堂的十字交叉区之上加建了方形塔楼，82米的高度让它成为当时的英格兰之最。1325年，又加建了带有曲线形花式窗棂的大圆窗，极富装饰性。1321年，韦尔斯大教堂加建了一座类似的中央塔楼。塔楼对下方结构所造成的额外压力由四个巨大的"剪刀式"尖拱承重，这些尖拱安插在十字交叉区的主要墩柱之间，看上去犹如一把把"剪刀"。对中世纪建筑来说，此等形式的尖拱尤为特别，显示了其建造者在应对假设条件下的足智多谋——因为当时并没有确切的方法能够证明这一类结构是否足够牢固。

伊利大教堂堪称英格兰建筑走向新辉煌的标志，其间尤为卓越的是它的圣母礼拜堂（1321年）和中殿的十字交叉区（1323年）。圣母礼拜堂约30米长、14米宽，平面为简洁的矩形。其四周的墙面上点缀着由蛇形或葱形拱组成的连拱廊，它们就好比树干上生出的枝丫，一路向上，最终在天花板上形成一簇簇极富于装饰性的肋拱顶，让礼拜堂的室内仿佛整个被雕刻出来的繁茂树叶所覆盖。中殿的十字交叉区无疑是14世纪最伟大的建筑杰作之一，由石匠约翰·阿特格恩（John Attegrene）操刀，旨在重建之前倒塌的塔楼。与教堂其他部位处简洁的长方形格局不同，此处设计为高耸的八边形。在这个巨型八边形空间的顶部，由国王的御用木匠威廉·赫利（William Hurley）打制的八边形灯笼亭不仅非凡别致，并且以适当的角度与其下由石头建造的八边形空间相错位，进一步丰富了空间效果，让教堂的室内光亮满堂。

14世纪带有完整装饰性哥特式建筑风格的最佳实例是埃克塞特大教堂。教堂所有的装饰性墩柱都镶上了壁间柱——那是一种附于墙面的竖向立柱——它们垂直向上攀升到三拱式拱廊的位置，随后发散出很多根肋筋。这些肋筋犹如棕榈叶一般向内卷曲，最终与屋脊一一相接，由此所带来的构图，看上去既和谐统一，又富于想象力。从这种"棕榈式"拱券体系发展到格洛斯特大教堂的装饰性拱券体系，仅仅是一步之遥了。后者的每一组肋筋都设计成相同的长度，于是在每一支撑点的周边形成了一个仿佛扇形般的尖拱。扇形拱由此得名，但扇形拱并不是结构上的改革，而主要是为了装饰。1379年，在重建坎特伯雷大教堂的中殿时，国王的御用石匠亨利·耶维勒采用了扇形拱。之后，在15和16世纪的皇家礼拜堂，扇形拱之美达至巅峰。

皇家建筑中，最了不起的实例应该是西敏厅（Westminster Hall）了。它也是中世纪工匠最优秀的作品之一，由英格兰理查二世（Richard Ⅱ，1377—1399年在位）于1397年下旨建造。理查二世是一位大力推动艺术发展的国王，威尔顿双联画便是特意为他定制的。还有人说乔叟曾到过他的宫廷，以讲述《坎特伯雷故事集》供他消遣。也正是为了理查二世，皇家大木匠休·赫兰德（Hugh Herland）重建了西敏宫的西敏厅的屋顶。与其他杰出的哥特式建筑一样，这座长70米、宽20米的橡木屋顶，堪称结构与艺术的完美结合。在解决技术难题的同时，实现了美学上的表达。为了将巨大的跨度降低到可控制的尺寸，一排排由弯曲支柱支撑的水平锤梁从墙上悬臂伸出，它们的末端则作为尖拱屋顶桁架的起券点，让屋顶桁架大胆而优雅地悬挂于空中。横跨大厅的巨型尖拱因为其表面雕工精致的凹槽镶边，显得强健有力。厚重的水平锤梁上还安置了一些华丽的小装饰，显得张弛有度。

自12世纪以来的200多年里，大工匠的社会地位已经不可同日而语。从前，桑斯的威廉和建造圣丹尼修道院教堂的无名大工匠纵然因为自己出色的才华而受到尊重，却依旧处于社会底层。但到了14世纪，凭着其日益增长的影响力，工匠已逐渐赢得较高的社会地位。他

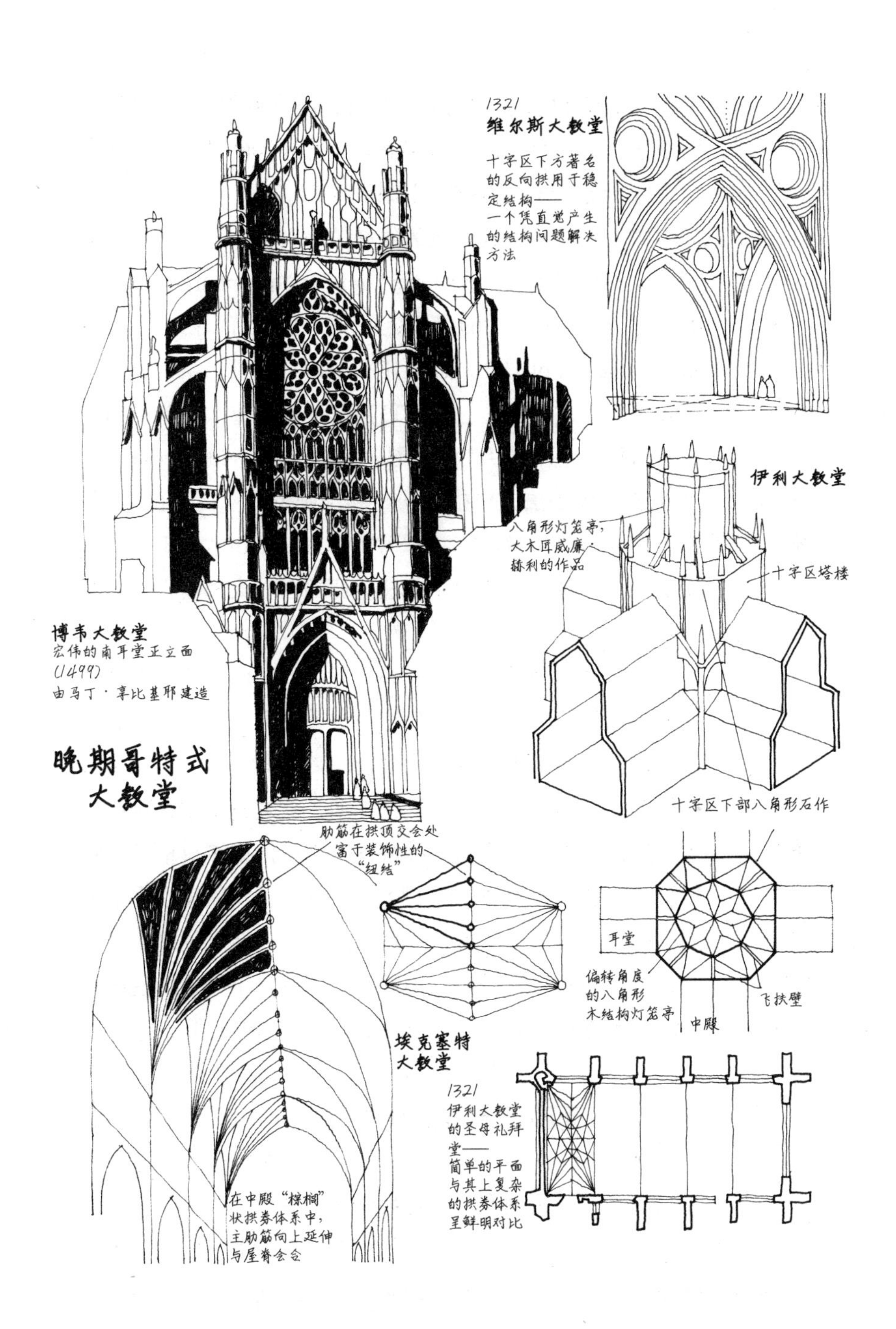
1321
维尔斯大教堂
十字区下方著名的反向拱用于稳定结构——一个凭直觉产生的结构问题解决方法
伊利大教堂
八角形灯笼亭，大木匠威廉·赫利的作品
十字区塔楼
十字区下部八角形石作
博韦大教堂
宏伟的南耳堂正立面
(1499)
由马丁·享比基耶建造
晚期哥特式
大教堂
肋筋在拱顶交会处富于装饰性的"纽结"
耳堂
偏转角度的八角形木结构灯笼亭
飞扶壁
中殿
埃克塞特
大教堂
1321
伊利大教堂的圣母礼拜堂——简单的平面与其上复杂的拱券体系呈鲜明对比
在中殿"棕榈"状拱券体系中，主肋筋向上延伸与屋脊会合们自己及其后代不仅有机会接受到大学教育，还有可能与贵族通婚。长期以来，由于技术上的复杂性，建筑活动与普通人的日常生活相距甚远。如今它更是逐渐与整个平民阶层脱钩。

在德意志地区，晚期哥特式建筑的发展较为缓慢，那里依旧遵循着13世纪的模式。纽伦堡圣母堂（Frauenkirche in Nuremburg, 1354年）的中殿和侧廊之上仍覆盖着巨大的屋顶，属于较为传统的厅堂式建筑。乌尔姆大教堂（Cathedral of Ulm，1377年）虽说是纷繁复杂，其西端却只有一座高高的尖塔，看上去与建于13世纪的弗赖堡大教堂如出一辙。也有例外，布拉格圣维特大教堂（Cathedral of St Vitus，1344年）便引入了一些法式设计手法，包括飞扶壁和半圆形后堂风范的东端。它们由来自法兰西阿拉斯的石匠大师马修（Mathieu of Arras）设计。1353年，教堂的细部设计由同样出生于法兰西的石匠大师彼得·帕利（Peter Parler）接手。

哥特式建筑师的结构理论知识仍然非常有限，即便像博韦大教堂和西敏厅这样杰出的哥特式建筑，其辉煌的成就更多地归功于经验和直觉，而非源于对其负荷与重力的精确分析。哥特式屋顶桁架常常带有许多并无结构意义的多余构件，尤其在晚期哥特式建筑中，这些多余的元素被大加滥用，以至于成为一种矫饰主义。比如布拉格圣维特大教堂的扶壁被饰以“盲窗”雕饰；其屋顶上的肋骨拱加建了许多所谓“自由飞翔”的肋筋，只有望穿此等肋筋之后，方能看到真正起结构作用的肋筋；其垂吊式装饰拱仿佛钟乳石一般倒挂于屋顶。这些装饰性构件除了令人感到惊奇和莫名其妙，没有任何结构目的。

受到遏制的封建主义

14世纪初期，新、旧机制在一种奇特的过渡性社会中共存。在意大利，为教会所纵容的对现代商业的开拓，事实上却也在侵蚀着中世纪古老的基督教伦理。新兴的商业又带来各城镇之间的激烈竞争。总体而言，欧洲北部较为务实，他们以合作精神促进了原材料加工业的发展。通过汉萨同盟达成的原材料和制成品贸易，创造了大量财富。在英格兰，羊毛业的兴盛和成功堪称14和15世纪的经济奇迹。随着制成品产量的增加，农村劳动力向工厂流动的趋势显而易见，各处的封建地主于是开始攥紧自己手中的劳动力，不再按劳付资，此前封建制度的逐步自由化遭到急刹车。农民的生存状况和地位每况愈下，社会贫富差距越来越大。

到了14世纪中期，一场灾难性事件几乎改变了社会的方方面面。1346年，自远东为起点，以“黑死病”著称的鼠疫，沿着大篷车的商旅路线蔓延。1348年，它通过克里米亚传入欧洲南部。1350年，又扩散到欧洲北部。这些遭受瘟疫的地区，有四分之一到三分之一的人死亡，给欧洲带来毁灭性灾难。地里的庄稼无人收割，商贸活动差不多完全停止。但从长远利益看，这一切却如催化剂，甚至具有积极的意义。鼠疫过后，经济开始复苏。在艺术层面，从前以乔托（1276—1337年）的绘画和但丁（1265—1321年）的诗歌为代表的人文主义思潮，得到进一步推广。对某些人来说，悲观和绝望的情绪容易让人陷入死亡的魔咒，“死亡象征”这一题材也反复出现于各种各样的艺术作品中；对另一些人来说，如此困境反倒促使他们挑战从前约定俗成的宗教信条，使他们对商业、哲学、艺术和建筑的追求更为热烈。

黑死病却也加剧了社会上的经济矛盾。随着劳动力的大量减少，土地所有者对幸存的劳动者实施了更为严格的控制；工人们则因为看到自己劳动力的价值，提出了改善工作条件的要求。城乡之间固有的紧张关系浮出水面。英、法之间百年战争的时断时续，使普通民众的不满日益增长。先是1358年在法兰西发生了扎克雷（Jacqueries）暴动，后来又于14世纪80年代爆发了英格兰农民起义。在伦敦，由于受到约翰·威克利夫（John Wycliffe）及其洛拉德（Lollard）运动[1]

① 由英格兰宗教改革的先驱威克利夫发起的运动，旨在反抗天主教的权威。——译注

的启发，瓦特·泰勒（Wat Tyler）和约翰·鲍尔（John Ball）领导城市工人和农民，用他们原始的共产主义理念，对抗富人的原始资本主义。

然而起义的时机并不成熟。在皇家军队的攻势下，农民军节节败退。随着14世纪以来社会的向前发展，农民被落在后面，只能眼睁睁看着富人们继续强势和威风。如号称“复仇者”的诺里奇主教亨利·勒·德斯潘塞（Henry Le Despenser）在南埃尔姆的庄园精美非凡，洛拉德运动的干将威廉·梭特里（William Sawtry）却于1399年被带到那里，惨遭折磨。威廉·梭特里后来也成为洛拉德运动的第一位殉道者。又如伦敦富商约翰·德·波尔特尼爵士（Sir John de Poulteney），他在肯特郡乡间的彭斯赫斯特府（Penshurst Place，1341年）沿袭了诺曼式庄园风格，以石头建造。宅邸的窗户上饰有漂亮的窗棂，中央大厅气派非常，大厅的一侧为厨房和储藏室，一侧为起居室，楼上为阳光房。按照14世纪的标准，该府邸可谓奢华之极，与其周边常见的农家棚屋形成了强烈对比。此外，什一税仓库的存在也时刻令普通人想起自己卑贱的历史。教会收取什一税的方式——迫使信众缴纳农产品——到了14世纪尤为苛刻。什一税仓库通常位于教堂附近，是英格兰景观的另类特色。

类似情景同样出现于城市，一边是商人精心建造的城镇府邸，一边是穷人简陋的茅草棚屋，两者之间形成巨大反差。彼时富人府邸的代表，当推奇平坎姆顿的格雷维尔府（Grevel House，14世纪晚期），它采用了传统木构建筑的建造方式，但以石头砌筑。主要用房位于地面层，陡峭屋顶下的阁楼层作为次要房间，屋顶上建有凸起的带有山墙的老虎窗。总体而言，中世纪住宅通常为斜坡屋顶，其前立面较为狭窄——介于4.5米到6米之间——斜屋顶的山脊大多与街道成直角。只有极为富有的商人才有能力将两块或更多的地块合并起来，建成一处带有宽广前立面的房产，也只有此等大型府邸的屋脊才能够与街道平行。

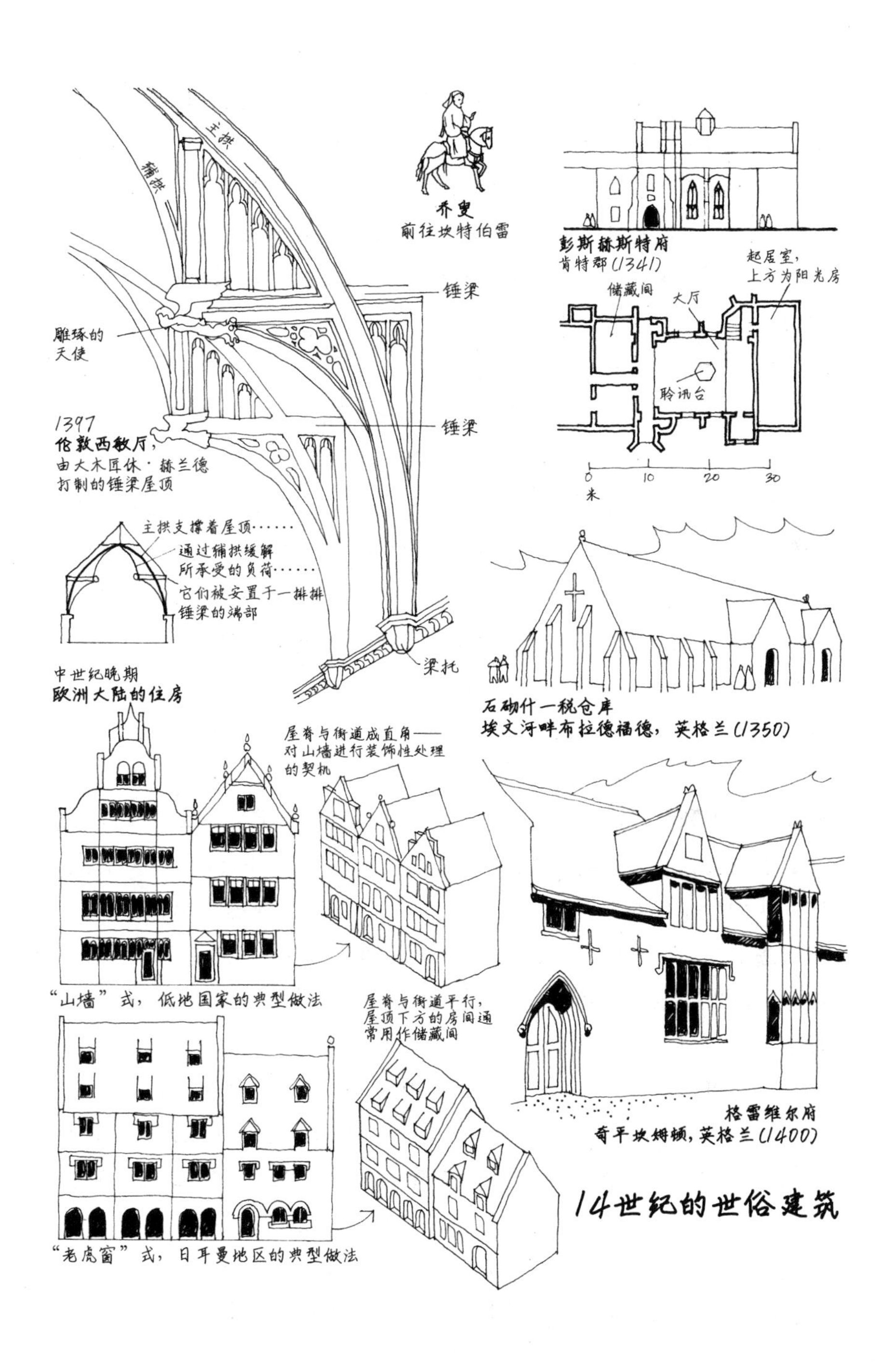
主拱
辅拱
乔叟
前往坎特伯雷
锤梁
雕琢的
天使
1397
伦敦西敏厅，
由大木匠休·赫兰德
打制的锤梁屋顶
锤梁
主拱支撑着屋顶……
通过辅拱缓解
所承受的负荷……
它们被安置于一排排
锤梁的端部
梁托
彭斯赫斯特府
肯特郡(1341)
起居室，
上方为阳光房
储藏间
大厅
聆讯台
0
10
20
30
米
石砌什一税仓库
埃文河畔布拉德福德，英格兰(1350)
中世纪晚期
欧洲大陆的住房
屋脊与街道成直角——
对山墙进行装饰性处理
的契机
“山墙”式，低地国家的典型做法
屋脊与街道平行，
屋顶下方的房间通
常用作储藏间
格雷维尔府
奇平坎姆顿，英格兰(1400)
“老虎窗”式，日耳曼地区的典型做法

14世纪的世俗建筑

德意志地区建有类似的大型府邸。在布伦瑞克和纽伦堡一带，这种类型的府邸大多很高，至少有三层乃至更高。屋顶上皆安装了用于采光的老虎窗。德意志同样建有前立面较为狭窄的住宅，一般都在狭窄的山墙上添加些装饰。但这种房子在荷兰和比利时更为常见，在根特、列日、米德尔堡、乌得勒支和梅赫伦，很多窄门面的老房子完好保留至今。

随着资本主义的发展，欧洲的中世纪走到了尽头：伴随新体制而来的内在紧张关系——民族国家之间和民族国家内部的阶级之间——是现代世界的特征。一个牺牲品是中世纪的经院哲学体系。自查理曼大帝的宫廷学派创立以来，中世纪经院哲学便致力于探索如何将理性思考引入宗教信仰。如今却在教会和大学之外，涌现出一大批新的思想家，他们不受传统思想的束缚，发展出一种新的人文主义思想，很快就取代了经院哲学。在文学领域，薄伽丘（Boccaccio）、彼得拉克（Petrarch）、傅华萨（Froissart）、乔叟（Chaucer）、兰格伦（Langland）和维永（Villon）等人的作品，不再是沉闷抽象的思考，而着力于描写普通人和他们的生活。在绘画领域，乌切洛（Uccello）、弗拉·安吉利科（Fra Angelico）、皮耶罗·德拉·弗朗切斯科（Piero della Francesca）、丢勒（Dürer）和凡·艾克（van Eyck）等人的画作，从中世纪的象征主义手法转向对人物性格特征的刻画，并通过透视法来描绘现实世界。借着油画创作，画家们还开始追求一些新的技巧，以更好地渲染光和影。建筑设计领域自不例外，同样出现了新理念。

在建筑、工艺和雕塑方面，彼时欧洲大部分地区都采用了晚期哥特式。雄伟壮观的米兰大教堂（Milan Cathedral）是一个很好的例证。它始建于1385年，在15世纪逐渐扩建为世界上最大、装饰最为考究的大教堂之一。其巨大的体量、华美的装饰，无不展现出建造资助人米兰维斯孔蒂（Visconti）公爵的富有。参与米兰大教堂建造的设计者总共有50多位，他们大多来自阿尔卑斯山以北的国家和地区。其结果是，整座建筑糅合了意大利、法兰西、德意志各地多彩的风格：中殿的两侧为法兰西式双重侧廊，中殿的东端却不是法式半圆形后堂，而是以多角状回廊环绕的德意志风。由于主侧廊超级高，不可能建造高侧窗，其室内就仿佛德意志厅堂式教堂，昏暗而庄严，与明亮的外墙形成强烈对比，而所有的外墙都是以意大利产的大理石建造。墙面上布满了带花饰的扶壁、小尖顶和雕像，琳琅满目，又以东端多角状后殿的三扇大窗户最为精致，尤其是不对称的曲线形花式窗棂，飞旋灵动，美轮美奂。

塞维利亚大教堂（Cathedral of Seville）在设计理念上与米兰大教堂颇为相似，具体的建造方式却迥然不同。作为欧洲中世纪最大的教堂，它于1402年动工，但直到1520年方才竣工。其巨大的体量和非同寻常的长方形平面，源于对原来老清真寺地基的重新利用，而它最终的设计和建造亦保留了老清真寺留下的某些构件，如令人印象深刻的优雅的宣礼塔。教堂中殿的两侧带有双重侧廊和宽阔的侧礼拜室，屋顶以恢宏而繁复的肋骨拱支撑。至于教堂的外貌，其总体特征和外轮廓（尤其是三重的飞扶壁）绝对是哥特式，但在细节上充满了伊斯兰气息。

晚期哥特式建筑最辉煌的成就是15世纪英格兰的教堂。许多大型项目，包括那些始于几个世纪之前的工程都接近完工。在格洛斯特大教堂的南耳堂和略晚建造的唱诗区，我们看到一种新颖而优雅的风格。于1400年左右竣工的比弗利大教堂（Beverley Minster）辉煌的西立面，还有诺威奇大教堂的塔尖，延续了同等优雅和别致的风格。接着，大约在1410年，坎特伯雷大教堂以类似的手法完成了令人耳目一新的中殿。随后的一些年里，英格兰相继修建了两座别具一格的十字交叉区塔楼，一座1465年修建于达勒姆大教堂，一座1490年修建于坎特伯雷大教堂。此外，还建造了若干辉煌的皇家礼拜堂，包括亨利六世在伊顿公学的礼拜堂（1440年）和他在剑桥国王学院的礼拜堂（1446年），1481年开始

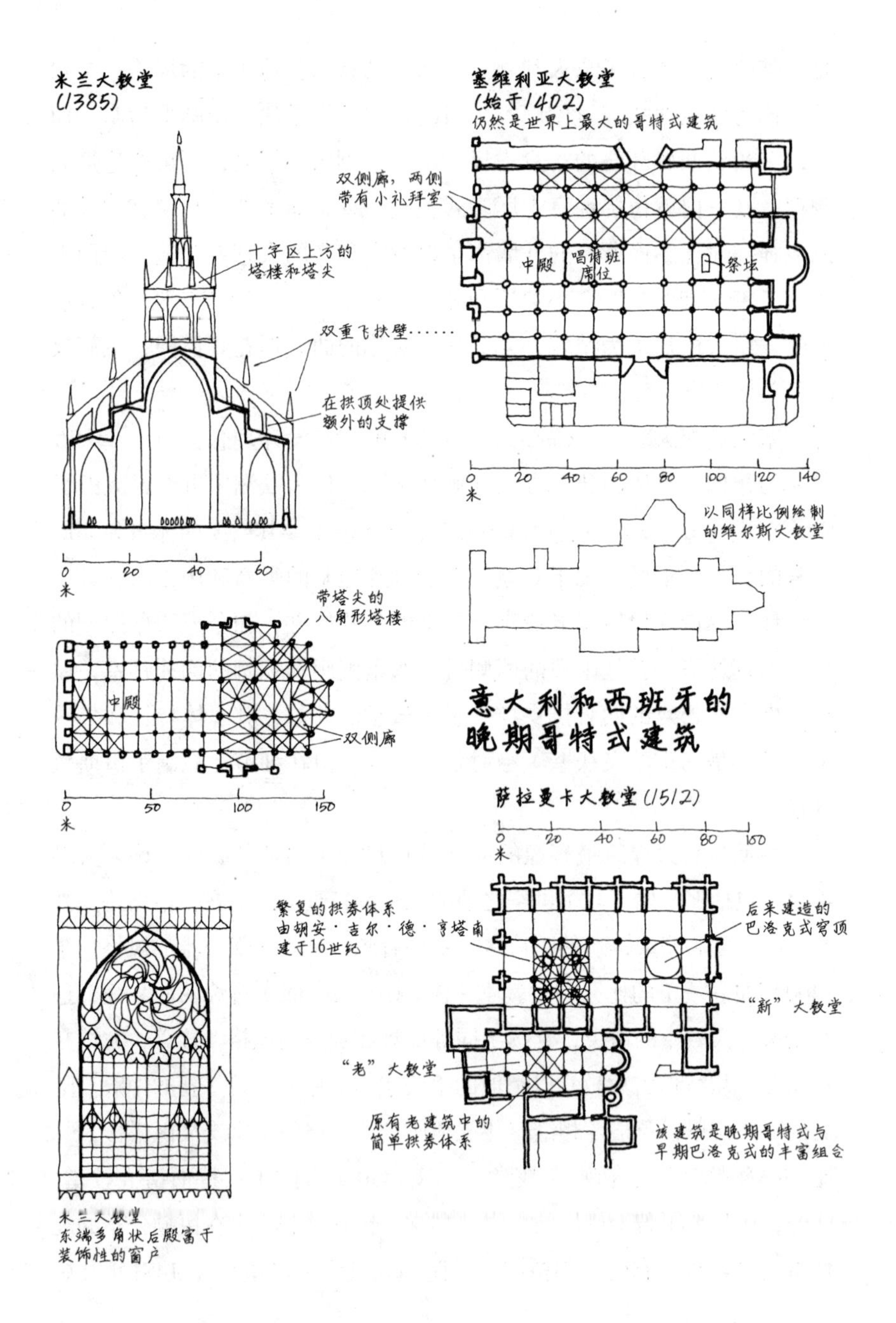
米兰大教堂
(1385)
十字区上方的
塔楼和塔尖
双重飞扶壁……
在拱顶处提供
额外的支撑
0 20 40 60
米
带塔尖的
八角形塔楼
中殿
双侧廊
0 50 100 150
米
塞维利亚大教堂
(始于1402)
仍然是世界上最大的哥特式建筑
双侧廊，两侧
带有小礼拜室
中殿
唱诗班
席位
祭坛
0 20 40 60 80 100 120 140
米
以同样比例绘制
的维尔斯大教堂
意大利和西班牙的
晚期哥特式建筑
萨拉曼卡大教堂(1512)
0 20 40 60 80 100
米
繁复的拱券体系
由胡安·吉尔·德·亨塔南
建于16世纪
后来建造的
巴洛克式穹顶
“新”大教堂
“老”大教堂
原有老建筑中的
简单拱券体系
该建筑是晚期哥特式与
早期巴洛克式的丰富组合
米兰大教堂
东端多角状后殿富于
装饰性的窗户

英格兰晚期哥特式建筑

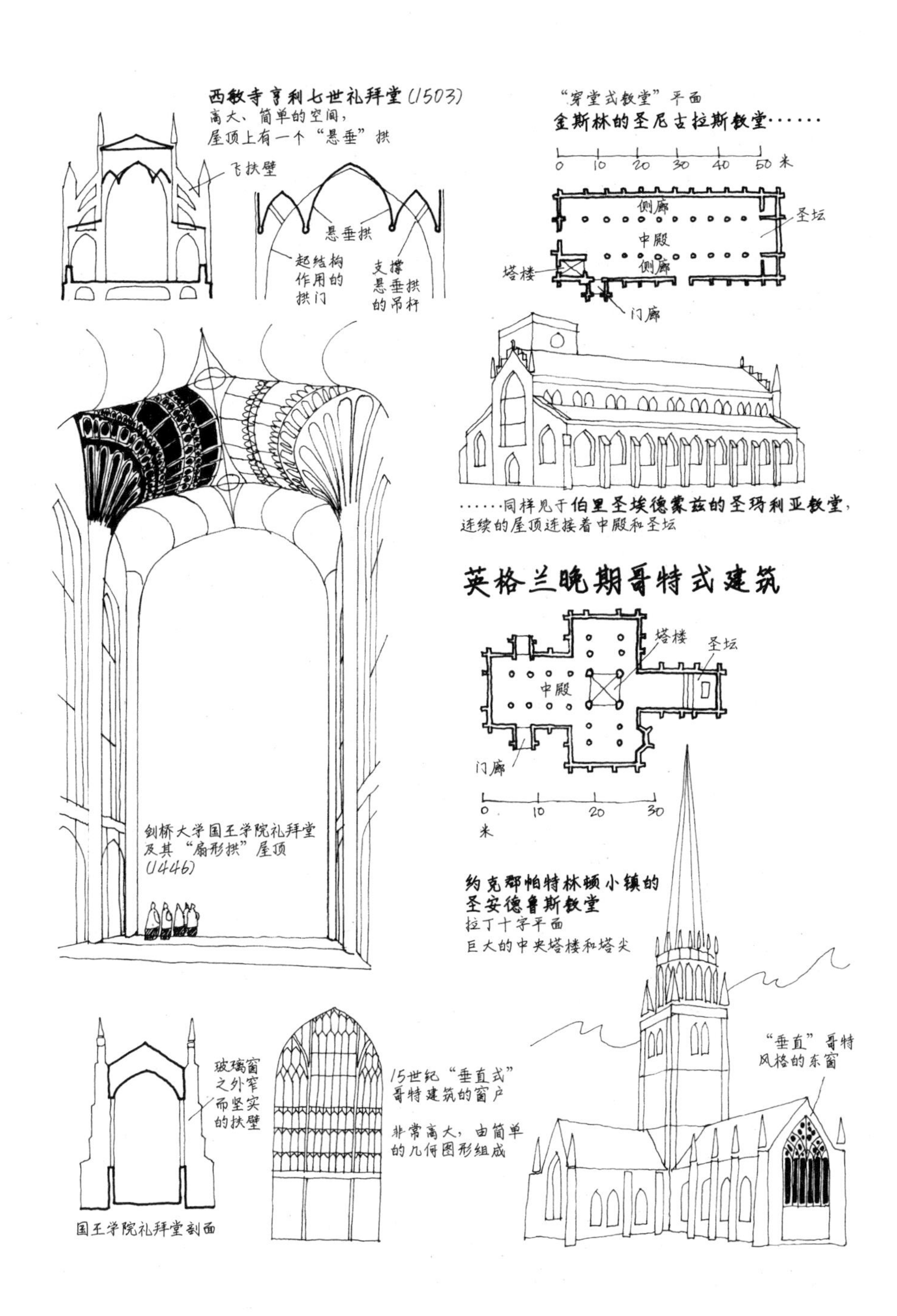
西敏寺亨利七世礼拜堂(1503)
高大、简单的空间，
屋顶上有一个“悬垂”拱
飞扶壁
悬垂拱
起结构作用的拱门
支撑悬垂拱的吊杆
“穿堂式教堂”平面
金斯林的圣尼古拉斯教堂……
0 10 20 30 40 50 米
侧廊
圣坛
中殿
侧廊
塔楼
门廊
……同样见于伯里圣埃德蒙兹的圣玛利亚教堂，
连续的屋顶连接着中殿和圣坛
塔楼
圣坛
中殿
门廊
0 10 20 30
米
剑桥大学国王学院礼拜堂
及其“扇形拱”屋顶
(1446)
约克郡帕特林顿小镇的
圣安德鲁斯教堂
拉丁十字平面
巨大的中央塔楼和塔尖
“垂直”哥特
风格的东窗
玻璃窗
之外窄
而坚实
的扶壁
15世纪“垂直式”
哥特建筑的窗户
非常高大，由简单
的几何图形组成
国王学院礼拜堂剖面

为亨利七世建造的温莎堡圣乔治礼拜堂[①]，以及西敏寺的亨利七世礼拜堂。亨利七世礼拜堂于1503年动工，为他的儿子亨利八世而建[②]。

上述所有了不起的建筑，其形式都称为哥特式“垂直风格”，同时期在英格兰以外的国家和地区无人能及。之所以得名“垂直风格”，源于其花式窗棂简洁的韵律，与英格兰装饰性哥特和法兰西火焰式哥特的繁复华丽截然不同。这一建筑特征常常让人误以为在黑死病之后的一些年里，英格兰没有足够的工匠。然而事实上，15世纪的英格兰建筑，尤其是哥特式垂直风格，以其精准、优雅和令人惊叹的微型石雕展示了中世纪最完美的技艺。

如果说国王学院礼拜堂哪里有所缺欠，那便是缺少了早期哥特式建筑变化多端的模糊空间，以及由此激发的神秘和兴奋感。但是，在这座理性的、纯物质性的建筑中，所有这一切全然无关紧要。此刻我们看到的是一个朴实简单的“盒子”，长88米、宽12米、高24米，室内唯一的分隔是一面木制圣坛屏。所有的辉煌效果，来自那些巨大、极富于韵律感的窗户和两侧高耸的墩柱。窗户上简洁的花式窗棂与高耸的墩柱交相辉映，柱身上垂直的凹槽更是强化了其纵向的挺拔之感。它们一路向上，在趋近天花板之际散发出一根根“枝丫”，与大工匠约翰·华斯特（John Wastell）设计的扇形拱融为一体。此处的肋筋不再显示结构应力的传递路径，而已经转化为装饰性构件。它们一簇簇卷曲于马赛克镶板的表面，繁复而美丽。后来，在维尔图兄弟（Vertue brothers）营建的西敏寺亨利七世礼拜堂的石头屋顶上，此等非结构式“表述”已登峰造极，如梦幻般精彩绝妙。而真正起结构作用的尖拱，

① 此处疑为作者笔误，圣乔治礼拜堂初建于14世纪中叶爱德华三世时期。后在爱德华四世的御旨下，于1475年开始大规模扩建，其主要目的之一是作为嘉德骑士团的教堂。——译注

② 亨利七世当初的用意旨在建造一座祠墓作为亨利六世的长眠之地（并未实现，倒是亨利七世自己及其王后墓葬其中），此外还为了供奉圣母，以及为自己和家人及继承人提供一处皇家陵墓（但亨利八世并没有墓葬于此）。——译注

差不多完全被错综复杂的石头垂吊拱所掩盖。所谓的垂吊拱倒挂于屋顶之下，仿佛毫不理会重力的影响。

上述皇家教堂的建筑风格在不列颠各地的乡村和城镇风行一时。地方上的资产阶级，尤其那些因羊毛业的突然兴盛而致富的商人，全都在纷纷跟进。一些教堂尚且保留了传统或地方形式，但总体说来，光线充足通风良好的大型教堂通常都采用了哥特式垂直风格。

因为喜好"穿堂式教堂"（through Churches），中殿与圣坛之间已没有必要界限分明。高高的、连续的屋顶于是将中殿与圣坛连为一体，只用一面带讲坛的装饰性石屏栏或圣坛屏作为分隔。伯里圣埃德蒙兹的圣玛利亚教堂是这一类布局的佳例。彼时新建的教堂大多采用了哥特式垂直风格，其他的一些教堂则添加了类似的新特征。如约克郡帕特林顿小镇（Patrington）教堂东端的大窗户，林肯郡波士顿小镇教堂昵称"波士顿树桩"（Boston Stump）的巨型塔楼。当时地方上最为精彩的建造，是一些木制屋顶桁架：在坡度较缓的铅皮屋顶之下，通常使用压平的拉杆梁，如维尔斯镇的圣卡斯伯特教堂（St Cuthbert's, Wells）；陡峭屋顶的式样则更为丰富多姿，其中有的采用了装饰华美的双锤梁式，如剑桥郡马奇镇的圣温德瑞达教堂。

在哥特式想象之花最后的绽放时刻，英格兰华美而奇特的教堂设计手法风行于欧洲各地，从葡萄牙里斯本贝伦教区的热罗尼姆斯修道院教堂（Church of Jerórninos, 1500年），到萨拉曼卡大教堂（Cathedral of Salamanca，1512年）、塞哥维亚大教堂（Cathedral of Segovia，1522年）、鲁昂大教堂的西立面（1509年）和布尔诺的圣雅各教堂（Church of St James，1495年）。它们显然属于哥特式建筑，却又具有自己强烈的个性特征。欧洲各国对自己民族文化身份认同的日益增长，加上个体建筑师不断增强的自主性，让哥特式建筑取得了长足的发展，它们再也不同于三个世纪之前哥特式建筑在法兰西岛上初现时的模样。基于技能和经验的欧洲建筑传统，其传承方式是通过实践而非理论，于是让本地风格百花齐放，让个人的才华蓬勃发展。

建筑师的新地位

到了16世纪末，尽管一些普通的房屋依旧在使用本地的建造方法，地方传统却也在走向消亡。建筑行业的分会系统已经为行会系统所取代，大型建筑与其说是由综合的多技能团队建造的，不如说是由不同行业的工匠集合而建的。此刻的设计师大多拥有很高的地位，无论是受教育程度还是阶级层次，他们都高于在工地上劳作的工匠，而且其技能更多地体现于理论知识而非实际操作。一方面他们离建造工序越来越远，另一方面他们对建造过程的控制权反而越来越大。工匠所拥有的设计权越来越小，他们在建造过程中的自主权跟着急剧减少。

推动上述趋势的因素有三：一是约翰·古腾堡（Johann Gutenberg，1400—1468年）发明的活字印刷机，彻底改变了通讯的方式，并使书面形式的思想传播迅猛增加。中世纪通过示范性实践传授建筑知识的传统被理论思想的传播所取代。

二是意大利人逐渐发掘出自家的罗马帝国史。在日益增长的世俗主义鼓励下，人们对古典异教徒作家的浓厚兴趣，点燃了他们对古罗马建筑的热忱。奇怪的是，中世纪意大利人竟然没有意识到自家古建筑遗产的重大意义，他们只是将其作为野蛮历史的象征和提取建筑材料的“采石场”。当佛罗伦萨的5世纪洗礼堂在11世纪面临改造之际，当地人只是稀里糊涂地认它为古罗马建筑。在其他地区，地道的古罗马建筑差不多沦为废墟，或者像古罗马斗兽场那样被一些人擅自居住。但是15世纪的意大利开始明确回归古罗马的建筑形式。哥特式建筑在意大利从未像它在欧洲的北部那般盛行，也让意大利建筑师很容易就回归到自己的过去。建筑的灵感不仅来自废墟本身，还来自维特鲁威（Vitruvius）的著作。维特鲁威是公元1世纪的罗马建筑师，尽管他书中的某些理念令人疑惑，也有些迂腐，却因为是当时唯一的权威著作而备受推崇。

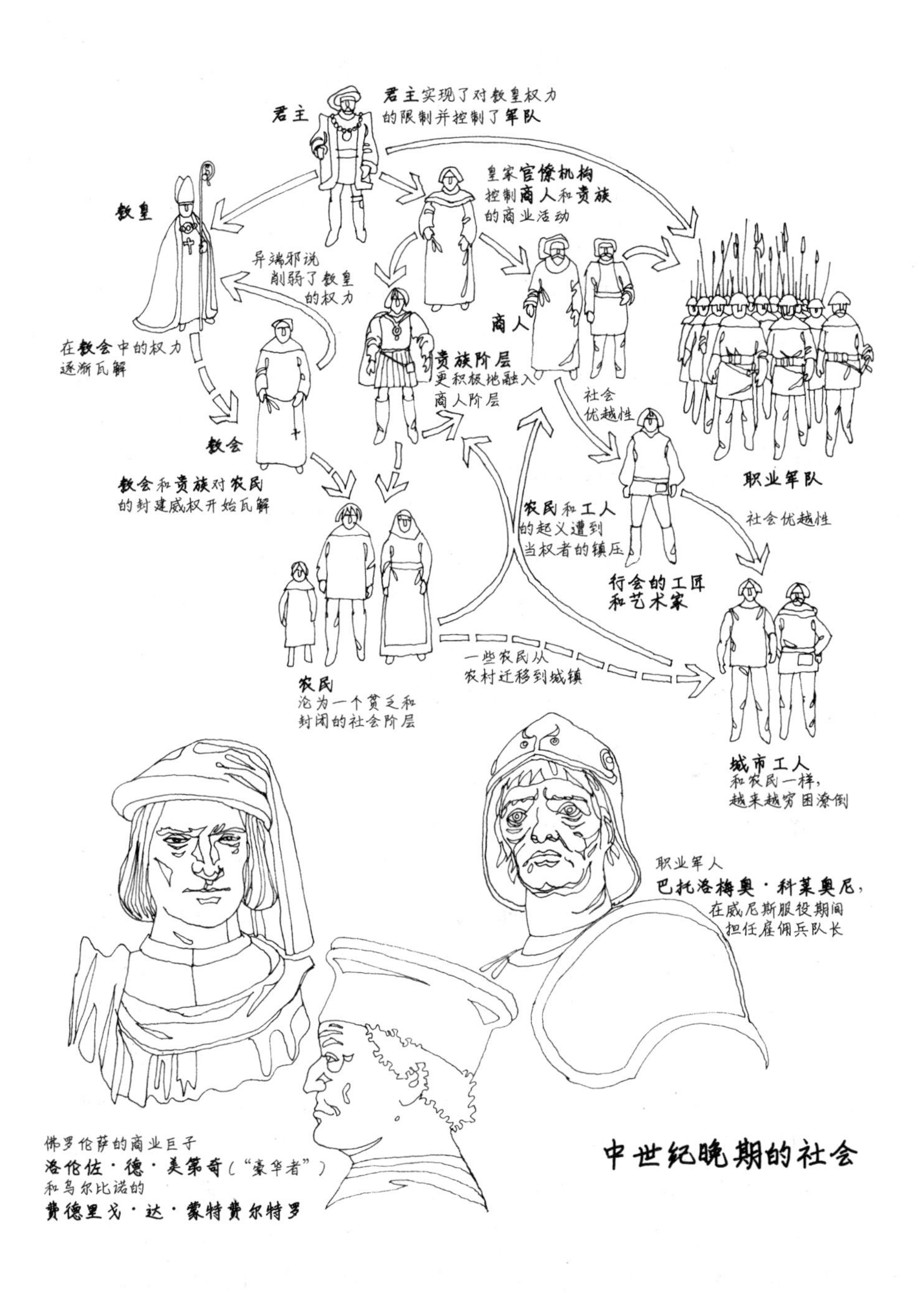
君主
君主实现了对教皇权力
的限制并控制了军队
皇家官僚机构
控制商人和贵族
的商业活动
教皇
异端邪说
削弱了教皇
的权力
商人
在教会中的权力
逐渐瓦解
贵族阶层
更积极地融入
商人阶层
社会
优越性
教会
职业军队
教会和贵族对农民
的封建威权开始瓦解
农民和工人
的起义遭到
当权者的镇压
社会优越性
行会的工匠
和艺术家
一些农民从
农村迁移到城镇
农民
沦为一个贫乏和
封闭的社会阶层
城市工人
和农民一样，
越来越穷困潦倒
职业军人
巴托洛梅奥·科莱奥尼，
在威尼斯服役期间
担任雇佣兵队长
佛罗伦萨的商业巨子
洛伦佐·德·美第奇（“豪华者”）
和乌尔比诺的
费德里戈·达·蒙特费尔特罗

中世纪晚期的社会

三是最重大的一项发展，通常称为“文艺复兴”。它得力于意大利一个新生的商人贵族阶层。这些人拥有空前的财富和权势，从而有能力与旧封建贵族平起平坐，并开始享有相应的教育机会和精致的生活方式。在15世纪意大利支离破碎的社会，此等新型的“商业巨子”获得了绝对权力。而小资产阶级和工匠的地位正在逐渐退化，他们已沦为薪酬的奴隶，对新兴的商人贵族毫无挑战之力。

因此，意大利的变化比欧洲任何其他地区都来得更为迅猛。欧洲北部的商人们在侵吞世袭贵族的财富和权势时速度较为缓慢，北方地区的行会也尚有能力保护中下阶层和工匠的利益。但在意大利，巨贾及其家族的统治权至高无上。尽管那里也爆发过黑死病，其贸易和生产依然发展，资本积累迅速增加。彼时的意大利富商并不单单从事某一专项商务，而几乎是无所不包，广涉银行业、借贷、矿业、制造业、进出口、建筑、房地产和艺术品交易。在改变了中世纪贵族制度之后，他们又打败了威尼斯和热那亚的共和政体，代之以寡头式城邦。米兰由维斯孔蒂和斯福尔扎家族统治；佛罗伦萨由美第奇家族主宰。借着娴熟的外交手段和巨额财富，各大家族获得了比国家政府更高的权力和影响力。他们对吉伯尔蒂、多纳泰罗、波提切利和达·芬奇等艺术家的赞助，使绘画和雕塑得以繁荣发展，对建筑的投资也戏剧性地剧增。

中世纪的建筑师无一例外都处于农奴阶级，尽管他们由于出色的才干而得到统治阶级的褒赏，却依然因其所从事的体力劳动而遭到鄙视。即便到了15世纪，在佛罗伦萨从事建筑活动依然不被看作一个正式职业，若想参与其中，人们一般需要拥有相关的手艺认证，诸如珠宝匠、银匠、画工、雕刻工、砖匠或木匠——所有这些称谓都带有对体力劳动的污名化意味。然而，随着封建主义的消亡，社会地位不再是世袭继承，必须通过努力方能获得。为此，艺术家和建筑师使出了浑身解数。一些人开始放弃体力劳作，致力于纯智力的追求，如哲学和自然科学，好让自己在社会上更容易被接受。还有些人则通过财富或者与贵族世家联姻来获得显赫的社会地位。用威廉·莫里斯（William Morris）的话说，他们成为“伟大的建筑师，被精心保护了起来，免遭普通人的苦痛”。

地位的提高，让艺术家和建筑师有了更大的自由来施展自己的才华。与此同时，一些东西在丢失，因为过分的独立性往往会带来疏离感。封建社会固然僵化并且限制了个人发展，却至少可以保证：在房屋的建造过程中，设计师与用户之间能够密切配合。但随着资本主义的发展，社会交流更为顺畅，人际关系却变得更加复杂，难以捉摸，游离疏远。所幸在15世纪的佛罗伦萨，资本主义尚且处于起步阶段，上述的疏离化程度还未十分突出。此外，当时的社会环境让建筑师深受鼓舞，因为作为资助者的新兴的资产阶级尚且是一支积极进取的革命力量，他们慷慨而思想开放。其结果是，在商业巨子的财富和活力的激励下，建筑师以其清新的独立思想，让建筑业绽放出辉煌的火花。

在佛罗伦萨，以菲利波·布鲁乃列斯基（Filippo Brunelleschi，1377—1446年）擦出的火花最为明亮。此君职业生涯的起点是金匠和雕刻工。早在1401年，他就在佛罗伦萨洗礼堂的青铜门设计竞赛中展现出自己的精湛技艺。后来，他逐渐对建筑产生兴趣。截至1410年，他已经设计了好几座建筑，并驻访过罗马，考察测绘了大批的罗马古迹。1418年，他赢得为佛罗伦萨最重要建筑圣母百花大教堂设计完工之作的竞赛。布鲁乃列斯基的任务是：根据设计教堂的第一位建筑师阿诺夫当初的创意，在施工时不使用传统拱模架的前提下，在大教堂的十字交叉区上建造一座大穹顶。面对工程委员会的怀疑，为证明自己的才干，布鲁乃列斯基以类似的构思和施工手段，在附近奥特拉诺街区的圣雅各教堂成功建造了一座稍小一些的穹顶。圣母百花大教堂的大穹顶于1420年开始动工，1436年完成了大部分建造。其巧夺天工的笼状骨架结构，由内、外双层穹顶包裹，再加上祥和沉静、无与伦比的外轮廓，赢得了世人的仰慕。布鲁乃列斯基的建筑师朋友莱昂·巴蒂斯塔·阿尔伯蒂（Leon Battista Alberti，1404—1472年）对此

圣母百花大教堂穹顶的建造（1420-1434）

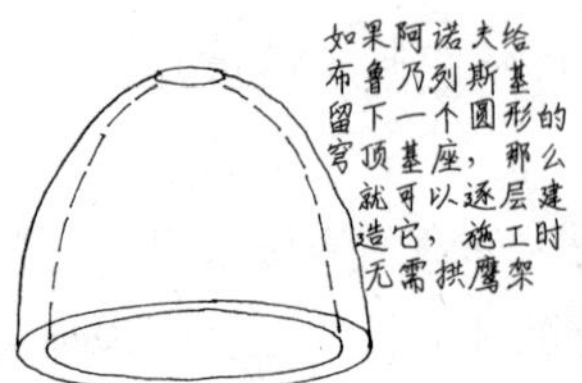

然而，现有的平面要求在一个八角形空间上建造穹顶

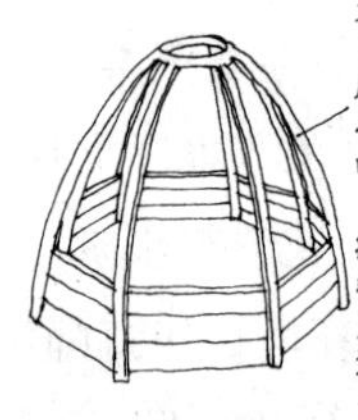

最明显的解决方案是构筑一个由八根肋筋组成的结构，各肋筋之间安装横向面板

然而，肋筋在施工过程中需得到支撑，直到所有的面板安装到位，才可以移走支撑体

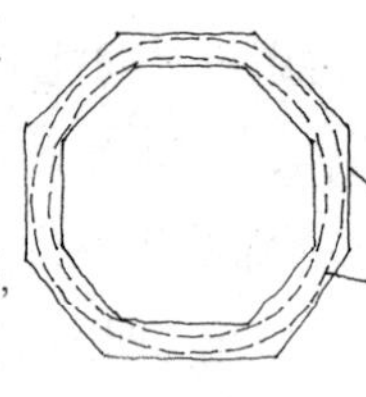

幸运的是，八角形的底座相当宽

布鲁乃列斯基设计了一个八角形穹顶，它的厚度足以在其内容纳一个圆形穹顶，因此在施工过程中可以将其当作一个圆形穹顶

布鲁乃列斯基 /

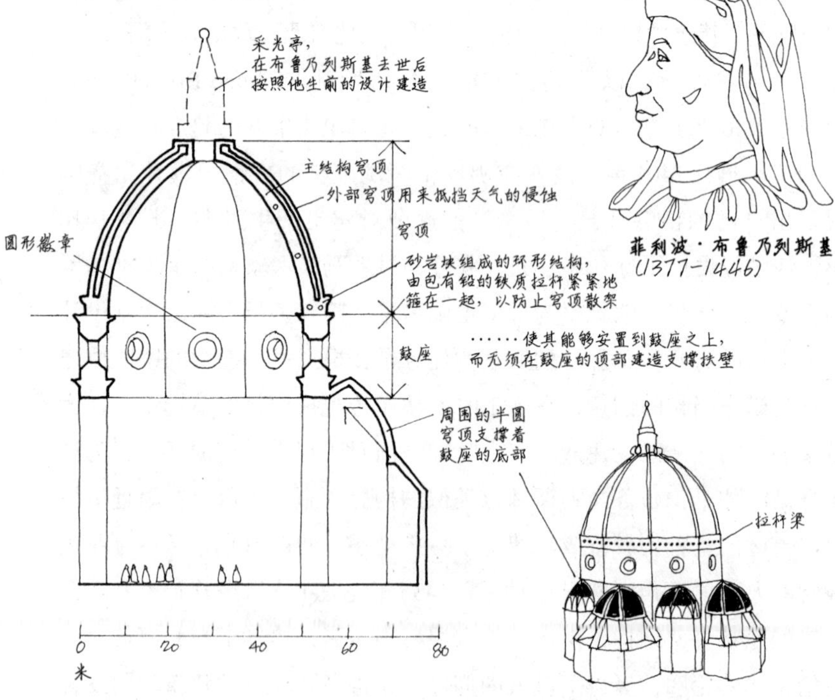

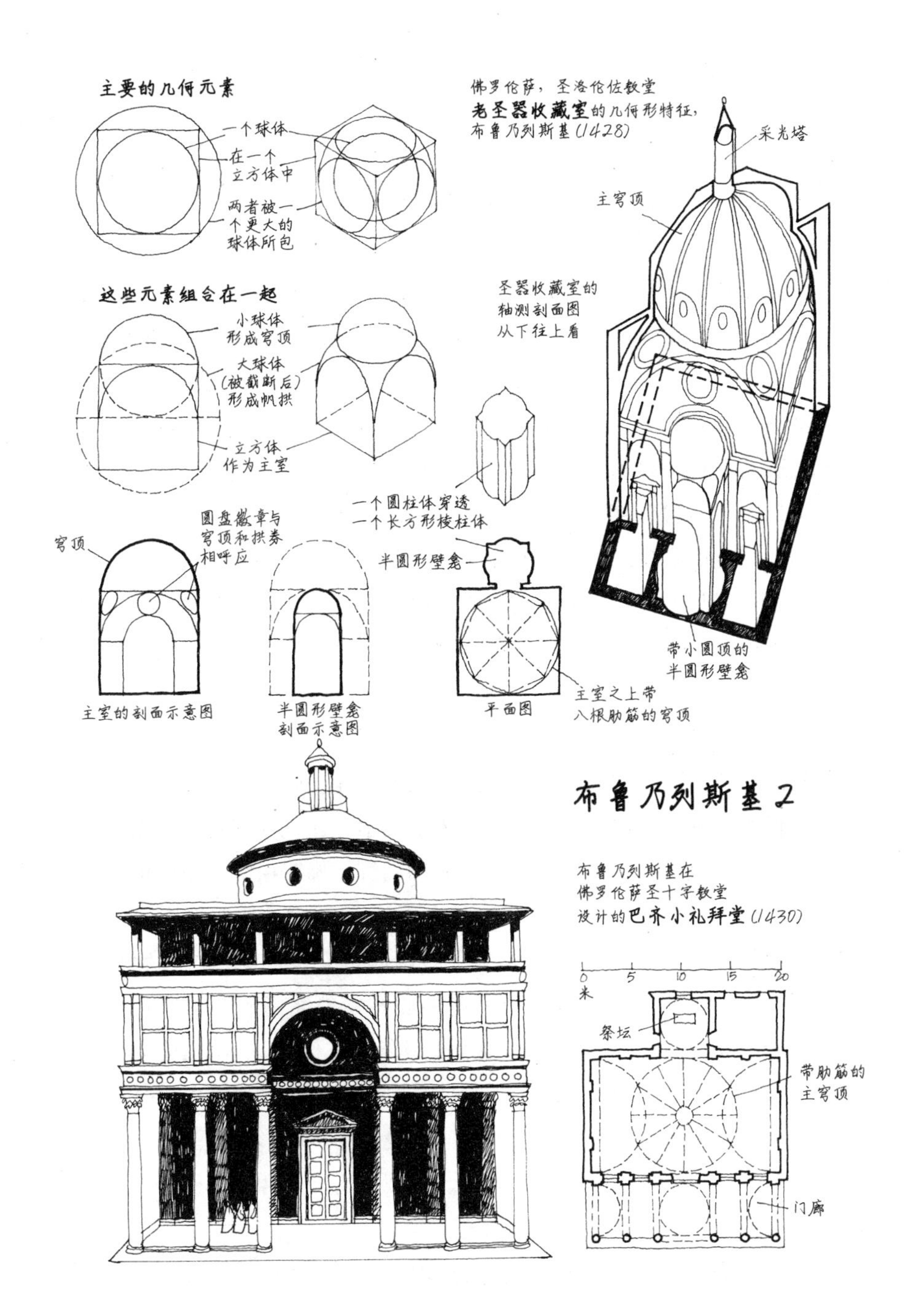
主要的几何元素
一个球体
在一个
立方体中
两者被一
个更大的
球体所包
这些元素组合在一起
小球体
形成穹顶
大球体
(被截断后)
形成帆拱
立方体
作为主室
佛罗伦萨，圣洛伦佐教堂
老圣器收藏室的几何形特征，
布鲁乃列斯基(1428)
采光塔
主穹顶
圣器收藏室的
轴测剖面图
从下往上看
一个圆柱体穿透
一个长方形棱柱体
圆盘徽章与
穹顶和拱券
相呼应
穹顶
半圆形壁龛
带小圆顶的
半圆形壁龛
主室的剖面示意图
半圆形壁龛
剖面示意图
平面图
主室之上带
八根肋筋的穹顶
布鲁乃列斯基在
佛罗伦萨圣十字教堂
设计的巴齐小礼拜堂(1430)
0
5
10
15
20
米
祭坛
带肋筋的
主穹顶
门廊

布鲁乃列斯基 2

感叹道："这世上有谁胆敢挑剔或妒忌，而不是赞美我们的建筑师菲利波呢？！他建造的宏伟建筑高耸入云，将整个托斯卡纳地区尽收眼底。"

重现罗马

佛罗伦萨圣母百花大教堂大穹顶建造期间，布鲁乃列斯基还积极参与若干其他重大的建筑工程。这一现象表明，建筑师的角色确实发生了变化。1421年，布鲁乃列斯基开始主导佛罗伦萨孤儿院（Ospedale degl'Innocenti）的设计和建造。这座简朴的回廊式建筑，坐落于带有几步台阶的低矮台基之上。在它的上层，是一些围向内院的房间，下层以凉廊或者说敞廊环绕。很多细部处理，包括含复合式柱头的圆柱和简朴的棱拱体系，全都是源自古罗马传统。其间所蕴含的优雅气质，与附近圣米尼亚托教堂的罗马风颇为吻合。但布鲁乃列斯基的设计构思清晰而统一，让小小的孤儿院远远优于罗马风建筑，乃至超越了其古罗马先祖。

意大利文艺复兴时期的知识生活，是当时最进步思想的产物。一大批思想家试图在动荡的世界寻找潜在的秩序。画家开始探索透视法的几何学原理，雕塑家开始研究人体解剖学。建筑师则对如何以符合数学逻辑的尺度赋予建筑和谐统一如痴如醉。佛罗伦萨的圣洛伦佐教堂（Church of San Lorenzo，1421年）是这方面的最佳实例之一。那是一座巴西利卡式建筑，高耸的中殿两侧带有棱拱屋顶的侧廊，中殿尽头圣堂区的两边各建有一间圣器收藏室。北侧的老圣器收藏室（Sacristia Vecchia，1428年）[①]是意大利建筑的杰作之一。布鲁乃列斯基将这一小小的房间设计为一个立方体，再在立方体之上冠以一个半球状穹顶。立方体一侧用作祭坛的空间，设计为半圆形壁龛。仿佛另外又套上了一个自带小圆顶的立方体。收藏室的墙壁和天花板全部以白

① 又译为"老祭衣间"，实为美第奇家族的丧葬礼拜堂。——译注

色粉刷，让穿插其间的深灰色壁间柱、尖拱和各种徽章格外醒目，非常清晰地突出了房间的几何形状。但此等明快的风格受到了严格把控，使教堂整体显得内敛而平和，看上去深具创意而非迂腐古板。

1430年当布鲁乃列斯基为巴齐家族掌门人安德里亚在圣十字教堂（Church of Santa Croce）设计巴齐小礼拜堂时，上述手法得到进一步发挥。小体量礼拜堂的矩形空间之上，有一个带肋骨拱的穹顶，同样显示了布鲁乃列斯基对简单几何形体的偏好，而且他再次以白色背景衬托出灰色的石头肋筋。巴齐小礼拜堂一个特别的成就是它精美的前立面及其突出的门廊，门廊立柱上的额枋被一个半圆形拱打断，与小礼拜堂穹顶的形状交相辉映。

布鲁乃列斯基常常被誉为线性透视法的发明人，这种法则让画家能够在平坦的画布上准确地描绘出三维的立体图，让建筑师在房屋建造之前能够预先考察其空间效果。在自己的建筑设计中，布鲁乃列斯基充分运用了这一技巧，他最成熟的设计作品无一不充分展示出良好的空间把控，显然得益于事先的精心规划。1436年，他设计了规模庞大的佛罗伦萨圣灵教堂（Church of Santo Spirito）。与圣洛伦佐教堂的简洁构图相比，同为拉丁十字平面的圣灵教堂更为丰富——高高的半圆拱柱廊将教堂的中殿与侧廊隔开，在它的对面，是一排用来分隔侧间小礼拜室的壁间柱柱廊，两者之间相映成趣。

布鲁乃列斯基是一位综合型大师，他同时从古典的、罗马风建筑乃至哥特式建筑中吸取建筑词汇。但很快，古罗马建筑风格成为他创作灵感的主要源泉，某种程度上是受到阿尔伯蒂的影响。阿尔伯蒂是一位对古典文献有着浓厚兴趣的学者。他于1485年出版的《论建筑》（*De Re Aedificatoria*）是第一本以古腾堡印刷术印制的建筑类书籍，也是自维特鲁威以来首次试图制定一套理论设计规则的专著，并且主要以维特鲁威的理论为基础。阿尔伯蒂还设计了一些建筑。在他为佛罗伦萨新圣母玛利亚教堂设计的西立面上，两侧用于将中殿与侧廊连为一体的“涡卷”装饰颇为出彩，并成为未来教堂立面设计的一大特征。

在鲁奇拉宫（Palazzo Rucellai，1451年），阿尔伯蒂为佛罗伦萨式宫殿的建筑形式带来一些新发展。此等宫殿形式始于佛罗伦萨旧宫，后来通过布鲁乃列斯基设计的皮蒂宫（Palazzo Pitti，1435年）和同时代建筑师米开罗佐（Michelozzo Michelozzi）设计的吕卡蒂宫（Palazzo Riccardi，1444年）得到进一步完善，更富于人性化。阿尔伯蒂在鲁奇拉宫的做法是，在三层高的立面上，采用三层叠加的古典柱式，当是直接参照了古罗马大角斗场的层叠券柱式做法。马加诺（Majano）和科纳卡（Cronaca）合作设计的斯特洛奇宫（Palazzo Strozzi，1495年）是当时典型的佛罗伦萨式宫殿。敦实的长条状建筑厚重华美，其顶部两个楼层的窗户大小适中又魅力十足，再往上是气势磅礴的古罗马式屋檐。同样典型的是，斯特洛奇宫的布局也是围绕着一个中央庭院来规划的，为室内提供光线和新鲜空气。

1446年，阿尔伯蒂对里米尼圣方济各教堂（San Francesco in Rimini）的西立面改造设计获得采用，算是为里米尼富商S. 马拉泰斯塔（Sigismondo Malatesta）树立一座丰碑吧。阿尔伯蒂的设计宏伟却也适中有度，部分参考了里米尼古罗马时期的奥古斯都拱门。但是，虽说比自己同时代的大多数建筑师更富于学术性和理论性，阿尔伯蒂大概算不上自己同时代的建筑师楷模，他甚至都没有留在工地督导自己所设计建筑的施工，而仅仅通过信函向驻地工程师送上施工详图。阿尔伯蒂最优秀的作品当数曼图亚圣安德里亚教堂（Church of Sant' Andrea），在他临去世前的1472年动工，历时40年后完工。那是一座巨大的拉丁十字式建筑，却没有设置侧廊，十字交叉区穹顶建于帆拱之上，颇富古罗马建筑特色，恢宏壮丽。凯旋门式的西立面又让这一特征尤为彰显。

三层叠柱式手法后来被运用到乌尔比诺公爵宫（Palazzo Ducale at Urbino）的内庭院立面，由鲁奇亚诺·劳拉纳（Luciano Laurana）于1465年为蒙特费尔特罗家族设计。这栋建筑还因其优雅的内饰而闻名于世，其中的一幅著名壁画，很可能是皮耶罗·德拉·弗朗切斯科

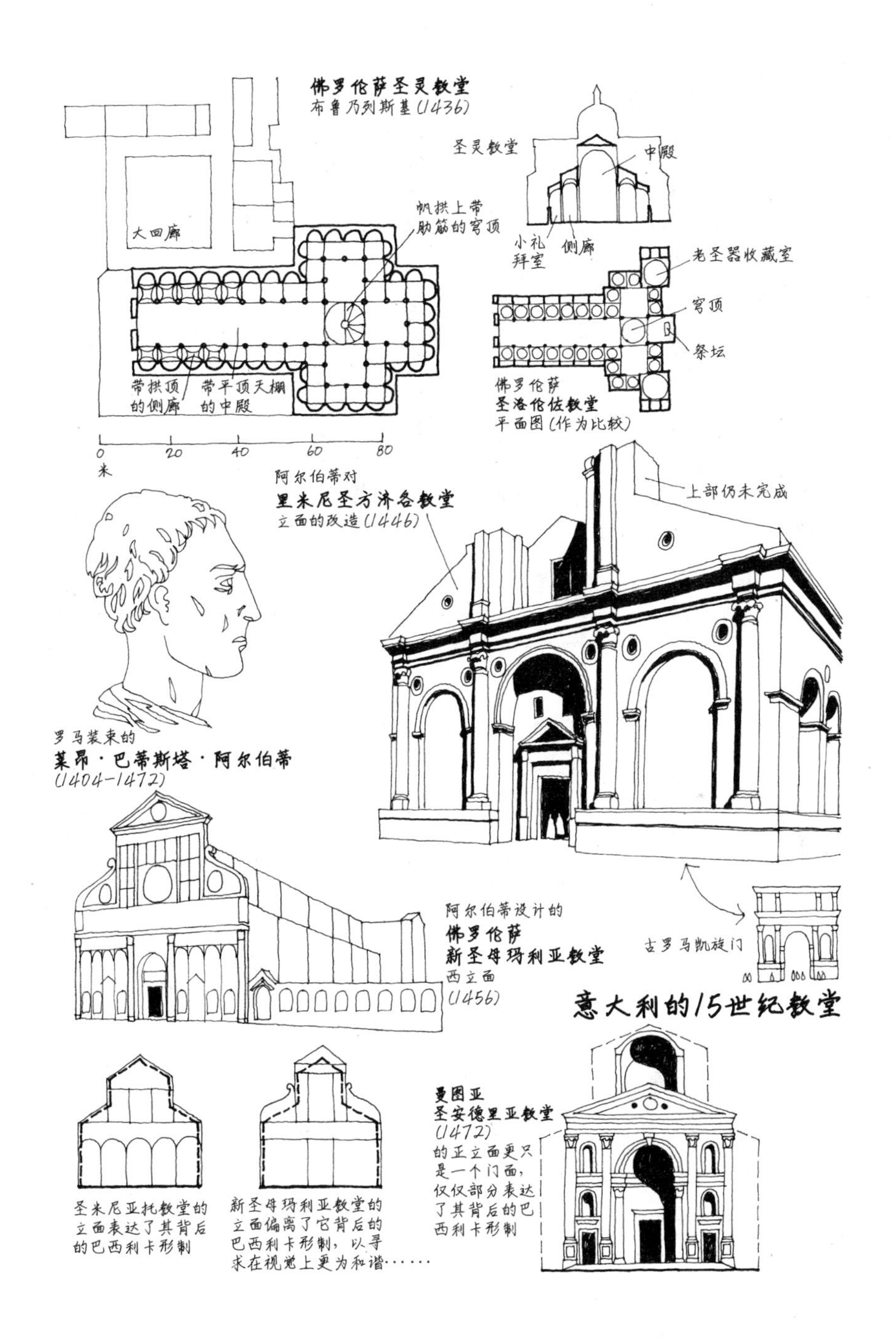
佛罗伦萨圣灵教堂
布鲁乃列斯基(1436)
圣灵教堂
中殿
小礼拜室
侧廊
帆拱上带肋筋的穹顶
大回廊
带拱顶的侧廊
带平顶天棚的中殿
老圣器收藏室
穹顶
祭坛
佛罗伦萨
圣洛伦佐教堂
平面图(作为比较)
0
20
40
60
80
米
阿尔伯蒂对
里米尼圣方济各教堂
立面的改造(1446)
上部仍未完成
罗马装束的
莱昂·巴蒂斯塔·阿尔伯蒂
(1404-1472)
阿尔伯蒂设计的
佛罗伦萨
新圣母玛利亚教堂
西立面
(1456)
古罗马凯旋门
意大利的15世纪教堂
曼图亚
圣安德里亚教堂
(1472)
的正立面更只是一个门面，仅仅部分表达了其背后的巴西利卡形制
圣米尼亚托教堂的立面表达了其背后的巴西利卡形制
新圣母玛利亚教堂的立面偏离了它背后的巴西利卡形制，以寻求在视觉上更为和谐……

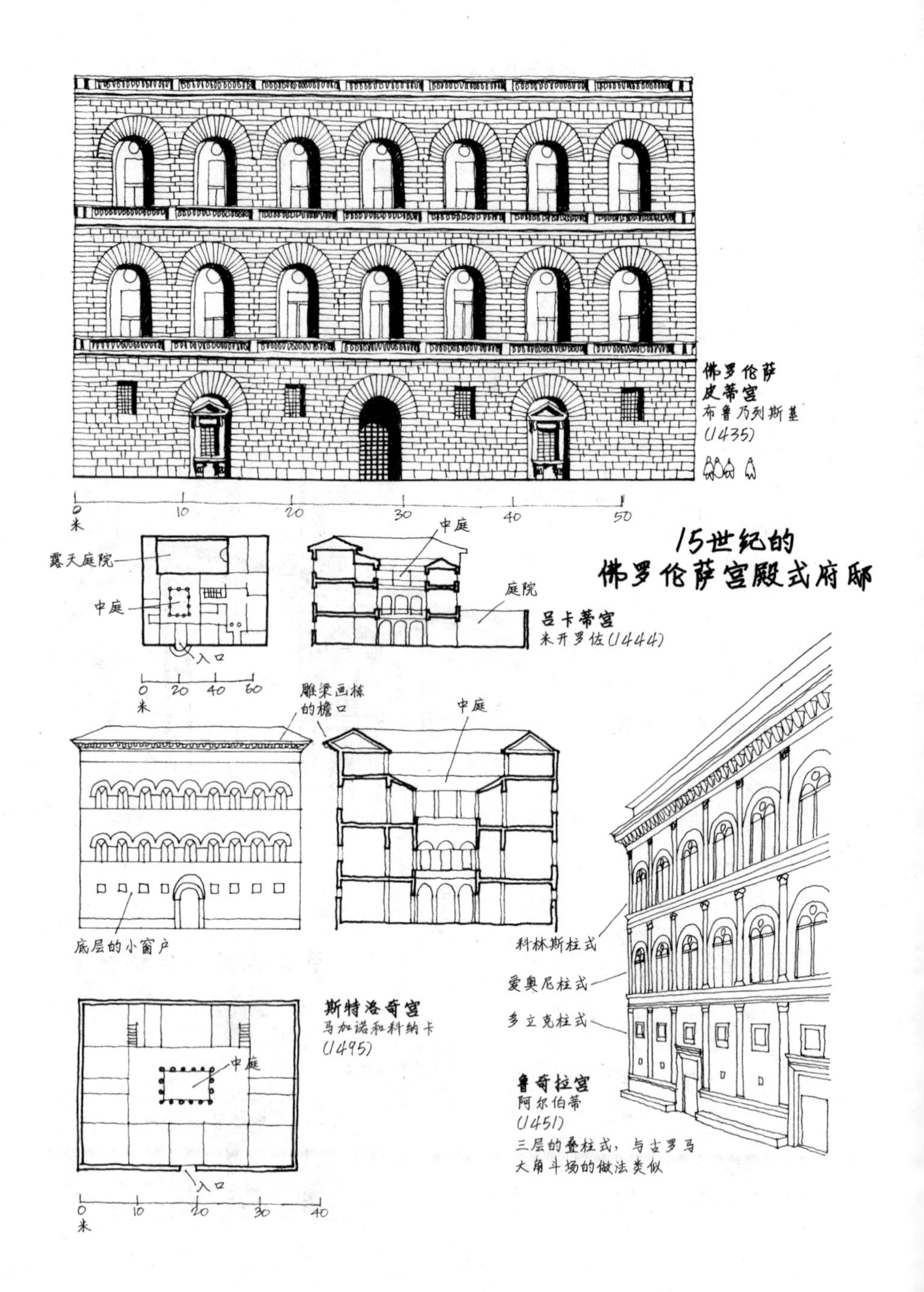
佛罗伦萨
皮蒂宫
布鲁乃列斯基
(1435)
0
米
10
20
30
40
50
15世纪的
佛罗伦萨宫殿式府邸
露天庭院
中庭
入口
0
20
40
60
米
中庭
庭院
吕卡蒂宫
米开罗佐(1444)
雕梁画栋
的檐口
中庭
底层的小窗户
科林斯柱式
爱奥尼柱式
多立克柱式
斯特洛奇宫
马加诺和科纳卡
(1495)
中庭
入口
0
10
20
30
40
米
鲁奇拉宫
阿尔伯蒂
(1451)
三层的叠柱式，与古罗马
大角斗场的做法类似

的作品。画上描绘了一座想象中的文艺复兴时期的城镇，采用的平行透视法相当精准。流行于佛罗伦萨的设计理念逐渐向四处传播。帕维亚的瑟托萨教堂（1453年）本质上是一座哥特式建筑，但它由乔万尼·阿马德奥（Giovanni Amadeo）设计和雕刻的西立面，尽管保持着中世纪风格，细节上却是古典风范。威尼斯建筑师彼得·隆巴多（Pietro Lombardo）自始至终都在将佛罗伦萨的设计新理念引入威尼斯，却也在因地制宜。他设计的威尼斯奇迹圣母堂（Santa Maria dei Miracoli，1480年）以大理石精心建造，继承了威尼托-拜占庭传统。

在罗马，人们同样以极大的热诚追逐着佛罗伦萨的设计新理念。虽说教皇的精神影响力已日渐消弭，其财富却在增长中。在这个宗教改革之前的最后一个世纪，教皇至少可以利用手中的财力，通过建筑向外展现出自己的宗教威权，以掩盖其日落西山的颓势。他在建筑行业的代理人是多纳托·伯拉孟特（Donato Bramante，1444—1514年）。尽管出身贫寒，因其聪敏的天赋，伯拉孟特先是在乌尔比诺得到学习机会，成为一名出色的画家，后来又在罗马成为一名建筑师。他在罗马的地位堪比布鲁乃列斯基在佛罗伦萨的荣耀。在伯拉孟特1499年去罗马大显身手之前，他已经在米兰圆满完成了若干重大的建筑工程，包括在源于中世纪的圣玛利亚恩惠修道院教堂（Santa Maria delle Grazie）的东端，添加一座恢宏的大穹顶（1492年）。他可能还参与过罗马文书院宫（Palazzo della Cancelleria）的设计和建造，不过，等到他定居罗马时，文书院宫已基本完工。文书院宫优雅别致，是佛罗伦萨式宫殿风格在罗马的进一步发展，也是罗马文艺复兴时期的第一座大型建筑，为富有的红衣主教拉斐尔·里亚列奥（Cardinal Riario）而建。三层高的宫殿围绕着一个中央内庭院，庭院侧旁的一栋翼楼，竟然融一座古老的巴西利卡式教堂（达玛稣的圣洛伦佐教堂）于一体。

教皇心怀重现昔日帝国之荣耀的雄心，加上罗马依旧拥有许多古老建筑作为参考范例，新的建筑设计理念于是致力于完美再现历史上古罗马人的设计手法，而非像布鲁乃列斯基那样集众家之长。伯拉孟特的思路恰好顺应了这一潮流，继而发展出所谓的“文艺复兴鼎盛时期风格”。人们不再执着于探索和创新，建筑师只是根据公认的传统知识，在既定模式的框架下展开工作。这倒也为那些名气较小的建筑师提供了借口，以开脱自己平淡无奇的设计。但不管如何，伯拉孟特在罗马的坦比埃多小礼拜堂（Tempietto di San Pietro di Montorio，1502年）当属这一时期的杰作。那是为纪念圣彼得的殉难地而建。伯拉孟特的设计采用了小巧的圆形罗马神庙平面形式，其室内直径只有4.5米，四周环绕着多立克式列柱围廊，顶部是带有鼓座的穹顶。完美的比例和造型，堪称16世纪对昔日罗马帝国最庄严神圣的致敬。

至于中世纪的教堂是如何使用的，我们不是十分确定。其设计很可能反映了弥撒礼仪的象征意义：神职人员在圣堂区准备圣餐礼的圣饼之时，信众等候在教堂的中殿。随后，发送圣饼的牧师与领取圣饼的信众一起，来到象征教堂心脏的十字交叉区。到了15和16世纪，建筑师开始寻找新的象征意义。他们发展出一个更为辉煌、更为抽象的设计概念——将教堂建筑视作宇宙的代表，而圆形恰是宇宙最完美的象征。在其《论建筑》一书中，阿尔伯蒂提出了九种理想的教堂平面形式：圆形以及由此衍生出的八种多边形平面。为论证其合理性，阿尔伯蒂指出，自然界偏好圆形，因为地球和恒星都是圆形，并且古罗马的万神庙也开启了圆形建筑的先例。

圆形平面及其衍生体却带来宗教礼仪与建筑上的冲突。对于坦比埃多小礼拜堂这种特殊性建筑，此等冲突并不怎么突出，但在教区教堂实在是很难应对。圆形平面加上它上方的穹顶，让人觉得祭坛和准备圣饼的圣堂区都应该被布置在圆形平面的中心部位。但无论其象征意义如何理想，在实践中总归是不尽如人意——发放圣饼的牧师与信众应该分别站在何处？另一选项是将祭坛置于一侧或者尽端的壁龛里，让信众站在穹顶之下的中央区域，可如此一来，又让人觉得祭坛作为最重要的精神元素反倒沦为从属地位。但不管怎样，一段时间内，圆形平面的教堂风头甚劲。意大利在15和16世纪所建造的圆形平面教

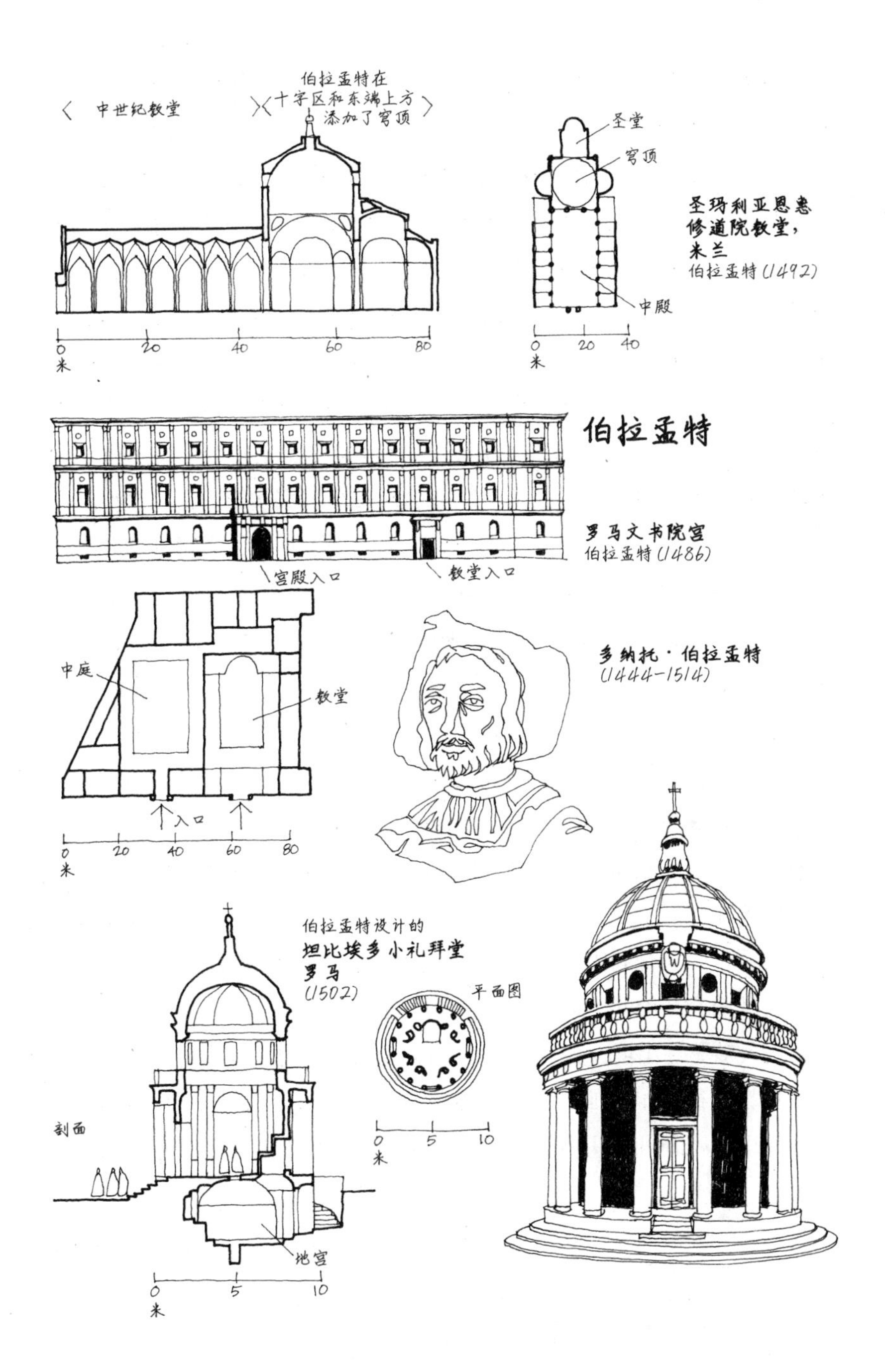
中世纪教堂
伯拉孟特在
十字区和东端上方
添加了穹顶
0
20
40
60
80
米
圣堂
穹顶
中殿
0
20
40
米
圣玛利亚恩惠
修道院教堂，
米兰
伯拉孟特(1492)
伯拉孟特
罗马文书院宫
伯拉孟特(1486)
宫殿入口
教堂入口
中庭
教堂
入口
0
20
40
60
80
米
多纳托·伯拉孟特
(1444-1514)
伯拉孟特设计的
坦比埃多小礼拜堂
罗马
(1502)
平面图
0
5
10
米
剖面
地宫
0
5
10
米

堂，足有30多座乃至更多，伯拉孟特的坦比埃多小礼拜堂只是其间最重要的一座而已。

慢慢地，佛罗伦萨和罗马的建筑思想开始向阿尔卑斯山脉之外的地区传播。除了强大的勃艮第公国尚且难以驾驭，法兰西正在走向国家的统一。如此成就很大程度上归功于路易十一（1461—1483年在位）的政治谋略。只不过在百年战争之后，对社会和经济的重建远比筑房造屋来得重要。英格兰也在走向国家统一，但因为受到百年战争和玫瑰战争的重创，整个国家的经济发展停滞不前。英格兰理查三世是一位干练的统帅，于1485年离世，让狡诈而野心勃勃的都铎家族登上了王位。为了加强君主制，亨利七世一上台就开始对整个国家实施严格的管控。因此，尽管法兰西和英格兰的文化和经济都得到了拓展，当时欧洲北部最富有、最富于开拓精神的国家都位于尼德兰地区。安特卫普、布鲁日和根特涌现出大批富豪，他们的成功得益于与意大利、德意志、法兰西和英格兰的繁荣贸易。尼德兰画家凡·艾克的名画《阿诺菲尼的婚礼》（*The Arnolfini Protrait*，1434年）除了在文艺复兴时期艺术发展史上举足轻重，还是一份精良的历史文本。从中，人们如期可看到佛兰德斯（Flanders）[①]与意大利之间的紧密联系。

与此同时，在西班牙和葡萄牙发生了若干对未来欧洲影响巨大的事件。1469年，阿拉贡王国的费迪南多与卡斯提尔王国的伊莎贝拉联姻，让两人的王国联合起来，创建了现代意义的西班牙。旋即，他们着手打造民族身份，并展开了疯狂的扩张。原有的贵族受到严格控制，穆斯林和犹太人被驱逐出境，托克马达（Torquemada）[②]的宗教裁判所对留下的非基督教信徒审讯定罪。带有武器装备的远洋航船却得到了大力发展。此等远洋航船既可以从事贸易，又可以发动海盗袭击，不但为开辟新的

① 佛兰德斯是西欧的一个历史地名，泛指西欧低地西南部、北海沿岸的古代尼德兰南部地区。——译注

② 全名托马斯·德·托克马达，也称“黑衣修士”，是为维护天主教纯洁性所设立的西班牙宗教裁判所的首任大法官。——译注

贸易航线提供了依托，还激励了一系列史诗般的探索之旅。葡萄牙的恩里克王子（Henry the Navigator）自己就是一位航海家，他积极推动对西非海岸线的探险。伯纳尔·迪亚兹（Bernal Diaz）通过航海发现了好望角，瓦斯科·达·伽马（Vasco da Gama）开拓了绕过好望角远达印度的航线。1492年，在费迪南多和伊莎贝拉的资助下，哥伦布（Cristoforo Colombo）向西航行，试图寻找通往印度的其他航线，却意外发现了一个新大陆。往后，西方文化的发展就不再仅仅局限于欧洲了。

欧洲人对世界的探索，原本是受到了意大利竞争者的刺激。他们努力寻找通往印度和中国的新航线，以打破意大利对东方贸易路线的垄断，结果却让他们意外发现了连做梦都想不到的新大陆。在新大陆开发殖民地的热忱，让这些人暂且将印度和中国置于一边。为了瓜分新大陆，欧洲各国之间时有争端，突然增加的白银和黄金造成了整个欧洲的通货膨胀，欧洲市场的商品价格急剧增长，商人更加富有，穷人更加贫穷。这一切也决定了未来工业时代的经济模式和阶级制度。

科学探索也在这个过程中蓬勃发展，虽说技术未必能够从中受益。长期以来，科学始终只是哲学的一个分支，技术仅仅是工匠的天地，两者各行其是，相互之间并无交集。技术的发展也一直在继续沿用中世纪模式，即通过渐进式的实际操作实现对技术的掌控，技术依然得不到基本理论的支持。但是，人类对科学大发现的追求发自内心、永无止境。他们开始对已发现的事实加以归类，坚持不懈，持续努力。这使得科学理论终将浮现。

第七章

启蒙时代：16—17世纪

达·芬奇曾经感慨："不能青出于蓝而胜于蓝的学生不是好学生。"彼时，展现在人类眼前的新视野拓展了人的心智，促进了各项技能的发展，让人变得更为自信和自主。可到了16世纪初，显而易见的是，中世纪的体制行将崩溃，另一种寡头统治正在起而代之。如果说人获得了一些自由，那么随着资本主义世界的"新政王子们"攀上了权力舞台并开始主宰政治生活，某些其他的自由就会丧失。对此，尼科洛·马基雅维利（Niccolò Machiavelli，1469—1527年）深有体会。他的论著《君主论》（*Il Principe*）[1]于1513年出版，原是为巩固自己在美第奇家族的个人地位而写，但书中对政治现实的犀利分析，对如何获取和维护权力的实用性建议，让所有的"新政王子们"感同身受。他对现实政治[2]的坦率之词令当时的普通人深感震惊，也可视作为16世纪的无政府主义带来秩序的一种尝试。

在英格兰的都铎王朝时期，历代君主全都像马基雅维利所提倡的那样残酷无情。在他们治下的人民既没有信仰自由，也没有言论自由，

---

① 又译为《君王论》。——译注

② 现实政治（realpolitik），一种政治主张，要求当政者以国家利益作为治国的最终考量，而不应受到当政者的感情、伦理道德观、理想甚至意识形态的左右。是一种实用主义的政治观。——译注

甚至都没有思想自由——托马斯·莫尔（Thomas More）于1535年被处死，便是因为他持有不为君主们所接受的思想。1516年，莫尔撰写了《乌托邦》(*Utopia*)，书中讲述了一个想象中的国家的故事。如他的前辈柏拉图那样，莫尔详细表达了自己对人类理想社会的思考，但他的乌托邦并非梦中幻境。他对社会的看法是规范性的，他的理想国严酷而专制。然而中世纪的统治者既不接受也不需要任何乌托邦，在他们眼里，唯一的理想社会就如同圣奥古斯丁（St Augustine）在《神的城市》(*City of God*）中描写的一样，应该在天堂。人间的尘世生活不过是在为天国的理想社会做些准备而已。

随着对天堂的信赖逐渐减弱，人类对自身世界的兴趣日益增长。他们开始认识到，人间生活远非前人所说的那般无关紧要，反倒是需要加以认真地关注和改良。不平等的社会很可能并非命中注定，而是能够改变的。既然残酷的暴君可以为了施政而不受道德的约束，那么反对暴政的人也可以不受道德约束，去寻求一个没有暴君的世界。《君主论》与《乌托邦》表达的是面对同一个问题的不同理念，这些理念后来在欧洲的思想界反复出现：一个社会应该而且也能够向着好的方向改进，要么通过在体制内踏踏实实地工作，要么通过提出一个让人人都向往的理想模式。

无论哪种方式，一个社会只要还是由特权阶级主宰，若想对它做出改善将是一项艰难的任务。这一点反映在同时期的建筑上。中世纪大教堂虽说在很多方面体现了资助者的个人野心，但主要还是用来颂扬上帝，以此作为资助者花费巨额财富的理由。中世纪之后的社会就不需要这个借口了，在业已形成的更为世俗化的道德规范中，雄伟的建筑可以毫不掩饰地表达其业主的财富和权力。那些在13世纪只配敬奉给上帝的投资和努力，到了16世纪，便开始用来建造人的宫殿了。

其中最能体现这种变化的是法兰西卢瓦尔河谷的城堡群。像当时的许多王室那样，瓦卢瓦王朝的王室成员总是在不同的地方逍遥游，为此他们建造了一座又一座宏伟行宫供自己游玩享乐。当一处行宫的食物和葡萄酒用完了，垃圾堆满了，他们便留下一些王室的随从对其清理打扫，自己则寻乐于另一处行宫。从15世纪中叶的查理七世统治开始，一直到16世纪末瓦卢瓦王朝的最后一位君主亨利三世，卢瓦尔河谷的城堡群始终是莺歌燕舞。在这段静好岁月里，中世纪为防御而建的城堡被改造成消遣娱乐、炫富摆阔的华丽场。建于中世纪的布卢瓦城堡（Château Royal de Blois）被扩建为一座带有豪华庭院的宫殿，其中心建筑弗朗索瓦一世翼楼（1515年）华丽多姿，并带有螺旋式大楼梯。1515年以及1518年，在舍农索和阿泽勒丽多，两座豪华的城堡破土动工。这两座城堡如画一般的中世纪轮廓因濒临水域而显得格外别致。河谷中最豪华的城堡应该是香波城堡（Château de Chambord，1519年），尽管在许多细部上都堪称古典，但是香波城堡在本质上仍属中世纪风格，其平面形式源于集中式城堡，竖向设计的立面和充满活力的屋顶轮廓线，源自哥特式大教堂的理念。

1556年，菲利贝尔·德洛姆（Philibert de l'Orme，1515—1570年）将舍农索城堡向外扩建，添加了一座横跨谢尔（Cher）河的五孔廊桥。德洛姆当时是法兰西国王的御用大工匠，也是中世纪之后第一位法兰西建筑大师。作为维特鲁威的追随者，他于1533年拜访过意大利。回到故乡时，已然是一位满腔热忱的古典主义者，并通过自己撰写的两本书——《建筑学第一卷》(*Le Premier Tome de l'Architecture*）和《建筑的新发明》(*Nouvelles Inventions pour bien Bastir*）——对古典主义建筑大力弘扬。因其务实精神加上对建筑材料的充分理解，德洛姆撰写的书籍和设计的建筑毫无枯燥的学究气。阿内城堡（Château de Anet，1547年）运用了维特鲁威母题，但德洛姆注入了自己的阐释。城堡的小教堂虽然运用了古典主义细部设计，但却是大胆的几何形式的创新构图。

与意大利不同，在法兰西境内，能够激发创作灵感的古罗马遗留建筑少之又少，法兰西的哥特式工艺传统又实在是太强大，一时难以消失。因此，贯穿整个16世纪，法兰西建筑师虽然逐渐吸收了

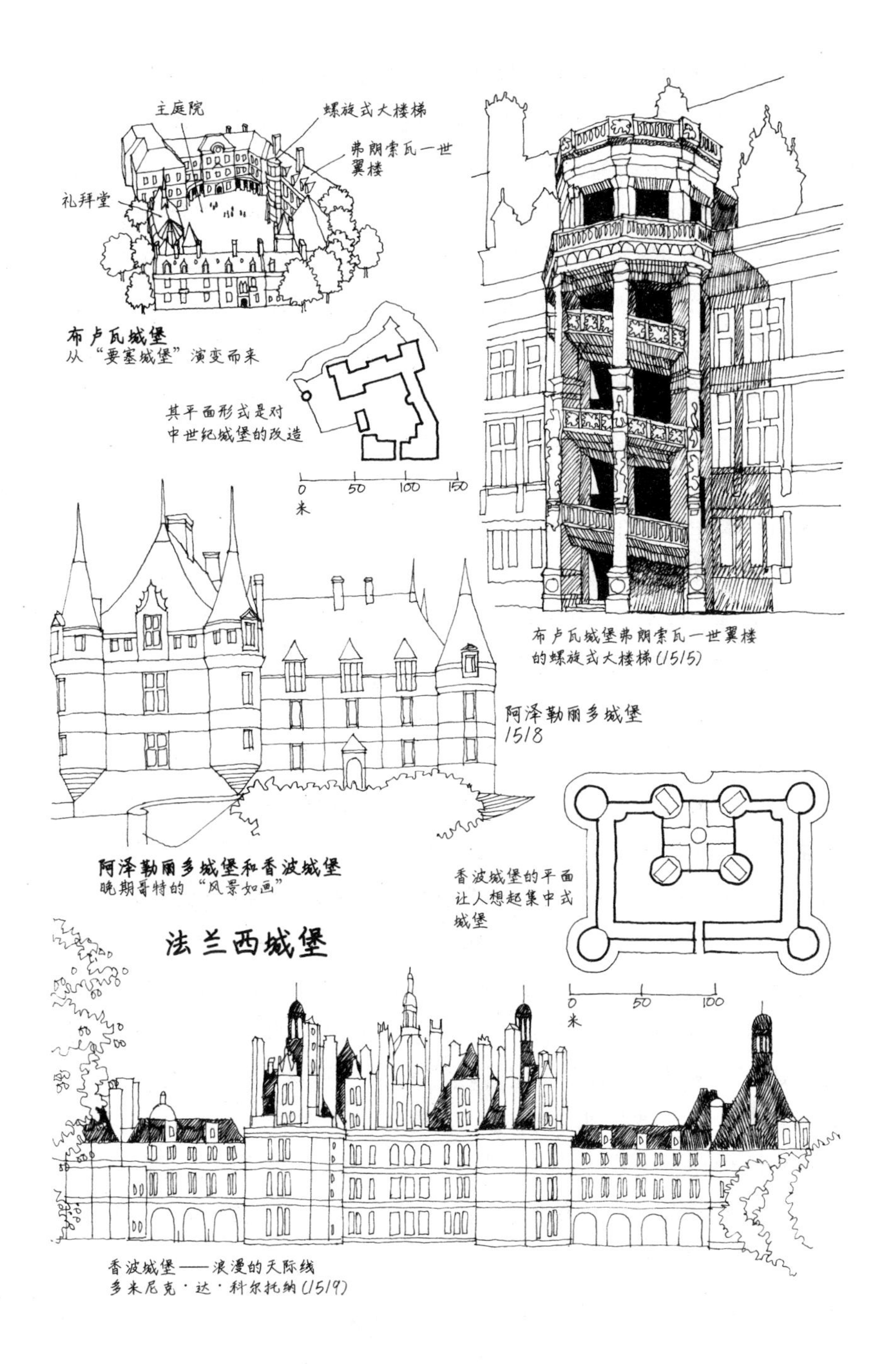
主庭院
螺旋式大楼梯
弗朗索瓦一世
翼楼
礼拜堂
布卢瓦城堡
从“要塞城堡”演变而来
其平面形式是对
中世纪城堡的改造
0
50
100
150
米
布卢瓦城堡弗朗索瓦一世翼楼
的螺旋式大楼梯(1515)
阿泽勒丽多城堡
1518
阿泽勒丽多城堡和香波城堡
晚期哥特的“风景如画”
香波城堡的平面
让人想起集中式
城堡
法兰西城堡
0
50
100
米
香波城堡——浪漫的天际线
多米尼克·达·科尔托纳(1519)

新的思潮，但他们将这种新思潮纳入自己的中世纪传统，发展出法兰西的本土风格。这当中，德洛姆以柱式主宰立面构图的独特手法发挥了重要作用。他对舍农索城堡的扩建，对阿内城堡、枫丹白露宫（Fontainbleau）、维莱科特雷城堡（Villers-Cotterets）和布洛涅城堡（Château de Boulogne）的设计，莫不如此。优雅而肃穆的立面、陡峭的四坡屋顶、屋顶上装饰华丽的老虎窗，成为未来三个世纪法兰西本土建筑的基本模式，既适合中产阶级的城镇府邸，亦可用于皇家宫殿。前者如克劳德·查斯提隆（Claude Chastillon）在巴黎设计的孚日广场（Palace des Vosges，1605年），后者如杜伊勒里宫（Tuileries）和卢浮宫（Louvre）。

杜伊勒里宫位于巴黎塞纳河右岸，因为曾经立足于该地的一座石灰窑而得名。1564年开始，由德洛姆为凯瑟琳·德·美第奇设计建造。接下来的一个世纪里，让·比朗（Jean Bullant）、安德路埃·迪塞尔索（Androuet du Cerceau）和路易·勒沃（Louis Le Vau）相继对其进行了扩建。但当初计划的三座大型庭院一直也未能实现，倒是建造了一组由好几栋长方形大楼组成的建筑群。在1871年被毁之前，它们一直作为法兰西国王和皇帝的主要居所。穿过一座花园，杜伊勒里宫的另一边是美轮美奂的卢浮宫，后者的建造始自弗朗索瓦一世的统治时期。其旧址之上曾经是一座中世纪城堡。在一系列建筑师的努力下，昔日的城堡逐渐被改建为欧洲历史上规模最大的宫殿之一。

由法兰西王室赞助建造的宫殿固然优美，却难以与教皇和资产阶级在意大利建造的房屋相提并论。16世纪的意大利涌现出许多富于创意的建筑，又以教皇在梵蒂冈的观景楼庭院最为壮观，由伯拉孟特于1503年开始为教皇尤利乌斯二世（Julius Ⅱ）[1]建造。为营造恢宏的气势，庭院内还专门建造了一座带半个穹顶的露天壁龛。它通高三层，颇具古罗马建筑风范，仿佛凯旋门一般巨大。法尔内塞宫（Palazzo

[1] 又译为“犹利二世”或“儒略二世”。——译注

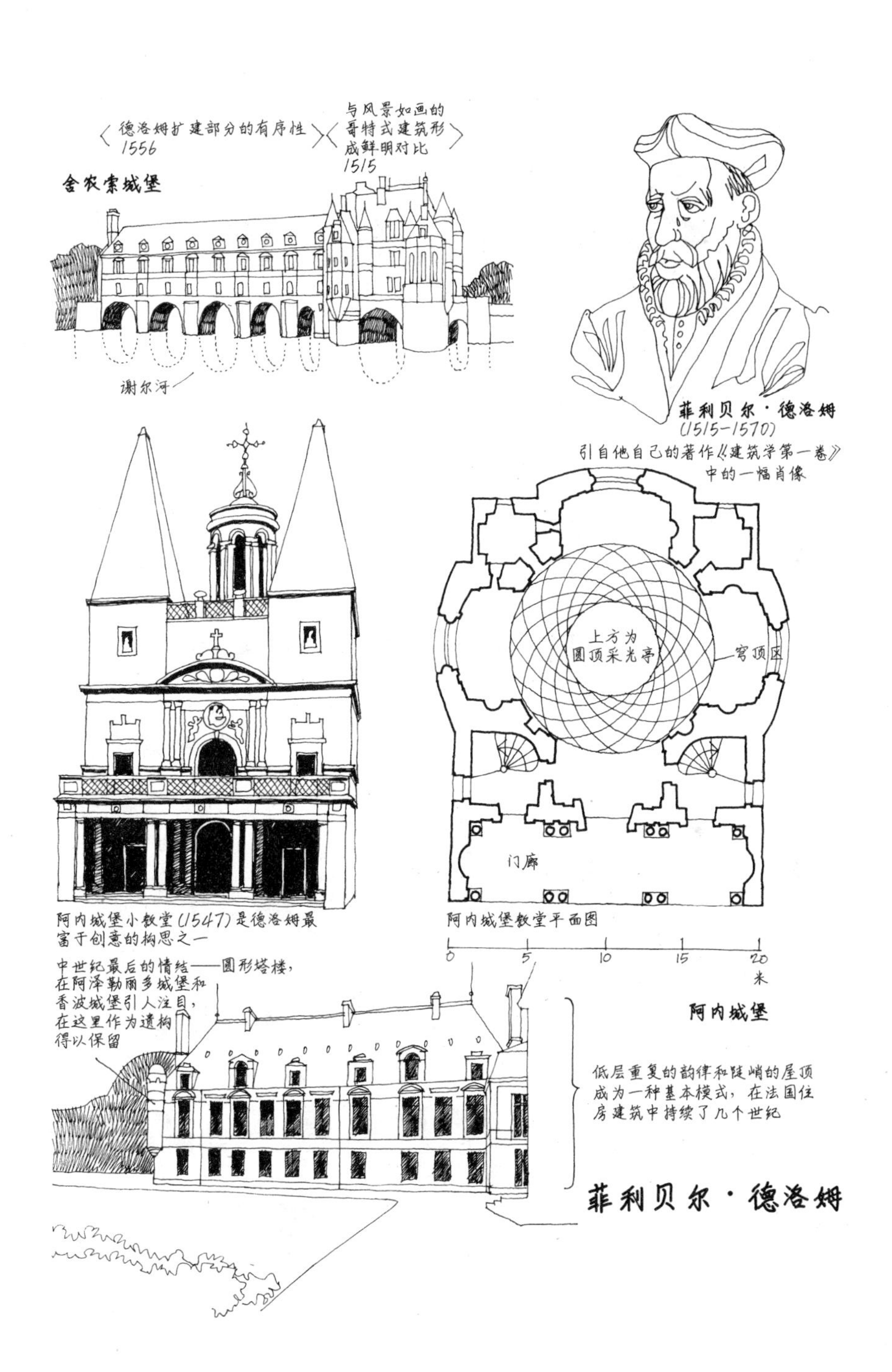

阿内城堡小教堂(1547)是德洛姆最富于创意的构思之一

阿内城堡教堂平面图

菲利贝尔·德洛姆

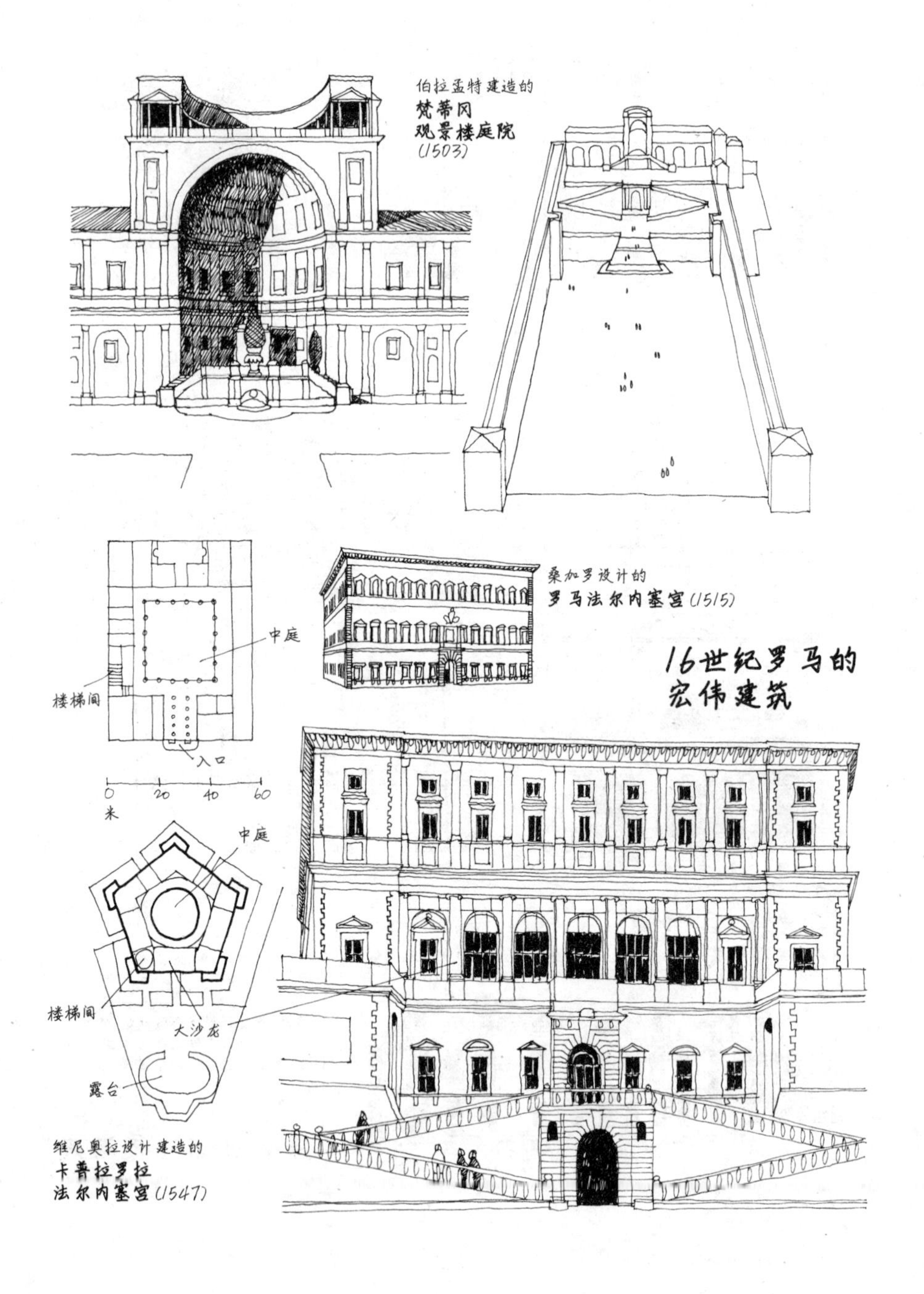
伯拉孟特建造的
梵蒂冈
观景楼庭院
(1503)
桑加罗设计的
罗马法尔内塞宫(1515)
16世纪罗马的
宏伟建筑
中庭
楼梯间
入口
0
20
40
60
米
中庭
楼梯间
大沙龙
露台
维尼奥拉设计建造的
卡普拉罗拉
法尔内塞宫(1547)

Farnese，1515年）同样富丽堂皇，是当时最精美的城市宫殿，由伯拉孟特的学生安东尼奥·达·桑加罗（Antonio da Sangallo）设计。三层高的灰泥砖府邸环绕着一个大约25米见方的精致中庭。但是，对古罗马建筑遗产的尊重并没有妨碍建造者从古罗马斗兽场遗址掠夺石头，用于制作该府邸窗户四周的石灰华贴面。

罗马文艺复兴盛期的建筑中，另一最辉煌的作品是同名为法尔内塞宫的乡间别墅。它位于卡普拉罗拉（Caprarola）附近，由贾科莫·达·维尼奥拉（Giacomo da Vignola）于1547年开始设计建造。维尼奥拉是一位颇富实力的建筑师和理论家，其学术专著《五种柱式规范》（*Regola delli Cinque Ordinid'Architettura*）曾经风靡法兰西。该别墅的平面呈五边形，各边长大约46米，中央是一座环形内院。由室外大台阶、坡道和阶梯式平台组成的总体构图，让整座建筑仿佛屹立于山顶之巅，气势磅礴，颇具纪念碑风范。

手法主义[①]

维特鲁威所制定的规则，曾经是伯拉孟特和其小圈子创作的源泉。但随着时间的推移，设计师的想象力开始突破条条框框。为寻求多样化，他们不拘于书本上的旧规则，甚至对那些合乎逻辑的建造方式也失去了耐心。值得注意的是，如此冲动并非来自受过传统训练的建筑师或工匠，而是来自画家和雕塑家。体现“手法主义”的第一件重要作品是佛罗伦萨圣洛伦佐教堂内的美第奇家族小圣堂[②]，由米开朗琪罗·博那罗蒂（Michelangelo Buonarotti，1475—1564年）设计于1521年，主要用来安置朱利亚诺·德·美第奇和小洛伦佐·德·美第奇的石棺。它与布鲁乃列斯基设计的老圣器收藏室彼此呼应，格调却全然

① 又译为“风格主义”或“矫饰主义”。——译注

② 即新圣器收藏室，又译为“新祭衣间”。——译注

不同：布鲁乃列斯基的设计生动地再现了建筑的内在逻辑，米开朗琪罗的设计却是以雕塑为重心。为了与其内两座雕像的戏剧性特征相吻合，小圣堂的建筑造型乖张而略显扭曲。两座雕像根据米开朗琪罗亲手描绘的朱利亚诺和小洛伦佐的肖像制作而成，分别安置于相向而立的两面内墙上的壁龛内。米开朗琪罗设计的焦点是两间壁龛大约4米高的部位，正是从此等高度和视角，壁龛内呈坐姿的雕像各自凝视着下方自己的石棺。雕像周边的建筑细部繁复而不同寻常，却没有建造檐部，而仅仅在雕像的两侧分别安置了一对科林斯式壁柱，其功能只是为了从视觉上把雕像固定在一幅画框之内。

上述手法在附近的洛伦佐图书馆（Laurentian Library）前厅得到进一步发挥。它由米开朗琪罗设计于1524年，1559年由其他人建造完工。三排楼梯奇特的自由布局和双柱的奇异处理（柱子不是立于坚固的基座，而是安放于从墙体伸出的悬臂横梁之上），显示了米开朗琪罗反传统而行之的设计理念。对前人的颠覆，同样体现于朱利奥·罗马诺（Giulio Romano，1492—1546年）的设计作品中。罗马诺也是一位从绘画转行到建筑业的大师，他于1525年为贡扎加家族在曼图亚设计的度假别墅德特宫（Palazzo del Te）厚重古朴，其中对多立克式壁间柱的运用一反常规。

在威尼斯，由于拜占庭建筑风格的强烈影响，古典主义建筑思潮的流行相对较晚。威尼斯的建筑师还没来得及像手法主义艺术家那样排斥它，便已经将罗马式的古典理念化为己用，形成了高度个性化的威尼斯风格，极尽妍丽和富于装饰，如雅各布·圣索维诺（Jacopo Sansovino）设计的圣马可图书馆（Library of San Marco，1536年）和米克尔·圣米凯利（Michele Sanmichele）设计的格里马尼宫（Palazzo Grimani，1556年）。安德里亚·帕拉弟奥（Andrea Palladio，1508—1580年）是威尼斯最重要的建筑师，就他后来的影响而言，他可能是欧洲最重要的建筑师之一。与米开朗琪罗和朱利奥·罗马诺不同，帕拉弟奥并不反对古典主义，而是通过高超的想象力将古典主义与自己

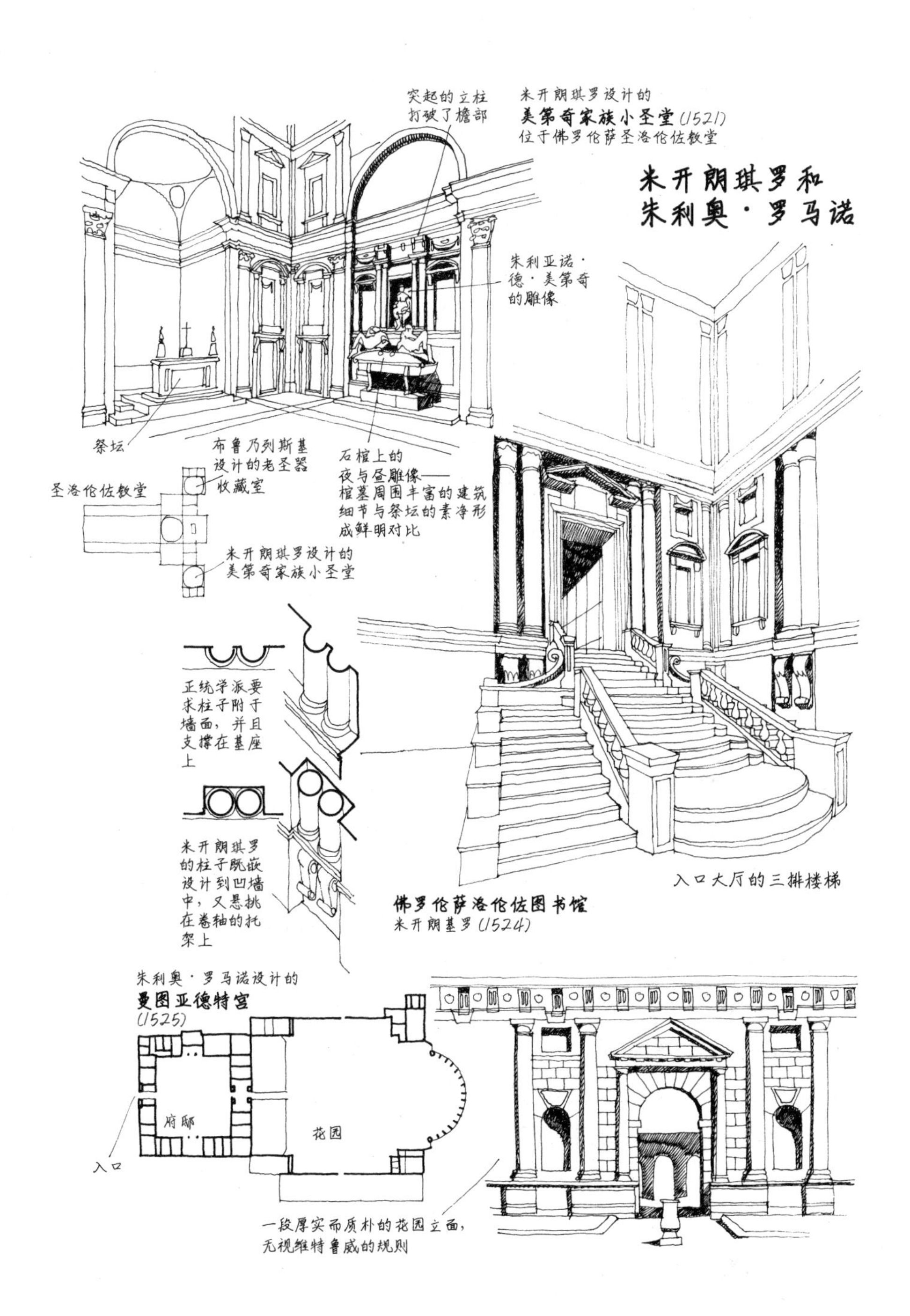
突起的立柱
打破了檐部
米开朗琪罗设计的
美第奇家族小圣堂(1521)
位于佛罗伦萨圣洛伦佐教堂
米开朗琪罗和
朱利奥·罗马诺
朱利亚诺·
德·美第奇
的雕像
祭坛
布鲁乃列斯基
设计的老圣器
收藏室
圣洛伦佐教堂
石棺上的
夜与昼雕像——
棺墓周围丰富的建筑
细节与祭坛的素净形
成鲜明对比
米开朗琪罗设计的
美第奇家族小圣堂
正统学派要
求柱子附于
墙面，并且
支撑在基座
上
米开朗琪罗
的柱子既嵌
设计到凹墙
中，又悬挑
在卷轴的托
架上
入口大厅的三排楼梯
佛罗伦萨洛伦佐图书馆
米开朗基罗(1524)
朱利奥·罗马诺设计的
曼图亚德特宫
(1525)
府邸
花园
入口
一段厚实而质朴的花园立面，
无视维特鲁威的规则

的独创性完美结合。今天，在帕拉弟奥的第二故乡维琴察（Vicenza）可以看到他的很多杰作。奇耶里卡提宫（Palazzo Chiericati，1550年）便是一座匠心独具的建筑。其风格朴实，比例协调，既拥有古典主义精神，又富于独创性，尤其是对主立面的处理，实体与空间的虚实对比令人回味无穷。帕拉弟奥还开创了乡村别墅的建筑设计模式。相较于拥挤的城市住宅而言，彼时的富商们越来越着迷于田园风光地带的乡村别墅。与城市住宅不同，帕拉弟奥不仅将“乡村别墅”设计为景观的一部分，还让它充当四面八方的视觉焦点。维琴察郊外的圆厅别墅（Villa Capra，1552年）即为乡村别墅的经典模式。方形建筑的四个立面全部带有柱式门廊，屋顶中央是一个低浅的圆顶。这种与古典主义的背离是革命性的，让后来者竞相效仿。

帕拉弟奥对建筑设计的巨大影响很大程度上得益于其名著《建筑四书》（*I quattro libri dell'Architettura*）的出版。自1570年开始，该书发行于欧洲各国，对帕拉弟奥所倡导的古典形式和比例起到了极好的推动作用。由于帕拉弟奥在书中颇为机智地附上了自己绘制的设计图，这本书对宣传他本人的建筑作品也是功不可没。帕拉弟奥最成功的建筑往往是他设计得最朴实的作品。作为训练有素的石匠，帕拉弟奥熟知各种建筑材料的不同性能。虽然他设计的所有建筑都表现了这一特点，但往往在较小规模的建筑里更为明显。以简单而率直的方式，那些小建筑充分展示了帕拉弟奥对色彩和材质的驾驭能力，同时也让人看到他对砖和粉饰灰泥之类不起眼材料的灵活运用。

帕拉弟奥还为威尼斯设计建造了两座教堂——圣乔治·马焦雷教堂（San Giorgio Maggiore，1565年）和威尼斯救主堂（Il Redentore，1577年）。两者均为巴西利卡型制，却都在十字交叉区上建造了圆顶，让教堂的东端颇具希腊十字平面的意味。对两座教堂西立面的处理，又凸显出立面背后的巴西利卡型制：在立面与侧廊末端交接处，建造了单层高扁平的壁间柱；在立面与中殿末端交接处，建造了双层通高的巨型附墙圆柱。两种不同的柱式衬托出立面背后侧廊与中殿各自的

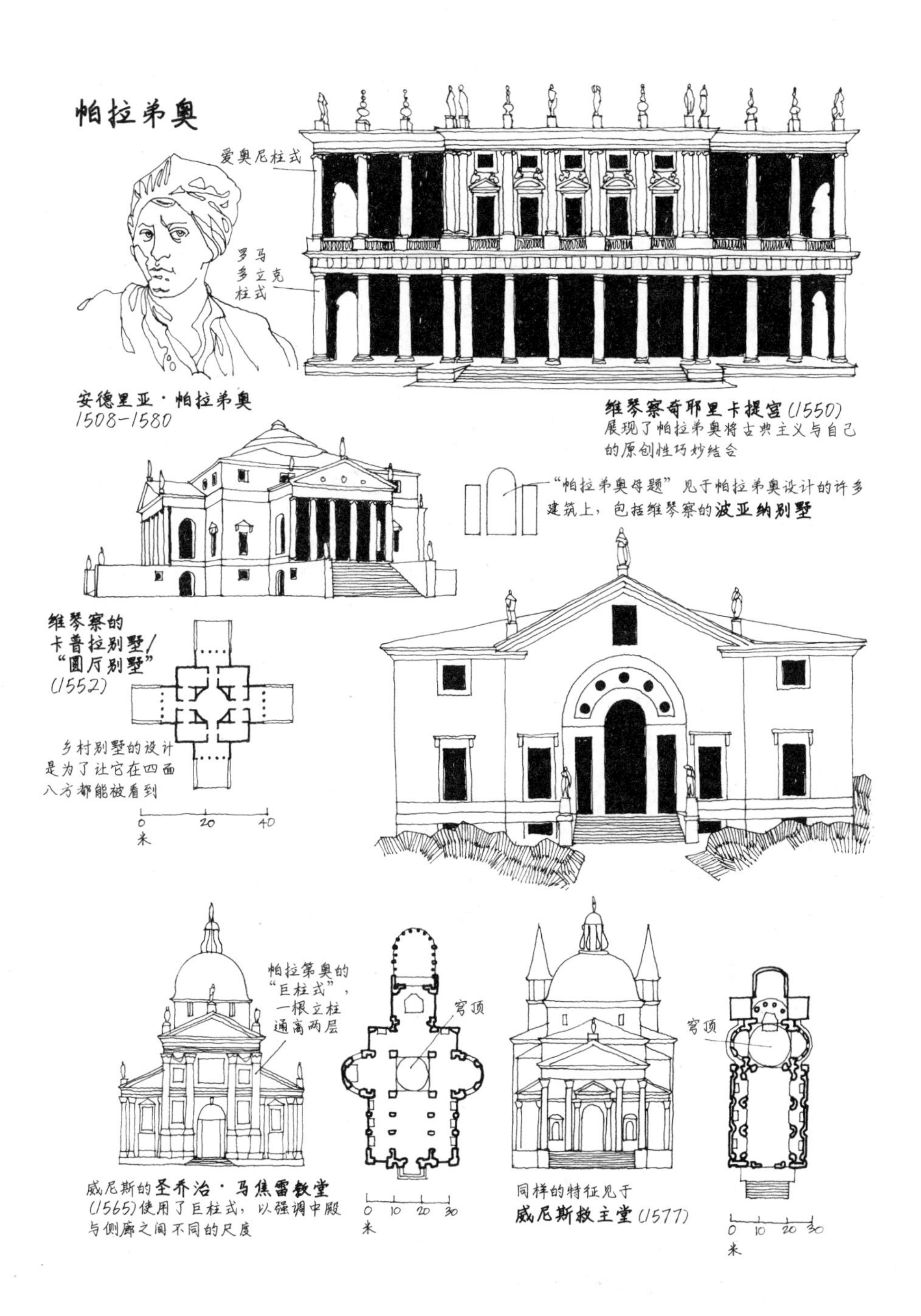
帕拉弟奥
爱奥尼柱式
罗马
多立克
柱式
安德里亚·帕拉弟奥
1508–1580
维琴察奇耶里卡提宫(1550)
展现了帕拉弟奥将古典主义与自己的原创性巧妙结合
“帕拉弟奥母题”见于帕拉弟奥设计的许多建筑上，包括维琴察的波亚纳别墅
维琴察的
卡普拉别墅/
“圆厅别墅”
(1552)
乡村别墅的设计是为了让它在四面八方都能被看到
0 20 40
米
帕拉第奥的“巨柱式”，一根立柱通高两层
穹顶
威尼斯的圣乔治·马焦雷教堂(1565)使用了巨柱式，以强调中殿与侧廊之间不同的尺度
0 10 20 30
米
同样的特征见于
威尼斯救主堂(1577)
穹顶
0 10 20 30
米

空间高度。“巨柱”是帕拉弟奥所设计的几座大型建筑的显著特征，给人以相当的宏伟之感。

16世纪意大利建筑的大胆自信，掩盖了罗马教廷正在经历的危机。彼时已经有越来越多的哲学家开始追求理性而不再受缚于教条，一大批有识之士纷纷背离传统信仰。另一方面，教会的太多腐败行为又让人感到失望。1517年，德意志修士马丁·路德（Martin Luther，1483—1546年）发表了论文《九十五条论纲》（*Ninety-five Theses*），向教皇的威权发起正面挑战。在路德看来，基督教的最高权威应该是《圣经》而非教会。路德的观点得到德意志帝国许多选帝侯的支持。这些人也开始明白，只有瓦解教皇的权威，才能够最终消除资本主义自由发展的障碍。

在后来的诸多冲突中，路德的宗教改革逐渐站稳了脚跟。新教在德意志各诸侯国得到广泛传播。通过慈运理（Zwingli）[①]和加尔文（Calvin）[②]的努力，新教又推广到瑞士、苏格兰、英格兰和法兰西等地。天主教教会却也开始了报复行动。西班牙和意大利兴起了宗教裁判所，公开镇压各种异端邪说。罗耀拉（Loyola）[③]等人创立了教规极为严厉的天主教分支“耶稣会”，致力于传播天主教的宗教思想，积极吸收新的天主教信徒，让反宗教改革的活动愈演愈烈。最终，因为宗教改革与反改革，欧洲分裂为以新教为主的北方与以罗马天主教为主的南方，并带来四场为寻求宗教自由和政治解放的破坏性战争。这四场战争分别发生于德意志各诸侯国之间、荷兰与西班牙之间、法兰西的天主教教徒与胡格诺派[④]教徒之间、西班牙与英格兰之间。此一番争斗倒是增强了各国国内人民的团结和国家的独立自主。国王和资产阶级积累了更多的财富，教会在税收和民法上的特权时代业已结束。随

---

① 全名乌利希·慈运理，基督教神学家，瑞士宗教改革运动的领导者。——译注

② 全名约翰·加尔文，法国著名宗教改革家，加尔文派创始人。——译注

③ 全名依纳爵·罗耀拉，西班牙籍天主教神父。——译注

④ 胡格诺派即加尔文派在法国的称谓。——译注

着教会强加于人的道德制裁被取消，资本主义得到迅猛发展，皇家国库里堆满了充公而来的黄金。

但是，在16世纪中叶的教皇建筑中，却看不到任何迹象表明教廷所经历的政治跌宕。相反，也许是为了掩盖，建筑设计上反显得更为大胆自信。维尼奥拉1550年为教皇尤利乌斯三世建造的乡村度假胜地朱莉亚别墅（Villa Giulia）堪称宁静之典范。其前立面柔和有序，接着是一个视野开阔的半圆形庭院，再往后蜿蜒出一连串的露台、台阶，以及围墙环绕的花园。

1568年，维尼奥拉为耶稣会设计的耶稣堂（Church of Il Gesù）同样地是大胆自信。从形式上看，它与阿尔伯蒂在曼图亚设计的圣安德里亚教堂颇为相似，但更显自如。其东部采用了带有穹顶的集中式布局。通过自东向西延伸的“手臂”，整座教堂的平面被拉长为一个拉丁十字。此等布局奠定了随后教堂建筑设计的走向，即未来的教堂设计不再采用集中式布局。耶稣堂的室内后来由其他几位建筑师设计完工，装饰精美又金碧辉煌。教堂外部的西立面却是朴素清雅，一派庄严，完美地衬托出其背后的巴西利卡型制，延续了阿尔伯蒂的设计风格。立面两侧的“涡卷”装饰，与新圣母玛利亚教堂如出一辙。

纵观16世纪，虽说教会被撕扯得四分五裂，但当时一座最雄伟的建筑[①]却在向全世界宣告基督教的大团结。具有讽刺意味的是，建造这座雄伟建筑的资金竟然来自教会所出售的赎罪券。正是出售赎罪券的行为，遭到路德最严厉的抨击。建筑计划始于1505年，教皇尤利乌斯二世希望将君士坦丁大帝建造的老圣彼得教堂给拆掉。由于年久失修，有关拆除的计划早就酝酿多时。伯拉孟特将新教堂设计成一个规模巨大、带中央大穹顶的希腊十字平面型制建筑，并于1505年开始施工。1513年，拉斐尔修改了伯拉孟特的设计，将教堂的平面改为拉丁十字。由于教会遭遇接踵而至的政治危机、资金短缺，以及历任建筑

① 这里指梵蒂冈的圣彼得大教堂，以下整段谈论的都是该教堂的重建。——译注

师的不同设计理念，整个工程的进展大大减缓。1546年，随着各方信心的恢复，年迈的米开朗琪罗接过重任。米开朗琪罗的设计又将教堂改回希腊十字平面。直到1564年他去世之前，工期进展顺利，除了中央大穹顶和四周的小圆顶，其余的建造已基本完工。根据米开朗琪罗留下的模型，后人于1585年完成了大穹顶和小圆顶的建造。16、17世纪之交，卡洛·马德纳（Carlo Maderna，1556—1629年）再次将教堂的平面改为拉丁十字。他将中殿向西端拓建，附加了一段壮观的西立面。17世纪中叶，乔万尼·贝尼尼（Giovanni Bernini，1598—1680年）在教堂的前方建造了巨大的柱廊，从而围合出一座气势磅礴的大广场。至此，经过12位重要建筑师前后大约160年的努力，由尤利乌斯二世发起建造的纪念碑终于大功告成。

不难看出，圣彼得大教堂缺乏建筑风格上的统一性——鉴于其建造过程的特殊性，想让它摆脱此缺陷的确不易——历代以来，批评声不绝于耳，最令人诟病之处在于：教堂的中心也就是它顶部的大穹顶，被过长过高的中殿所遮挡。尽管如此，圣彼得大教堂依然令人印象深刻，不仅在于其巨大的规模，还因其富丽堂皇的装饰，让整栋建筑呈现出庄严肃穆又恰到好处的氛围。如果采用伯拉孟特的方案，大教堂的穹顶很可能会像他为坦比埃多小礼拜堂设计的那样，低浅平缓。米开朗琪罗设计的穹顶却是高耸入云（其顶部与地面之间的距离大约140米），由四根巨大的墩柱支撑，各墩柱之间有链条紧紧箍住，以防止坍塌。大穹顶下方的鼓座和四座小圆顶的四周，环绕着向外凸出而饱满的贴墙圆柱，充分展现了米开朗琪罗的手法主义风格。由贝尼尼设计的主祭坛及其精美的华盖，恰到好处地安置于传说中的圣彼得墓上方，同时两者均位于大穹顶区域的正中，是整个构图的象征性焦点。

教皇在欧洲的主要盟友，是西班牙历任信奉天主教的国王。这些人也是16世纪最强大帝国的领导者。西班牙查理五世（Charles Ⅴ of Spain，1519—1556年在位）于1520年成为神圣罗马帝国的皇帝，统治着西西里岛、那不勒斯、撒丁岛、奥地利、卢森堡、荷兰以及西班牙在中美洲的殖民地。对新大陆来说，西班牙人带来了火药、马匹和《圣经》。彼处的殖民地则向西班牙人提供了仿佛是无穷无尽的黄金和白银，大大充实了西班牙的国库。拉丁美洲在基督教化进程中，还建造了很多大教堂。在秘鲁的利马，尤其在西班牙殖民地的旗舰墨西哥城，新建的大教堂全都是恢宏巨制的巴西利卡式建筑，其巨大的面宽和惹人注目的西塔楼，与西班牙本土的大教堂十分相似。

可是，西班牙的进口财富很难刺激经济增长。通货膨胀率高，贸易难达平衡。奢侈的开销，包括重要建筑项目的支出，很容易导致经济破产。这期间最精美的建筑是格拉纳达大教堂（Granda Cathedral）。其体量和造型与塞维利亚大教堂不相上下，也是哥特式平面，外加古典主义细部。以同样手法建造的，还有萨拉曼卡大学（Salamanca University）建筑及其壮丽的大门。那些铺展在建筑表面繁复华丽的雕饰，通常称为“银匠式风格”——Plateresque的意思是银器——其创作灵感很可能来自当时的探险家们所抢来的精细复杂的金属制品。

渐渐地，意大利建筑对西班牙的影响力日益增强。1527年，在摩尔人于14世纪建造的格拉纳达阿尔罕布拉宫（Alhambra）毗邻处，佩德罗·马丘卡（Pedro Machuca）着手为查理五世建造一座宏伟宫殿。宫殿的主体大约60米见方，中央是一个圆形庭院，庭院四周的建筑为两层高。如此手法显然继承了伯拉孟特设计理念的精髓：古典、宏伟、富于纪念性。B. 布斯塔曼特（Bartoloméde Bustamente）设计的托莱多塔维拉病院（Tavera Hospital，1542年）[1]采用了同样的意大利风格，其庭院的周边同样环绕着双层联拱廊，庄重优雅。

1556年，腓力二世登上西班牙王位。在16世纪余下的四十多年里，此君一直称王西班牙。他野心勃勃地想要与教皇一起联手称霸欧

① 该建筑又称为“施洗者圣约翰病院”，由红衣主教胡安·P. 德·塔维拉（Juana P. de Tavera，1472-1545）资助建造，既为病者提供医疗服务也作为红衣主教塔维拉的万神庙/陵墓所在地。后历经不同的用途，今为博物馆。本书译为“病院”，以别于普通医院。——译注

西班牙的文艺复兴
圣地亚哥—德孔波斯特拉
布尔戈斯
阿拉贡
巴塞罗那
卡斯蒂利亚
萨拉曼卡
埃斯科里亚尔
马德里
托莱多
葡萄牙此时与
西班牙合并
里斯本
瓜达尔基维尔
科尔多瓦
哈恩
塞维利亚
安达卢西亚
格拉纳达
前格拉纳达酋长国，
穆斯林的影响仍然
很大
0 100 200公里
16世纪的伊比利亚半岛
萨拉曼卡大学
主立面
(1525)
最具特色的
银匠式风格
实例
阿尔罕布拉宫
庭院
查理五世宫殿
(1527–1568)
0 100米
格拉纳达的查理五世宫殿，
由佩德罗·马丘卡以意大利
文艺复兴风格设计
它建于阿尔罕布拉宫的一座
清真寺遗址之上。阿尔罕布
拉宫是穆斯林在伊比利亚半
岛最后一座伟大的堡垒，而
查理五世宫殿的建造标志着
穆斯林权力的结束
格拉纳达大教堂(1528)
迭戈·德·西罗设计，
文艺复兴时期的元素
应用于哥特式
平面
托莱多塔维拉病院
的庭院
(1542–1579)
B.布斯塔曼特设计，
宏伟的古典主义风
格与查理五世宫殿
类似
查理五世宫殿
圆形的中央庭院

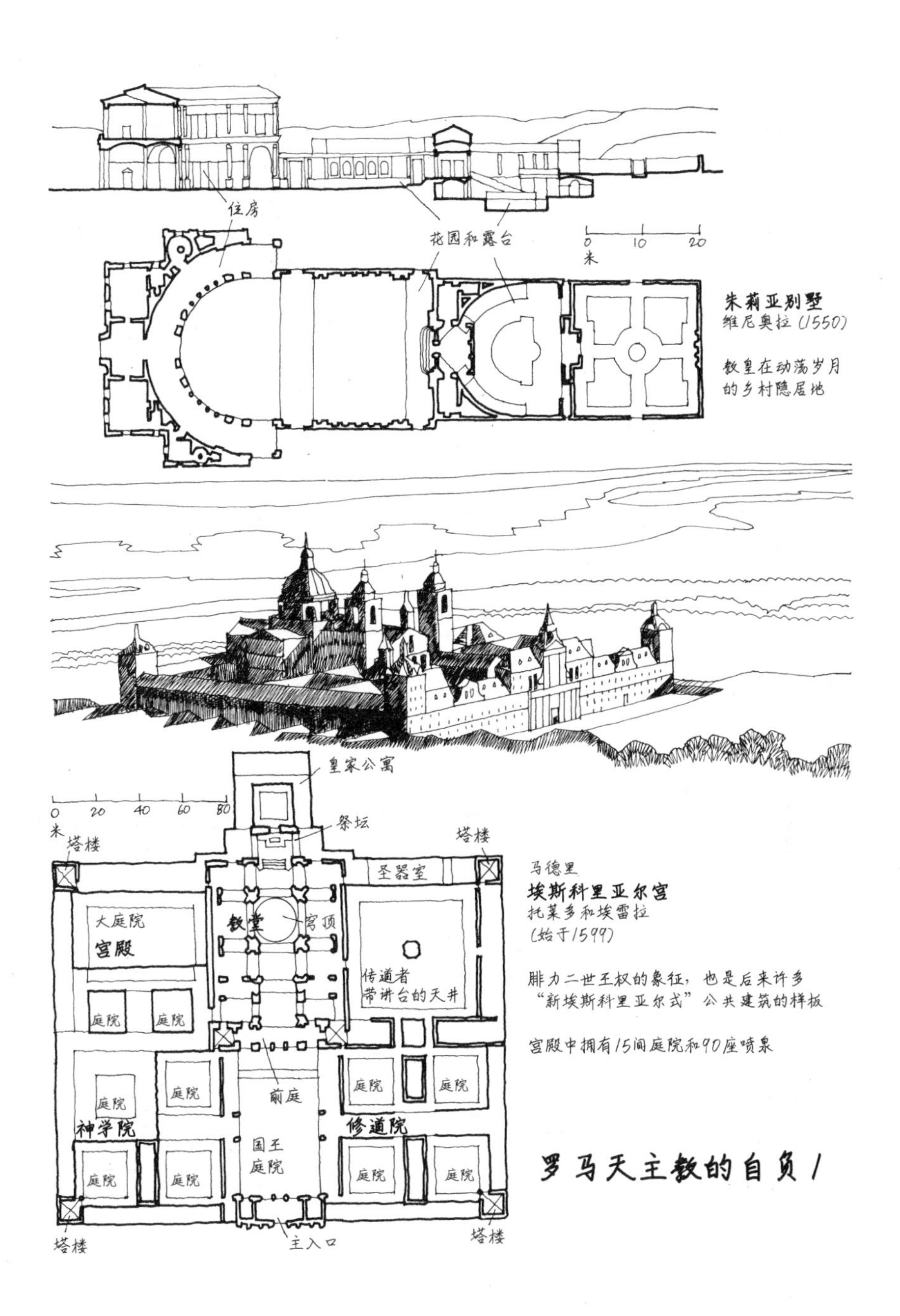
住房
花园和露台
0 10 20
米
朱莉亚别墅
维尼奥拉(1550)
教皇在动荡岁月的乡村隐居地
皇家公寓
0 20 40 60 80
米
祭坛
塔楼
塔楼
圣器室
大庭院
宫殿
教堂
穹顶
传道者
带讲台的天井
庭院
庭院
庭院
庭院
庭院
庭院
前庭
神学院
修道院
国王
庭院
庭院
庭院
庭院
庭院
塔楼
主入口
塔楼
马德里
埃斯科里亚尔宫
托莱多和埃雷拉
(始于1599)
腓力二世王权的象征，也是后来许多"新埃斯科里亚尔式"公共建筑的样板
宫殿中拥有15间庭院和90座喷泉

罗马天主教的自负！

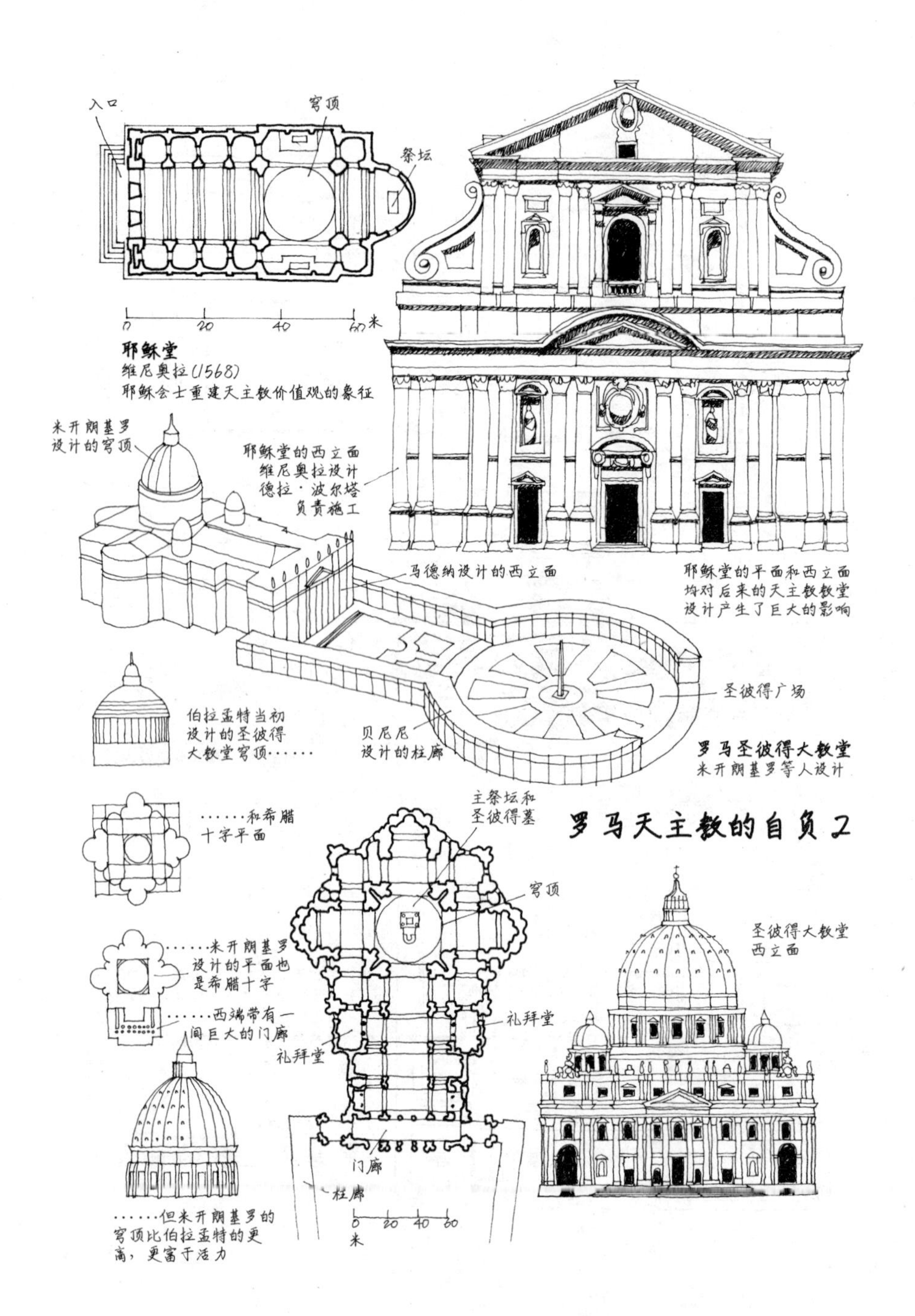
入口
穹顶
祭坛
0 20 40 60 米
耶稣堂
维尼奥拉(1568)
耶稣会士重建天主教价值观的象征
米开朗基罗设计的穹顶
耶稣堂的西立面
维尼奥拉设计
德拉·波尔塔负责施工
马德纳设计的西立面
耶稣堂的平面和西立面均对后来的天主教教堂设计产生了巨大的影响
圣彼得广场
伯拉孟特当初设计的圣彼得大教堂穹顶……
贝尼尼设计的柱廊
罗马圣彼得大教堂
米开朗基罗等人设计
……和希腊十字平面
主祭坛和圣彼得墓
罗马天主教的自负 2
穹顶
圣彼得大教堂西立面
……米开朗基罗设计的平面也是希腊十字
……西端带有一间巨大的门廊
礼拜堂
礼拜堂
门廊
柱廊
0 20 40 60 米
……但米开朗基罗的穹顶比伯拉孟特的更高，更富于活力洲。在他看来，实现此等目标的最佳手段，便是在全欧洲和西班牙帝国强力推行天主教，但他失败的结局早已注定。一方面，他手下官僚机构的腐败，大大削弱了他在国内的实力；另一方面，在“沉默者威廉”的领导下，荷兰新教徒发动了争取独立的战争，终结了他统一欧洲的梦想。1588年，弗朗西斯·德雷克（Francis Drake）率领的英格兰舰队，击毁了西班牙无敌舰队，让腓力二世称霸欧洲的欲望彻底破灭。陷入困境的王者，只得从马德里附近的埃斯科里亚尔宫（Escorial Palace）寻求自己的存在感。埃斯科里亚尔宫的建造始于1599年，起初的设计师是胡安·包蒂斯塔·德·托莱多（Juan Bautista de Toledo），后由胡安·德·埃雷拉（Juan de Herrera）接手。孤寂的山地之上，一组占地大约200米见方的封闭式庭院建筑铺天盖地，主宰中央庭院的是一座带有穹顶的教堂。庭院的一侧是修道院，一侧是神学院和皇家居室。腓力二世为实现其严酷宗教王权的所有必要元素尽在其中：宏伟、庄严、肃穆到冷酷的地步。

都铎时期的英格兰

与腓力二世不同，英格兰都铎王朝的君王们绝不会推行上述修道院的苛刻禁欲。通过对侯爵和议会的严格把控，亨利七世建立的不单单是一个新王朝，而是一个强大的政体，由此既稳定了英格兰的政治生态，也促进了贸易发展。亨利七世的儿子亨利八世（1509—1547年在位）宣布脱离罗马教廷，继而立以他自己为首的英格兰圣公会为国教。他在解散天主教修道院的同时，还攫取了天主教教会的财富。再后来，经过亨利八世的女儿伊丽莎白一世（1558—1603年在位）之手，英格兰圣公会作为国教的地位得到彻底稳固。在伊丽莎白一世的统率下，英格兰确立了自己在全世界的海上霸主地位，大大激发了它在海外探险和殖民的热情。扩大贸易的同时，国家财富得以稳步增长。在文化层面上，亨利八世和伊丽莎白一世时代的英格兰同样也取得了伟大成就，涌现出塔利斯、伯德、斯宾塞和莎士比亚等举世闻名的大家。

与埃斯科里亚尔宫相比，亨利八世在萨里郡的无双宫（Palace of Nonsuch）堪称一处令人愉悦的花园。整座宫殿围绕着两方庭院展开，建造它的工匠来自意大利、法兰西、荷兰和英格兰，可谓集各地工艺之精华。无双宫于17世纪被推倒，但根据时人的描述，我们可以粗略推测出它的大致面貌：五层楼的宫殿群带有许多塔楼、小尖塔和雕像，宫殿的底层以石头砌筑，上面的几层为木构架，镶板为面，再覆以镀金，极尽奢华。此外，无双宫还带有一栋三层楼的宴会厅、规则式花园和数不清的步道小径。

然而，亨利八世很快就厌倦了它，转而喜欢上更为华美的汉普顿宫。汉普顿宫原是亨利八世的大臣红衣主教沃尔西为自己建造的府邸，它完全由英格兰土生土长的工匠建造，大量沿袭了哥特式建筑传统。整组建筑漫无边际率性而为，主要采用装饰性砖块砌筑，四座大小不一的庭院四周，精美的建筑洋洋大观，包括好几重华丽的门楼、一座小教堂和一幢由詹姆斯·内德汗姆（James Nedeham）建造的带锤梁屋顶的大殿。施工始于1520年，但到了1526年，亨利八世就已经垂涎三尺，以致沃尔西不得不忍痛割爱，将它供奉给了国王。

16世纪期间，英格兰贵族和有抱负的商人们尤其向往精美的府邸，由此带来巨大需求。一种独特的住宅建筑风格应运而生。其平面大多围绕一间大厅布局，大厅从诺曼人的庄园府发展而来。不同的是，如今它带有精心镶嵌的橡木饰板、装饰性木屋顶和精致的石膏天花板，以及大壁炉和烟囱。大厅既是府邸的主要房间，也是主要的流通空间。在其一端，设有宽阔高大的楼梯通往楼上。楼上的主要房间为起居室和一段长长的走廊。前者从诺曼人的“阳光房”发展而来，后者当是16世纪英格兰人的新创意。这种连接楼上各房间并带有屋顶的走廊逐渐被拓宽和延长，最终演变为一间艺术画廊，一处可供娱乐和悠闲赏玩的欢乐地。

正如我们在康普顿府（Compton Wynyates，1525年）所见，16世纪初期的英格兰住宅大多沿用中世纪晚期的随意风格，但此等随意

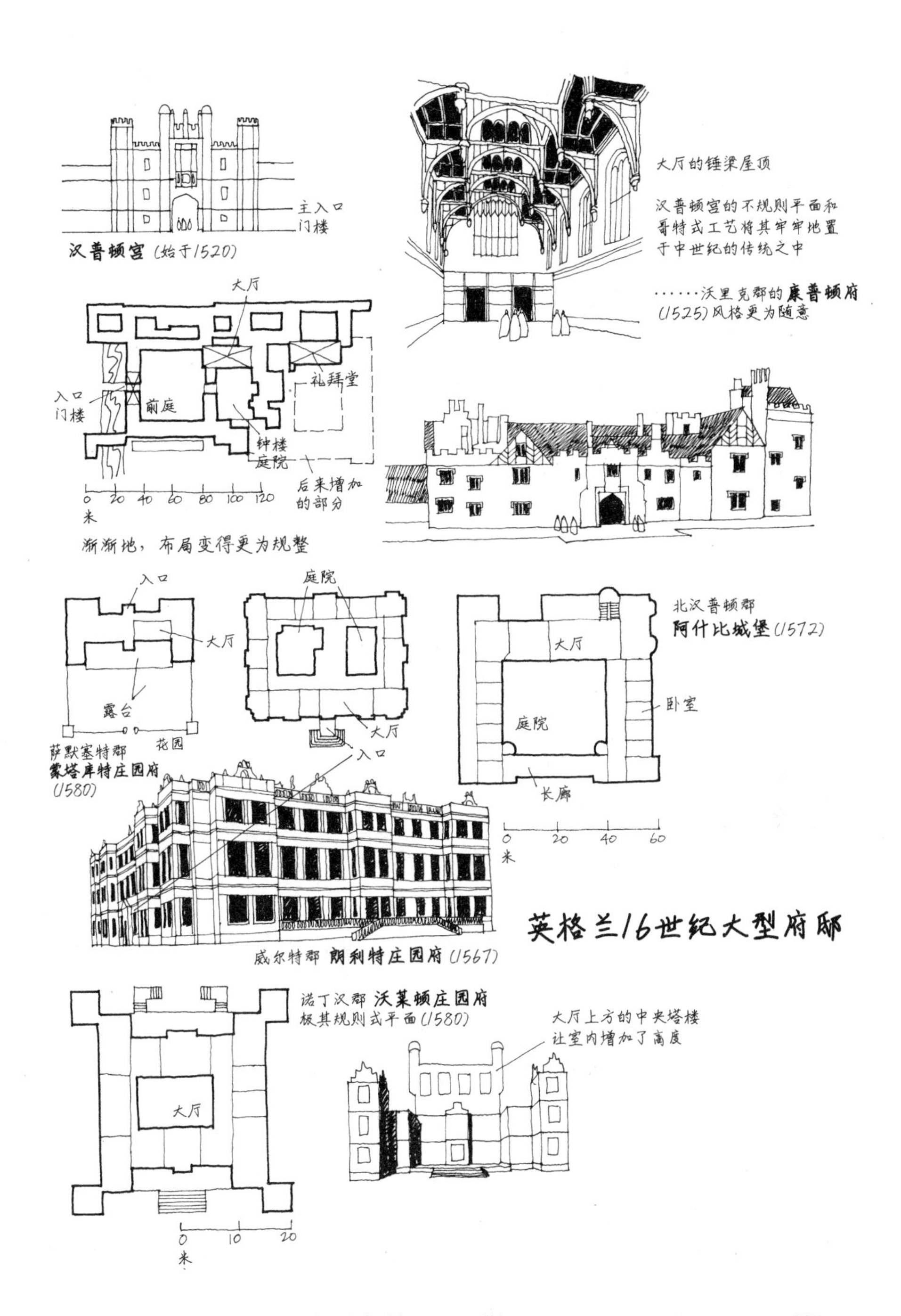

主入口
门楼
汉普顿宫（始于1520）
大厅的锤梁屋顶
汉普顿宫的不规则平面和哥特式工艺将其牢牢地置于中世纪的传统之中
……沃里克郡的康普顿府（1525）风格更为随意
大厅
入口
门楼
前庭
礼拜堂
钟楼
庭院
后来增加的部分
0 20 40 60 80 100 120
米
渐渐地，布局变得更为规整
入口
大厅
露台
花园
萨默塞特郡
蒙塔库特庄园府
（1580）
庭院
大厅
入口
北汉普顿郡
阿什比城堡（1572）
大厅
卧室
庭院
长廊
0 20 40 60
米
英格兰16世纪大型府邸
威尔特郡 朗利特庄园府（1567）
诺丁汉郡 沃莱顿庄园府
极其规则式平面（1580）
大厅上方的中央塔楼让室内增加了高度
大厅
0 10 20
米

不久即让位于一种规则式几何图形布局。后者通常包括一座方形内院。从外部看，整组建筑呈直线型长条状，其中以带有竖框且向外凸出的大窗户（凸肚窗）最为惹眼。规模较大的庄园府，如朗利特庄园府（Longleat House，1567年）、阿什比城堡（Castle Ashby，1572年）、沃莱顿庄园府（Woollaton Hall，1580年）和蒙塔库特庄园府（Montacute House，1580年），都是以盛产于英格兰中部或西南的石灰石和砂石建造。规模较小一些的庄园府大多采用木结构，柴郡的老莫顿庄园府（Moreton Old Hall，1559年），还有什罗普郡（Shropshire）的皮奇福德庄园府（Pitchford Hall，1560年），均为伊丽莎白时期黑白建筑的佳例。

上述富人住宅装修华美并大量使用木材，与其同时期的平房小屋和农舍形成鲜明对比。但到了16世纪末，欧洲木材的严重短缺威胁到经济的发展。由于木材一直被大量用于建筑和造船，再加上城镇和贸易的快速发展，森林不断地遭到蚕食。此外，木材也一直被用作能源燃料而大加消费。整个16世纪，尽管对水磨和风磨的改进取得了相当大的进步，日益增长的工业特别是冶金业的发展，尤其依赖于使用木材作为燃料，加剧了木材短缺的危机。直到18世纪工业革命之后替代性能源的出现，这一危机才得到彻底解决，却为时已晚。早在16世纪期间，欧洲某些地区的木材价格就已经上涨了1200%，这倒也转化为一股动力，推广了砖结构的使用。木材的使用更为谨慎，尤其造价低廉的建筑。当时典型的农舍和平房小屋不仅采用间距很大的木框架，而且大多使用质量较次或形状欠佳的木材。

16世纪的英格兰乡村可谓社会剧变的大舞台。在走向财产私有化的进程中，中世纪遗留下来的土地——被地主们——用篱笆和沟渠圈了起来，农民的财产被剥夺，他们的小屋被推倒。大批的修道院被解散之后，乡间又有更多的人丢了饭碗，由此带来乡村农人严重的失业潮，而制造业的扩张仅仅只能部分地解决这个问题。不过此刻的制造业也正在发生急剧的变化，由于15世纪的羊毛贸易已发展成一个繁荣

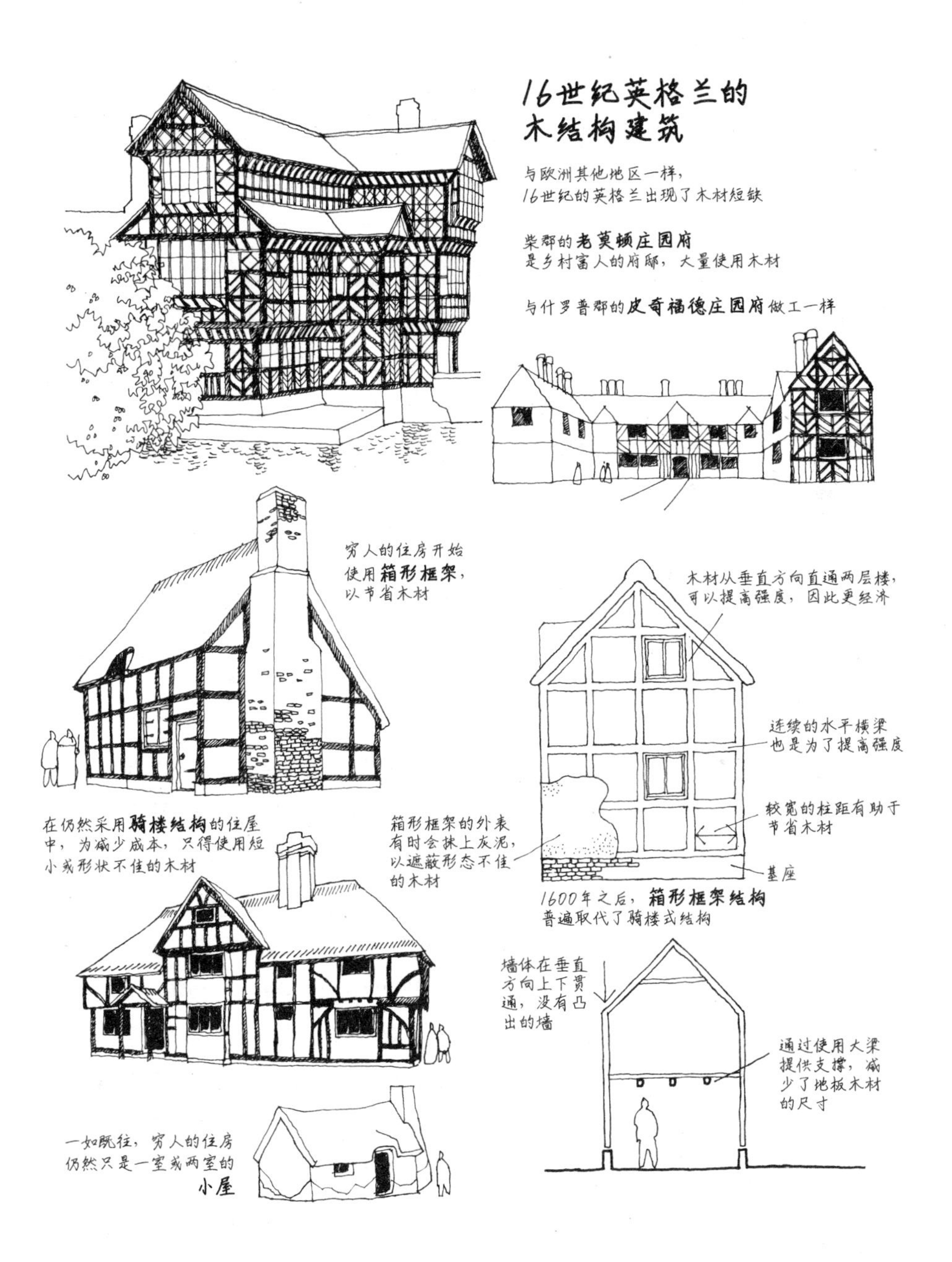
16世纪英格兰的
木结构建筑
与欧洲其他地区一样，
16世纪的英格兰出现了木材短缺
柴郡的老莫顿庄园府
是乡村富人的府邸，大量使用木材
与什罗普郡的皮奇福德庄园府做工一样
穷人的住房开始
使用箱形框架，
以节省木材
木材从垂直方向直通两层楼，
可以提高强度，因此更经济
连续的水平横梁
也是为了提高强度
在仍然采用骑楼结构的住屋
中，为减少成本，只得使用短
小或形状不佳的木材
箱形框架的外表
有时会抹上灰泥，
以遮蔽形态不佳
的木材
较宽的柱距有助于
节省木材
基座
1600年之后，箱形框架结构
普遍取代了骑楼式结构
墙体在垂直
方向上下贯
通，没有凸
出的墙
通过使用大梁
提供支撑，减
少了地板木材
的尺寸
一如既往，穷人的住房
仍然只是一室或两室的
小屋

的布料加工业，各处都需要工厂以及从事工业生产的“打工族”。随着各地农民人数的急剧减少（他们大多变成了工人），社会上出现了两极分化。一边是拥有财产的资产阶级，一边是人数众多的工人阶级。后者除了出卖劳力，几乎是一无所有。至于能不能出卖劳力，还得取决于是否找得到雇主。

马丁·路德曾经指出：“宗教信仰让一个人成为信徒，也让他的工作更为出色。”如今，随着新教在欧洲的盛行，人们更加注重自己实际才能的发挥，而不再局限于修道式的沉思默想。那些已经接受新教信仰——以及许多还没有信仰的人，都乐于通过信仰来证明自己追求工业和商业的正当性。17世纪欧洲北部的一些国家，尤其是不列颠和荷兰，之所以拥有稳定的经济增长，部分原因是当地的资本家们接受了“新教伦理”。当然，更为实在的理由是，他们的财富显然大大得益于制造业，而非像意大利那样依赖商业，也不像西班牙那样主要依靠掠夺的黄金储备。因此，自17世纪开始，不列颠和荷兰迅速建立起海上航线，在其本土与殖民地之间展开频繁的贸易往来，意大利和西班牙的经济发展却只能停滞不前。

但意大利和西班牙仍拥有巨额财富。纵然宗教改革让罗马教皇丧失了大量的财产来源，那些保留天主教信仰的国家坚持向教皇表忠，以及税收的增加，让教皇的金库持续满满当当，教堂和宫殿仍然在不停建造，意大利的建筑进入一个神奇的收获季。在卡洛·马德纳、弗朗切斯科·博罗米尼（Francesco Borromini，1599—1667年）和伟大的贝尼尼的影响下，一种新的风格得到发展，装饰华丽，设计大胆，形象巍峨。尽管它依旧在借用古罗马建筑的词汇，却已完全摆脱了古典主义的束缚，并开始大量运用曲线和多变的造型，此即巴洛克风格。巴洛克（*barocco*）原是珠宝商用语，用来描述粗糙的珍珠或尚未经打磨的宝石。大概因为马德纳及其继承者缺乏古典主义的精致，便给人一种“巴洛克”般的印象。但是，在马德纳设计的圣彼得大教堂的中殿和西立面，高达30米的立柱让科林斯柱式展现出雄伟不朽的伟大气势。而他设计的罗马圣苏珊娜堂（Santa Susanna，1597年）虽不及圣彼得大教堂雄伟，却更加富于想象力。其立面设计华丽多彩，成组的科林斯柱式立柱簇拥林立，多层次的三角楣以及向外凸出的门廊，让教堂的中央入口异常醒目。

与米开朗琪罗一样，贝尼尼也是一位雕塑家，且同样漠视建筑学的规则而服膺于雕塑效果。在圣彼得大教堂前方广场的柱廊设计中，惊鸿一瞥的曲廊以及对强行透视法的运用，堪称巴洛克式城镇设计的经典范例。类似手法还运用于另一规模极小的建筑——罗马奎琳岗圣安德肋堂（Church of Sant' Andrea del Quirinale，1658年）。其中心部位以椭圆形穹顶作为整个建筑其他处几何构图的基准，正立面将一座凸出的半圆形门廊立于带有台阶的台座之上。门廊的两侧，一对弯曲的弧形翼墙将建筑物与其前方的公共空间融为一体。贝尼尼的另一佳作是著名的大阶梯（Scala Regia,1663年）[1]，所谓大阶梯，实为连接梵蒂冈观景楼庭院与圣彼得大教堂门廊的室内过道。其间的场地颇为狭窄，却因此反让贝尼尼显示出非凡的才华。他让这段台阶从低向高越走越窄。借着逐渐缩小的视角，长长的室内空间焕发出非同寻常的光感，从而赋予它极度的神圣与庄严。不难看出，贝尼尼设计中的空间效果极富戏剧性，旨在让观者身临其境和参与其中。在美第奇家族的小圣堂，米开朗琪罗的建筑设计围绕着雕塑展开，贝尼尼在圣德丽莎小圣堂（Santa Teresa Chapel，1646年）的做法则更为大胆，后者位于马德纳设计的罗马胜利之后圣母堂（Santa Maria della Vittoria）。其间的焦点是贝尼尼创作的雕像《圣德丽莎的幻觉》（*Ecstatic Saint Teresa*），高度写实，生动逼真。在雕像的四周，由双柱与巴洛克式“破碎山墙”所组成的画框，就仿佛舞台的台口。“舞台”背后的高处，一些天使浮雕从“包厢”向下窥视的场景，又进一步增强了戏剧感。

贝尼尼的设计极富戏剧性，但所有的丰富效果都是通过简洁的设

---

① 又译为“皇家阶梯”或“御用阶梯”。——译注

计手法获得。相比之下，他的学生[1]博罗米尼的设计却复杂而热烈。博罗米尼的代表作是罗马四喷泉广场的圣嘉禄教堂（Church of San Carlo alle Quattro Fontane，1638年）。尽管其大小和形状与贝尼尼设计的圣安德肋堂颇为相近，屋顶上也是椭圆形穹顶，但平面形式更为复杂。与室内起伏的曲线颇为一致的是，其外部的主立面同样呈波浪状起伏不平，给人以强烈的戏剧性和不安感。

当巴洛克式建筑风格传播到意大利境内的其他地区时，各地的建造活动已经大大减少。不过威尼斯依然建造了一座伟大的建筑，足以与它在罗马的同类相媲美。此即安康圣母教堂（Church of Santa Maria della Salute，1631年），由贝尼尼的同代人巴尔达萨雷·隆盖纳（Baldassare Longhena）设计。平面呈八边形的集中式教堂奇妙优雅，高耸的中央穹顶安置在由16个卷曲的飞扶壁所支撑的鼓座上。圣堂上方另一较为低浅的穹顶，加上其侧旁看去仿佛宣礼塔一般的塔楼，给教堂的天际线抹上了一抹东方情调。当罗马的建筑走向凋零之际，另外两位来自欧洲北部的建筑大师，为意大利建筑带来了新的灵感。他们是瓜里诺·瓜里尼（Guarino Guarini，1624—1683年）和菲利波·尤瓦拉（Filippo Juvarra，1678—1776年）。瓜里尼两件伟大的代表作，都灵圣洛伦佐教堂（1668年）和都灵大教堂外的神圣裹尸布小堂（The Chapel of the Holy Shroud，1667年）在空间布局上极尽繁复，卵形或圆形空间重重叠叠。穹顶采用了令人眼花缭乱的交叉拱结构。相比之下，尤瓦拉的作品简单而宏伟。这一点尤其体现于都灵的苏佩尔加（Superga）教堂及其女子修道院（1717年）。那是一组位于山顶的建筑，其前景是带有穹顶的教堂，教堂背后是简约而富于韵律的修道院建筑，前后之间形成了极为美妙的对比。

如果说此时南欧的某些城镇开始步入衰退期，欧洲北部的城镇则

---

① 此处的“学生”并不确切。事实上，两位年龄相差一岁的大师既是惺惺相惜的合作者，又是生死对头。但既然原文写作“pupil”，我们的译文姑且从之。——译注

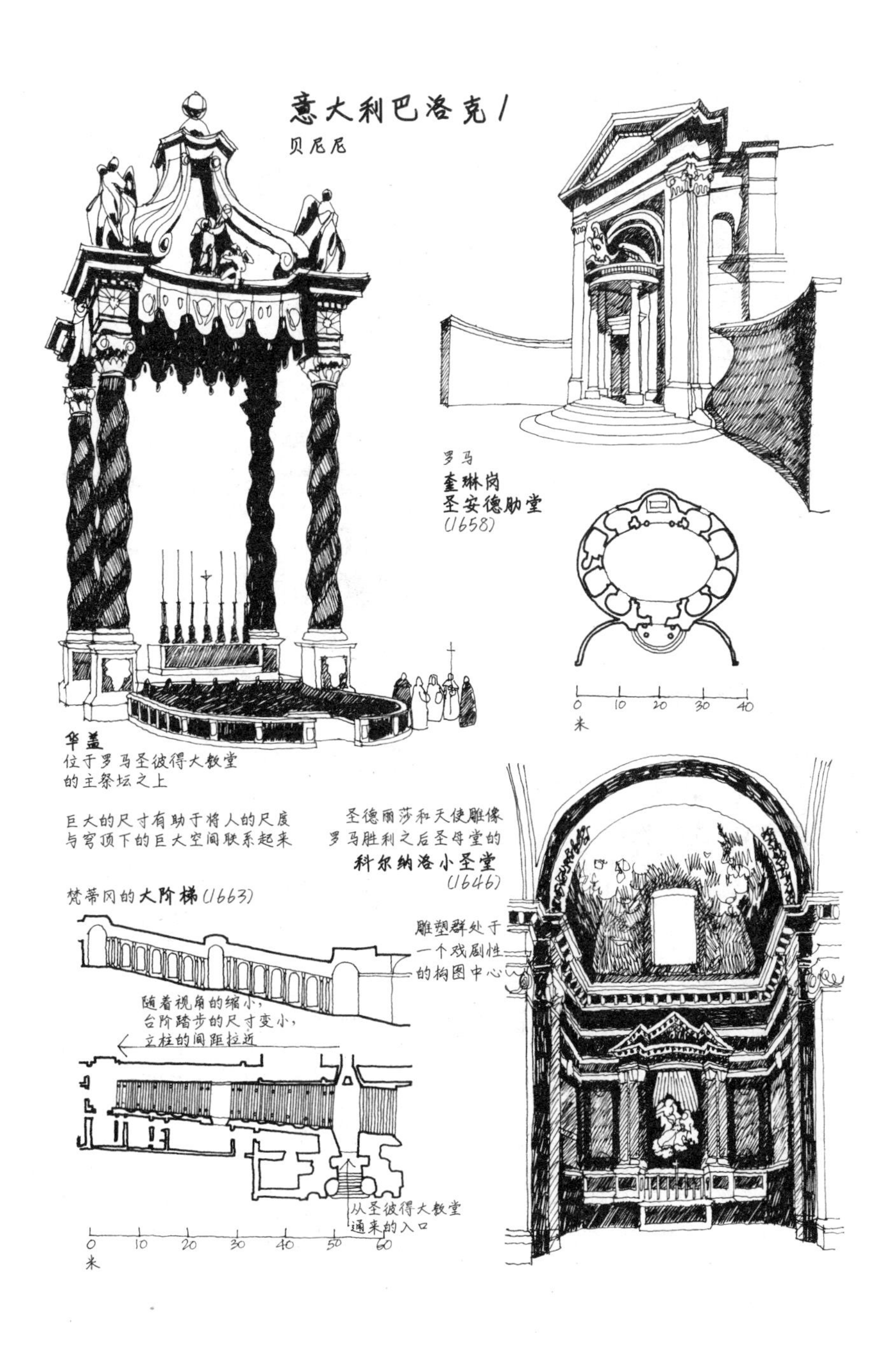
意大利巴洛克1
贝尼尼
罗马
奎琳岗
圣安德肋堂
(1658)
0 10 20 30 40
米
华盖
位于罗马圣彼得大教堂
的主祭坛之上
巨大的尺寸有助于将人的尺度
与穹顶下的巨大空间联系起来
圣德丽莎和天使雕像
罗马胜利之后圣母堂的
科尔纳洛小圣堂
(1646)
梵蒂冈的大阶梯(1663)
雕塑群处于
一个戏剧性
的构图中心
随着视角的缩小,
台阶踏步的尺寸变小,
立柱的间距拉近
从圣彼得大教堂
通来的入口
0 10 20 30 40 50 60
米

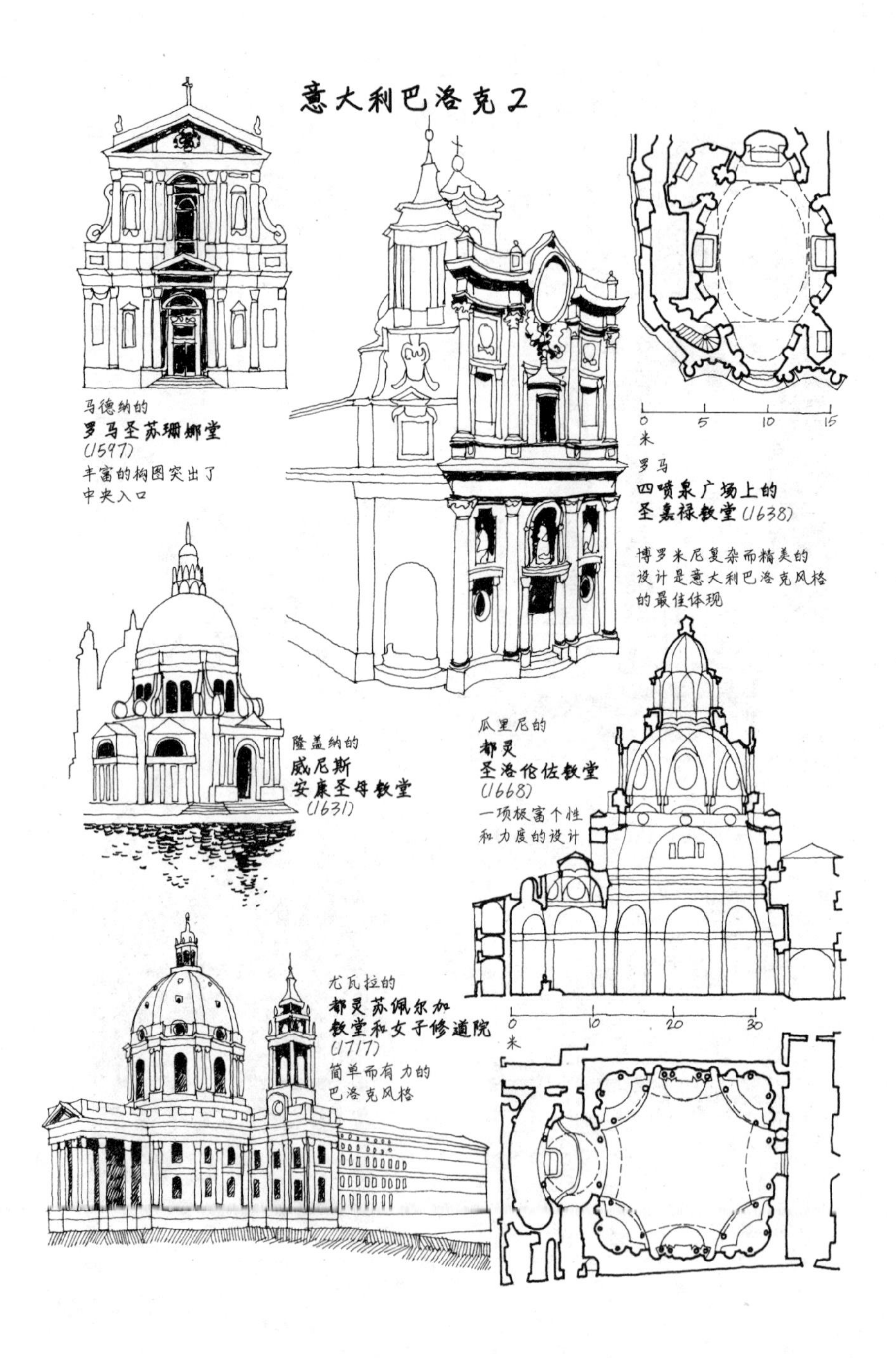
意大利巴洛克2
马德纳的
罗马圣苏珊娜堂
(1597)
丰富的构图突出了
中央入口
0 5 10 15
米
罗马
四喷泉广场上的
圣嘉禄教堂(1638)
博罗米尼复杂而精美的
设计是意大利巴洛克风格
的最佳体现
隆盖纳的
威尼斯
安康圣母教堂
(1631)
瓜里尼的
都灵
圣洛伦佐教堂
(1668)
一项极富个性
和力度的设计
尤瓦拉的
都灵苏佩尔加
教堂和女子修道院
(1717)
简单而有力的
巴洛克风格
0 10 20 30
米

正在继续增长中。安特卫普华丽的市政厅（1561年）及其附近的一批行会建筑——科隆行会（1569年）、伊普尔行会（1575年）和根特行会（1595年）——都是风景如画，充满了古典主义细部。这一切显示出该地区不断增长的财富。至此，欧洲北部的大多数城镇纷纷建起了工厂和作坊，但工业生产尚未构成城市活动的主要内容。只要拥有充足的风力、水力和交通工具，大多数加工业，包括最重要的制衣工艺，都可以在更容易获得原材料的乡间作坊进行。17世纪的工业家通常也是乡村土地的拥有者。雅各布时期华丽的乡村庄园向世人表明，虽说英格兰的收入来自城镇的贸易，但它同样有赖于乡村庄园的生产力。赫特福德郡的哈特菲尔德庄园（Hatfield House，1607年）是最出色的代表之一。其庄园主是索尔兹伯里伯爵，府邸由罗伯特·利明吉（Robert Lyminge）设计，将简约的构思与丰富多彩的细部结合得恰到好处。做工考究的砖石外墙、秩序井然的布局和风景如画的天际线，让整座府邸与周围的自然环境巧妙地融为一体。与哈特菲尔德庄园相媲美的同类，还有肯特郡的诺尔庄园（Knole，1605年）和埃塞克斯郡的奥德利庄园（Audley End，1603年）。

对英格兰国王来说，17世纪初期的跌宕岁月是一个戏剧性转折点。都铎王朝的诸王固然专制，也还尚且维系着与议会面子上的和睦，但他们的继任斯图亚特王朝却更加野心勃勃。詹姆斯一世（1603—1625年在位）所言的“国王由上帝任命，法律由国王说了算”，表明了他企图实行绝对统治的欲望。这种野心得到其后几位君主的纷纷响应。问题是，信奉天主教的詹姆斯一世统治的却是以新教为主流的臣民，加上他的专制、自我放纵和任人唯亲，英格兰人怨声载道。詹姆斯一世的继任查理一世（1625—1649年在位）更为变本加厉，他决意要重征臣民的个人所得税。当议会出面干预时，他解散了议会，继续独裁执政，非法征税。他还任命天主教徒威廉·劳德（William Laud）担任大主教，将所有的反对者投入大牢。

意大利影响下的英格兰

英格兰大建筑师尹尼戈·琼斯（Inigo Jones，1573—1652年）的职业生涯，几乎横跨了斯图亚特王朝最初两任国王的统治期。具有讽刺意味的是，面对这个动荡不安、岌岌可危的王朝，琼斯所设计的建筑却表现出极度的宁静与祥和。琼斯的职业生涯始于为皇室奢华娱乐剧的舞台布景和设计服装，但很快得到晋升，成为皇家工部局的监督官（当时英格兰建筑师行业最高的职位）。琼斯曾经在意大利求学，深得古典设计理念的真传，其设计作品呈现出浓郁的古典建筑之风。自都铎王朝时期以来，英格兰建筑就开始在细节处理上大量沿袭古典风格，却从未有人将古典理念完整地融入设计哲学中。正是琼斯的引领，让英格兰的建筑界掀起了一场小小的艺术革命。

于是，英格兰人第一次见识到一种新的建筑风格，一种意大利自布鲁乃列斯基以来、法兰西自德洛姆以来的新风格：每一组成元素及其与其他元素之间的关系，都需要经过仔细考量。让英格兰人第一眼就相中的是帕拉弟奥，因为他将儒雅的古典传统与自己的独创性完美地结合起来了。琼斯在英格兰设计的第一座大型建筑，恰好证明了他对帕拉弟奥的传承，此即他为詹姆斯一世王后在格林尼治建造的王后宫（Queen's House，1616年）。两层高的石建筑带有一个通高的入口大厅，外墙面的底层为质朴粗犷的乡土风，上层为平滑的素面石作，顶部饰有檐口和石栏杆。它的南立面在借鉴奇耶里卡提宫的同时，更有超越，不仅在比例上，而且从整体格调上，以简洁而富于颠覆性的手法，与帕拉弟奥虚实相间的独特风格遥相呼应。

琼斯设计的另一重要建筑是国宴厅（Banqueting House，1619年）。它同样带有意大利风格，亦是伦敦白厅宫庞大重建工程中唯一竣工的建筑。优美的建筑矗立于一座质朴的石基之上，其室内为通高一层，外立面却设计为双层结构，比例匀称优雅，并且采用了叠柱式（下层为爱奥尼柱式，上层为科林斯柱式）。为增强视觉效果，建筑的拐角处

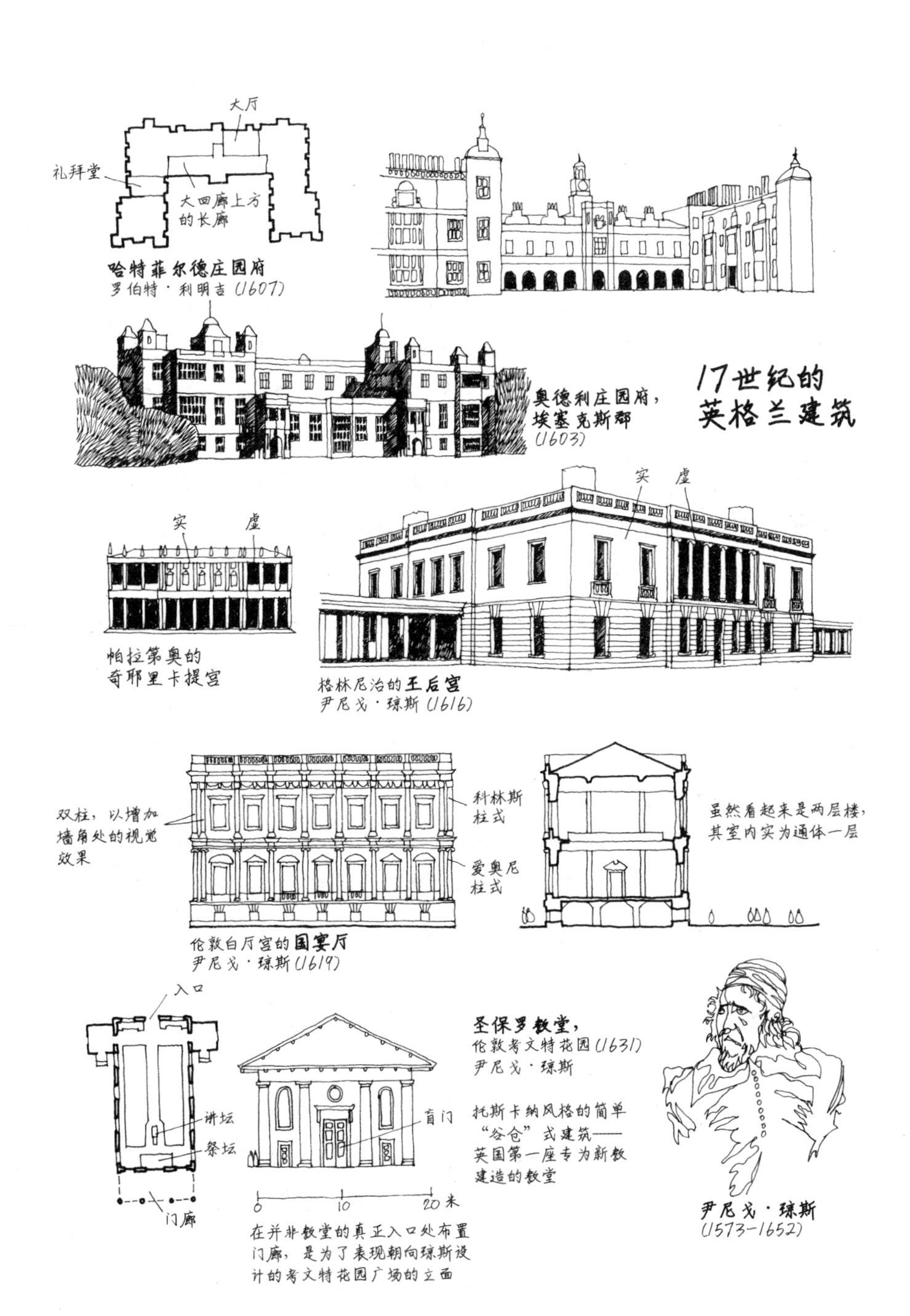
大厅
礼拜堂
大回廊上方
的长廊
哈特菲尔德庄园府
罗伯特·利明吉(1607)
奥德利庄园府，
埃塞克斯郡
(1603)
17世纪的
英格兰建筑
实
虚
实
虚
帕拉第奥的
奇耶里卡提宫
格林尼治的王后宫
尹尼戈·琼斯(1616)
双柱，以增加
墙角处的视觉
效果
科林斯
柱式
爱奥尼
柱式
虽然看起来是两层楼，
其室内实为通体一层
伦敦白厅宫的国宴厅
尹尼戈·琼斯(1619)
入口
讲坛
祭坛
门廊
盲门
0
10
20米
在并非教堂的真正入口处布置
门廊，是为了表现朝向琼斯设
计的考文特花园广场的立面
圣保罗教堂，
伦敦考文特花园(1631)
尹尼戈·琼斯
托斯卡纳风格的简单
“谷仓”式建筑——
英国第一座专为新教
建造的教堂
尹尼戈·琼斯
(1573-1652)

布置了成对的壁间柱。国宴厅当初是为了宫廷的假面舞剧表演而建。1649年，那里却出现悲惨一幕：在英格兰内战中不敌克伦威尔议会军的查理一世，被带到临时搭建于国宴厅之外的断头台，被当众绞死。由于琼斯从不掩饰自己对国王的忠心耿耿，他作为同党，遭到克伦威尔手下士兵的逮捕，虽然后来得到释放，却只比查理一世多活了四年。

此时在中欧，争取宗教自由和政治权力的斗争同样如火如荼，毫不逊色于英格兰。随着新教徒对宗教自由的呼声，德意志于1618年爆发了三十年战争，战火蔓延到波希米亚、法兰西、瑞典、丹麦和荷兰。之后，这一切又演变为争夺主宰欧洲统治权的大战，整场战争直到1648年方才结束。其结果是：帝国被摧垮，大片的土地遭到破坏，人口也急剧减少。但至少新教在德意志的地位得以确保，然而它在法兰西的发展却不尽如人意。在首席大臣叙利（Sully）公爵的辅佐下，本着宗教宽容的精神，法兰西波旁王朝的新君主亨利四世（1589—1610年在位）颁布了《南特敕令》（The Edict of Nantes），将整个国家团结了起来，通过减少瓦卢瓦王朝奢侈的宫殿建设增加了皇室的收入，农业和对外贸易也得到了改善。但他的继任者路易十三（1610—1643年在位）上位之后改变了发展态势，不再宽容行事。受强权人物红衣主教黎塞留（Cardinal Richelieu）的唆使，路易十三镇压一切被发现和怀疑的反对派。他摧毁了贵族们坚固的城堡，迫使那些贵族与资产阶级一起统统臣服于自己的高压统治。他还剥夺了胡格诺派新教徒的许多权利。

亨利四世统治时期，法兰西出现了许多由皇室主导或资本主义企业赞助的公共工程。巴黎的改造便是通过诸多的市政设计和公共建设项目，让中世纪的老城呈现出规范的形态和资产阶级的富有祥和。皇家广场（1605年）——今日孚日广场——的四周环绕着带有规则式立面的豪华府邸（hôtels），实为围着庭院而建的连排式住宅。其地面层带有柱廊，往上有两层住房，再往上是带有老虎窗的陡峭屋顶。西岱岛西端的太子广场（Place Dauphine，1608年）呈三角形布局，三角形的一端与新桥（Pont Neuf）相接，其前方的中心处，矗立着一尊亨利四世庄严的骑马雕像。

随着路易十三和黎塞留有意识地让法兰西一步步回归天主教，加上皇室的专制，法兰西的投资再度用来建造宫殿和教堂。巴黎卢森堡宫（Palais du Luxembourg，1615年）由萨洛蒙·德·布洛斯（Salomon de Brosse）设计。当时的屋主是亨利四世的遗孀玛利亚·德·美第奇。穿过卢森堡宫的一座入口门楼之后，便是荣誉庭院。庭院的周边建有三层高的房屋。布洛斯的设计大胆率直，并有着古典式简洁的风格。巴黎附近的梅宋城堡[①]（Château de Maisons，1642年）规模略小一些，但更为精致优雅。整座城堡对称均衡，位于中央的主楼和两侧的翼楼雍容富贵却又恰到好处。其设计人是当时法兰西最伟大的建筑师弗朗索瓦·孟莎（François Mansart，1598—1666年）。孟莎生性刁蛮，很难与人相处，为此丢掉了与很多贵族合作的机会。但他设计的梅宋城堡堪称朴实清新的典范，且在很大程度上奠定了17世纪法兰西建筑庄重优雅的古典风格。梅宋城堡的业主是一位富有的商人，此君财富与耐心兼而有之，由着工人在施工期间将已经建成的房屋推倒重来，让孟莎能够随时修改自己的设计，结果成就了孟莎的这项杰作，并展示了孟莎非凡的才华——无须借助过多的精雕细琢，便可达成美轮美奂之效。相比之下，雅克·勒默西耶（Jacques Lemercier，1585—1654年）设计的黎塞留城堡（Château de Richelieu，1631年）更加庞大，不过它未能留下任何遗迹。好在同样壮观的沃子爵城堡（Vaux-le-Vicomte，1657年）至今完好无损。后者的设计师是路易·勒沃（1612—1670年）。沃子爵城堡没有法式府邸常见的荣誉庭院，一些主要房间，包括椭圆形沙龙（大客厅），直接就面向室外安德烈·勒诺特（André Le Nôtre，1613—1700年）设计的规则式大花园。

巴黎的索邦教堂（Church of the Sorbonne，1635年）由勒默西耶为

① 现称为“拉斐特之家城堡”。——译注

黎塞留设计，庄重而典雅，其简洁的立面带有双层立柱，屋顶的中心部位建有一座高耸雅致的穹顶。位于巴黎的圣恩谷教堂（Church of the Val-de-Grâce，1645年）在轮廓上与索邦教堂颇为相似，但装饰更为华美，其穹顶下方鼓座支撑口周边的装饰和正立面上的涡卷也显得更为活泼和丰满。对它的设计和建造先是由弗朗索瓦·孟莎负责，后来由勒默西耶接手。巴黎荣军院教堂（Church of the Hôtel des Invalides，1680年）是最令人印象深刻的教堂，由贵族建筑师儒略·哈杜安-孟莎（Jules Hardouin-Mansart，1646—1708年）[①]设计，其平面呈希腊十字，中央是一座高耸的大穹顶。大穹顶的直径约30米，下方有鼓座支撑，鼓座四周环绕着一圈由双柱组成的柱廊，其功能相当于飞扶壁。为获得优美的外观，小孟莎将室外的穹顶设计得比在室内所见的穹顶要高很多。事实上，后者带有双重穹顶：第一重较为低矮，其中心部位设有开口，通过开口可以看到高高在上的第二重穹顶，气宇非凡。

到了路易十四时期，黎塞留为路易十三奉献的成果，通过马扎然（Mazarin）和科尔贝（Colbert）发扬光大。借着货币改革，两位重臣为皇家财库积累了大量财富。在长达72年的统治期间，路易十四的权力超过了此前的历代君主。他口中的“朕即国家”（‘L’état，c’est moi’）绝非虚言。在其统治期间，议会从未召开过一次会议，法兰西的政治生活完全以他的宫廷为中心。所有关于税款的征收和支出、法律制定、司法执行乃至发动战争的决定，全都由他一人说了算。这个时期法兰西的殖民地得到大扩张，文化得到大发展。法兰西式礼仪——正如我们在高乃依（Corneille）、莫里哀（Molière）和拉辛（Racine）的戏剧，在吕利（Lully）和拉莫（Rameau）的音乐，在普桑（Poussin）和克劳德（Claude）的画作中之所见——被欧洲所有其他国家的上流社会大加效仿。

路易十四拒绝将巴黎作为自己的首都，而是在距离巴黎数英里之

---

① 儒略·哈杜安-孟莎是弗朗索瓦·孟莎的侄孙和学生，两位都是法国建筑史上著名的大师。人们常常将前者称为小孟莎，后者称为老孟莎。——译注

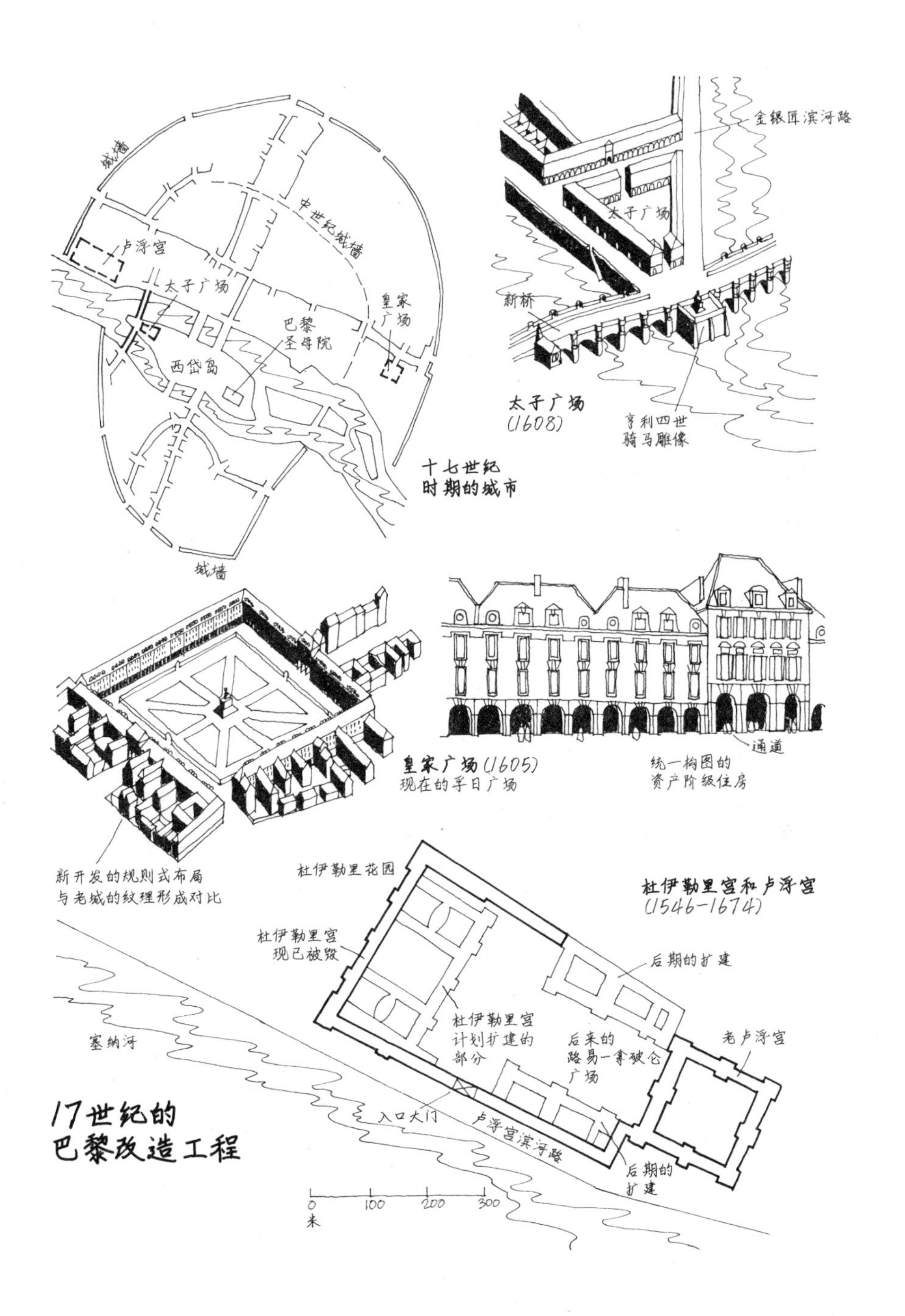
城墙
中世纪城墙
卢浮宫
太子广场
皇家
广场
巴黎
圣母院
西岱岛
十七世纪
时期的城市
城墙
金银匠滨河路
太子广场
新桥
太子广场
(1608)
亨利四世
骑马雕像
皇家广场(1605)
现在的孚日广场
通道
统一构图的
资产阶级住房
新开发的规则式布局
与老城的纹理形成对比
杜伊勒里花园
杜伊勒里宫和卢浮宫
(1546-1674)
杜伊勒里宫
现已被毁
后期的扩建
塞纳河
杜伊勒里宫
计划扩建的
部分
后来的
路易一拿破仑
广场
老卢浮宫
入口大门
卢浮宫滨河路
后期的
扩建
0
米
100
200
300
17世纪的
巴黎改造工程

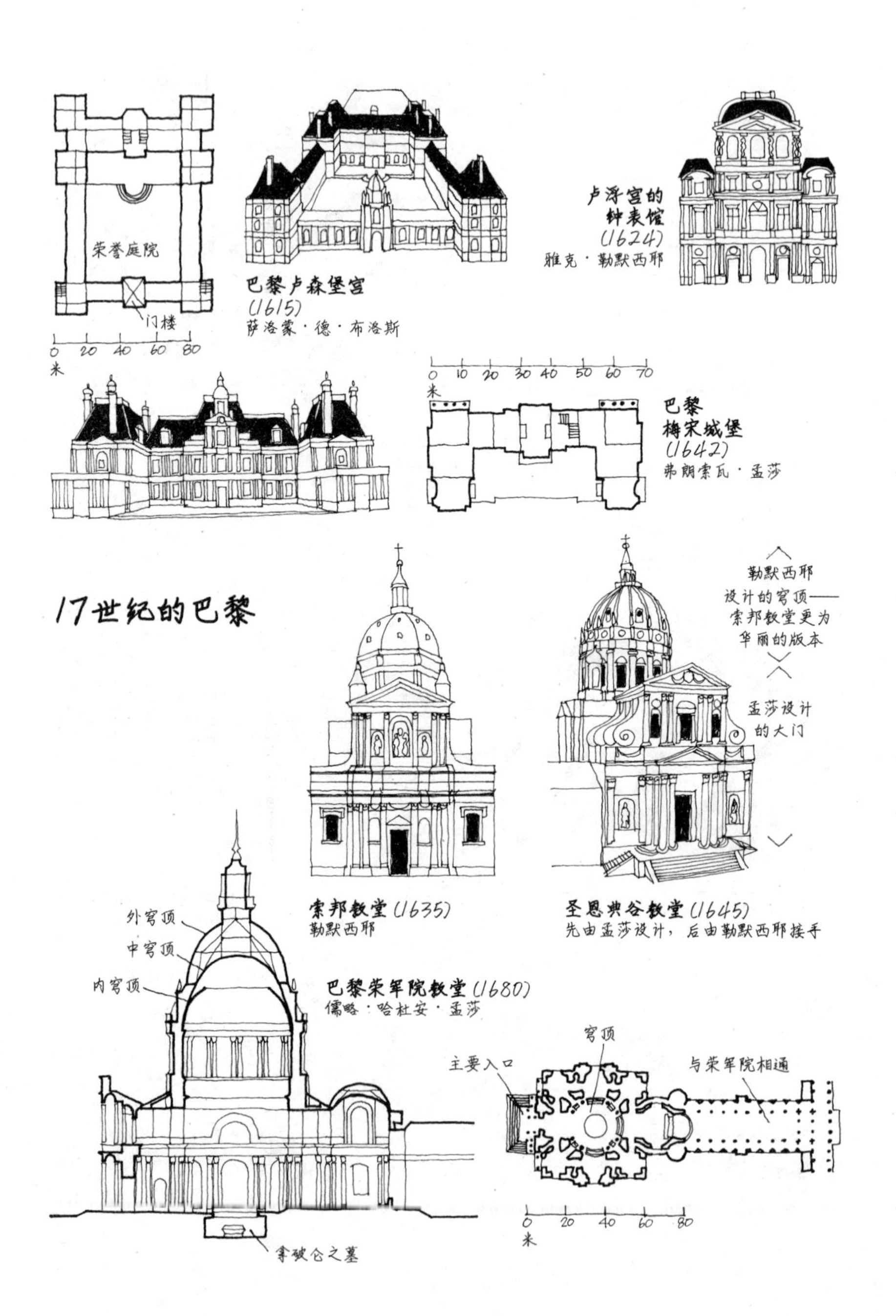
荣誉庭院
门楼
0 20 40 60 80
米
巴黎卢森堡宫
(1615)
萨洛蒙·德·布洛斯
卢浮宫的
钟表馆
(1624)
雅克·勒默西耶
0 10 20 30 40 50 60 70
米
巴黎
梅宋城堡
(1642)
弗朗索瓦·孟莎
17世纪的巴黎
勒默西耶
设计的穹顶——
索邦教堂更为
华丽的版本
孟莎设计
的大门
索邦教堂(1635)
勒默西耶
圣恩典谷教堂(1645)
先由孟莎设计，后由勒默西耶接手
外穹顶
中穹顶
内穹顶
巴黎荣军院教堂(1680)
儒略·哈杜安·孟莎
拿破仑之墓
穹顶
主要入口
与荣军院相通
0 20 40 60 80
米

外的凡尔赛另建了一座新宫。为便于监管，他将所有的政府机构和自己的宫廷全部安置在一组巨大的建筑综合体之内。凡尔赛宫因此成为欧洲集权统治最壮观的代表，其建筑设计由勒沃与小孟莎共同承担，主体部分建于1661—1756年之间。宫殿的前方是一座荣誉庭院，庭院三面都是建筑，两侧各向外伸出一栋长长的翼楼，宫殿面向花园的立面宽达400米左右。在主要楼层的立面，排列整齐的巨型壁柱庄严有序，立面背后的室内富丽堂皇，又以长达70米的镜厅（Galérie des Glaces）最为奢华。镜厅由小孟莎设计，厅内的侧墙上镶满了巨大的镜子。凡尔赛宫最令人惊叹的，当属由勒诺特设计的大花园，其规则整齐的布局与周边连绵起伏的自然环境交相辉映。

设计大花园的初衷旨在为宫中成百上千的常住人口和客人提供一处娱乐休闲地。所有靠近建筑的树林全都被砍伐、清理，以营造出一个辽阔的轴向远景。规则式的道路和植坛错落有致，布局均匀。低矮的观赏性灌木丛也都被设计成规则的几何图案，其间点缀着装饰性雕像和水池。花园的尽头，一条宽阔的人工运河伸向无边无际的远方，运河两侧是可供骑马或驾车的规则整齐的道路，它们一直通往森林深处的人工石窟、小湖、神庙和露天剧场，让那些长期生活在城市的贵族惊喜连连。一条又一条呈放射状的道路，如同太阳王射出的光线，或从花园通向周围的各景点，或从宫殿的前方通向城镇，象征着国王的领地一直铺展到天边。

勒诺特的“大手笔”不仅影响了园林设计，还影响了城市规划。自17世纪以来，在无数欧洲老城的重建项目或海外殖民地的新城建造项目中，都能够找到以勒诺特的建筑词汇所表达的设计艺术和哲学思想。诸如笔直地通向远方的大道、放射或格网状的道路布局、在道路的交会处建造环形广场等。

1685年，路易十四废除《南特敕令》，立天主教为法兰西最高宗教。一时间，大批胡格诺派教徒纷纷逃离法兰西，其中很多人去了英格兰，也带去了作为工匠和企业家的技能。路易十四在国内奢侈浪费，

凡尔赛宫

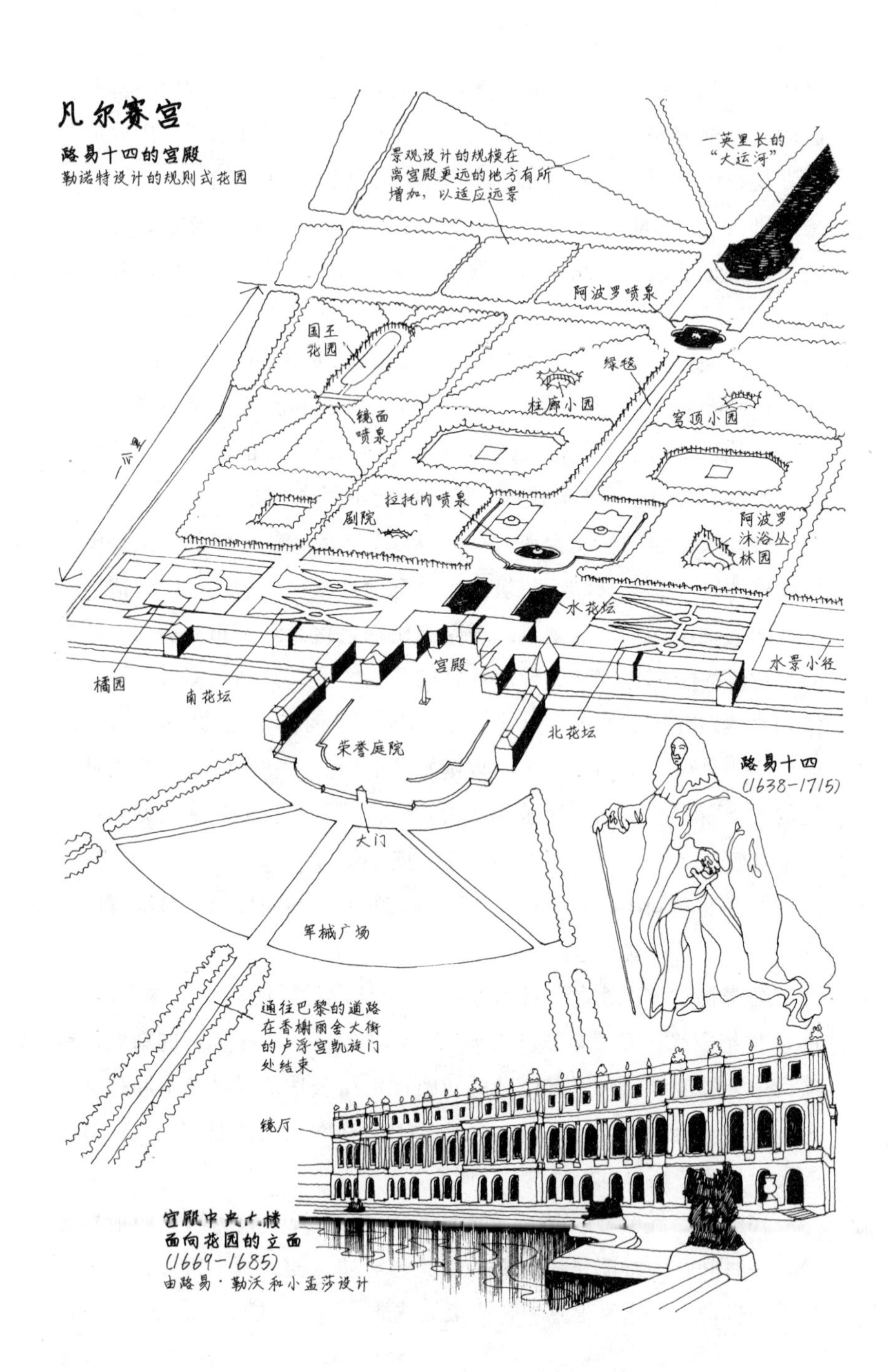
路易十四的宫殿
勒诺特设计的规则式花园
景观设计的规模在离宫殿更远的地方有所增加，以适应远景
一英里长的“大运河”
阿波罗喷泉
国王花园
绿毯
柱廊小园
穹顶小园
镜面喷泉
一公里
拉托内喷泉
剧院
阿波罗沐浴丛林园
水花坛
水景小径
宫殿
橘园
南花坛
北花坛
荣誉庭院
大门
军械广场
路易十四
(1638-1715)
通往巴黎的道路在香榭丽舍大街的卢浮宫凯旋门处结束
镜厅
宫殿中央大楼面向花园的立面
(1669-1685)
由路易·勒沃和小孟莎设计

在海外的军费开支昂贵，战争频发，由此进一步削弱了法兰西的经济，苛捐杂税却是持续增加。具讽刺意味的是，路易十四至高无上的强权在凡尔赛宫得到极致的表达，他统治的结果却是法兰西作为世界强国的衰落，社会各阶层的不满情绪日益增长。

巴洛克思潮下的欧洲

三十年战争之后，低地国家的民众很快恢复了经济信心，让新教更加稳固。荷兰在摆脱了西班牙的控制之后日益繁荣，阿姆斯特丹和海牙开始取代安特卫普，成为欧洲北部贸易的主要出口地，荷兰的皇室成员和商人成为房屋建造的主要赞助人。他们还指定雅各布·范·坎彭（Jacob van Campen）作为自己的“御用”建筑师，让坎彭留下了不少精品佳作。他在海牙为拿骚-锡根的毛里茨亲王设计的毛里茨宫（Mauritshuis，1633年），装饰华美，比例均衡，堪称帕拉弟奥式风格与荷兰品位的完美结合。他在阿姆斯特丹设计的市政厅（1648年）后来被用作皇宫。那是一座巨大的石头房子，四层高的建筑在立面上分为上下两组，各自带有巨型的壁间柱，散发着十足的帕拉弟奥式古典主义气息。高耸于中心部位的大穹顶和三角楣，却又极具荷兰地方特色。他设计的哈伦新教堂（New Church at Haarlem，1645年）则以集中式平面和处于显著部位的讲坛，表达了对新教礼拜仪式的探索。除了荷兰，17世纪的比利时也正蒸蒸日上，当时最漂亮的比利时建筑是布鲁塞尔大广场上的行会大楼（1691年），其华美的古典主义细部和风景如画的天际线，让人想起那些从前建于安特卫普的行会大楼。

三十年战争让德意志地区分裂成诸多混乱的小国，各自在文化和宗教上实行自治。广义上说，其北方是新教的地盘，南方属于天主教的天下。在巴伐利亚、奥地利和波希米亚等地，天主教依然强盛，因此这些地区的建筑继续受意大利和法兰西的影响，这一切将在18世纪

海牙
毛里茨宫
(1633)
雅各布·范·坎彭

此建筑对奠定欧洲北方版的意大利风格具有相当大的影响力

哈伦
新教堂
(1645)
雅各布范·坎彭设计
希腊十字的方形平面，引领了新教教堂设计的新潮流

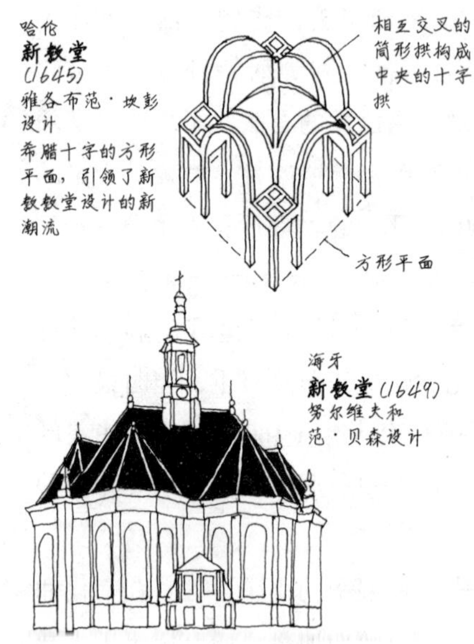

海牙
新教堂(1649)
努尔维夫和
范·贝森设计

另一质朴且采用集中式的新教教堂平面

布鲁塞尔大广场上的
行会大楼(1691)

与安特卫普行会大楼(1561)等晚期哥特式建筑相似

17世纪的低地国家

梦幻般的晚期巴洛克式教堂中取得硕果。不过在17世纪，流行的是一种较为素净的巴洛克风格。A. 巴雷利（Agostino Barelli）和E. 祖卡利（Enrico Zuccalli）设计的慕尼黑铁阿提纳教堂（Theatine Church，1663年）便属于早期意大利式巴洛克风格。其西立面上的两座塔楼，与维尼奥拉设计的耶稣堂西立面并无二致。法兰西建筑师J.-B. 马泰（Jean-Baptiste Mathey）设计的布拉格特洛伊宫（Troja Palace，1679年）是波希米亚巴洛克式建筑的佼佼者，其中央主楼的两侧是井然有序的翼楼。贯穿始终的巨型壁柱，让主楼与翼楼二者之间高度协调，浑然一体。

在俄罗斯，无以匹敌的封建君主所掌握的权力达到巅峰。16世纪的伊凡三世和伊凡雷帝，为此等盛况打下了坚实基础，到17世纪又被彼得大帝发扬光大。在看到西欧尤其是法兰西的进步之后，彼得大帝制定了向西方“开放”的新政策，并以法兰西为楷模。在彼得大帝统治时期（1682—1725年），他为了与西方展开贸易，将波罗的海开放为不冻之港。俄罗斯的希腊东正教会也被置于他的掌控之下。除了东正教教堂，他还建造了学校和医院，发展了印刷术，将西式服装引入中世纪的沙皇帝国（Tsardom）。他甚至兴建了一座新首都——彼得堡。为了将新首都设计为宏伟的巴洛克式风格，他聘请了西方建筑师。第一位受聘的西方建筑师是多梅尼科·特雷西尼（Domenico Tressini），其主要任务便是在涅瓦河边的要塞宝岛上，设计和建造彼得保罗要塞（Peter-and-Paul Fortress）和大教堂。新首都的建造正是以此处为起点。

在英格兰，随着查理一世的人头落地，封建君主至高无上的特权跟着一起寿终正寝。英国内战的爆发不仅仅因为宗教冲突，其实是一场权力争斗。一方是清教徒资产阶级；一方是国王和贵族。诚然，旧的封建势力已经消亡，但资产阶级尚未取得彻底胜利。克伦威尔于1653年解散了议会，让自己成为一位宗教和军事上的独裁者。资产阶级所向往的民主，依然是遥遥无期。但尽管如此，英格兰在贸易、工业和海上的力量日益强大，建造活动继续有增无减。

克伦威尔身后，议会复辟，信奉天主教的斯图亚特王朝国王们恢

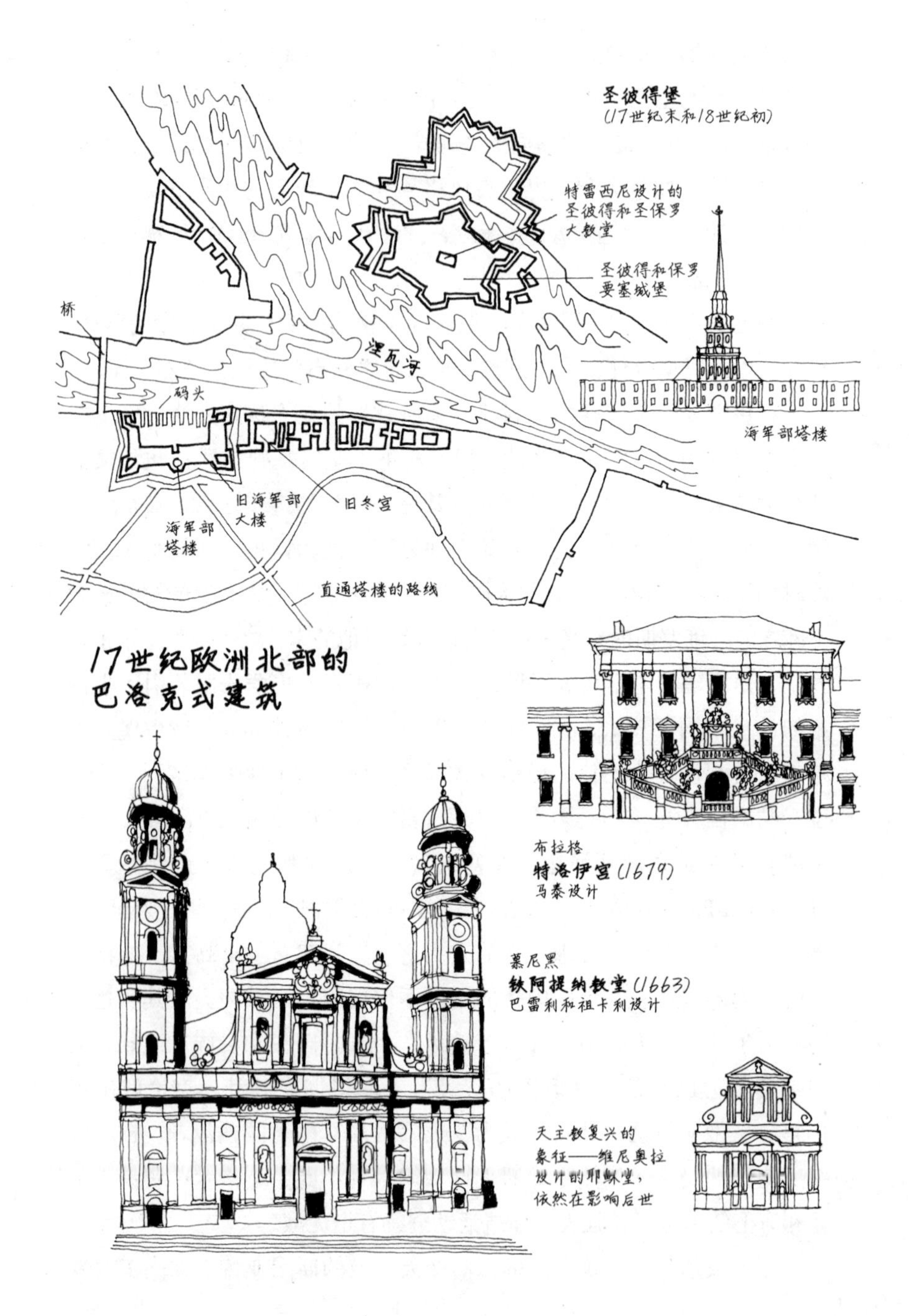

圣彼得堡
(17世纪末和18世纪初)
特雷西尼设计的
圣彼得和圣保罗
大教堂
圣彼得和保罗
要塞城堡
桥
涅瓦河
码头
海军部塔楼
旧海军部
大楼
海军部
塔楼
旧冬宫
直通塔楼的路线
17世纪欧洲北部的
巴洛克式建筑
布拉格
特洛伊宫(1679)
马泰设计
慕尼黑
铁阿提纳教堂(1663)
巴雷利和祖卡利设计
天主教复兴的
象征——维尼奥拉
设计的耶稣堂，
依然在影响后世

复了王权。查理二世（1660—1685年在位）试图借此剥夺清教徒大臣手中的权力，但议会通过颁布《人身保护法》（Hebeas Corpus Act，1679年），大大限制了国王的特权。在其短暂的统治期间，詹姆斯二世（1685—1688年在位）与议会之间的争斗从未停止，其王位也于1688年过早终结。在议会的拥戴下，奥兰治家族的新教徒威廉和玛丽共同登上了王位，条件是：要让议会拥有高于国王的特权，要保证新教在英格兰的稳固地位。此乃“英式”资产阶级革命。法兰西大革命的爆发，则是一个世纪之后的事了。

新教带来的一项成果，便是间接促进了科学研究，以书面文字表达的教义促进了识字率的提高，随之便是各种思潮（包括科学思想）的广为传播。当时科学领域的主要任务，是观察自然界并对之进行记录和分类。根据笛卡尔和培根开创的方法论，科学家们开始有能力根据自己所观察到的事实构建理论。伽利略、开普勒，尤其是牛顿，大大拓展了人类的视野，让人们开始有能力观察自身和自然界，思考人与自然之间的关系。在未来的岁月里，科学将极大地提高人类的技术力量。不过在17世纪，科学与技术的结合才刚刚起步。推动这场运动的一个重要机构，是查理二世发起的英格兰皇家学会。该学会于1645年正式成立，所涉猎的学科，从语言到天文学几乎是无所不包。学会开创期的成员，都是些富裕而视野开阔的博雅之士，如培根、波义耳、牛顿等。克里斯托弗·雷恩（Christopher Wren，1632—1723年）亦在其列。

雷恩是位了不起的建筑师，然而他当初所接受的并不是建筑学教育。作为一名古典主义学者、数学家和天文学家，在其职业生涯的早期，雷恩曾经写道：只有建立在无懈可击的几何和算术基础之上的数学证明，才是唯一的真理，也只有如此真理才能够充实人类的心灵，为人类解惑。后来他将这种精准性运用到结构和空间设计上。但鉴于雷恩出身于保皇派家庭，直到查理二世王权复辟之后，他的事业才得以起步。其敏捷的思维、解决实际问题的非凡才华——如他为牛津谢尔登剧院（Sheldonian Theatre）设计的精巧屋顶，以及与查理二世相同的爱好——对天文学的浓厚兴趣，使他很快便得到查理二世的赏识。1666年，一场灾难性的大火席卷了伦敦城，烧毁了老的哥特式圣保罗大教堂及无数教区教堂和民宅房屋。雷恩受命负责重建工作。

此前的一年，雷恩访问了法兰西。在那里，他拜见了弗朗索瓦·孟莎和贝尼尼（67岁的贝尼尼当时正在法兰西从事一项设计），参观了梅宋城堡、凡尔赛宫、卢浮宫、索邦教堂和圣恩谷教堂。他在建筑学方面的教育，首先便来自这次在法兰西的短暂访问。此外，他受教于阅读维特鲁威、阿尔伯蒂、塞利奥（Serlio）和帕拉弟奥等人的著作。当然，他还得益于琼斯及其门徒已经在英格兰建造的古典建筑实例。伦敦大火之后，雷恩规划的重建平面图与凡尔赛宫的平面图颇为相似。计划中的城市道路呈辐射状，在道路的会合处建造圆形广场，气派宏伟，本可以让城市大为改观。然而，高昂的建造成本、针对其是否合理的质疑以及决策上的优柔寡断，让其无法实施。但不管怎样，雷恩设计的圣保罗大教堂以及那些散布于伦敦的教区教堂，堪称英格兰建筑史上的第一流精品。

自1670年到17世纪80年代中期，伦敦一共重建了约50座教区教堂，全部由雷恩设计。雷恩对各教堂的设计手法互不相同，显示了他在城市设计中解决狭窄场地问题的独创性。更有甚者，他还要打破成规开创新天地。在当时，新教教区的教堂设计几乎是前所未有，可供雷恩参考的唯有两个实例：一是琼斯在考文特花园设计的教堂，一是德·布洛斯在查宁顿设计的教堂，或许还有范·坎彭设计的新教教堂。为了让每一位信众都能够望得见讲坛，并清晰地聆听到讲坛上的布道声，雷恩的设计思路是：要尽可能让教堂显得宽敞。大体而言，这就需要将教堂的平面设计为方形而非向纵深发展，信众的座席通常为双层，讲坛设计得高大而凸出。由于神圣的布道如今是弥撒仪式中的主要活动，祭坛的功能退居次位，也就不再布置于中心，而是靠着侧墙或端墙。

在稠密拥挤的城市，教堂的塔楼有助于人们从远方就能够识别出教堂。为此，雷恩在设计教堂塔楼时发挥了无穷无尽的想象力，既有简朴的铅制穹顶，也有非常精致的石头塔尖。圣玛丽-勒-波教堂（St Mary-le-Bow）优美的塔尖高达70米，与之相媲美的是基督教堂（Christ Church）的塔楼，皇家圣米迦勒主祷文堂（St Michael Paternoster Royal），还有伽里克希圣雅各教堂（St James Garlickhy）的塔楼。在平面设计上，圣玛丽-勒-波教堂堪称雷恩利用狭窄场地时独具匠心的典型代表，基督教堂体现了雷恩的大胆创新：将巴西利卡式平面加以改造，以便安排楼上的座席。教堂的室内装饰或简素或华丽，如圣保罗码头边的圣本笃教堂（St Benet Pauls Wharf）仅施以粉刷和镶板，丹麦人圣克莱蒙教堂（St Clements Danes）却饰以精美的灰泥装饰图案和木雕。至于平面形式最为简洁的教堂，除了阿布彻奇的圣玛丽教堂（St Mary AbChurch），还有格雷欣街的圣安妮-圣艾格尼斯教堂（St Anne and St Agnes Gresham Street）。前者仅仅在方形房间的上方安置一个穹顶，后者将质朴的十字拱安置于四根立柱之上。最丰富的空间设计当推沃尔布鲁克区的圣史蒂芬教堂（St Stephen Walbrook）。这座小建筑也是英格兰教堂史上最伟大的杰作之一。纵然是小之又小，雷恩却能够“螺蛳壳里做道场”，将众多的房间，包括形制单纯的中殿、侧廊、耳堂和圣坛，巧妙地囊括于一室。铺满了方格形藻井的中央穹顶坐落于八个半圆形拱门之上，将所有的元素整合成奇妙的一体。

雷恩在法兰西见识过一些带有穹顶的教堂。受此启发，长期以来他就设想着要在圣保罗大教堂采用类似的设计，即以八座拱门支撑起一座中央穹顶。1673年，经过许多不尽如人意的草图和模型尝试之后，他终于拿出一份可行的设计方案，为此还制作了一个6米长的“大模型”。教堂模型的平面为巨大的希腊十字形，在其西部伸出一条长臂，高耸于希腊十字平面正中的大穹顶，仅仅略小于圣彼得大教堂的穹顶。遗憾的是，决策者认为它过于创新，要求将平面形制从希腊十字修改为拉丁十字。其结果是，尽管最终落成的圣保罗大教堂（1675—1710年）依旧是英格兰最优秀的建筑之一，却属于某种妥协的产物。

圣保罗大教堂的室内庄严雅致。透过雷恩所偏爱的质朴的玻璃窗，日光如瀑倾窗而入，清辉满堂。大穹顶是整座教堂的重力中心，但与罗马圣彼得大教堂的做法有所不同，祭坛不再布置于教堂的中心，而是偏东。大穹顶由八根巨大的墩柱支撑，其跨度相当于中殿与侧廊宽度的总和——当是参照了雷恩所熟知的伊利大教堂的八边形十字交叉区。室内的穹顶呈半球形，其上方建造了一个圆锥体砖构架，以此支撑再往上的圆顶。室外的穹顶以木材为框架，再覆以铅皮，并通过一个带柱廊的鼓座，被高高地举起。为了防止结构移位，鼓座的底部围以铁链护驾。

大穹顶的外轮廓沉静、古典、优雅，不过其外墙的下半部分较为传统，略显平淡。环绕整座教堂的立面设计为两段式，带有盲窗的上段作为屏墙，以掩饰由于采用哥特式平面形制所导致的必要构件飞扶壁。为了让西立面的视觉效果不至于太过强烈，雷恩放弃了在西立面的门廊采用巨柱式。但不管如何，西端的两座塔楼无疑是他得意的灵感之作，双塔富丽堂皇的英式巴洛克风格是雷恩的独创。

作为国王的御用建筑师，雷恩在其漫长的一生中，奉旨完成了众多的大型项目，硕果累累、贡献良多。他最后的杰作是对格林尼治宫的改建（1696—1715年）。为此，他将之前好几位建筑师所设计的不同元素融合成一体，让整组建筑庄严、精美、有序。雷恩的重要地位不仅归功于他的建筑设计才华，还在于他处理问题的方式。与圣彼得大教堂的建造者们相比，圣保罗大教堂设计师所拥有的资源绝对是少之又少，而雷恩灵活、科学的思维方式，却让他能够更快地寻找到解决方案。自1642年伽利略过世以来，静力学就在持续发展。雷恩在这方面所拥有的知识，加上他了不起的数学天赋，让他能够精准地预算出建筑结构所承受的应力，这一点在雷恩之前无人能及。雷恩的设计让科学与技术走到了一起。

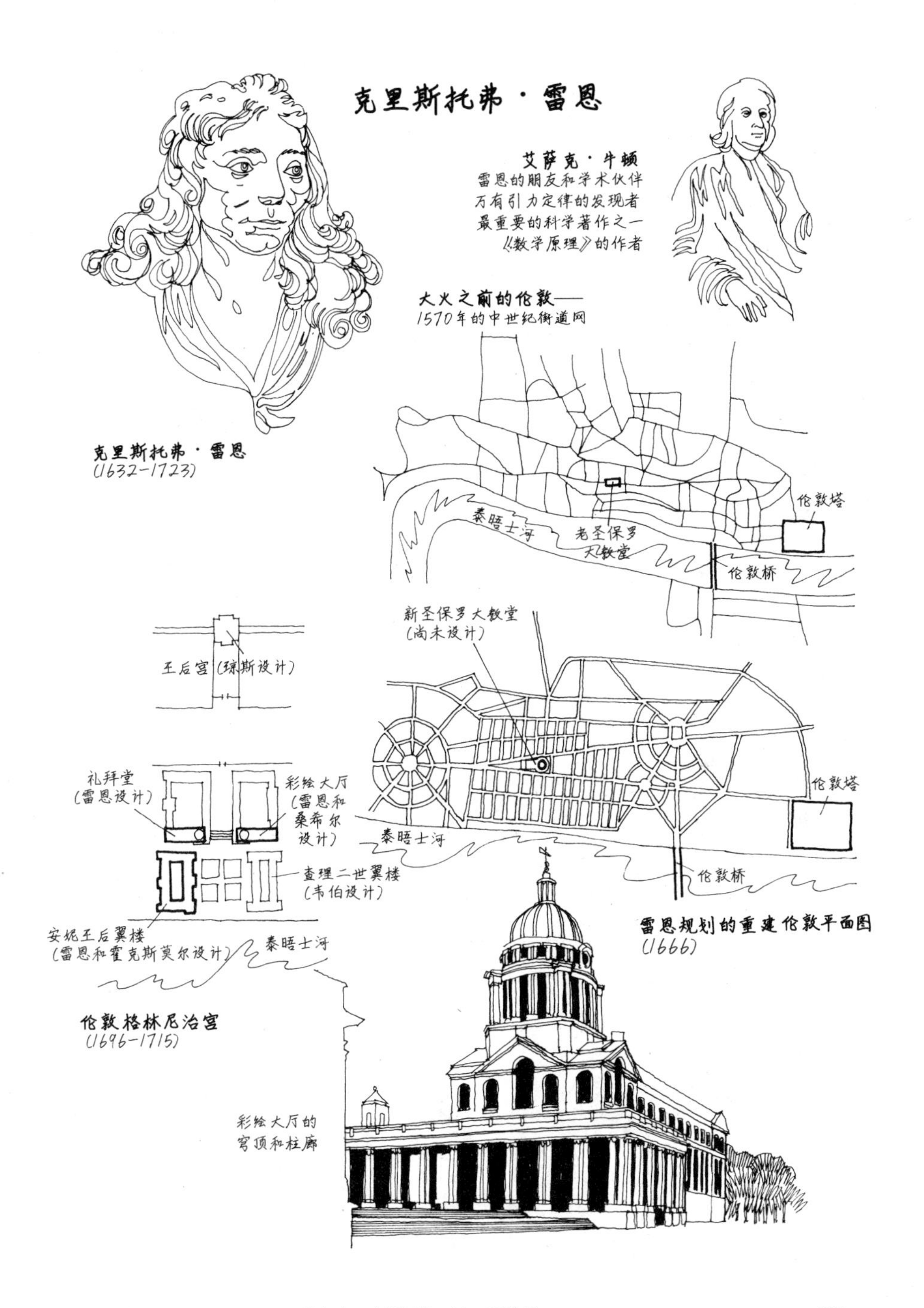
克里斯托弗·雷恩
艾萨克·牛顿
雷恩的朋友和学术伙伴
万有引力定律的发现者
最重要的科学著作之一
《数学原理》的作者
大火之前的伦敦——
1570年的中世纪街道网
克里斯托弗·雷恩
(1632-1723)
伦敦塔
泰晤士河
老圣保罗
大教堂
伦敦桥
新圣保罗大教堂
(尚未设计)
王后宫(琼斯设计)
礼拜堂
(雷恩设计)
彩绘大厅
(雷恩和
桑希尔
设计)
伦敦塔
泰晤士河
查理二世翼楼
(韦伯设计)
伦敦桥
安妮王后翼楼
(雷恩和霍克斯莫尔设计)
泰晤士河
雷恩规划的重建伦敦平面图
(1666)
伦敦格林尼治宫
(1696-1715)
彩绘大厅的
穹顶和柱廊

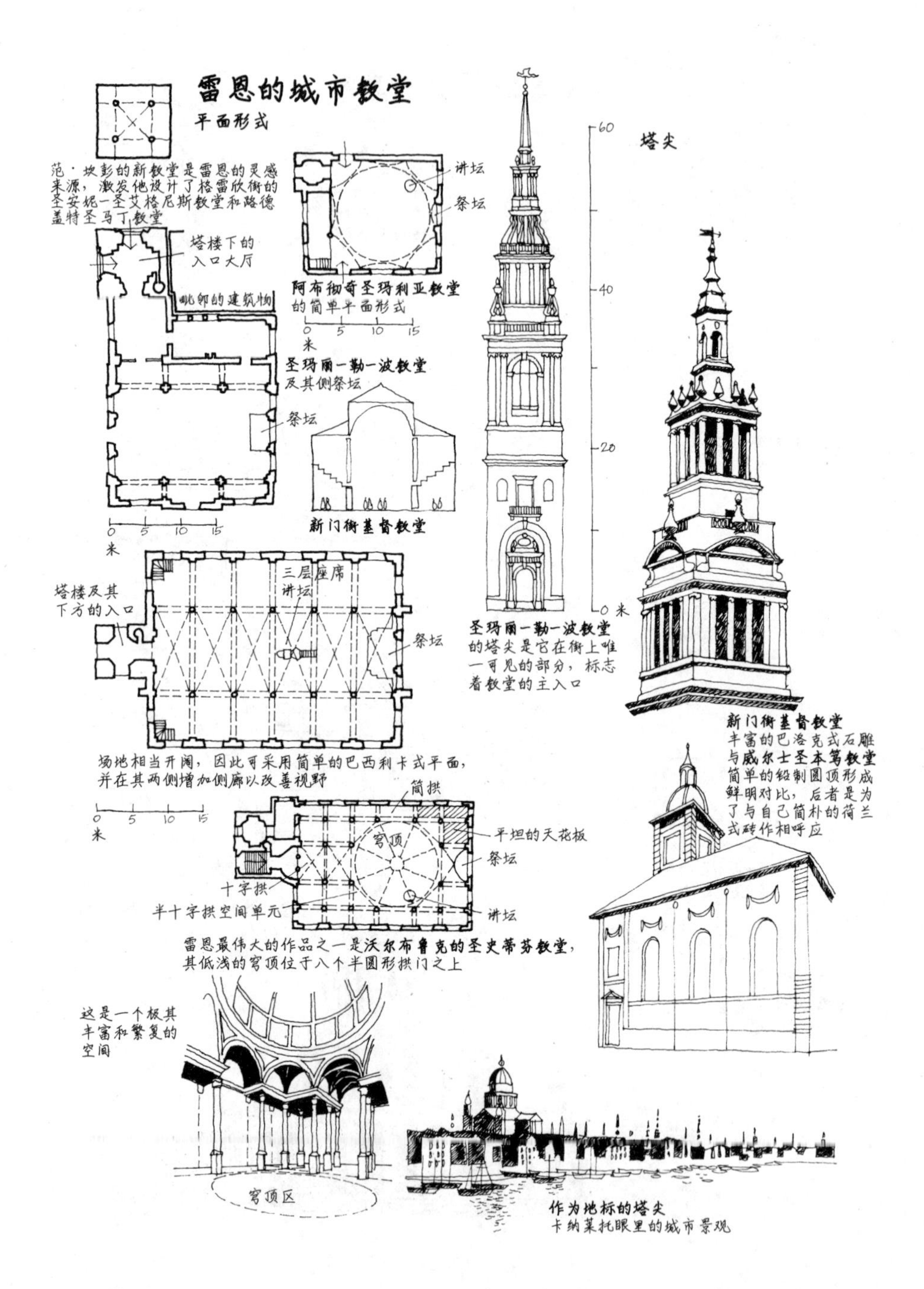
雷恩的城市教堂
平面形式
范·坎彭的新教堂是雷恩的灵感来源，激发他设计了格雷欣街的圣安妮—圣艾格尼斯教堂和路德盖特圣马丁教堂
讲坛
祭坛
阿布彻奇圣玛利亚教堂
的简单平面形式
0 5 10 15
米
塔楼下的
入口大厅
毗邻的建筑物
圣玛丽—勒—波教堂
及其侧祭坛
祭坛
新门街基督教堂
0 5 10 15
米
塔尖
60
40
20
0 米
圣玛丽—勒—波教堂
的塔尖是它在街上唯一可见的部分，标志着教堂的主入口
三层座席
讲坛
塔楼及其
下方的入口
祭坛
场地相当开阔，因此可采用简单的巴西利卡式平面，并在其两侧增加侧廊以改善视野
新门街基督教堂
丰富的巴洛克式石雕与威尔士圣本笃教堂简单的铅制圆顶形成鲜明对比，后者是为了与自己简朴的荷兰式砖作相呼应
0 5 10 15
米
筒拱
平坦的天花板
穹顶
祭坛
十字拱
半十字拱空间单元
讲坛
雷恩最伟大的作品之一是沃尔布鲁克的圣史蒂芬教堂，其低浅的穹顶位于八个半圆形拱门之上
这是一个极其丰富和繁复的空间
穹顶区
作为地标的塔尖
卡纳莱托眼里的城市景观

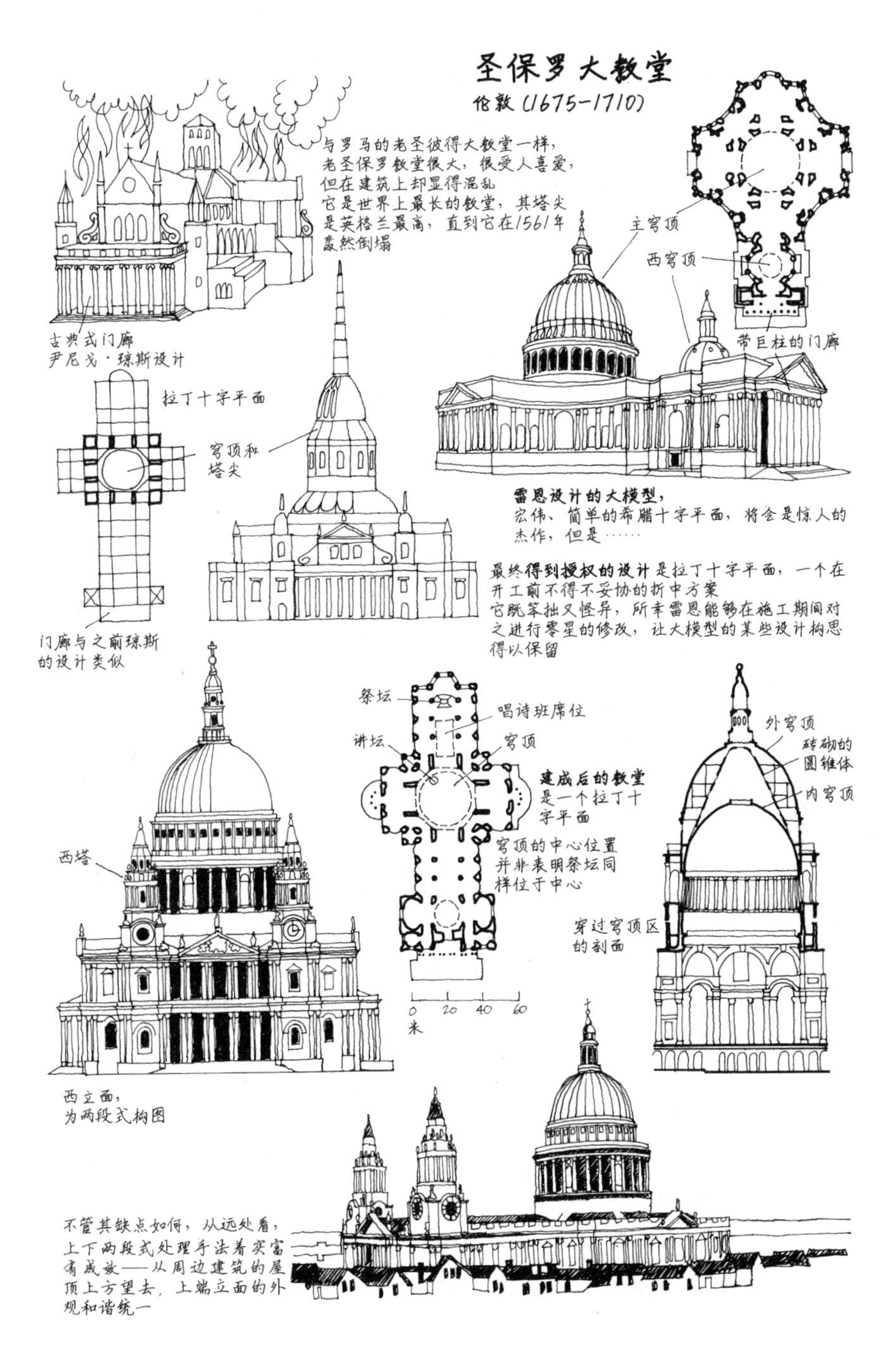
圣保罗大教堂
伦敦(1675-1710)
与罗马的老圣彼得大教堂一样，
老圣保罗教堂很大，很受人喜爱，
但在建筑上却显得混乱
它是世界上最长的教堂，其塔尖
是英格兰最高，直到它在1561年
轰然倒塌
古典式门廊
尹尼戈·琼斯设计
拉丁十字平面
穹顶和
塔尖
门廊与之前琼斯
的设计类似
主穹顶
西穹顶
带巨柱的门廊
雷恩设计的大模型，
宏伟、简单的希腊十字平面，将会是惊人的
杰作，但是……
最终得到授权的设计是拉丁十字平面，一个在
开工前不得不妥协的折中方案
它既笨拙又怪异，所幸雷恩能够在施工期间对
之进行零星的修改，让大模型的某些设计构思
得以保留
祭坛
唱诗班席位
讲坛
穹顶
建成后的教堂
是一个拉丁十
字平面
穹顶的中心位置
并非表明祭坛同
样位于中心
0 20 40 60
米
外穹顶
砖砌的
圆锥体
内穹顶
穿过穹顶区
的剖面
西塔
西立面，
为两段式构图
不管其缺点如何，从远处看，
上下两段式处理手法着实富
有成效——从周边建筑的屋
顶上方望去，上端立面的外
观和谐统一

第八章

双元革命：18世纪

作家布瓦洛（Boileau）说："笛卡尔切断了诗歌的咽喉。"显然，当笛卡尔思想自17世纪末到18世纪初席卷欧洲之际，如影相随的是一场思想变革。从前操控政治的宗教力量相对减弱，大众生活不再执着于理想主义而转为务实。各行各业，包括让布瓦洛感到不爽的表现艺术领域，也都在走向现实主义。因此，18世纪欧洲社会的主流是官僚阶层和专业人士，他们各自从事着本分的专职工作。而随着17世纪中叶以来欧洲人海上探险的时代行将结束，代之而起的是对新殖民地人民的剥削。中美洲种植园的产品和矿产品，美洲、澳洲和南非的畜牧业产品，加拿大和亚洲国家的服饰品，全都在源源不断地流向欧洲北部。

殖民地的社会体制大多僵化而专制。一些地区，如西印度群岛，完全依赖于奴隶制，其他地区，如新英格兰，则实行苛刻的平均主义。有些时候，就像西班牙控制美洲那样，宗主国将自己的文化强加给殖民地，一切事务统统由教会和官僚机构严格把控。长期以来，土著人民缺乏自己的文化创造性。直到18世纪末，直至西班牙裔的美洲中产阶级奋起挑战旧日的西班牙贵族制之际，北美的土著人尚未取得文化上的重大成就，他们不能与受过良好教育的西班牙裔美洲人相提并论——即使到了1800年，整个美洲仍然只有墨西哥城一枝独秀。好在北美的文化多样性，倒也让当地的社区拥有某种独特的潜力，蓄势待发。所谓文化多样性指的是：在新英格兰各州紧密团结的清教徒团体，主导东部海港的欧洲裔商人阶级，西部更自由更富于开创性的社群。由此带来的政治自由、思想自由（包括宗教信仰自由），以及提升社会阶层的机遇，在当时的欧洲做梦也想不到。

建于17世纪中叶的墨西哥城大教堂占地大约60米×120米，气势宏伟。其巨大的宽度、带有双塔的西立面、位于中轴线上的中央门廊等风貌，让人联想起中世纪的西班牙大教堂。但是，墨西哥城大教堂的细部处理古典而内敛，与美洲殖民地上的其他西班牙式教堂形成了鲜明对比。后者让银匠式装饰风再次找到用武之地。如墨西哥圣克里斯托巴尔的圣多明戈教堂（the Church of Santo Domingo，San Christobal，1700年），虽是以当地的建筑材料建造，表现的却是宗主国的建筑风格。又如墨西哥的奥科特兰圣堂（The Santuario de Ocotlán，1745年），由土生土长的雕塑家弗朗西斯科·米格尔（Francisco Miguel）设计，白色拉毛粉饰与深色瓷砖的对接，工艺复杂而精美。

北美的建筑则较为内敛，之所以如此，不仅因为当地的居民主要是清教徒，还因为其建筑风格的来源地欧洲北部正进入一个理性而克制的时期。在美洲东北部的一些州，房屋大致遵循了17世纪晚期英格兰或荷兰的建筑风格，不过多已转换成木结构。马萨诸塞州托普斯菲尔德的卡彭牧师住宅（Capen House，1683年）当为同类中的佼佼者。此等小型住宅一般都是以木头为架，再在四周贴上横向的护墙板，屋顶覆以瓦楞式木制瓦片。规模较大一些的住宅大多以砖块砌筑。弗吉尼亚州查尔斯城的韦斯托弗庄园府（Westover，1730年）便是如此。这是一栋两层高形式精美的建筑，四坡式屋顶上开有老虎窗。不论从建筑设计还是从建造工艺层面，韦斯托弗庄园府都可以与其所效仿的英格兰住宅相媲美。更南边的北美建筑，在沿袭欧洲北部的建筑风格时，就必须要做些调整，以适应本地的亚热带气候。以南卡罗来纳州的德雷顿庄园府（Drayton Hall，1738年）为例，从风格上看基本属于

16世纪的拉丁美洲
墨西哥城
哈瓦那
圣多明戈
基多
利马
圣萨尔瓦多
圣克鲁斯
以葡萄牙语为主
以西班牙语为主
布宜诺斯艾利斯
圣地亚哥
为拉丁美洲殖民风格提供参考的西班牙实例
圣地亚哥-德孔波斯特拉大教堂立面(1738)和……
……格拉纳达加尔都西会修道院圣堂(1727)充满活力的晚期巴洛克风格
利马大教堂
初建于1543年，但在一次地震后重建，保持了16世纪相对简约的风格
墨西哥城大教堂
(1563-1667)
西班牙式文艺复兴的古典主义与后来的巴洛克风格相结合
墨西哥的奥科特兰圣堂
(1745)
拥有丰富的巴洛克式细节
墨西哥
圣克里斯托巴尔-德拉斯卡萨斯的
圣多明戈教堂
(1700)
以当地的建造方法和材料重新诠释的西班牙风格
殖民时期的拉丁美洲

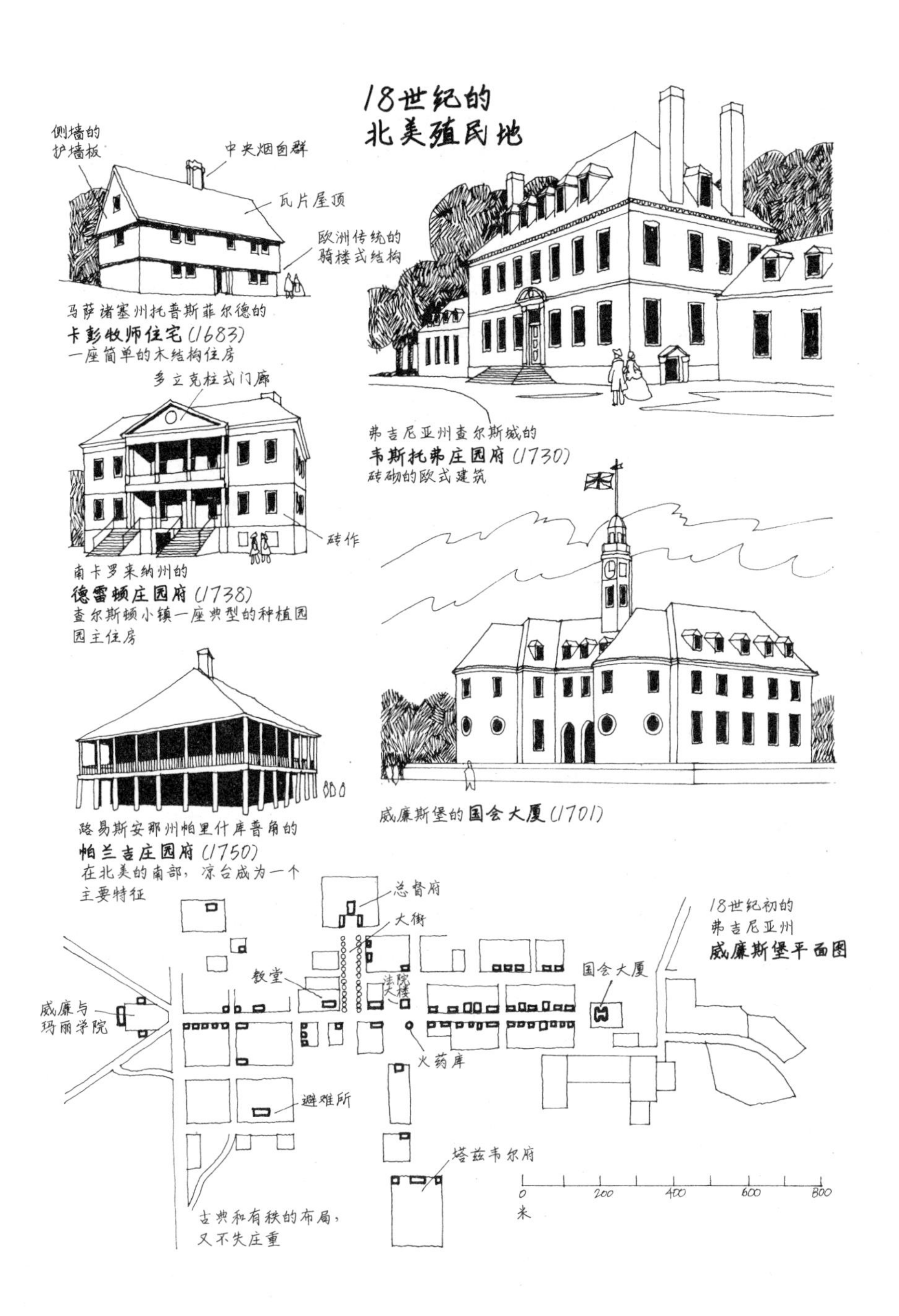
18世纪的
北美殖民地
侧墙的
护墙板
中央烟囱群
瓦片屋顶
欧洲传统的
骑楼式结构
马萨诸塞州托普斯菲尔德的
卡彭牧师住宅(1683)
一座简单的木结构住房
多立克柱式门廊
砖作
南卡罗来纳州的
德雷顿庄园府(1738)
查尔斯顿小镇一座典型的种植园
园主住房
路易斯安那州帕里什库普角的
帕兰吉庄园府(1750)
在北美的南部，凉台成为一个
主要特征
弗吉尼亚州查尔斯城的
韦斯托弗庄园府(1730)
砖砌的欧式建筑
威廉斯堡的国会大厦(1701)
总督府
大街
教堂
法院
大楼
国会大厦
威廉与
玛丽学院
火药库
避难所
塔兹韦尔府
18世纪初的
弗吉尼亚州
威廉斯堡平面图
0
200
400
600
800
米
古典和有秩的布局，
又不失庄重

英式，但为了适应炎热的天气，该府邸加建了一座与主体建筑等高的双层门廊，以用作凉台。再往南的北美大地上，凉台成为住宅建筑的主要特征。如路易斯安那州帕里什库普角的帕兰吉庄园府（Parlange，1750年），其主体四周环绕着上下两层的开敞式凉台廊道，从而为各个房间提供通道和通风。

北美的新教教堂设计大多借鉴了雷恩及其追随者的手法，但在建造时常常改为木结构，不再是雷恩所采用的砖石砌筑，算是对雷恩语汇的重组吧。南卡罗来纳州查尔斯顿（Charleston）的圣米迦勒教堂（1752年）即为这种改编的代表作。在弗吉尼亚州的威廉斯堡（Williamsburg），亦可看到很多优秀实例。迄今，这座殖民时期建造的小镇保存得相当完好，可谓一座鲜活的历史建筑博物馆。除了教堂，那里还有不少其他佳作，如威廉与玛丽学院（William and Mary College，1695年），其主要构成为中央主体外加两侧的翼楼。又如总督府（Governor's Palace，1706年）和优美的国会大厦（Capitol Building，1701年），二者的平面均呈H形，中央主体建筑的屋顶上，均建有一座瘦削高耸的钟楼。当然，最出色的建筑是宾夕法尼亚州费城的州议会大楼（State House，Philadelphia，1731年）[①]。砖砌石饰的公共建筑群庄重均衡，中央主楼之上同样建有一座宏伟的钟楼，钟楼之巅有一个开敞式圆顶。

随着美洲土著印第安人对殖民者的抵抗被逐渐压制，加上法兰西于1756—1763年间在加拿大战场上的溃败，驻扎于北美殖民地的英军便成了当地人的一种负担，美洲向伦敦缴纳的税款也显得不合情理，而英国的时任执政党保守党却坚守自己在殖民地的威权，让越来越多的人心生怨恨，生活在大西洋两岸的资产阶级活动家们一个个摩拳擦掌，要结束这旧式的贵族统治。

旧式的贵族统治在法兰西依旧稳固，无人能出其右，路易十四的

① 今作为美国独立纪念馆。——译注

宫廷显然已主宰了整个欧洲。但在文化上，欧洲实现了自13世纪以来就未有过的团结。各地的统治阶级之间也达成了某种默契：必须找到一种可行的统治方式，以保住手中的威权，维持现状。为了维持社会稳定，为了避免已然发生于英国的革命，即便最为独裁的波旁王朝，亦开始依赖起盘根错节的政治联盟和刻板的官僚体制。

在艺术上，法兰西出现了一种内敛平和的古典主义，以迎合这个实用主义时代。其典型代表作可能是凡尔赛宫的小特里亚农宫（Petit Trianon）。那是一栋建于凡尔赛宫花园的小型独立式住宅，由建筑师A.-J. 加布里埃尔（Ange-Jacques Gabriel）于1762年为路易十五的情妇蓬帕杜夫人设计。三层高的建筑以蜂蜜色石头建造，其细部造型简约，格调静雅，精工细作。对比之下，在法兰西东北摩泽尔地区南锡（Nancy）市中心，一组建于同时期的公共建筑同样内敛，但细部略显繁复。它们由G. 勃夫杭（Germain Boffrand）和E. 德·科尼（Emmanuel de Corny）合作设计，于1757年完工，主要由三个相连的广场组成。广场的规模和形状各有千秋，四周的公共建筑优雅、内敛、古典。

17世纪末到18世纪初，法兰西最富于代表性的建筑是城镇住宅或者说豪华府邸。它们都是由富裕贵族和资产阶级建造，通常位于房屋密集、场地狭窄的地段，因而在平面布局上比同时期的英格兰住宅更富于创意。当然，对后者而言也无此必要。城镇住宅中规模较大者，通常以一座荣誉庭院作为入口，后部带有花园。规模较小者则只有一个三边布满建筑的小型入口庭院。巴黎的德·博韦府（Hôtel de Beauvais，1656年），便是经由一条狭窄、两侧挤满了商铺的通道方才进入一个庭院，庭院周边簇拥着紧凑的住宅。稍后建造的巴黎马提翁府（Hôtel de Matignon，1721年），属于规模较大的一类，它既有前庭亦有后花园。但因为逼仄场地的限制，从府邸通往后花园的出口与府邸前庭的大门不能位于同一轴线上。所幸，建筑师巧妙地利用了方位上的变化，对府邸布局做出了明智的规划。

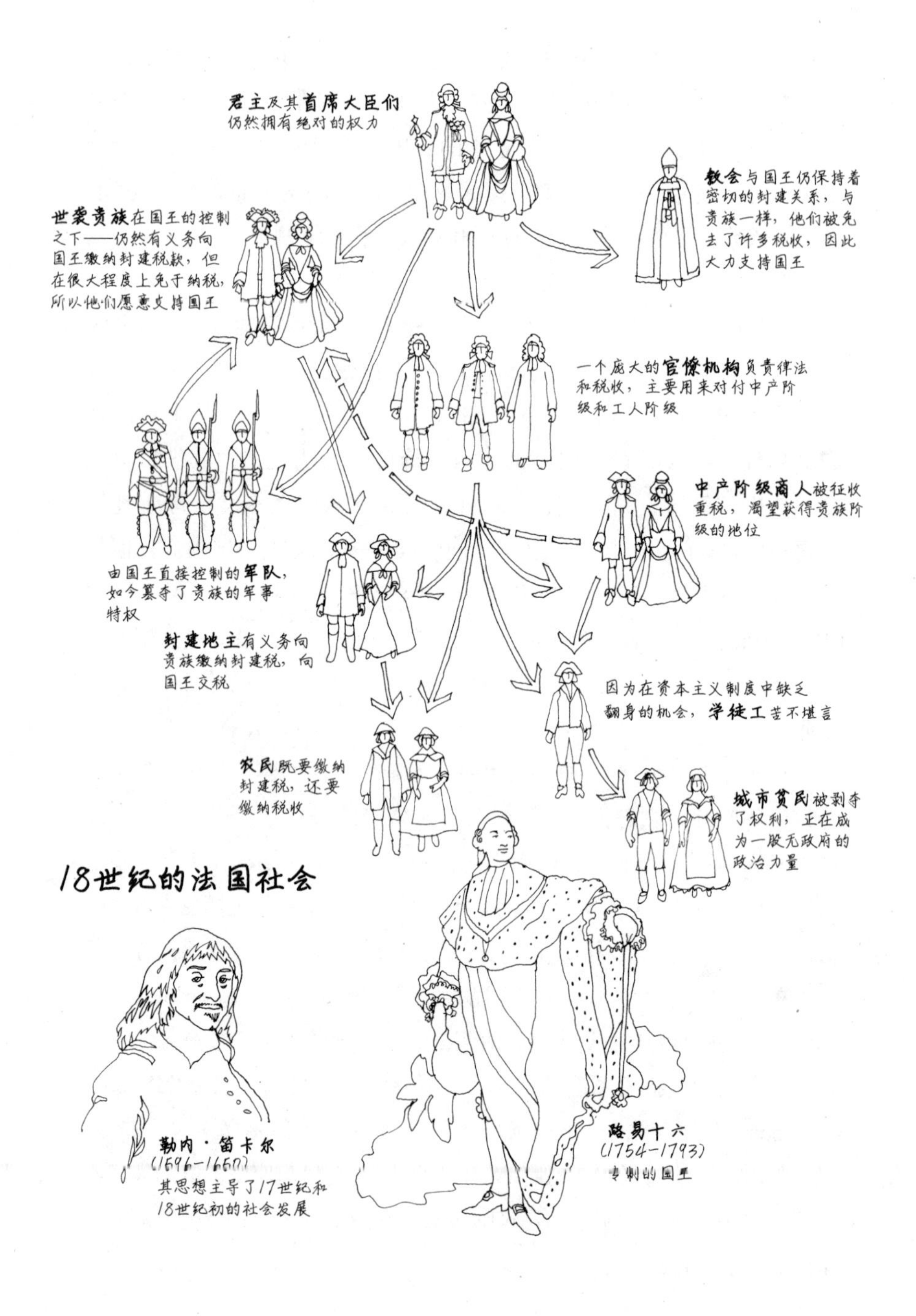
君主及其首席大臣们
仍然拥有绝对的权力
教会与国王仍保持着密切的封建关系，与贵族一样，他们被免去了许多税收，因此大力支持国王
世袭贵族在国王的控制之下——仍然有义务向国王缴纳封建税款，但在很大程度上免于纳税，所以他们愿意支持国王
一个庞大的官僚机构负责律法和税收，主要用来对付中产阶级和工人阶级
中产阶级商人被征收重税，渴望获得贵族阶级的地位
由国王直接控制的军队，如今篡夺了贵族的军事特权
封建地主有义务向贵族缴纳封建税，向国王交税
因为在资本主义制度中缺乏翻身的机会，学徒工苦不堪言
农民既要缴纳封建税，还要缴纳税收
城市贫民被剥夺了权利，正在成为一股无政府的政治力量
18世纪的法国社会
勒内·笛卡尔
(1596-1650)
其思想主导了17世纪和18世纪初的社会发展
路易十六
(1754-1793)
专制的国王

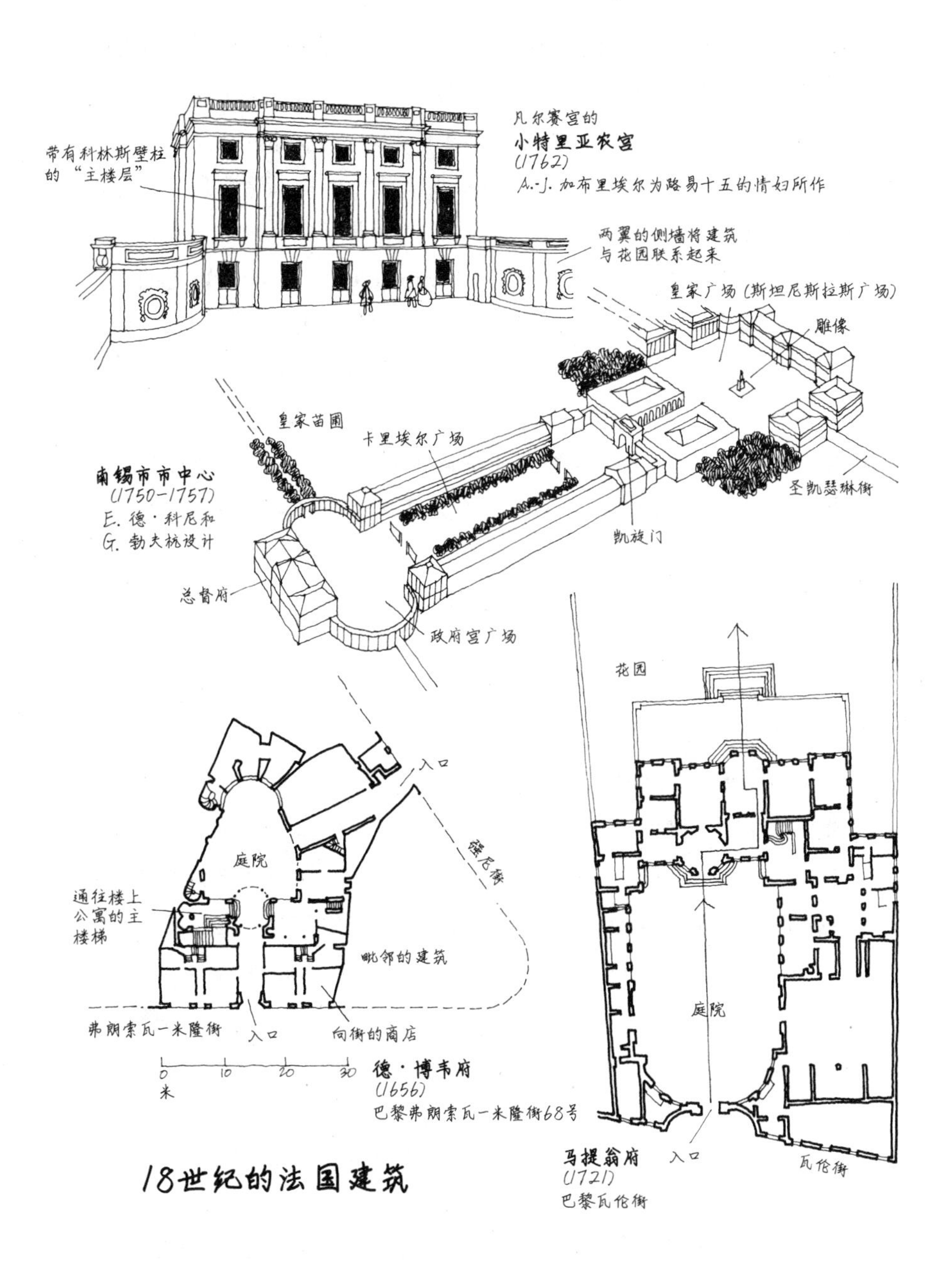

凡尔赛宫的
小特里亚农宫
(1762)
A.-J. 加布里埃尔为路易十五的情妇所作
带有科林斯壁柱的"主楼层"
两翼的侧墙将建筑与花园联系起来
皇家广场(斯坦尼斯拉斯广场)
雕像
皇家苗圃
卡里埃尔广场
南锡市市中心
(1750–1757)
E. 德·科尼和G. 勃夫杭设计
圣凯瑟琳街
凯旋门
总督府
政府宫广场
花园
入口
强尼街
庭院
通往楼上公寓的主楼梯
毗邻的建筑
弗朗索瓦一米隆街
入口
向街的商店
0 10 20 30
米
德·博韦府
(1656)
巴黎弗朗索瓦一米隆街68号
庭院
马提翁府
(1721)
巴黎瓦伦街
入口
瓦伦街
18世纪的法国建筑

这个时期的住宅室内，通常采用一种称为“贝壳工艺”（*rocaille*）的尖矛状装饰物。“洛可可”（rococo）一词便是由此而来。洛可可建筑的内墙和天花板，一般装饰着抽象的和不对称的涡卷或曲线状镀金石膏花纹，与玻璃镜、精美的壁画等元素，共同营造出优雅轻盈之感。巴黎苏比兹府（Hôtel de Soubise，1706年）的室内装饰，还有凡尔赛宫路易十五公寓（Louis XV's apartments，1753年）繁复的曲线状装饰，均为洛可可风格的典型代表。前者由勃夫杭设计，后者由雅克·韦伯克特（Jacques Verberckt）操刀。显然，创意大胆而庄重的巴洛克式风格已转化为一种更为旖旎、优雅却显得有些轻浮的新形式。布歇（Boucher）和弗拉戈纳尔（Fragonard）等艺术家绘制的肖像画和插图，常常成为洛可可风格的体现。画面上，贵族们身着华服、姿态优雅，乐师们在林间小道上激情演奏，再配上些许富于古典之美的人物，合起来就仿佛奥维德《变形记》（*Metamorphoses*）中的场景再现。

在德意志选帝侯国和公国的宫廷，人们对法兰西式礼仪亦步亦趋，然而他们的建筑却受到其他地区的影响。特别是在与意大利交往较多的南部，晚期巴洛克式建筑如雨后春笋般冒了出来，建筑的设计手法更接近瓜里尼而非效仿加布里埃尔。圣本笃会的梅尔克修道院（Monastery of Melk，1702年）沿袭了西班牙式巴洛克风格，带有穹顶和双塔的建筑群精美而丰富。该修道院位于奥地利境内多瑙河沿岸的一座山顶上，由建筑师雅各·普兰道尔（Jacob Prandtauer）设计。克里斯托弗·迪恩芩霍夫（Christoph Dientzenhofer）设计的布拉格布雷诺夫修道院（Brevnov Minastery，1710年），虽说装饰不多，却同样是一座充斥着曲线形态的巴洛克式建筑。

同时期在巴伐利亚建造的一些教堂则较为张扬。虽说它们依旧带有巴洛克式特征，如曲线造型和互相渗透的空间，其间的洛可可式华丽装饰和彩绘图案却是极尽繁缛，几乎是铺天盖地。特里尔的圣保林教堂（St Paulin Church，1732年），还有慕尼黑的内波穆克圣约翰教堂

（St Johann-Nepomuk，1733年）均是如此，华丽多彩。前者由出生于波希米亚的巴尔塔萨·纽曼（Balthasar Neumann，1687—1753年）设计，后者由阿萨姆兄弟（brothers Asam）设计，二者在空间设计上还算简洁。稍晚建造的奥托贝伦修道院教堂（Abbey Church of Ottobeuren，1748年），还有十四圣徒朝圣教堂（Vierzehnheiligen，1744年）却不仅装饰华丽，且极尽空间设计之繁复。奥托贝伦修道院教堂由德意志建筑师J. M. 菲舍尔（Johann Michael Fischer，1692—1766年）设计。十四圣徒朝圣教堂同样由纽曼设计，其中殿为两个毗邻的椭圆形空间，圣堂也是椭圆形的，两侧分别是向外凸出的椭圆形耳堂。十字交叉区——集中式教堂的核心空间——沦为四大空间之间的接点。作为教堂核心的圣物（为十四位圣徒精心打制的祭坛）便只能安置到中殿。教堂的室内充满了生机勃勃的洛可可式装饰——植被、水果、贝壳图案、不对称的涡卷和曲线形花饰等——无视建筑的规则，自由地缠绕于立柱与檐口之间，将建筑、雕像与屋顶天花板上的画作融为辉煌的一体。

在俄罗斯，法兰西对沙皇宫廷成员和上流社会的影响同样反映到他们的建筑上。在芬兰湾，彼得大帝下令建造的夏宫中的彼得霍夫宫（Peterhof Palace）便是由法兰西人让-巴蒂斯特·勒·布隆（Jean-Baptiste Le Blond，1679—1719年）设计，以作消暑之用。布隆是彼得大帝的“御用”建筑师，也是彼得堡的总规划师。彼得霍夫宫后来又得到扩建，“操刀手”是意大利建筑师弗朗切斯科·拉斯特雷利（Francesco Rastrelli，1700—1771年）。三层高的中央大楼两侧各带有一栋翼楼，宏伟壮观的花园里，大手笔设计的喷泉与瀑布洋洋洒洒，显然效仿了凡尔赛宫。拉斯特雷利曾经在法兰西深造，他为俄罗斯女皇伊丽莎白·彼得罗夫娜（Elizabeth Petrovna）设计的宫殿，同样很容易让人联想到凡尔赛宫，但在细部上添加了俄罗斯风格。拉斯特雷利设计生涯中最重要的建筑有二：一是沙皇村作为夏居的叶卡捷琳娜宫（Ekaterininsky Palace，Tsarskoe Seloe，1749年）；二是彼得堡涅瓦

中欧的巴洛克建筑

奥地利，山顶上的
梅尔克修道院
普兰道尔设计（1702）
“从岩石间升起……仿佛天国荣耀的幻影”

布拉格
布雷诺夫修道院
迪恩岑霍夫设计（1710）
最肃穆的巴洛克风格

十四圣徒祭坛

巴伐利亚
奥托贝伦修道院教堂
J. M. 菲舍尔设计（1748）
装饰作为一个统筹全局的元素

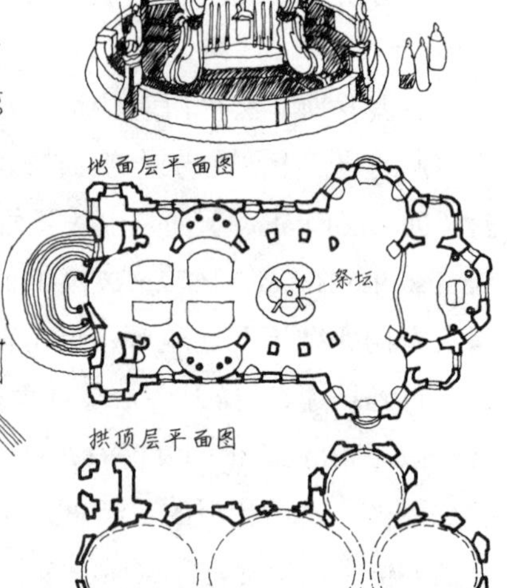

巴伐利亚
十四圣徒朝圣教堂
纽曼设计（1744）

0 10 20 30 40 50
米

帝国时期的圣彼得堡

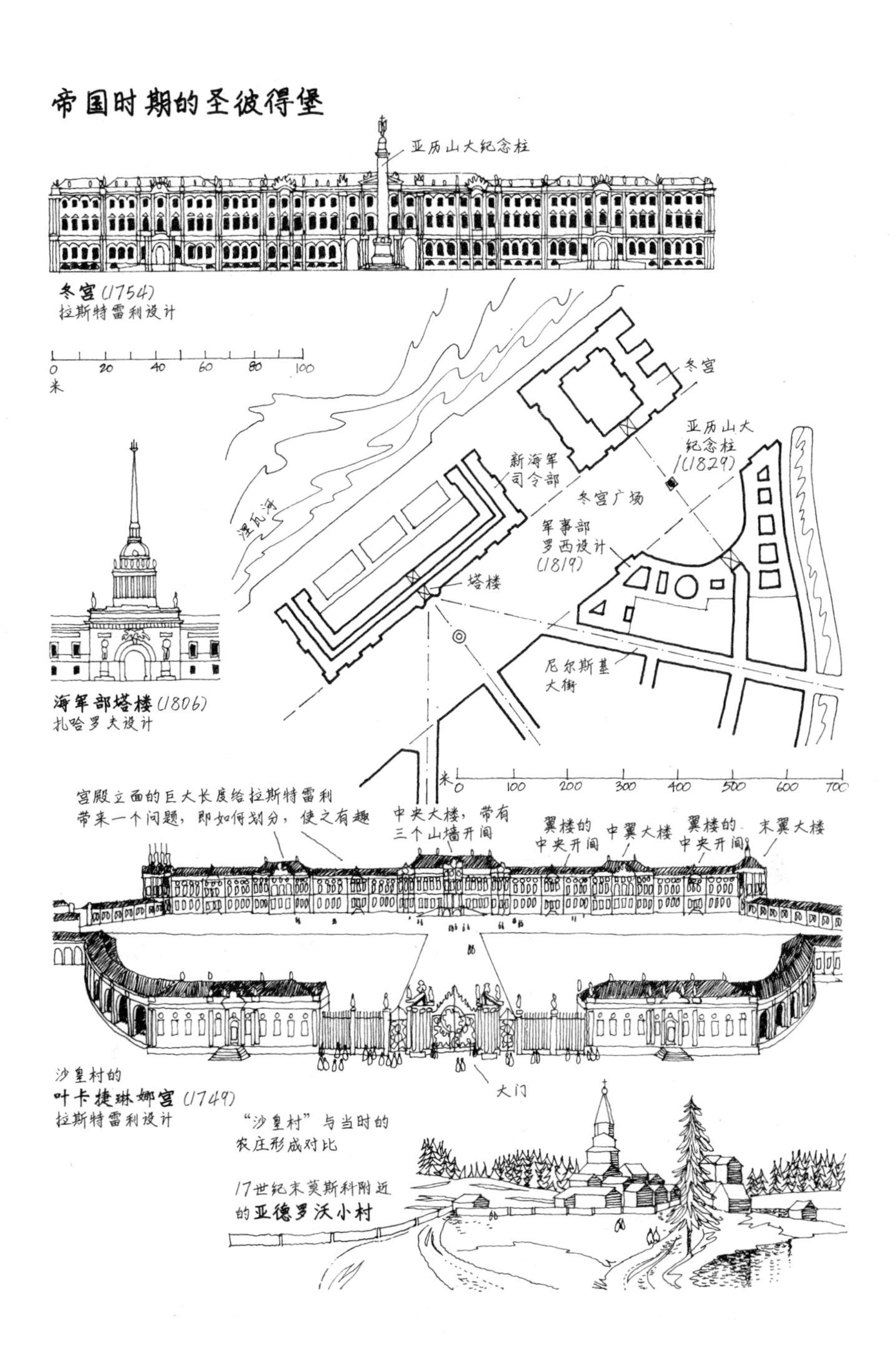

亚历山大纪念柱
冬宫(1754)
拉斯特雷利设计
0 20 40 60 80 100
米
冬宫
亚历山大
纪念柱
(1829)
新海军
司令部
涅瓦河
冬宫广场
军事部
罗西设计
(1819)
塔楼
尼尔斯基
大街
海军部塔楼(1806)
扎哈罗夫设计
米 0 100 200 300 400 500 600 700
宫殿立面的巨大长度给拉斯特雷利
带来一个问题，即如何划分，使之有趣
中央大楼，带有
三个山墙开间
翼楼的
中央开间
中翼大楼
翼楼的
中央开间
末翼大楼
大门
沙皇村的
叶卡捷琳娜宫(1749)
拉斯特雷利设计
“沙皇村”与当时的
农庄形成对比
17世纪末莫斯科附近
的亚德罗沃小村

河上的冬宫（Winter Palace，1754年），两者带有许多共同特征：均采用了巨柱式，以宽阔的前立面作为建筑的主要特征——夏宫的立面宽达300米——均充满了色彩鲜艳和细致精美的装饰。冬宫附近还有一组拉斯特雷利最精致的作品——斯莫尔尼修道院（Smolny Convent，1745年），其中心处为一座大教堂，四周是一方庭院和几间附属性房屋。虽说建筑的名字是修道院，这里却完全没有修道院的清规戒律。大教堂的平面布局继承了拜占庭传统的集中式形制，然而细节上全部采用了巴洛克式装饰和靓丽的色彩。屋顶上有若干座洋葱状穹顶，各自矗立在几座更大一些的巴洛克式穹隆之上。

乔治王时期的英国

18世纪，四大列强开始在政治上主宰欧洲。四中有三推行的是君主专制：一是罗曼诺夫王朝（Romanovs）统治下的俄罗斯，它正在向芬兰、波兰和克里米亚推进强权；二是霍亨索伦王朝（Hohenzollerns）统治下的普鲁士，其强权已开始控制奥地利以及说德语的其他地区；三是波旁王朝统治下的法国，它不仅继续保持自己主宰欧洲的实力，还在向海外大力扩张殖民地。

第四大列强便是英格兰。英格兰的光荣革命让议会稳稳地登上了政治舞台，确认了资产阶级（财产所有者）参政的资格。看着在英国的同类，由波旁王朝控制的法国和继续受教会主宰的其他国家的资产阶级唯有羡慕了。理论上，在满足民众需求方面，议会制比法国刻板的官僚体制要灵敏得多。现实中，从议会制获益的人群扩大到商人、种植园主、奴隶贩子、农场主和棉花大亨等等。因此，英国资产阶级所享有的特权和地位高于其他地区。

在法国，跻身于贵族之列是成功商人的梦想。英国的情形却恰恰相反，此地的贵族阶层与意大利文艺复兴时期的贵族一样，只有经商让他们乐此不疲。在法国，游手好闲的贵族挥霍无度，坐吃山空；而在英国，贵族们通过储蓄，把资金积攒了起来。结果是，17世纪到18世纪期间，英国的经济以惊人的速度增长。在国际上，它确保了自己的强国地位，在国内，其政府机构的威权得到巩固。英国17世纪的一些主要建筑工程——如格林尼治宫——都是皇家的委托。用于建造圣保罗大教堂和其他城市教堂的税款，也都是由国王征收。但到了18世纪，一群新的赞助人脱颖而出，他们是新型的地主和成功的商人。此时的宫殿已是这些人的属地。

牛津郡的布莱尼姆宫（Blenheim Palace，1704年）是这个国家送给一位战斗英雄的谢礼。英雄即第一代马尔伯罗公爵，宫殿的设计人是约翰·范布勒（John Vanbrugh，1664—1726年）。与此同时，范布勒还在忙于设计另一享有宫殿规格盛名的住宅——约克郡的霍华德城堡（Castle Howard，1699年），这是他通过社会关系而得手的项目。范布勒没有接受过任何建筑设计方面的正规培训，其早期的成名作主要是剧本，诸如《故技重演》（*The Relapse*）和《河东狮吼》（*The Provok'd Wife*）等，但这位剧作家拥有丰富的建筑设计想象力。当他获得皇家测量师的任命并成为大建筑师雷恩的助手时，此等丰富的想象力让他为自己的职业发展确定了方向。布莱尼姆宫、霍华德城堡，还有他后来在诺森伯兰郡设计的西顿·德拉瓦尔庄园（Seaton Delaval Hall，1720年），都迥异于当时盛行于英格兰的建筑形式。它们高大雄伟、结实厚重和极富戏剧性，却又故意让某些部分显得不怎么协调。此等做法让那些追求纯粹古典主义的同行深感不满。然而事实上，范布勒的设计作品却是英式巴洛克建筑中为数不多的佳作之一，它们在风格上高度个性化，几无先例可循——只是那种以荣誉庭院为中心的总体布局，多少有些类似于17世纪的法兰西豪华府邸。

范布勒逍遥于当时风靡英国的建筑思潮之外。后者主张复兴内敛而沉稳的帕拉弟奥式建筑风格，追求纯正的古典式样。肯特郡的梅瑞沃斯城堡庄园（Mereworth Castle，1722年）差不多是帕拉弟奥的圆厅别墅不折不扣的复制品：同样带有正方形平面，四个立面的前方同样

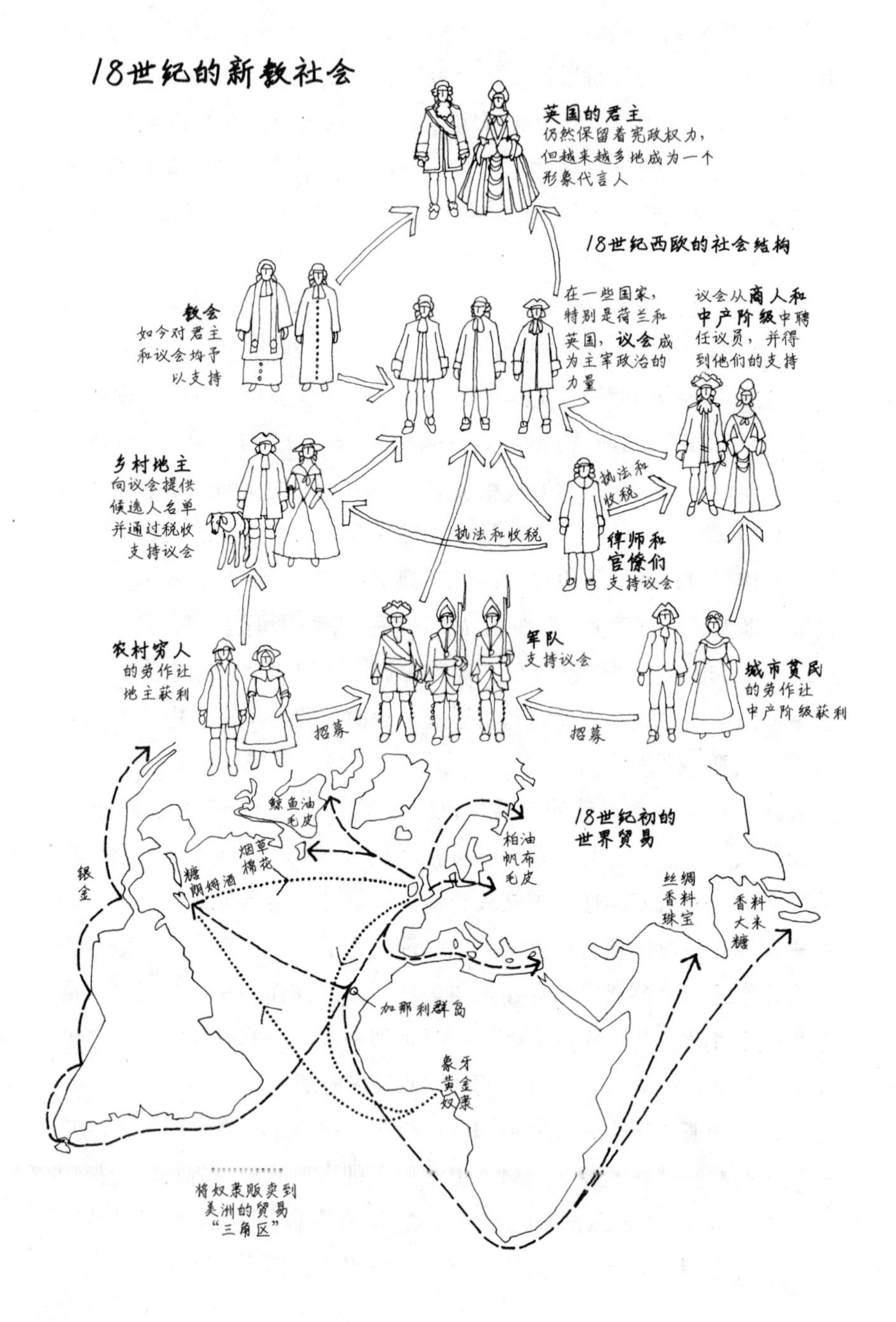
18世纪的新教社会
英国的君主
仍然保留着宪政权力，
但越来越多地成为一个
形象代言人
18世纪西欧的社会结构
教会
如今对君主
和议会均予
以支持
在一些国家，
特别是荷兰和
英国，议会成
为主宰政治的
力量
议会从商人和
中产阶级中聘
任议员，并得
到他们的支持
乡村地主
向议会提供
候选人名单
并通过税收
支持议会
执法和
收税
执法和收税
律师和
官僚们
支持议会
农村穷人
的劳作让
地主获利
军队
支持议会
城市贫民
的劳作让
中产阶级获利
招募
招募
鲸鱼油
毛皮
18世纪初的
世界贸易
烟草
棉花
糖
朗姆酒
柏油
帆布
毛皮
银
金
丝绸
香料
珠宝
香料
大米
糖
加那利群岛
象牙
黄金
奴隶
将奴隶贩卖到
美洲的贸易
“三角区”

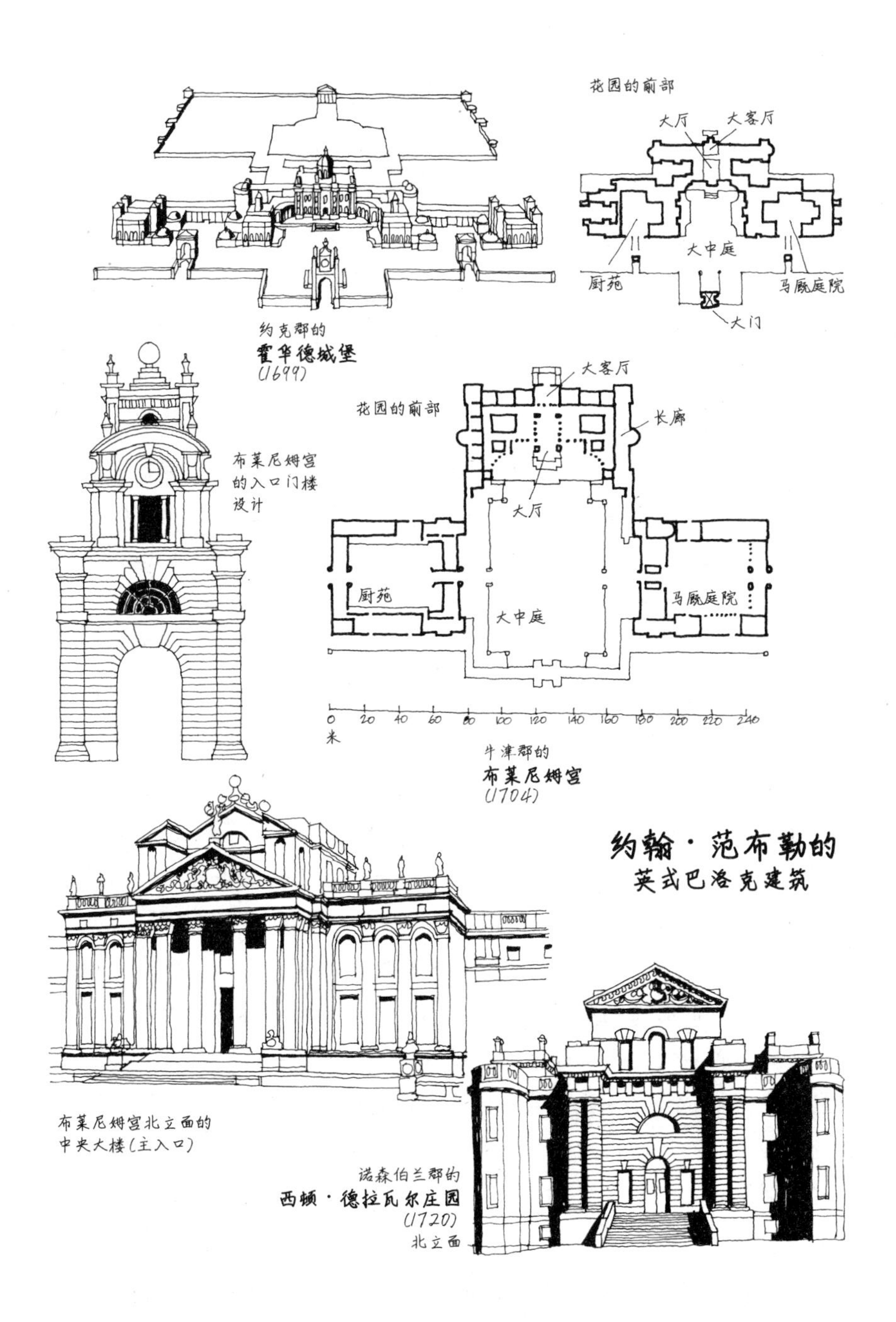
花园的前部
大厅
大客厅
大中庭
厨苑
马厩庭院
大门
约克郡的
霍华德城堡
(1699)
大客厅
花园的前部
长廊
大厅
布莱尼姆宫
的入口门楼
设计
厨苑
马厩庭院
大中庭
0
20
40
60
80
100
120
140
160
180
200
220
240
米
牛津郡的
布莱尼姆宫
(1704)
约翰·范布勒的
英式巴洛克建筑
布莱尼姆宫北立面的
中央大楼(主入口)
诺森伯兰郡的
西顿·德拉瓦尔庄园
(1720)
北立面

各建有一座古典式门廊，位于建筑中心部位的圆厅上同样带有一座圆顶。梅瑞沃斯城堡庄园的设计人是苏格兰建筑师科伦·坎贝尔（Colen Campbell），此君也是《维特鲁威在不列颠》（*Vitruvius Britannicus*）一书的作者。他设计的这座府邸，尽管带有浓郁的学者气质亦颇富魅力，却未必适合英格兰的气候。伦敦的奇斯威克府（Chiswick House，1725年）采用了类似的风格，拥有正方形平面和一座圆顶，但圆顶位于鼓座之上，大厅的采光来自开设于鼓座四周的天窗，并且只建造了一座门廊。其设计人是建筑票友伯林顿公爵（Lord Burlington）和他的建筑师同行威廉·肯特（William Kent，1685—1748年）。肯特是琼斯建筑作品最忠实的追随者，也是18世纪帕拉弟奥复兴运动的主要推手。他最宏伟的建筑作品是诺福克郡的霍尔克姆府（Holkham Hall in Norfolk，1734年），由他与当地建筑师马修·别廷翰（Matthew Brettingham）合作建成，后者却想把作品归入自己一人名下。那是一组宏伟庄重的对称式建筑，中央主体的四周带有四栋造型相似的翼楼，朴实的立面和四平八稳的规则式构图，使其堪称最严谨、最富于学者气息的帕拉弟奥式建筑。

大型帕拉弟奥式府邸一个不可或缺的部分便是花园。18世纪英国花园的特色风格由肯特首创，并通过其助手"万能的"布朗（"Capability" Brown，1716—1783年）发扬光大。此等风格与勒诺特的做派截然相反，它没有采用强加于自然并重构自然的规则式布局，而是试图以一种灵活巧妙的方式改善和美化自然景观。花园广阔的草坪、浓密而低矮的落叶树丛、弯曲的小径以及观感自然的湖泊，就仿佛舞台背景，为人工建造的观赏性桥梁、神庙和一些奇异的建筑小品提供了展示空间。在这类花园中，没有规则形植坛或花圃将房屋与花园隔开，而是让自然景观一直延伸到建筑物的墙角边。花园与外围的自然景观之间几乎没有什么区别，放眼望去，目光所及的一切浑然无界。

肯特最优秀的景观设计作品位于白金汉郡的斯托庄园（Stowe

英国的帕拉第奥主义

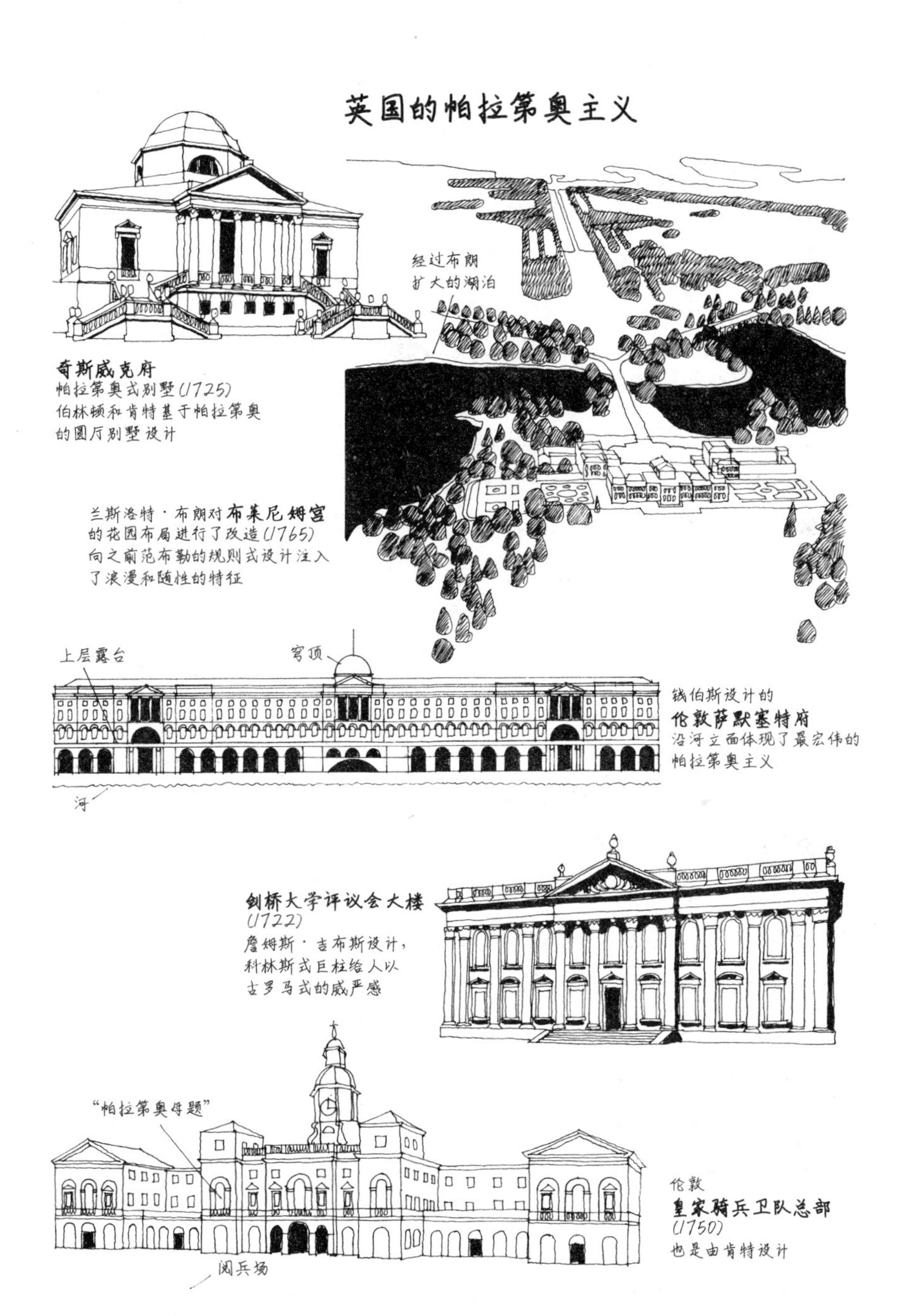

经过布朗
扩大的湖泊
奇斯威克府
帕拉第奥式别墅(1725)
伯林顿和肯特基于帕拉第奥
的圆厅别墅设计
兰斯洛特·布朗对布莱尼姆宫
的花园布局进行了改造(1765)
向之前范布勒的规则式设计注入
了浪漫和随性的特征
上层露台
穹顶
河
钱伯斯设计的
伦敦萨默塞特府
沿河立面体现了最宏伟的
帕拉第奥主义
剑桥大学评议会大楼
(1722)
詹姆斯·吉布斯设计,
科林斯式巨柱给人以
古罗马式的威严感
"帕拉第奥母题"
阅兵场
伦敦
皇家骑兵卫队总部
(1750)
也是由肯特设计

House），庄园的花园完美展现了上述的景观特征。“万能的”布朗亦参与过斯托庄园的部分景观设计。布朗自己的作品包括克罗姆庄园（Croome Court，1751年）的花园和阿什伯汉姆庄园（Ashburnham Place，1767年）的花园。当他为范布勒设计的布莱尼姆宫营建林园时（1765年），布朗不惜对之前的规则式景观加以大刀阔斧的改造，包括拓展了一片人工湖，使之与范布勒在原有湖面上所建的桥梁比例相称。

在公共建筑设计领域，帕拉弟奥式建筑风格同样提供了简洁易行的方案，尽管某些作品略显古板，却也有不少令人仰慕的佳作。剑桥大学评议会大楼（The Senate House，1722年）即为其一。它由雷恩的学生詹姆斯·吉布斯（James Gibbs，1682—1754年）设计，可谓正宗的古典式建筑，其中央开间带有三角楣并采用了雄伟的科林斯式巨柱，给人以庄严肃穆之感。肯特设计的伦敦皇家骑兵卫队总部（Horse Guards，1750年）亦是佳作。它有两个主立面，在位于怀特霍尔大道一侧的立面前方有一座法式荣誉庭院，从这一侧立面穿过一段拱形门道之后，便到达了更为庄严、雄伟的另一立面，在它的前方是一片开阔的阅兵场。

也许，最出色的帕拉弟奥式公共建筑是威廉·钱伯斯（William Chambers，1723—1796年）设计的萨默塞特府（Somerset House，1776年）。它位于伦敦河岸街（Strand）与泰晤士河之间，是一座大型政府办公楼，也是伦敦第一座大型公共建筑。萨默塞特府的房屋围绕着一座精美的中央庭院而建，宏伟庄严的沿河立面宽达200米。从构图上看，这一宽广的立面被分成几段，中央段的屋顶上建有一个小穹顶。在泰晤士河堤坝还没有筑造之前，萨默塞特府滨河而立，并设有水上闸门供船只出入。与萨默塞特府风格类似的建筑，还有都柏林利菲河（Liffey）边的海关大楼（Customs House，1781年），由詹姆斯·甘顿（James Gandon，1743—1823年）设计。甘顿曾拜钱伯斯为师，他设计的这座海关大楼同样庄严宏伟，中央穹顶更为高耸。

在教堂建筑方面，雷恩的影响一直持续到18世纪。他所确立的建

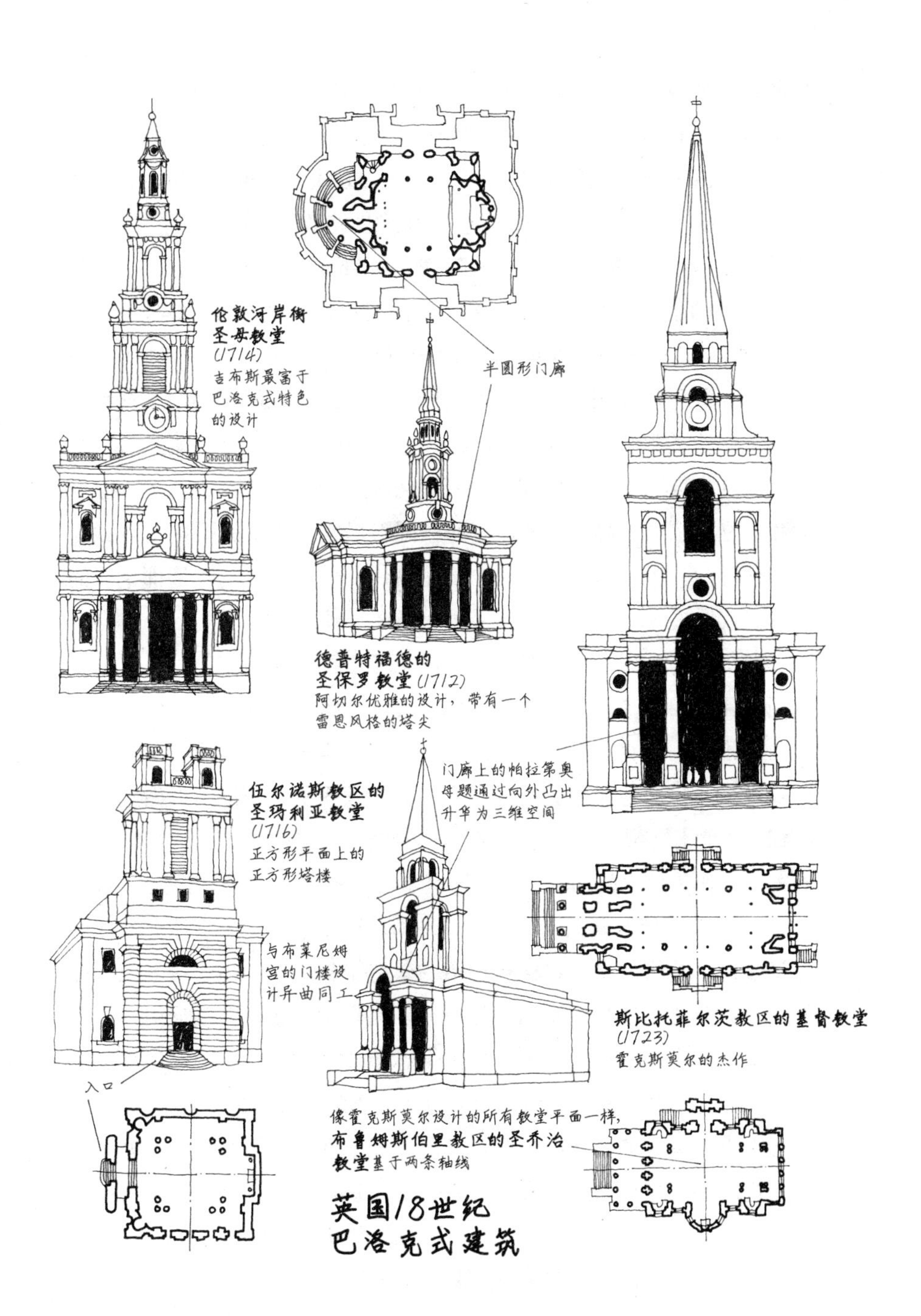
伦敦河岸街
圣母教堂
(1714)
吉布斯最富于
巴洛克式特色
的设计
半圆形门廊
德普特福德的
圣保罗教堂(1712)
阿切尔优雅的设计，带有一个
雷恩风格的塔尖
门廊上的帕拉第奥
母题通过向外凸出
升华为三维空间
伍尔诺斯教区的
圣玛利亚教堂
(1716)
正方形平面上的
正方形塔楼
与布莱尼姆
宫的门楼设
计异曲同工
斯比托菲尔茨教区的基督教堂
(1723)
霍克斯莫尔的杰作
入口
像霍克斯莫尔设计的所有教堂平面一样，
布鲁姆斯伯里教区的圣乔治
教堂基于两条轴线
英国18世纪
巴洛克式建筑

筑模式，如短小方正的平面布局，吟唱平台和突出的布道坛，后来被詹姆斯·吉布斯全盘继承。吉布斯在伦敦设计的河岸街圣母教堂（St Mary-le-Strand，1714年）和圣马丁教堂（St Martin-in-the-Fields，1722年）均为此模式——前者带有意大利式巴洛克风格，后者特意采用了帕拉弟奥式风格。托马斯·阿切尔（Thomas Archer，1668—1743年）设计的教堂，在继承传统模式的同时更富于创造力。如他设计的伯明翰圣腓力大教堂（St Philip's，1709年），其前方建有一座雄浑的塔楼，塔身表现为向内凹进的曲面。他在伦敦设计的两座教堂，德普特福德的圣保罗教堂（St Paul's，1712年）和史密斯广场的圣约翰教堂（St John's，1714年）均采用了集中式平面布局。前者的西立面只有一座塔尖和一座半圆形门廊，后者拥有四座圆形塔楼，塔身的两侧均有独立式立柱环绕。上述所有的建筑全部呈现出一种非英式的、浓郁华丽的巴洛克式风格。

但最能与雷恩和范布勒相媲美的英国巴洛克风格建筑师，非尼古拉斯·霍克斯莫尔（Nicholas Hawksmoor，1666—1730年）莫属。与前两位不同，霍克斯莫尔接受过正规的建筑学教育，其职业奉献精神更是难得一见。他通常会精准严密地分析建筑的每一细节，做到事无巨细，不存任何侥幸之心，同时向建筑施工人员提供大量详尽而清晰的图纸。作为雷恩的助手，霍克斯莫尔与雷恩共同效力于皇家工程局。只是到了1718年，两人都被业务平平但政治可靠的竞争者所取代。但不管如何，英格兰皇家在格林尼治的建造工程应该归功于这二人。此外，霍克斯莫尔还与范布勒合作设计了霍华德城堡和布莱尼姆宫。而霍克斯莫尔自己的作品，也呈现出雷恩和范布勒所特有的巴洛克式风范，但那种罕见的朴实无华却无疑为霍克斯莫尔自己的独创。

霍克斯莫尔的杰作中，有六座散布于伦敦的教区教堂，皆为1711年通过的一项议会法案[①]的成果。最先建造的两座始于1712年。一是

① 指成立“新建50座教堂委员会”的法案。——译注

格林尼治教区的圣阿腓基教堂（St Alphege，Greenwich），二是莱姆豪斯教区的圣安妮教堂（St Anne，Limehouse）。相随其后的有东伦敦教区的圣乔治教堂（St George-in-the-East，1715年）、伍尔诺斯教区的圣玛利亚教堂（St Mary Woolnoth，1716年）、布鲁姆斯伯里教区的圣乔治教堂（St George，Bloomsbury，1720年），以及斯比托菲尔茨教区的基督教堂（Christ Church，Spitalfields，1723年）。六座教堂的细部设计各有千秋，但它们所呈现的设计理念如出一辙：在教堂室内创造出优美而新颖的空间效果，在外部展示出富于戏剧性的宏伟气势。圣玛利亚教堂拥有一座非常独特的长方形塔楼，浑朴自然，其顶部又设计了两座小小的方形塔。圣安妮教堂的塔楼雄伟结实，其规则几何形状的巴洛克式塔身随着楼层的增高而逐渐缩小。基督教堂堪称杰作中的杰作，方形塔楼的上方建造了一座近乎罗马风式的塔尖，两侧向内凹进，其前方是一座带筒形拱的门廊。将如此迥然不同的元素组合到一起，看起来似乎不够“正确”，却形成了一个出色的有机整体。只是此举并未打动当时的建筑评论家们，因为那些人崇尚的是帕拉弟奥式。

帕拉弟奥式建筑风格对英国的影响巨大，曾经左右了各种大小不一的房屋设计。如今我们将这种英国所特有的建筑风格统称为“乔治风”，因为在它风行的18世纪，先后统治该地的四位国王恰好都以“乔治”为名。不过早在17世纪末，英国中产阶级的乡村别墅设计就逐渐形成了一种独特的风格。它们部分源于对琼斯风格的继承，部分得益于自17世纪从荷兰传入的理念，并且两者均与英国的本土习俗得到很好的融合。其典型代表是普拉特爵士（Sir Roger Pratt）在伯克郡的科尔希尔府邸（Coleshill House，1662年）。该府邸如今已毁，而它从前是一座布局紧凑的两层楼房，中轴线上建有入口门道，中轴线的两侧分别布置着竖向推拉窗。其设计手法与琼斯在格林尼治设计的王后宫如出一辙，属于典型的帕拉弟奥式。但在厚重的屋檐上方，普拉特并没有采用琼斯偏好的平屋顶，而是采用了厚重的四坡屋顶，让人联想到荷兰建筑师范·坎彭设计的毛里茨宫。这样的屋顶，再配上老虎窗和烟囱，后来被英国人公认为是帕拉弟奥式样适应英国气候的最优解。它经由建筑大师和当地工匠之手，被复制到全英各地。

在城镇，随着中产阶级——商人、律师、代理人和文员——人数的不断增加，对住房的需求也在日益增长。中产阶级的住房通常都是由建筑投机商建造，其质量标准介于上流人的豪宅与普通工人简陋的小屋之间。投机商通常都是从具有商业头脑的贵族那里拿下土地的经营权，再对其进行房地产开发。有些时候，土地所有人自己充当起开发商。他们发现，在住宅开发区建造商店和开敞的空间可以提升住宅的魅力，带来更多商机。17世纪末期，南安普顿伯爵对布鲁姆斯伯里的开发，为此类开发模式开启了先例。因为带有相应配套的街道、广场和开敞空间，那里很快就成为上流社会的住宅特区。其他开发商则最大限度地利用手头的土地，在密集拥挤的街区开发建造出尽可能多的住宅。

在上述两种情形下，建筑的基本形式是联排住宅，以规则几何形排列，并按照古典风格设计。其构成通常包括：地下室，通过优雅的入口门廊进入的底层，高大宽敞带有主要房间的——piano nobile——主楼层，以及层高随层数的增加递减的其他楼层。家仆们一般都住在地下室或阁楼里。至于门窗的比例、门窗之间的相互关系以及越往上门窗越小的做法等，参照的皆是一些专业书上所设定的模式。木工巴蒂·兰利（Batty Langley）便写过不少此类书籍，既让他在18世纪初期赚足了钞票，又为小建筑商们提供了样板，让他们能够建造出称得上时尚的住房。在一块方形地块上，若想实现最大限度的房屋建造，最佳方式便是在其中心地带建造一栋主楼，再在主楼的两端分别建两栋翼楼。如此一来，业主们也很满意，仿佛自己住进了宫殿。在伦敦、都柏林和爱丁堡等城市，许多整片街区的开发都是以此等方式推进。不过，最优秀的实例建于萨默塞特郡的巴斯小城。

早在罗马人统治时期，巴斯便因为当地的温泉具有治疗功效被称为“苏丽丝之水”。1720年左右，时髦的上流社会再次发现了此地的

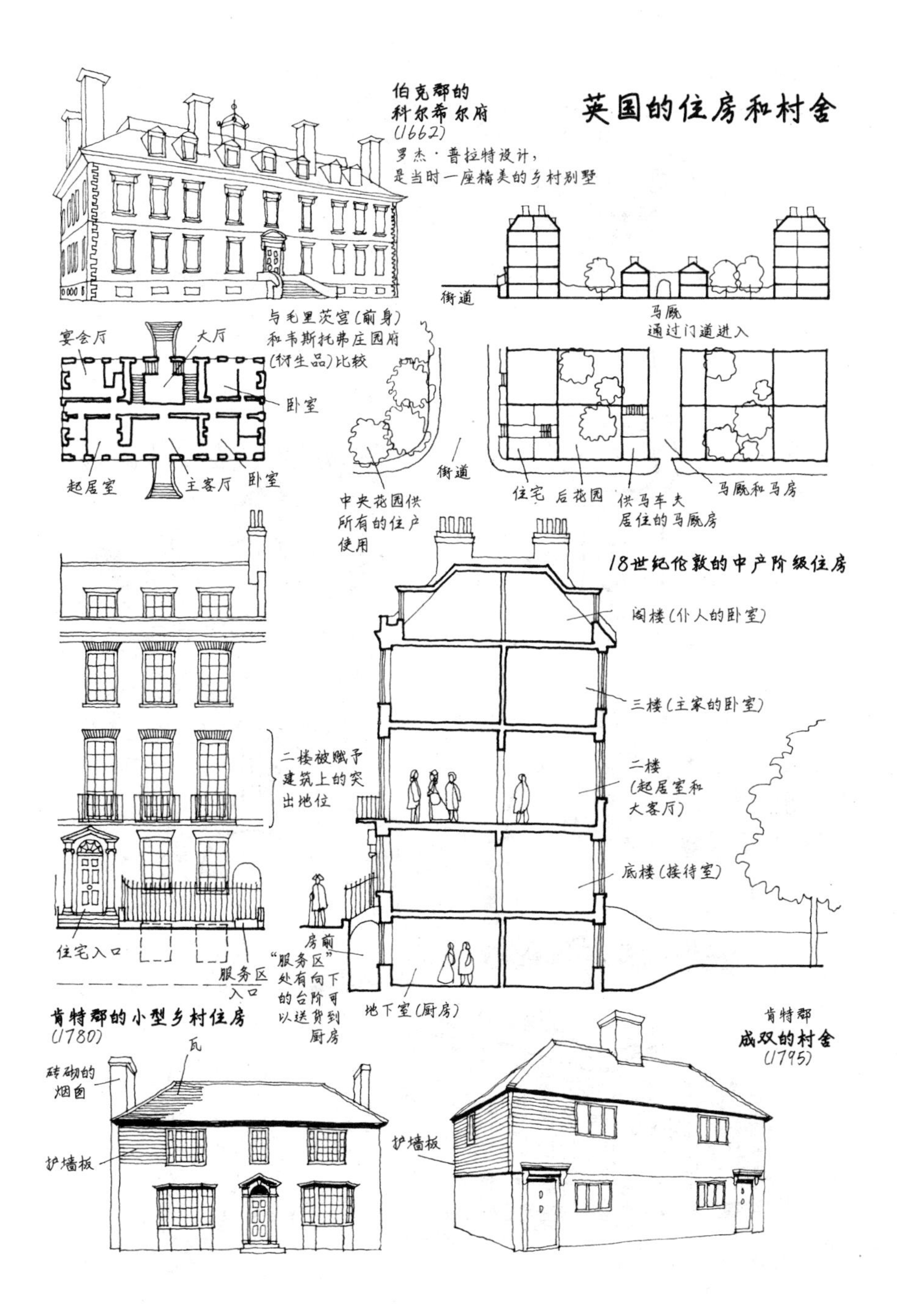
英国的住房和村舍
伯克郡的
科尔希尔府
(1662)
罗杰·普拉特设计，
是当时一座精美的乡村别墅
街道
马厩
通过门道进入
与毛里茨宫（前身）
和韦斯托弗庄园府
（衍生品）比较
宴会厅
大厅
卧室
起居室
主客厅
卧室
街道
中央花园供
所有的住户
使用
住宅
后花园
供马车夫
居住的马厩房
马厩和马房
18世纪伦敦的中产阶级住房
阁楼（仆人的卧室）
三楼（主家的卧室）
二楼被赋予
建筑上的突
出地位
二楼
（起居室和
大客厅）
底楼（接待室）
住宅入口
服务区
入口
房前
“服务区”
处有向下
的台阶可
以送货到
厨房
地下室（厨房）
肯特郡的小型乡村住房
(1780)
瓦
砖砌的
烟囱
护墙板
肯特郡
成双的村舍
(1795)
护墙板

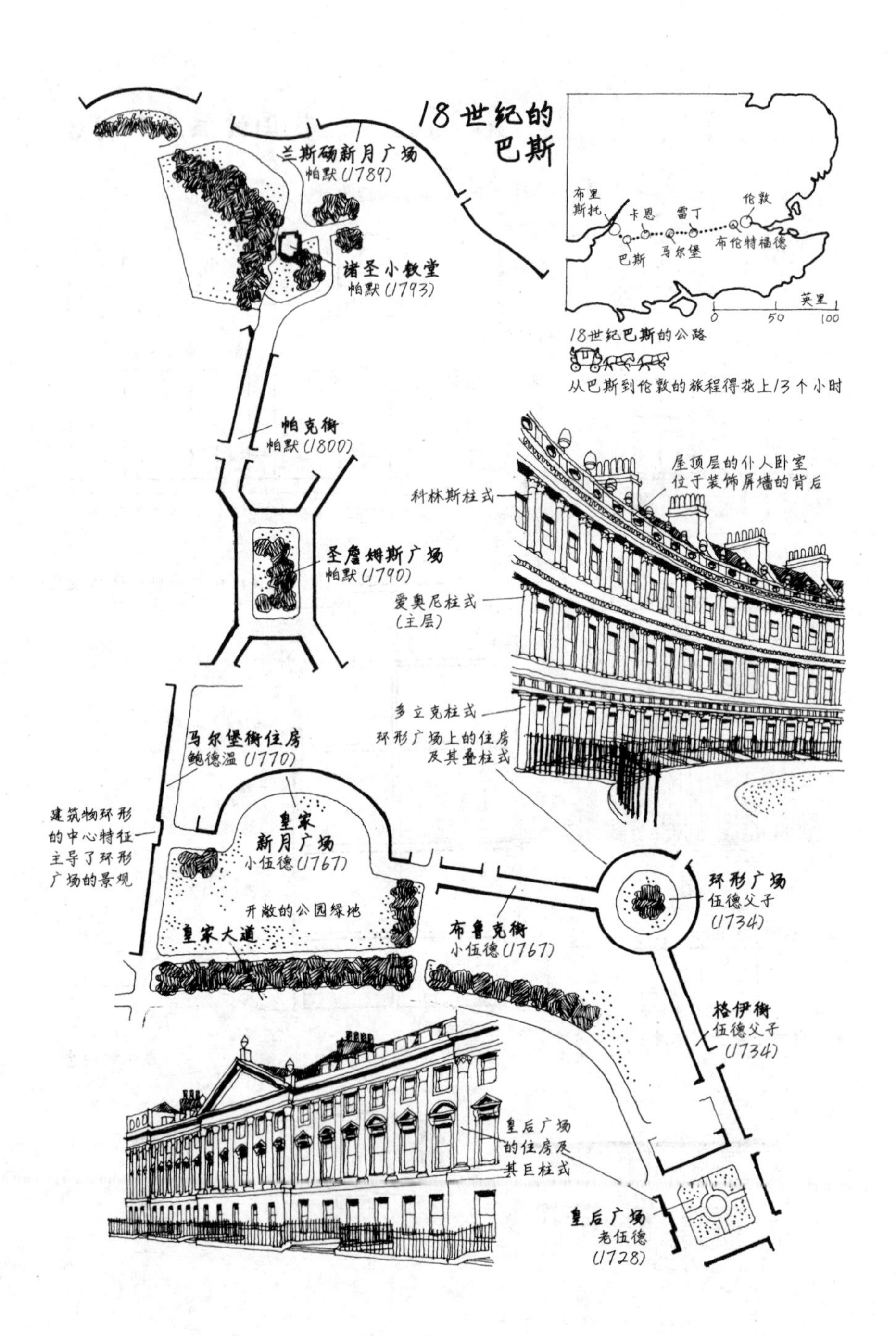
18世纪的巴斯
布里斯托
卡恩
雷丁
伦敦
巴斯
马尔堡
布伦特福德
英里
0
50
100
18世纪巴斯的公路
从巴斯到伦敦的旅程得花上13个小时
兰斯砀新月广场
帕默(1789)
诸圣小教堂
帕默(1793)
帕克街
帕默(1800)
圣詹姆斯广场
帕默(1790)
屋顶层的仆人卧室
位于装饰屏墙的背后
科林斯柱式
爱奥尼柱式
(主层)
多立克柱式
环形广场上的住房
及其叠柱式
马尔堡街住房
鲍德温(1770)
建筑物环形
的中心特征
主导了环形
广场的景观
皇家
新月广场
小伍德(1767)
开敞的公园绿地
皇家大道
布鲁克街
小伍德(1767)
环形广场
伍德父子
(1734)
格伊街
伍德父子
(1734)
皇后广场
的住房及
其巨柱式
皇后广场
老伍德
(1728)

优势，富贵的臆想症患者蜂拥而至。为满足这些人的要求，亟须对整座小城重新做出规划。使命最终落到同名为约翰·伍德（John Wood）的父子俩身上。两人利用当地的砂岩石，建造了三组互为相连、气势磅礴的联排住宅，并形成一个完整的空间序列：皇后广场（Queen's Square，1728年）、环形广场（The Circus，1734年）和皇家新月广场（Royal Crescent，1754年）。在环形广场，三栋弧形的住宅大楼形成了一个环形空间。三栋大楼统统设计为三层高，像古罗马的大角斗场那样采用了宏伟的叠柱式。皇后广场的住房则设计得如同佛罗伦萨式宫殿，其质朴的底层就仿佛一个基座，底层之上的两个楼层采用了通高的巨柱式，从而让两个楼层浑然一体。带有三角楣的中央开间，加上位于两端的翼楼，给人一种宫殿般的宏伟气势。中央开间上方厚重的三角楣，又在很大程度上遮挡住了屋顶阁楼的仆人住房。

当时的社会改良并未特意顾及到穷人的需求，穷人却能够受益匪浅。农作物的改良、战火的减少，更为便捷的交通、疾病免疫力的渐次提高，以及更好的药物等进步，即便不能给穷人带来更多财富，至少可以延长他们的寿命。然而大多数工人依旧居住在采用当地建筑材料建造的简易平房里。平房的屋顶铺着茅草，屋顶下最多只有两间房，一间房里带有一堵砖砌的烟囱。供水地点一般都远离住房——虽说当时上层阶级的住房差不多存在类似问题——但工人住房根本就没有什么卫生设施。较好一些的村舍，形式较为多样，它们一般不是由佃户自己建造，而是由当地的建筑商建造，里面的住户基本是贵族庄园中地位较高的员工。大体而言，当时的建筑已经在普遍使用砖瓦结构，建造的方式也能够更加多样化，但典型的村舍大多以木材作为框架，再覆以护墙板。房屋通常为上下两层，屋顶的坡度相当大，因此能够在屋顶下的阁楼空间布置卧室，并通过窄小的老虎窗采光。至于英国18世纪小村舍最显著的特征，应该是其匀称规则的外观。中轴线上带有门罩的门道，两侧对称布置的竖向推拉窗，呈现出微弱的帕拉弟奥式建筑之风的熏陶。

彼时的建筑设计还受到其他思潮的影响。我们从温克尔曼（Johann Winckelmann）说起。此君是德意志地区一个鞋匠的儿子，也是一位诗人、古典研究学者以及为梵蒂冈工作的官员。1748年，在庞贝城的地下挖掘中，那不勒斯国王的御用工程师们发现了一批壁画。温克尔曼恰好也在那里。面对庞贝城惊人的出土发现，他奋笔疾书。其细致入微的文字一经发表，旋即唤起了大众对古迹的浓厚兴趣。在艺术家乔万尼·巴蒂斯塔·皮拉内西（Giovanni Battista Piranesi，1720—1778年）的画作中，这种对古迹的兴趣继而有了更浪漫的表达。皮拉内西的作品在欧洲各地广为发表，除了对庞贝、赫库兰尼姆和罗马古迹的描绘，还有纯属想象的画作，诸如以常春藤缠绕所呈现的衰败景色，阴森可怕的监狱场景（*Carceri*），等等。爱德华·吉本《罗马帝国衰亡史》（*Decline and Fall of the Roman Empire*，1776年）一书的风行又唤起人们对历史的浓厚兴趣。日益增长的古物学研究，更是激发了英国闲情逸致之士对历史的深入探求，而且他们的关注点不再仅仅局限于罗马，还扩展到伊特鲁里亚、希腊、远东以及欧洲自己的中世纪遗产。兰利的《哥特式建筑之改良》（*Gothic Architecture Improved*，1742年），钱伯斯的《中国建筑设计》（*Design of Chinese Buildings*，1757年），斯图亚特和雷维特（Stuart and Revett）合著的《雅典古物》（*Antiquities of Athens*，1762年）等等，全都引起了相当大的反响。

苏格兰建筑师罗伯特·亚当（Robert Adam，1728—1792年）曾经在意大利和巴黎游学。访问罗马期间，除了测绘罗马的古迹，他还拜会了皮拉内西。回到英国后，罗伯特与自己的兄弟詹姆斯和约翰一起，走上了创业之路。罗伯特自己的设计能力，加上他两个兄弟的商业头脑，让哥儿仨获得了巨大成功。他们一边为富有的客户改建老房子，一边积极投向房地产开发生意。

罗伯特·亚当初期经手的工程中，最富影响力的当推阿德尔菲开发项目（the Adelphi development，1768年）。那是一组集仓库、码头、

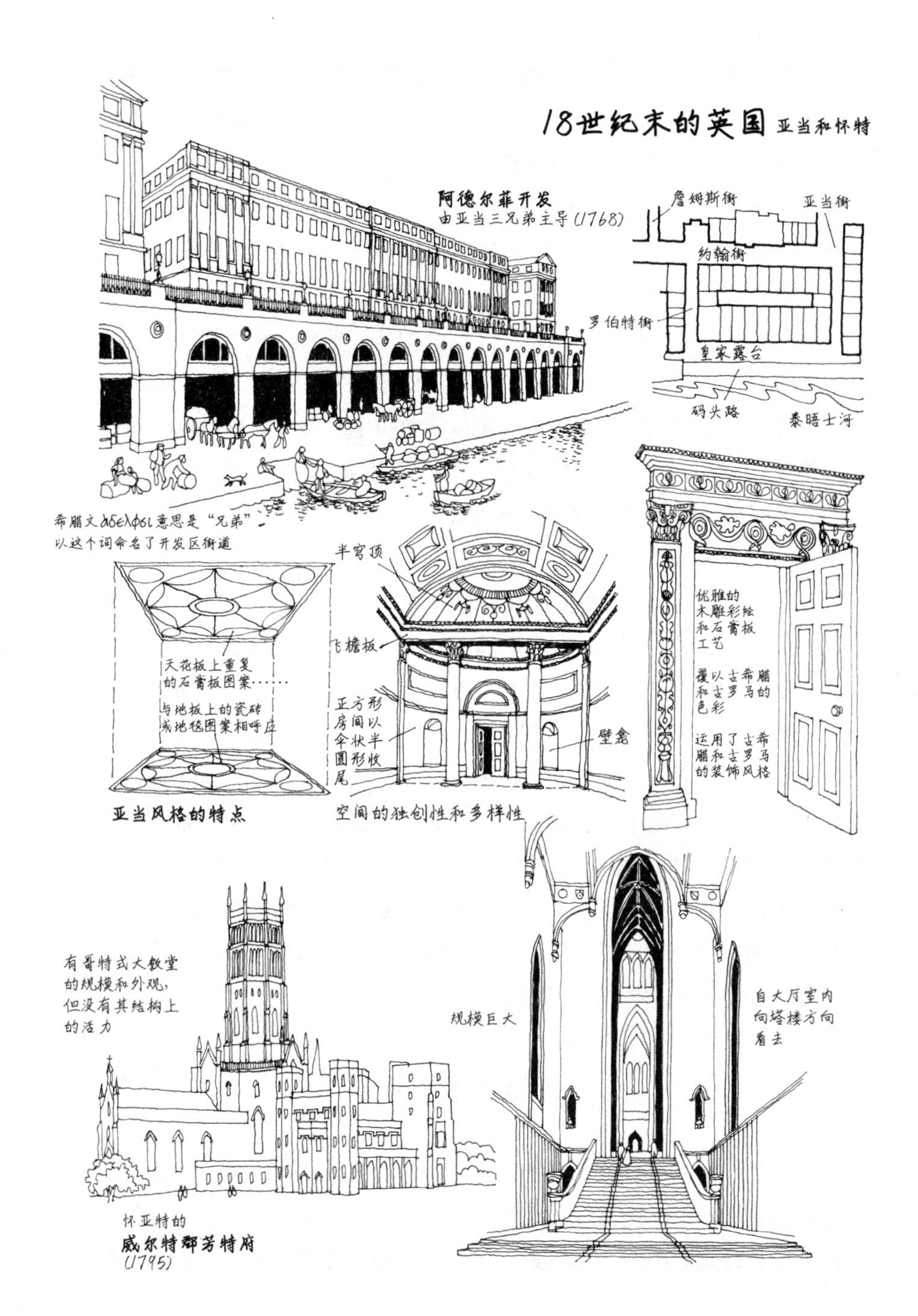
18世纪末的英国 亚当和怀特
阿德尔菲开发
由亚当三兄弟主导(1768)
詹姆斯街
亚当街
约翰街
罗伯特街
皇家露台
码头路
泰晤士河
希腊文 αδελφοι 意思是“兄弟”
以这个词命名了开发区街道
半穹顶
天花板上重复
的石膏板图案
与地板上的瓷砖
或地毯图案相呼应
飞檐板
正方形
房间以
伞状半
圆形收
尾
壁龛
优雅的
木雕彩绘
和石膏板
工艺
覆以古希腊
和古罗马的
色彩
运用了古希
腊和古罗马
的装饰风格
亚当风格的特点
空间的独创性和多样性
有哥特式大教堂
的规模和外观，
但没有其结构上
的活力
规模巨大
自大厅室内
向塔楼方向
看去
怀亚特的
威尔特郡芳特府
(1795)

办公室和住宅为一体的大型建筑群，位于伦敦河岸街与泰晤士河之间。泰晤士河边曾经荒废的烂泥滩经此被改造成了一个时尚街区。罗伯特接受的教育以帕拉弟奥式设计理念为主，但他对古迹的精深研究令其对各种风格兼收并蓄。他游学期间曾经考察过斯普利特的戴克里先宫。阿德尔菲综合体沿河立面的宫殿式风格，即为有意识地借鉴了戴克里先宫。在地下层，穿过一座水上码头，接着便是一个巨大的拱形仓库区，形成了建设阿德尔菲住宅区的基座平台。在地面层，一条条狭窄的街道经由河岸街之后，分别通向建于基座平台之上一栋栋优雅整齐的联排式别墅。别墅的外墙以彩色拉毛粉饰，并镶以巨大的壁间柱。这一切，又因为罗伯特·亚当所特有的浅浮雕装饰而倍加生动，其间的色彩和图案设计，显然效仿了他在庞贝见识过的石膏板图案和壁画。

上述装饰手法后来被反复运用于罗伯特·亚当所主导的一些大型府邸的室内。如他从别廷翰手中接过的德比郡凯德尔斯顿府（Kedleston Hall，1760年），又如他在伦敦附近独立设计的奥斯特利府（Osterley House，1761年）、锡永府（Syon House，1762年）和肯伍德府（Kenwood House，1767年）。在这些作品中，他以最巧妙的方式，将古罗马人惯用的丰富色彩与古希腊人的精美装饰发挥到极致。在他最优秀的作品中，罗伯特·亚当堪称营造室内空间戏剧化效果的大师，不仅因其巧妙地组合了一系列大小不同、形状各异的空间，还在于一些特殊的空间处理手法——或通过自由立柱和横梁对空间予以隔断，或通过壁龛凹室让室内空间得以拓展。

新普罗米修斯

如我们在上述有关章节所见，至少在16世纪之前，哥特式建筑始终被当作一个鲜活的传统。16世纪之后，代之而起的是巴洛克式和帕拉弟奥式建筑。因为“哥特式”这个称呼与颠覆罗马帝国的野蛮人有关，它最初的含义是“恶行”。但对于18世纪末期那些富于想象力的人来说，那些被常春藤覆盖的中世纪建筑遗址，无论是被亨利八世捣毁的修道院，还是惨遭遗弃的法兰西城堡，全部凝聚了昔日的浪漫和神秘。贺拉斯·沃波尔（Horace Walpole）的《奥特兰托城堡》（*The Castle of Otranto*，1764年），还有威廉·贝克福德（William Beckford）的《魔王瓦泰克》（*Vathek*，1782年），开创了哥特式小说的先河——玛丽·雪莱（Mary Shelley）的《弗兰肯斯坦》（*Frankenstein*，1817年）[①]，又让哥特式小说变得极富影响力——其中的冒险、神秘和超自然现象，成为缭绕于中世纪城堡和修道院走廊的奇妙回声。

类似的追求同样体现于建筑。事实上，早在1750年，沃波尔就着手重建草莓坡山庄（Strawberry Hill），将米德尔塞克斯郡的一栋小村舍改造为优雅精致的中世纪风格建筑。贝克福德走得更远。1795年，他委托建筑师詹姆斯·怀亚特（James Wyatt）在威尔特郡建造了一栋大型府邸——芳特府（Fonthill Abbey）。85米高的八角形塔楼，外加一间大厅以及宽达90米的立面，让本就非凡的府邸极具特色。与“哥特复兴”时期的大多数建筑一样，芳特府虽然模仿了中世纪建筑风格，却不过肤浅的表象，并未得哥特式建筑之精髓。芳特府的塔楼后来历经三次坍塌，在这点上，倒是继承了几位中世纪前辈的不良记录。塔楼的最后一次坍塌发生于1825年，如今连府邸也不复存在。

18世纪的一些进步思想家认为，对昔日历史的回顾，不应该仅仅局限于关注古物。更为根本的是，回顾历史是预知人类未来的一把钥匙。对于许多议题，法兰西哲学家与他们的德意志同行各有已见。卢梭的宗教和政治观念与伏尔泰、狄德罗的理念有所不同，康德的想法与歌德的思路也不一样。在盎格鲁-撒克逊经济学家与社会改革家之间，同样存在着分歧。斯密与休谟之间、吉本与边沁之间、霍布斯与洛克之间、杰弗逊与富兰克林之间，都存有差异。但在一些基本立场

① 又译为《科学怪人》或《人造人的故事》。——译注

上，上述所有人的见解却是难得地一致。他们都对所谓的“天启宗教”（尤其是中世纪教会的原罪之说）怀有敌意，而比较推崇基督教出现之前的时代，因为那个时期的人类比较有尊严；他们都试图为“存在”寻求一个理性的阐释，并相信人类的理解力能够解决这世上的问题；他们都期待一个更为美好的未来。由于此等进步思想所依据的基本价值观多已失落，给当时的社会带来心智方面的挑战。

对一些建筑师而言，进步意味着摆脱与世袭贵族相关的古罗马风格，转而重新发掘更早、更接近人类生活本质的建筑形式。古希腊建筑和古罗马之前的伊特鲁里亚建筑，为新的探索提供了范本。让詹姆斯·怀亚特倾心不已的即为此等古典风格，而非贝克福德的哥特式风格。他为牛津大学设计的拉德克利夫天文台（Radcliffe Observatory，1772年），便是模仿了雅典的风之塔。至于他所参与的运动，其古希腊式的严谨儒雅与巴洛克式的戏剧性和洛可可式的轻浮，形成了鲜明对比。该运动后来被称为“希腊复兴”，更普遍的称呼是“新古典主义”。

18世纪后期的进步建筑理论家，大多痴迷于哲学上的物力论。在他们看来，建筑应该通过其自身的庄严崇高和对人类辉煌历史的追述，来表达人类本质上的高贵。大概就像皮拉内西创作的监狱场景所描绘的那般，崇高的精神可以从建筑物的高大、简朴、沉郁、深邃或者神秘中体现出来。贯彻这种精神的两位最伟大的代表是艾蒂安-路易·布雷（Étienne-Louis Boullée，1728—1799年）和克劳德-尼古拉·勒杜（Claude-Nicolas Ledoux，1736—1806年）。两人在理论和设计层面的贡献都高于实际建成的作品。布雷的声誉便主要来自他的设计图纸，其中包括一座大型国家图书馆、几座博物馆和墓地的设计，以及为纪念划时代伟人艾萨克·牛顿设计的纪念碑。牛顿纪念碑实为一个巨大的空心球体，直径超过150米，象征着宇宙。

随着社会意识的增强，出现了对新的建筑类型的需求。建筑师于是致力于设计出能够促进健康、福祉和社会责任的新建筑，诸如医院、监狱、学校、示范工厂、住宅区、纪念性建筑和富于道德价值的神庙等。勒杜最精美的作品之一，便是1775年建于贝桑松（Besançon）附近的拉·萨利（La Saline）化工厂示范工业区[①]。那是一组由厂房和实验室组成的综合体，附近还有一个工人住宅区。勒杜所采用的塔司干柱式和厚重质朴的墙体，让整组建筑弥漫着一种稳健的古拙。勒杜为巴黎内城墙[②]设计的收费站（barrières，1785年）呈现了同样的特征。如今，当初建成的45座收费站，只剩下4座，但勒杜在设计时驾驭几何图形的精湛技巧依然有迹可循，如拉维莱特（La Villette）收费站厚重的圆厅和丹佛尔（L'Enfer）收费站敦实古朴的立柱。

同时期，与布雷和勒杜齐名的还有英国的约翰·索恩（John Soane，1753—1837年）和德意志的弗里德里希·基里（Friedrich Gilly，1772—1800年）。索恩的英格兰银行（1788年）是一个得以成功建造的设计作品，其间对新理念的执着追求无与伦比。整座建筑朴实无华，带有穹顶的圆形中央大厅气势磅礴，从上到下几乎摒弃了任何装饰，造型的简洁就是一切。基里设计的柏林普鲁士国家剧院虽然从未建成，却也表现出对纯粹几何图形和简洁外表坚定不移的追求。简洁的长方形舞台塔楼与半圆形听众厅相映成趣，其中所蕴含的设计理念既合乎18世纪的建筑思潮，也适用于20世纪。

布雷和勒杜所属的建筑师小团体，后来被一些人称为“革命家”。但此等表述主要指他们在建筑上的革新，而非他们对社会的态度。以勒杜为例，作为国王的御用建筑师，他其实是一位保皇派，其设计理念既拥有自由精神，亦带有独裁倾向。但不管怎样，这些激进建筑师的革命理想获得了首肯，因为当时正是知识分子追求社会变革的时代。在《社会契约论》（*Du Contrat Social*，1762年）一书中，卢梭便极力

① 亦称为“阿尔克-塞南皇家盐场”（Royal Saltworks at Arc-et-Senans）。——译注

② 此即由主征农产税的税收机关（Fermi）主持建造的包税人城墙，于1784—1791年间建造。其目的不是为了抵抗外敌侵略而是用来征税。——译注

革命家们

布雷设计的
牛顿纪念碑（1784）

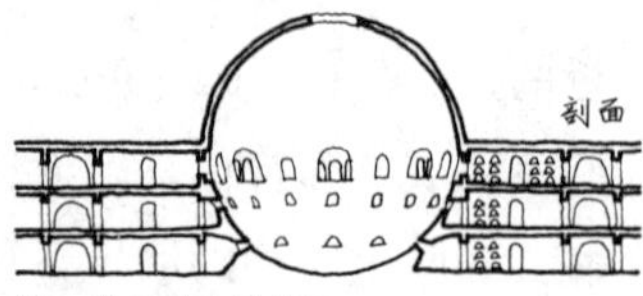

拉·萨利的皇家盐场
勒杜设计（1775）

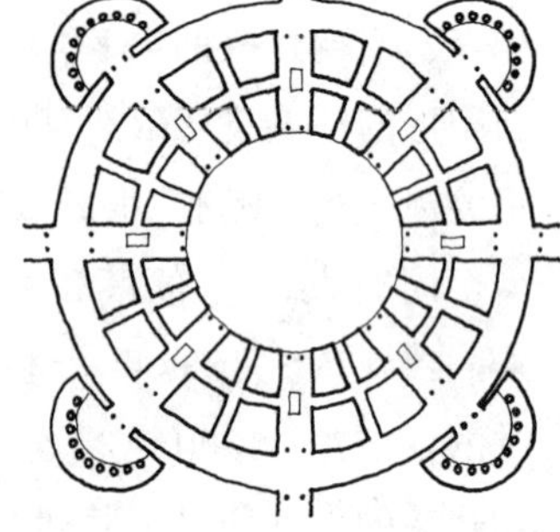

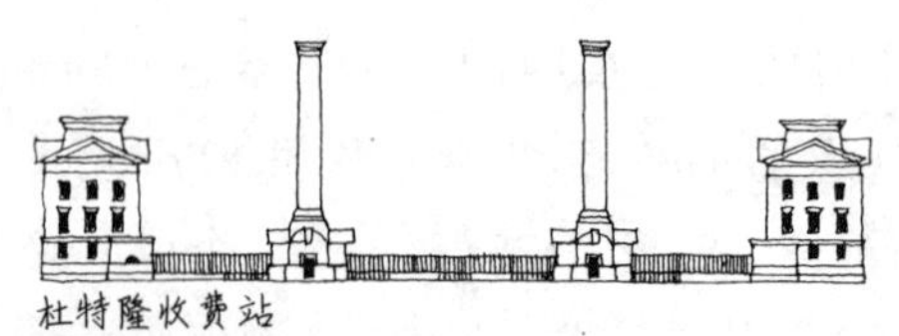

杜特隆收费站

丹佛尔
收费站

巴黎收费站们
勒杜（1785）

拉维莱特收费站

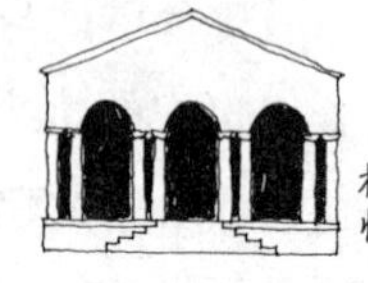

梅尼-蒙坦特
收费站

英格兰银行
的圆形大厅
索恩（1788）

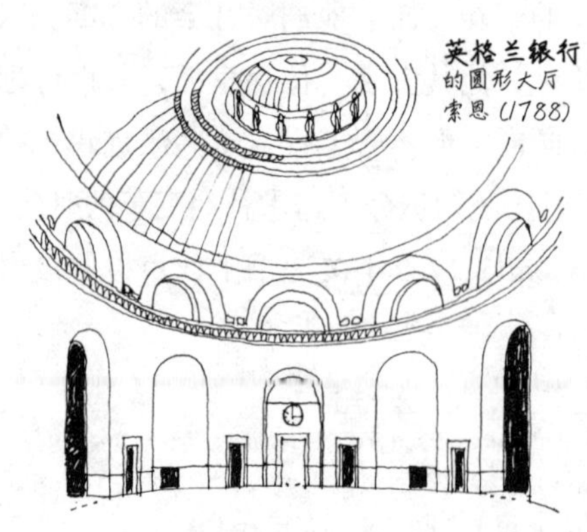

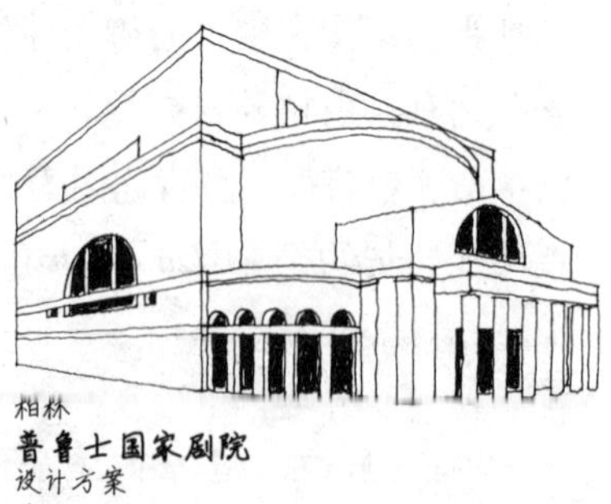

柏林
普鲁士国家剧院
设计方案
基里（1798）

提倡民权统治，要让民众的意志高于一切。1775年，由于不满在英国的议会没有席位却依然被征税，美洲殖民地人民与英国公然决裂，卢梭的上述理论也就有机会在实践中得以检验。起初，革命者尚且没有明确的行动目标。华盛顿原是一位君主主义者，他所期望的只是让英国人的统治较为合理一些。但是不久，在一些思想家，如托马斯·潘恩（Thomas Paine）及其小册子《常识》（1776年）的鼓动下，人们开始认识到独立的可能性。革命爆发，美洲独立。

此前的两年，路易十六登上了法兰西王位。为了将贵族、神职人员和人民这三股“力量”团结到一起，他重新召集了足足停摆两个世纪之久的“三级会议”。然而，路易十六对“人民主权”的抵抗为时已晚。1789年7月14日，巴黎市民袭击了巴黎的巴士底狱，接着便成立了新的国民议会，制定了更为民主的宪法。巴士底狱在14世纪曾经是一座城堡，像许多同类建筑那样，它后来被改建为监狱，里面关押着一批宗教和政治囚犯。于是它成为仇恨君主统治的象征。巴士底狱的迅速沦陷让我们赫然发现，一座大城市在革命面前是何等的脆弱！与欧洲许多其他的城市差不多，当时巴黎的城市布局基本上还处于中世纪，其狭窄密集的街道不仅让革命者能够迅速溜之大吉，还让他们很容易就筑起用于作战的路障，使组织松散的皇家军队溃不成军。最终，即便是相对偏僻的凡尔赛宫也未能幸免，民众走出巴黎，袭击了宫殿，抓捕了国王和王后，将他们带回巴黎。

上述骚乱在整个欧洲持续发酵。保守派对此深感愤怒与恐惧，自由主义者欢呼着普世自由的到来。欧洲一些国家的统治者则联合起来共同对抗法兰西，以阻止“自由、平等、博爱”流入自己的境内。现实中，那些打着革命旗号发生的事件——从罗伯斯庇尔的恐怖统治（Robespierre’s Terror）到督政府（the Directory）的建立，乃至拿破仑的上台——都不是民主。“人民主权”也并没有真正实现。基于承袭制的统治阶级虽然已经被消灭，其实只不过被另一类统治阶级清除和替代。后者的力量来自资本的积累。

第九章

铁时代：19世纪早期

18世纪，英国开始扮演起"世界工厂"的角色。此刻，已获得主导地位的英国资产阶级，让资本的积累达到前所未有的程度。昔日以土地等不动产为主要构成的财产是静态的，不能再生财富，如今的"资本"大大不同，它处于不停地流动中，可以循环创造出数不尽的财富。当资本主义与工业化相遇之际，便是真正的革命爆发之时。这一切始于18世纪的农业改革。农业改革带来的生产机械化，让大地主们实现了土地的兼并，却让许许多多的农民丢了饭碗。失业者们不得不离开家园，涌向城镇去寻找工作。农人进城寻找工作的进程，又恰巧与另一场发生于棉纺织工业的机械化狭路相逢。随着劳动力大军与工厂机器的结合，生产力突飞猛进，新工厂厂主的利润飞速增长，以曼彻斯特为中心的工业城市迅猛发展。如此势态可谓法国大革命的必然结果：一国所许诺的政治自由促进了另一国的经济成就。

在这革命的时代，知识界的激烈震荡总是以其伟大的艺术家为表率。在古典的18世纪与现代的19世纪之间，伟大的艺术家们承上启下继往开来。贝多芬的《英雄交响曲》（1840年）问世之后，人类的音乐再也不同于从前。歌德的思想深深扎根于古典世界，但他在作品《浮士德》（1832年）中引入了新概念——包括永恒的真理、创造性劳动的理念以及对精神自由的追寻等——成为现代性的思想标志。

建筑界却是波澜不惊，并未出现歌德或贝多芬式人物。为什么当年的建筑师没能实现跨入19世纪的临门一跃？面对工业革命所带来的新机遇，他们为什么仅仅通过回归传统的形式和手法来被动应对？委实有多重原因。首先，历经多年的苦心经营，建筑师已赢得一定的社会地位。在一个注重品位的世界，作为时尚的创造者，他们已经为建筑制定了一整套设计规则，而且这些规则已经在世界各地（从彼得堡到华盛顿）得到广泛的认可和接受。所以，当下的各种新技术只会给建筑界带来威胁。因此也就不难理解，建筑师宁愿选择闭关自守，也要将新技术拒之于门外。

事实上，虽然社会深层的经济结构正在发生变革，但从表面上看，旧秩序依然当道：梅特涅（Metternich）的保守主义继续主导着意大利和德意志各诸侯国的政治生活；法国大革命最终以拿破仑复辟帝制宣告结束；至于英国，由于对拿破仑的战争激发了普通人的爱国主义热情，乔治四世深受其子民的拥戴。

因此，对于工业资本主义所仰仗的自由主义及其自由、平等和博爱的理想，确有必要加以抵制。旧的统治阶级和志在夺取统治地位的资产阶级，都会向建筑师施压，要求他们沿袭传统的建筑形式，以保持动荡世界中的连续性。最后，从政治层面看，所有统治者都需要通过市政建筑，赋予自己的政权以庄重威严之感——从拿破仑帝国到高速发展的美利坚合众国——个个如此。新古典主义建筑风格恰好能够满足此等需求。更有甚者，它还可以让美、法和其他各地的政客们借助建筑实现权力的认定：自己是民主雅典或者古罗马帝国的合法继承人。

美国的新首都华盛顿，因地处河畔更显宏伟壮丽。其总体规划由法国建筑师皮埃尔·查尔斯·郎方（Pierre Charles l'Enfant，1754—1825年）设计。郎方参照了凡尔赛宫风格的巴洛克式布局。然而，国会大厦、白宫以及散布于城市的其他市政建筑，无论是新建还是改建，统统采用了庄重优雅的希腊复兴风格。引领美国新古典主义复兴运动的旗手是本杰明·拉特罗布（Benjiamin Latrobe，1764—1820年）。此

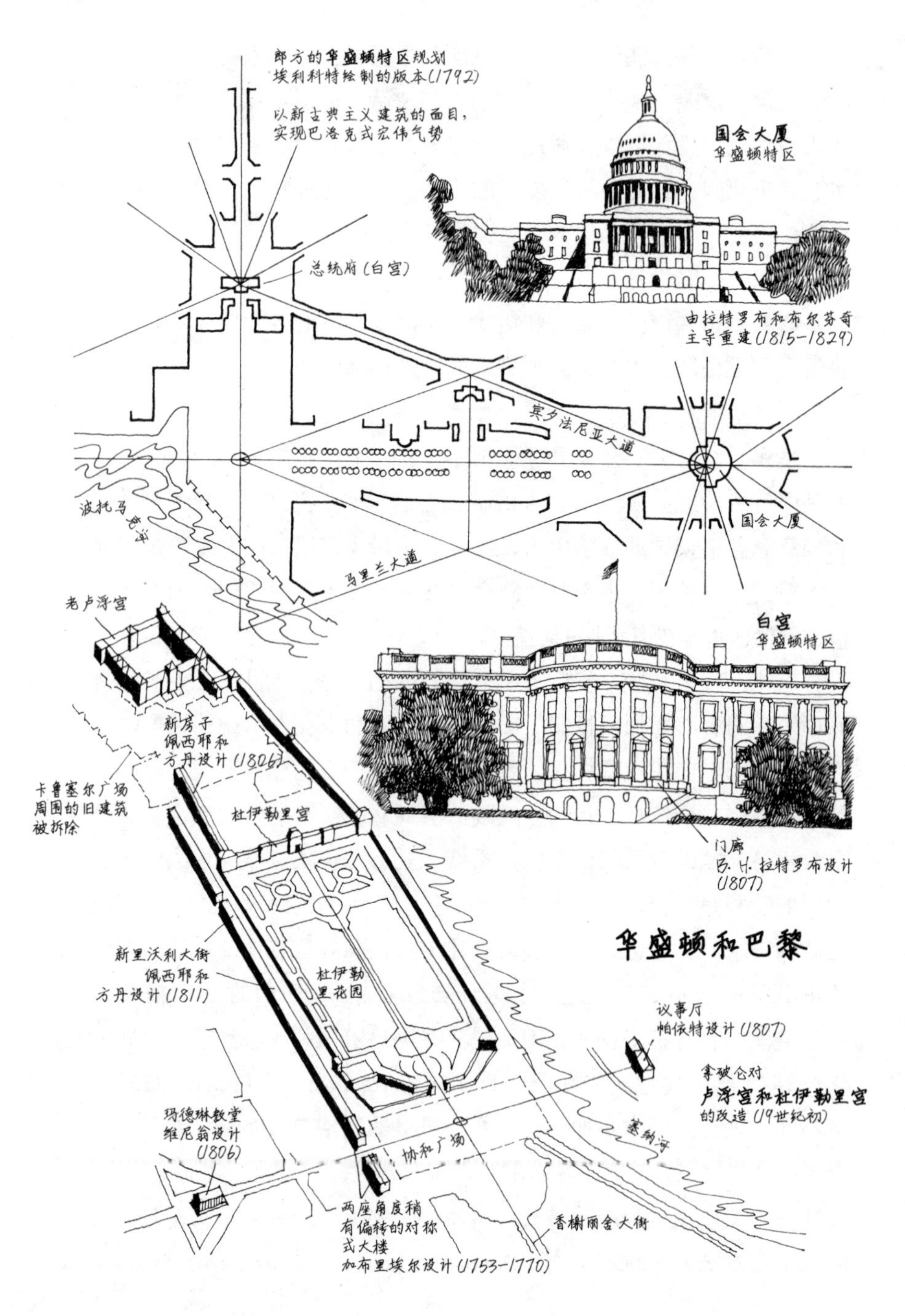

郎方的华盛顿特区规划
埃利科特绘制的版本(1792)
以新古典主义建筑的面目，
实现巴洛克式宏伟气势
总统府(白宫)
国会大厦
华盛顿特区
由拉特罗布和布尔芬奇
主导重建(1815–1829)
宾夕法尼亚大道
波托马克河
国会大厦
马里兰大道
老卢浮宫
白宫
华盛顿特区
新房子
佩西耶和
方丹设计(1806)
卡鲁塞尔广场
周围的旧建筑
被拆除
杜伊勒里宫
门廊
B. H. 拉特罗布设计
(1807)
华盛顿和巴黎
新里沃利大街
佩西耶和
方丹设计(1811)
杜伊勒
里花园
议事厅
帕依特设计(1807)
拿破仑对
卢浮宫和杜伊勒里宫
的改造(19世纪初)
玛德琳教堂
维尼翁设计
(1806)
塞纳河
协和广场
两座角度稍
有偏转的对称
式大楼
加布里埃尔设计(1753–1770)
香榭丽舍大街

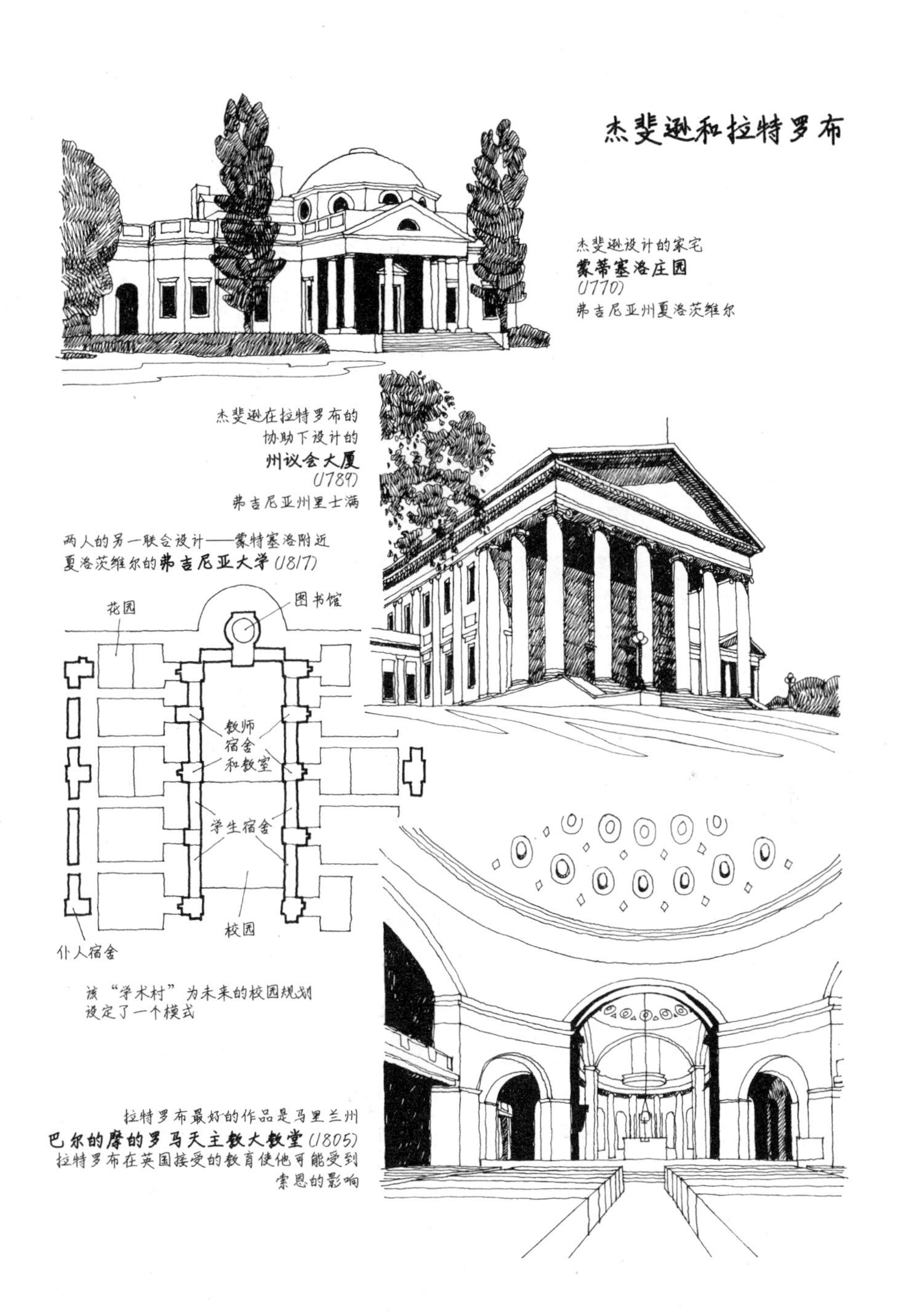

杰斐逊和拉特罗布
杰斐逊设计的家宅
蒙蒂塞洛庄园
(1770)
弗吉尼亚州夏洛茨维尔
杰斐逊在拉特罗布的
协助下设计的
州议会大厦
(1789)
弗吉尼亚州里士满
两人的另一联合设计——蒙特塞洛附近
夏洛茨维尔的弗吉尼亚大学(1817)
花园
图书馆
教师
宿舍
和教室
学生宿舍
校园
仆人宿舍
该“学术村”为未来的校园规划
设定了一个模式
拉特罗布最好的作品是马里兰州
巴尔的摩的罗马天主教大教堂(1805)
拉特罗布在英国接受的教育使他可能受到
索恩的影响

君早期的职业生涯与托马斯·杰斐逊总统（1734—1826年）息息相关。后者也是一位出色的建筑师，他在弗吉尼亚州夏洛茨维尔附近设计的家宅蒙蒂塞洛庄园（Monticello，1770年），堪称一曲美妙的帕拉弟奥式建筑之歌。此外，他还与拉特罗布合作设计了弗吉尼亚州里士满的州议会大厦（1789年），其优美的希腊爱奥尼柱式神庙风格，开创了美国未来公共建筑的新模式。拉特罗布对白宫的改建（1807年）同样精彩，但他最好的作品，应该是马里兰州巴尔的摩大教堂（Baltimore Cathedral，1805年）。拉丁十字平面的大教堂带有一座中央大穹顶，大穹顶下方的十字交叉区宽敞阔大。

在法国，拿破仑时期的市政建筑彰显了同等的古典风范，不过它们所效仿的是宏伟的古罗马式样，而非象征民主的希腊风。早期的开创性实例是雅克-日尔曼·苏夫洛（Jacques-Germain Soufflot）设计的巴黎圣热内维埃夫教堂（Church of Ste Geneviève，1755年）。它后来成为国家神社，更名为先贤祠（Panthéon）[①]。即使不看细节，仅其特色鲜明的无窗外墙、中央穹顶以及正立面的柱廊，就令人想起伟大的古罗马前辈。皮埃尔-亚历山大·维尼翁（Pierre-Alexandre Vignon）设计的巴黎玛德琳教堂（La Madeleine，1806年）则几乎是古罗马神庙的原样复现。设计者显而易见的意图便是将拿破仑与恺撒相提并论。夏尔·佩西耶（Charles Percier）和皮埃尔·方丹（Pierre Fontaine）甚至成为帝国的御用建筑师，专门负责为帝国打造标志性的建筑风格，从壁纸和装饰品到凯旋门和宫殿，无所不及。在巴黎和拿破仑帝国的其他大城市，佩西耶和方丹的作品比比皆是。

在德意志，与佩西耶和方丹齐名的建筑师是卡尔·弗里德里希·冯·申克尔（Karl Friedrich von Schinkel，1781—1841年）。申克尔在柏林的两大杰作分别是宫廷剧院（Schauspielhaus，1819年）和老博物馆（Altes Museum，1824年）。从它们立面设计的细节，尤其是对

---

① 又译为“巴黎万神殿”或“巴黎万神庙”。——译注

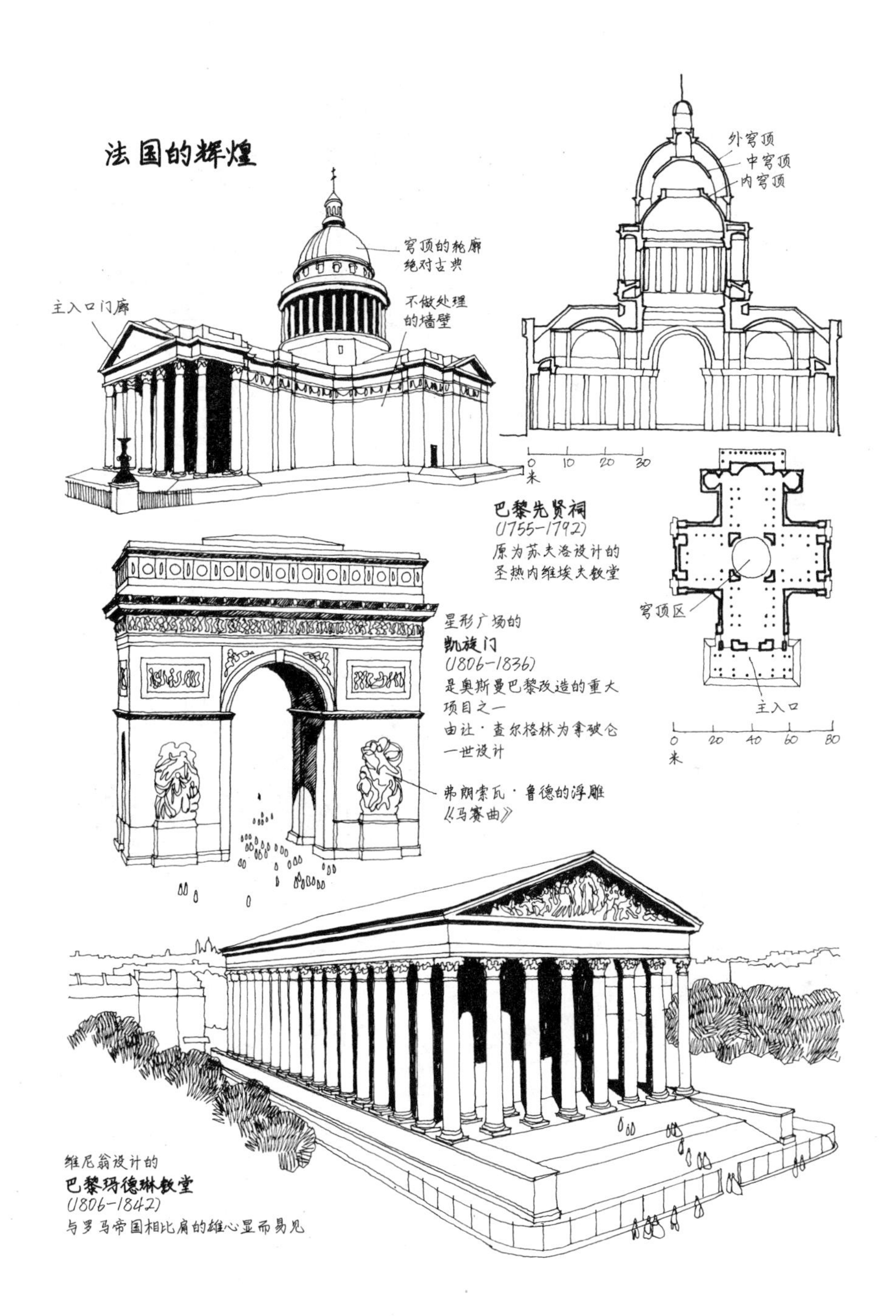
法国的辉煌
穹顶的轮廓
绝对古典
主入口门廊
不做处理
的墙壁
外穹顶
中穹顶
内穹顶
0 10 20 30
米
巴黎先贤祠
(1755–1792)
原为苏夫洛设计的
圣热内维埃夫教堂
穹顶区
主入口
0 20 40 60 80
米
星形广场的
凯旋门
(1806–1836)
是奥斯曼巴黎改造的重大
项目之一
由让·查尔格林为拿破仑
一世设计
弗朗索瓦·鲁德的浮雕
《马赛曲》
维尼翁设计的
巴黎玛德琳教堂
(1806–1842)
与罗马帝国相比肩的雄心显而易见

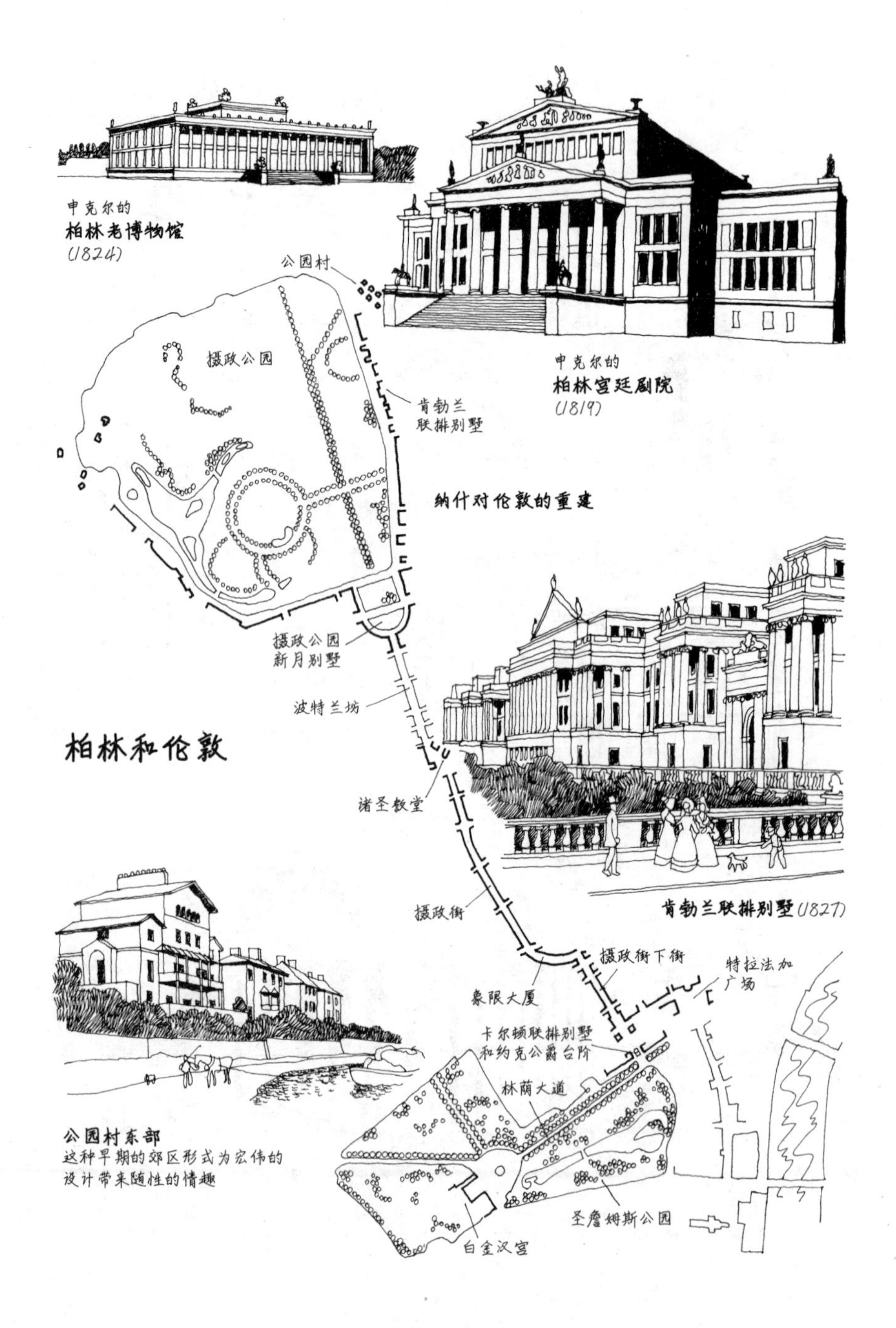
申克尔的
柏林老博物馆
(1824)
申克尔的
柏林宫廷剧院
(1819)
公园村
摄政公园
肯勃兰
联排别墅
纳什对伦敦的重建
摄政公园
新月别墅
波特兰坊
柏林和伦敦
诸圣钦堂
摄政街
肯勃兰联排别墅(1827)
摄政街下街
特拉法加
广场
象限大厦
卡尔顿联排别墅
和约克公爵台阶
林荫大道
公园村东部
这种早期的郊区形式为宏伟的
设计带来随性的情趣
圣詹姆斯公园
白金汉宫

爱奥尼柱式的运用来看，与其老师基里的作品相比，申克尔对古典传统的继承有过之而无不及。与此同时，通过两座建筑宏大而率直的结构，他又将自己的大胆构想表现得绘声绘色。由此推测，申克尔很可能还受到让-尼古拉斯-路易·迪朗（Jean-Nicolas-Louis Durand）的影响。在迪朗的《新版建筑学简明课程》（*Nouveau précis des leçons d'Architecture*）和《古代与现代各类型建筑对照与汇编》（*Recueil et parallèle des édifices de tout genre*，1801—1802年）两本书中，他从类型学角度提出了一种程式化的设计手法，该手法即刻被广泛运用到同时代的公共建筑设计。佩西耶和方丹设计的巴黎里沃利大街（Rue de Rivoli）便是当时令人瞩目的公共建筑项目，也是拿破仑于1811年发起的大规模城市改善计划的重要一环。它连绵不断的五层楼住宅沿街而列，底层为带有商铺的连拱廊骑楼，其设计理念与前述英国巴斯城的做法大同小异，都是为了给资产阶级建造共有的、有宫殿般尊贵感的私人住宅。

上述手法在约翰·纳什（John Nash，1752—1835年）改善伦敦的工程中表现得淋漓尽致。凭着皇家的赞助、资产阶级的支持以及他自身的经营才能，纳什在伦敦西区留下了自己深刻的印记，这一点连雷恩也难望其项背。从南部的白金汉宫一路延伸到北边的摄政公园（Regent's Park），一连串的新建筑和公共空间连绵起伏，显示了纳什对大规模空间设计的掌控自如。纳什的宏伟作品风格平庸，细部粗糙，造价低廉。尽管如此，它们仍然给伦敦的街景带来戏剧般的魅力，且大多保留至今。诸如白金汉宫前方的林荫大道（The Mall）、卡尔顿联排住宅（Carlton House Terrace，1827年）、摄政大街（后经过重新开发）、波特兰坊（Portland Place）、新月公园住宅（Park Crescent）以及摄政公园周边的联排住宅。摄政公园外围的别墅中，以肯勃兰联排别墅（Cumberland Terrace，1827年）最为别致。一簇簇独立住宅和花园，或为古典风格，或为哥特式样，姿态万千。由此形成的公园村（Park Village，1824年）是最早为人称道的英格兰郊外住宅区。

古典式和哥特式

对18世纪的帕拉弟奥主义者而言，风格是固有的，是建筑内在的本质。19世纪，多数建筑师仍然着迷于既定的建筑风格及其所代表的重大象征，这让他们一时无法理解新的工业材料和新结构。尤其是新古典主义和哥特式建筑风格，各自拥有一群坚定而狂热的追随者。两路人马随时准备着与对方一争高下。

哥特式建筑复兴始于18世纪初。至于其地位的确立与稳固，当在1834年之后。这一年，初建于中世纪的西敏宫惨遭大火焚毁。当局认定哥特式风格最能吻合公众记忆中的古老宫殿，也与附近的西敏寺以及存留至今的西敏厅最为般配。主持重建工程的建筑师查尔斯·巴里（Charles Barry，1785—1860年）是一位坚定的古典主义者，他为新西敏宫设计了一个正统而均衡的平面，其中心部位为一间八角形大厅。将此平面设计完善为哥特式建筑风格的工作交给了奥古斯都·韦尔比·普金（Augustus Welby Pugin，1812—1852年）。普金是一位狂热的天主教教徒，性格乖僻。他认为哥特式风格是一种宗教原则，值得倡导，而意大利文艺复兴风格的建筑既糟糕亦有违道德。有趣的是，他还将对哥特式的热爱拓展到对哥特式结构完整性的赞美。在他的著作《尖顶建筑或基督教建筑的真谛》（*The True Principles of Pointed or Christian Architecture*，1841年）中，普金不仅盛赞哥特式建筑的装饰效果，而且深入剖析了此等装饰效果如何由其功能生发而来。最终，在一批精挑细选的能工巧匠的鼎力相助下，普金一门心思打造的新西敏宫，既不失外在轮廓的优雅浪漫，又蕴含着哥特式装饰的繁复精巧，至今仍然是英国最精美的建筑杰作之一。

因为著名艺术评论家约翰·拉斯金（John Ruskin，1819—1900年）的大力推崇，哥特式建筑复兴得到进一步发展。在其名著《建筑七灯》（*The Seven Lamps of Architecture*，1849年）一书中，拉斯金提出了杰出建筑的七大先决条件，诸如材料的真实性、自然形态的美感以及手工制作（而非机械制造）所展现的生命活力等。在拉斯金眼里，早期的哥特式建筑是符合这些要求的。通过他后来的著作《威尼斯的石头》（*The Stones of Venice*，1851年），拉斯金又对上述思想做出进一步阐述。他不仅详尽分析了威尼斯的哥特式建筑，还将其建筑的荣光归功于工匠们在手工制作时的成就感——此等对工业化生产之异化效应的认知，在当时来说颇具前瞻性。

也许，对哥特式建筑风格最具洞察力的理论家是法国人欧仁-埃马努埃尔·维奥莱-勒-杜克（Eugène-Emanuel Viollet-le-Duc，1814—1879年）。勒-杜克既是建筑师也是作家，他对哥特式建筑的兴趣，得到一群热心朋友的热切呼应，其中就有作家梅里美和雨果。勒-杜克最初只是作为学者型修复师，受命对一些包括巴黎圣礼拜堂和巴黎圣母院在内的中世纪建筑展开修复。通过这些修复实践，他逐渐成熟，并得出结论：中世纪盛期的建筑成就，在于平信徒工匠挣脱了教会的束缚而走向理性思考。在其《11至16世纪法国建筑辞典》（*Dictionnaire raisonné de l'architecturefrançaise*，1845年）一书中，勒-杜克率先指出，哥特式建筑遵循着理性的结构原理。他还进一步指出，中世纪的肋骨拱和扶壁与自己所处时代的铁结构颇为相似。后者尽管在当时已经出现，却尚未受到建筑师的重视。在其另一本著作《建筑学讲义》（*Entretiens sur l'architecture*，1858年）中，勒-杜克试图唤醒建筑师对19世纪工程成就的认知和兴致。

彼时，铁结构已经持续发展了几十年，保守的建筑师却始终置身度外。一群新的设计师应运而生，他们随时能够满足工业家的需求，此即新一代工程师。作为那个时代思维敏捷的佼佼者，工程师们不失时机地抓住了工业革命所提供的机遇。纵观历史，从远古时代到18世纪，制造业、建筑业和旅游业的技术发展大多是因循守旧，缺少重大飞跃。19世纪初期却是一个分水岭。自那时起，能源的充分利用、科学知识的应用外加通讯技术的进步，让工业主义得以快速发展。

大约自1780年开始，工业革命在英格兰发生。19世纪初传播到法

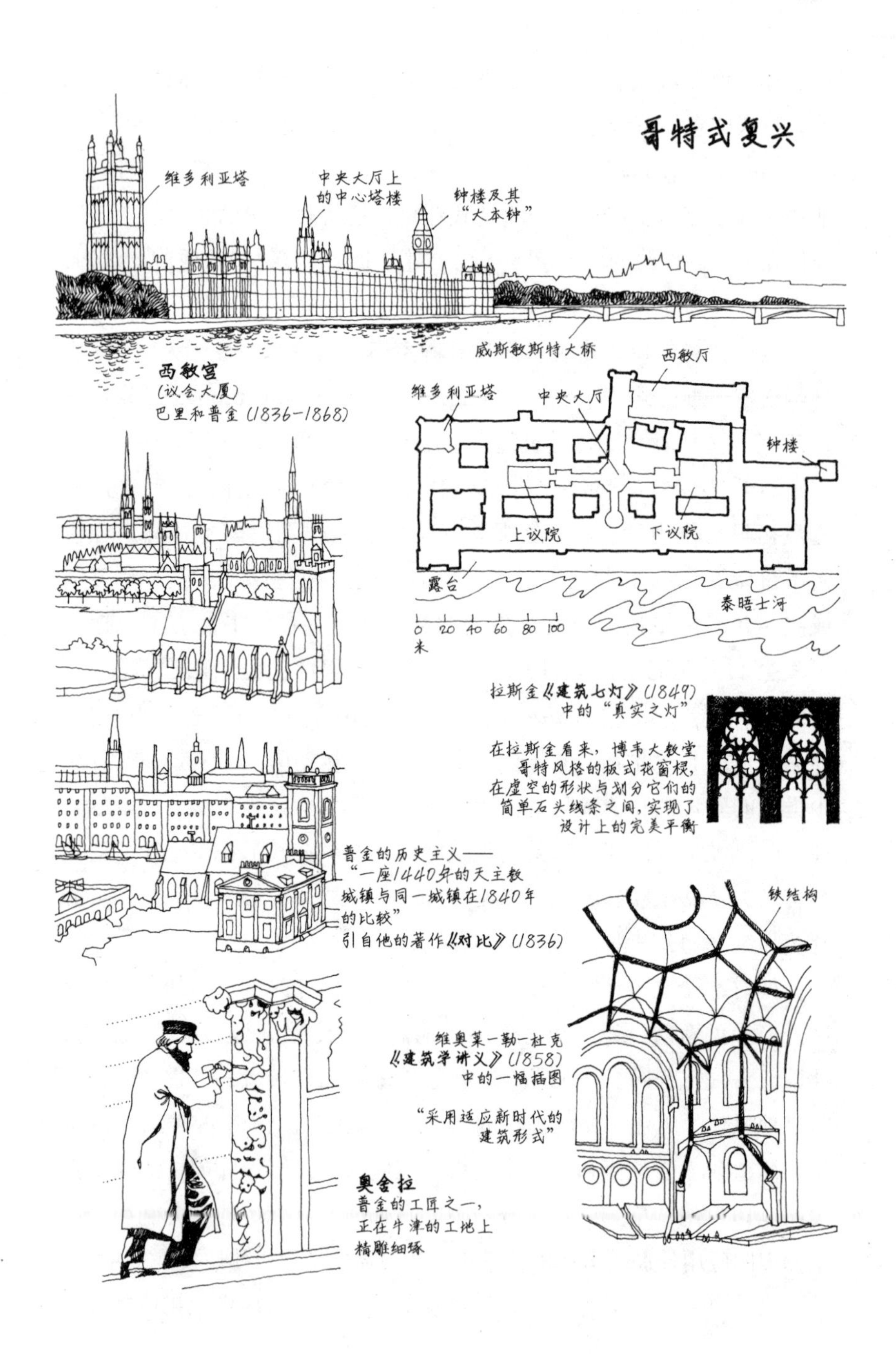

哥特式复兴
维多利亚塔
中央大厅上
的中心塔楼
钟楼及其
“大本钟”
威斯敏斯特大桥
西敏宫
(议会大厦)
巴里和普金 (1836-1868)
西敏厅
维多利亚塔
中央大厅
钟楼
上议院
下议院
露台
泰晤士河
0 20 40 60 80 100
米
拉斯金《建筑七灯》(1849)
中的“真实之灯”
在拉斯金看来，博韦大教堂
哥特风格的板式花窗棂，
在虚空的形状与划分它们的
简单石头线条之间，实现了
设计上的完美平衡
普金的历史主义——
“一座1440年的天主教
城镇与同一城镇在1840年
的比较”
引自他的著作《对比》(1836)
铁结构
维奥莱-勒-杜克
《建筑学讲义》(1858)
中的一幅插图
“采用适应新时代的
建筑形式”
奥舍拉
普金的工匠之一，
正在牛津的工地上
精雕细琢

国、德意志、比利时和瑞士，19世纪中期又影响至意大利北部、西班牙的加泰罗尼亚、瑞典、俄罗斯和美国。拜其财力所赐，伦敦成为第一个人口突破百万的国际大都市。整体上，19世纪初的欧洲只有10%的人口居住在城镇，英格兰和苏格兰的城市人口比例却达到了20%。虽说其主要生产活动仍然是农业，但变化已经开始。圈地运动终结了小农经济，土地拥有者纷纷顺应工业潮流，他们开始有能力尝试新的谷物种植、动物饲养以及耕作的方式。地方上的农业产量辅之以日益增加的进口食品数量，已足以养活大量的城市人口。工业向城镇进军，因为新的大规模生产需要大量的劳动力，城镇围绕着工业区成长起来。棉花进口量快速增加，织布业蓬勃发展，棉纺织业城镇的规模和财富均得到了迅速增长。

除了棉花工业的新技术，如托马斯·哈格里夫斯（Thomas Hargreaves）的“珍妮纺纱机”和理查德·阿克赖特（Richard Arkwright）的“水力纺纱机”，当时的技术发展主要立足于相互依赖的煤炭和炼铁业。几个世纪以来，煤炭一直被用作燃料，但规模有限。到了19世纪，煤炭在用于炼铁机械业时所迸发出的巨大能量，是过去连做梦也想不到的。托马斯·瓦特和詹姆斯·纽科门早期研发的蒸汽动力机器本来只应用于采矿业，用来抽出矿井中的地下水和提送矿石。随着冶金技术的改进，蒸汽驱动的机器迅速扩展应用到其他各大行业，包括各类工厂、快速发展的铁道业以及最新开发的机床制造工业等。

工程师们

1779年，在英国当时重要的煤炭和钢铁中心、什罗普郡科尔布鲁克代尔的塞文河峡谷，炼铁大师亚伯拉罕·达尔比三世（Abraham Darby Ⅲ）建造了一座横跨峡谷的拱形铁桥。这一精巧的结构至今犹存，证明了桥梁建造者对铸铁新材料的心领神会，同时它也是世界上第一座由铸铁建造的拱桥。18世纪，运河的开通和收费公路的建造，大大刺激了对桥梁建设的需求，开发商因此始终都在推动着自己手下的工程师们做出大胆的技术创新。彼时的工程师们已经将理论分析引入工程实践，但他们依然需要通过反复的试错来学习新技术，施工期间也难免事故频发。所幸，一旦项目竣工，便是佳作。工程师托马斯·特尔福德（Thomas Telford，1757—1834年）便建造了好几座铸铁桥。铸铁的高碳含量和颗粒状结构使其具有相当强的抗压性，因此最适合用于建造拱形结构，但它在抗拉方面的能力很弱[①]。所以为了建造一座让霍利黑德公路能够跨过威尔士梅奈海峡（Menai Strait）的大跨度悬索桥（1819年），特尔福德开发了锻铁链。锻铁材料的定向显微结构与木材的纹理颇为类似，能够耐受较强的拉力。

铁路的兴起带来狂热的投机性竞争，仓促中成立的公司都对其属下的工程师们提出了极高要求。罗伯特·斯蒂芬森（Robert Stephenson）设计的纽卡斯尔泰恩河高架桥很可能是最后一座铸铁大桥。其构思大胆新颖，施工始于1846年。为减少铸铁构件所承受的拉力，其主梁结构运用了弓弦原理。斯蒂芬森的另一杰作是横跨梅奈海峡的不列颠尼亚铁路桥（1850年），此处海峡的中央原本就矗立着一块岩石，可借之建造一座河心桥墩。但尽管特尔福德已在其北边的1英里处成功建造了一座悬索桥，这里近300米的水上总跨度，还是因为过长而不可能建造悬索桥。根据海军部的要求，桥梁之下必须保持统一的净空高度，也不能采用拱形结构。最终的解决方案是：建造了两个大跨度的箱梁结构，由此形成一段巨大的锻铁方管，让列车在其中行驶运行。因为它基于详尽的测试和大量的计算，该设计将结构力学向前推进了重要的一步。

伊桑巴德·金德姆·布鲁内尔（Isambard Kingdom Brunel，1806—1859年）同样参与了狂热的铁路建设投标活动，被迫卷入了与斯蒂芬森的竞争。像许多工程师一样，布鲁内尔对如此白热化的竞争深表疑

① 因为这个弱点，难以用铸铁（或者说生铁）建造大跨度结构。——译注

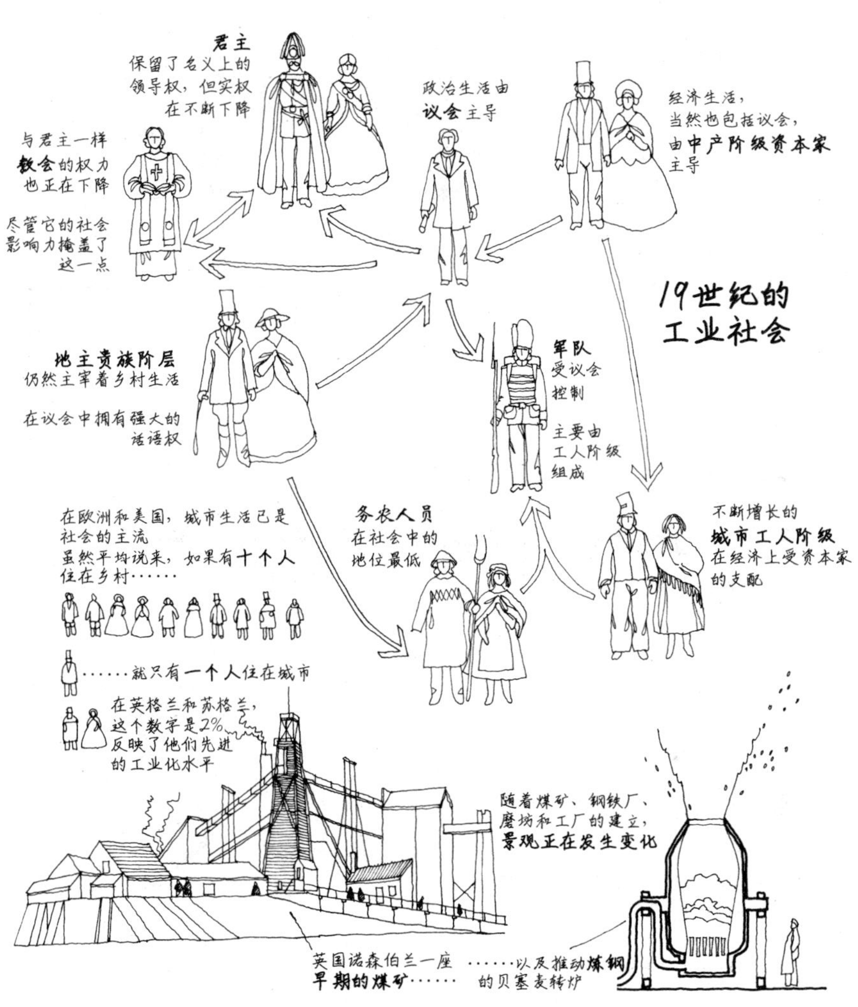

很快，煤炭和钢的双重使用让**铁路**得到发展，改变了世界

*1760*年，乘坐马车5个小时可走**25英里**

*1820*年，在铺有柏油的公路上5小时可行驶**40英里**

到了*1860*年，乘坐火车**5**小时可行驶**170英里**

铁路激发了一场社会革命，甚至为穷人提供了廉价旅行的方式
更重要的是，铁路促进了贸易和资本主义的发展

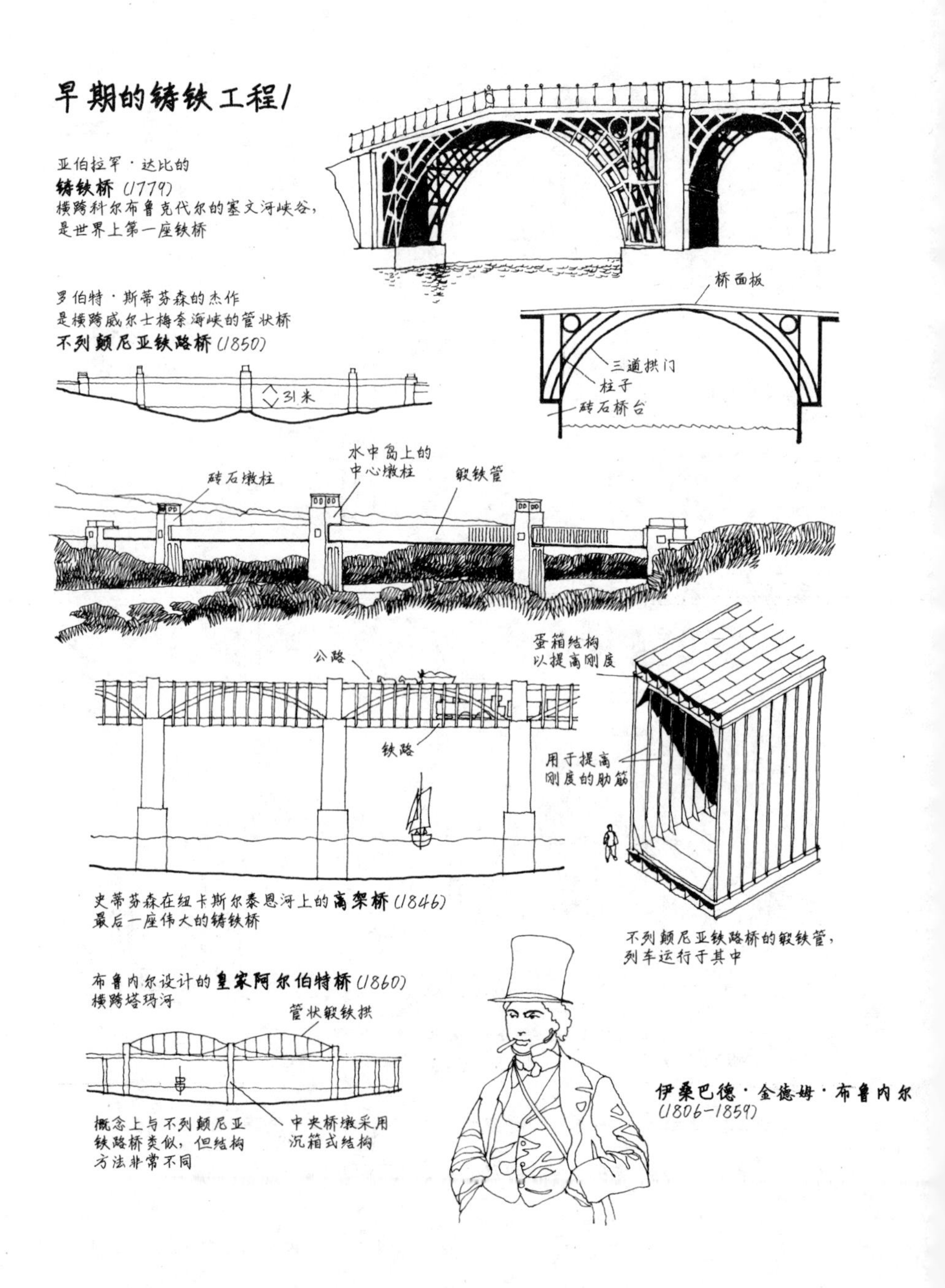
早期的铸铁工程/
亚伯拉罕·达比的
铸铁桥（1779）
横跨科尔布鲁克代尔的塞文河峡谷，
是世界上第一座铁桥
桥面板
三道拱门
柱子
砖石桥台
罗伯特·斯蒂芬森的杰作
是横跨威尔士梅奈海峡的管状桥
不列颠尼亚铁路桥（1850）
31米
水中岛上的
中心墩柱
砖石墩柱
锻铁管
公路
铁路
蛋箱结构
以提高刚度
用于提高
刚度的肋筋
史蒂芬森在纽卡斯尔泰恩河上的高架桥（1846）
最后一座伟大的铸铁桥
不列颠尼亚铁路桥的锻铁管，
列车运行于其中
布鲁内尔设计的皇家阿尔伯特桥（1860）
横跨塔玛河
管状锻铁拱
概念上与不列颠尼亚
铁路桥类似，但结构
方法非常不同
中央桥墩采用
沉箱式结构
伊桑巴德·金德姆·布鲁内尔
（1806–1859）

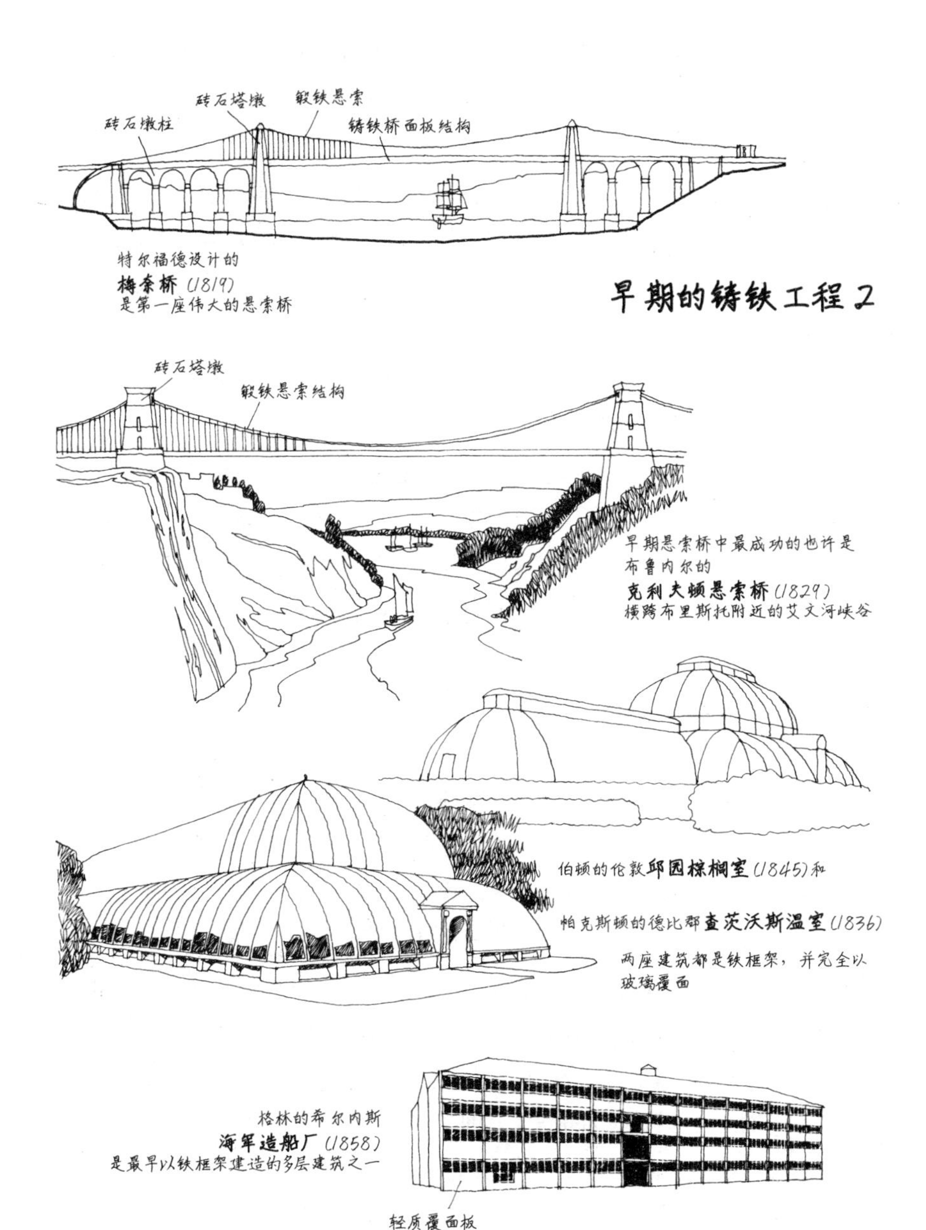
砖石塔墩
锻铁悬索
砖石墩柱
铸铁桥面板结构
特尔福德设计的
梅奈桥（1819）
是第一座伟大的悬索桥
早期的铸铁工程 2
砖石塔墩
锻铁悬索结构
早期悬索桥中最成功的也许是
布鲁内尔的
克利夫顿悬索桥（1829）
横跨布里斯托附近的艾文河峡谷
伯顿的伦敦邱园棕榈室（1845）和
帕克斯顿的德比郡查茨沃斯温室（1836）
两座建筑都是铁框架，并完全以
玻璃覆面
格林的希尔内斯
海军造船厂（1858）
是最早以铁框架建造的多层建筑之一
轻质覆面板
引领了20世纪的立面处理手法

虑。他写道："整个世界都陷入建造铁路的疯狂。我真的厌倦了有关提案的听证会……我不得不因为生意方面的责任而加入可怕的争斗，但这绝不是完成工作的好办法。"事实上，由于项目推进过快，英国19世纪上半叶在铁路建造中丧生的筑路工，比其同期所有的战争（包括拿破仑战争）中的死亡人数还要多。好在工程师们在竞争的同时倒也发现了合作的契机。斯蒂芬森与布鲁内尔就成了好朋友，互相之间在技术方面时有交流。

布鲁内尔最著名的工程杰作是始建于1829年的克利夫顿锻铁悬索桥。它位于布里斯托克利夫顿的艾文河峡谷（Avon Gorge），造型优雅。但他最精美的作品应该是1860年完工的皇家阿尔伯特桥。后者横跨于流经索尔塔什小镇的塔玛河（River Tamar at Saltash）之上。布鲁内尔对斯蒂芬森设计的不列颠尼亚铁路桥非常熟悉，在他设计皇家阿尔伯特桥时，遇到的难题也颇为相似。两座桥的整体跨度不相上下，可塔玛河的水中央没有岩石，布鲁内尔不得不在河流的中心处以加压式铁制沉箱结构建造了一座桥墩。事实上，单就桥墩工程本身而言就是一项壮举。同样，桥下的净空高度要求保持均一。布鲁内尔的解决方案是：在桥的上部建造两跨拱形的锻铁管，让桥面悬挂在拱形铁管的下方。

虽说在传统建筑类型中铁结构尚属少见，保守的建筑师更是从不涉足，但除了造桥，铁材已开始用于建筑。德比郡的查茨沃斯温室（1836年）便是以弯曲的铸铁铁条与木材构成框架，再在框架的外表以玻璃覆面。优美的温室长达90米，由园艺大师约瑟夫·帕克斯顿（Joseph Paxton）设计，后来被争相效仿。伦敦邱园优雅的棕榈室（Palm House at Kew Gardens）即为仿制品之一，设计师是德西默斯·伯顿（Decimus Burton），他1845年曾一度做过帕克斯顿和理查德·特纳（Richard Turner）的助手。戈弗雷·格林上校（Col. Godfrey Greene）在谢佩岛设计的希尔内斯海军造船厂（Royal Navy Dockyard, Sheerness，1858年）是一栋四层高的建筑，采用了由铸铁立柱与锻铁横梁组成的矩形框架结构，宏大简朴。彼得·艾利斯（Peter Ellis）在利物浦设计的欧瑞尔大厦（Oriel Chambers，1864年），是一栋精美的五层高办公楼，完全以铸铁框架建造，并且以繁复而华丽的方式展现了新材料。

保守派建筑师与使用铁材料的新潮工程师之间的分野，在当时建造的火车站中一览无余。伦敦国王十字火车站（London King's Cross，1850年）是最早的大型终端站之一，由工程师路易斯·库比特（Lewis Cubit）设计。除了一座为体现建筑效果而设计的意大利式小钟楼，朴素的砖砌入口立面朴实无华，与其背后双跨的拱形站台大棚协调统一。在伦敦帕丁顿火车站（Paddington，1852年），布鲁内尔设计的由三个锻铁交叉拱支撑的站台大棚颇为壮观，却让建筑师菲利普·查尔斯·哈德威克（Philip Charles Hardwick）设计于火车站前方的大酒店给遮住了。圣潘克拉斯火车站（St Pancras Station，1865年）是工程师与建筑师各行其是的结果，倒也造就了那个世纪最怪异的杰作。其壮观的后半部由铁路工程师威廉·亨利·巴洛（William Henry Barlow）设计，为一座跨度75米、高30米的单拱式站台大棚。前半部是建筑师乔治·吉尔伯特·斯科特（George Gilbert Scott）设计的米德兰酒店，新哥特式样的塔楼和尖顶尤为引人瞩目。所幸，这座合二为一的建筑，既体现了对客流运行的逻辑处理——站台大棚的开放式终端对乘客的引路和分流——又具有强烈的象征意义，对当时不乏探险意味的火车旅行来说，它就仿佛一座纪念碑——遗憾的是，21世纪的一场“整修”破坏了其客流运行模式，当初雄健的建筑形式变得杂乱无章。

各大火车站华丽的立面设计也都别具深意。巴斯皇后广场火车站（Bath Queen Square）的尹尼戈·琼斯风格，布里斯托圣殿草地火车站（Bristol Temple Meads）的都铎风格，新市场车站（Newmarket Station）的巴洛克风格，如此等等，都是为了让当时还心存疑虑的公众对铁路心生敬意。当旅客走向伦敦尤斯顿火车站（Euston），穿过老菲利

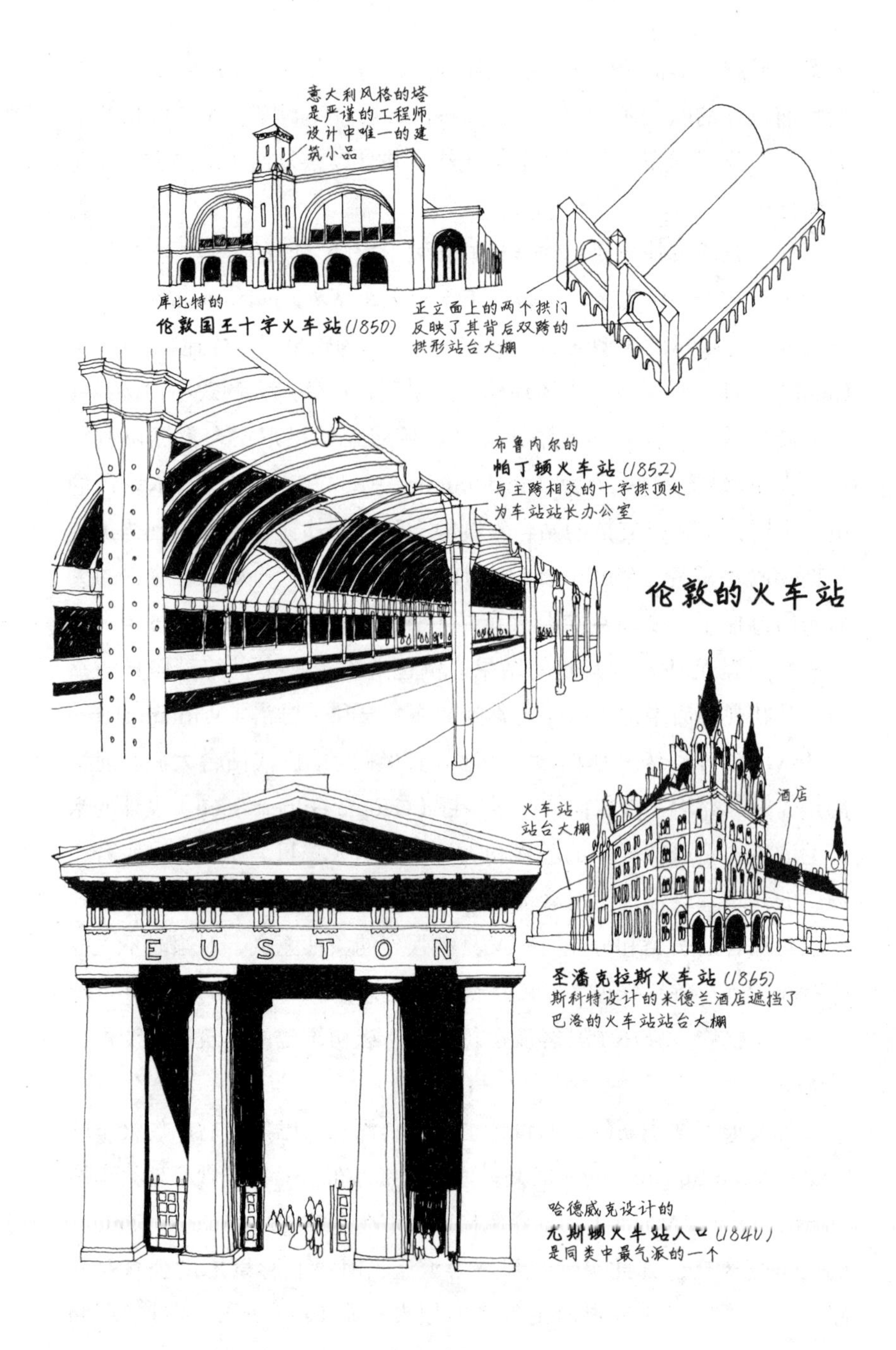

意大利风格的塔
是严谨的工程师
设计中唯一的建
筑小品
库比特的
伦敦国王十字火车站(1850)
正立面上的两个拱门
反映了其背后双跨的
拱形站台大棚
布鲁内尔的
帕丁顿火车站(1852)
与主跨相交的十字拱顶处
为车站站长办公室
伦敦的火车站
火车站
站台大棚
酒店
圣潘克拉斯火车站(1865)
斯科特设计的米德兰酒店遮挡了
巴洛的火车站站台大棚
EUSTON
哈德威克设计的
尤斯顿火车站入口(1840)
是同类中最气派的一个

进步与传统

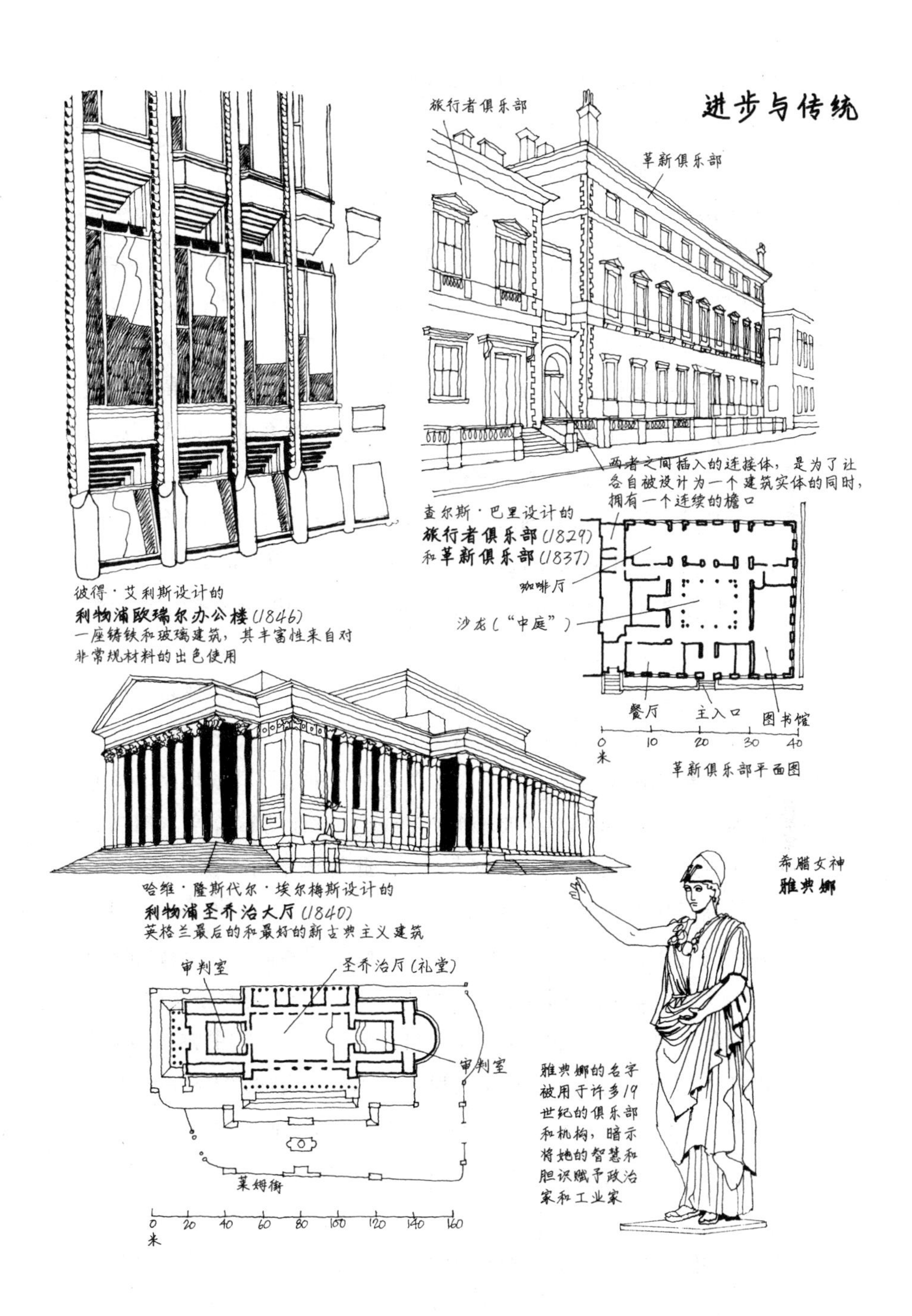

旅行者俱乐部
革新俱乐部
两者之间插入的连接体，是为了让各自被设计为一个建筑实体的同时，拥有一个连续的檐口
查尔斯·巴里设计的
旅行者俱乐部(1829)
和**革新俱乐部**(1837)
咖啡厅
沙龙（“中庭”）
餐厅
主入口
图书馆
0 10 20 30 40
米
革新俱乐部平面图
彼得·艾利斯设计的
利物浦欧瑞尔办公楼(1846)
一座铸铁和玻璃建筑，其丰富性来自对非常规材料的出色使用
哈维·隆斯代尔·埃尔梅斯设计的
利物浦圣乔治大厅(1840)
英格兰最后的和最好的新古典主义建筑
审判室
圣乔治厅（礼堂）
审判室
莱姆街
0 20 40 60 80 100 120 140 160
米
希腊女神
雅典娜
雅典娜的名字被用于许多19世纪的俱乐部和机构，暗示将她的智慧和胆识赋予政治家和工业家

普·哈德威克（Philip Hardwick Senior）[1]设计的多立克式门楼（1840年），丰厚的历史和文化气息洋溢其间，势必会让他们以为自己正在经历一场史诗般的朝圣之旅。

整个19世纪，这种毫无顾忌地利用建筑风格引人联想的做法变得更加直截了当。如查尔斯·巴里设计的旅行者俱乐部（Traveller's Club，1829年）和革新俱乐部（Reform Club，1837年），除了为适应伦敦的气候将内院改为有屋顶覆盖的内厅，二者差不多完全仿照了佛罗伦萨式宫殿风格，其目的便是为了吸引那些持有传统价值观的成功商人，让他们在走进俱乐部之时，尽可以自我想象成美第奇家族的后人。

新古典主义在英格兰的最后一座重要建筑是利物浦的圣乔治大厅（St George's Hall in Liverpool，1840—1854年），设计师是哈维·隆斯代尔·埃尔梅斯（Harvey Lonsdale Elmes）。宏伟而不朽的建筑坐落于一片高地之上，其内带有音乐厅和巡回法院等不同用途的空间。埃尔梅斯将功能迥异的空间巧妙有机地结合到一起，让同一体量中的各个元素都得到清晰表达，完美继承了德意志建筑师基里的遗风。新古典主义带有雅典民主色彩，成为人们普遍接受的法院建筑风格。比利时建筑师约瑟夫·波拉尔（Joseph Poelaert）设计的布鲁塞尔司法宫（Palais de Justice，Brussels，1866年），让此等风格再一次大展宏图。与埃尔梅斯经典内敛的手法相比，波拉尔的设计更显不拘一格、厚重有力和霸气外露，高耸于司法宫正中的塔楼气势磅礴。美国首都华盛顿的国会大厦，表现了同样的雄伟壮观，突出了强大的纪念性意义。其中心部位高敞的圆厅和穹顶均为1851年的加建，当初的帕拉弟奥式建筑由此重塑为恢宏的新古典主义风范。国会大厦加建工程的负责人是托马斯·乌斯蒂克·沃尔特（Thomas Ustick Walter），此君之前就设计过不少的杰作，包括以科林斯风格建造的费城古拉德学院（Girard

① 此人为前述菲利普·查尔斯·哈德威克的父亲。——译注

College）主楼（1833年）。

新古典主义在美国比在英格兰更受欢迎。特别是美国南方的乡村豪宅，它们的建筑风格自然而然地从帕拉弟奥式转向了新古典主义。一时间，差不多所有种植园主的府邸都配上了多立克式六柱门廊。与此同时，木结构框架体系得到较好的开发和应用。而这种对木结构的改善，堪称美国人对小型房屋建造技术的重大贡献。自16世纪以来，欧洲人就采用所谓的“气球框架”建造木制房屋，但是美国人经过反复的改进，才使此等轻型木框架体系臻于完善，让它广泛沿用至今。与几个世纪之前欧洲人对木构建筑各自为政的架构方法不同，美国人先将墙壁、楼面以及屋顶组成一个整体框架，再通过木盖板将这个框架连成一体。美国的木材价格相对便宜，由此社会各阶层都能拥有经济体面的住宅。

19世纪的社会尽管日渐繁荣，也经历过革命，却仍然极不平等。美国的黑奴、欧洲的农民和各地的产业工人，构成了默默无闻的大多数，他们的权益被忽视。在一些自由经济学家的理论支持下，工业资本主义得到发展。如亚当·斯密（Adam Smith）的《国富论》（*Wealth of Nations*，1776年）提倡自由市场，大卫·李嘉图（David Ricardo）的《政治经济学及赋税原理》（*Principles of Political Economy and Taxation*，1817年）提倡自由贸易。与此同时，穷人的工作和生活状况继续恶化。托马斯·马尔萨斯牧师（Revd Thomas Malthus）却发表文章，排斥有关社会改革的进步思想。在他看来，通过人口的增长以及由此造成的大规模饥饿，自然会实现社会的平衡。

随着工业资本主义的发展，雇主与雇员之间原有的私交关系模式被打破。工人所得的报酬不再取决于其工作能力，而是取决于那只捉摸不定的市场之手。企业主之所以富裕起来，是因为牺牲了工人的利益。工人的工作时间长、工作条件差、工作报酬低等现象已成常态。从前的工人本是以手工技能为傲，而今的工业化大潮之下，曾经让他们引以为豪的手工技艺越来越用不着了。工业化带来的生活方式的剧

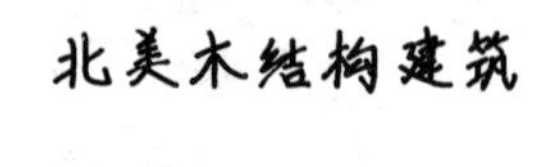
北美木结构建筑

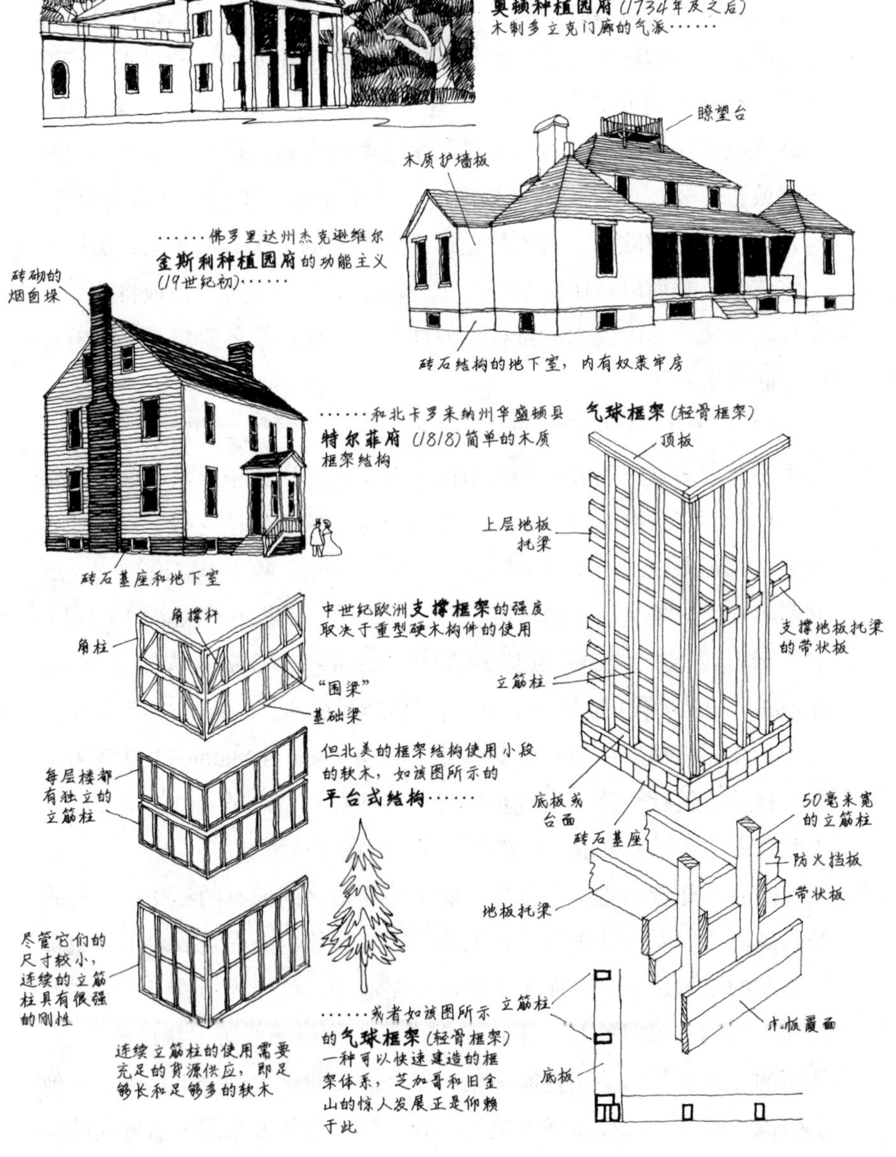
北卡罗来纳州威尔明顿
奥顿种植园府（1734年及之后）
木制多立克门廊的气派……
瞭望台
木质护墙板
……佛罗里达州杰克逊维尔
金斯利种植园府的功能主义
（19世纪初）……
砖砌的
烟囱垛
砖石结构的地下室，内有奴隶牢房
……和北卡罗来纳州华盛顿县
特尔菲府（1818）简单的木质
框架结构
气球框架（轻骨框架）
顶板
上层地板
托梁
砖石基座和地下室
中世纪欧洲支撑框架的强度
取决于重型硬木构件的使用
角撑杆
角柱
"围梁"
基础梁
支撑地板托梁
的带状板
立筋柱
但北美的框架结构使用小段
的软木，如该图所示的
平台式结构……
每层楼都
有独立的
立筋柱
底板或
台面
砖石基座
50毫米宽
的立筋柱
防火挡板
带状板
地板托梁
尽管它们的
尺寸较小，
连续的立筋
柱具有很强
的刚性
……或者如该图所示
的气球框架（轻骨框架）
一种可以快速建造的框
架体系，芝加哥和旧金
山的惊人发展正是仰赖
于此
立筋柱
木板覆面
底板
连续立筋柱的使用需要
充足的货源供应，即足
够长和足够多的软木

变，让他们的家庭经受着丧失家园的痛苦。

乌托邦理想

一批进步思想家变得更具有批判性。约翰·斯图尔特·密尔（John Stuart Mill）认识到个人自由的价值，以及加强民主和社会改革的必要性；作为基督徒同时又是社会主义者，法国哲学家圣西门主张废除私有财产；圣西门的同胞傅立叶和蒲鲁东秉承欧洲传统的哲学思维，坚信理想的未来必须基于人类的理性进步，由此形成一个道德、健康、真正无需政府的社会；孔多塞（Condorcet）、戈德温（Godwin）和沃斯通克拉夫特（Mary Wollstonecraft）等思想家则认为，社会是能够得到改善的。受此启发，一些社会批评家开始致力于研究贫困问题，探讨贫困对人类生活的可怕影响。19世纪初期，在工业化最发达、社会矛盾最为尖锐的英国，议会通过了一系列法案以消除一些对妇女和儿童的剥削。威尔士实业家罗伯特·欧文（Robert Owen，1771—1858年）更是身体力行，将改善穷人困境的计划落实到实际项目上。

欧文的财富一部分源于纺织业，一部分源于他与一位百万富翁女儿的婚姻。1799年，在格拉斯哥附近的新拉纳克（New Lanark），欧文继承了一家拥有2000人的工厂，并将这座工厂建设成了闻名世界的模范社区。欧文的实践在今天看来可能属于家长式，甚至是专制的。但在当时残酷的市场竞争机制下，其所作所为无疑是一个巨大的进步。除了成片的工人住宅、一所学校、一间面向社区工人的惠民商店，那里还建造了一些专用于社区活动的场所，包括一家致力于提高工人品格修养的教育机构。后来，为了在美国印第安纳州建设一个占地2万英亩的农业社区[1]，欧文甚至动用了自己几乎全部的财产。

① 这是为了实现其“新协和村”理想，但最终失败。——译注

欧文的方法大体局限于现行体制内的改良，以减轻体制所带来的恶劣影响。欧文期待着一个团结和正义占主导的新世纪的到来。然而，对某些思想家来说，对体制的颠覆已经迫在眉睫，等不及渐进式改良。因为在那些快速发展的工业城市，成千上万的工人及其家人的生活已然是水深火热。

> 此地才真正是一个几乎毫不遮掩其脏乱差的工人居住区，甚至连大街上的商店和啤酒馆也没人想着给收拾得稍微干净些。但与其背后工人住房的大杂院和胡同相比，大街上的这一切简直算不了什么。要想去那些大杂院和胡同，你必须穿过堆满杂物、极其狭窄的过道，狭窄得甚至容不下两个人同时穿过。所有的住房杂乱无章地拥挤在一起，完全违背了理性规划原则……实在是令人难以想象……无论你走到哪里，都会碰到污秽和垃圾，其脏乱之极在别处是不可能看到的。大多数住房唯一的入口是通过狭窄肮脏的楼梯，还必须跨过一堆又一堆令人作呕之物。

以上文字摘自恩格斯（1820—1895年）写于1844年的《英国工人阶级状况》(*The Condition of the Working Class in England*)，它所描述的是曼彻斯特老城区的情景。为容纳突然涌入的大量人口，这座城市的前工业中心地带匆匆搭建了许多临时小屋和窝棚。附近那些由本地建筑商建造的新城，说是为了满足居民对生活空间的需求，其状况并不更好。恩格斯发现新城的整体布局虽有所改善，但住房绝对谈不上宽敞。这些住房通常都是背靠背成排建造，照明和通风仅仅依靠内天井，墙壁只有半块砖厚——4.5英寸。住宅、制革厂和煤气厂簇拥着挤塞在死水一潭的运河边，来自工厂的废弃物和未经处理的污水，随时就排进了运河，让运河日趋淤塞。没有下水道之类的排水设施，没有清洁用水的供应，唯有疾病大肆流行。

恩格斯由此得出结论，即此时工人阶级的绝望挣扎是现代世界经

这些19世纪30年代的伦敦住房位于煤气厂与瘟疫坑之间

济结构的必然结果。1844年，他与卡尔·马克思（1818—1883年）结下终生友谊。在恩格斯的密切配合下，马克思成为第一位深入研究工业社会的最伟大思想家，他通过系统和富于逻辑的方法论——包括对工业社会前的分析和对未来的展望——揭示了工业社会的多重起因和后果。

通过自己的著作，如《资本论》(*Capital*，1867年)，马克思发展出一套分析方法，来剖析和破解工业时代的问题。马克思指出，人类最初的梦想，是让所有人都能够与周围的世界建立起创造性的合作关系。然而，因其先天的缺陷，资本主义制度不可能达到人类所梦想的境界。由于充满着固有的紧张关系，资本主义最终将毁于其自身所带来的严重危机。唯有通过工人阶级的革命夺取资产阶级的权力，实现以无阶级差别的社会取代资本主义社会，方能获得一些积极的进步。

事实上，在19世纪初期，工人阶级就已经在积蓄力量。1848年，欧洲再次爆发起革命——这是人类历史上第一次，工人作为一个阶级发挥了重要作用。始于法国的这场革命不仅挑战了国王，也挑战了资产阶级的自由主义。之后，革命蔓延到意大利，并与意大利为挣脱奥地利帝国统治的独立运动紧密相连。再后来，革命又延伸至德意志、瑞士、荷兰、比利时和斯堪的纳维亚。整场斗争的过程短暂而激烈，其结局却是旧秩序在各地的重建。

但无论如何，欧洲已不同于过往。总体上，统治阶级不再像之前那般自负，变得更愿意妥协和让步。资产阶级虽然在经济上比以往任何时候都更加强大，却不再坚信自由主义能够自动地带来无限的进步。此后，资本主义朝着更加务实和现实的方向发展。至于工人阶级，尽管在这场斗争中败下阵来，但他们至少已经登上了政治舞台，极大地增强了力量和自信心。

在1789年以来的法国大革命时期，艺术家大多支持自由和解放事业，推崇自由派资产阶级的意识形态。但是，1848年革命之后的时局，却让他们清醒地认识到，革命所带来的不是整体人类的自由，而是社会的撕裂和个体的异化。当拿破仑自封为皇帝之时，贝多芬采取了世人皆知的著名行动——手撕《英雄交响曲》的封面，因为那张封面上的题字原是献给从前他心目中的英雄拿破仑的。社会批评家们开始公开同情进步的一方。拜伦同情处于奥斯曼土耳其统治下的希腊人，司汤达同情法国占领下的意大利人，普希金同情俄罗斯持不同政见的十二月党人。波德莱尔的诗歌是对资产阶级习俗的直接抗议，库尔贝的绘画表达了对普通民众的深切关怀。

建筑师和工程师却没有这样的表达自由，其职业性质和从业路径，使得他们只能站在统治阶级这一边，而且被后者视为主要的意识形态传播人。虽如此，1848年之后依然出现了一批伟大的建筑和工程巨作——它们独特新颖，广受欢迎——倒也能为一个业已分裂的社会营造出某种虚假的团结气氛。

第十章

维多利亚时代的价值观：1850—1914年

1848年革命之后，拿破仑·波拿巴的侄子成为法国总统。四年不到，此君就策动了一场政变，宣称自己为拿破仑三世，法国进入法兰西第二帝国时代。这位新皇帝精明强干却也狡诈自私，他在某些方面的手段，堪称20世纪独裁者行为模式的开山鼻祖。通过一些让步行为，他巧妙地安抚了那些拥有影响力的工业家和令其头痛的工人。与此同时，他却对少数派、院校和新闻媒体实行严厉镇压。在他的治下，法国步入了真正的工业革命时代。银行成立，工厂和铁路建成，大型公共工程开始启动。在对卢浮宫的扩建（1852年）中，建筑师路易·维斯孔蒂（Louis Visconti）和赫克托·勒菲埃尔（Hector Lefuel）采用了华丽的新文艺复兴式样。从此，确立了新的第二帝国风格。

法兰西第二帝国最伟大的工程之一是奥斯曼男爵（Baron Haussmann）对巴黎市中心的改造。这座古老的中世纪城市由此实现了华丽转身，一展恢宏的巴洛克式新风貌。新的地标性建筑（布洛涅林苑、星形广场、巴黎歌剧院等）由一个宏伟的林荫大道网络连接起来。林荫大道的地下，新铺了水管和下水道。新街道笔直宽阔，街道两侧成排的中产阶级公寓楼鳞次栉比，在概念上与皇家广场和里沃利大街的公寓楼相似。标准化高度和程式化立面使之稍逊优雅，却更为经济实用。各公寓楼的底层通常为商店，之上的四或五层都是公寓。

公寓进深达两个房间，外侧朝向街道的房间更大也更为气派，内侧有一个狭窄的采光天井，被略带贬义地称为英式庭院。

建筑之美感并非奥斯曼的唯一考量。1848年革命时期的巷战之后，安全成为一个重要因素。因为小型建筑很可能会让谋反者用作掩体，于是在1853—1869年间，宫殿和军营周围的小型房屋被大规模拆除。趁此机会，政府还腾出手来对那些可能会带来威胁的街区大肆清除。因大学从来都是激进分子的温床，规划者遂开辟了圣米歇尔大道（Boulevard Saint-Michel），在大学区划出一条通道。受凡尔赛宫启发的辐射状城市街道获得了新的含义。沿着林荫大道，军队可以向各个方向调动，并且只消在中心地带的圆形广场部署一小支炮兵分遣队，便能够控制整个街区。

巴黎不是唯一惧怕内乱的城市。1858年，随着弗朗茨·约瑟夫一世（Franz Josef Ⅰ）一声令下，维也纳的城墙被夷为平地，代之以路德维希·福斯特（Ludwig Forster）设计的环城大道，大道在老城中心区形成了一圈防御带，又将市中心的霍夫堡皇宫与城市外围的工人阶级居住区分隔开来。如同巴黎的林荫大道，维也纳的环城大道亦能够迅速地部署部队，并提供有效的火力控制带。

环城大道的两侧布满了宏伟的公共建筑，维也纳国立歌剧院位居其列。该歌剧院始建于1861年，由建筑师A. S. 冯·西卡德斯堡（August Sicard von Sicardsburg）与E. 范·德·内尔（Eduard van der Nüll）合作设计，采用的是奢华的新文艺复兴风格。同年，由夏尔·加尼耶（Charles Garnier）设计的巴黎歌剧院更为堂皇富丽，可谓第二帝国资产阶级之奢华的缩影。巴黎歌剧院同样采用了卢浮宫扩建时的新文艺复兴风格，用来凸显戏剧表演的时尚活动，给人一种隆重辉煌的仪式感。它的舞台区面积巨大，并带有一座可以迅速变换出各种不同场景的高塔装置，最能满足那些场景众多的歌剧之所需，《胡格诺派教徒》（*Les Huguenots*）和《威廉·退尔》（*Guillaume Tell*）便很适合在此上演。歌剧院的观众厅也是极为宽敞，装饰华丽。同样宽敞甚至更为奢华的是入口大厅，有彩绘天花板、镀金雕像、华美的枝形吊灯和富丽堂皇的大楼梯。对那些追赶时尚的歌剧爱好者来说，置身其间，既能观赏他人又能为他人所观赏，还可以与舞台上的演员来一番争奇斗艳。

在法兰西第二帝国风格的发展进程中，巴黎歌剧院至关重要，并且被巴黎美术学院（*École des Beaux-Arts*）奉为经典。经过拿破仑三世的御批，自1864年开始，该学院成为国立机构。从此，它致力于传播一种枯燥的学院式设计方法，仅仅关注从前某些特定的建筑风格——罗马帝国式、文艺复兴式、巴洛克式、法国晚期哥特式，以及早期文艺复兴式等，由此为建筑师们提供一套固定的设计词汇。通过他们的学生，巴黎美术学院的影响力遍及全球，尤其得到加拿大和美国人的极力追捧，因为加拿大素有法式传统又有很多巴黎美院的学生喜欢到美国旅行。两地的佳作比比皆是，有法式哥特风格的渥太华议会大厦（1861年）；有意大利文艺复兴风格的纽约范德比尔特府（Vanderbilt Mansion，1879年）；有北卡阿什维尔镇法式文艺复兴风格的比特莫庄园府（Biltmore House，1890年）。渥太华议会大厦由托马斯·富勒（Thomas Fuller）设计。范德比尔特府和比特莫庄园府均由理查德·莫里斯·亨特（Richard Morris Hunt）设计。

在英国，19世纪下半叶的主流建筑风格仍然是新哥特式风格。在保守主义和传统主义神学家推动的“牛津运动”的强大影响下，此地哥特式建筑的倡导者更为自信。英国圣公会高教会派的主要活动中心伦敦玛格丽特街的诸圣堂（All Saints，Margaret Street，1849年），由威廉·巴特菲尔德（William Butterfield）设计建造。其间的彩色砖和彩陶贴面，以现代手法重现了丰富绚丽的中世纪风格。其规划布局充分利用了城市的拥挤场地，别具一格的独创性堪比雷恩手笔。遵循同样传统的杰作，还有乔治·埃德蒙·斯特里特（George Edmund Street）设计的简单而质地丰富的教堂，其中尤以伦敦威斯敏斯特的小圣雅各堂（St James the Less，1858年）和牛津的圣菲利普-圣雅各教堂（St Philip and St James，Oxford，1860年）最为耀眼。乔治·吉尔伯特·斯

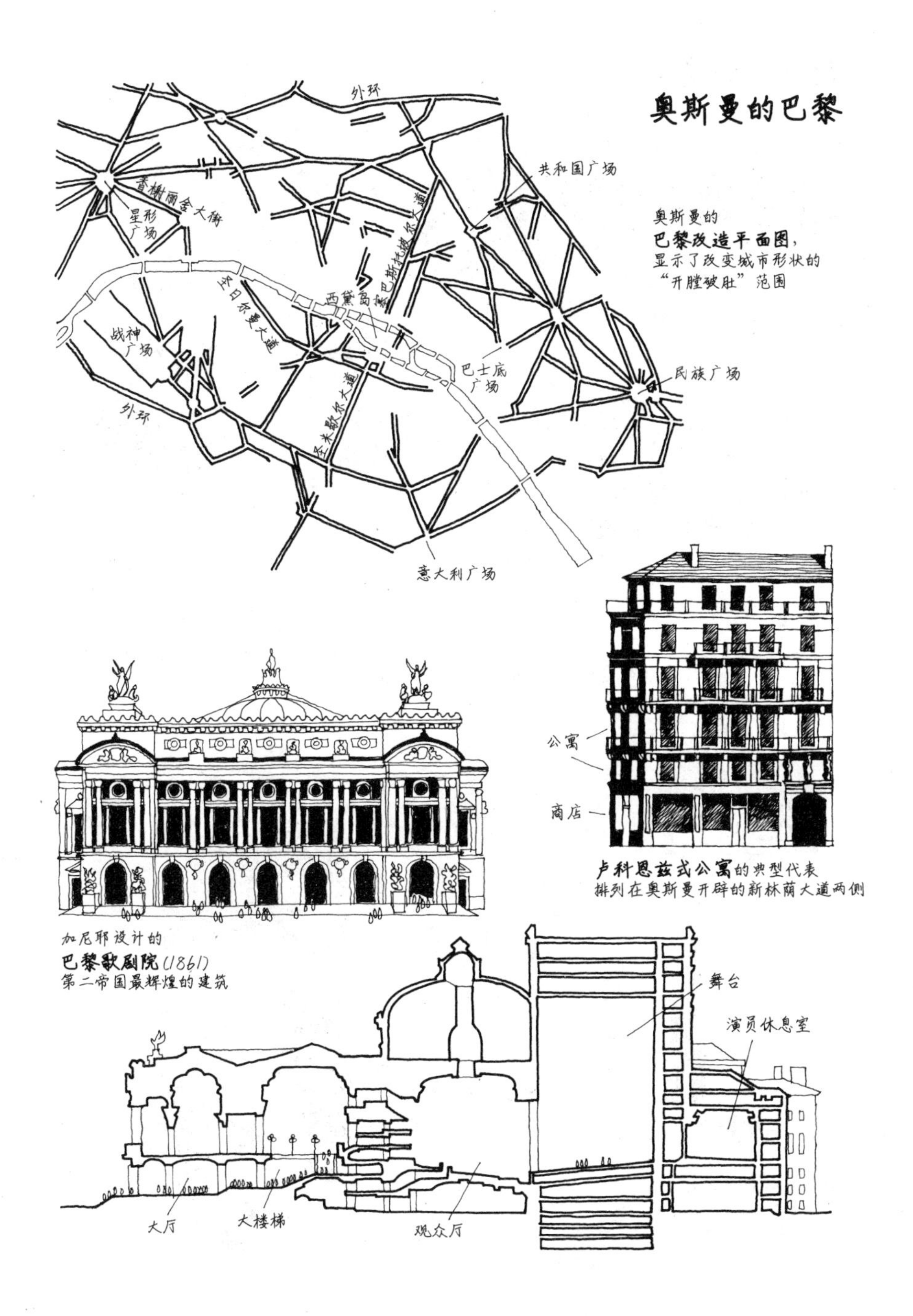

奥斯曼的**巴黎改造平面图**，显示了改变城市形状的“开膛破肚”范围

卢科恩兹式公寓的典型代表
排列在奥斯曼开辟的新林荫大道两侧

加尼耶设计的**巴黎歌剧院**（1861）
第二帝国最辉煌的建筑

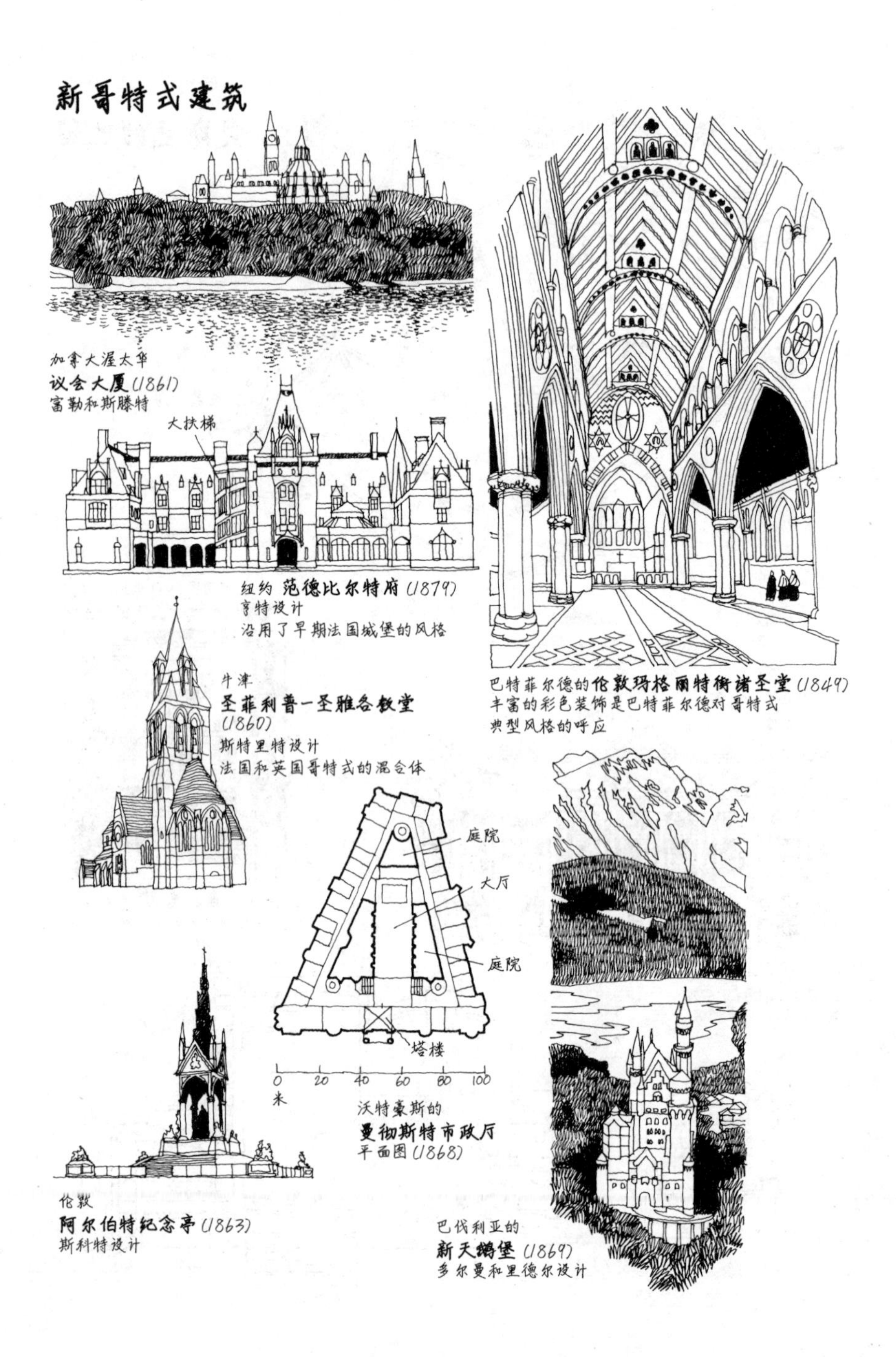
新哥特式建筑
加拿大渥太华
议会大厦(1861)
富勒和斯滕特
大扶梯
纽约 范德比尔特府(1879)
亨特设计
沿用了早期法国城堡的风格
巴特菲尔德的伦敦玛格丽特街诸圣堂(1849)
丰富的彩色装饰是巴特菲尔德对哥特式
典型风格的呼应
牛津
圣菲利普—圣雅各教堂
(1860)
斯特里特设计
法国和英国哥特式的混合体
庭院
大厅
庭院
塔楼
0 20 40 60 80 100
米
沃特豪斯的
曼彻斯特市政厅
平面图(1868)
伦敦
阿尔伯特纪念亭(1863)
斯科特设计
巴伐利亚的
新天鹅堡(1869)
多尔曼和里德尔设计

科特设计的伦敦阿尔伯特纪念亭（Albert Memorial，1863年）和阿尔弗雷德·沃特豪斯（Alfred Waterhouse）设计的曼彻斯特市政厅（1868年），让维多利亚时期辉煌的新哥特式建筑之花继续绽放。伦敦阿尔伯特纪念亭雄伟壮丽，曼彻斯特市政厅精雕细刻。事情很可能在1871年达至巅峰，当时斯特里特设计了复杂而浪漫的伦敦河岸街法院。作为一种风格，英国的新哥特式建筑一直持续到20世纪初期。沃特豪斯设计的伦敦保诚保险公司大楼（Prudential Assurance building）直到1906年方才完工。彼时斯科特设计的哥特式利物浦大教堂几乎还没有动土。

哥特式建筑还成为富人们乡村住宅的首选风格，对那些生性浪漫或气质独特的屋主尤其相宜。司各特于1816年出版的威弗利系列小说第一部，还有丁尼生的诗集《国王之歌》(*Idylls of the King*，1856年）等，不断地唤起诗人、画家和作曲家对中世纪的浓厚兴趣。与此同时，瓦格纳通过自己的歌剧《特里斯坦与伊索尔德》和《纽伦堡的名歌手》，大力颂扬中世纪。建筑师们则以建造新哥特式风格的“假”古堡遥相呼应。1857年，在拿破仑三世的旨意下，勒-杜克受命修复已成废墟的皮埃尔丰城堡（Château de Pierrefonds）。只是这场修复虽说也历经学术探究且场面壮观，其结果却更像是一次富于想象力的重建，而不仅仅是修复。南威尔士的卡迪夫城堡（Cardiff Castle）和附近的科奇城堡（Castell Coch）本称得上原汁原味，但因为破旧，威廉·伯吉斯（William Burges）受比特郡侯爵（Marquess of Bute）之托，对它们加以重建（分别于1868年和1875年）。完工后，两座新古堡成为中世纪经院式与新颖奢华装饰风相结合的范例。在德意志南部和奥地利的山坡上和森林中，同样建起了浪漫风格的城堡，其中以建于山顶的新天鹅堡（Schloss of Neuschwanstein，1869年）最为浪漫，由瓦格纳的朋友兼保护人巴伐利亚国王路德维希二世下令建造，设计人是格奥尔格·冯·多尔曼（Georg von Dollman）和爱德华·里德尔（Eduard Riedel）。其整体构思、选址和建筑自身，都是为了将路德维希二世表现为童话世界的英雄。

浪漫的形象不仅仅为刁钻古怪的富贵人家所喜好，同时也让中产阶级如痴如醉。随着城市中心变得更加脏乱，加上郊区铁路的扩展，中产阶级纷纷搬离市中心，迁往有投资潜力的新建郊区。以英格兰为例，为逃避城市的污染和噪音，人们寄希望于建造一些记忆中的乡村豪宅——或者至少是乡村别墅。为了模仿纳什公园村的设计，每栋房子都尽可能独门独户，各建于自家的地盘，哪怕有些地盘是极为狭窄也在所不辞，以致某些房屋彼此之间几乎是触手可及。在靠近市中心的地带，则建造一些面向小资产阶级店主和职员的住宅。出于经济上的考量，这类住宅大多采用联排式。但即便如此，也还是通过配置古风犹存的前花园来增添乡村氛围。至于建筑风格，它们往往采用层次较低且高度折中的哥特式，通常带有高耸的屋顶、传统式样的天窗、山墙、石砌或彩色砖墙，再配上灰泥粉刷或人造石窗框和门框，门框周围以工厂统一生产的新拉斯金式树叶图案作为点饰。牛津北部班伯里路和伍德斯托克路沿途一带的独立式住宅，当是此类住房的样板。

尽管大多数建筑师和建筑商仍致力于创造昔日的形象，却也涌现出一批另类建筑师，他们的人数日益增加，态度更趋进步。在勒-杜克和一些有志之士的影响下，建筑师们开始运用19世纪早期铁路狂热时代留下的建筑结构知识。先驱人物是亨利·拉布鲁斯特（Henri Labrouste）。早在1832年他设计巴黎圣热内维埃夫图书馆（Bibiliothèque Ste Geneviève）时，便采用了铁材。这座简朴的长方形建筑，带有一个文艺复兴风格的立面，室内是一间通高两层的图书室，以细长的铸铁柱为框架，承托着以金属网镶边加固的石膏天花板，优雅宜人。德意志建筑师F. C. 高（Franz Christian Gau）设计的巴黎圣克罗蒂德教堂（Church of Ste Clotilde，1846年）和L. -A. 布瓦洛（Louis-Auguste Boileau）设计的巴黎圣欧仁教堂（St Eugène，1854年），也都在大量使用铁材。前者主要用于屋顶，后者用作完整的结构框架。维克托·巴尔塔（Victor Baltard）设计的巴黎中央市场（Halles Centrales，1853年）亦为铁结构佳作。由铁框架售货亭或摊位组成的

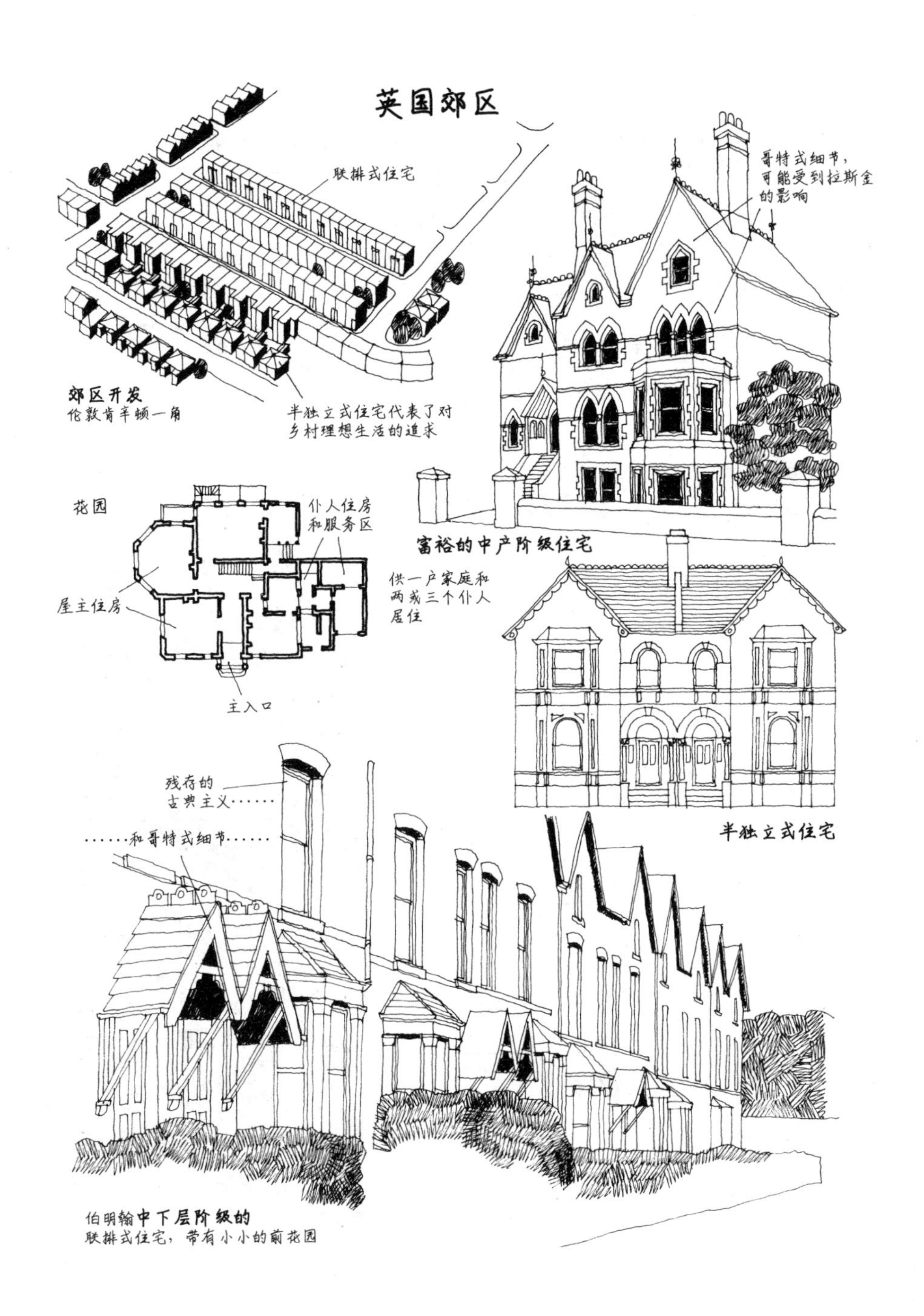
英国郊区
联排式住宅
郊区开发
伦敦肯辛顿一角
半独立式住宅代表了对
乡村理想生活的追求
哥特式细节，
可能受到拉斯金
的影响
富裕的中产阶级住宅
花园
仆人住房
和服务区
屋主住房
主入口
供一户家庭和
两或三个仆人
居住
半独立式住宅
残存的
古典主义……
……和哥特式细节……
伯明翰中下层阶级的
联排式住宅，带有小小的前花园

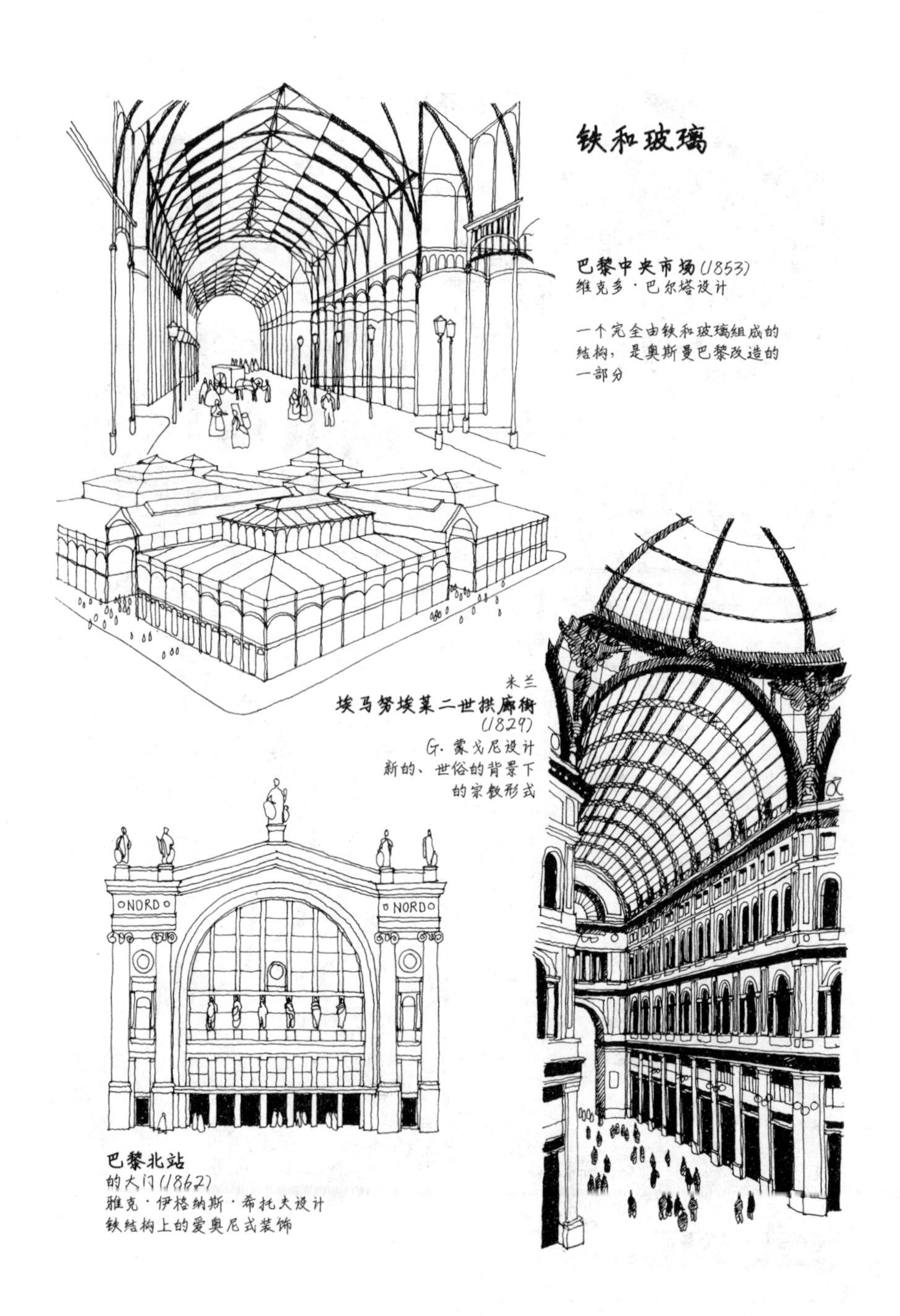

铁和玻璃

巴黎中央市场(1853)
维克多·巴尔塔设计

一个完全由铁和玻璃组成的结构，是奥斯曼巴黎改造的一部分

米兰
埃马努埃莱二世拱廊街
(1829)
G. 蒙戈尼设计
新的、世俗的背景下的宗教形式

巴黎北站
的大门(1862)
雅克·伊格纳斯·希托夫设计
铁结构上的爱奥尼式装饰

综合体中，各摊位之间，以一条条互为循环贯通的铁构架通道相连。通道上方的屋顶几乎完全由玻璃覆盖。在1971年被拆除之前，该综合体一直作为巴黎的食品批发市场。巴黎的几座火车站同样采用了铁屋顶。最早和最好的是由弗朗索瓦·杜克尼（Francois Duquesney）设计的东站（Gare de l'Est，1847年），以及由出生于德意志的雅克·伊格纳斯·希托夫（Jacques Ignace Hittorf）设计的北站（Gare du Nord，1862年）。

随着工业的扩张，需要更多的代销站用来出售工业产品。19世纪，欧洲的出口增长迅猛。英国在1854年出口的货物价值为1亿英镑，到了1872年已增至2.5亿英镑，国内的销售量也得到极大提升。城市的功能从之前的定期销售点演化为日常营业的永久性商业中心。为保护时尚的客户在购物时免受风吹雨淋，伦敦的摄政大街和巴黎的里沃利大街两侧建起了优雅的柱廊骑楼。在一些大城市，由铁架和玻璃拱顶覆盖的步行购物街成为普遍现象。最早的精品是方丹设计的巴黎奥尔良拱廊街（Galerie d'Orléans，1829年）。保留得最好的实例是埃马努埃莱·罗科（Emanuele Rocco）在那不勒斯设计的翁贝托一世拱廊街（Galleria Umberto Ⅰ，1887年）和朱塞佩·蒙戈尼（Giuseppe Mengoni）在米兰设计的、壮观的埃马努埃莱二世[①]拱廊街（Galleria Vittorio Emanuele Ⅱ，1829年）。前者模仿了后者，同样采用了以两条步行街直角相交的布局方式，街道两侧同样布置了高档商店的门面，上方是铁架和玻璃建造的拱顶。十字交叉的平面和中央大穹顶，让整组建筑看上去仿佛大教堂一般，但营造的气氛截然不同：富于人情味、接地气、毫无神秘感，它不是一处宗教圣地，而是为满足世俗生活的聚会场所。

---

① “埃马努埃莱二世”又译为“伊曼纽尔二世”。根据史料，该拱廊街始建于1865年。其设计者朱塞佩·蒙戈尼出生于1829年，不可能在1829年从事任何工作。此处的“1829年”当为作者笔误。——译注

世界工厂

资本主义需要不断扩张，以增加消费和刺激生产。通过国际博览会，不仅可以增加消费，还能够让各国向世界展示自己的艺术和技术成就。1851年，伦敦首次举办了一场恢宏盛大的万国博览会。各大城市纷纷跟进。1855年和1867年的世界博览会举办方是巴黎，1873年是维也纳，1878年、1889年和1900年又是巴黎。因为一个充满自信的展览最能激发消费者的信心，于是所有博览会的举办方全都不惜工本，耗资巨大。精力充沛和满怀信心的建筑师和工程师们也都在积极响应，由此催生出一批那个时代最精美的建筑。

1851年建于伦敦海德公园的水晶宫，让铸铁建筑技术走向巅峰。约瑟夫·帕克斯顿的此项杰作不仅设计用时少，更在短短的九个月内竣工，堪称奇迹，还显示了帕克斯顿对自己之前在查茨沃斯小试牛刀的铁结构技术已然是得心应手。水晶宫之所以闻名遐迩，除了造型优雅，还因为体量巨大，其平面尺寸为125米×560米，高22米，足以容下一片现有的成熟榆树林。也许，最重要的是，水晶宫的所有构件都是在建筑工地之外的地方预制，因此大大缩短了施工时间。这需要严丝合缝的预先规划，在当时是一项了不起的成就。

随着锻铁和钢材的普遍使用，展览馆建筑的结构变得更为宏大。1873年的维也纳世博会上出现了巨大的铁穹顶，直径超过100米。1889年的巴黎世博会又给世界送上两大工程杰作。一是维克多·康塔明（Victor Contamin）设计的巴黎世博会机械馆（Galerie des Machines），其总长大约430米，跨度120米，屋顶最高处的高度为45米，四壁与屋顶全部由玻璃覆盖。其结构上的创新基于"三铰拱钢架"，即立柱与梁以刚性连接的方式牢牢地结合到一起，让应力通过梁传递到立柱，使得同样尺寸的梁能够建造出更大跨度的建筑。康塔明在机械馆的具体做法是，将一系列成对的L形框架排列在一起形成拱门，再由钢框架横向支撑，实现了有史以来最大的跨度。二是古斯塔

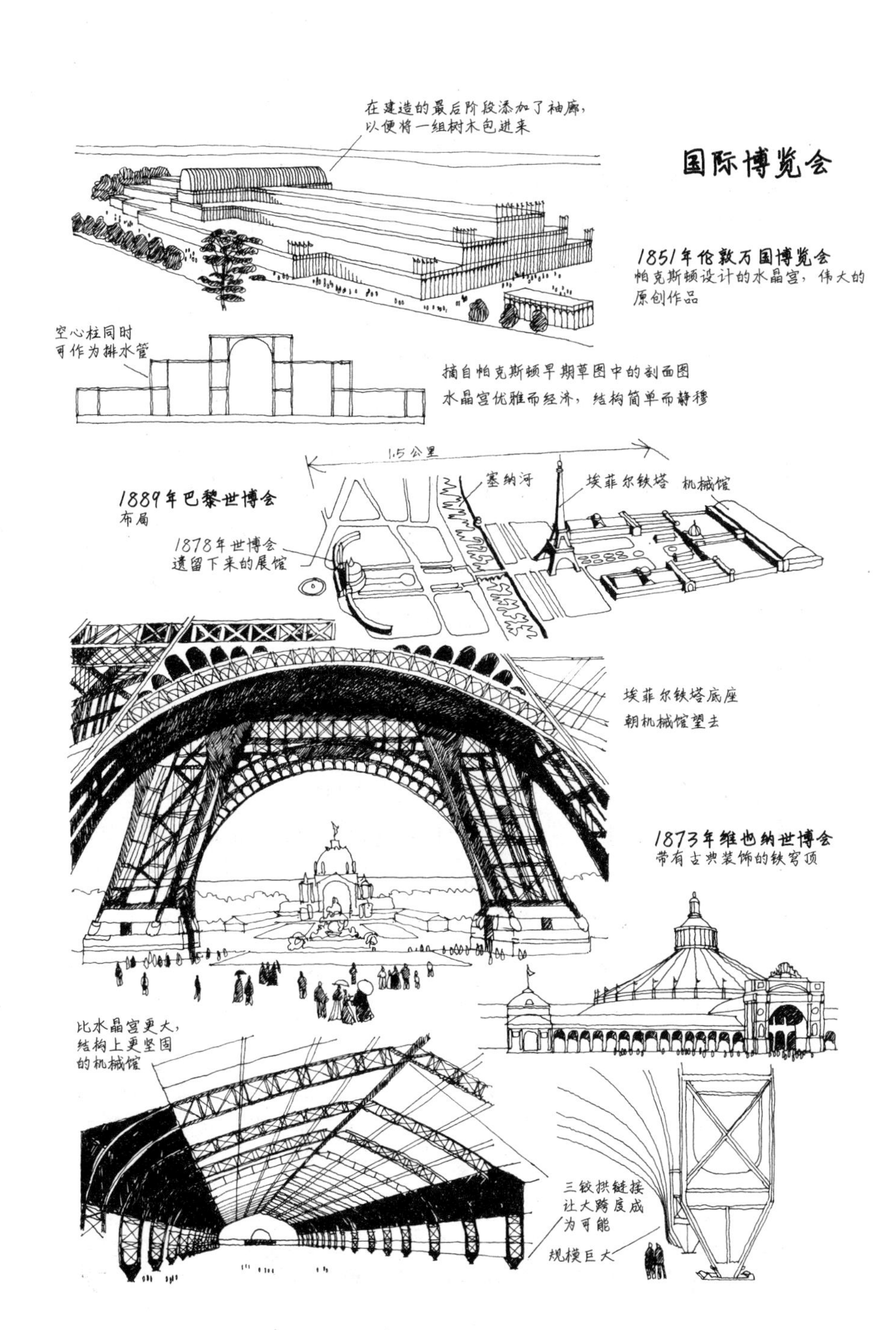
在建造的最后阶段添加了袖廊，
以便将一组树木包进来
国际博览会
1851年伦敦万国博览会
帕克斯顿设计的水晶宫，伟大的
原创作品
空心柱同时
可作为排水管
摘自帕克斯顿早期草图中的剖面图
水晶宫优雅而经济，结构简单而静穆
1.5公里
1889年巴黎世博会
布局
塞纳河
埃菲尔铁塔
机械馆
1878年世博会
遗留下来的展馆
埃菲尔铁塔底座
朝机械馆望去
1873年维也纳世博会
带有古典装饰的铁穹顶
比水晶宫更大，
结构上更坚固
的机械馆
三铰拱链接
让大跨度成
为可能
规模巨大

夫·埃菲尔（Gustave Eiffel）设计的名塔。当时它也是世界上最高的构筑物。造型优雅的镂空钢架[①]结构自宽阔稳固的四足拔地而起，曲线形地向上弯曲伸展到约300米的高度。两大杰作的构思均基于钢材的抗拉强度胜过铸铁和锻铁的考量。鉴于炼钢技术在当时还是一项相对较新的工艺，反对派工程师预言它们无法落成。事实却说明，康塔明和埃菲尔对此等新材料的运用可谓得心应手。

中世纪大教堂的建筑形式，部分源于对室内大空间的需求，还因为它满足了民众对社会地位和宗教情怀的诉求。教堂与社会需求之间的关联，可能不如人们普遍所认为的那般强烈，但作为城市的视觉焦点和社会的活动中心，它仍然意义重大。教堂还是一种象征，标志着上帝、教会与外在世界的融合。在达勒姆大教堂和维泽莱的圣玛德琳教堂这样的伟大建筑，实用功能与象征意义相得益彰，堪称内容与形式的完美统一。但是，工业时代的结构杰作虽然在形式上光辉耀眼，却徒有其表，缺乏内涵。它们既不能履行必要的社会职能——埃菲尔铁塔根本就没有什么真正的实际功用[②]——也不能用来象征当时任何重要的哲学，而仅仅只能激起对那个时代伟大成就的自豪感。同资本主义制度下的大多数重大工程一样，其根本目的只是刺激资本主义的发展和促进经济增长。这便是现代世界的建筑悖论：将最多的资源和最先进的技术，用于建造社会价值最低的建筑物。

在关于资本主义制度如何影响了建筑的讨论中，最伟大也最具前瞻性的批评家是英国诗人、设计师兼革命家威廉·莫里斯（1834—1896年）。即便在人才辈出的时代，莫里斯依然因其多才多艺和充满

---

① 人们通常认为建造埃菲尔铁塔的材料为锻铁。但它是当时品级最高的锻铁，以搅炼法（puddling process）冶炼而成。这种搅炼铁（puddled iron）说起来还称作“铁”，却也是建筑用钢材的前身。从这个角度，本书作者说埃菲尔铁塔以“钢材”建造不能算错，甚至更为贴切。——译注

② 埃菲尔铁塔拥有很重要的实用功能。它先后在空气动力学、材料耐力研究、无线电研究、气象观测等科学实验中起着重要作用。而随着广播电视业的兴起，铁塔被赋予新用途——电视发射塔。随着旅游业的兴盛，它又带来可观的经济收入。——译注

活力的生活方式脱颖而出。他与斯特里特一起学习建筑，与拉斐尔前派一起创作版画，还撰写小说和诗歌，并创立了一家设计公司，致力于纺织品、壁纸、彩色玻璃和“泥金装饰手抄书籍”的工艺美术设计。所有他做的这些都是基于自己的政治哲学理念。到19世纪70年代，他的这一哲学已达到与马克思思想相似的境界，让莫里斯在社会主义运动中越发活跃。对莫里斯而言，艺术与政治是不可分割的。“我不屑于那种只为少数人的艺术，”在一场著名的讲座中，他如是说，“也不屑于只为少数人的教育或只为少数人的自由。”他厌恶资本主义，不仅因为它带来为工资而劳作的奴隶和异化现象，还因为它制造了丑陋。莫里斯坚信，未来的发展取决于工人是否能自由地开发自己的大脑和技能，从而再次创造出中世纪大教堂所展示的那种美。

最能体现莫里斯设计思想的实例，是1858年他为自己和新婚妻子简设计的、位于肯特郡贝克斯利西斯的红屋（1859—1860年）。红屋名义上的建筑师是莫里斯的同事菲利普·韦伯（Philip Webb，1831—1915年），但其实是韦伯、莫里斯与其他几位艺术家朋友之间合作的结晶，其内部装饰和一些定制家具都是由后者设计。不管如何，红屋简朴的砖木结构、瓦屋顶和木制窗户充满了艺术构思，完美地再现了莫里斯对复兴古老工艺传统的热切向往。

莫里斯对中世纪的推崇，常常被当作脱离现实的怀旧而受到指责。他对手工制品而非机器制品的偏好，被解释为是对机器教条般的仇恨，有悖于他自己“艺术为人民”的目标——唯有通过机器生产才能将艺术带给人民。在批评者眼里，莫里斯的这些观点与他作为一个社会主义者的角色不符。但事实上，与普金和拉斯金那样的历史学者大大不同，莫里斯经常积极地表达出对未来的热望。他认为未来绝不是对中世纪英格兰的复制，在走向未来的过程中，机器作为一种背景力量有着重要作用，它可以减轻人的劳动负担，让人能够自由发挥自己的才能。莫里斯同时也坚信，艺术绝不是从外部强加给人的另一件机制商品，而是人自己想要表达的东西。在他眼里，资本主义没有能力创建出令人向往的未来。因为资本主义必然会受制于其自身与生俱来的虚幻需求，受制于由此带来的浪费、污染和不平等。

与此同时，资本主义继续扩张。在俾斯麦和老毛奇的领导下，普鲁士在1866年和1870年对抗奥地利和法国的军事行动中大获全胜，由此拉开了经济腾飞的序幕。1860年，加里波的和马志尼实现了对多个分散小国的统一，创建了现代意义的意大利。随之，意大利在维克托·埃马努埃莱二世的领导下成为工业强国。至于美国，它正在向西部开拓殖民地，建设铁路，发展工业、商业和农业。1861—1865年的美国南北战争确立了东北部工业州对南部农业州的优势，工业资本主义的扩张之路更为顺畅。那些为摆脱原生国的政治压迫和贫困而进入美国的欧洲移民，很快就成为美东城市工业发展的现成劳动力。纽约、波士顿、芝加哥、费城和匹兹堡等城市得以迅速发展，一跃而升为各自地区的工业和商业中心。即便是自克里米亚战争（1853—1856年）以来一直被排除在西欧阵营之外的俄罗斯，也在试图走向资本主义。俄国沙皇亚历山大二世固然是一位反动的独裁者，但他仍然将自由主义改革，包括解放农奴，建立地方自治政府机构，允许成立有限公司等看作是权宜之计。

为资本主义辩护的人士多于批评者。在很多人眼里，资本主义代表了人类文明的精华。一些历史学家如狄奥多·蒙森（Theodor Mommsen）深信，19世纪的德意志大可与古罗马相提并论。雅各布·伯克哈特（Jacob Burckhardt）则认为，工业时代良好地兑现了意大利文艺复兴的承诺。建筑界的资本主义辩护士亦不在少数，他们通过设计出与先辈的光荣遗产等量齐观的建筑作品，来更好地执行官方的旨意。在柏林，保罗·瓦洛特（Paul Wallot）设计的国会大厦（1884年）采用了巴洛克风格，精致奢华却也沉稳有序；在罗马卡皮多利欧山附近，为纪念意大利统一后的第一位国王埃马努埃莱二世，朱塞佩·萨科尼（Giuseppe Sacconi）设计了埃马努埃莱二世纪念堂（1885年），以宏伟的气势尽显了帝国从前的辉煌。

国家的辉煌和公民自豪感

柏林
国会大厦（1884）
保罗·瓦洛特设计

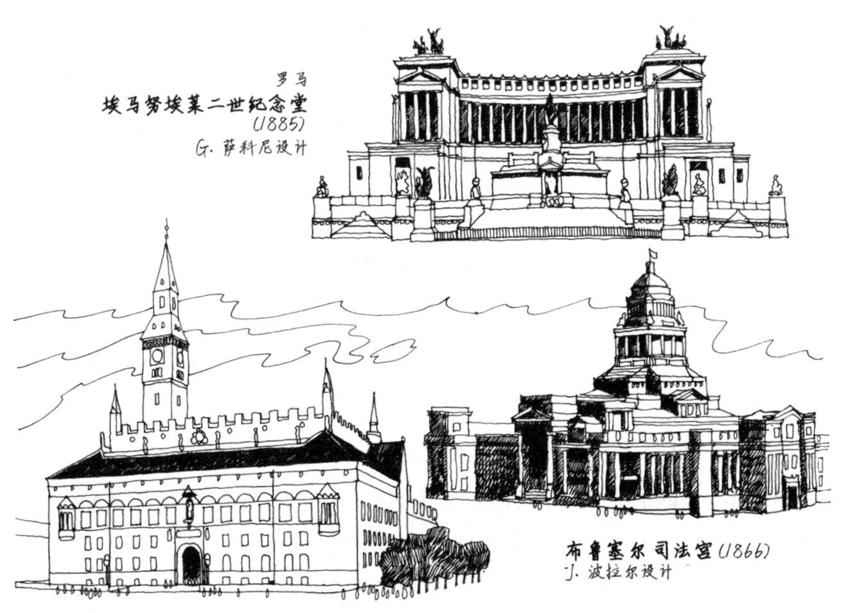

罗马
埃马努埃莱二世纪念堂（1885）
G. 萨科尼设计

布鲁塞尔司法宫（1866）
J. 波拉尔设计

哥本哈根市政厅（1893）
M. 尼罗普设计

阿姆斯特丹
荷兰国立博物馆（1877）
P. 库珀斯设计

爱德华·艾瑞克森创作的安徒生
小美人鱼雕像也是哥本哈根的一个象征

在北欧，上述对帝国气概的自我陶醉较为少见。北欧的公共建筑设计大多遵循着较为民主的本国传统。皮埃尔·库珀斯（Pierre Cuypers）设计的阿姆斯特丹荷兰国立博物馆（1877年），马丁·尼罗普（Martin Nyrop）设计的哥本哈根市政厅（1893年），均带有新哥特式和早期文艺复兴式特征，朴实无华。别具一格的外形轮廓，加上对当地砖砌工艺的运用和小尺度的立面处理，让它们比柏林和罗马那些华丽而张扬的同时代建筑更为人性化。亨德里克·贝尔拉赫（Hendrikus Berlage）设计的阿姆斯特丹股票交易所（1898年）和钻石工人工会大楼（1899年），更是竭力表现出对传统的继承。砖砌的外墙设计简洁，内部结构的表达直截了当，为20世纪的功能主义建筑指明了方向。

工业城市

在美国，建筑师同样逐渐发展出一套本土化设计方法，传统的欧洲建筑形式趋于式微。不过，麦金、米德和怀特建筑事务所（McKim, Mead and White）依然深受巴黎美院布杂艺术风格的影响，继续追求规整的平面和严谨的立面。自1884年的纽约维拉德公馆（Villard Houses）项目以来，他们专为富有的资产阶级设计房屋，包括豪宅、教堂、大学建筑和俱乐部。另一方面，亨利·霍布森·理查森（Henry Hobson Richardson）的设计更富于探索精神，风格也更为浪漫，自由汲取了罗马风或工艺美术等不同的风格，这在他设计的波士顿三一教堂（Trinity Church，1872年）中显而易见。他在马萨诸塞州剑桥市设计的斯托顿公馆（Stoughton House，1882年）充分利用框架结构带来的自由，开创性地采用了一种松散而随意的平面布局和轻质的外墙贴面。而在弗兰克·劳埃德·赖特（Frank Lloyd Wright，1869—1959年）早期设计的住宅里，无论是承重结构还是框架结构，都表现出他对自由流动、相互渗透的空间的极大兴趣。

赖特是一位先驱者。他出生于威斯康星州，其父母为浸信会教徒。他自小就热爱乡村，厌恶城市生活。他在芝加哥师从建筑师丹克马尔·阿德勒（Dankmar Adler，1844—1900年）和路易斯·沙利文（Louis Sullivan，1856—1924年），并作为沙利文的雇员一直工作到1893年。让他颇为敬重的沙利文，也是他唯一承认过受其影响的建筑师。当然，沙利文对他的影响不是在设计风格上，更多的是一种态度，即建筑应当诚实的概念。它深刻地体现于沙利文说过的一句名言中，即“形式服从功能”。但这句名言常常遭到曲解，其真正的含义并不是说形式之美必定来自于功能的表达，而是说诚实的表达是优美建筑的一个重要先决条件。但尽管对沙利文敬重有加，赖特对阿德勒和沙利文最拿手也做得最多的办公大楼设计好感无几，他所关注的是公司承接的私人住宅项目。事实上，昌利住宅（Charnley House，1891年）便主要由赖特操刀。那是一栋简约几何形状的三层楼砖结构住宅，外立面由素面砖和未经雕琢的石材砌筑，室内带有一个令人称奇、三层通高至采光天窗屋顶的透明大厅。

赖特后来自立门户，并发展出自己的独特风格，开始注重人与自然之间的关系。他早期设计的住宅大多位于芝加哥橡树园镇和芝加哥郊区的河边村。这类住宅如今被统称为“草原式住宅”，从中很容易看出赖特对景观元素的考量。赖特第一批杰出的草原式住宅是伊利诺伊州里弗福雷斯特小镇的温斯洛住宅（Winslow House at River Forest，1893年），和芝加哥著名的罗比住宅（Robie House，1908年）。后者尤其体现了赖特的一些新探索，如使用灵活、连续的空间，以增加室内外空间的关联；层层叠叠的水平阳台和花台，让住宅与其周围的景观和谐共融；平缓低矮、出檐深远的坡屋顶，将建筑构图统为一体。所有这一切显示了对简单材料（通常为砖和木材）的真实表达，以及为整体服务的而非强加的装饰效果。草原式住宅代表了赖特对粗犷的美式建筑风格的追求，与从前的欧洲风格毫不相干。随着这种风格的出现，美国人的建筑时代来临了。

在其职业生涯的早期，除了草原式住宅，赖特还设计了另外两大重要作品：橡树园镇的普众教堂（Unity Temple，1906年）和纽约州布法罗市七层高的拉金公司办公楼（Larkin Company Administration Building，1904年）。前者算不上惊人之作，其主要构成是两间简朴的厅堂，由入口大厅连为一体。凝重简朴的混凝土墙和扁平屋顶，体现了率直的设计理念。后者直到1950年被拆除，始终在办公楼的设计领域保持着独一无二的地位。以素面砖砌成的长条状竖向外墙，厚重浑然，好比埃及或玛雅神庙的牌楼门。室内有一个通高五层的中央大厅，大厅的四周为一层层带走廊的办公区，采光来自上方一个巨大的天窗。拉金公司办公楼简洁明快，垂直向上和富于戏剧性；罗比住宅精妙，复杂，沉着地横向展开，波澜不惊。它们很快就成为赖特最享盛名的两大建筑，深深影响了欧洲先锋派的设计思想。

城市的极速发展带来市中心土地价值的飞涨，激发了开发商建设高楼的欲望。到了19世纪60年代，伊莱莎·奥蒂斯（Elisha Otis）新型电梯的推广应用，更是让高层建筑的潮流势不可当。芝加哥家庭保险公司大楼（Home Insurance Building，1884年）便高达十层。该大楼也是有史以来的第一座钢结构建筑，由工程师兼建筑师威廉·勒·巴隆·詹尼（William le Baron Jenney）设计，如今它被公认为世界上第一座摩天大楼。随后美国的许多城市都出现了摩天大楼，但主要集中于芝加哥。因为1871年芝加哥大火之后的重建大大激发了该地的经济复苏，由此掀起一股建设热潮。早期的摩天大楼是钢框架与承重外墙的混合结构，为了承载来自上方结构的巨大荷载就需要开挖和建造大型地基。理查森设计的七层高的马歇尔·菲尔德批发商店（Marshall Field Warehouse，1885年），还有阿德勒和沙利文联合设计的十层高的礼堂大厦（Auditorium Building，1886年），均为这方面的优秀实例。

在轰轰烈烈的建设高潮中，阿德勒和沙利文成为摩天大楼设计行业的顶级专家。密苏里州圣路易斯的温赖特大厦（Wainwright Building，1890年），纽约州布法罗市的担保大厦（Guaranty Building，1896年），

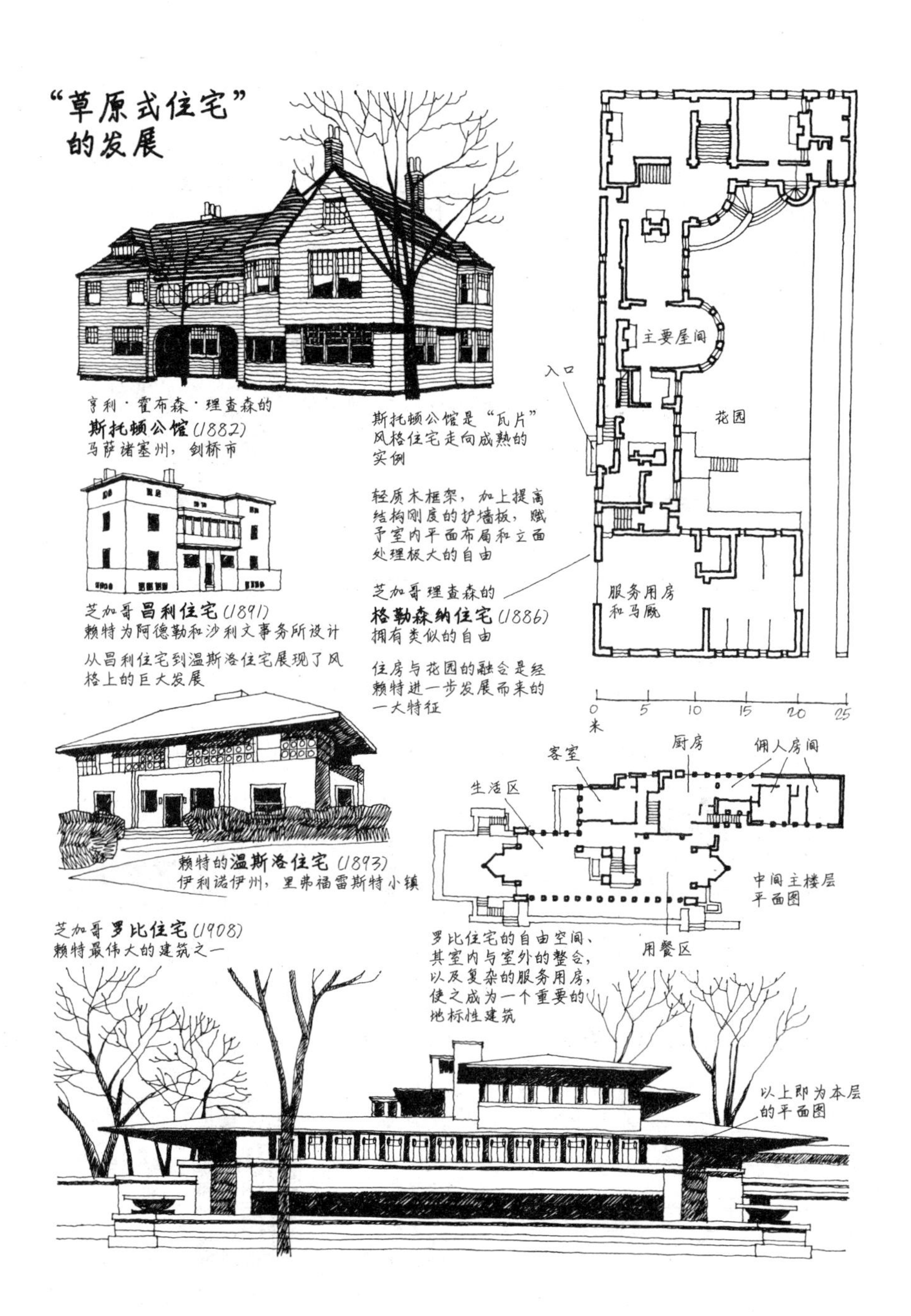
“草原式住宅”
的发展
亨利·霍布森·理查森的
斯托顿公馆(1882)
马萨诸塞州，剑桥市
斯托顿公馆是“瓦片”
风格住宅走向成熟的
实例
轻质木框架，加上提高
结构刚度的护墙板，赋
予室内平面布局和立面
处理极大的自由
主要屋间
入口
花园
服务用房
和马厩
芝加哥理查森的
格勒森纳住宅(1886)
拥有类似的自由
住房与花园的融合是经
赖特进一步发展而来的
一大特征
0
米
5
10
15
20
25
芝加哥昌利住宅(1891)
赖特为阿德勒和沙利文事务所设计
从昌利住宅到温斯洛住宅展现了风
格上的巨大发展
赖特的温斯洛住宅(1893)
伊利诺伊州，里弗福雷斯特小镇
客室
厨房
佣人房间
生活区
中间主楼层
平面图
用餐区
芝加哥罗比住宅(1908)
赖特最伟大的建筑之一
罗比住宅的自由空间、
其室内与室外的整合，
以及复杂的服务用房，
使之成为一个重要的
地标性建筑
以上即为本层
的平面图

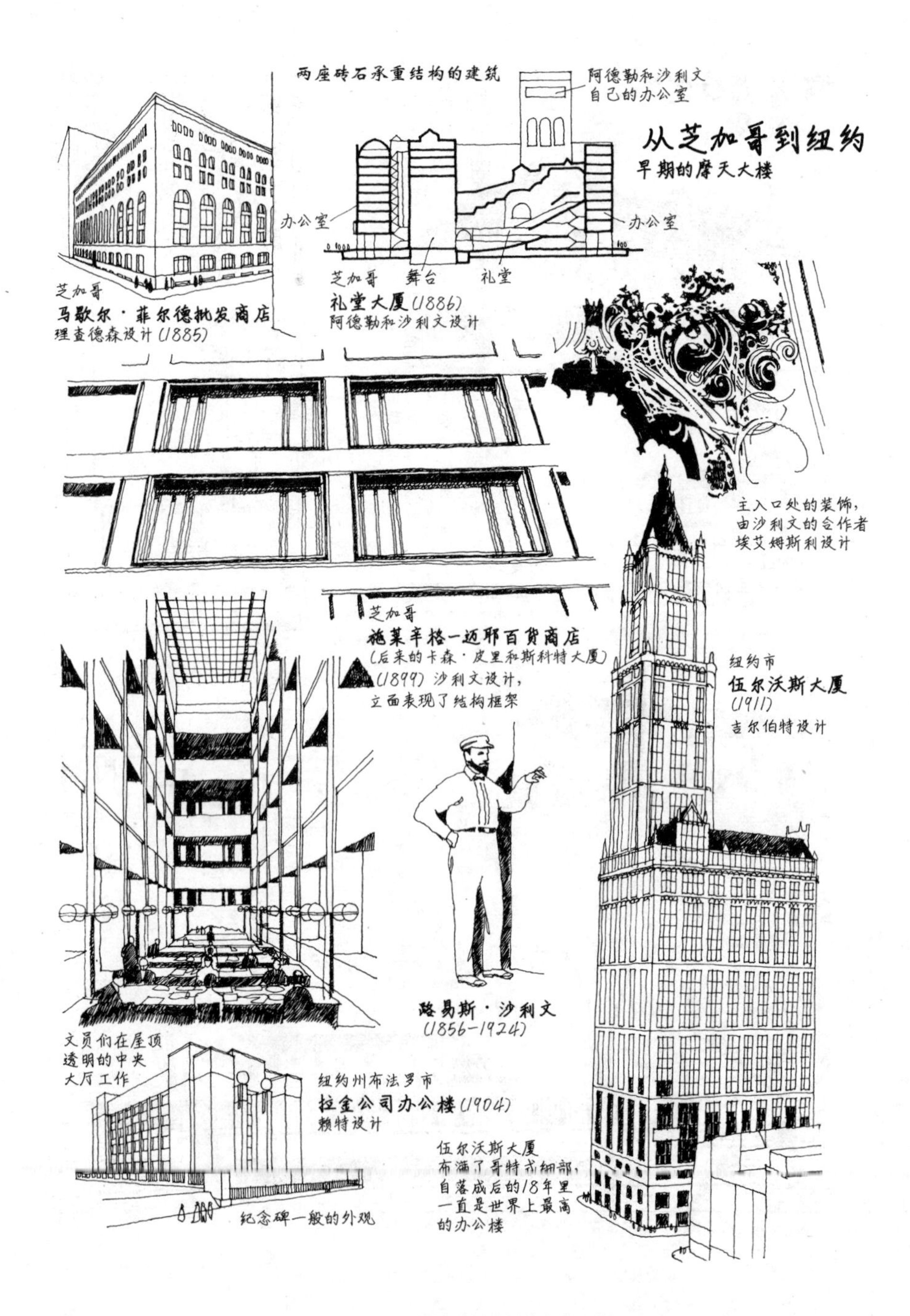
从芝加哥到纽约
早期的摩天大楼
两座砖石承重结构的建筑
阿德勒和沙利文
自己的办公室
办公室
办公室
芝加哥
舞台
礼堂
礼堂大厦(1886)
阿德勒和沙利文设计
芝加哥
马歇尔·菲尔德批发商店
理查德森设计(1885)
主入口处的装饰，
由沙利文的合作者
埃艾姆斯利设计
芝加哥
施莱辛格—迈耶百货商店
(后来的卡森·皮里和斯科特大厦)
(1899) 沙利文设计，
立面表现了结构框架
纽约市
伍尔沃斯大厦
(1911)
吉尔伯特设计
路易斯·沙利文
(1856-1924)
文员们在屋顶
透明的中央
大厅工作
纽约州布法罗市
拉金公司办公楼(1904)
赖特设计
纪念碑一般的外观
伍尔沃斯大厦
布满了哥特式细部，
自落成后的18年里
一直是世界上最高
的办公楼

芝加哥的盖奇大厦（Gage Building，1898年）和施莱辛格-迈耶百货商店（Schlesinger-Mayer Store，1899年），统统出自他们之手。两位建筑师发展出一种独特的富于韵律感的立面处理手法，该手法至今还常常被运用于办公楼设计中，其基本特征是不再使用承重型外墙，而是将带有结构功能的构件（如立柱和楼板）作为立面的主要构成元素。除了某些时候覆以贴面砖之类的简单材料，立柱和楼板的表面再无其他。摩天大楼的立面很少附加装饰。虽说沙利文的设计偶尔会出现一些极为丰富的装饰细部，但这大多出自其助手乔治·格兰特·埃艾姆斯利（George Grant Elmslie）之手。随着伍尔沃斯大厦（Woolworth Building，1911年）的落成，摩天大楼迅速风靡于纽约。大厦由卡斯·吉尔伯特（Cass Gilbert）设计，此君深受麦金、米德和怀特的影响，尤其热衷于巴黎美院风格。他所设计的伍尔沃斯大厦，比沙利文的作品更具复古主义倾向，虽然看上去稍显迂腐，但它240米的高度——50层楼——使之仍不失为一项了不起的技术壮举。

钢材并非结构框架的理想材料。虽说钢框架有利于快速安装，但它不利于防火，在强烈的高温下会急剧变形，而且造价昂贵。到19世纪80年代，出现了较为价廉的替代材料，此即法国人约瑟夫·莫尼耶（Joseph Monier）开发的钢筋混凝土。法国拥有悠久的土木工程传统，加之中央公共工程学院自19世纪以来的精心培育，出现如此重大成果也算是水到渠成。这是一种复合材料，其中的混凝土拥有高抗压和高耐火性能，嵌入钢筋之后又带来良好的抗拉性。另一优点是可塑性，它能够随着铸造模具的形状而成型。在其19世纪80年代到90年代的开创性工作中，工程师库尼埃（Francois Coignet）和埃纳比克（Francois Hennebique）将此等优势发挥到极致。他们还发现钢筋混凝土尤其适合拱形桥梁的建造。

建筑业第一批探索新材料的先驱者行列里，以工程师兼建筑师奥古斯特·佩雷（Auguste Perret，1874—1954年）最为突出。早在他设计巴黎托卡代罗附近的富兰克林路25号公寓楼（1903年）时，佩雷便

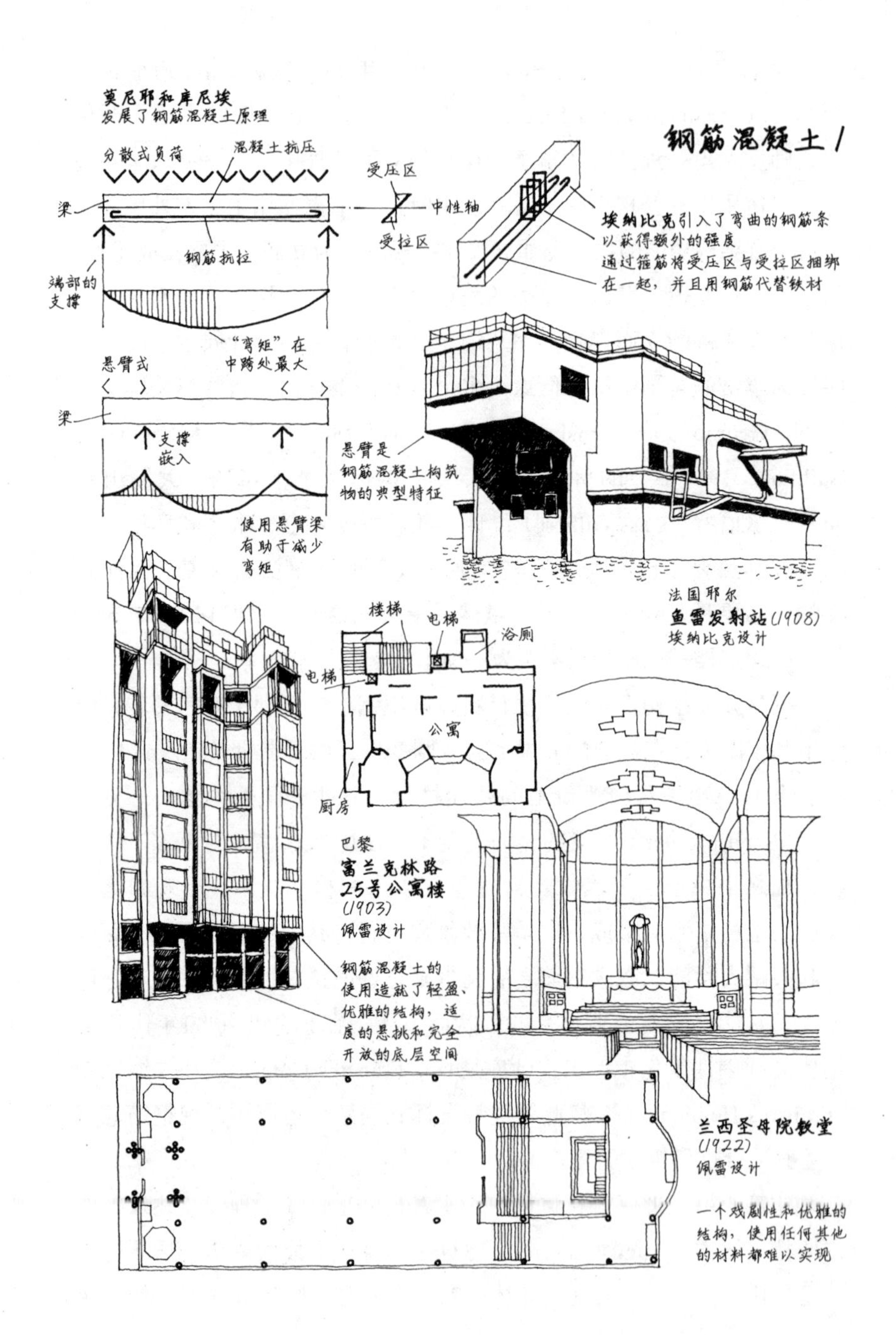
钢筋混凝土 1
莫尼耶和库尼埃
发展了钢筋混凝土原理
分散式负荷
混凝土抗压
梁
钢筋抗拉
受压区
中性轴
受拉区
端部的
支撑
"弯矩"在
中跨处最大
悬臂式
梁
支撑
嵌入
使用悬臂梁
有助于减少
弯矩
埃纳比克引入了弯曲的钢筋条
以获得额外的强度
通过箍筋将受压区与受拉区捆绑
在一起，并且用钢筋代替铁材
悬臂是
钢筋混凝土构筑
物的典型特征
法国耶尔
鱼雷发射站(1908)
埃纳比克设计
楼梯
电梯
浴厕
电梯
公寓
厨房
巴黎
富兰克林路
25号公寓楼
(1903)
佩雷设计
钢筋混凝土的
使用造就了轻盈、
优雅的结构，适
度的悬挑和完全
开放的底层空间
兰西圣母院教堂
(1922)
佩雷设计
一个戏剧性和优雅的
结构，使用任何其他
的材料都难以实现

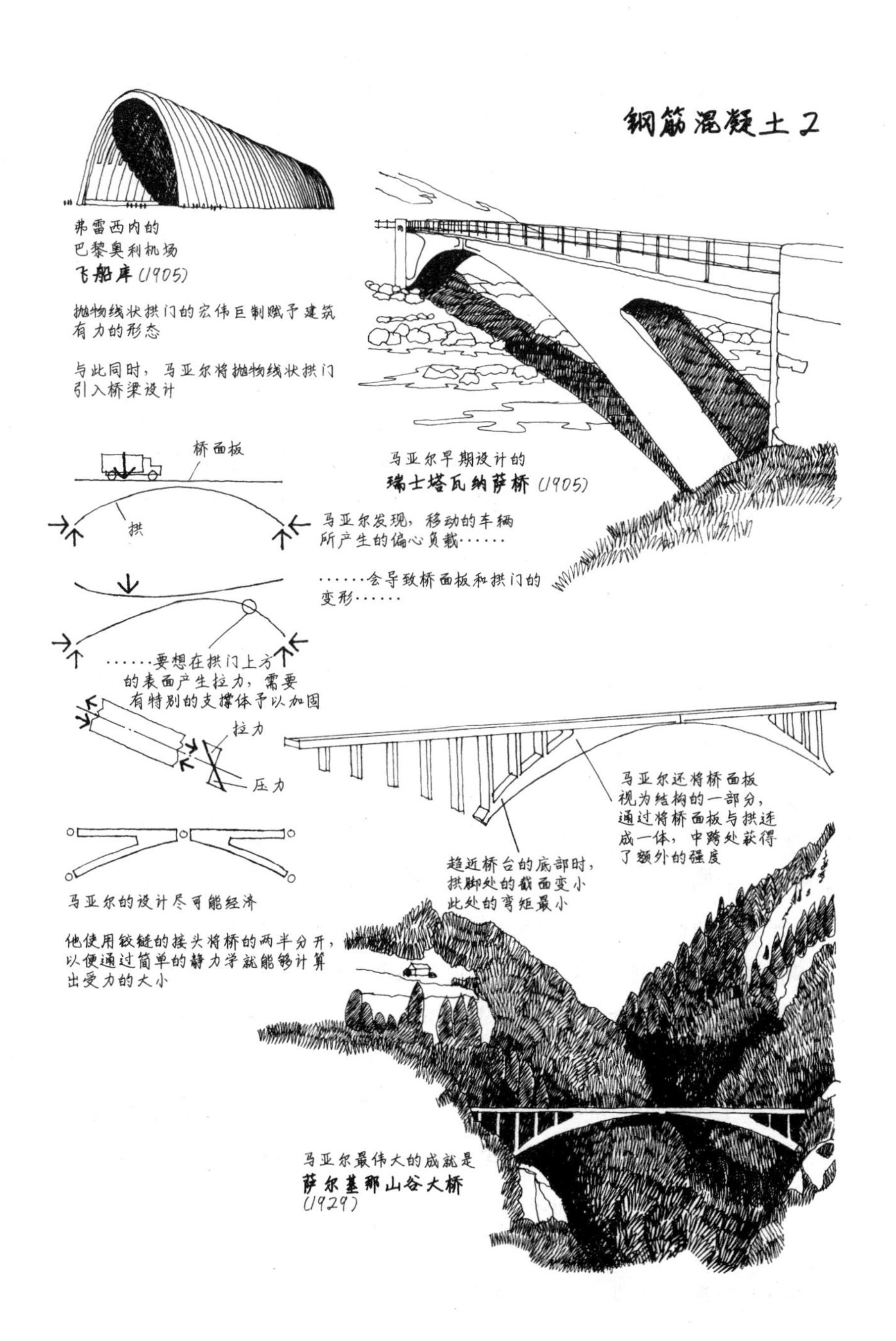
钢筋混凝土 2
弗雷西内的
巴黎奥利机场
飞船库(1905)
抛物线状拱门的宏伟巨制赋予建筑有力的形态
与此同时，马亚尔将抛物线状拱门引入桥梁设计
桥面板
拱
马亚尔早期设计的
瑞士塔瓦纳萨桥(1905)
马亚尔发现，移动的车辆所产生的偏心负载……
……会导致桥面板和拱门的变形……
……要想在拱门上方的表面产生拉力，需要有特别的支撑体予以加固
拉力
压力
马亚尔的设计尽可能经济
他使用铰链的接头将桥的两半分开，以便通过简单的静力学就能够计算出受力的大小
马亚尔还将桥面板视为结构的一部分，通过将桥面板与拱连成一体，中跨处获得了额外的强度
趋近桥台的底部时，拱脚处的截面变小此处的弯矩最小
马亚尔最伟大的成就是
萨尔基那山谷大桥
(1929)

以裸露的混凝土框架将它建到9层高，框架之间镶以装饰性墙板。从整体看，该公寓楼的造型基本为直线型，其正立面上却出现了大胆奇特的凹陷和凸起，这得益于其框架结构。在他设计的塞纳-兰西圣母院教堂（Notre dame du Raincy，1922年），佩雷又以现代材料表现出晚期哥特式建筑风格的开放性空间。细长的立柱支撑着薄壳状混凝土拱顶，镂空的混凝土屏墙如同彩色玻璃做成的窗户，给室内空间所带来的轻松明亮之感，甚至超越了巴黎的圣礼拜堂。

法国中央公共工程学院的影响力很快就扩展到瑞士和德意志——1854年，瑞士创立了苏黎世联邦理工学院；19世纪70年代和80年代，德意志各地纷纷兴办了一大批工学院。1895年，法国中央公共工程学院易名为巴黎综合理工学院。从此，这家教育机构不仅培训工程师，还继续影响着法国的公共生活。其中的一位毕业生，工程师欧仁·弗雷西内（Eugene Freyssinet），为设计领域引入了一种分析方法。他在巴黎奥利（Orly）机场设计的两座飞船库（1905年）简洁、经济，且充分利用了钢筋混凝土的特性。由巨大的钢筋混凝土折叠板弯曲而成的抛物线形拱门高达60米。瑞士工程师罗伯特·马亚尔（Robert Maillart，1872—1940年）取得了进一步的成就。马亚尔毕业于苏黎世联邦理工学院，自1908年以来，便因为在重载建筑中采用蘑菇形无梁楼盖结构——在混凝土柱的顶部做出宽大的蘑菇头以帮助分散负荷——以及曲面平板桥设计而闻名遐迩。其曲面平板桥设计最早应用于1905年的瑞士塔瓦纳萨桥（Tavenasa Bridge），后来在1929年兴建的萨尔基那山谷大桥（Salginatobel Bridge）达至优雅的巅峰。大桥高高的拱形板横跨峡谷，承载桥面板的着力点恰好位于拱顶的正中。

经过工业革命的洗礼，建筑的形式呈现出千姿万态。到了世纪之交，所有的形式都可归类于对比鲜明的两极。一边是以沙利文和佩雷为代表的工程师型建筑师，他们发展出一种源自结构方法的“功能”美学；另一边的建筑师则始终秉承着另外一种观念，即无论结构如何，建筑的本质在于“风格”。对后者而言，“风格”还意味着复制前人的风格。但到了19世纪90年代，追求进步的风格派建筑师开始醒悟：现代建筑应该拥有自己的风格。此刻，建筑师的客户皆为新兴的资产阶级成员，他们所在的国家——不仅英国、法国和德国，还有比利时、波西米亚、俄罗斯和加泰罗尼亚等——大多已经步入工业革命并从中获利。如此大背景下，短短的十年内，一场名为“新艺术运动”的新美学设计思潮，在世界各地风起云涌。新艺术运动的名号，来自巴黎一家于1895年开业并专售现代商品的同名商店，它所蕴含的新美学吸引了世界各地的设计师、艺术家和建筑师。这种新美学最基本的特征，便是飘逸而流动的曲线，犹如植物生长的卷须，又仿佛火焰因风而斜的扭曲之态。这一切与古典主义有序的几何图形和新哥特式的呆板僵硬形成了强烈对比，亦与沙利文的新功能主义背道而驰。

新艺术运动的闪亮登场始于两位比利时建筑师的室内设计。一位是维克多·霍塔（Victor Horta，1861—1947年）；一位是亨利·范·德·费尔德（Henri van de Velde，1863—1957年）。在霍塔的杰作，布鲁塞尔P-E-詹森路6号的塔赛尔公馆（Hôtel Tassel，1892年）中，装饰华美的铁制楼梯仿佛一片流动的曲线森林。霍塔的其他作品，如人民之家（Maison du Peuple，1896年）和创新百货公司（Store l'Innovation，1901年）的曲线型铁艺外墙，将此等风格发挥到极致。费尔德是前述巴黎新艺术商店的室内设计人，后来他在德国设计的建筑和室内装饰，尤其是家具，让他进一步扬名欧洲。在法国巴黎，赫克托·吉玛（Hector Guimard，1867—1943年）设计了帕西喷泉路贝朗榭城堡公寓（Castel Branger，1894年）和一个地铁站入口（1900年）。贝朗榭城堡公寓以锻铁建造的入口大门上布满了蜿蜒曲折的线条。地铁站入口的铁艺和玻璃构件仿佛植物生长，堪称一篇专为自己时代而发出的建筑宣言。所有的线条与表现形式无关乎过去任何时期的建筑风格。

从它的一个主要特征来看，新艺术运动依旧是传统的：它本质上属于一种装饰性手法，而且是二维的，并未从根本上探索新材料的空间可能性。在所有的新艺术运动建筑师里，只有两位例外。某种程度

新艺术运动 1

威廉·莫里斯
设计的墙纸
流动的线条和二维特征，
后来与新艺术运动联系
在一起

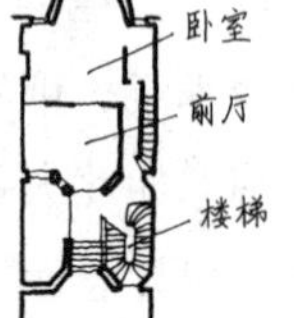

布鲁塞尔
P-E-詹森路6号
(1892)
维克多·霍塔设计

霍塔设计的平面
相当传统，但装
饰极富于原创性

该图为楼梯间

摇椅
亨利·范·德·费尔德
1903年设计

吉玛设计的
巴黎帕西喷泉路
贝朗榭城堡
铁门(1894)

霍塔为比利时工党
设计的布鲁塞尔
人民之家
铁和玻璃立面
(1897)

巴黎**巴士底地铁站入口**(1900)
吉玛为巴黎地铁所作的三种标准化设计之一

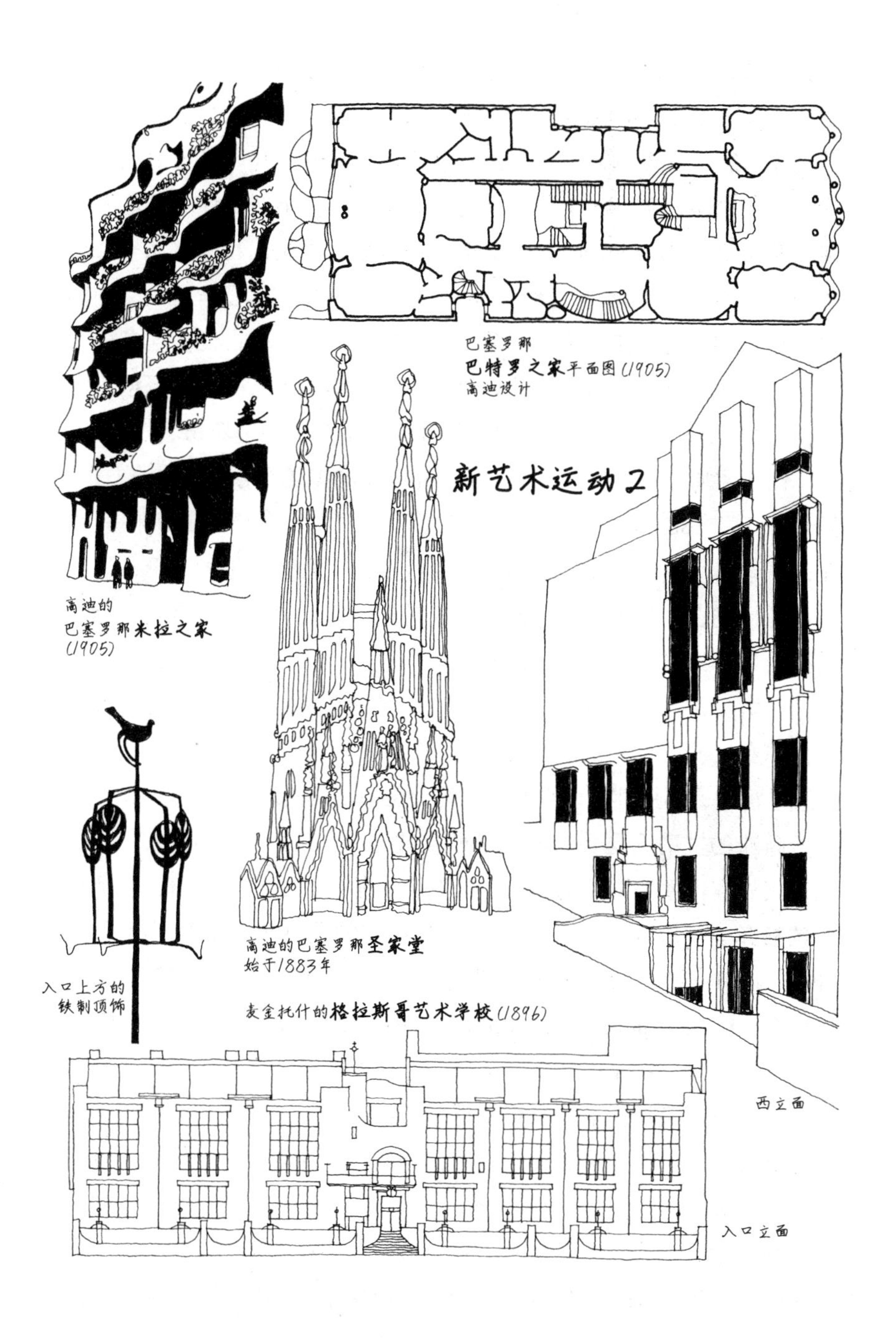
巴塞罗那
巴特罗之家平面图(1905)
高迪设计
新艺术运动2
高迪的
巴塞罗那米拉之家
(1905)
入口上方的
铁制顶饰
高迪的巴塞罗那圣家堂
始于1883年
麦金托什的格拉斯哥艺术学校(1896)
西立面
入口立面

上说，二者可谓新艺术运动的边缘人物。一位是加泰罗尼亚建筑师安东尼·高迪（Antoni Gaudí，1852—1926年），此人堪称神秘的苦行僧，其设计作品是有史以来最具个性的建筑之一。其设计风格虽说被归类为新艺术风格，实则源于他自己的民族文化。其早期设计的巴塞罗那维森斯之家（Casa Vicens，1878年）和两栋公寓楼巴特罗之家（Casa Batlló，1905年）和米拉之家（Casa Mila，1905年），显示了他精于形式和空间的表达，在新艺术运动中实属罕见，并极端古怪。这在很大程度上归功于高迪对混凝土的娴熟运用，为获得流畅的曲线造型，他还在混凝土的表面嵌入陶片、碎玻璃和成簇的装饰性金属物。

巴塞罗那圣家堂（La Sagrada Familia）的扩建部分是高迪的杰作。扩建开工于1883年，至今尚未完工。当时，受右翼天主教机构的委托，高迪满怀热忱地承接了这项极为重要的工程。在他的手下，原有的新哥特式设计渐渐地改头换面，先是从意向上呈现出带有高迪个人精神的哥特式风格；之后，高迪又在耳堂的屋顶之上加建了四座相互簇拥的塔尖，在室内加建了奇形异状、有棱有角的连拱廊，使整栋教堂仿佛变成了一座巨大的抽象雕塑。作为一栋建筑，它看似不够完整，也几乎没什么实用性。但它所展示的形象却是极其地震撼人心。

高迪的赞助人是贵族实业家欧塞比·桂尔（Eusebi Güell），此君也是其故乡巴塞罗那的捐助人。高迪为桂尔设计了很多建筑，包括早期的桂尔宫（Palau Güell，1885年），迷人的公共度假胜地桂尔公园（Parc Güell，1900年），桂尔赞助的欧文式工厂和圣科洛马德塞尔韦略示范村（Santa Coloma de Cervell），以及桂尔领地教堂的地下圣堂。地下圣堂最终没有完工，却是高迪最富创意的作品，其复杂而生机勃勃的立柱与拱顶设计得益于一项实地实验：将一个满载负荷的网状结构模型悬挂起来，并通过观察模型因自身的重量在静止时的自然下垂角度，来指导自己的设计。

新艺术运动中的另一例外人物是苏格兰人查尔斯·雷尼·麦金托什（Charles Rennie Mackintosh，1868—1928年）。麦金托什在格拉斯哥艺术学校学习期间，新艺术运动开始受到年轻设计师瞩目。1896年，在为学校设计新艺术学校的设计竞赛中，麦金托什获得头奖，由此进入公众视野。与高迪的作品一样，麦金托什设计的这座建筑极富个性，但手法上却大不相同：它高度有序，结构紧凑，严谨又不失活泼，并且精致入微，从室内到室外充满着新艺术风格的设计细部，而这些又与苏格兰传统石材的坚韧朴素形成鲜明对比。正立面上，宽敞通风的创作室窗户以优雅的锻铁托架作为装饰，它们与巨大的石墩柱交替排列，呈现出有趣的韵律感。在稍后建造的西立面，三扇高大的凸肚窗成为图书馆的采光之源，轻巧的青铜窗框与四周海量的石作之间，形成了丰富而生动的对比。

麦金托什的其他作品一如既往地表现出令人惊叹的对比效果——从为克兰斯顿小姐在格拉斯哥多家茶室连锁店（Chain of Glasgow Tea-Rooms）设计的富丽而优雅的室内装饰［其中位于索奇哈尔街的垂柳茶室（1904年）最为出彩］，到简洁而新颖的乡村别墅温迪希尔府（Windyhill，1900年）和希尔府（Hill House，1902年）。麦金托什的室内设计简洁、冷峻，通常采用素色和白色。这种偏好极大地推动了新艺术运动从极繁风走向简约装饰风。麦金托什对建筑的主要贡献是他对空间的把控能力：他设计的室内空间，时而由实墙围合，时而隔以轻巧的屏风，一忽儿低矮狭窄，一忽儿高大宽敞，引导了20世纪对空间设计的大胆探索。

走出19世纪

麦金托什简朴的乡土建筑是对19世纪建筑风格的反叛，也是一场不断发展的大运动中的一枝独秀。这场运动源于韦伯的红屋设计，不过早在19世纪80年代，有关的理念就得到亚瑟·麦克默多（Arthur Mackmurdo）和查尔斯·阿什比（Charles Ashbee）等人的赞赏。为了推而广之，他们还鼓动组建了一大批相关的社团、行会和学校，其中又以威廉·莱瑟比（William Lethaby）创办的伦敦中央艺术和手工艺学校最为重要。威廉·莱瑟比于1902年成为该校校长。艺术和手工艺设计理念散见于理查德·诺曼·肖（Richard Norman Shaw，1831—1912年）、埃德文·鲁琴斯（Edwin Lutyens，1869—1944年）和查尔斯·安内斯利·沃依齐（Charles Annesley Voysey，1857—1941年）三位建筑师的设计作品，他们都深受莫里斯和韦伯的影响。

诺曼·肖曾经一度热衷于新哥特式设计手法，后来转而发展出成熟、内敛和优雅的砖砌风格。最能体现这一新风格的佳作，有他位于北伦敦汉普斯特德的家宅（1875年）、伦敦泰晤士河北岸切尔西的天鹅屋（Swan House in Chelsea，1876年）和伦敦西郊的贝德福德公园住宅区（Bedford Park，1880年）等。与诺曼·肖不同，鲁琴斯是一位富有且功成名就的建筑师。其设计任务是在大型乡间别墅、教堂和官方建筑中表现出大英帝国的恢宏。这一点在他为新德里设计的总督府（1913年）中达至巅峰。但他在小型建筑设计上也是机敏多智，特别是常常通过融入葛楚德·杰克尔（Gertrude Jekyll）设计的花园，让住宅的空间和内涵更为丰富多彩。戈达明小镇的果园府邸（The Orchards, Godalming, 1899年）和苏尔汉普斯特德村的富黎农庄（Folly Farm，Sulhampstead，1905年）皆为佳作。至于沃依齐，他同样擅长将朴实无华的房屋与周围的花园和景观融为一体。三人中，沃依齐受正统的约束最少，最具独创性，最自然地符合当地一以贯之的建筑传统。汉普斯特德的安内斯利小屋（Annesley Lodge，1895年），温德米尔湖畔的布罗德莱斯住宅与摩尔克莱格度假屋（Broadleys and Moor Crag，1898年）和乔利伍德的果园府邸（Orchard，Chorley Wood，1899年），皆展现了他流畅而独创的设计风格。

19世纪初期的艺术家们大多对工业时代心向往之。到了19世纪末，资本主义晚期的种种矛盾，一如既往的贫富鸿沟，旧政权顽固地把持着权力不放等的现实，让他们幻想破灭。因此，许多画家开始拒绝资产阶级社会及其艺术形式，转而像法国印象派画家那样追求

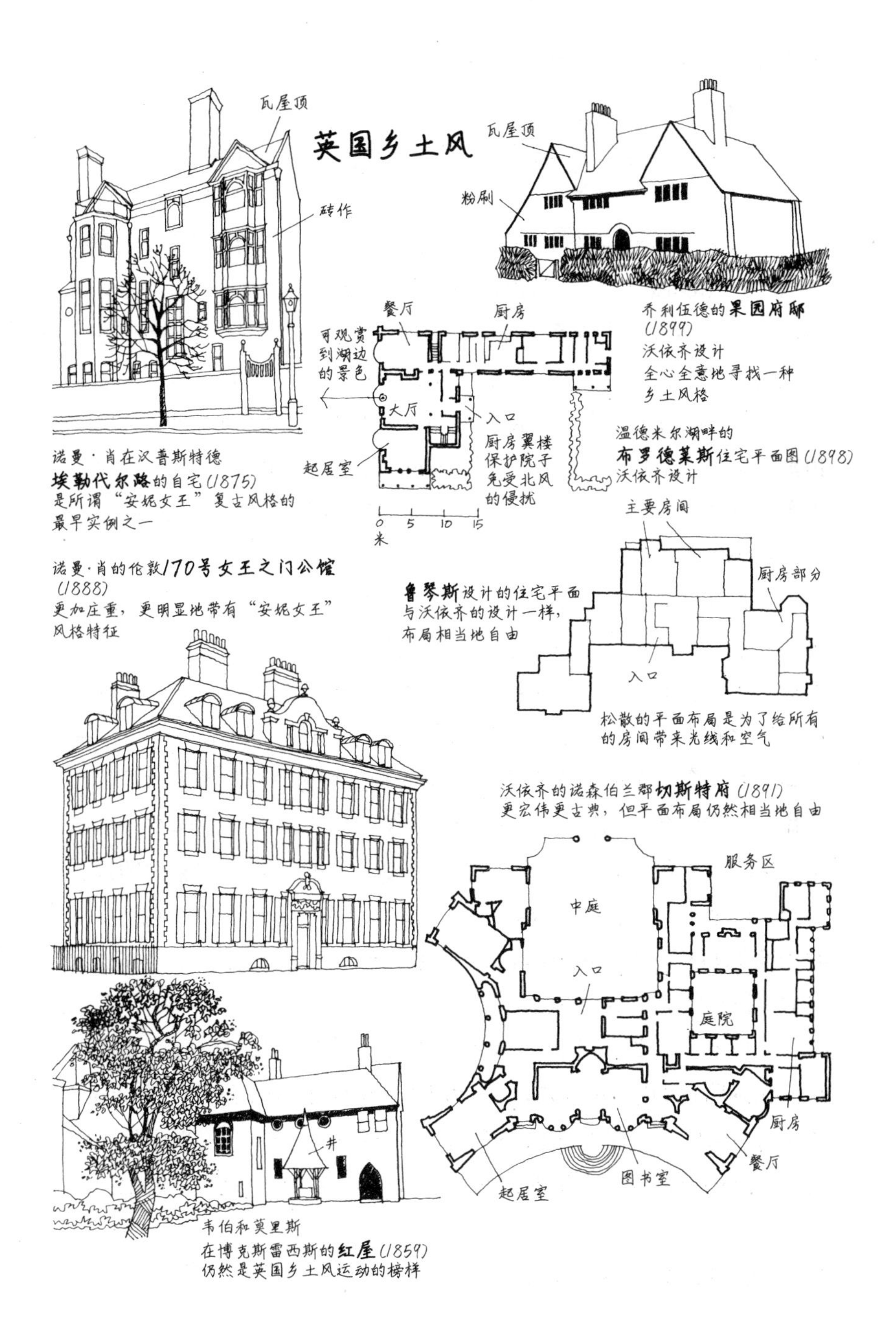

英国乡土风
瓦屋顶
砖作
瓦屋顶
粉刷
诺曼·肖在汉普斯特德
埃勒代尔路的自宅(1875)
是所谓"安妮女王"复古风格的
最早实例之一
餐厅
厨房
可观赏
到湖边
的景色
大厅
入口
起居室
厨房翼楼
保护院子
免受北风
的侵扰
0 5 10 15
米
乔利伍德的果园府邸
(1899)
沃依齐设计
全心全意地寻找一种
乡土风格
温德米尔湖畔的
布罗德莱斯住宅平面图(1898)
沃依齐设计
诺曼·肖的伦敦170号女王之门公馆
(1888)
更加庄重，更明显地带有"安妮女王"
风格特征
鲁琴斯设计的住宅平面
与沃依齐的设计一样，
布局相当地自由
主要房间
厨房部分
入口
松散的平面布局是为了给所有
的房间带来光线和空气
沃依齐的诺森伯兰郡切斯特府(1891)
更宏伟更古典，但平面布局仍然相当地自由
服务区
中庭
入口
庭院
厨房
餐厅
图书室
起居室
井
韦伯和莫里斯
在博克斯雷西斯的红屋(1859)
仍然是英国乡土风运动的榜样

更为抽象的艺术风格，或者像俄罗斯民粹主义者那样从农民艺术中寻求灵感。社会却对他们报以蔑视和误解，或干脆就不予理睬。甚至连一些需要依靠业主实现创作的建筑师也滋生出与社会决裂的心态。到19与20世纪之交，由艺术家、建筑师和支持者所举办的各种展览大多表现出反抗精神。印象派人士成立了自己的“落选者沙龙”（Salon des Refusés）[①]，一群巴伐利亚和奥地利设计师成立了“分离派”团体（Secession），其名称就表达了他们的抗拒之态。参加“分离派”展览的作者，除了麦金托什及其同辈的苏格兰人，还有奥托·瓦格纳（Otto Wagner，1841—1918年）、奥尔布里希（J. M. Olbrich，1876—1908年）、约瑟夫·霍夫曼（Josef Hoffman，1870—1956年）、阿道夫·洛斯（Adolf Loos，1870—1933年）和彼得·贝伦斯（Peter Behrens，1868—1940年）等。

身为维也纳美术学院教授，瓦格纳影响了一大批天赋出众的学生，包括奥尔布里希、霍夫曼和洛斯。他最著名的作品是维也纳邮政储蓄银行大楼（1904年），其筒形拱的室内玻璃天棚即便在今天也堪称现代。奥尔布里希设计了清新明快的维也纳分离派总部（1898年）——一座带有金属穹顶的长方形小楼——以及达姆施塔特艺术家村的好几栋住宅（1901年）。艺术家村由黑森大公出资建造，其总体布局由奥尔布里希与贝伦斯合作策划，村内大多为一些低矮房屋，它们的设计简约，已经摆脱了新艺术风格常用的曲线形式。建筑群的中心是一座45米高的婚礼塔（Hochzeitsturm），其设计新颖奇特，又以5个连成一体的圆形鳍状塔顶最为惹眼。

洛斯和贝伦斯的作品更为简单直接。洛斯早期的作品，如他在日内瓦湖附近的家宅（1904年）和维也纳附近的施泰纳住宅（Steiner House，1910年），都是简洁朴实的直线形设计，昭示了洛斯不肯妥协乃至教条的设计理念，正如他的一句名言：“装饰即罪恶。”贝伦斯深

① 亦称作“落选展”。——译注

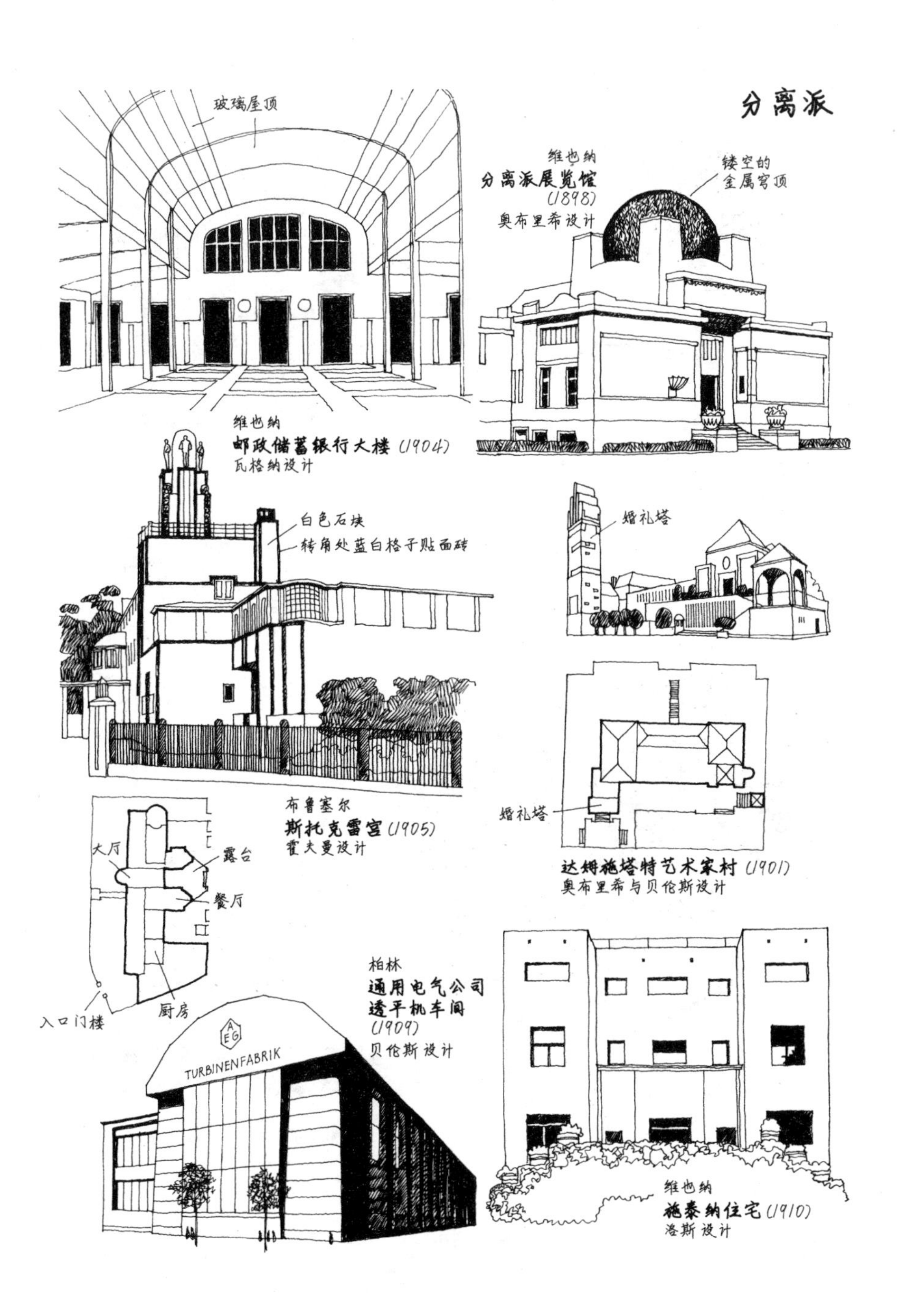
分离派
玻璃屋顶
维也纳
分离派展览馆
(1898)
奥布里希设计
镂空的
金属穹顶
维也纳
邮政储蓄银行大楼 (1904)
瓦格纳设计
白色石块
转角处蓝白格子贴面砖
婚礼塔
布鲁塞尔
斯托克雷宫 (1905)
霍夫曼设计
婚礼塔
达姆施塔特艺术家村 (1901)
奥布里希与贝伦斯设计
大厅
露台
餐厅
入口门楼
厨房
柏林
通用电气公司
透平机车间
(1909)
贝伦斯设计
AEG
TURBINENFABRIK
维也纳
施泰纳住宅 (1910)
洛斯设计

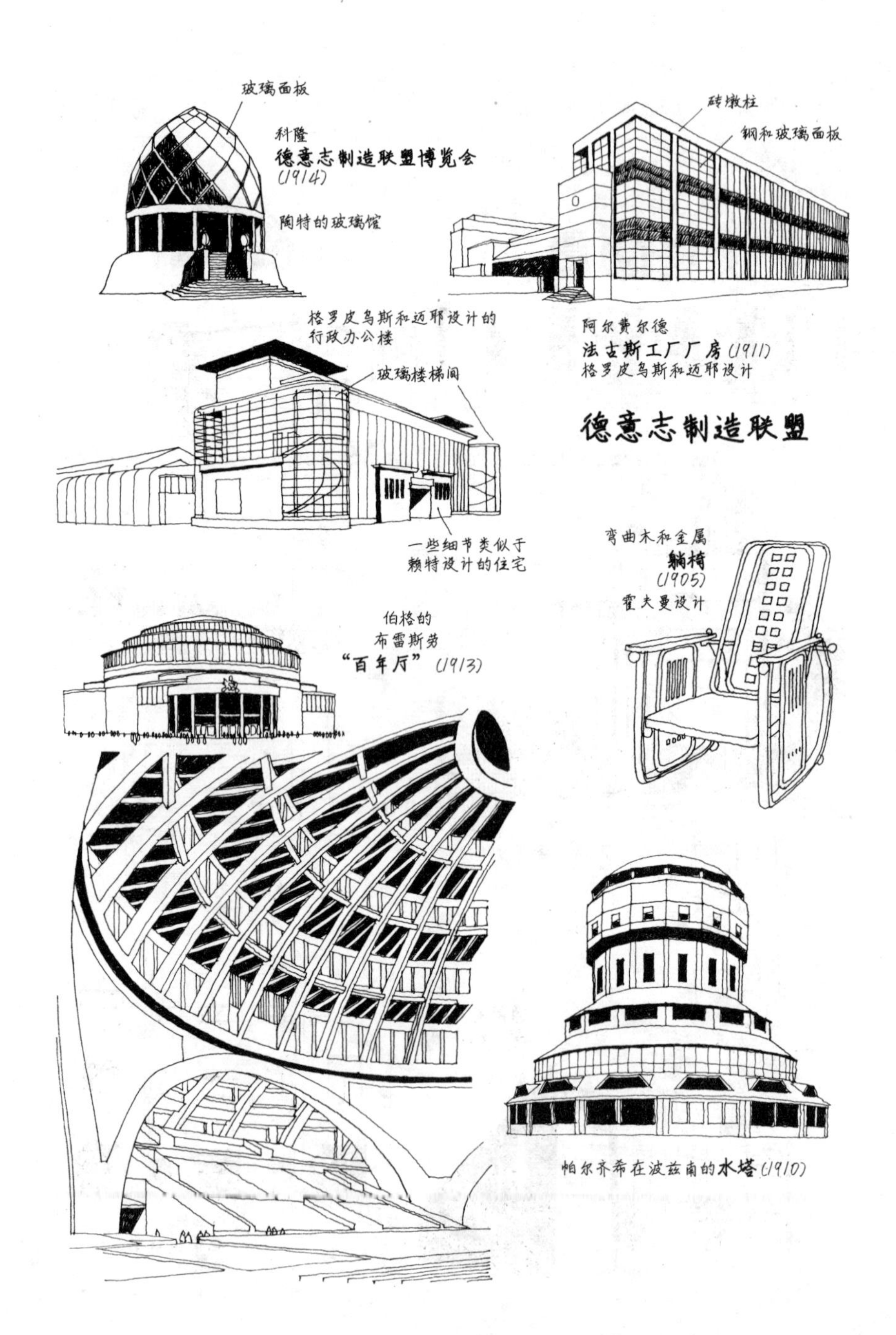
玻璃面板
科隆
德意志制造联盟博览会
(1914)
陶特的玻璃馆
砖墩柱
钢和玻璃面板
格罗皮乌斯和迈耶设计的
行政办公楼
玻璃楼梯间
阿尔费尔德
法古斯工厂厂房(1911)
格罗皮乌斯和迈耶设计
德意志制造联盟
一些细节类似于
赖特设计的住宅
弯曲木和金属
躺椅
(1905)
霍夫曼设计
伯格的
布雷斯劳
"百年厅"(1913)
帕尔齐希在波兹南的水塔(1910)

受莫里斯整体设计方法的影响。在他担任德国通用电气公司（AEG）总建筑师期间，便是以全方位的设计态度，解决从建筑到办公文具设计等问题。他设计的德国通用电气公司透平机车间（1909年）带有浓厚的古典气息，显示出工业建筑难得的堂堂之威。但是，贝伦斯的古典主义强调的是整体气氛，而非纠缠于细部。对称的厅堂式建筑，采用了钢框架和筒状屋顶。钢柱之间镶嵌着大片的玻璃窗。端墙上朴素的混凝土墩柱堪与朱利奥·罗马诺的作品相媲美，古朴粗犷。

1907年，德国成立了由建筑师、设计师和艺术家组成的德意志制造联盟（Deutscher Werkbund），旨在提高工业制品的质量标准和将工业技术应用于建筑设计。彼时，若想赢得工业界企业家的青睐，就必须采取更为稳健的建筑方法。为此，1914年举办的第一届德意志制造联盟博览会上，除了两个例外，其余的展品全都在“努力”表现出一种简约的古典主义。例外者之一，是布鲁诺·陶特（Bruno Taut）小巧而晶莹剔透的水晶玻璃工业馆，其构思基于玻璃这种非传统建筑材料的特性。例外者之二，是沃尔特·格罗皮乌斯（Walter Gropius，1883—1969年）设计的行政办公楼。虽说它采用了古板经典的平面布局和对称的立面构图，但所有的平淡因为办公楼转角处新奇的圆柱形楼梯间得到改观。格罗皮乌斯之前是贝伦斯设计事务所助理，法古斯公司在阿尔费尔德的厂房（1911年）便是他与阿道夫·迈耶（Adolf Meyer）合作的结晶。法古斯公司是一家生产鞋楦和其他金属制品的制造商，其厂房堪称现代建筑史上最伟大的作品之一。这座长长的、三层高的矩形建筑有一个清晰可见的以墩柱组成的框架结构，墩柱之间交替排列着轻盈的平板玻璃和钢制面板。尽管构思仍然是古典的，但设计师通过免去墙角支柱这一手法，强调了它并非传统结构，他们将墙角柱向内缩进了大约3米，由此带来的悬臂式楼板，可能也只有以钢或钢筋混凝土建造方能实现。它全玻璃的拐角在当时尚属首例，让该厂房成为20世纪建筑设计的标志。

德意志制造联盟的主流人物，如贝伦斯和格罗皮乌斯等人，大多坚持古典的设计原则。其他人则对拓展全新的形式和概念饶有兴趣。联盟中“表现主义小团体”成员，如马克斯·伯格（Max Berg，1870—1947年）和汉斯·帕尔齐希（Hans Poelzig，1869—1936年）便属于后者。伯格设计的布雷斯劳百年厅（Centennial Hall，1913年）很可能是同时期最新颖的建筑。从外观上看，带有穹顶的圆形建筑和向前伸出的门廊，常常让人将其看作罗马万神殿的放大版，但它的室内绝对体现了20世纪的设计新理念。直径为65米的巨大圆形空间上，覆盖着以钢筋混凝土肋拱交织而成的大穹顶，气势恢宏。就现代性而言，该建筑比贝伦斯的设计走得更远。帕尔齐希的作品，如波兹南（Poznań）的圆形水塔（1910年）和卢邦（Lubań）的化工厂（1911年），同样表达了对学院派古典主义的反叛。前者为巨型的钢和砖混合结构，后者为一组高耸的砖砌建筑，其中的许多半圆形窗户突出了所用材料的特性。

在反对古典主义的斗争中，声量最高的是昙花一现的未来主义运动。它由一群意大利画家和作家马里内蒂（Marinetti）于1909年发起。为更好地表达出自己的宗旨，未来主义运动者不断地发布宣言，呼唤和赞美新机器时代的活力。在他们眼里，“一辆如机关枪般咆哮着飞驰而过的汽车，要比带翼的萨莫色雷斯胜利女神像更为美丽”。未来主义者很大程度上表现为民族主义，但其骨子里有一定的革命倾向。在它流行的十年间的某个阶段，未来主义者甚至企图“终结大企业的建筑”，所以这群人得不到商业资助也就不足为奇。就算是他们当中最富远见卓识的安东尼奥·圣伊利亚（Antonio Sant’ Elia，1888—1916年），其设计作品从未付诸实施。所幸，圣伊利亚对20世纪的建筑师所产生的影响力持续不断。他当年对现代世界的种种天才般的预想，包括玻璃摩天大厦和多层交通枢纽等，后来经过未来主义的追随者之手一一得以实现。

威廉·莫里斯曾经指出，若想创造一个更美好的社会，先决条件是终结资本主义。然而对某些分离派建筑师，尤其是德意志制造联盟会员及其追随者来说，全盘接受资本主义反倒是最好的出路。到了19世纪后期，因为这种分歧，革命的鼓吹者与渐进改革倡导者之间展开了唇枪舌剑。一批持左派政见的艺术家与自己原来所属的艺术流派公开决裂。

19世纪工会的发展，让工人的地位有了很大提高。对低工资和恶劣工作条件的罢工抗议，让工厂工人居住和工作的环境得到逐步改善。经过基督教慈善理念和商业利益的双重启发之后，19世纪的慈善家也开始像欧文那样，关心并帮助工人获得较好的生活条件。1853年，在布拉德福德不远处艾尔河边的乡间，工业家提图斯·索尔特（Titus Salt）为属下的工人建造了索尔泰尔小镇（Saltaire）。与欧文创建的新拉纳克工业小镇颇为类似，该小镇除了800套工人住宅、一座教堂和四座小礼拜堂，还带有公共浴室、洗衣房、医院和学校。所有的房屋全部以威尼斯哥特式风格建造。规模庞大的纺织厂厂房坐落于小镇一端的河边，似乎在不断地提醒我们当初创建这座工业小镇的缘由和意义。如法炮制的小镇还有不少，柴郡的阳光港小镇（Port Sunlight，1888年）由肥皂大亨W. H. 利弗（W. H. Lever）建造，伯明翰附近的伯恩维尔小镇（Bournville，1895年）由巧克力和可可生产商G. 卡德伯里（George Cadbury）建造。不过，它们不再采用索尔泰尔小镇的联排式住宅模式，取而代之的是花园城市。大量自带花园的独立屋遍布其间，一些街道的名称诸如金链花（Laburnum）、梧桐（Sycamore）或者刺槐（Acacia），更是着意渲染了乡村印象。

留在城里的工人们也得到多家慈善信托机构的关注。如皮博迪信托基金（成立于1862年）和吉尼斯信托基金（成立于1889年）等，都在努力改善着工人的住房条件。相关的举措主要表现为建造工人住宅区。小区内，出租公寓楼鳞次栉比，公寓楼之间有足够的间距，让所有住户的窗户都能够接收到充足的阳光和新鲜的空气。通常，小区的公寓楼为五层或六层，住户通过公用楼梯进入自家公寓，各公寓内设备齐全。不难看出，工人住宅区虽然高度密集，却便利实用，并得到

发电站
设计方案
(1913)……
……和飞船库设计方案(1913)
均为圣伊利亚的作品
康斯坦丁·布朗库西
的雕塑
空中鸟(1919)
圣伊利亚的
未来新城市
设计方案
(1914)
雕塑
空间中独特的
连续形式(1913)
翁贝托·博乔尼
作品
高层建筑、桥梁、电梯、地铁和
通道平台结合在一起，形成一个
强大而持久的未来形象
公寓大楼设计
圣埃利亚的同事
马里奥·奇亚通
作于1914年
意大利的
未来主义
马里内蒂
未来主义的
主要理论家

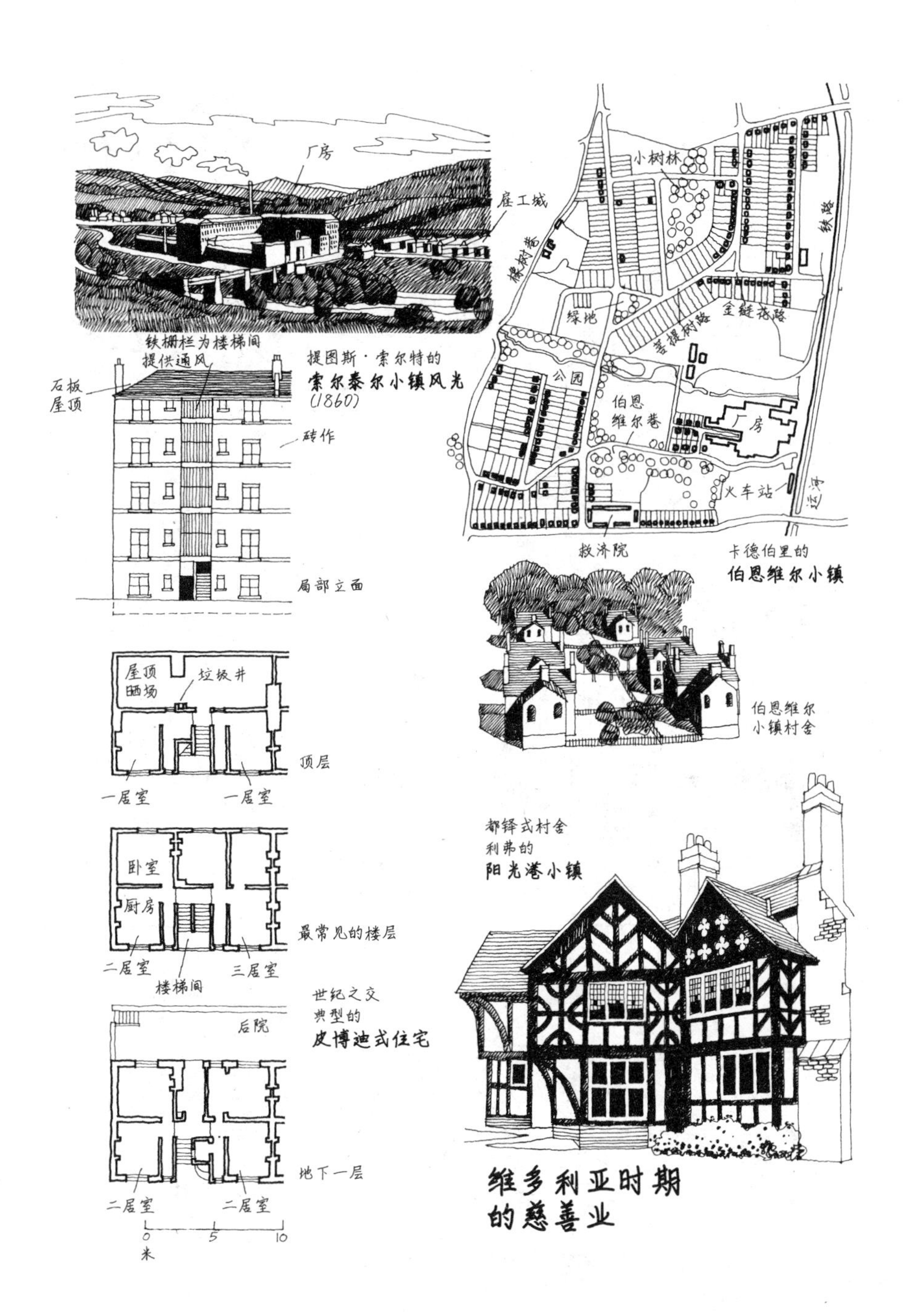

提图斯·索尔特的
索尔泰尔小镇风光
(1860)

卡德伯里的
伯恩维尔小镇

世纪之交
典型的
皮博迪式住宅

利弗的
阳光港小镇

维多利亚时期的慈善业

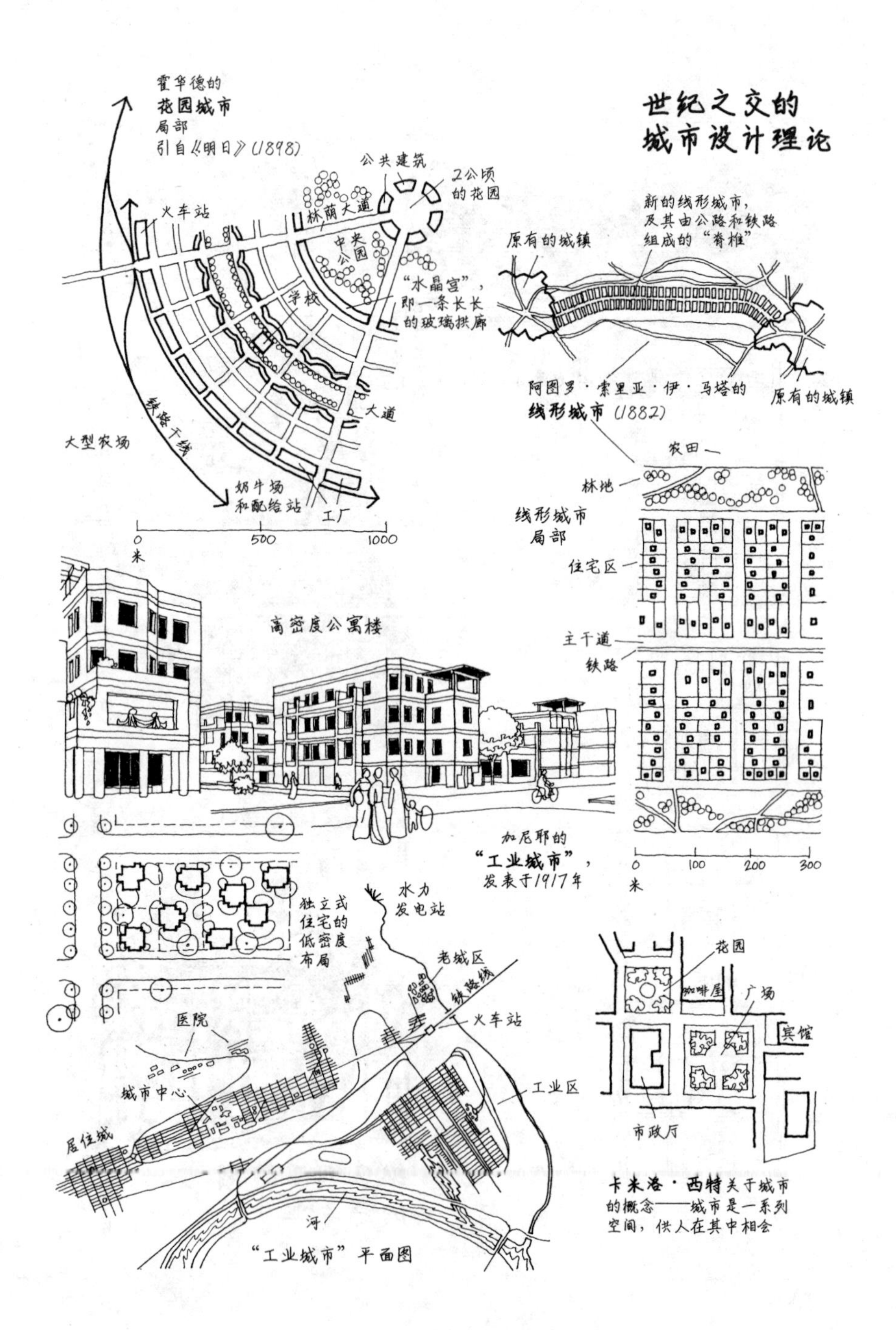
霍华德的
花园城市
局部
引自《明日》(1898)
公共建筑
2公顷
的花园
火车站
林荫大道
中央
公园
"水晶宫",
即一条长长
的玻璃拱廊
学校
大道
铁路干线
大型农场
奶牛场
和配给站
工厂
0
500
1000
米
世纪之交的
城市设计理论
新的线形城市,
及其由公路和铁路
组成的"脊椎"
原有的城镇
阿图罗·索里亚·伊·马塔的
线形城市(1882)
原有的城镇
农田
林地
线形城市
局部
住宅区
主干道
铁路
0
100
200
300
米
高密度公寓楼
加尼耶的
"工业城市",
发表于1917年
独立式
住宅的
低密度
布局
水力
发电站
老城区
铁路线
火车站
医院
城市中心
居住城
工业区
河
"工业城市"平面图
花园
咖啡屋
广场
宾馆
市政厅
卡米洛·西特关于城市
的概念——城市是一系列
空间,供人在其中相会

统一管理。在保持私密性和舒适度方面，也远远甚于旧时的背靠背式住宅。此等优势让成立不久的伦敦郡议会（LCC）大受启发。1897年，在泰晤士河畔的米尔班克（Millbank），他们开始建造起世界上第一个由地方政府掌控的公寓楼小区。这是第一次用公共资金为穷人建造住房，因而具有特别的意义。伦敦郡议会市政部门的设计师们最终采用了诺曼·肖的方案。对中产阶级来说，已是相当不错的住宅小区了。对工人来说，也是很好的。

可不管大城市如何改良，它们显然拥有许多与生俱来的缺点，如因为无计划地扩张而带来的拥堵、低效率和高成本。1898年，在《明日：一条通向真正改革的和平之路》一书中，伦敦市政府职员埃比尼泽·霍华德（Ebenezer Howard）提出了一种以新理念规划的城镇，它不仅拥有老城的活力和机遇，还具备乡村的开阔气势以及因为合理布局而带来的高效。其重要特征是小规模——最佳居住人数为32000人——和居民自给自足的身份认同感，而不仅仅只是某个大都市的另一个郊区。在这一点上，与西班牙交通工程师阿图罗·索里亚·伊·马塔（Arturo Soria y Mata）的见解不同。后者于1882年就已经提出“线形城市”（Ciudad Lineal）的倡议。在马塔看来，维持城市持续增长的模式应该基于一条交通便捷的主干道或者说脊椎。沿着脊椎的两端，城市可以无限延长铺展到外围的乡村。与此同时，所谓的脊椎将新、老城市的中心连为一体。

在英国，霍华德之温和改良的实用主义思想显然是颇得人心。1905年，由私人企业投资，第一座花园城市在英国赫特福德郡的莱奇沃思镇（Letchworth）破土动工，接着又开始在韦林（Welwyn）建设第二座。城市中带有花园的独立式住宅，或以纳什的传统风格建造，或遵循着伯恩维尔小镇和英国郊区的模式，自由地穿插于开放的空间和公园。花园城市的好处显而易见，它们居住密度低，开阔自然，阳光明媚，空气新鲜，但是缺少传统大城市的活力。

在欧洲大陆，低密度的郊区生活并未形成习惯，此间的城镇规划理论仍然基于奥斯曼和巴黎美院僵化的巴洛克式布局，但也出现了一些不同声音。1889年，在《城市建设艺术：遵循艺术原则的城市设计》一书中，奥地利建筑师卡米洛·西特（Camillo Sitte，1843—1903年）指出，要对巴黎美院的布杂艺术风格加以调整，在城镇设计中创造出错落有致的不规则景观，从而达到随意舒适的效果，增加吸引力。法国建筑师托尼·加尼耶（Tony Garnier，1869—1948年）则以一个全新的构想，彻底推翻了巴黎美院风格，而且加尼耶理念至今仍然在建筑理论领域发挥着重要作用。加尼耶几乎没做过什么建筑，却声名远扬，这是因为他提出了"工业城市"（Cité Industrielle）的设计构想。有关探索始于1904年，于1917年发表。从规模上看，加尼耶的假想城市与霍华德的花园城市颇为一致，也拥有约3万居民。但他在具体布局时采用了马塔的线形城市模式，由此为城市扩展留足余地。不久，他还在自己的家乡里昂附近选择了一处场地用作实验。

另一与霍华德花园城市相同的是，加尼耶同样将工业区分隔开来，以最大限度减少污染。其"工业城市"的主戏也是位于市中心的建筑群，包括市政建筑、医院、图书馆和娱乐中心等。他还对"工业城市"的某些建筑做了详细设计，如水电站、市政屠宰场、工厂和住房等。在设计住宅时，加尼耶的考量不是基于家庭收入，而是为了满足不同家庭的需求。住宅的大小和类型各不相同，有独立式住宅，也有四层高的公寓楼，后者让城市的中心地段拥有更高的居住密度。建造"工业城市"的主要材料是钢筋混凝土，朴素简洁的建筑风格，既让人想起法国的工程师传统，亦能看到德意志制造联盟所倡导的简约古典主义。但"工业城市"的精髓应该是它的社会主义倾向——继承了蒲鲁东和傅立叶的理念——这一点与霍华德改良式自由设计思想截然不同。加尼耶向我们展现的是现代城市的另类模式——城市应该为公众拥有，城市设计应该目标明确。这一思想为现代建筑的发展奠定了理论基础。

第十一章

现代主义的英雄时代：1914—1945年

艺术史上很多的名篇杰作——弗洛伊德的《梦的解析》、艾略特的《普鲁佛洛克的情歌》、勋伯格的《升华之夜》、斯特拉文斯基的《火鸟》、塞尚的《大沐浴》、毕加索的《亚威农少女》——至今依然被视为现代主义作品。令人感慨的是，它们皆问世于20世纪的头十年，已经拥有一个多世纪的历史！在建筑学上，同时期由沃依齐设计的果园府邸、佩雷设计的富兰克林街公寓，还有瓦格纳设计的邮政储蓄银行大楼也都被公认为现代作品。然而在当时，统治欧洲的仍是国王、皇帝及其属下的相臣们，支撑这些统治者的文化机构僵化而陈腐，艺术家和设计师们全都在挣扎着要摆脱束缚，争取自由。

19世纪的最后几年里，资本主义经历了漫长而严重的衰退。工业革命的先驱国家——尤其是最早发生工业革命的英国——所遭受的打击最大。新兴的工业化国家，如德国和美国，并没有像英国那样受到煤、铁等原始技术的局限，而是在钢铁、电力、石化、汽车、电信等领域掀起了第二次技术革命的浪潮。所有这些意味着潜在的解放，为社会各层面的变革打开了通道。但现实中，工业机器依旧为统治阶级服务。

这一情况在德国表现得最为明显，此地的阶级制度僵化，国家权力压倒一切，普鲁士军队更是助长了国家政府对资本主义的绝对管控。

煤炭和铁的生产、科学研究，及其在电力、化学和石油工业的实际应用，统统被纳入国家计划。与早期英国资本家的个人资本主义不同，德国提倡国立机构对资本的垄断。德意志制造联盟的建筑师及其小圈子的重要雇主，如德国通用电气公司和其他大型企业，全都是所谓"卡特尔"（Cartel）垄断集团的成员。在这个系统，物资供应和物价受控于集团内部各大企业之间的协议，旨在满足他们的共同利益。铁路建设以军事战略为核心考量。强制性义务兵训使国家强权系统更为巩固。到了1917年，德国的大多数机构实际上已经由政府的高层官员控制。

德国并不是唯一依靠军备经济的国家。资本主义仰赖海外市场，以此为本国的工业提供原材料和劳动力，为产品打开出口销路。19世纪末期，很多新、老工业大国竞相吞并殖民地，开辟新的市场，必要时甚至不惜动武。曾经为欧洲人所信奉的"势力均衡"变得越来越难以维持。军备竞赛不可避免地导致武装冲突，欧洲由此陷入灾难性的第一次世界大战（1914—1918年）。战争所造成的巨大伤亡摧毁了整整一代年轻人，也击垮了诸多旧政权，终结了原有的势力均衡，令其濒临破产。欧洲面临着来自世界其他地区的冲击。

一大冲击来自美国，虽然那里同样出现了经济萧条，但却比欧洲更快地从泥沼中复出。美国不仅拥有广袤的土地、丰富的矿产和森林资源，而且欧洲衰退所带来的大量拥有技能的难民纷纷逃入美国，大大扩充了美国的劳动力队伍。美国的资本家也能够更为机智灵敏地应对新时势。充满生机的城市和高耸的摩天大楼，再明显不过地显示出他们强大的能量。美国的开发商都是些新兴的私营公司，其雄厚的金融基础可以保护各自免受市场波动的影响。凭着自建的垄断体系或广告攻势或双管齐下，他们握紧了市场的控制权，有能力抗衡国家的控制。包括欧洲在内的整个世界成为美国资本家合法施展其影响力的大舞台。事实上，早在战争时期，欧洲就已经开始依赖美国的军事援助。主宰20世纪的将是美国的资本主义模式。

俄罗斯的实验

另一模式出现在俄罗斯。自1905年至1922年间，俄罗斯经受了一场巨大的政治动荡和权力转移，沙皇遭到资产阶级和城市工人阶级的双重激烈对抗。然而，资产阶级错失了自由革命的良机，城市工人阶级也历尽艰辛。1917年10月，在列宁（1870—1924年）的领导下，工人阶级取得了世界上第一次工人革命的胜利。接下来的问题巨多：如何将革命传播到整个俄罗斯帝国？如何撤出第一次世界大战？如何打击白俄的反革命势力？如何击退来自其他几个资本主义国家的入侵？如何处理贫困和饥荒问题？在这一切问题之上，还需要创建一个全新的社会制度。俄罗斯正试图摆脱当代资本主义的任何阻碍，向未来迈进。最初的几年里，随着“苏维埃”或者说工人委员会政权的诞生，在苦苦追求解决上述难题之新理念的同时，社会上正酝酿着一场知识分子的思想大觉醒。

自一开始，苏维埃政府就认识到艺术家和设计师对于创建一个新社会具有重要作用。该认知得到列宁的教育人民委员阿纳托利·卢那察尔斯基（Anatoly Lunacharsky）的大力推进。作为一位从欧洲流亡回国的人，卢那察尔斯基与西方的前卫艺术保有密切的文化联系。因此，自1917年到20年代末，俄罗斯的艺术思想得以跻身于世界最前沿。沙皇时代的俄罗斯大肆逮捕进步思想家，无奈之下，大批知识分子退隐到咖啡馆中，过着得过且过、漫无目标的生活。如今，俄罗斯的艺术家和建筑师团体突然发现了表达的自由，也找到了自己的使命。抽象艺术，如以画家马列维奇（Kasimir Malevichs）的作品“白底黑方块”为代表的至上主义艺术，也开始用来为革命服务。

这一时期佳作频出，有爱森斯坦（Sergei Eisenstein）早年导演的电影《罢工》（*Strike*，1924年）和《战舰波将金号》（*Potemkin*，1925年），有马雅可夫斯基的革命诗歌，还有肖斯塔科维奇早年的交响乐和歌剧等。经过针对其社会意义的审查之后，艺术和建筑作品以各种形式出现在街头。它们或者是节日庆祝活动，或者是音乐会，或者是标志性建筑、壁画、海报与标语等等。其中最著名的实例是塔特林为庆祝共产国际而设计的巨型螺旋塔（1919年）。最初的构想是螺旋塔在高度上一定要超过埃菲尔铁塔，就好比布莱希特对自己剧本的评论："个中所蕴含的威力，大概只有乞丐方能想象。"①然而，由于当时发生了饥荒，并且钢材极为匮乏，最终只完成了一个小体量的木制模型，在游行活动时给拖拽着沿街展示，以此显示革命所许诺的新世界之强大形象。

这个时期，建筑与抽象绘画之间也建立了关联，激发了对简洁和纯粹的建筑追求。此一新趋势部分归功于马列维奇，更有他的学生埃尔·利西茨基（El Lissitzky，1890—1941年）的功劳。利西茨基是一位建筑师兼艺术家，他最著名的画作是创作于内战时期的抽象风格革命海报——《红楔子攻打白军》。他还创作了一系列称为"普朗恩"艺术（PROUN）的作品，有的以二维或三维的形式展现，利西茨基于是在绘画、雕塑与建筑设计之间架起了沟通的桥梁。

国家对艺术的宽容政策带来艺术思潮的百花齐放。传统主义者、形式主义者和进步主义者各抒己见，一大批设计组织纷纷成立。ASNOVA（新建筑师协会）是为其一，此即由尼古拉·拉多夫斯基（Nicolai Ladovsky，1881—1941年）领导的"理性主义"运动。尽管号称理性，该学派的追随者所注重的却是直觉与感知。OSA（当代建筑师联盟）是为其二，主要成员为"构成主义者"②，由杰出的维斯宁三兄弟维克多、列奥纳多和亚历山大领导。他们提倡理性的、生

---

① 贝尔托·布莱希特是德国反法西斯左翼剧作家和导演。此处引语可能摘自音乐剧《三文钱歌剧》初演时的海报文稿。《三文钱歌剧》由布莱希特根据18世纪英国歌剧《乞丐的歌剧》改编。通过荒诞的喜剧形式，该剧讽刺了资本主义社会。剧中大批乞丐游行示威捣乱新女王加冕的情节，显示了穷苦大众的力量。由此推测布莱希特引语中的"乞丐"应该指穷苦大众。——译注

② 亦写作"建构主义"。——译注

产主义的艺术手法。对他们来说，“现代艺术家的创作必须是纯粹的建构，必须摒弃表现主义的哗众取宠”。1920年，在列宁的要求下，ASNOVA创建了高级技术与艺术工作室，即莫斯科高等艺术暨技术学院（VKhUTEMAS）[①]。在这座拥有2000多名学生的学校，理性主义者与构成主义者走到一起——如拉多夫斯基和维斯宁兄弟等人都在此任教——形成了一个强有力的新思维智库。它也让艺术与建筑相互交融，前者的代表人物有基本课程负责人亚历山大·罗德琴科（Aleksandr Rodchenko），还有里尤波芙·波波娃（Liubov Popova）和亚历山德拉·埃克斯特（Aleksandra Ekster）。马列维奇和塔特林则属于艺术与建筑双肩挑的代表性人物。

在莫斯科高等艺术暨技术学院的影响下，苏维埃的建筑取得了突飞猛进的发展。一个新社会的建设不仅需要新的建筑物，也需要新的建筑类型。许多新类型堪称前所未有，如工人俱乐部，包括伊利亚·戈洛索夫（Ilya Golossov）设计的“祖耶夫工人俱乐部”（1926年），和康斯坦丁·梅尔尼科夫（Konstantin Melnikov）设计的“鲁萨科夫工人俱乐部”（1927年）。革命依赖于讯息交流，当时起关键作用的主要为两份新刊物：列宁格勒《真理报》和莫斯科《新闻报》。前者所在的莫斯科分社大楼（Leningrad Pravda）由维斯宁兄弟设计于1924年，后者所在的报社大楼（Moscow Izvestiya）由格里高利·巴尔金（Grigory Barkhin）设计于1927年。上述所有建筑统统表现出相似的特征：直线型的外观、混凝土与钢材混合的框架结构、大面积玻璃的使用。它们就好比一幅装饰画，虚实相间中保持着典雅的平衡。

当时所有的建筑中，对20世纪建筑学最具影响力的建筑当推纳康芬公寓大楼（Narkomfin Apartment，1928年），其设计人是摩西·金兹堡（Moisei Ginzburg），用户是莫斯科政府的工作人员。金兹堡的设计

① 莫斯科高等艺术暨技术学院常常被誉为俄罗斯的包豪斯。它是构成主义、理性主义、至上主义这三大俄罗斯先锋派艺术与建筑运动的中心。——译注

S.M.爱森斯坦的导演
《战舰波将金号》(1925)
电影海报
该片回顾了1905年的革命

埃尔·利西茨基的“普朗恩”画作之一(1919)
他视之为绘画与建筑设计之间的一个过渡
这一幅被称作**《1号桥》**

苏联的构成主义

埃尔·利西茨基和马特·斯塔姆设计的
“云铁塔楼”(1924)
有腿的办公大楼，高悬于莫斯科的主要道路之上

“为谁+出于什么目的+什么=怎么做”
埃尔·利西茨基(1931)

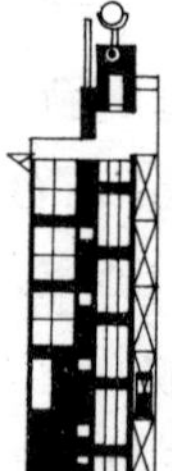

维斯宁兄弟设计的
真理报大楼
莫斯科(1924)

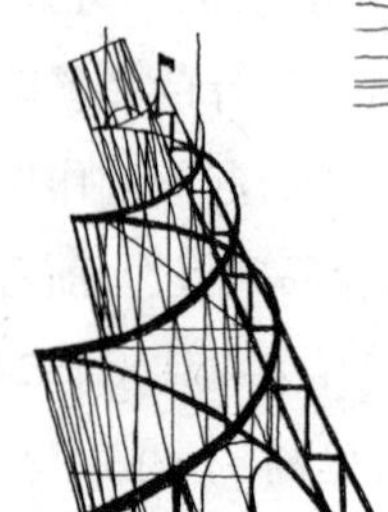

塔特林**塔**
为庆祝第三共产国际而设计(1919)
是一个巨大的通信中心，带有广播室、电影工作室和会议室

无线电桅杆是苏维埃建筑思想的一个重要组成部分
是教育偏远农村地区人民的重要方式

维斯宁兄弟设计的
人民宫(1922)

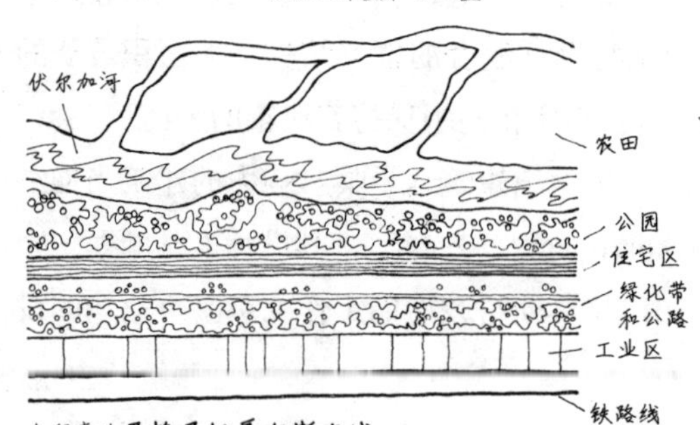

米留辛为**马格尼托哥尔斯克城**
制定的线形城市规划图(1929)

生动地展示了新社会所带来的半公社化的生活场景。整座公寓楼中只有卧室是私人空间，所有用于其他活动，如吃饭、洗衣和照顾孩子的场所，统统属于公共空间。以玻璃和混凝土为特征的建筑形式强调了这一特点，长长的、优雅的卧室单元被刻意设计成重复排列的形式，似乎是为了表明，在这个社会，人类实现了历史上前所未有的平等。其他的公用设施紧挨着公寓楼，依据各自的功能进行布局。

提高工厂生产力和改善生活状况的需求激发了许多新城镇的规划。在莫斯科、斯大林格勒和阿斯特拉罕（Astrakhan）的扩建计划中，弗拉基米尔·谢门诺夫（Vladimir Semenov）遵循了加尼耶的分区原则，将住宅区与充斥着噪音和污染的工业区隔开。他还意识到城镇处于不断的变化之中，因此需要为未来发展预留出空间。这一理念得到尼古拉·米留辛（Nicolai Milyutin，1889—1942年）的进一步发展。在规划斯大林格勒、马格尼托哥尔斯克和高尔基城的扩建工程时，米留辛运用并拓展了马塔的线形城市理念。他根据不同功能，将从老城中心向乡村延伸的土地划分为不同区段，并将各区段设计成互为平行且狭长的条状区域，包括铁路区，工厂、车间和技术学院区，带有主干高速公路的绿化带，住宅区，公园和运动区，开阔的农田区，等等。沿各区段道路的交通快速而高效，横跨各区段的道路交通则因路程较短而非常便利。与金兹堡一样，米留辛衷心期待建立一个新的社会制度，诸如财产公有制、男女平等，由社区主导的儿童保育等。

在他生命的最后几年里，列宁思考最多的是如何实现马克思提出的主要目标：实现民主，让所有的公民都能够自觉能动地决定自己的未来。但到了1926年，国家权力转由斯大林（1879—1953年）掌控。此君开始重组经济，大面积实施农业集体化，大力推进工业发展的五年计划，并且将俄罗斯的所有机构置于严格的国家控制之下。为了减少阻力，他甚至不惜清洗知识分子，扼杀进步思想，控制言论自由，暗杀和驱逐反对派。在文化委员会的控制下，艺术和建筑重新沦为表现主义、伪天真或平庸的新古典主义。大批的俄罗斯艺术家流亡到了西方。

与俄罗斯早期的革命时代颇为相似，此刻的西欧正处于思想发酵期。“一战”之后，随着奥地利、德国、土耳其以及俄罗斯等旧帝国的解体，欧洲涌现出一批发展中的新国家，欧洲的上空弥漫着一股共和主义气息。大众教育得以普及，实验与探索精神广泛传播，艺术走向繁荣。

经济方面则不然。战后对德国征收的战争赔偿迫使它大力推动出口产业，在创造就业机会的同时，却导致了通货膨胀率的升高。另一方面，战胜国的通货膨胀率虽然较低，失业率却非常高，并且背负着战争期间向美国所借的贷款债务。从前血战沙场的士兵们曾经得到政府的承诺，届时会向他们提供适于英雄居住的家园，但英雄归来时却面临着理想的破灭。他们面前的国家刚刚遭受了一场前所未有的战争大破坏，其经济问题太沉重，无法消除肮脏的贫民窟。

欧洲的马克思主义者曾经将苏维埃俄罗斯视为榜样。1919年，西欧也爆发过未遂的革命。但到了20世纪20年代末，类似的社会革命已经不可能在西欧再次发生。然而，许多进步的建筑师依旧是信心满怀。他们相信，让所有人都获得较好的生活条件这一目标是可行的。他们还认为，解决问题的答案并不在于如何改变社会的结构，而在于对新技术的适当利用。新材料和新技术的使用将为城市带来新的建筑形式，过度拥挤和脏乱的现状便能够随之结束。

走在这个运动最前列的是包豪斯（Bauhaus）。包豪斯是一所工业设计学校，由沃尔特·格罗皮乌斯于1919年创立于魏玛。本着德意志制造联盟的理念，格罗皮乌斯提倡两大层面的紧密结合：“一面是最优秀的艺术家与设计师，一面是商业与工业。”就是说，要让设计学校与德国工业界形成密切的联系，以实现进步的社会目标，不管这样的想法有多么令人不解，包豪斯至少在教学方法上是创新的。在修道院般虔诚奉献的氛围里开始，学生接受为期三年极为严格的课程训练。首先，让他们摒弃各种先入为主的思路，接着便是进入工作坊学习手工艺。此后，他或她方能进入工业设计阶段的学习。

起初，包豪斯的设计风格主要表现为浪漫主义和表现主义，这一点与神秘人物约翰内斯·伊顿（Johannes Itten）所推崇的哲学有关。伊顿是包豪斯预备课程的负责人，学生入学后正是从作为打基础的预备课程起步。但是，发生于1922年的两大事件改变了此等局面。其一是于杜塞尔多夫召开的会议，来自俄罗斯和西欧的进步设计师汇聚一堂，形成了一个名为“构成主义国际”的组织；其二是卢那察尔斯基策划的苏维埃设计展在柏林举行。两件事的结果是，格罗皮乌斯改变了包豪斯的教学方向，开始采用构成主义作为包豪斯未来的主要设计理念。伊顿随后离开包豪斯，其之前的教职，由匈牙利构成主义者莫霍利-纳吉（László Moholy-Nagy）接替。

建筑与包豪斯

上述转向所带来的最明显的结果，体现于包豪斯校园建筑自身，也就是它1925年从魏玛迁至德绍之后的新校舍，由格罗皮乌斯设计。它由看似随意，实则精心规划的三栋建筑组成，其中心部位是校园入口和最重要的工作坊。它们通过一间会议大厅与东边作为学生宿舍的小楼相连。向北则通过一条过街天桥连接到教学区。工作坊的外墙覆以大片玻璃面，教学楼和学生宿舍楼则以实墙呈现，两者形成鲜明对比。

格罗皮乌斯的意图是要将包豪斯的校园建筑当作一篇宣言，一种理性设计方法的示范。果然，包豪斯新校舍一经落成，瞬间就引起了巨大反响，以至于它的建筑特征立即被誉为“包豪斯风格”。然而，此等反应反倒不为格罗皮乌斯所乐见，因为他向来排斥风格之说，而坚持以解决设计中的具体问题为首要原则。如今，要想真正品鉴这座伟大建筑的原创性已非易事，因为它早已成为一个正规的建筑术语进入到我们的建筑语系，且每天都被不假思索地滥用于无数平庸的建筑设计之中。正如巴黎圣丹尼修道院教堂是哥特式建筑的起源地，包豪斯校舍是现代主义建筑的第一件代表性作品，它将20世纪新建筑的所有特性集中表现于一个统一而令人信服的整体。它所创立的秩序不是来自新古典主义所固有的对称式构图和比例规则，而是来自其自身结构的逻辑；它丰富的建筑效果不是来自外加的装饰，而是来自设计本身对细部的关注；它的形式的精妙和空间多样性并非出自预先设定的设计程式，而是在其规划过程中依序解决各种问题之后水到渠成的结果。

建校之初，包豪斯的课程几乎不怎么关注建筑。1927年，格罗皮乌斯采取了补救措施，聘请了瑞士建筑师汉斯·迈耶（Hannes Meyer）来校任教。因为需要更多的时间投入自己的工作，格罗皮乌斯在此后一年辞去了校长一职，由迈耶接手学校的管理事务。在迈耶看来，建筑首先并且主要是一项社会活动。他发现包豪斯教学中的美学关注点缺乏社会目的性，便特意修订了包豪斯的课程，增强了科学和调查研究方面的内容，而且注重对建筑师社会责任感的培养。迈耶的马克思主义观点和鼓励学生参与政治活动的主张，让保守的德绍当局极为不满。1930年，迈耶被勒令辞职。回顾自己任职的两年，迈耶自认无愧地表白道："我教导学生将建筑与社区联系起来，希望他们摒弃形式主义的直觉设计方法，并教会他们去展开基础研究。我告诉他们如何将人的需求放在首位。"

在其同辈建筑师中，迈耶的社会主义倾向和唯物主义设计方法并不常见。当时流行的政治态度是自由人本主义。在设计领域，方法论是注重直觉而非科学性的。即便在主张理性的包豪斯也不例外。对于像埃里希·门德尔松（Erich Mendelsohn，1887—1995年）那样的表现主义建筑师更是如此（如果说他与德意志制造联盟的建筑师还有些共同点，与理性主义者迈耶则是大相径庭）。门德尔松设计的波茨坦爱因斯坦天文塔（1920年），所表现的便是新时代的个人主义愿景。该建筑以奇异、厚实的七层高实验室大楼为基础，顶部是一座带穹顶的天文台，其清晰的流线型曲线组合可能会让人以为它是为了展现钢筋混凝土的可塑性。事实上，它是在砖砌的墙体上涂抹灰泥而成，但这并不否定其设计意图——以象征性手法而非技术应用来突出和表达现代

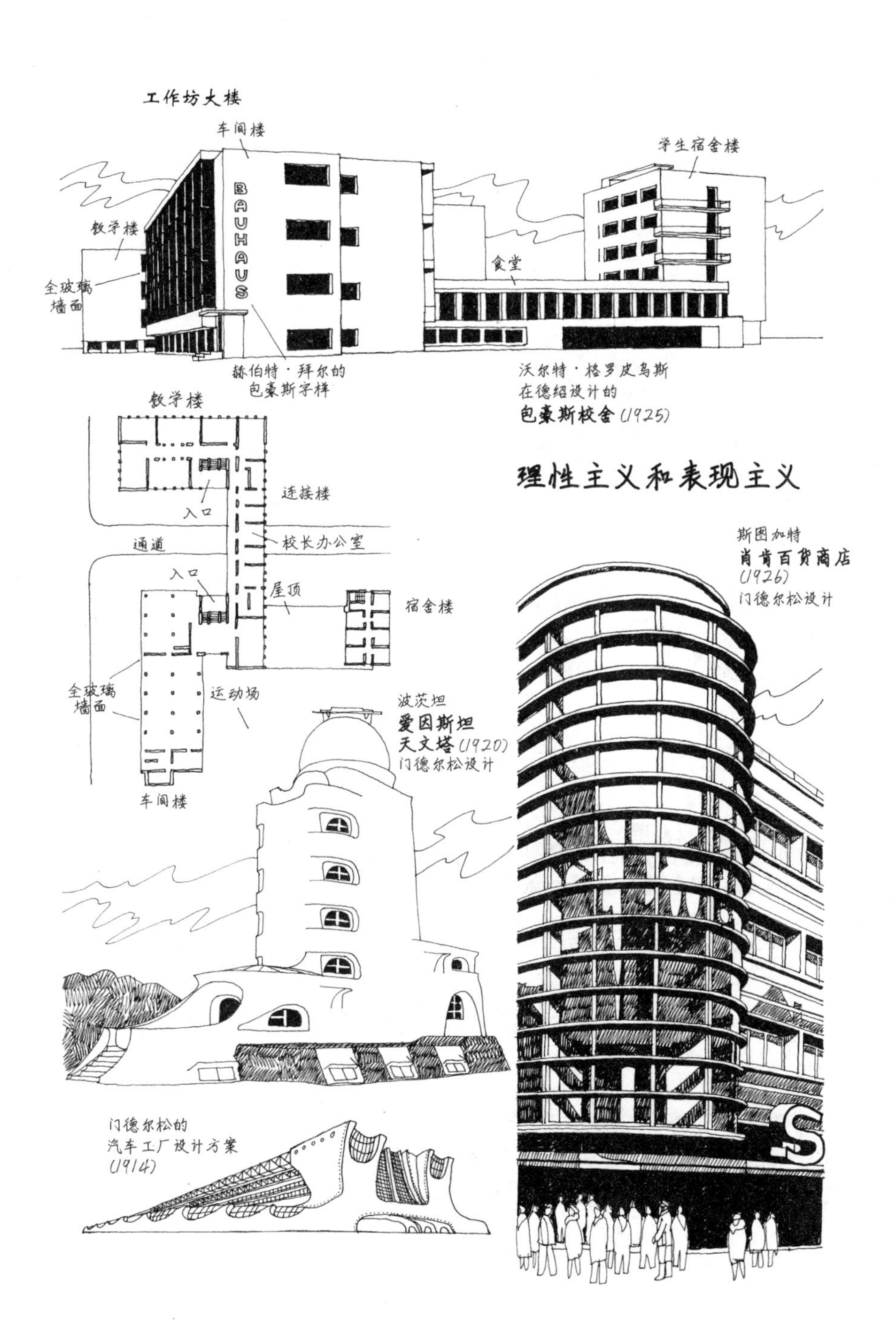
工作坊大楼
车间楼
学生宿舍楼
BAUHAUS
教学楼
全玻璃
墙面
食堂
赫伯特·拜尔的
包豪斯字样
沃尔特·格罗皮乌斯
在德绍设计的
包豪斯校舍(1925)
教学楼
连接楼
入口
通道
校长办公室
入口
屋顶
宿舍楼
全玻璃
墙面
运动场
车间楼
理性主义和表现主义
斯图加特
肖肯百货商店
(1926)
门德尔松设计
波茨坦
爱因斯坦
天文塔(1920)
门德尔松设计
门德尔松的
汽车工厂设计方案
(1914)

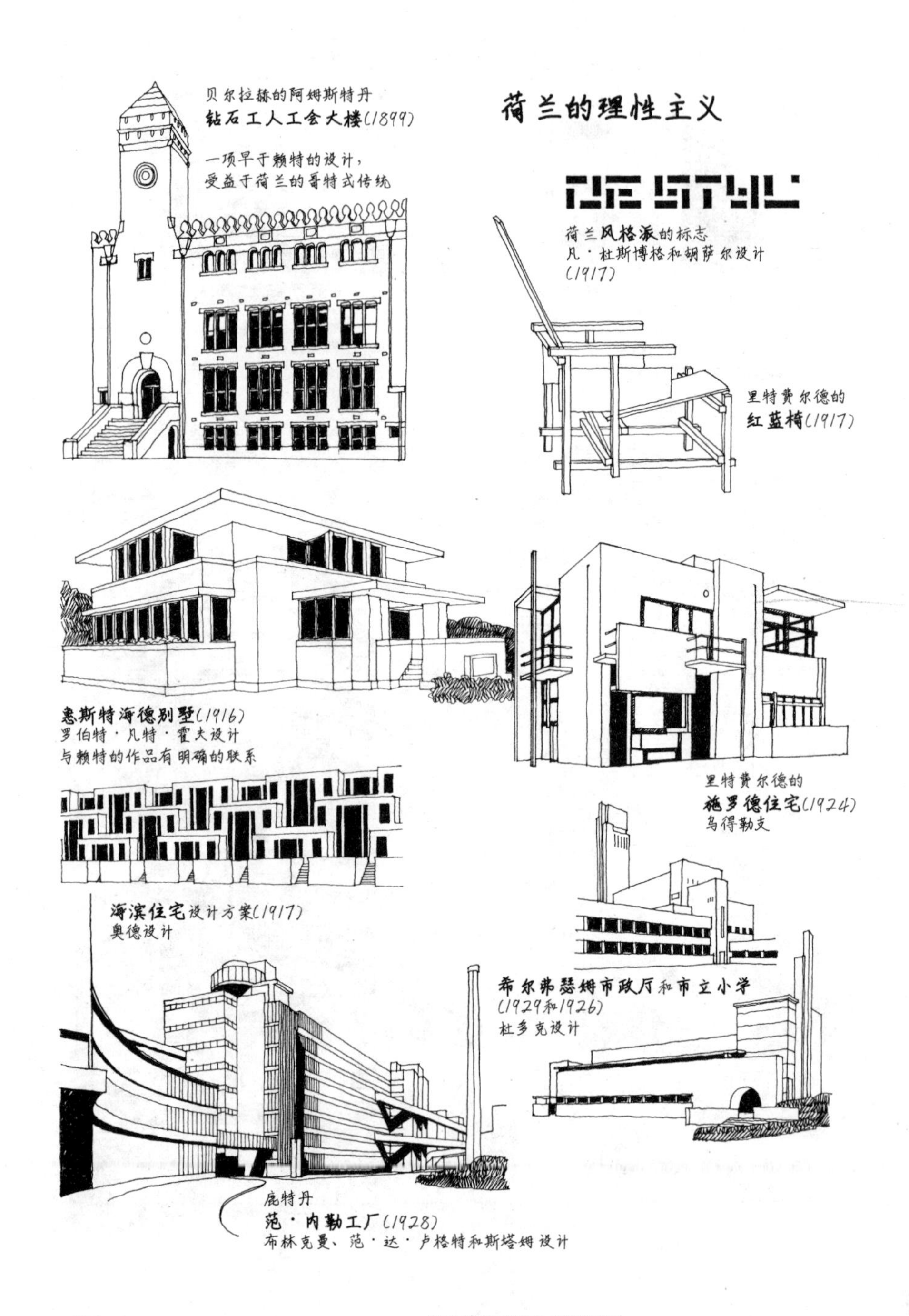
荷兰的理性主义
贝尔拉赫的阿姆斯特丹
钻石工人工会大楼(1899)
一项早于赖特的设计，
受益于荷兰的哥特式传统
DE STIJL
荷兰风格派的标志
凡·杜斯博格和胡萨尔设计
(1917)
里特费尔德的
红蓝椅(1917)
惠斯特海德别墅(1916)
罗伯特·凡特·霍夫设计
与赖特的作品有明确的联系
里特费尔德的
施罗德住宅(1924)
乌得勒支
海滨住宅设计方案(1917)
奥德设计
希尔弗瑟姆市政厅和市立小学
(1929和1926)
杜多克设计
鹿特丹
范·内勒工厂(1928)
布林克曼、范·达·卢格特和斯塔姆设计

性。而在门德尔松为斯图加特的肖肯公司（Schocken Company）设计一栋百货商店（1926年）时，由于规范化结构系统的制约，他不得不大大收敛对粗犷曲线的偏好。结果倒也成就了早期现代建筑的又一佳作，其设计方法饱含智慧，效果也充满活力。

渐渐地，早些年的表现主义手法让位于所谓的“国际风格”。在进步建筑师中，包豪斯校舍的设计手法变得相当普遍：采用矩形、不对称构图；采用框架结构而不再以外墙承重，使建筑显得轻快；墙面往往刷成白色或其他柔和色，以强调与新古典主义的沉重幽暗的区别；大量使用钢与钢筋混凝土，让建筑呈现出非同寻常的轻盈感、宽敞的空间效果和精确性——不过，在那些通过传统材料亦可以获得机械化效果的地方，现代派建筑师也会毫无顾忌地采用传统材料，因为在他们看来，建筑的现代性外观应该优先于现实中的其他考量。

很多建筑师是随着画家和雕塑家一起走向现代主义的，这一过程未必在科学方法上有何助益，却能够让建筑师对形式和空间的感悟更为敏锐。他们当中，最突出的是一群荷兰艺术家。在其1918年创办的同名杂志上，他们自称“风格派”（De Stijl）。通过响亮的艺术宣言，风格派提出了自己的艺术目标：摒弃由艺术家个人先入为主的陈旧设计方法，通过纯粹的形式与色彩发掘出一种具有普遍意义的艺术新规则。就其最纯粹的形式而言，风格派艺术和建筑排除所有其他的形状，只偏好最规范的矩形。在色彩方面，他们则弃用其他所有颜色，只用黑、白以及三原色。风格派的主要理论家是特奥·凡·杜斯博格（Theo van Doesburg），此君也是包豪斯的讲师，风格派的代表人物当推艺术家皮特·蒙德里安（Piet Mondriaan，1872—1944年），此君将立体派画风顺理成章地发展成自己纯粹的垂直和水平线条绘画。

风格派建筑的初期代表人物有亨德里克·贝尔拉赫、罗伯特·凡特·霍夫（Rob van’t Hoff）、杨·维尔斯（Jan Wils）和雅各布斯·奥德（Jacobus Oud）等人。他们早期作品的创作灵感可追溯到1910年在荷兰举办的赖特作品展，明显表现出对拉金公司办公楼和罗比住宅的热烈追随，但风格派的两件开创性作品均出自吉瑞特・里特费尔德（Gerit Rietveld，1888—1965年）之手。其一是他于1917年设计的“红蓝椅”。在此，椅子的元素被简化到极致：一张胶合板作为座位，另一张胶合板作为靠背，两者由一个重叠的涂漆的木质框架支撑。杜斯博格对它的评论是，蕴含了“机器无声的雄辩”。其二是位于乌得勒支郊区的施罗德住宅（Schroeder House，1924年）。从室外看，两层楼高的小住宅俨然是蒙德里安画作的三维投射，由平板组成的复合体——墙壁、楼板、屋顶、雨篷、阳台等构件——互为穿插重叠，错落有致，最终达成令人兴奋的建筑形式，展现了风格派所追求的设计理念：“为数字与尺度，为纯净与秩序。”

1922年，奥德脱离了风格派，渴望探索更为理性的、不只呈现纯粹雕塑效果的建筑手法。他设计的荷兰角港的工人住宅（Hoek van Holland，1924年）试图将风格派的理念用于解决现实中的社会问题。荷兰建筑师威廉・马里努斯・杜多克（William Marinus Dudok）是另一位理性主义者，他的直线型风格或多或少受教于风格派，但更为沉静，其重点不在雕塑感而在如何体现材料的特性，尤其注重对砖砌工艺的表达。希尔弗瑟姆市立小学（1926年）和著名的希尔弗瑟姆市政厅（Hilversum Town Hall，1929年）均为杜多克的佳作。两者均通过砖砌墙面在水平与竖向体量之间达成精致的平衡。荷兰理性主义建筑的另一代表作是鹿特丹的范・内勒工厂（1928年），由布林克曼（Brinkman）、范・达・卢格特（van der Vlugt）和曾求学于包豪斯的斯塔姆（Mart Stam）联合设计。与包豪斯的工作坊一样，该工厂八层高的厂房主楼采用了钢筋混凝土框架结构——此处为带有蘑菇柱头的立柱——外表覆以玻璃幕墙。

新精神

1923年，一本名为《走向新建筑》（*Vers une Architecture*）的书籍

在巴黎问世。这是一篇极力倡导以新理念重整建筑秩序的战斗宣言。从书名看，它似乎还在暗示，现有的建筑尚且配不上“新建筑”这一称谓。书中写道：

> 一个伟大的时代已然开始。存在着一种新的精神，存在着大量孕育于新精神的作品。它们主要存在于工业产品。建筑学已经为陈规陋习所窒息。所谓的“风格”不过一个谎言。

该书的作者是一名36岁的瑞士人夏尔-爱德华·让纳雷（Charles-Édouard Jeanneret，1887—1965年）。后来他成为20世纪最伟大最具影响力的建筑师。年轻时，让纳雷对建筑并无特别兴致，但日后一连串的经历仿佛催化剂一般改变了他的人生：1907年的欧洲之旅，终点是巴黎，在那里他见识了巴黎圣母院和埃菲尔铁塔，最重要的是，遇到了奥古斯特·佩雷，并在佩雷手下工作了一段时间；1911年造访希腊，从雅典卫城获得神启，眼界大开；1917年，回到巴黎定居，与后立体派画家阿梅德·奥占芳（Amédée Ozenfant）相识，两人于1920年共同创办了《新精神》（*L'Esprit Nouveau*）杂志。以这本杂志为载体，让纳雷开始传播起自己新近迅速形成的新思想，其内容广涉绘画、建筑和城镇设计。他已经变成一个全新的人。重要的是，他从此告别了自己昔日的身份，改名为勒·柯布西耶（Le Corbusier）。

与斯特拉文斯基和毕加索一样，勒·柯布西耶总在追求着新思想，这种追求让他永远超前于一众的评论家和模仿者。不过，贯穿其一生职业生涯的几条大线索，皆可追溯到他的成长期。他早年热衷于立体派风格绘画，画中所展现的简单豪放，后来通过精心搭配的色彩巧妙地融入其建筑作品；早年与佩雷的接触，令他对现代材料——钢、玻璃和钢筋混凝土——以及它们在结构和空间表达方面的无限潜力，产生了浓厚兴趣；与奥占芳共事，又让他对新机器时代以及结构工程师、海军建筑师和汽车设计师的成就如痴如醉；希腊之旅直接引发了他对和谐与比例的热烈追求；在意大利的游历更是激起他对自由人文主义哲学的无限向往，让他对未来充满了乌托邦式幻想。

勒·柯布西耶最伟大的才能之一——与他熟知的加尼耶心有灵犀——是全方位解析城市问题，总是将有关居住单元的设计置于更为广阔的城市背景之中，在设计城市时又反过来思考城市布局将如何影响到小规模的住宅群。小型住宅设计与整个地区的总体规划是同一问题的不同方面。早在1914年，勒·柯布西耶就设计了一个称为"多米诺住宅"（Domino House）的住宅原型，这是一组由六根立柱、两块楼板与一片屋顶组成的框架，框架之间可以灵活地布置室内隔墙和外墙。1922年，他提出一份可容纳300万居民的"当代城市"规划方案（*Une Ville Contemporaine de 3,000,000 d'Habitants*），这是他对城市规划理论的最早论述和贡献，其中，加尼耶的理念被勾勒为一幅走向未来的生动画面。勒·柯布西耶自己的创新也是重大的。他熟谙建筑密度以及它如何随着向城市中心的趋近而递增的概念，所以他在城市中央设计了一组高达60层的办公楼。又因对高速公路和铁路交通潜力的理解，他将交通视为城镇规划不可或缺的一大要素，这是史无前例的。

"当代城市"住宅区中的许多新概念，如带双层生活空间的住宅单元，屋顶花园或阳台，架空的底层托柱（pilotis）[①]，后来纳入"雪铁龙住宅"（Citrohan House，1924年）一并发表。双层生活空间的住宅单元相当于普通楼层的两倍高，宽敞舒适；屋顶花园或阳台向用户提供了私密性户外空间，静雅自然；底层托柱为周边的景观带来连贯性，通畅明亮。1925年，"雪铁龙住宅"被建成实体模型，并以"新精神馆"（*Pavillon de L'Esprit Nouveau*）之名参加了巴黎装饰艺术博览会。参展的绝大部分作品是花哨艳丽的爵士装饰艺术风格（这也是世博会名称的由来）。唯有勒·柯布西耶这一富于理性的创新设计和梅尔尼科夫构成主义风格的苏维埃馆最为突出。国际评委会原本决定授予

① 又译"底层独立立柱"。——译注

勒·柯布西耶一等奖，但在法国建筑界强烈的批评声中，评委会中的法国成员坚决驳回了此项提议。

不久，勒·柯布西耶早年的两大杰作相继问世：加尔什优雅的斯坦因别墅（Maison Stein at Garches，1926年）和普瓦西美丽的萨伏伊别墅（Villa Savoye at Poissy，1928年）。前者是一栋简朴的三层楼住宅，勒·柯布西耶以“新精神”作为设计的基本原则，并基于黄金分割法的和谐比例，将屋顶平台与一个内嵌式双层高花园区组合为一个整体。后者囊括了他当时所累积的全部设计思想，也标志着他的建筑作品已走向成熟。那是一栋两层高的小型住宅，勒·柯布西耶将作为主楼层的上部设计为一个简素白色的矩形盒子。盒子的立面带有一大排横向长窗，下方由12根混凝土柱架空托起。托柱形成的回廊环绕着带有一大片曲线墙体的入口层，仿佛整座建筑飘浮于四周的景观之上。在主楼层，一段室内坡道通向位于屋顶的主卧室和花园。赖特的罗比住宅饱含着泥土气息，好比从大地自然生长而来，而“飘浮”的萨伏伊别墅则表达了纯粹的伏尔泰理性主义，其精确性、几何图形和人造的特征，存心要脱离自然。

国际风格于1926年登陆英国。这一年在英国的北安普顿，贝伦斯设计建造了一幢号称“新方向”（New Ways）的两层高住宅，其业主温特曼·巴塞特-洛克（Wenman Basset-Lowke）是当地的一位企业家，曾经也是麦金托什的赞助人。另一栋住宅建于艾塞克斯郡的银顶村（Silver End，1928年），由英国建筑师托马斯·泰特（Thomas Tait）为商人弗朗西斯·克里托（Francis Crittall）设计。还有一栋名为“高高在上”（High and Over，1929年）的住宅，由新西兰建筑师阿米亚斯·康奈尔（Amyas Connell）设计，建于白金汉郡阿默舍姆镇（Amersham，Buckinghamshire）。由此，英国逐渐建立起一种受包豪斯启发的立体主义风格。随着30年代勒·柯布西耶建筑理念的广为流行，这种立体主义得到更为自由的发展，变得更具表现力。

勒·柯布西耶早期最具影响力的建筑，也许是巴黎大学城的瑞士

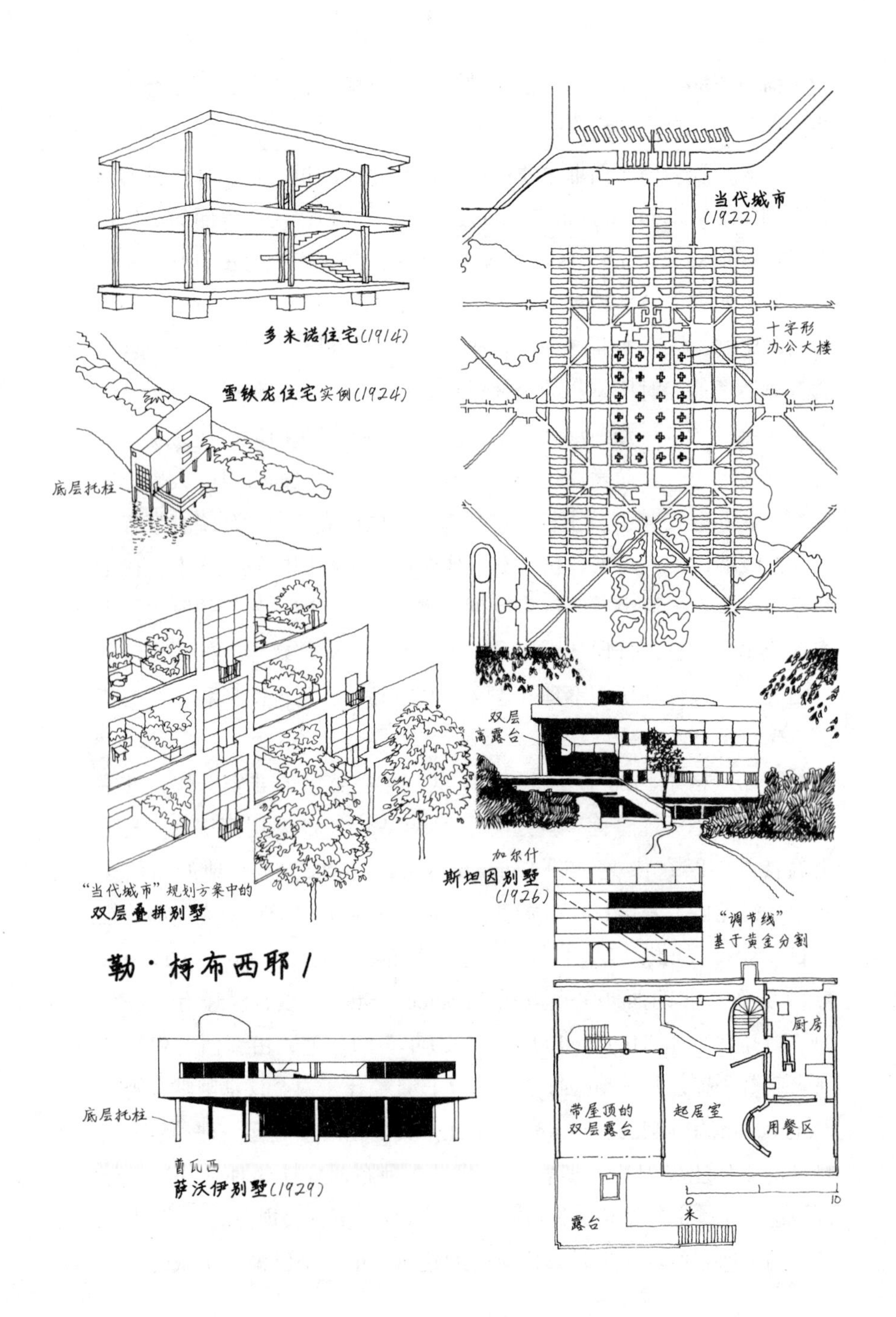
多米诺住宅(1914)
雪铁龙住宅实例(1924)
底层托柱
当代城市
(1922)
十字形
办公大楼
双层
高露台
加尔什
斯坦因别墅
(1926)
"当代城市"规划方案中的
双层叠拼别墅
"调节线"
基于黄金分割
勒·柯布西耶 I
底层托柱
普瓦西
萨沃伊别墅(1929)
厨房
带屋顶的
双层露台
起居室
用餐区
0
米
10
露台

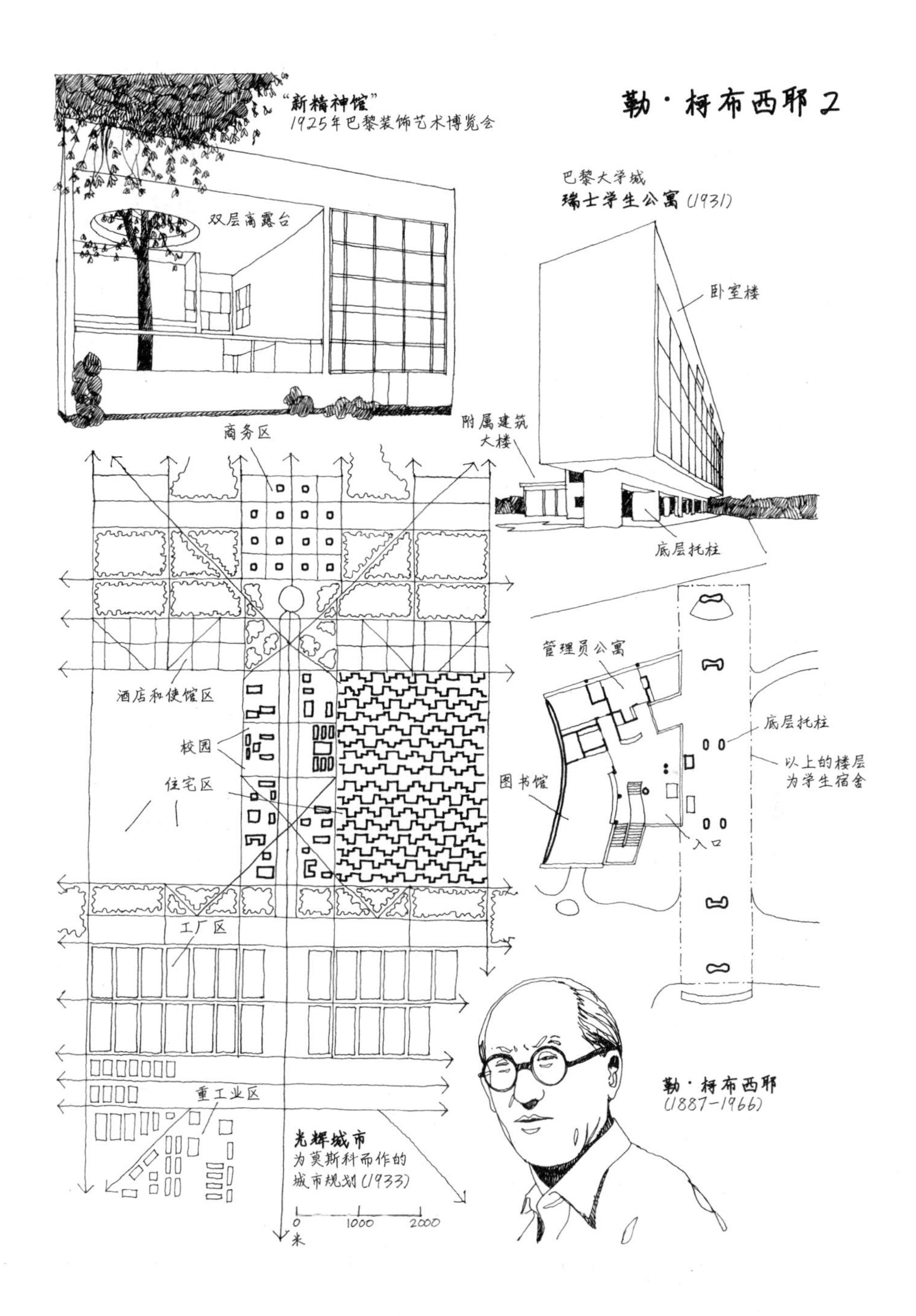
勒·柯布西耶 2
"新精神馆"
1925年巴黎装饰艺术博览会
双层高露台
巴黎大学城
瑞士学生公寓(1931)
卧室楼
附属建筑
大楼
底层托柱
商务区
酒店和使馆区
校园
住宅区
工厂区
重工业区
光辉城市
为莫斯科而作的
城市规划(1933)
0
1000
2000
米
管理员公寓
底层托柱
以上的楼层
为学生宿舍
图书馆
入口
勒·柯布西耶
(1887—1966)

学生公寓（Pavillon Suisse）。它建于1931年，为后来的许多同类建筑提供了原型。设计的最核心问题是如何将重复性单元与复杂的辅助设施组合到一起。勒·柯布西耶采用了纳康芬公寓楼的设计手法，将相同的单元，即学生宿舍，布置到一栋优雅而形状规则的板式大楼中，从而强调了宿舍的重复性特征。公共用房部分，如办公区和大学生公共休息室等，则布置到位于板式大楼尾部的平房里。卧室的形状必须是规则的，公共用房的形状可以自由灵活。为进一步突出这些特点，勒·柯布西耶通过底层托柱将板式大楼从地面架空抬起。公共用房与板式大楼之间只用楼梯间塔楼相连。

20年代末到30年代初，建筑和艺术生机勃勃，人们沉浸于爵士乐和电影时代的狂热。另一边却是经济上的日渐萧条，通货膨胀率和失业率不断飙升，前者以魏玛德国最为严重，后者主要发生于法国和英国，而各国都面临着建设资金的短缺。1929年，华尔街的经济崩盘使资本主义的发展几乎难以为继。另一方面，苏联在斯大林的领导下正进入第一个五年计划（1929—1933年）。在某些西方观察家眼里，苏联的经济有着令人刮目相看的稳定。但彼时的苏联其实存在着鲜为人知的负面因素：集体化所隐含的对地主富农阶级的清算，强制劳改营机构（Gulags）的兴起，还有对个人自由的残酷限制，等等。

勒·柯布西耶对俄罗斯兴趣有加。1928年，他为莫斯科“合作同盟总局大厦”（Centrosoyus）准备了一个设计方案。结果他在西方被谴责为共产主义者，尽管他充其量不过是将俄罗斯当作实现自己建筑理念的试验地。1933年，他又为莫斯科制定了一个城市规划方案，让自己有关城市规划的理论向前推进了一步：此即著名的“光辉城市”（*Ville Radieuse*），其中可能是受到1929年米留辛线形城市规划的影响，彼时的勒·柯布西耶开始了新的探索：如何应对城市的扩张？

西方的经济学家不理解也不接受马克思关于资本主义危机的分析——周期性地出现生产过剩，货物滞销积压，削减工时和裁员随之而来，进一步降低社会的消费能力，导致急剧的螺旋式衰退。然而，显而易见的是，资本主义制度倘欲生存，势必要做出一些变革。1933年，西方诸国召开了一场关于世界经济规划的紧急工作会议，却没有达成任何共识。美国不愿意分担欧洲的问题，欧洲各国似乎也只考虑独立行动。真切领悟到危机之所在的只有约翰·梅纳德·凯恩斯（John Maynard Keynes，1883—1946年）一位经济学家。在其大作《就业、利息和货币通论》（1936年）一书中，凯恩斯提出了一个应对方案：增加政府公共部门的雇员人数及其权力，通过公共部门调节税收来维持工业产品的需求平衡，避免经济崩溃。当时，几乎无人支持国家干预市场，凯恩斯在很大程度上遭到忽视——尽管他的理念在后来产生了巨大影响。

建筑和法西斯主义

贝尼托·墨索里尼（1883—1945年）的统治极为野蛮。他的上台和暴政却得到大多数意大利人的拥护和容忍，因为他提出了受人欢迎的政策规划，如增加就业、启动大型公共工程和激发民族的荣誉感。对教会的让步，又让他赢得了教皇的支持。大约自1922年起，意大利再次以复兴古罗马帝国的辉煌为奋斗目标，工厂、发电站、铁路、机场和道路的建设大大刺激了经济发展。一时间让建筑师陷入两难的境地——是拒绝邪恶的政权，还是为了拿到委托而同流合污？渐渐地，左右摇摆的暧昧之态占了上风。为了让自己的建筑理念能够付诸实践，一大批建筑师不惜为法西斯主义的意识形态涂脂抹粉，甚至连朱塞佩·特拉尼（Giuseppe Terragni，1904—1942年）这样的天才也难以超然事外。与前辈圣伊利亚一样，特拉尼出生于意大利北部城市科莫（Como），并且他刻意以圣伊利亚为楷模。特拉尼的设计作品大多建于科莫，包括为纪念圣伊利亚和世界大战无名烈士而建的纪念碑[①]（一幢明显带有圣伊利亚风格的构筑物）、阿索罗街的圣伊利亚幼儿

① 即“一战无名烈士纪念碑”。——译注

园（Asilo Sant' Elia），以及两栋富于现代风格的公寓楼朱利亚娜住宅（Casa Giuliana）和新公社公寓楼（Novocomum）。他最著名的作品是位于科莫的“法西斯宫”（Casa del Fascio，1932年），现改名为“人民宫”（Casa del Popolo），其四层高的矩形办公楼围绕着一座中央庭院，简朴素雅，比例匀称。

20世纪20年代中期，阿道夫·希特勒（1889—1945年）在德国崭露头角。到了1932年，他所领导的民族社会主义德意志工人党已成为德国最大的政党。魏玛政府试图粉碎希特勒的计划失败，希特勒最终获得授权组建新政府。他发起了一系列激进的社会变革，如公共工程计划，国家就业服务体系，政府对军备工业的支持，对制造商和农民的扶持和征兵制。这一切激发了民族的自豪感，唤醒了普鲁士人对历史荣光的追忆。经济的迅猛发展更是让许多德国人蒙住了眼睛，面对纳粹分子对异议人士、共产党人、吉卜赛人、基督徒和犹太人的残酷迫害，他们视而不见。与意大利一样，工厂、发电站、铁路、机场和高速公路的大开发成为民族复兴的象征。

最富象征意义的建筑首推体育场。希特勒希望通过国际竞技运动和党派集会，向全世界展示雅利安人至高无上的优越性，此时的象征载体已超越了普鲁士的精神范畴而上溯到古希腊和古罗马。希特勒本人对建筑的兴趣使他与一位年轻的德国建筑师阿尔伯特·施佩尔（Albert Speer，1905—1981年）成为挚友，并于1933年任命他为帝国的御用建筑师，“创建四千年来未曾有过的建筑”。为了承办1936年的奥运会，柏林兴建了一座体育场。此外，还计划对市中心大规模重建——包括一座带有巨型穹顶的大厅、一条两侧簇拥着崭新公共建筑的轴线大道、一座凯旋门和一座新火车站——因第二次世界大战未能实现。施佩尔早年曾接受过德意志制造联盟和包豪斯体制的教育，对纳粹的投怀送抱断送了他对现代主义建筑的所有抱负。希特勒需要的是一种能够唤起昔日辉煌的风格，庄严厚重的新古典主义恰好合乎此等要求。施佩尔最令人印象深刻的建筑成就，可能是1934年他对纽伦堡齐柏林会场（Zeppelin Field）的舞美设计和规划。齐柏林会场是用于召开纳粹党代会的主会场，戈林库存的大部分探照灯齐集此地，其效果连施佩尔自己都没有料到：

> 130道清晰明亮的光束，以40英尺的间隔环绕在会场四周，光束的可见度高达2万到2.5万英尺……整个会场仿佛一间巨大的厅堂，一束束光芒宛如外墙上高大无比的宏伟立柱。时不时会有云彩飘过这个环形光圈，带来的海市蜃楼般超现实感令人喜不自胜。

英国大使亨德森写道："既庄严又美丽，好比置身于冰清玉洁的大教堂。"但是，戏剧般恢宏所掩盖的是一个邪恶的政权。对少数派团体的镇压为即将到来的恐怖时代埋下了祸根。异见知识分子、自由派人士、共产主义者和犹太人的大逃亡已经开始。纳粹对包豪斯的打击便是典型一例。

1930年，德绍当局强迫迈耶辞职，他的包豪斯校长职位由路德维希・密斯・凡・德・罗（Ludwig Mies van der Rohe，1886—1969年）接任。长期以来，密斯与德意志制造联盟和包豪斯均保有密切联系。1908—1911年期间，他曾经为贝伦斯事务所工作。1919年，他设计过一栋精美而令人兴奋的玻璃摩天大楼，说明他一度涉足过表现主义。随着20世纪20年代理性主义的包豪斯风格的确立，密斯找到了自己的真正方向，他设计的建筑逐渐变得更为简约、沉静和优雅。在柏林和斯图加特实施的一些住宅项目，也开始为他赢得一定的声誉，其中最负盛名的是1927年在斯图加特威森霍夫（Weissenhof）住宅展览会[①]上的作品。作为该展览会的策展负责人，密斯邀请了包括贝伦斯、格罗皮乌斯、帕尔齐希、陶特、斯塔姆、奥德、勒・柯布西耶等人在内的

① 又译为"白院聚落"。——译注

法西斯主义建筑

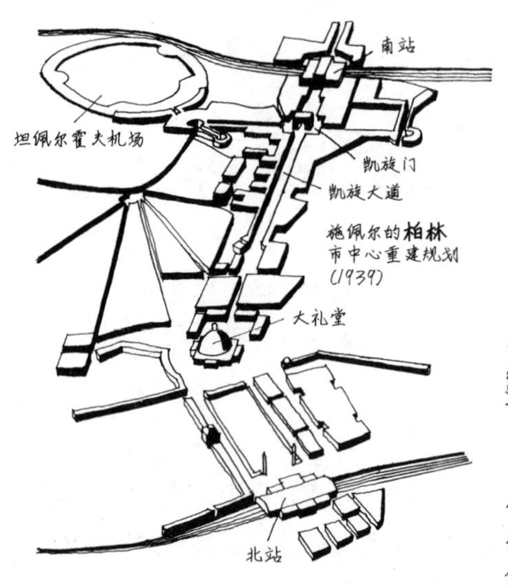

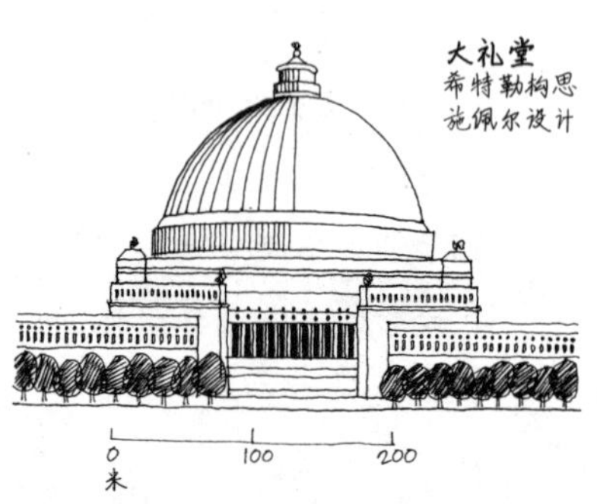

在纳粹德国，稳重的新古典主义成为官方风格

在意大利，法西斯主义者起初欢迎特拉尼的进步手法

但随着纳粹对墨索里尼的影响越来越大，皮亚琴蒂尼的传统风格得到官方的青睐

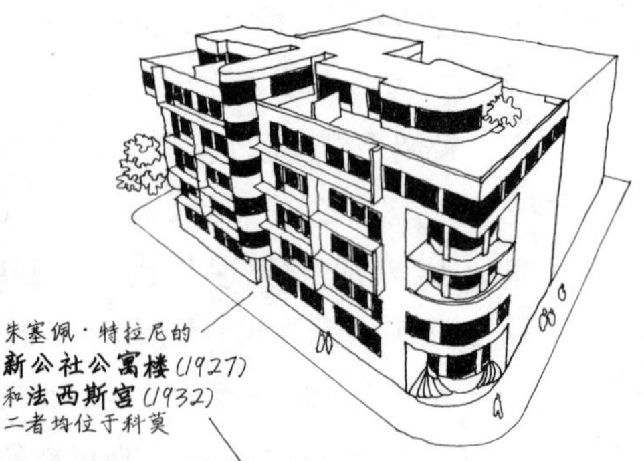

朱塞佩·特拉尼的
新公社公寓楼(1927)
和**法西斯宫**(1932)
二者均位于科莫

马尔切洛·皮亚琴蒂尼的
都灵罗马宫(1938)是其新古典主义风格的典型代表

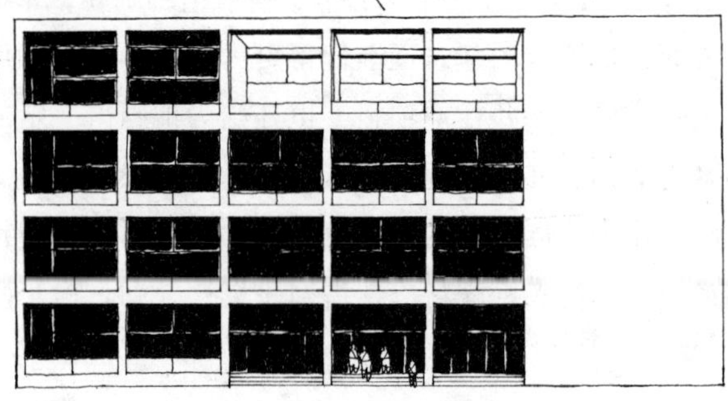

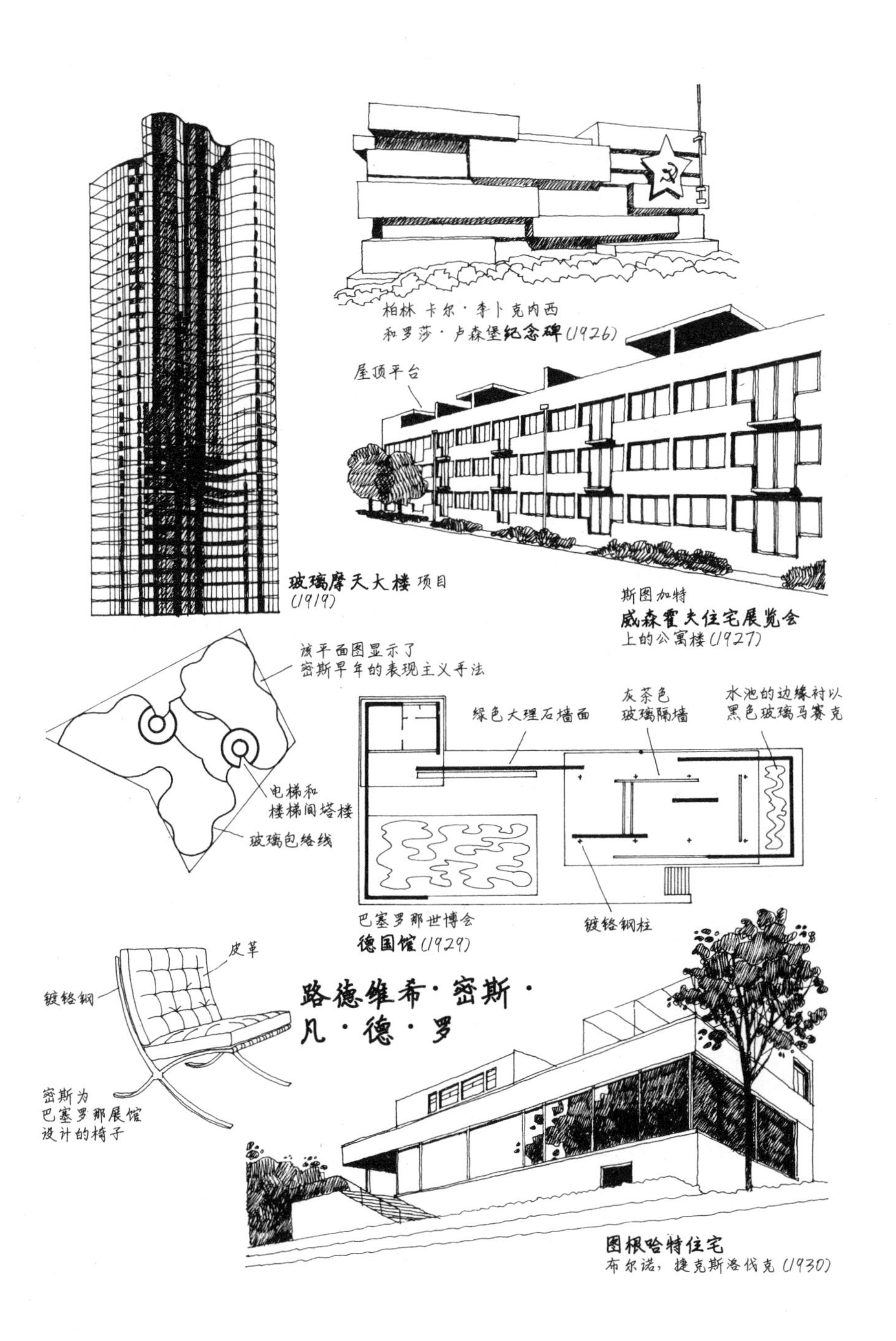
柏林 卡尔·李卜克内西
和罗莎·卢森堡纪念碑(1926)
屋顶平台
玻璃摩天大楼项目
(1919)
斯图加特
威森霍夫住宅展览会
上的公寓楼(1927)
该平面图显示了
密斯早年的表现主义手法
电梯和
楼梯间塔楼
玻璃包络线
绿色大理石墙面
灰茶色
玻璃隔墙
水池的边缘衬以
黑色玻璃马赛克
巴塞罗那世博会
德国馆(1929)
镀铬钢柱
皮革
镀铬钢
路德维希·密斯·
凡·德·罗
密斯为
巴塞罗那展馆
设计的椅子
图根哈特住宅
布尔诺，捷克斯洛伐克(1930)

16名前卫建筑师，让大家的作品汇集一堂。密斯本人设计的一栋四层高的黑色公寓楼，不仅极为优雅，更是整个展览会的核心展品。

他转向轻描淡写风格的巅峰之作是1929年的巴塞罗那世界博览会德国馆。该馆设计得几乎像一所住宅——事实上早在设计捷克斯洛伐克布尔诺的图根哈特住宅（Tugendhat House，1930年）时，密斯就采取了相同的原则。次年展出的德国馆只是更加凸显了密斯谨慎而自信的设计态度。采用最丰富的建筑材料——玛瑙、大理石、有色玻璃、镀铬钢——和最内敛的设计理念：小体量，不对称构图，单层平屋顶，带有游泳池和庭院的融合空间。通过最简单、最精心组织的隔墙的划分，整栋建筑呈现出一连串优雅而多变的流通空间，所用的材料更是为空间增光添彩。展览馆没有任何展品，建筑本身就是展品。

巴塞罗那德国馆是催化剂。在西班牙共和政府当政的20世纪30年代，现代主义在西班牙得到蓬勃发展。为了致力于现代设计，加泰罗尼亚建筑师何塞普·路易斯·塞尔特（Josep Lluís Sert，1902—1983年）创建了“GATEPAC”——西班牙当代建筑艺术家和技术人员小组。但不久该地所有的建筑活动都受到西班牙内战（1936—1939年）的威胁。在这段艰难的岁月，塞尔特设法设计了许多精美的建筑，包括巴塞罗那的中央药房（1935年）和1937年巴黎世界博览会的西班牙馆。后者以展出毕加索创作的画作《格尔尼卡》闻名天下。当时，佛朗哥的军队正在西班牙肆虐，在纳粹的掩护下，轰炸了位于巴斯克地区的格尔尼卡小镇。

密斯接管了包豪斯之后，便与格罗皮乌斯一起努力清除该校之前的马克思主义色彩。他们天真地以为建筑与政治无关，只要让大家都能看清这一点，就可以做到与法西斯相安无事。纳粹却不答应。1932年，纳粹接管了德绍地区并迫使包豪斯迁往柏林。1933年希特勒上台，包豪斯再次受到审查。希特勒本人及其文化顾问的建筑品位倾向于传统主义和媚俗。在他们眼里，密斯带领建造的威森霍夫住宅展览会是一个天生的异类，可谓名副其实的阿拉伯村庄。

更糟糕的是，七年前，密斯在柏林为共产主义烈士罗莎·卢森堡和卡尔·李卜克内西设计过一座纪念碑。密斯这样做是基于建筑学和人道主义的考量而非政治因素，可多疑的纳粹文化顾问却不这么想。在他们眼里，包豪斯是布尔什维克的、非德意志的。包豪斯被迫关闭。密斯留在德国继续工作了四年。1937年，应美国建筑师菲利普·约翰逊（Philip Johnson）之邀，他前往美国，出任芝加哥阿芒技术学院——即后来的伊利诺伊理工学院——院长，翻开了密斯个人生活和美国建筑学的新篇章。

20世纪30年代和40年代，逃离欧洲大陆的知识分子大大丰富了美国和英国的文化生活。一些建筑师在英国定居，其他人跨越大西洋之前在英国短暂停留，他们在英国创作的一些新建筑，给追求进步的英国同行留下了深刻印象。格罗皮乌斯与英国建筑师麦克斯韦·弗赖（Maxwell Fry）合作设计了两栋住宅，一栋建于伦敦的切尔西（1936年），一栋建于肯特郡的塞文欧克斯（Sevenoaks，1937年）。在坎布里奇郡，两人又联手设计了英平顿乡村学院（Impington Village College，1936年）。受此激励，弗赖在汉普斯特德独立设计了名为“太阳房”的住宅（1936年），其成就不亚于格罗皮乌斯之手笔。马塞尔·布劳耶（Marcel Breuer）与英国建筑师弗雷德里·约克（Frederick Yorke）合作，同样设计建造了好几栋住宅，一栋位于布里斯托尔（1936年），一栋位于伊顿（1938年），还有一栋位于苏塞克斯郡的安格莫林（Angmering，1937年），其狭长、低矮而优雅的砖砌房屋由底层架空的托柱支撑。俄罗斯建筑师谢尔盖·谢苗耶夫（Serge Chermayeff）也于这个时期来到英国。他一边独立从事设计，一边与大师门德尔松合作。他独立设计的作品主要是两栋住宅，一栋位于拉格贝（Rugby，1934年），一栋位于苏塞克斯郡的哈兰德（Halland，1939年）。与门德尔松合作的作品，除了一栋位于切尔西的住宅（1936年），还有著名的德拉瓦尔现代美术馆（Fine de La Warr Pavilion，1935年），后者位于苏塞克斯郡伯克希尔（Bexhill）的海滨度假胜地。当时移居英国的另一重要人物是俄罗斯建筑师贝特洛·卢布金（Bertold Lubetkin），他创立的特克顿公司（Tecton）建造设计了几栋住宅、伦敦动物园的天鹅池、伦敦海盖特高点公寓楼（Highpoint Flats at Highgate，1936—1938年），以及伦敦芬斯伯里医疗保健中心（Finsbury Health Centre，1938—1939年）。对英国的一些保守派来说，现代主义建筑就好比希特勒，是一个怪物。德拉瓦尔现代美术馆惨遭批评，不仅在于其现代主义设计手法，还因门德尔松既是个外国人又是个犹太人——尽管他的支持者辩称说，这一点真的算不上什么，因为他的合伙人谢苗耶夫是英国皇家建筑师学会（RIBA）的会员。当卢布金开始其纯粹主义手法的高点公寓二期工程设计时，为了缓解批评者的谴责，他在大楼的入口雨篷处引入了希腊女像柱。

与希特勒一样，佛朗哥将现代主义与布尔什维克等同之。1939年，当他开始在西班牙掌权时，制定了一套正统古典的设计方法。巴塞罗那不仅盛行现代主义文化，而且是西班牙共和派垮台前的最后一个据点，遂遭到严惩。在佛朗哥长期的独裁统治期间，加泰罗尼亚文化屡遭打压，许多进步设计师被迫移居他国。1939年，塞尔特前往纽约从事城市设计工作。此前的1937年，格罗皮乌斯和布劳耶去了哈佛大学，合作从事设计和教学。20世纪40年代早期，门德尔松和谢苗耶夫先后移居美国。

在英国，留下了一小群建筑师和规划师，这些人坚信，通过现代主义建筑，可以实现乌托邦式的美好未来，他们的作品在空间和结构方面不断取得成就，包括：埃利斯（Ellis）与克拉克（Clarke）设计的，位于伦敦弗里特街的《每日快报》办公楼（Daily Express Building，1933年），克拉布特里（Crabtree）、斯莱特（Slater）与莫伯利（Moberly）设计的，位于伦敦斯隆广场的彼得琼斯百货商场（Peter Jones Store，1935年），阿米亚·康奈尔（Amyas Connell）、巴斯尔·沃德（Basil Ward）和科林·卢卡斯（Colin Lucas）设计的一些优秀住宅。这些设计探索了许多勒·柯布西耶当时正在追求的设计理念。通过使用钢筋混凝土来实现超大空间效果所必需的结构刚性，为此，他们还在露斯利普小镇（Ruislip，1935年）、红山和亨菲尔德小镇（Redhill and Henfield，1936年）以及温特沃斯和摩尔公园住宅区（Wentworth and Moor Park，1937年）设计建造了一系列住宅。最巅峰之作是辉煌的伦敦汉普斯特德费罗格纳尔66号别墅（66 Frognal，Hampstead，1938年）。

上述先驱性探索的背后却是冷漠，甚至怀有敌意的大众。建筑师与大众之间存在着巨大的鸿沟。前者确信他们已找到解决社会问题的答案，后者坚持认为自己的建筑应该朝另一个方向发展。最受大众认可的公共建筑风格仍旧是庄重的或新古典主义的——尽管对现代结构方法的运用已经较为普遍。其结果往往是一栋钢结构多层建筑中的巴洛克式石雕不仅在样貌上显得不合时宜，且在尺度上也不甚相称。因为钢结构可以任意增加高度，石雕却做不到。在电影院和宾馆设计中，现代主义较易为人接受，即使如此，所能做的却不过是一些时尚的应景装饰：要么是“现代爵士”风格的锯齿形，要么是装饰艺术的流线型。

城市随着工业革命的步伐继续增长。在郊区铁路和主干公路大开发的激励下，出现了对工业建筑和住宅的巨大需求，推动着城市向乡村扩展。在市中心区，土地稀缺使得建筑用地处于溢价状态，带来急剧增加的高密度。在城市的周边地带，较为廉价的土地却又常常被挥霍滥用。

萧条岁月

20世纪20—30年代期间，英国的建筑业得以侥幸存活，城市向郊区的扩张继续，并未受到大萧条的影响。19世纪的郊区是为了满足中产阶级逃离城市的愿望，眼下的郊区则为中下层和工人阶级而开发。埃塞克斯郡郊外的贝肯翠（Becontree）工人阶级住宅区便是如此。这

爵士乐时代的流行设计

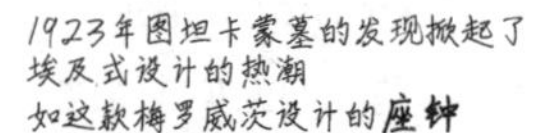

1923年图坦卡蒙墓的发现掀起了埃及式设计的热潮
如这款梅罗威茨设计的**座钟**

20世纪30年代初华尔街办公楼**电梯门**上的图案

装饰艺术风格在1925年的巴黎装饰艺术博览会后广为流行，除了勒·柯布西耶纯粹主义的“新精神馆”外，所有展馆都采用了这种风格

它被用于酒店、电影院和商业建筑，以表达一种富丽堂皇的现代主义……

……如伦敦克拉里奇舞厅的这些**镀金金属门**(1929)

……或威廉·范·阿伦设计的纽约克莱斯勒大厦的**金属小尖塔**(1929)

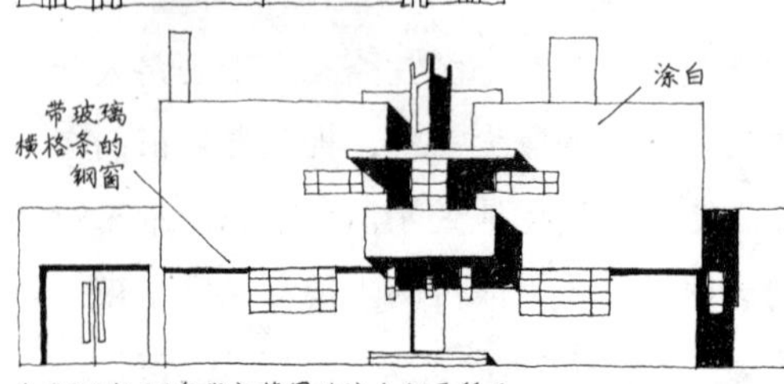

如20世纪20年代初英国的这个例子所示现代主义风格开始用于开发商建造的小型住宅

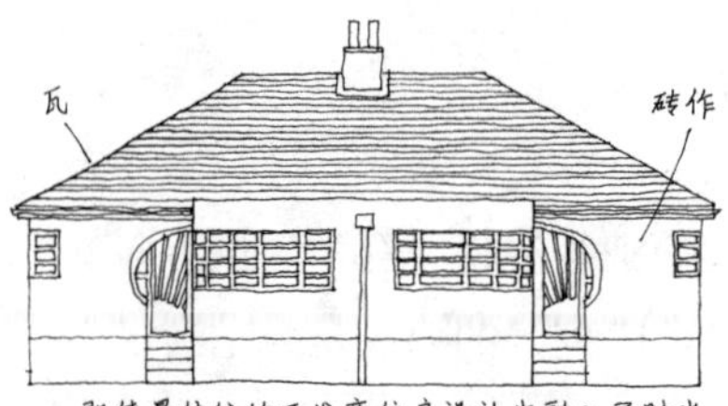

即使最传统的开发商住房设计也融入了时尚的细节，比如这些20世纪30年代半独立式英国平房的“旭日式”门面

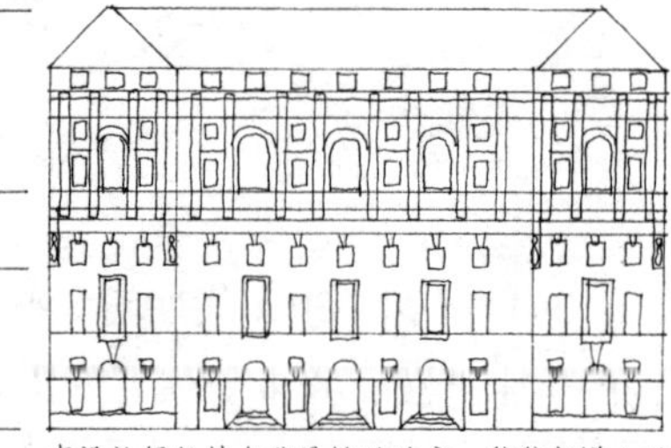

在设计师坚持古典风格的地方，往往与增加的建筑高度形成不相称的结果
这座伦敦办公大楼便是由两类设计混合而成

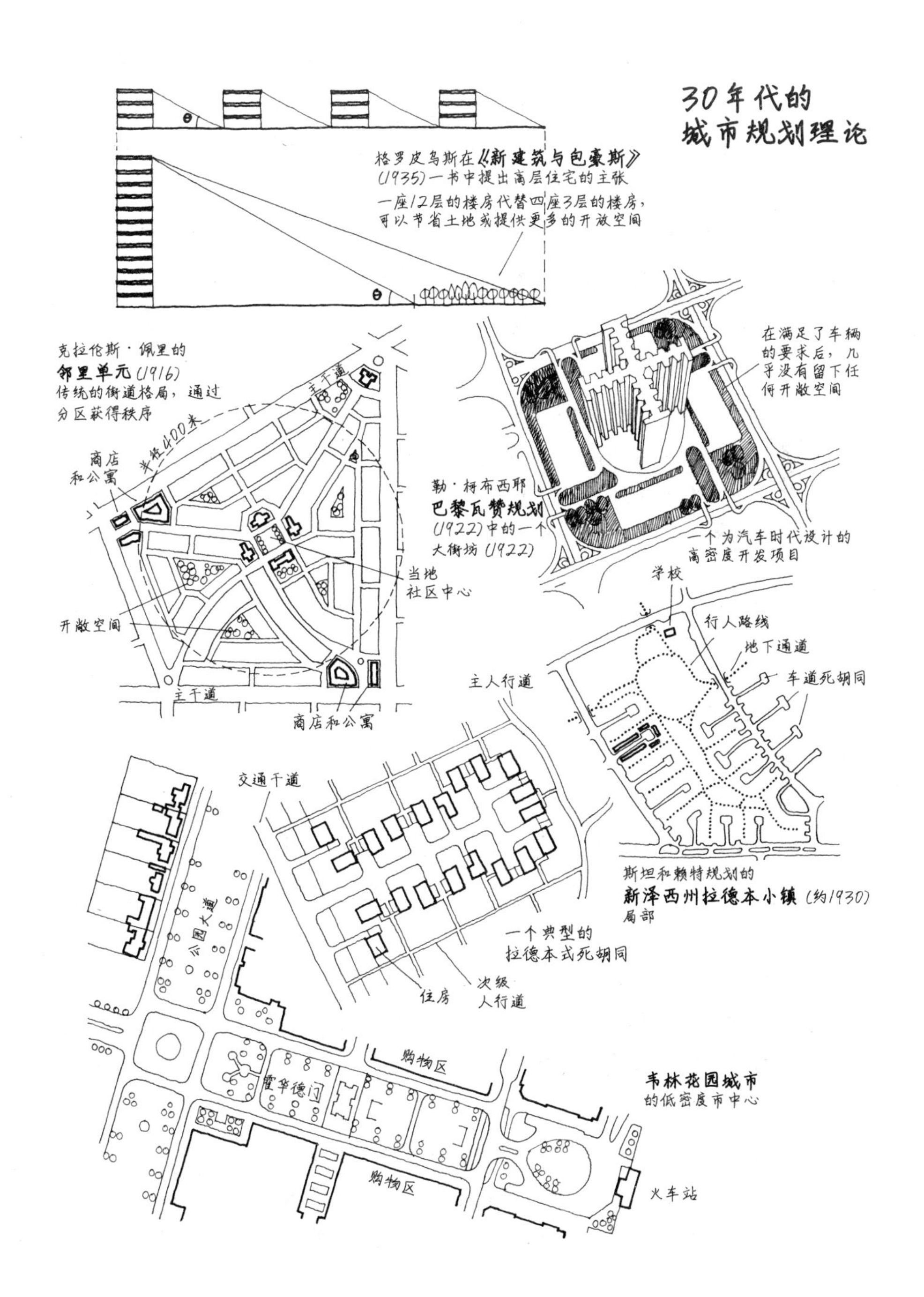
30年代的
城市规划理论
格罗皮乌斯在《新建筑与包豪斯》(1935)一书中提出高层住宅的主张
一座12层的楼房代替四座3层的楼房，可以节省土地或提供更多的开放空间
θ
θ
克拉伦斯·佩里的
邻里单元(1916)
传统的街道格局，通过分区获得秩序
主干道
半径400米
商店和公寓
开敞空间
当地社区中心
主干道
商店和公寓
勒·柯布西耶
巴黎瓦赞规划(1922)中的一个大街坊(1922)
在满足了车辆的要求后，几乎没有留下任何开敞空间
一个为汽车时代设计的高密度开发项目
学校
行人路线
地下通道
车道死胡同
主人行道
斯坦和赖特规划的
新泽西州拉德本小镇(约1930)
局部
交通干道
一个典型的拉德本式死胡同
住房
次级人行道
公园大道
购物区
霍华德门
购物区
火车站
韦林花园城市
的低密度市中心

一拥有9万人口的住宅区，是当时世界上最大的住宅开发区，由伦敦郡议会出资，兴建于1921—1934年间。与之对应的是，政府计划外的碎片化开发亦在进行中。私家住户纷纷自行物色地块，以建造自己中意的住房。

在建筑风格上，郊区住宅往往呈现出不伦不类的大杂烩，这是因为对不同历史时期之建筑风格的不当借鉴，从沃依奇设计的住宅到英国都铎时期的建筑风格各行其是。但郊区住宅也有不少优点：两层楼，并带有前、后花园和停车空间，比起市中心拥挤不堪的住房，是相当大的改善。作为家庭生活的基本需要，它们代表了多数人的向往。但不足之处也不少。当时，地方政府的规划权力尚弱：大多数控制措施暂且顾得上公共卫生层面，19世纪势在必行的头等大事是确立相关的卫生标准和规范，以对建筑物的排水系统、照明、通风和建筑周边的空间进行控制，确保房屋本身能够达到最基本的要求。至于宅基外的土地如何使用，几乎没有相关立法。新建地产没有足够的公共空间，因为无人负责提供空地；商店的布局杂乱无章；上学的路程可能很远且通行困难；与小城镇同等规模的地产开发却没有考虑到居住者的社会生活需求。

上述社区常常也缺乏建筑上的中心。单体上，郊区住宅提供了合乎理想生活的家居功能，可当某种样式被千万次重复建造之后，就显得单调和刻板。这种枯燥的形象让有抱负的建筑师颇为失望，他们开始寻找大规模住房设计的其他模式。

勒·柯布西耶和格罗皮乌斯的思想代表了一种途径。两人分别通过自己的著作《新建筑》和《新建筑与包豪斯》（1935年）向世人表明，如果将房屋逐层叠加形成有规律的高层公寓，便可将节省下来的空间用作公共景观区来惠及公众。当然，失去的是个人土地自主权以及与地面的密切关系。凭着对法国城市和郊区传统公寓的长期经验，勒·柯布西耶乐见其成。英国建筑师不如勒·柯布西耶理解得那么透彻，却也持有相同观点。一时间，以建于花园地带的高层公寓楼取代郊区传统型低矮住房的理念，成为建筑师的共识，尽管他们之中不少人曾经是靠着为富人设计独立式住宅为生。

另一途径以霍华德有序、和谐的田园城市理念为代表，也许因为它更接近郊区居民的理想，该理念有相当持续的影响力。但它在英国的实践中并未得到全面发展，像莱奇沃思和韦林两座卫星城“成长”十分缓慢——直到20世纪30年代末，两座城市加起来的总人口还不足4万——其他主要的田园城市仅有一例，即巴内特女爵士（Henrietta Barnett）1907年出资建造的汉普斯特德花园郊区。反之，相关理念在美国得到大力推广，逐渐增强的郊区生活传统使田园城市的理想变得相当诱人。

1916年，美国规划师克拉伦斯·佩里（Clarence Perry）提出“邻里单元”（neighbourhood unit）新概念，为田园城市理论增添了新内涵，其意是让每一户家庭都能够与所在街区建立起身份认同感。在佩里看来，要实现邻里单元的构想，需要为邻里小区划定明确的周边界线，并建设一些特定的设施用作社区活动中心。每一邻里单元大约拥有5000名居民——足以维持一所小学的运作，邻里单元占地大约方圆1公里，因此居民到社区中心和学校的步行距离最远不超过400或500米。

在美国，私家汽车的拥有率很高，规划师在住宅设计时必须考虑到交通因素。20世纪20年代后期，纽约城市住宅公司计划在新泽西州拉德本（Radburn）建造一座新城，新城总面积约为4平方公里，目标是根据佩里的原则，在数个“邻里单元”安置25000名居民，建设美国的第一座田园城市。设计师C. 斯坦（Clarence Stein）和H. 赖特（Henry Wright）也能够将自己的构想融入其中，其中最重要的是将人行道与机动车道完全分离的步行系统。每一个大街坊（super-block）[①]的四周由道路环绕，大街坊之内有一条中央绿道和一个步行（花园）区，所有的住房都面对着绿道和步行区。各大街坊的绿道之间通过周

---

① 即邻里单元。——译注

边路面下方的地下通道相连，因此漫步小镇时可以不受机动车干扰。拉德本小镇的规划没能得到实现，但它以舒适性和安全性为重的理念，始终是住宅设计哲学的一大特征。

在一些城市，尤其是纽约、芝加哥和费城的市中心，土地价值的飙升迫使办公楼越建越高。20世纪20年代纽约兴起了摩天楼热潮，华尔街高楼林立，市中心的楼宇更为高耸。城市的分区条例做出新规定：随着楼层的增加，每一楼层的楼面空间必须要逐层向内退缩。这使纽约出现了自下而上渐渐收小的摩天楼范式。卡斯·吉尔伯特（Cass Gilbert）设计的纽约人寿保险大厦（New York Life Building），威廉·范·艾伦（William van Allen）设计的克莱斯勒大厦（Chrysler Building），还有威廉·兰博（William Lamb）设计的帝国大厦，个个如此。三栋大厦的设计均采用了“装饰艺术”风格。帝国大厦高达370米，曾一度成为世界上最高的建筑。雷蒙德·胡德（Roymond Hood）设计的洛克菲勒中心（Rockefeller Centre）在风格上稍偏现代，为一组以美国无线电公司大厦（RCA Building）为主的综合体，周边设有室外溜冰场和无线电城音乐厅。

高楼林立蔚为壮观的景象与大萧条期间的城市失业和贫困形成鲜明对比。在草原地区，黑沙风暴灾难迫使人们绝望地到处寻找工作，数以千计的俄克拉荷马人涌向了加利福尼亚州。可那里的工作机会同样匮乏，富人与穷人之间的鸿沟同样巨大。此期间建于加利福尼亚州的豪宅，大多巧妙地布置于陡峭的山坡，其外表或为装饰艺术风格或为西班牙风格。那些来美国建宅的早期欧洲移民也带来了一些现代主义建筑，可谓美国与国际风格的第一次接轨。在加利福尼亚州的纽波特海滩，建筑师鲁道夫·辛德勒（Rudolf Schindler）于1926年设计建造的一栋别墅，即为现代主义风格。次年，建筑师理查德·纽特拉（Richard Neutra）在洛杉矶附近设计建造了罗维尔别墅。两位建筑师均为奥地利移民，均与瓦格纳和卢斯有过交往。两幢别墅的业主都是美国医生菲利普·罗维尔（Philip Lovell）。两幢别墅具有一些共同特征：

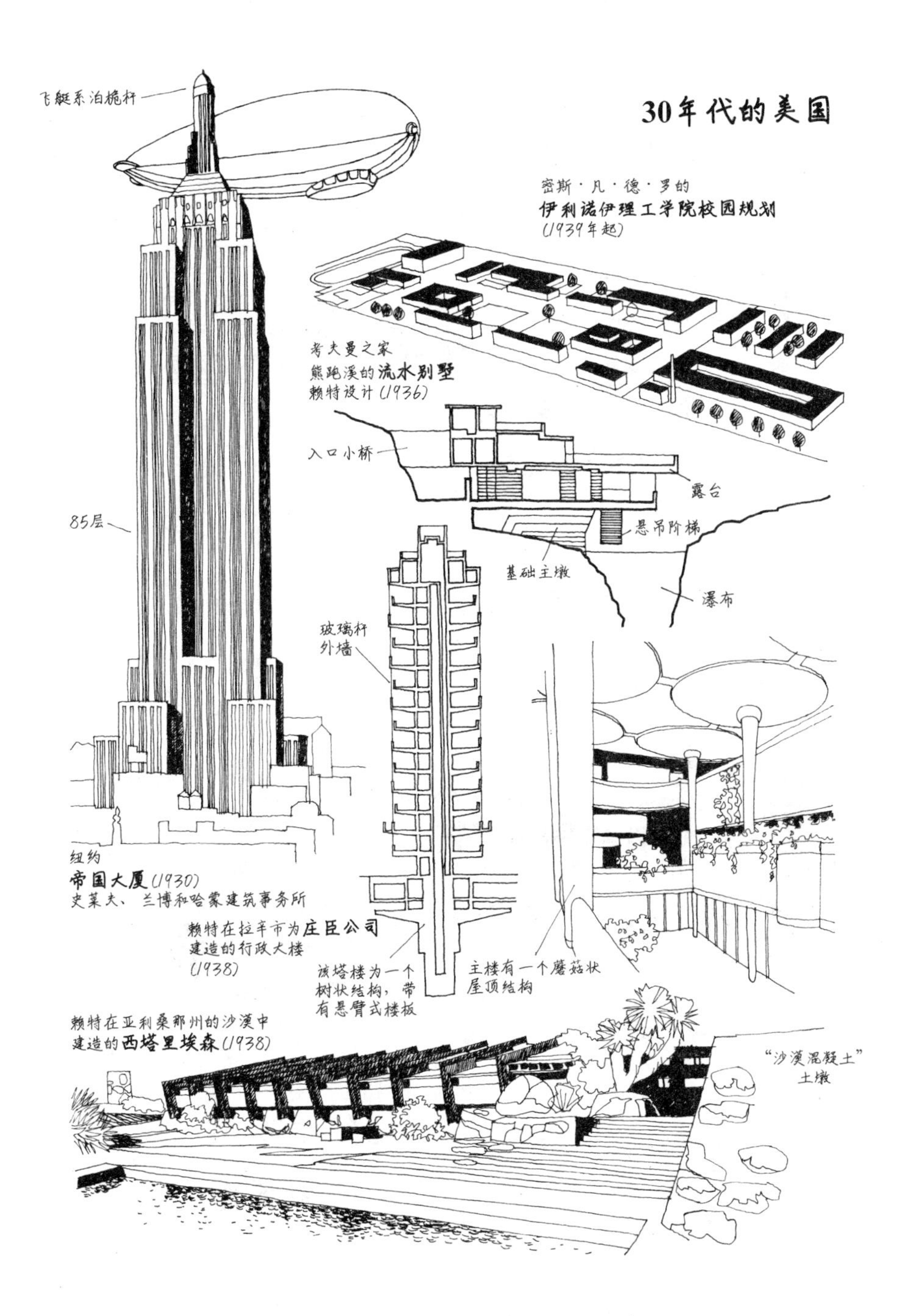

30年代的美国
飞艇系泊桅杆
85层
纽约
帝国大厦(1930)
史莱夫、兰博和哈蒙建筑事务所
密斯·凡·德·罗的
伊利诺伊理工学院校园规划
(1939年起)
考夫曼之家
熊跑溪的流水别墅
赖特设计(1936)
入口小桥
露台
悬吊阶梯
基础主墩
瀑布
玻璃杆
外墙
赖特在拉辛市为庄臣公司
建造的行政大楼
(1938)
该塔楼为一个
树状结构，带
有悬臂式楼板
主楼有一个蘑菇状
屋顶结构
赖特在亚利桑那州的沙漠中
建造的西塔里埃森(1938)
“沙漠混凝土”
土墩

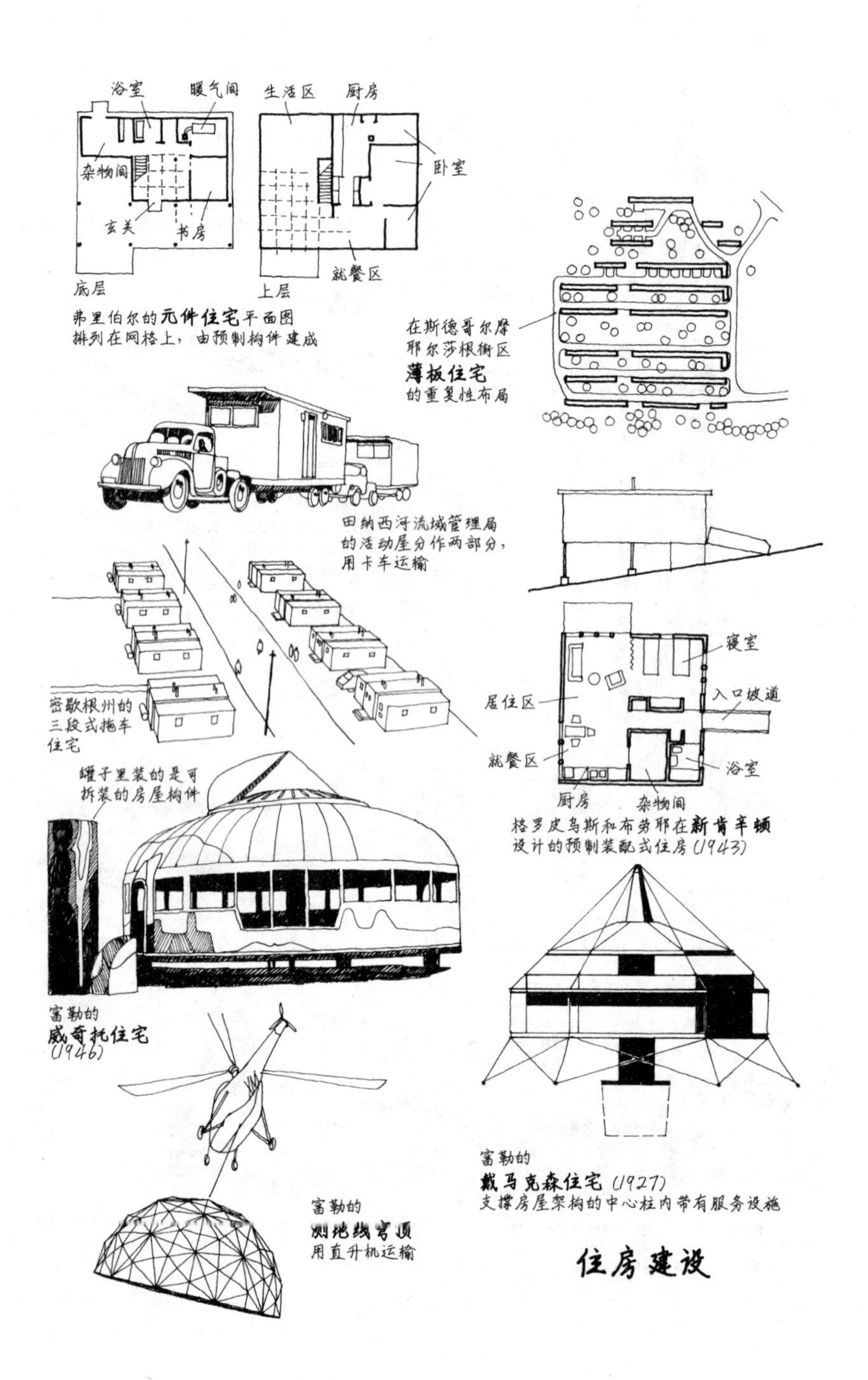
浴室
暖气间
生活区
厨房
卧室
杂物间
玄关
书房
就餐区
底层
上层
弗里伯尔的元件住宅平面图
排列在网格上，由预制构件建成
在斯德哥尔摩
耶尔莎根街区
薄板住宅
的重复性布局
田纳西河流域管理局
的活动屋分作两部分，
用卡车运输
密歇根州的
三段式拖车
住宅
寝室
居住区
入口坡道
就餐区
浴室
厨房
杂物间
格罗皮乌斯和布劳耶在新肯辛顿
设计的预制装配式住房(1943)
罐子里装的是可
拆装的房屋构件
富勒的
威奇托住宅
(1946)
富勒的
戴马克森住宅(1927)
支撑房屋架构的中心柱内带有服务设施
富勒的
测地线穹顶
用直升机运输
住房建设

突出的混凝土阳台，让阳光进入的宽大窗户，便于微风吹入的后滑式窗门，所有这些体现了业主罗维尔坚定的观点，即好的建筑与好的健康息息相关。

与此同时，在伊利诺伊理工学院，密斯开始重新规划自己所在的校园。他将新建筑设计成简单、优雅的玻璃盒子，给收留他的国家带来了机器美学的清新理念。格罗皮乌斯也已经移居美国。1938年，他在马萨诸塞州的林肯市建造了一座家宅，以创新的方式重新诠释了传统的新英格兰木构建筑。在30年代，最美国化的建筑师赖特也比任何时候都更接近国际风格。应业主埃德加·考夫曼（Edgar Kaufman）之邀，在宾夕法尼亚州的熊跑溪（Bear Run），赖特设计了流水别墅（Falling Water，1936年）。与他的草原式住宅一样，位于一袭瀑布之上的流水山庄迷人、浪漫。同时，它突出的白色钢筋混凝土悬挑阳台，让整栋住宅弥漫着朴素无华的简洁之风，在赖特的作品里实属罕见。在威斯康星州的拉辛市，他设计的庄臣公司行政大楼（1938年）表现出同样的简约特征。大楼外墙没有任何装饰，对砖和玻璃的使用给人以坚固、原始和朴实的印象。整栋大楼建筑上的丰富与精彩主要来自空间的巧妙和结构的严谨，其巨大的蘑菇头柱子是主要特征。

相比之下，在同一年，赖特创造了他所有作品中最有机、最富于美国特色的建筑，此即始建于1938年的西塔里埃森（Taliesin West）。集工作室与住宅为一体，西塔里埃森仿佛修道院一般与世隔绝，赖特和他的学生潜修其中，专注于思考和发展自己的建筑理念。建筑物本身堪称对亚利桑那州凤凰城附近之宏大宽阔的沙漠场地最浪漫的呼应，对赖特而言则是边远蛮荒之境的缩影。一座狭长低矮的帐篷式结构，底部是巨大的“沙漠混凝土”墩柱——由天然砾石与水泥牢固粘接而成。“头部”的雪松木屋架之上覆盖着帆布屋顶，让人联想起古代的玛雅，甚至《圣经》中的场景。

1938年，西塔里埃森不可能超然于欧洲的时局之外。三大政治体系——斯大林的社会主义、意大利和德国的法西斯主义、其他国家苦苦挣扎的资本主义——之间日益紧张的关系，因德国在军事上的重整旗鼓，格外紧张，战争一触即发。第一次世界大战既有政治上的起因，也有政治上的后果——让欧洲那些陈旧腐朽的政权体系走向崩溃——但对于解决危机四伏的经济矛盾却毫无帮助。第二次世界大战——虽说希特勒的执政无疑提供了催化剂——然而本质上，是之前未能彻底解决的经济危机的结果。

第十二章

福利资本主义：1945—1973年

第二次世界大战造成了巨大破坏。第一次世界大战的受害者主要是参战人员，而“二战”使几乎所有的平民都因战争而饱受摧残甚或流离失所。世界各地的城市，从广岛到柏林到鹿特丹到考文垂，处处满目疮痍。起初，世界经济复苏缓慢。毁坏的基础设施尽遭摧毁，社会和经济的混乱，造成了战后通货紧缩的痛苦时代。

所幸，两大因素共同推动了经济复苏。一是先进的技术，具有讽刺意味的是，技术却是由战争促成。核裂变、火箭与航空航天、通信技术、轻质与合成材料科学，工厂批量生产与预制件的广泛使用，加上国家对工业的控制（让战时的各种努力卓有成效），共同构成了战后重建的技术基础。二是各方达成的共识，即物质上的重建应该与社会和经济层面的改革相伴同行，唯此方能永久性消除战间期（inter-War period）[①]的不平等和停滞。

在社会和建筑两大层面，瑞典为西欧国家树立了榜样。由于保持中立，瑞典逃过一劫，免遭战争对物质财富的摧毁，其社会也一直在稳步发展。自30年代初以来，一个注重人文关怀的社会民主主义政府持续执政，为瑞典人的生活建立了高标准，向公众提供社会服务、免

① 指从第一次世界大战结束到第二次世界大战开始之间的时期。——译注

费教育和良好的劳资关系。

受1927年斯图加特的魏森霍夫住宅展激发，斯德哥尔摩于1930年举办了类似的展览。负责策展的建筑师斯文·马克利乌斯（Sven Markelius）为展览会设计了好几座建筑。与魏森霍夫住宅展相比，斯德哥尔摩展览中的公共建筑、房屋、公寓与城市景观之间相互交融，其布局更富于条理和多样化，创造了一个既令人兴奋又切合实际的未来城市形象。瑞典的政治制度还激励了有关住房发展的新思路。薄板住宅即为其一。此类住宅采用轻质木楼板，由向各个方向传递应力的构件组成，允许大跨度，就能够建造大开间小进深的房屋，所有房间都能接收到日照。这一点与瑞典传统的窄面宽内敛式住宅不同。薄板住宅常常以连续的方式有规律地成排布局，个中不乏实用方面的考量，但对许多欧洲城镇的风貌产生了相当大的影响。一个典型实例是斯德哥尔摩耶尔莎根街区（Hjorthagen）的工人住宅区，由哈孔·阿尔贝格（Hakon Ahlberg）设计。1937年，建筑师艾瑞克·弗里伯尔（Eric Friberger）又提出"元件住宅"新概念。顾名思义，元件住宅由预制单元组成，灵活多变，可用于不同规模的家庭居住，甚至可以随着家庭人口的增减而变化。

早在"二战"前，瑞典已建造了不少塔式住宅楼，它们比联排式薄板住宅具有更高的建筑密度。瑞典的社会民主风气让人们偏好公共空间而非私人户外空间。虽说公寓楼中也提供了阳台，然而在地面层，土地通常是公有的，自公寓楼的墙根起，就属于公共景观区。向住户提供公共空间成为瑞典建筑规划的一大特征。其典型代表是为父母双就业的家庭建造的"集体"住宅。它们都配套有公共餐厅、厨房、洗衣间和日间托儿所。第一个集体住宅区位于斯德哥尔摩，由马克利乌斯设计于1935年。

战后西方资本主义国家的经济复苏依靠的是国际合作。在建立世界银行和国际货币基金组织方面，经济学家凯恩斯发挥了重要作用。很多国家的政府采纳了凯恩斯在其《通论》一书中所列举的原则，以常规的税收为基础建立起强大的政府公共部门。众所周知，凯恩斯曾经指出，对当局来说，最富于经济意义的一件事是由当局支付工资，让工人早上挖坑，到了下午再把坑给填上。工人将会把挣的钱重新投入经济活动中并刺激需求。如果他们的劳动能够用来创造具有社会价值的产品，就更好了。

在英国，1942年的《贝弗里奇报告》(*Beveridge Report*)提出了如何实现社会福利的重大计划。1945年，工党政府将凯恩斯主义经济学与社会改革理念相结合，出台了一系列改革措施，城市规划师科林·布坎南后来称之为“爆炸式高尚立法”。教育、卫生和社会保障体系得以确立。国家职能的许多重要行业(如农业、码头、煤矿和铁路等)大都实现了国有化。政府部门的就业人员占比从战前的大约9%增加到战后的25%。

该计划不可或缺的一环是改善物质环境。在主导伦敦郡的规划(1943年)时，设计师J. H. 福肖(J. H. Forshaw)和P. 阿伯克龙比(Patrick Abercrombie)提出，对伦敦地区的重新规划不仅需要重建遭受破坏的街区，还应该沿着限制城市扩张的环形“绿化带”外侧建立一批新城镇圈。当时的人认为，将城市中心的人口向外疏散，既可缓解城市的拥堵，还能减少空袭对民众的伤害。为此，英国于1946年和1947年相继推出了《新城镇法》和《城乡规划法》，创立了世界上最强大最先进的土地使用规划法案。其主要目标是为了公众利益。法案甚至包括一项条款，让公众能够索回因获得规划许可而带来的土地增值。

在40年代，英国的规划体系还只是一个体系，并未取得多少实际成果。但是美国取得了重大进展。为应对经济大萧条，罗斯福总统于1933—1941年间推出新政，颁布了一系列新政策，诸如由政府控制国家经济和重大公共工程等。1933年，田纳西河流域管理局(TVA)成立，旨在将联邦资金直接调配到迫切需要社会和经济救助的地区。在严峻的战况下，由于生产力受限，当时美国三分之一的人口仍然面临着住房困难。将政府掌控的经济发展拓广到住宅建筑业成为亟需。有关部门制定了一个紧急计划，致力于设计和建造预制装配式的临时或永久性住宅，包括社会住宅和独立式住宅。TVA率先建造了低造价预制装配式住宅，通过平板卡车，预制构件被分批运到现场就地装配。宾夕法尼亚州新肯辛顿铝业城的预制装配式住宅区，即为格罗皮乌斯和布劳耶合作设计。

将从战时工业生产中所吸取的经验用于应对战后重建的挑战效果显著，不仅提高了管理效率，还因为材料短缺的巨大刺激促进了新技术的发展。当时最有趣的作品，出自设计师和发明家理查德·巴克敏斯特·富勒（Richard Buckminster Fuller，1895—1983年）之手。早在1927年，富勒就设计和建造了“戴马克森住宅”原型（Dymaxion House）[①]，它由两块悬挂在中心立柱上的六边形金属平台组成，中心柱之内带有设备设施。其目的是将汽车制造技术的高效性和精确性应用于房屋建造。富勒的威奇托住宅（Wichita House，1946年）也是一个金属住宅原型，由一家飞机制造公司装配线生产，可装在板条箱里运到所需要的地方。

富勒最成功的工作是“短程线”（geodesics）科学理论[②]。该技术主要以相互交接的、形状规则的三角形或六边形预制构件制造曲面，此即著名的“富勒穹顶”。所有连接件沿着“大圆圈”排列，形成坚固又轻巧的结构。所谓大圆圈，指的是那些横跨曲面之最短距离的线条。富勒的“短程线”技术，可以将穹顶的重量减轻到同等跨度之传统建筑结构的1/20，其优势显而易见，尤其适用于军事用途。这激发了富勒的进一步创新，他要让建筑构件轻到足以靠人力就能打包装箱并运输到四面八方。成千上万以各种不同材料制作的“富勒穹顶”，包括

① “Dymaxion”是单词活力（dynamic）、最大化（maximum）和张力（tension）的组合，为富勒自己创造的词语。——译注

② 又称“测地线”或“大地线”。——译注

铝穹顶、胶合板穹顶、塑料穹顶、波纹钢穹顶、预应力混凝土穹顶乃至牛皮纸穹顶，被广泛运用于建造临时性或永久性住宅、工厂、仓库和展览建筑。富勒后来又涉足“张拉整体结构”研究，对受压构件与受拉构件做出明确区分，让每个部件都设计得更有效和更经济。富勒对技术的兴趣，让家具设计师和电影制片人查尔斯·伊姆斯（Charles Eames，1907—1978年）感同身受。后者在加利福尼亚州圣莫尼卡的家宅（1949年），便是以标准化构件建造，充分展示了富勒以低调的建造方式获得简洁优雅的理念。

媒介与信息

20世纪20年代和30年代的建筑语言如今已众所周知。航空旅行、新闻广播和出版业——包括建筑杂志如《多莫斯》（*Domus*）、《卡萨贝拉》（*Casabella*）、《建筑论坛》（*Architectural Forum*）和《建筑设计》（*Architectural Design*）——使得国际化风格遍及全球。正如理论家马歇尔·麦克卢汉（Marshall McLuhan）所言，在文化方面，人类已然生活在一个“地球村”。随着世界经济的复苏，宏伟壮观的新建筑成为各地设计师的通用语言。里约热内卢巴西教育部的一座办公楼（1943年）可谓这种共通性的范例，其设计师是巴西建筑师奥斯卡·尼迈耶（Oscar Niemeyer）与卢西亚·科斯塔（Lucio Costa），顾问为勒·柯布西耶，充分显示了文化的大融合。

1951年，伦敦举办了一场国际展览会，也就是英国艺术节，恰好是阿尔伯特亲王筹办的万国工业博览会100周年之际，旨在庆祝战后的复苏。尽管在各方面都相当节俭，建筑师和设计师们依然竭力打造了一个乐观创新的未来形象。展览会唯一的永久性建筑是皇家节日大厅（Royal Festival Hall），由罗伯特·马修（Robert Matthew）领导的伦敦郡议会建筑师小组设计。它大概是英国最后一幢国际风格的恢宏巨制了，拥有20世纪30年代伟大建筑形式上的纯粹性与空间上的丰富性——尽管如今因粗制滥造的“翻新”而蒙受损害。

在都灵，意大利工程师奈尔维（Pier Luigi Nervi，1891—1979年）设计了两座精巧的展览馆（1948—1950年），其优雅的钢筋混凝土屋顶既结构简练，又浪漫精致。在罗马，马佐尼（Angiolo Mazzoni）领导的团队设计了特米尼火车站（Termini Station，1951年），其清晰的规划和弯曲混凝土屋顶的磅礴大气，深深影响了日后的车站设计。

密斯·凡·德·罗的两大作品则更加凸显出追求技术精美的倾向。一是芝加哥湖滨大道860号（860 Lake Shore Drive）的两座豪华公寓楼（1951年），一是伊利诺伊州普莱诺的范斯沃斯住宅（Farnsworth House，1950年）。这几乎是一种“负建筑”，其空间之纯粹简单，可让居者随心所愿任意布置。小萨里宁（Eero Saarinen，1910—1961年），在密歇根州沃伦设计的通用汽车技术中心（General Motor's Technical Centre at Warren，1951年），即为典型的密斯风格。雅致精美的建筑坐落于一大片开阔的景观之上，规划和设计基于汽车的尺度，以彰显当时的炫耀性消费。

国际现代主义如火如荼之际，从前的一些先锋派人物也都在与时俱进。勒·柯布西耶开始追寻一种更为粗犷、更为强悍的个人风格。他设计的法国朗香教堂（Ronchamp，1950年）堪称功能主义与纯粹雕塑的奇妙组合。其怪异的结构令一众评论家困惑不已，误认为它背叛了现代主义建筑的设计原则。也许那些人既没有领会到朗香教堂建筑布局中严谨的功能主义，也忽略了一个重要的事实，即勒·柯布西耶也是一位颇为优秀的后立体派画家和雕塑家。

另一以独特风格著称的人物是芬兰建筑师阿尔瓦·阿尔托（Alvar Aalto，1898—1976年）。“二战”之前，阿尔托的设计属于简单直白的国际式，统统以钢筋混凝土建造，包括维堡市立图书馆（Viipuri Library，1927年），苏密拉工厂及其工人住宅（Factory with workers' housing at Sumila，1936年），还有他最著名的早期作品帕米欧结核病疗养院（Tuberculosis Clinic at Paimio，1929年）。但由于钢铁和混凝

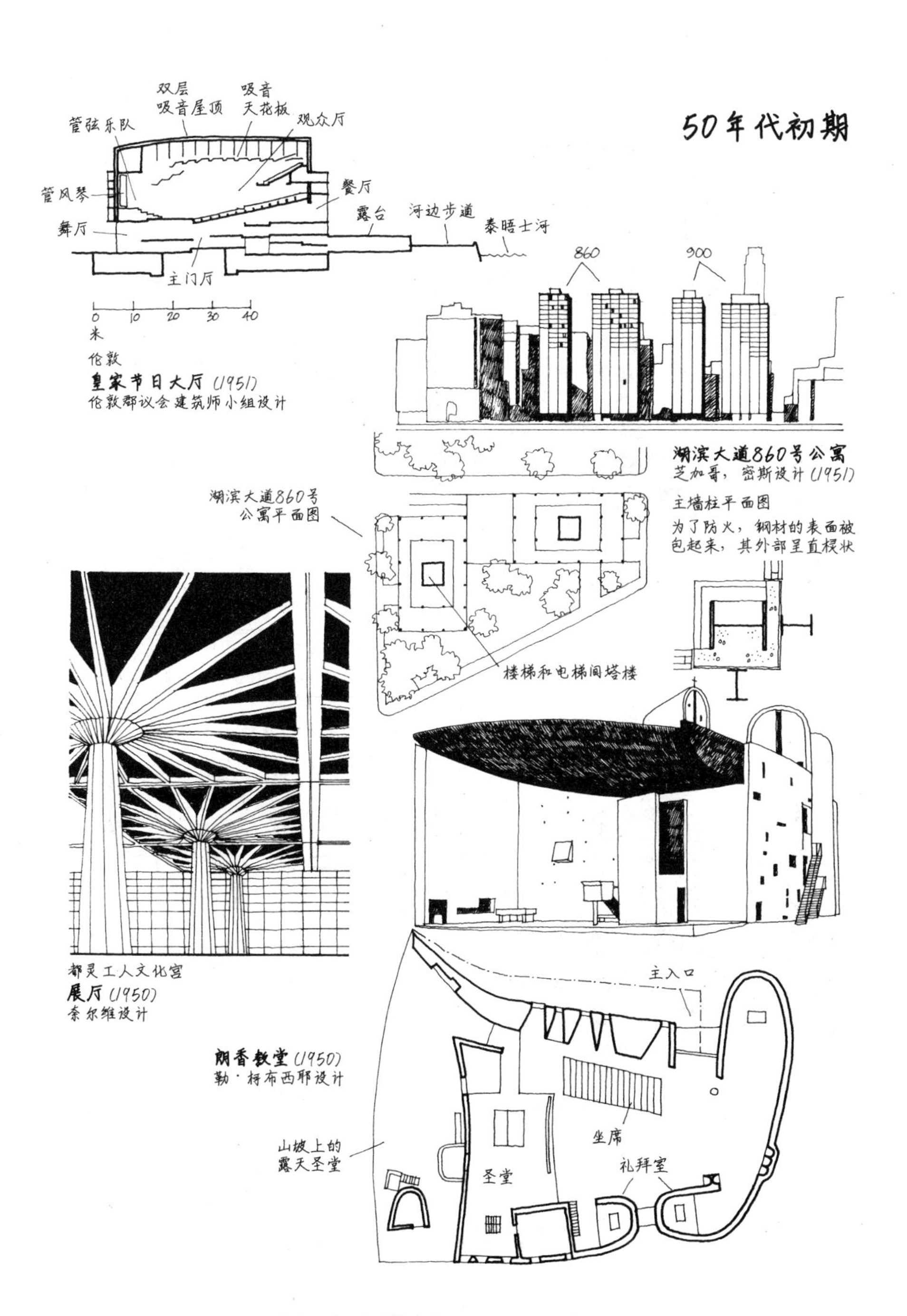
50年代初期
双层
吸音屋顶
吸音
天花板
管弦乐队
观众厅
管风琴
餐厅
舞厅
露台
河边步道
泰晤士河
主门厅
0
10
20
30
40
米
伦敦
皇家节日大厅(1951)
伦敦郡议会建筑师小组设计
860
900
湖滨大道860号公寓
芝加哥，密斯设计(1951)
湖滨大道860号
公寓平面图
主墙柱平面图
为了防火，钢材的表面被
包起来，其外部呈直棂状
楼梯和电梯间塔楼
都灵工人文化宫
展厅(1950)
奈尔维设计
主入口
朗香教堂(1950)
勒·柯布西耶设计
坐席
山坡上的
露天圣堂
圣堂
礼拜室

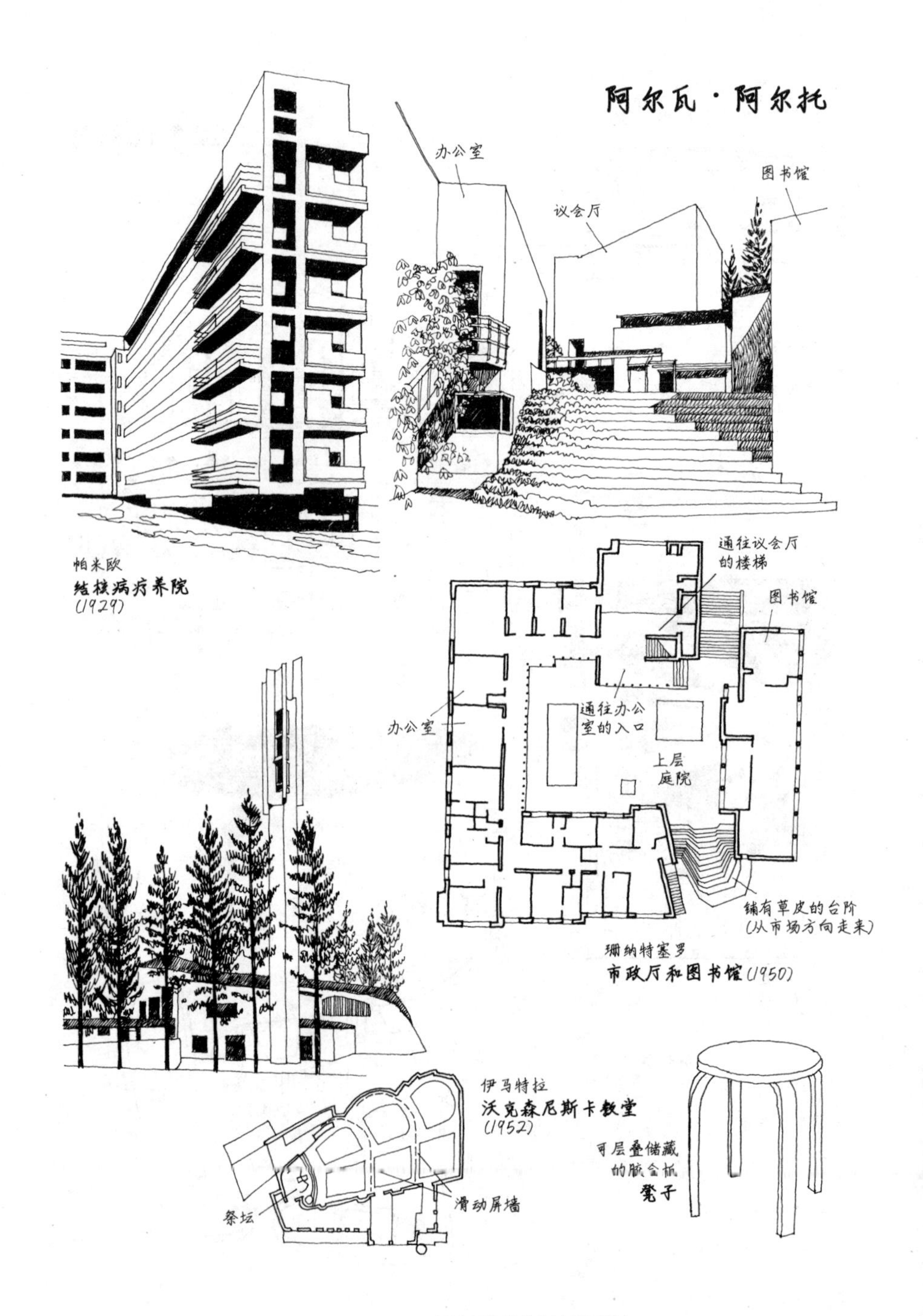
阿尔瓦·阿尔托
办公室
议会厅
图书馆
帕米欧
结核病疗养院
(1929)
通往议会厅
的楼梯
图书馆
办公室
通往办公
室的入口
上层
庭院
铺有草皮的台阶
(从市场方向走来)
珊纳特塞罗
市政厅和图书馆(1950)
伊马特拉
沃克森尼斯卡教堂
(1952)
祭坛
滑动屏墙
可层叠储藏
的胶合板
凳子

土等现代材料不适合芬兰的建筑实践，加上成本的考量，阿尔托日益表现出对本土传统建筑技术的浓厚兴趣，其结果造就了持重的建筑特征——小规模，低矮朴素，以砖、石尤其喜用木材建造。

20世纪30年代，阿尔托开始尝试曲木家具的设计，这恰好与芬兰胶合板和轻质木材加工业的发展同步，至今后者仍是芬兰的主要制造业之一。他因此能够既保持芬兰传统的情怀，又具备对最新技术的洞察力，且将两者有机地结合，形成一种最个性化、最具独立精神、最朴实无华的现代主义建筑大师的设计风格。他的建筑有赖特的空间丰富性，但摒弃了后者的细碎装饰；有密斯的精确性，但不过度简化；有勒·柯布西耶的宏伟大气，但避免了后者的随意夸张。

阿尔托在战后的声誉主要得益于两栋建筑。一是他为岛上小镇珊纳特塞罗（Säynätsalo）设计的市政厅。别看它规模不大，地理位置也不起眼，却是一项非常重要的工程。从中可看出芬兰高度去集中化的经济政策对地方生活的重大影响，市政厅的设计必须明确表达当地居民与市政府之间的紧密关系。珊纳特塞罗是一座拥有3000名居民的新城镇，镇中心为一片布局松散的市场区，也是全镇居民的主要聚会场所，让人联想到古代的集市广场。阿尔托将市政厅和图书馆布置在广场一侧，让它们规则地环绕着一座小庭院，并通过一组台阶与小镇集市相连。优雅精致的小体量建筑，富于特色的砖砌工艺和以圆木建造的斜屋顶，让人感受到随意与谦和的气息。在欧美，从未见到类似的公共建筑设计，可说是前无古人后无来者。

二是位于伊马特拉的沃克森尼斯卡教堂（Vuoksenniska Church, Imatra，1952年）。这座了不起的建筑与朗香教堂属于同代，且是一个有趣的对比。两者均富于高度的雕塑感，以及空间和结构上的自由。但朗香教堂采用了抛物线形的大胆曲线，沃克森尼斯卡教堂表现的却是复杂与张力。朗香教堂如同一座纪念碑，屹立在开阔的山坡上，沃克森尼斯卡教堂掩映于松树丛林中，从远处只看见它高大而优雅的标志性塔楼。沃克森尼斯卡教堂的主厅带有三个互为相连的隔间，可随时通过滑动屏墙分隔或连通。主厅外围布置了一些辅助房间。三大隔间之上，覆盖着三个镀铜的驼峰状屋顶，均为单侧斜坡式，以便在周边墙壁上方安装大面积的高窗。设计构思虽简洁，但建筑的造型和细节却是相当复杂和不对称。

朗香教堂也不是勒·柯布西耶这个时期的唯一作品。1946年，他开始致力于在马赛郊区设计建造一幢超大型住宅楼，此即以“居住单元”（Unité d’Habitation）著称的马赛公寓。这大概也是欧洲战后最具影响力的建筑作品，于1952年竣工。兴建如此巨大的住宅，旨在让战争中痛失家园的老港区造船厂工人能够重新安居。勒·柯布西耶看到的是一个大好机遇，可以将自己“当代城市”和“光辉城市”的理论思想付诸实践，并且它是马赛众多街区重建项目中的第一个。

马赛公寓楼规模宏大。总共1600位居民全部被安置在一栋140米长、24米宽、20多层高的矩形建筑中，不仅包含居住空间，还带有商店、健身和游乐区等。整栋大楼沿南北向一字排开，东西向则让所有单元——大部分为复式单元，巧妙地围绕着一条中央走廊的两侧相互交错——可接收到早晚的阳光。勒·柯布西耶惯用的设计手法还特别强调空间和绿化。有关“空间”的设计，部分根据雪铁龙住宅原则，包括双层起居室和室外阳台；“绿化”则为“普罗旺斯景观”，不仅在建筑四周，还需要在其下方、在底层巨大的架空立柱之间可见。

施工中，勒·柯布西耶早期对预制装配式建筑的兴趣显而易见。大楼的主体框架是一个“就地”——即“现浇”——的钢筋混凝土立柱与横梁组成的骨架。骨架之间嵌入墙板和楼板，并通过铅垫与主结构隔开，以达到隔音效果。大部分反复使用的外墙板包括遮阳板等，也都是预制后再吊装就位。预制构件的尺寸由“勒·柯布西耶模度”控制，那是勒·柯布西耶新近根据黄金分割法发明的一套模数系统，专用于协调均衡建筑构件之间的比例。

其时，马赛公寓令人震撼的特征之一是它表面的纹理。将混凝土当作一种平滑、精确材料的想法——曾经得到20世纪20年代的许多建筑师，包括勒·柯布西耶本人的确认——到了马赛公寓建造时，勒·柯布西耶改变了这个立场。因为他深感混凝土的可塑性，其形状取决于浇筑它的模板。于是，大楼的表面留下了施工时的粗犷样貌，模板留下的结疤和颗粒状印迹与建筑本身的巨大体量倒也是相得益彰。

在巴黎郊外的纳伊（Neuilly），勒·柯布西耶为私人业主尧奥家族设计了两栋小住宅（1954年），同样的粗犷——质朴的砖墙、厚重的混凝土楼板、低浅的筒形拱屋顶——显而易见。从萨伏伊别墅的机器美学回归到这种质朴无华的境界，个中的戏剧性也是颇大。同样的美学延续到勒·柯布西耶的另外两件杰作，一是印度旁遮普省新首府昌迪加尔的行政中心建筑群（1950—1965年）；二是里昂附近的拉图雷特修道院（1960年）。昌迪加尔建筑群的主要构成是4栋宏伟建筑——省长官邸、秘书处行政大楼、议会大厦和高等法院——个个体量巨大，但经过勒·柯布西耶宇宙几何学手法设计的宽广开放的景观，它们不再显得大而无当。复杂的空间与粗糙的纹理之间互为衬托——睿智但技术上古朴——似乎与功能和位置十分地相宜得体。拉图雷特修道院是一座简朴的长条状建筑。对拉图雷特的熙铎会来说，僵硬、裸露的混凝土墙面，恰恰合乎他们纪律严明的教规，屋顶形状的巧妙处理让朴素的室内竟也流光溢彩。

勒·柯布西耶对混凝土的运用催生了一种新的国际式风格，自他的术语——粗犷混凝土——引申出"粗野主义"之名。詹姆斯·斯特林（James Stirling）和戈文（James Gowan）在伦敦汉姆公地的朗汉姆低层住宅开发项目（Langham，1958年），使用了尧奥住宅的粗犷风格。谢泼德罗布森事务所（Sheppard, Robson and Parters）设计的剑桥大学丘吉尔学院（1960年），采用了裸露的砖块和混凝土，却显得较为整齐和文雅。将这种坚硬而粗犷的风格运用于研究机构类建筑还算是合乎情理，在其他方面常常显得缺乏人情味。阿尔多·凡·艾克（Aldo van Eyck）设计的阿姆斯特丹孤儿院（1958年），还有维加诺（Vittoriano Vigano）设计的面向贫困男孩的米兰马尔基翁迪学院（1959

马赛公寓与粗野主义

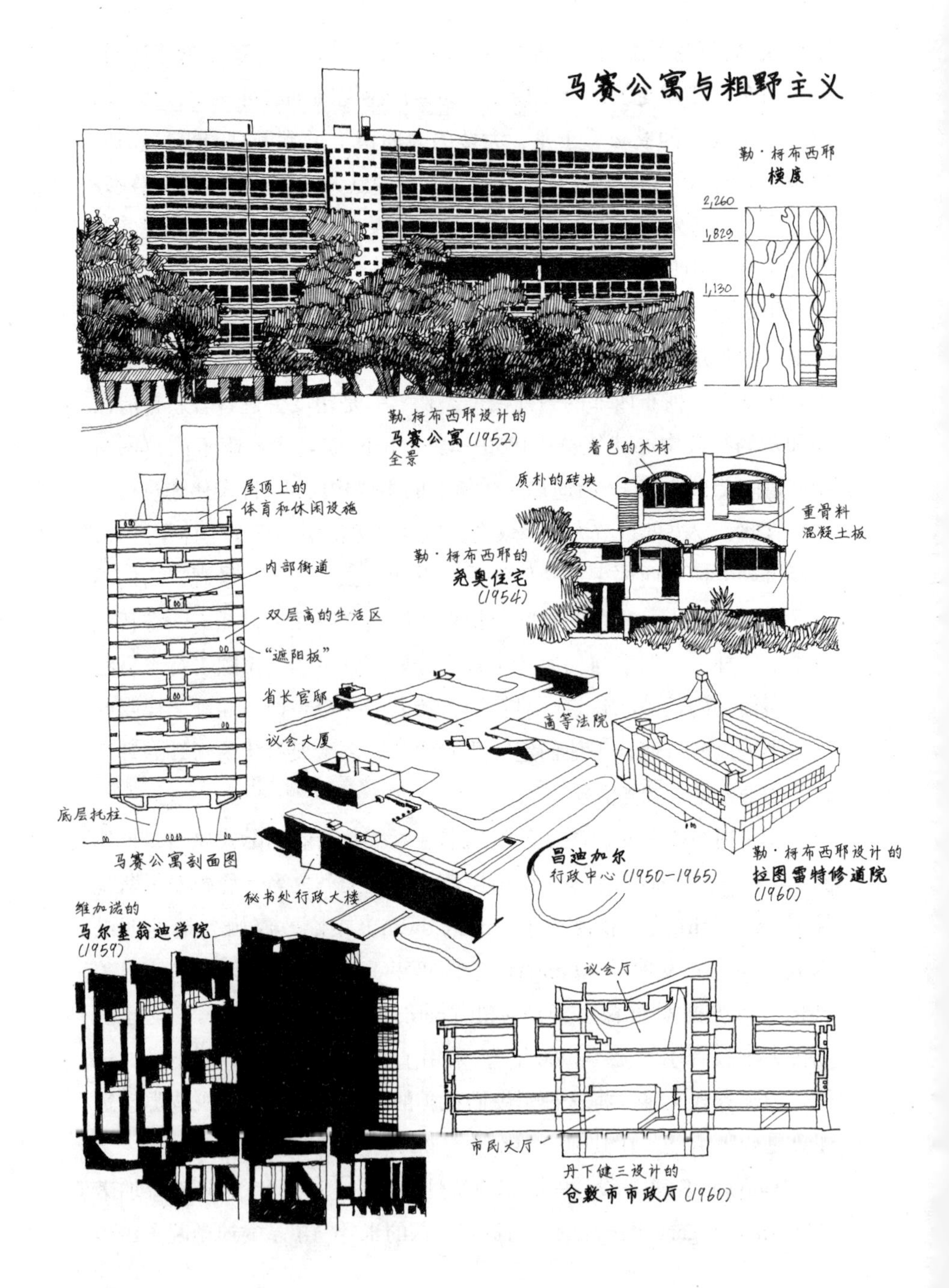
勒·柯布西耶
模度
2,260
1,829
1,130
勒·柯布西耶设计的
马赛公寓(1952)
全景
屋顶上的
体育和休闲设施
内部街道
双层高的生活区
"遮阳板"
底层托柱
马赛公寓剖面图
着色的木材
质朴的砖块
重骨料
混凝土板
勒·柯布西耶的
尧奥住宅
(1954)
省长官邸
高等法院
议会大厦
秘书处行政大楼
昌迪加尔
行政中心(1950—1965)
勒·柯布西耶设计的
拉图雷特修道院
(1960)
维加诺的
马尔基翁迪学院
(1959)
议会厅
市民大厅
丹下健三设计的
仓敷市市政厅(1960)

年），给建筑环境带来不必要的严苛。

在美国，粗野主义建筑因为一些华丽的点缀而显得较为柔和，如保罗·鲁道夫（Paul Rudolph）设计的耶鲁大学建筑与艺术系大楼（1959年），其肋状纹理的混凝土造型，优雅别致。日本建筑师对此倾心不已。该大楼运用粗犷混凝土的做法，与日本传统建筑中重叠木梁的建造方式相似。丹下健三早期设计的两座建筑，甲府市山梨文化会馆（1967年）和宏伟的仓敷市市政厅（1960年），当为最佳实例。将粗野主义风格发挥到极致的，应该是赫尔穆特·斯特里弗勒（Helmut Striffler）于1965年设计的福音派小教堂。小巧的教堂建于巴伐利亚达豪集中营的旧址之上，目的是为了赎罪。它其实是一座半地下建筑，通过一排宽大台阶方可入内。小教堂的外围建造了一堵颇富象征意义的锯齿状混凝土挡土墙，其强烈的现代性，仿佛正在向纳粹所青睐的古典主义和媚俗发出无声的谴责。

高层住宅

在勒·柯布西耶后期设计的所有建筑中，马赛公寓拥有最广泛的影响力。撇开其他因素不谈，它促进了世界各地大力兴建高层住宅，个中所蕴含的传统智慧已超越建筑本身而影响深远。应该说，“光辉城市”的初始理念，如强调开阔的景观，将社区设施设于公寓楼内，让每一居住单元都拥有空中花园等，对于缓解高层建筑所带来的疏离感和户外空间的缺失感贡献良多。疏离感和户外空间的缺失感正是高层反对派抨击的要点。但某种程度上，马赛公寓本身对上述理念落实得不够——小阳台肯定难以替代空中花园——而后来者对勒·柯布西耶理念的无数模仿和滥用更相形见绌。

较好的一个效仿实例是伦敦郊区罗汉普顿的奥尔顿住宅区开发（Alton Housing Estate，Roehampton，1952—1959年），由罗伯特·马修领队的LCC建筑师团队设计。在此，光辉城市所倡导的普罗旺斯风貌被演绎为浪漫的英格兰园林景致。住宅区由五栋复式户型的板式公寓楼、若干塔式住宅楼、低层联排和独立式住宅组成，穿插其间的是气派的草坪和树木。高耸的板楼简直就是马赛公寓更为文雅的翻版。最大的不同是没有设置勒·柯布西耶的公共空间。马赛公寓自带商店、咖啡馆、酒吧、诊所、托儿所、俱乐部和游乐区。奥尔顿住宅区虽然也有这些设施，但它们设在附近，不在大楼内。

在谢菲尔德市政部门建筑师刘易斯·沃默斯利（Lewis Womersley）、杰克·林恩（Jack Lynn）及其公园山公寓（Park Hill Flats，1961年）设计团队眼里，社区理念至关重要。公园山公寓是一项规模巨大的贫民窟清理工程，沿着市中心的岩石山坡蜿蜒布局，主要由一些板式住宅楼组成。各楼之间以位于不同楼层的所谓“交通性走廊”相连。从那里，通向每间公寓的大门。走廊的宽度超过3米，可谓整个设计方案的脊骨。既供居民自用，又可让轻型小卡车通行，其功能与传统街道类似——不仅作为行人的出入通道，也是邻居相遇和儿童玩耍的场所。与马赛公寓的内走廊相比，理念是相同的——但在实际使用时更全面。

为何只是类似而非建造一条真正的传统街道，理由是密度问题。设计思考的重点是尽量节省土地，所以公园山公寓每三层才建造一条交通平台。没有其他的方式能够取得所要求的建筑密度，设计方案必须让每公顷的土地能够容纳500人。马赛公寓和奥尔顿住宅区的居住密度都低于此。选择高层建筑的主要起因，是为了让地面空出更多土地来美化居住景观。不可避免的是，地面的景观面积仍然不足。同理，较高的建筑密度意味着较少的开放空间，可供儿童玩耍的场地很少，缺少私密性空间引发的心理压力却大大增加。一些利用有限场地的佳作，如丹尼斯·拉斯顿（Denys Lasdun）在伦敦贝思纳尔格林设计的16层公寓楼集群（1956年），通过在高层区域提供户外空间供住户闲坐和与邻居交谈。但是，当时其他建成项目的设计和高密度给居民带来相当的不安，理当具有社区感的场所产生了隔离与孤独，本该是私

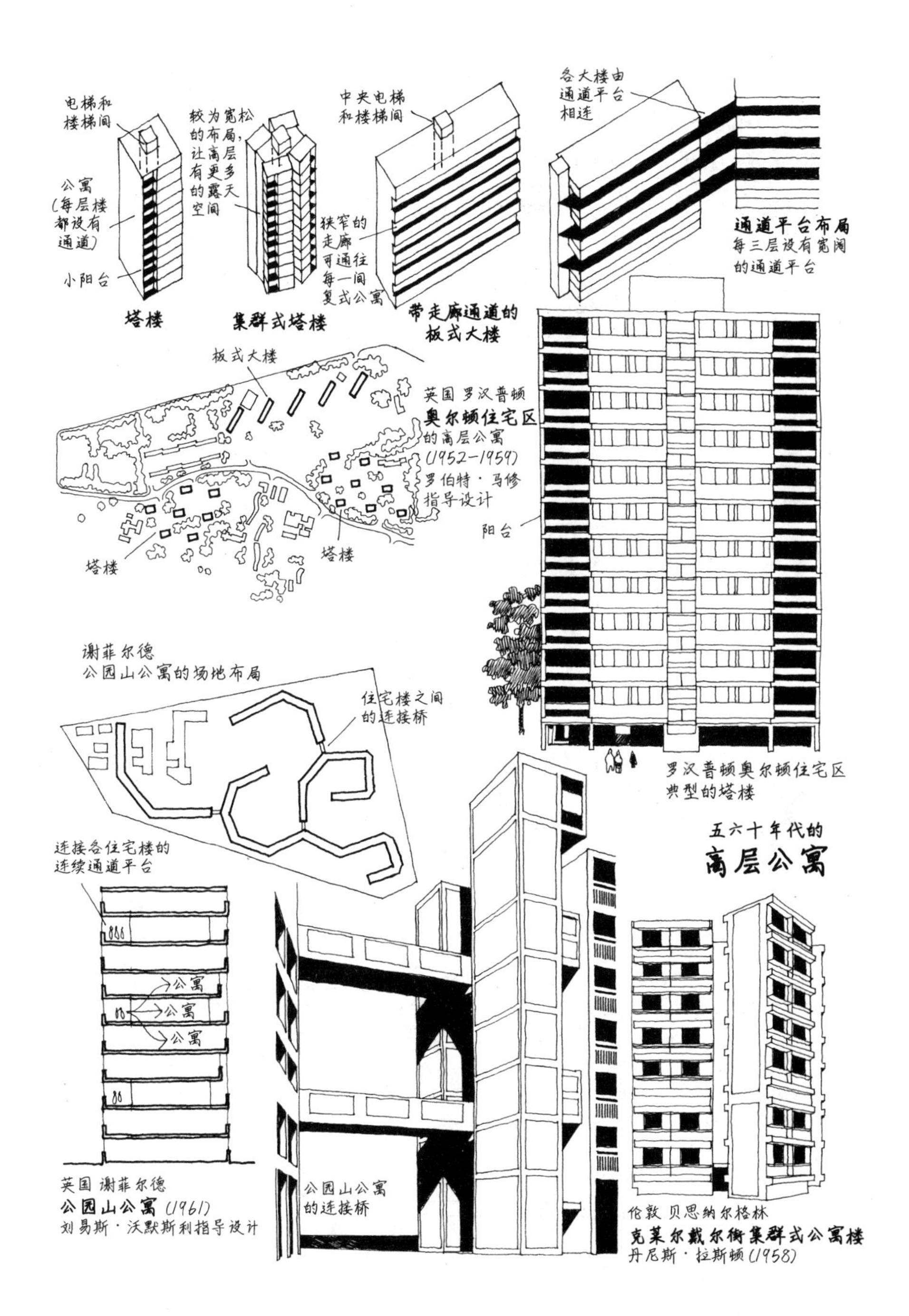

电梯和
楼梯间
公寓
(每层楼
都设有
通道)
小阳台
塔楼
较为宽松
的布局，
让高层
有更多
的露天
空间
集群式塔楼
中央电梯
和楼梯间
狭窄的
走廊
可通往
每一间
复式公寓
带走廊通道的
板式大楼
各大楼由
通道平台
相连
通道平台布局
每三层设有宽阔
的通道平台
板式大楼
英国 罗汉普顿
奥尔顿住宅区
的高层公寓
(1952–1959)
罗伯特·马修
指导设计
阳台
塔楼
塔楼
罗汉普顿奥尔顿住宅区
典型的塔楼
谢菲尔德
公园山公寓的场地布局
住宅楼之间
的连接桥
五六十年代的
高层公寓
连接各住宅楼的
连续通道平台
公寓
公寓
公寓
英国 谢菲尔德
公园山公寓 (1961)
刘易斯·沃默斯利指导设计
公园山公寓
的连接桥
伦敦 贝思纳尔格林
克莱尔戴尔街集群式公寓楼
丹尼斯·拉斯顿 (1958)

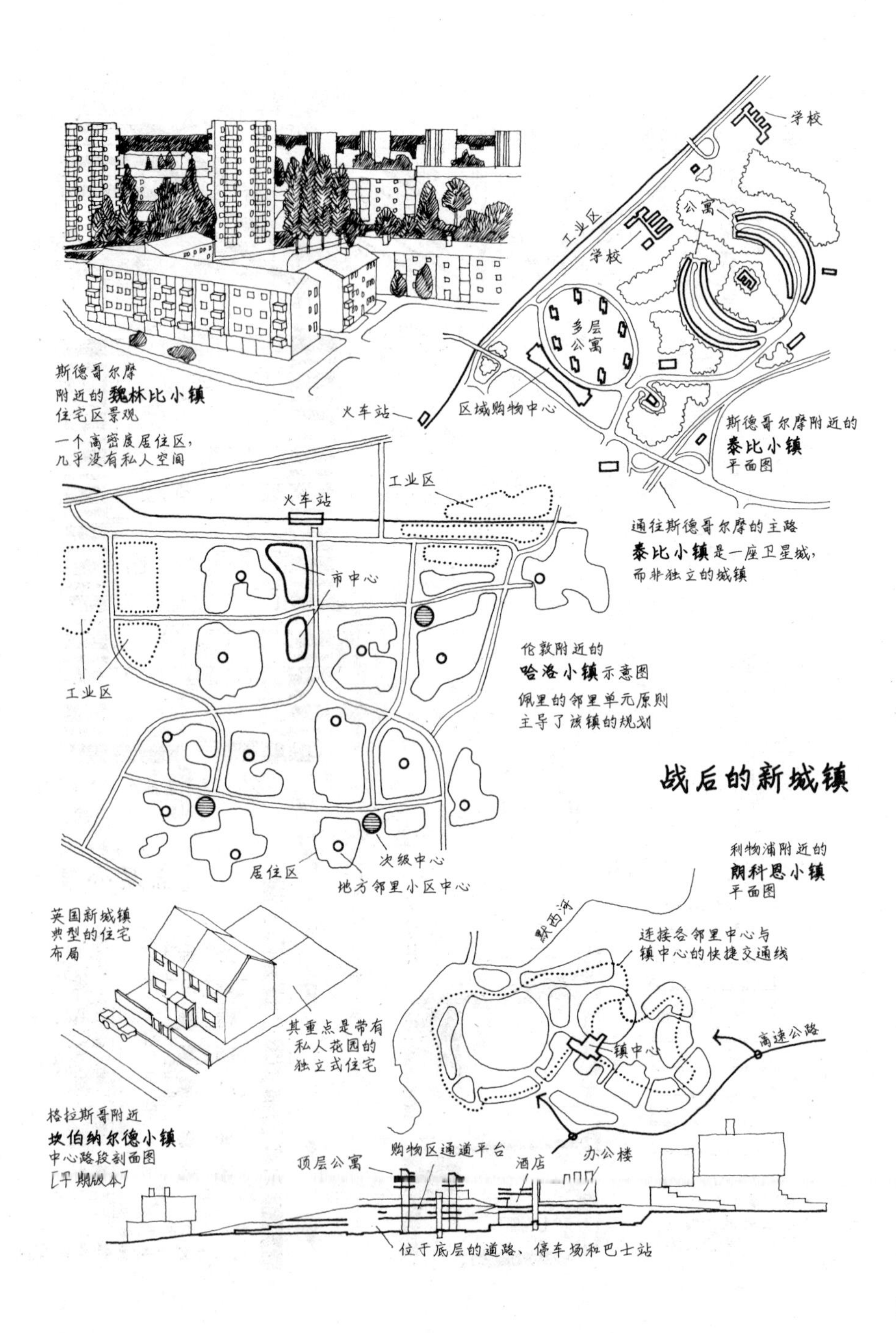
学校
工业区
公寓
学校
多层
公寓
火车站
区域购物中心
斯德哥尔摩附近的
泰比小镇
平面图
通往斯德哥尔摩的主路
泰比小镇是一座卫星城，
而非独立的城镇
斯德哥尔摩
附近的魏林比小镇
住宅区景观
一个高密度居住区，
几乎没有私人空间
工业区
火车站
市中心
工业区
伦敦附近的
哈洛小镇示意图
佩里的邻里单元原则
主导了该镇的规划
居住区
次级中心
地方邻里小区中心
战后的新城镇
利物浦附近的
朗科恩小镇
平面图
默西河
连接各邻里中心与
镇中心的快捷交通线
镇中心
高速公路
英国新城镇
典型的住宅
布局
其重点是带有
私人花园的
独立式住宅
格拉斯哥附近
坎伯纳尔德小镇
中心路段剖面图
[早期版本]
顶层公寓
购物区通道平台
酒店
办公楼
位于底层的道路、停车场和巴士站

密性的空间却造成暴露和无安全感。

必须指出的是，与破旧的贫民窟相比，新建的公寓楼提供了更明亮、更温暖和更健康的居住条件。然而在世界各地的城市，高层公寓始终存在着这样那样的社会问题。无论是格拉斯哥里德路周边街区的高层公寓楼，还是纽约城市住宅公司开发区高达26层的公寓楼楼群，高层住宅的异化现象举目可见。巴黎郊外高密度居住区的萎靡不振与加拉加斯的大街坊同病相怜；伦敦南部南沃克住宅区中的轻度犯罪和破坏行为，在密苏里州圣路易斯的普鲁伊特-伊戈住宅区屡屡发生。

新城的绿地倒是为解决上述问题提供了契机。在那里，低层住宅及其周边的绿地，可为住户提供一个更为健康清洁的生活环境。20世纪50年代初，欧美众多的中心城市外开发了不少新社区。在斯堪的纳维亚，新建街区大多被视为中心城市的卫星城，如斯德哥尔摩附近的阿斯塔（Årsta）、魏林比（Vällingby）、法斯塔（Farsta）和泰比（Täby）；如哥本哈根附近的贝拉霍基（Bellahøj）；如赫尔辛基附近的塔皮奥拉（Tapiola）。它们就好比精心策划的郊区，规模不大，拥有自己的社区中心，购物和就业在不远处的中心城市。最美的是，它们都拥有田园诗一般的景色，像塔皮奥拉那样，各式各样的建筑散落于风景如画的森林与湖泊之间。

至60年代末，英国已有近100万人口被安置到21座新城，其中8座——包括哈洛（Harlow）、斯蒂夫尼奇（Stevenage）和巴塞尔顿（Basildon）——位于伦敦附近。与瑞典的同类相比，英国的新城规模更大，离中心城市更远，而且尽可能自成一体。根据佩里的理论，它们被划分为以5000到10000位居民组成的邻里单元。通常都是以美国拉德本小镇的设计模式为范本，道路设计避免过境交通。可是，宽敞的住房加上分散式布局必然带来路途遥远的交通。一些城镇如利物浦附近的朗科恩（Runcorn），尚能提供有效的公共汽车服务，还有些城镇如格拉斯哥附近的坎伯纳尔德（Cumbernauld），通过足够紧凑的设计布局亦能让居民乐于步行。但总体上，私家车是必需品。住在新城需要有一定的经济实力。

英国和瑞典的新城由公共资金支持。在北美，公共资金的相对匮乏促进了私人企业对新城的开发。最著名的例子是加拿大卑诗省[1]的基蒂马特小镇（Kitimat）和美国华盛顿特区附近弗吉尼亚州的里斯顿小镇（Reston）。前者由加拿大铝业集团（Alcan）建造，后者为好几家私人投资集团共同投资，可谓由一系列邻里社区组成的“村庄”，有任游船荡漾的湖泊、高尔夫球场和骑术学校，尽情展示了中产阶级奢华的生活方式。后来的许多现代新城都具有这一特征，不过程度较低些而已。它们昂贵的、成功的经济吸引了大批头脑灵活和经济消费活跃的年轻人。新城也乐于向这个思维敏捷的群体提供令其他人望而却步、富裕的物质生活方式，包括完备的居家生活设施、出行私家车代步、将购物中心作为公共生活的焦点，以及各种奢华的休闲娱乐场。

新城的住宅设计往往缺乏创新。重要的是为了吸引来自城市的人士，他们喜好城市郊区那种安全并且具有销路的住宅。相反，为新建筑的探索提供大好契机的是留在城里的穷人、年幼者和老人。为解决这些人的住房问题，战后欧洲许多城市都将眼光瞄准了“工业化建筑”。只需一小队娴熟高效的工人，便可将在工厂预制生产的配件就地组装成一栋完整的建筑。在俄罗斯、丹麦和瑞典，漫长的冬季使得预制装配式房屋的优势尤为卓著。出于经济和实用的考量，最受青睐的体系都是采用重型预制混凝土单元，各单元由墙壁和地板组成，交接处以螺栓固定。法国凭借其钢筋混凝土工程的优良传统，很快就跻身于该领域的最前列。他们开发了著名的加缪体系（Camus）和柯尼特体系（Coignet）。

规模经济鼓励人们使用相同并且可重复的墙体单元。再者，由于每块墙板都需要承重，相互间必须上下垂直相接。结果是公寓楼外立面的单调平庸。但因其施工的精确性，装配式体系仍拥有强大优势。钢模板可以用来获得精确的混凝土表面，电线导管可以事先预埋在墙

---

① 又译为“不列颠哥伦比亚省”。——译注

板内，某些“核心”单元成品——预制的浴室和厨房——都可从工厂运输到施工现场，只需吊装到位即可。

工业化建筑其实不如传统的建造方式经济合算，政府必须提供大量的补贴。可是，这样做很受政客欢迎，因为通过其引人注目的建筑形式，加之快速的施工时间，很容易被当作解决住房问题的有效方案。英国采用混凝土重板体系的房屋中，最惹人眼球的实例是建于20世纪60年代末期的艾利斯伯利住宅区（Aylesbury Estate）。它位于伦敦的南沃克，“工业化建筑”的优点和缺点一览无余。优点是：构件的尺寸精确，建筑速度快。缺点是：拥有2000多住户的住宅楼千篇一律，单调乏味。在规划时，所有的街区都是沿着“吊车轨道”连续排布，决定了整体上的矩形布局。街区本身经济实惠，房屋却长得令人压抑。

1968年，在伦敦东部的坎宁镇（Canning）住宅区，一栋以混凝土重板体系建造名为“罗南角”（Ronan Point）的高层塔楼，因煤气爆炸导致部分坍塌。结果就好比多米诺骨牌，一倒俱倒。如果采用传统方式建造，其损坏程度可能会低得多。英国随即出台了严格的安全措施，立即招致一大笔额外的费用，令本就有许多人疑虑重重的开发模式顿受重挫。混凝土重板体系走向衰落。

相反，轻质预制装配式结构体系较少受到质疑。在战后物资短缺的英国，该体系相当成功地用于学校建筑。1946年之后的9年里，赫特福德郡议会在当地郡建筑师C. H. 阿斯林（C. H. Aslin）的领导下，以专门设计的标准构件预制体系建造了100多所学校。1955年，在当地郡建筑师唐纳德·吉布森（Donald Gibson）的领导下，诺丁汉郡议会的规划部门开启了CLASP建筑体系计划——地方当局联合会特别计划（Consortium of Local Authorities Special Programme）。CLASP建 筑体系使用一种轻质钢框架，既适用于单层亦可用于双层建筑。与僵硬沉重的混凝土重板体系相比，CLASP体系的建筑使用既方便又美观，并拥有多种适用于不同情况的组件，包括应对地下煤矿开采引起的地基沉降问题的弹簧接头。 其外观也是多种多样。该项目的研究相当深入，让采用CLASP体系的建筑在整体上富有魅力和人性化——尽管也存在着许多新体系所固有的问题，如危险的火焰会通过轻质墙壁的空腔结构迅速扩散。

总体上，技术促成了社会进步，让未来充满希望。然而，对战后世界过度地乐观欣慰是不切实际的。法西斯主义已被消灭，但战时联盟已被重组。第一世界与第二世界——各自生活在国际资本主义与斯大林版共产主义之下——两者之间关系紧张。世界大战并没有结束，反倒直接转向了政治上的“冷战”，其结果同样非人道。如今，强权国家依靠的是一种“永久性军备经济”，如政论员保罗·古德曼（Paul Goodman）所言，由“军工综合体”主导。所谓的核战争威胁论刺激了军备竞赛，盈利丰厚的军工综合体大力制造武器。这些武器在无休止的新殖民战争中广为试验，让一些处于劣势的第三世界国家——朝鲜、以色列、巴勒斯坦、柬埔寨、越南等及一些南美、非洲国家，饱尝暴力之苦。

凡此种种所造就的企业世界，是一个由各国政府、官僚机构与跨国公司联合组成的共生联盟，无人匹敌。为了谋取利益，众多的作家、艺术家、设计师和音乐家不惜与这一势力同谋共处，但依然有人奋起挑战。20世纪中期那些不断追求个性化的文化现象，从卡夫卡（Kafka）到索尔仁尼琴（Solzhenitsin），从存在主义到摇滚音乐，从荒诞剧到画家弗朗西斯·培根（Francis Bacon），无一不反映出个体不屈不挠的抗争。然而，大多数建筑师接受了企业世界提供的机会——设计精美的建筑，并实现名利双收。自20世纪50年代以来，许多建筑以其美不胜收的色彩、质感和形式做出辉煌的个人表述。伟大的现代建筑，每一座显然都为它的建筑师树起了个人丰碑，却也留下永恒的警示：他，还有我们，全都在仰赖于企业世界的赞助。

组织人

纽约的利华大厦（Lever House，1952年）由SOM建筑设计事务

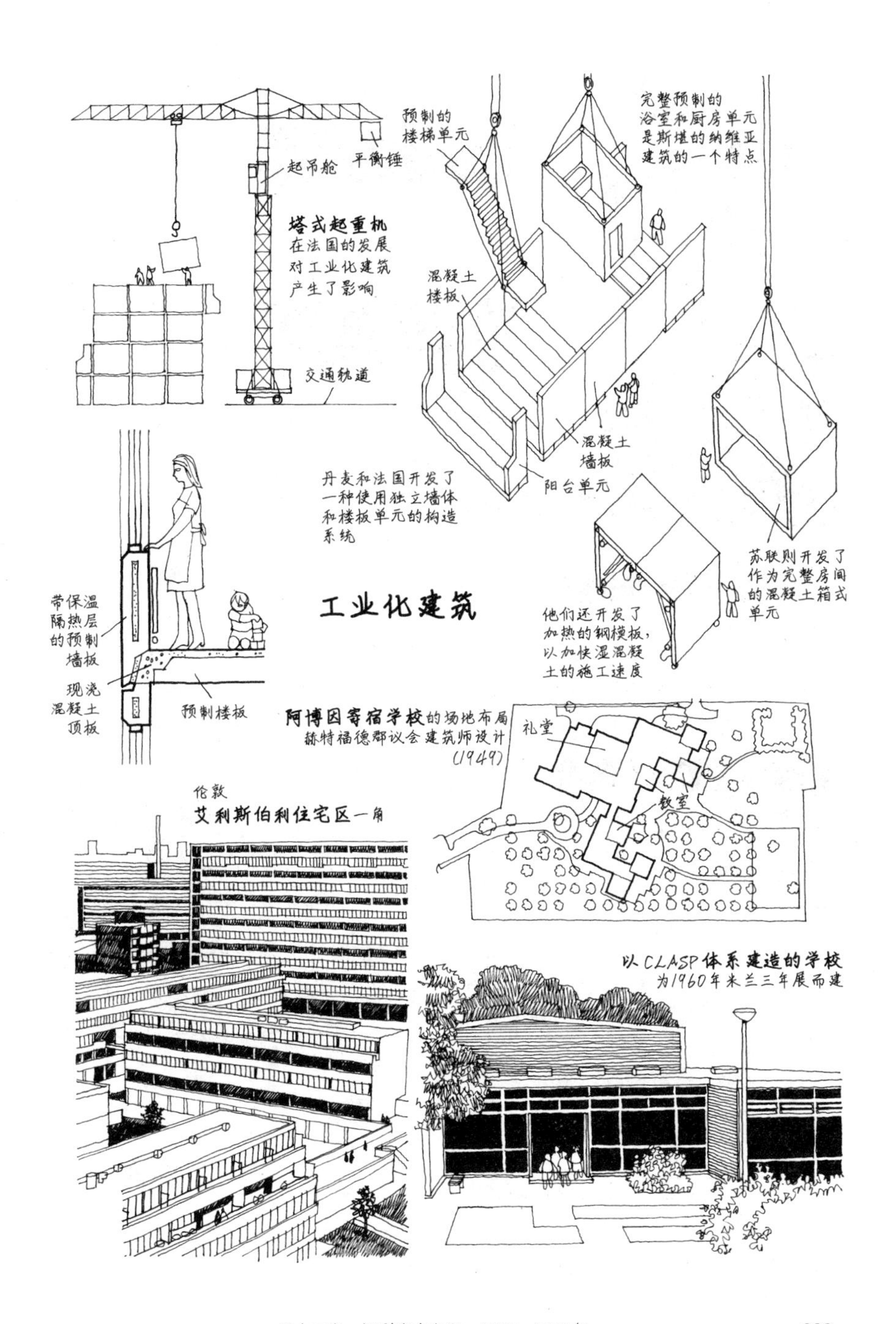
起吊舱
平衡锤
塔式起重机
在法国的发展
对工业化建筑
产生了影响
交通轨道
预制的
楼梯单元
完整预制的
浴室和厨房单元
是斯堪的纳维亚
建筑的一个特点
混凝土
楼板
混凝土
墙板
阳台单元
丹麦和法国开发了
一种使用独立墙体
和楼板单元的构造
系统
苏联则开发了
作为完整房间
的混凝土箱式
单元
他们还开发了
加热的钢模板，
以加快湿混凝
土的施工速度
工业化建筑
带保温
隔热层
的预制
墙板
现浇
混凝土
顶板
预制楼板
阿博因寄宿学校的场地布局
赫特福德郡议会建筑师设计
(1949)
礼堂
教室
伦敦
艾利斯伯利住宅区一角
以CLASP体系建造的学校
为1960年米兰三年展而建

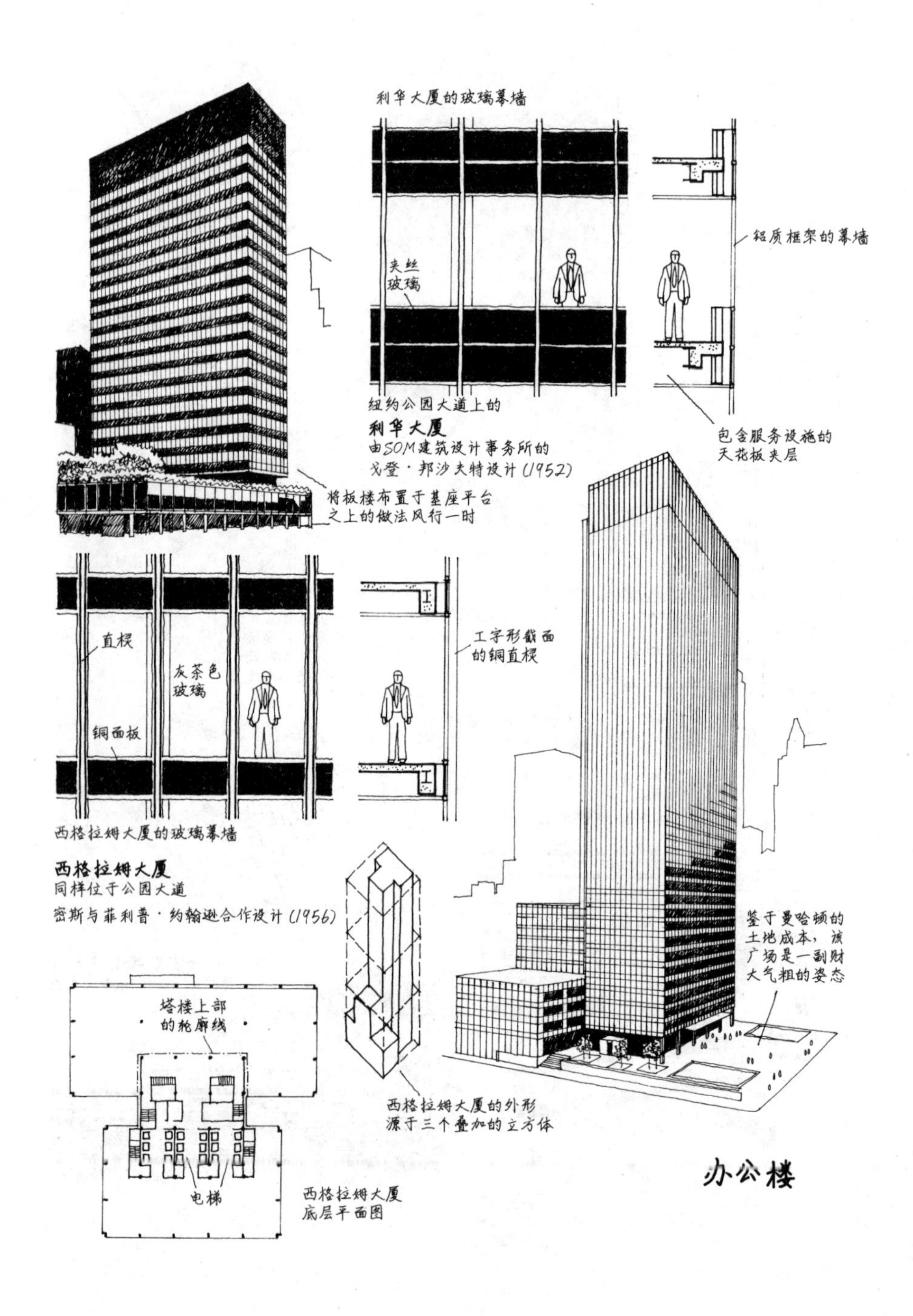

利华大厦的玻璃幕墙
铝质框架的幕墙
夹丝
玻璃
纽约公园大道上的
利华大厦
由SOM建筑设计事务所的
戈登·邦沙夫特设计(1952)
包含服务设施的
天花板夹层
将板楼布置于基座平台
之上的做法风行一时
直棂
灰茶色
玻璃
铜面板
工字形截面
的铜直棂
西格拉姆大厦的玻璃幕墙
西格拉姆大厦
同样位于公园大道
密斯与菲利普·约翰逊合作设计(1956)
鉴于曼哈顿的
土地成本，该
广场是一副财
大气粗的姿态
塔楼上部
的轮廓线
电梯
西格拉姆大厦
底层平面图
西格拉姆大厦的外形
源于三个叠加的立方体

办公楼

所的戈登·邦沙夫特（Gordon Bunshaft）设计。邻近的西格拉姆大厦（Seagram Building，1956年）由密斯与菲利普·约翰逊合作设计。两者是同一主题的变奏：简洁、矩形的摩天楼，其主要差别在于金属框架和玻璃幕墙的处理方式。如果说西格拉姆大厦的工字形竖框更为有趣，利华大厦可能更具影响力，令成百上千的模仿者趋之若鹜。对那些人来说，利华大厦平整的网格式幕墙是装点办公楼最简单、最容易的方法。如今，各式各样的玻璃幕墙摩天楼如雨后春笋般随处可见，遮蔽了利华大厦和西格拉姆大厦的原创性光芒。在当时，与纽约那些以石块做外墙贴面并采用装饰艺术风格的摩天楼相比，这两座建筑可谓另辟蹊径自成一格，它们简朴优雅的外表和卓越的技术，分别为各自的业主，一个威士忌公司和一个肥皂制造商，创造了光辉的现代大企业形象。

吉奥·庞蒂（Gio Ponti）和奈尔维为倍耐力橡胶公司做出了类似的贡献。在米兰，两人为该公司设计的倍耐力大厦（Pirelli Tower，1957年）高达30多层，造型优雅，美观大方。奈尔维设计的结构基于两组全宽的钢筋混凝土隔板墙，其厚度随着高度的增加而逐渐递减。围绕着结构框架，由庞蒂设计的立面拥有经典式的完整性与对称性。奈尔维后来又设计了好几座建筑，包括为罗马奥林匹克运动会设计的小体育宫（Palazzetto dello Sport，1958年）和奥林匹克体育场（1960年），都灵的工人文化宫（Palazzo del Lavoro in Turin，1961年），皆为辉煌壮观的钢筋混凝土建筑，让奈尔维的声名如日中天。

在倍耐力大厦的带动下，20世纪50年代末期的意大利涌现出一大批注重形式的豪华建筑，尽情展现了米兰和罗马的物质之丰、文化之雅。设计杂志《卡萨韦利亚》的推波助澜，让这类设计潮流赢得了广泛认可。因为与意大利新艺术运动的“自由风格”——得名于伦敦一家出售同类商品的商店——出奇地相似，它还获得了“新自由”的称号。米兰的几栋办公楼、阿尔比尼（Franco Albini）与黑尔格（Franca Helg）合作设计的罗马文艺复兴百货大厦（1961年）、加德拉（I.

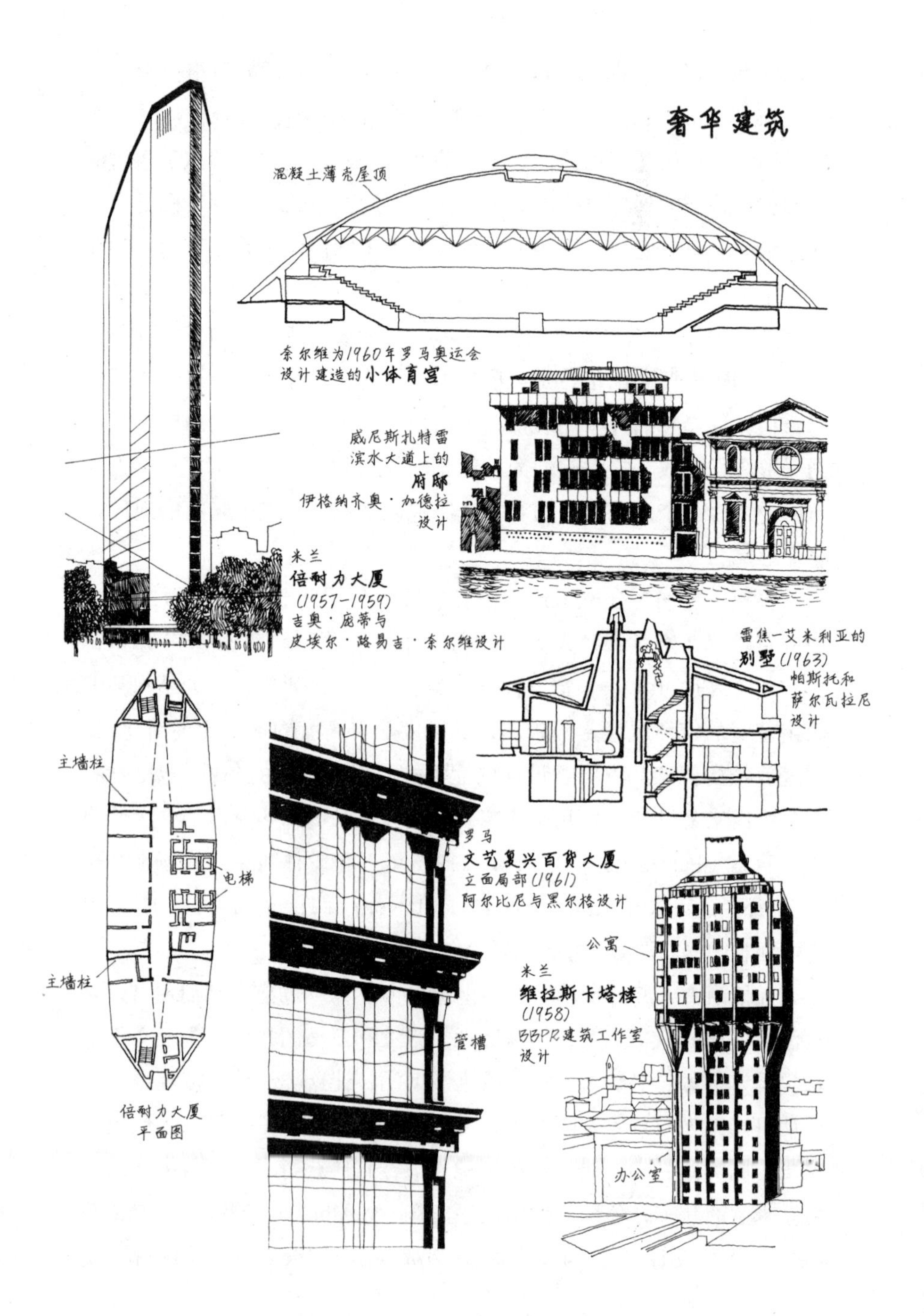

奢华建筑
混凝土薄壳屋顶
奈尔维为1960年罗马奥运会
设计建造的小体育宫
威尼斯扎特雷
滨水大道上的
府邸
伊格纳齐奥·加德拉
设计
米兰
倍耐力大厦
(1957—1959)
吉奥·庞蒂与
皮埃尔·路易吉·奈尔维设计
雷焦—艾米利亚的
别墅(1963)
帕斯托和
萨尔瓦拉尼
设计
主墙柱
电梯
主墙柱
倍耐力大厦
平面图
罗马
文艺复兴百货大厦
立面局部(1961)
阿尔比尼与黑尔格设计
公寓
米兰
维拉斯卡塔楼
(1958)
BBPR建筑工作室
设计
管槽
办公室

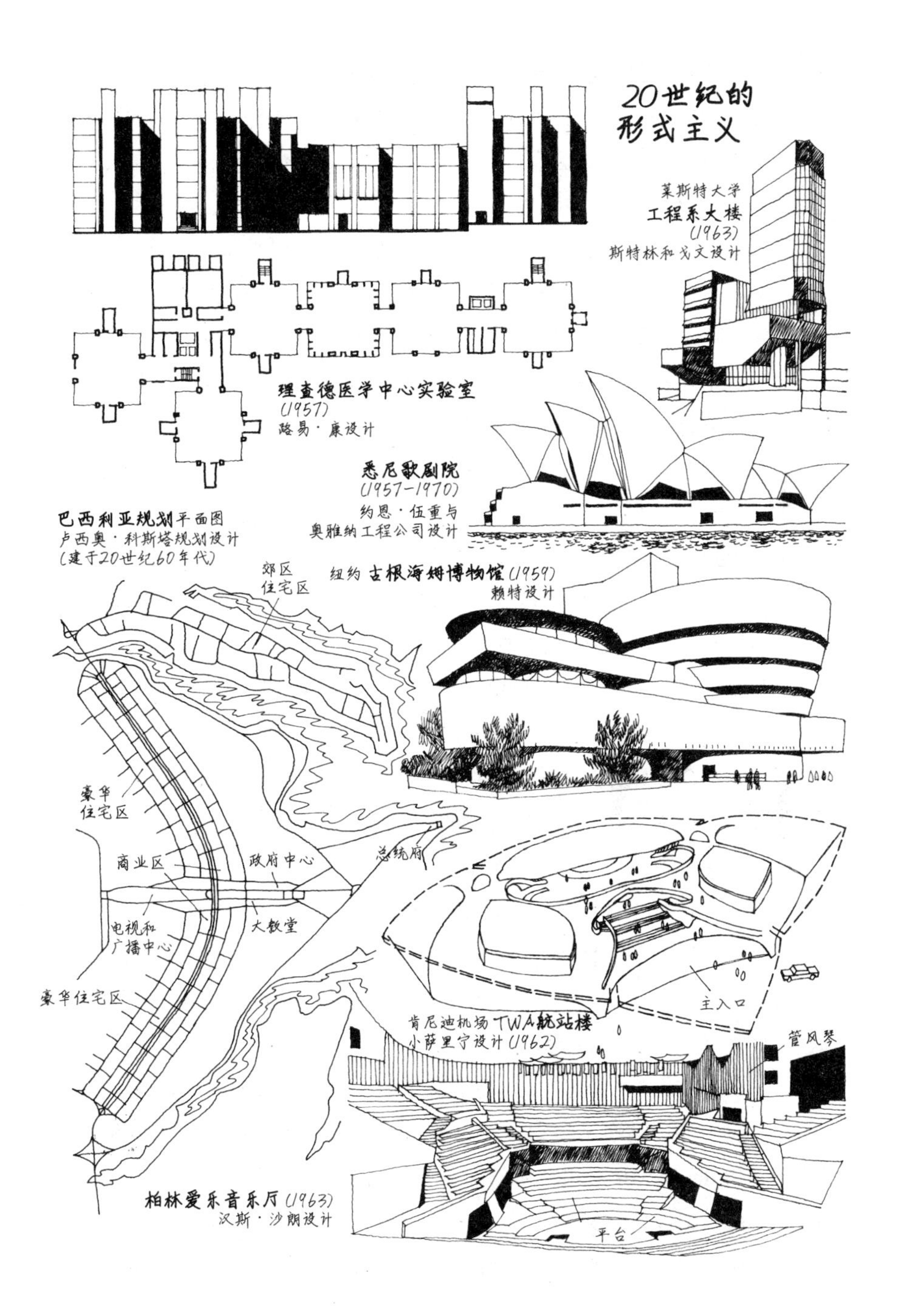
20世纪的
形式主义
莱斯特大学
工程系大楼
(1963)
斯特林和戈文设计
理查德医学中心实验室
(1957)
路易·康设计
悉尼歌剧院
(1957-1970)
约恩·伍重与
奥雅纳工程公司设计
巴西利亚规划平面图
卢西奥·科斯塔规划设计
(建于20世纪60年代)
郊区
住宅区
纽约古根海姆博物馆(1959)
赖特设计
豪华
住宅区
商业区
政府中心
总统府
电视和
广播中心
大教堂
豪华住宅区
主入口
肯尼迪机场TWA航站楼
小萨里宁设计(1962)
管风琴
柏林爱乐音乐厅(1963)
汉斯·沙朗设计
平台

Gardella）在威尼斯扎特雷滨水大道（Zattere）设计的一栋府邸，皆为新自由潮流的产物。在风格上，它们摆脱了同时期大企业建筑固有的僵化与沉闷，转向更为有趣和人性化。米兰的维拉斯卡塔楼（Torre Velasca，1958年）是杰出代表，由班菲、贝尔吉奥基索、佩雷斯苏蒂和罗杰斯建筑工作室设计。这是一座矩形建筑，其顶部的六层楼在托架的支撑下向外凸出，所营造的优美轮廓，令人明显感受到一股20世纪的清新气象，又不失佛罗伦萨文艺复兴时期塔楼式府邸之风范。

私营企业营利丰厚，但公共部门通过高税收获得的财富同样能够支持公共设施的建造。自50年代到60年代，一些公立机构包括国家政府、市政议会、公共信托机构、机场当局、大专院校都进行了大量的公共投资。路易斯·康（Louis Kahn）设计的费城理查德医学中心实验室（1957年）使用了现代建筑语言，但其表达方式更为丰富，更富于感染力，从中可看出与格罗皮乌斯和密斯低调谦逊风格的分道扬镳。实验室的服务设施管道系统错综复杂，路易斯·康却以此复杂性为起点，表现出裸露的凹凸有致的矩形形式，以及富于浪漫色彩的不规则轮廓线。约恩·伍重（Jørn Utzon）与奥雅纳工程公司（Ove Arup）合作设计的悉尼歌剧院（1957—1970年）更是一幅浪漫的画面，一簇簇帆船状屋顶成为港区最令人瞩目的建筑。同样浪漫的还有纽约肯尼迪机场的环球航空公司航站楼（TWA terminal，1962年），小萨里宁将它的屋顶设计成飞鸟的形状，有意无意间隐喻着一种战斗精神。

赖特的最后一件伟大作品，纽约的古根海姆博物馆（Guggenheim Museum，1959年），是一座戏剧性的螺旋状鼓形建筑，坐落于一组辅助性建筑之上。它的设计理念中绝不带有自谦的意味。赖特想做的，不是一座甘心屈尊于屋内展品的展览馆，而是一项凌驾于所有展品之上的建筑设计。汉斯·沙朗（Hans Scharoun）设计的柏林爱乐音乐厅（Berlin Philharmonic Hall，1963年）表达了同样的理念。它专门为卡拉扬管弦乐团而建，舞台差不多正好位于剧场的中心。听众席被分隔成若干独立的小间，凸显出舞台上演奏的音乐家与各不同座次听众之间同等的亲密关系。

公共投资工程的另一杰出例子为巴西新首都巴西利亚，其主要建筑大多建于20世纪60年代，由科斯塔和尼迈耶负责规划和设计。其总体构想——通过全面而规范化的城镇规划，在无人居住的灌木丛地带建造一个新首都——显示出无与伦比的雄心壮志。建筑群本身——巨大的、酷炫的总统府和恢宏壮观的纯粹几何形的国会大厦——同样是气势宏伟。

60年代后期在蒙特利尔实施的公共工程同样引人瞩目。短短几年之内，一系列大型项目相继完工，包括一条地铁线的建造、玛丽城广场（Place Ville Marie）和波那凡图广场（Place Bonaventure）两大中心区的重建、一组汇集各国展馆的世界博览会建筑（1967年）和一座奥运会场馆（1976年）。德国工程师菲瑞·奥托（Frei Otto）设计的1967年世界博览会德国馆，采用了由立柱支撑的钢索网状张力结构，优雅而高端。后来，它发展出更为先进的形式，再次运用到慕尼黑奥运会的体育建筑。以色列建筑师摩西·萨夫迪（Moshe Safdie）设计的“栖息地67号”，是一组巨大的预制混凝土箱体集合群，集158套公寓为一体。蒙特利尔博览会结束之后，该公寓群成为当地的永久性地标。

在英国，詹姆斯·斯特林与詹姆斯·戈文合作设计了莱斯特大学工程大楼（1963年）。斯特林还独立设计了不少作品，包括剑桥大学历史系图书馆（1965年）和牛津大学王后学院弗洛里大楼（1968年）。通过机器制造的砖块和混凝土结构，斯特林创造出大胆、粗犷和坚实的建筑形式。大片大片带铝合金框架的玻璃幕墙，又让各栋建筑呈现出鲜明的个性化和机械化特征。建筑的结构得以清晰展示，机械设备也作为建筑表达的一部分被醒目地组织安排。如此效果得益于将各建筑构件组装在一起的做法。其核心理念是将建筑当作一台机器，它由零件组装而成。秉承同样理念的，还有英国建筑师诺曼·福斯特（Norman Foster）和理查德·罗杰斯（Richard Rogers）。福斯特早期的佳作有伊普斯维奇的威利斯珐柏办公楼（Willis Faber Offices in Ipswich，1973年）和东安格利亚大学的塞恩斯伯里美术陈列馆（Sainsbury Gallery，1978年）。罗杰斯则与伦佐·皮亚诺（Renzo Piano）合作设计了巴黎蓬皮杜中心（1976年）。

1966年，一组昂贵的主流文化纪念碑，纽约林肯表演艺术中心的主要建筑之一大都会歌剧院隆重开幕。同一年，科罗拉多州的大地上，出现了许许多多的帐篷式圆顶小屋，此即空投城市，或说一处由艺术家和年轻人组成的村庄。所有的帐篷小屋，都是以旧汽车车身和人类消费文明带来的其他废弃物建造。而正是人类的消费文明，让林肯中心的建造成为可能。空投城市并非天外来客，在各自的著述中，保罗·索莱里（Paolo Soleri）和马丁·波利（Martin Pawley）早就介绍过一种非正统的有机建筑。在俄克拉荷马州的诺曼城，布鲁斯·戈夫（Bruce Goff，1950年）设计的巴文格住宅（Bavinger House）和赫布·格林（Herb Greene）为自己设计的家宅（1961年），均以另类材料建造，并与周边景观紧密地融为一体。空投城市的部分灵感源于擅自占地运动，后者是战后日益增多的一种城市生活现象，即在不征求任何他人或政府许可的情况下，无地的穷人在城市边缘的空地上建造非正式棚屋，以做居住之用。但空投城市所体现的并非住房问题的迫切性，而是受过良好教育的中产阶级寻求自我放逐，与法国贫民窟中蜗居在油桶中的无家可归的建筑工人之间并无共同之处。纵然如此，空投城市毕竟是战后对所谓富裕社会强有力的质疑，尽管战后的大量投资，世界上却依旧存在着令人绝望的不平等。为了开发建造林肯表演艺术中心，好几处低成本住宅区遭拆除，数千户贫困家庭不得不流离失所。

"二战"之后，在整个西方世界，政府的治国行为开始受到挑战和监督。许多反对派认为，今日社会的关键问题是既浪费生命又消耗资源的冷战和军备竞赛。由于担心自己会沦为未来的核战场，欧洲自50年代以来一直都在积极地裁军。此后，自60年代起，西方批评者的火力主要集中于美国对越南的外交政策上。当然，无论在美国还是欧洲，针对国内事务的抗议活动从未停止。在一个本该讲求人道和富裕的社

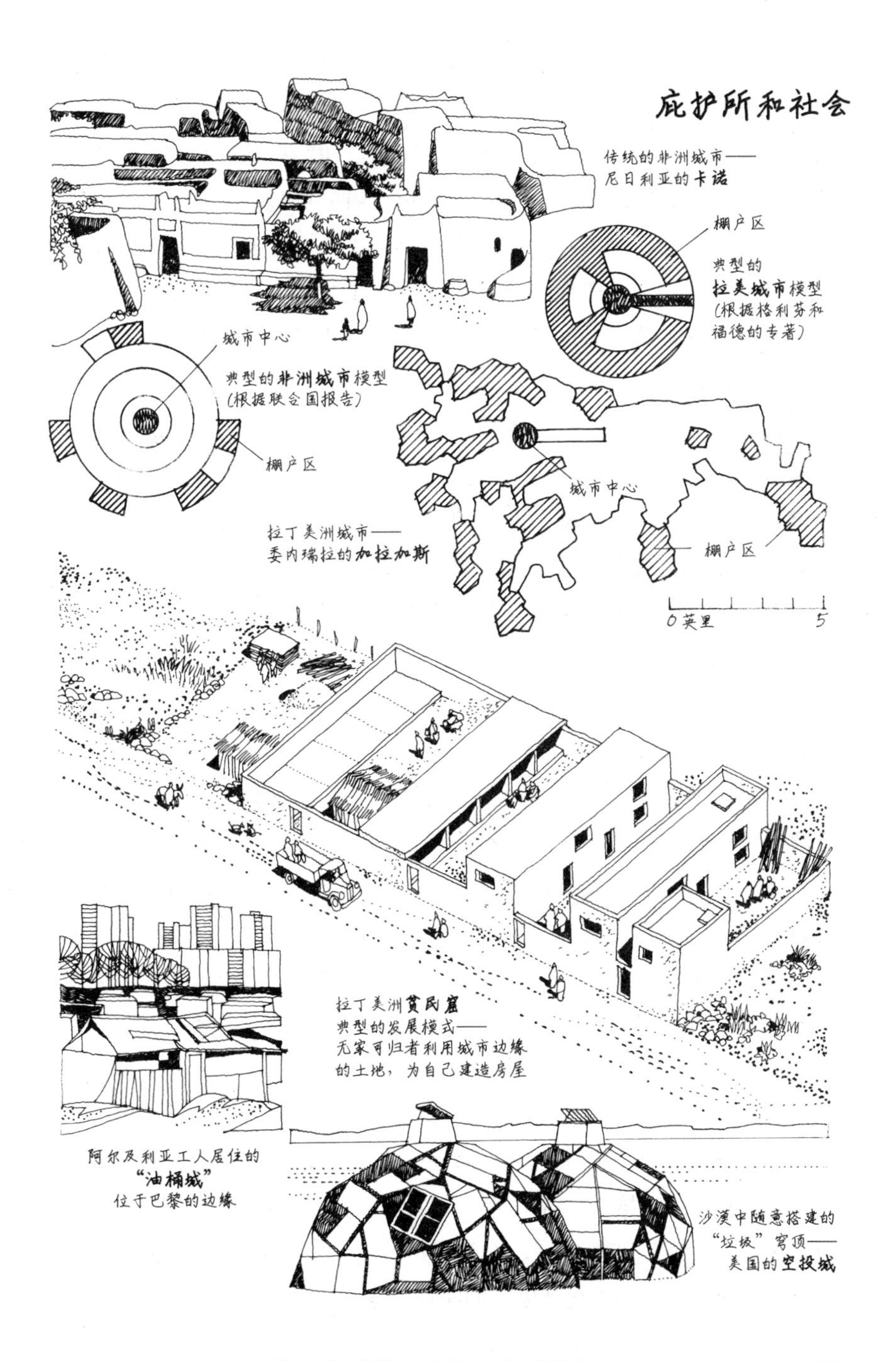
庇护所和社会
传统的非洲城市——
尼日利亚的卡诺
棚户区
典型的
拉美城市模型
(根据格利芬和
福德的专著)
城市中心
典型的非洲城市模型
(根据联合国报告)
棚户区
城市中心
拉丁美洲城市——
委内瑞拉的加拉加斯
棚户区
0英里
5
拉丁美洲贫民窟
典型的发展模式——
无家可归者利用城市边缘
的土地，为自己建造房屋
阿尔及利亚工人居住的
“油桶城”
位于巴黎的边缘
沙漠中随意搭建的
“垃圾”穹顶——
美国的空投城

会，种族主义与贫困问题总是互为关联，最容易引起种族骚乱和民权运动。由于富庶郊区和新城的资源霸凌，老城区的自然资源日益匮乏，人力资源尽在枯竭中，于是它成为“社区行动”运动的焦点。社会活动家们纷纷立下壮志，要夺回对城市环境的控制权。

尽管贫民窟清除工程进行了多年，居住条件恶劣的房屋仍是随处可见。甚至连很多新建住宅区都存在着明显的缺陷和管理不善，成为蓄意破坏的受害者。城市街道交通堵塞，公共服务也很差。越来越多的人开始认识到资本主义制度对世界资源的挥霍滥用，对自然环境的严重污染。1968年，美国和欧洲的抗议运动达到高潮。美国的大学校园出现了好几场反对战争的骚乱；捷克斯洛伐克兴起了追求自由的“布拉格之春”，尽管它遭到苏联坦克的血腥镇压；巴黎爆发了“五月风暴”，工人和学生联盟试图推翻戴高乐政府。无疑，所有这一切有助于结束越南战争——尽管还有其他更加令人信服的理由，比如越南战争给美国所带来的巨额经济负担。

重重压力之下，政客们开始较为密切地关注城市问题，包括内城、种族主义、环境污染、能源危机，以及对地方自治日益增长的需求。从前在环境方面所犯过的错误，得到公开反省。人们还发现，曾经以高昂费用建造的塔式高楼，并不能让社会得到改良，也不受欢迎。由于认识到租户的极端反感，再加上毁坏公物的险象频生，美国圣路易斯的有关部门于1972年做出决定，将此地普鲁伊特·伊戈公寓区建于17年前的部分楼房予以拆除。在某些人尤其是评论家查尔斯·詹克斯（Charles Jencks）眼里，这一事件标志着现代主义建筑的“失败”以及它及时和无奈的终结。这个论断有待商榷。

以不同的方式，所有伟大的现代主义者——达尔文、马克思、弗洛伊德、布莱希特、毕加索和乔伊斯——都是革命家，他们摒弃了资产阶级社会的传统智慧，创造了新的世界观。诚然，唯有超越传统的理论和实践才能让世界变得更好。在最激进的情形下，如20世纪20年代的俄罗斯，现代主义始终在帮助人们实现一场真正的社会革命。也是在这个进程中，有别于资本主义的另类备案得以预演。随着现代主义于20年代和30年代在西欧站稳了脚跟，它成为一种符号，象征着让众人憧憬却未能实现的社会变革。后来，随着战后福利国家体制的建立，社会变革似乎已然来临，现代主义建筑恰好能够赋予它物质的形式。

但是，以构成主义为宗旨的建筑师与他们的战后同行之间存在着根本的区别。对后者而言，自己所处的时代并没有发生任何革命性的大变革。福利国家体制所依据的凯恩斯主义经济学的目的是振兴资本主义，而非与资本主义制度决裂。战后的繁荣与其说是基于社会革命，不如说是基于永久性军备经济、军工复合体和冷战。建筑的使用价值不得不从属于它的交换价值。决定建造什么以及如何建造的主导因素是利润而不是需求。现代主义建筑的外在形式——尽管还不是本质——已经成为市场体系的资产。普鲁伊特·伊戈公寓的失败不是现代主义建筑的失败，而是资本主义制度本身的失败。

社区行动

现代主义建筑始终都在随着持续不断的变化而调整。批评者为便于讨伐，常常将现代主义建筑与还原主义者的论调混为一谈。事实上，为还原主义者所推崇的简单化建筑设计多已遭到唾弃。在1968年前后的几年里，为了回应公众的需求，也为了表达自己的感受，西方的许多建筑师和规划师开始采用人性化的设计方式，以尊重现有城市的物理环境和社会肌理。一些社会学家的社会考察和研究，如威尔莫特（Wilmott）和扬（Young）对伦敦贝思纳尔格林街区的调研，如简·雅各布斯（Jane Jacobs）对波士顿的社会研究，则让规划人员重新认识到传统内城街区的潜在价值。面对街区的重建和开发，他们更倾向于对现有的建筑乃至整个街区予以保留和局部翻新。对已进行开发的街区，他们大多提出分期建设的规划，以维持社区的原有秩序。在英国的实例包括利物浦8号的先驱性棚户区改造项目（SNAP），以及在伦敦北肯辛顿斯温布鲁克（Swinbrook）和默奇森（Murchison）街区的各种住房开发项目。后者由诺丁山住房信托基金、肯辛顿住房信托基金和大伦敦郡议会联合开发。

彼时的英国，低层住宅开始取代高层塔楼，砖、木和其他所谓的“天然材料”取代了不太受人欢迎的混凝土。拉尔夫·厄斯金（Ralph Erskine）为剑桥大学设计的克莱尔学堂（Clare Hall，1969年），还有达尔伯恩-达克事务所（Darbourn and Darke）在伦敦威斯敏斯特街区设计的利灵顿花园住宅区（Lillington Gardens，1970年），均为很好的实例。不少的公共建筑也都在采用非正统的建造方式，如坎伯纳尔德镇的基尔德姆教区教堂（Kildrum Parish Church，1965年）、敏斯特洛弗尔会议中心（Minster Lovell Conference Centre，1969年）和斯内普酿酒麦芽磨坊改建工程（Conversion of the Snape Maltings，1967年）。基尔德姆教区教堂由阿兰·雷奇（Alan Reiach）设计，敏斯特洛弗尔会议中心由泰德·库里南（Ted Cullinan）设计。斯内普酿酒麦芽磨坊改建工程由奥雅纳及合伙人公司主导，应作曲家本杰明·布里顿（Benjamin Britten）的特殊要求，原有的酿酒磨坊被改建为音乐厅。为应对造成所有城市千篇一律的国际式风格的单一性，“区域主义”成为70年代欧洲建筑界的一个重要主题。建筑师开始重新追寻自己的文化根源，并将之融入建筑设计，常用的手法是以巧妙的艺术形式继承本地朴实无华的古老传统。吉安卡洛·德·卡罗（Giancarlo de Carlo）在乌尔比诺的许多设计，包括当地的教育学院（1975年），都是如此。类似手法在西班牙的加泰罗尼亚尤为显著。1975年佛朗哥去世后，加泰罗尼亚的建筑师们引领了一场地方文化的复兴。在巴塞罗那，塞尔特设计的当代艺术中心，是一系列新加泰罗尼亚建筑杰作中的第一座。

越来越多的人认识到地球上的资源并非用之不竭，上述对物理环境和社会肌理的尊重显得更富于意义。一些经济学家，如约翰·肯尼思·加尔布雷斯（John Kenneth Galbraith）和爱德华·米山（Edward Mishan）早就在批评工业化国家某些负面行为，质疑其不受控制的经

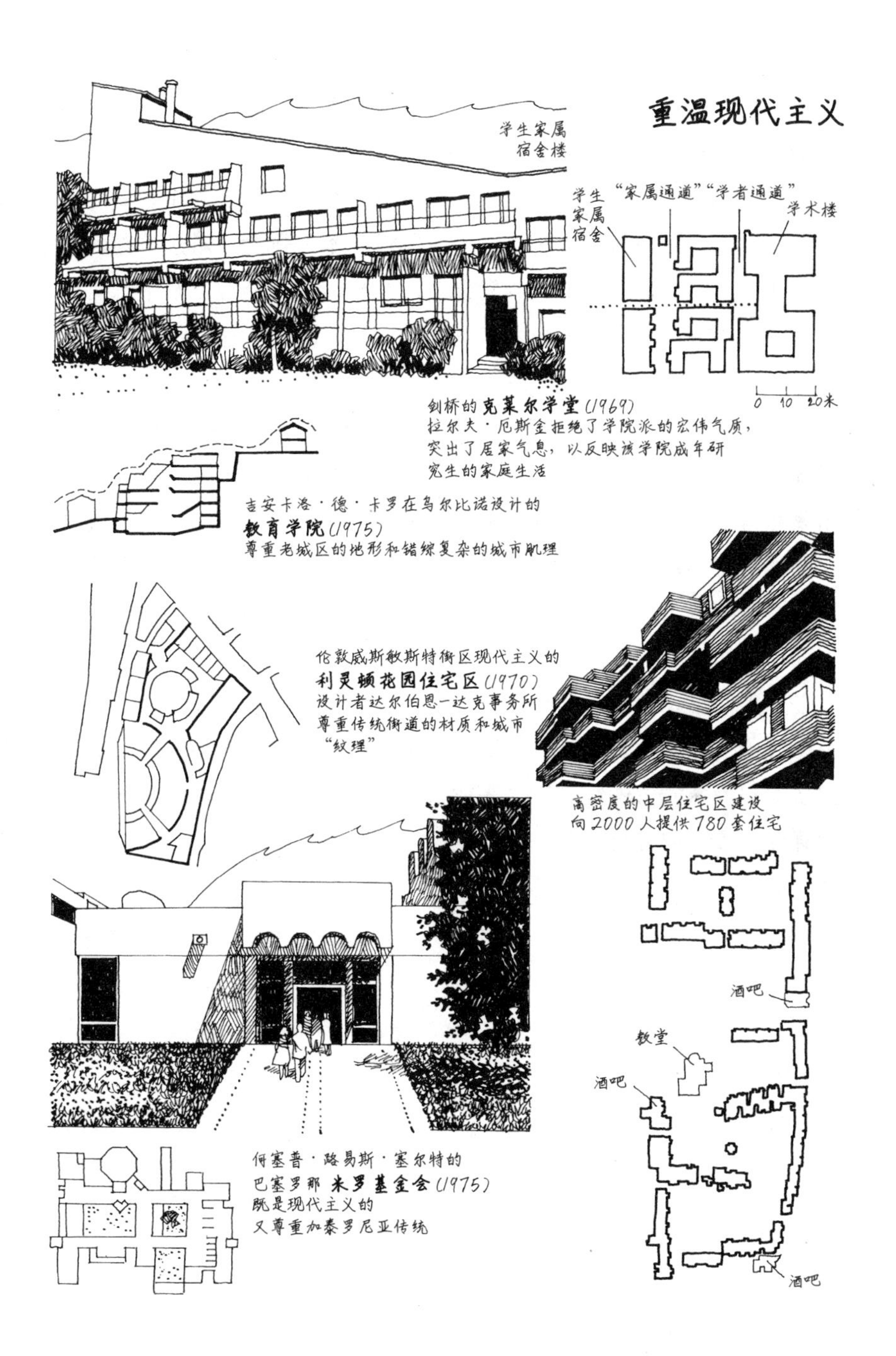
重温现代主义
学生家属
宿舍楼
学生
家属
宿舍
"家属通道""学者通道"
学术楼
0 10 20米
剑桥的克莱尔学堂(1969)
拉尔夫·厄斯金拒绝了学院派的宏伟气质，
突出了居家气息，以反映该学院成年研
究生的家庭生活
吉安卡洛·德·卡罗在乌尔比诺设计的
教育学院(1975)
尊重老城区的地形和错综复杂的城市肌理
伦敦威斯敏斯特街区现代主义的
利灵顿花园住宅区(1970)
设计者达尔伯恩-达克事务所
尊重传统街道的材质和城市
"纹理"
高密度的中层住宅区建设
向2000人提供780套住宅
酒吧
教堂
酒吧
酒吧
何塞普·路易斯·塞尔特的
巴塞罗那米罗基金会(1975)
既是现代主义的
又尊重加泰罗尼亚传统

济增长的可持续性。他们的论点在1972年得到强化，当时，由罗马俱乐部所代表的商业利益集团出版了名作《增长的极限》（*The Limits to Growth*）。1973年，弗里茨·舒马赫（Fritz Schumacher）出版了名著《小的是美好的》，并以“一项把人当回事的经济学研究”作为书的副标题。书中，舒马赫引入了“适当或替代技术”概念，对建筑界的思想发展产生了深远的影响，激发出节能减排、替代能源以及生态友好型建筑技术等新理念——尽管市场的统治地位减缓了这些新理念在实践中的广泛应用。

不无讽刺的是，1973年实则是一个经济上的转折点。它加剧了为市场经济体系寻找替代方案的必要性。那年的阿拉伯-以色列战争和相关的石油危机，标志着世界资本主义又一场重大危机的开始。政客和经济学家们再一次震惊不已。之前流行的观点认为，战后的繁荣似乎能够持续，马克思关于危机必然性的理论早就被当作了耳边风。大家都相信凯恩斯已经解决了生产中的问题，剩下的事不过是如何做到公平分配而已。而今，马克思所预言的危机依然来临。波及全世界的生产过剩，再一次导致利润的下跌和投资的削减。失业率上升，贫困的加剧和消费能力的减弱所带来的低需求，又进一步加剧了生产过剩的痼疾。最终必然是经济上的螺旋式下滑。

第十三章

现代主义之后：1973年至今

面对生产过剩的危机，资本主义一筹莫展，只能听任大规模的资本崩溃，让生产放慢到足以与降低的消费需求相匹配。对于由此带来的物质匮乏和社会混乱，资产阶级自有一套开脱之词：糟糕的局面不无遗憾，但不可避免。直到20世纪70年代末，世界各地的政治环境依然在纵容此类政策的推行，几乎所有的国家都在政治上向右转，其中以英国的撒切尔政府和美国的里根政府最为突出。目的是对资本的毁坏进程施以选择性管理。结果是以牺牲工业部门的利益为代价保护金融资本，以牺牲公众的利益为代价保护私人企业。一系列反社会福利、反工人阶级的社会政策纷纷出笼，贫困和泛滥成灾的失业现象成为现实生活中的新常态。这一切最终殃及全球：发达的工业国家出现失业大潮；东方集团（Eastern bloc）[①]走向贫困；新兴的工业化国家实行低薪制并任由工作条件恶化；第三世界国家的穷困和饥荒进一步加剧。

随着公共开支的减缩和公共服务部门的私有化，发达工业国家之前所建立的福利体制面临巨大的挑战，各项福利开支都遭到大幅度削减。住房计划尤其首当其冲。以英国为例，在其20世纪60年代建造的

① 东方集团为冷战期间西方阵营对中欧及东欧的前社会主义国家的称呼，其范围大致为苏联和华沙条约组织的成员国。——译注

住房里，一半由公共部门出资，年竣工的住房量为30万户。1970年前后，达到40万户的高峰值。到了80年代后期，则下降为每年18万户，且大部分由私营企业拥有。如果说大型公共部门的地产开发区是60年代欧美的特有现象，80年代的标志则是配有电动门、摄像头和保安人员的私家住宅区。与此同时，伦敦的无家可归者激增。在任何一个夜晚，都会有数百名流浪者露宿街头，数千人寄身于拥挤和廉价的旅舍。1989年，英国宗教慈善公益组织“救世军”（Salvation army）的一份报告指出，如今在伦敦有个不为外人所知的贫民区，其规模之大，与拉丁美洲城市的同类不相上下。

社会价值观的翻天覆地并非一蹴而就。福利国家体制曾经广受欢迎，但到了80年代，各地出现了所谓的新右派。右翼思想日渐猖獗。他们开始公然叫嚣反工会、反社会主义、反现代主义，时常还表现为仇外乃至走向种族主义。所有这些论调都披上了民粹主义的外衣。新右翼派所营造的社会氛围，让那些撕裂社会的政策有机可乘。

建筑理论自然也受到影响。在一些新撒切尔主义经济学根深蒂固的国家，特别是英国，跳出了不少的批评者。借着指责现代主义建筑的社会主义倾向，他们将自己的政治保守主义与反现代主义建筑的主张合二为一。20世纪70年代，英国兴起了一场颇富号召力的保护主义运动，以拯救历史建筑和老城中心，使之免受盛行于60年代现代主义重建之风的破坏。这个时期出版的书籍，包括大卫·沃特金（David Watkin）的《道德与建筑》（1977年）、罗杰·斯克鲁顿（Roger Scruton）的《建筑美学》（1979年）等，致力于推广反马克思主义的建筑史观，倡导古典主义建筑风格。《乡村生活》杂志，其主编马克·吉鲁瓦德（Mark Girouard）和他的著作《英国的乡村庄园》（1978年），以及许多古装电视剧制片人，都在为英国的乡村庄园大唱赞歌，它们不仅拥有完美的建筑形式，还是一种值得推崇的社会制度。最具影响力的是，查尔斯王子成为批评现代建筑的代言人和古典主义的支持者。

由于理论对实践的影响，重拾昔日的设计风格变得更为合乎潮

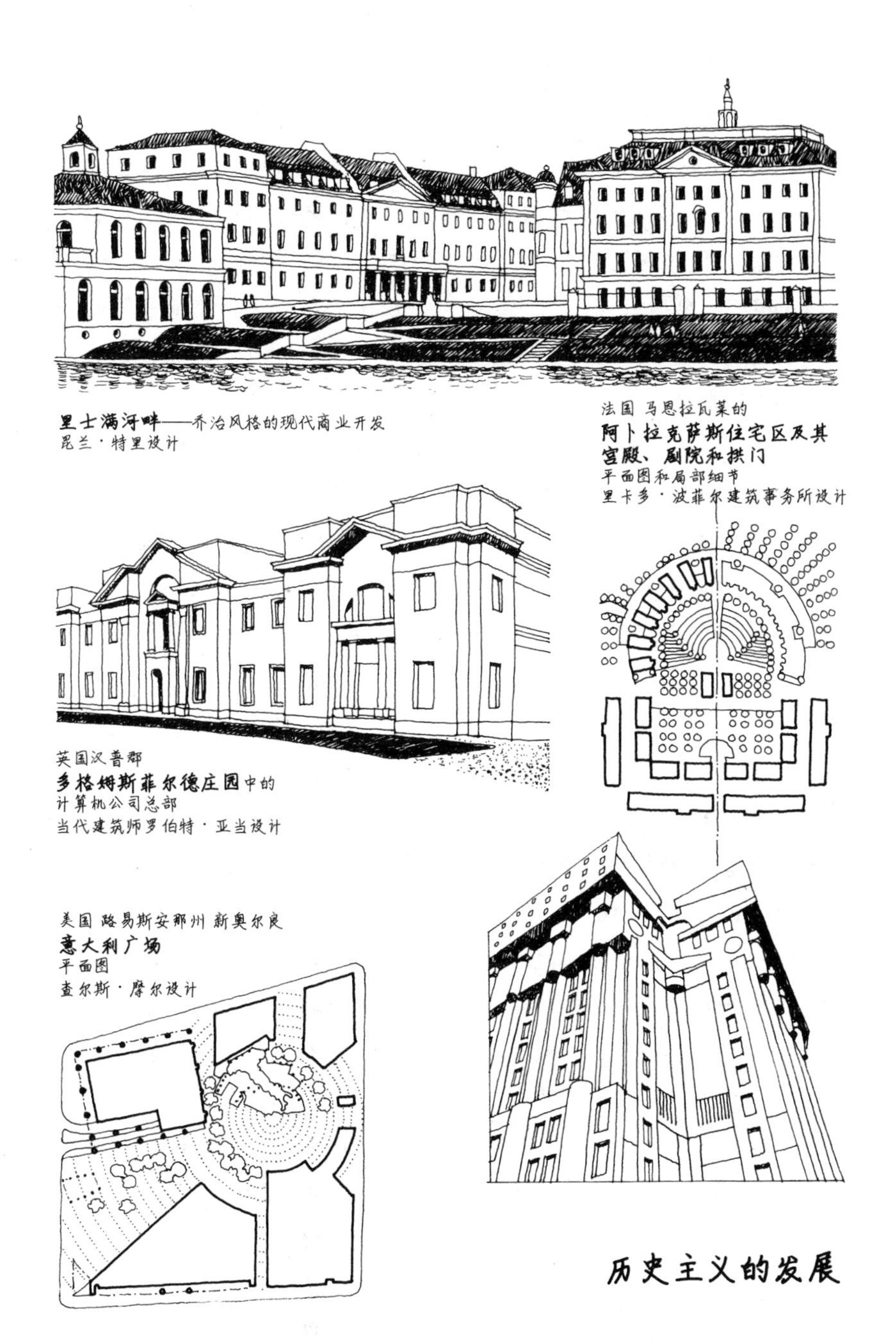

里士满河畔——乔治风格的现代商业开发
昆兰·特里设计

法国 马恩拉瓦莱的
阿卜拉克萨斯住宅区及其宫殿、剧院和拱门
平面图和局部细节
里卡多·波菲尔建筑事务所设计

英国汉普郡
多格姆斯菲尔德庄园中的
计算机公司总部
当代建筑师罗伯特·亚当设计

美国 路易斯安那州 新奥尔良
意大利广场
平面图
查尔斯·摩尔设计

历史主义的发展

流。在60年代，像雷蒙德·埃里斯（Raymond Erith）这样的历史主义建筑师，只能被现代主义浪潮所淹没。而今，其衣钵传人昆兰·特里（Quinlan Terry）和罗伯特·亚当（Robert Adam）[①]时来运转。两人一起拿下了多项重要部门和商业机构的合同，如剑桥大学王后学院的翻新、伦敦附近里士满河畔办公楼开发项目，还有对阿姆达尔（Amdahl）计算机公司总部的扩建——位于汉普郡多格姆斯菲尔德庄园（Dogmersfield Park）——后改为酒店。上述所有项目全都是古典主义风格的翻版。

古典复兴只是建筑界走向历史主义巨浪之下的一朵小浪花。这一波巨浪后来称为后现代主义运动。吊诡的是，其主要的理论来源并非政治上的右派，而是欧洲那些幻想破灭的左派，他们的政治观自1968年以来开始向右倾斜。后现代主义的源头当是“布拉格之春”和“巴黎事件”的残梦，再加上1973年的经济危机，革命之路不再是一往无前。鉴于资产阶级国家的财政紧缩和福利性资本主义的衰落，即便是渐进式社会变革也变得难以实现。似乎有必要与资本主义达成某种妥协。理智上，这么做合乎现实。毕竟，如今的现状已不同，尽管不无遗憾，却不可避免。

在文学理论领域，后现代主义始于法国人罗兰·巴特的结构主义，继而出现了福柯的后结构主义和德里达的解构主义。总的目标依然是向资产阶级社会提出挑战，但尽管如此，以启蒙运动和19世纪实证主义之确定性为根基的现代主义，其发展历程业已结束。取而代之的是一个动荡的世界，充满了不确定性、相对性和讽刺性，隐含着各种难以言说的意味。后现代主义开始影响到文化领域的方方面面，从巴勒斯（Burroughs）、冯内古特（Vonnegut）、品钦（Pynchon）、村上春树（Murakami）等作家的小说，到大卫·林奇（David Lynch）和昆

① 此罗伯特·亚当是当代建筑师，与18世纪著名的苏格兰建筑师罗伯特·亚当同名。本书第八章对后者有所介绍。——译注

汀·塔伦提诺（Quentin Tarantino）的电影。

1977年，随着查尔斯·詹克斯《后现代建筑语言》一书的问世，后现代主义成为建筑领域的时尚。詹克斯在书中提出了与文学理论家相同的论点：今日世界与昔日之现代主义的结构性断裂已成定局。他还进一步指出，接下来必然会出现一整套各式各样的新风格，诸如乡土风（Vernacular-Popular）、隐喻（Metaphorical）、碎片主义（Adhocist）、历史主义-地方主义-多元性（Historicist-Regionalist-Pluralist）等。它们将极大地丰富建筑的语汇。詹克斯的同行保罗·戈德伯格（Paul Goldberger）对此评论道，各种不同风格之所以能结合起来，在于它们一致反对现代主义建筑所代表的理念。后现代主义建筑运动另一代表性人物是罗伯特·文丘里（Robert Venturi）。在他早期设计的费城行会之家公寓（1960年）和万纳·文丘里住宅（1962年），以及专著《建筑的复杂性和矛盾性》（1977年）中，文丘里开始抨击单一思维、过于强调功能的现代主义理念，并通过特意的折中混搭和公然的平庸风格，倡导充满诙谐而模棱两可的复杂性。越来越多的建筑体现了同样的特征：查尔斯·摩尔（Charles Moore）为路易斯安那州新奥尔良市设计的意大利广场（1975年），充满了古典主义的片段，却全然没有古典主义的肃穆沉闷，可谓一种戏谑性的新古典主义；迈克尔·格雷夫斯（Michael Graves）为俄勒冈州波特兰市设计的市政厅（1983年），看上去活像一个礼品包装盒。纽约的美国电话电报公司办公楼（1982年）是一座摩天大楼，仿佛一件巨大的齐本德尔（Thomas Chippendale）式立柜，其设计人菲利普·约翰逊曾经是一位现代主义建筑师，与密斯时有合作。

在英国，随着对克罗尔画廊（Clore Gallery，1987年）的设计，之前的现代主义建筑师詹姆斯·斯特林也开始走向历史主义。克罗尔画廊是伦敦泰特美术馆的扩建工程，通过从比例上模仿美术馆的入口门廊，斯特林的设计呼应了美术馆原有的历史文脉（不过，斯特林意在空间而非实体）。在伦敦市中心的国家美术馆扩建工程中，查尔斯王子反对英国建筑师的现代主义设计方案，称其为挚友优雅之脸上生出的痈疮。文丘里和丹尼斯·斯柯特-布朗（Denise Scott-Brown）随即受到邀请，设计了一栋后现代主义风格的塞恩斯伯里翼楼（Sainsbury Wing）。他们沿用了美术馆设计人威尔金斯（Wilkins）当初所采用的建筑材料和细节，却充满了调侃和反讽。在法国巴黎郊外的伊夫林省圣康坦新城（St Quentin-en-Yvelines），西班牙建筑师里卡多·波菲尔（Ricardo Bofill）以新古典主义风格，设计了一组带有拱廊的公寓群（1981年），庞大的公共住宅区充满了戏剧性建筑风格，让居住其内的居民变成了建筑师笔下大场景里的小角色；在意大利的摩德纳（Modena），阿尔多·罗西以新古典主义手法设计了圣卡塔尔多公墓（1971年），近乎原汁原味的新古典主义风范恰如其分地凸显了公墓的主题；在日本的山口县，相田武文以精明机智的玩笑方式，用淳朴的天然材料设计了一栋积木之家（Toy Block House，1979年），整栋大楼状似一堆儿童积木，其底层是医疗中心，上方为住宅。

后现代主义建筑师对现代主义建筑的反叛，其实不仅仅是对某一风格的拒绝，更是对后者之严肃世界观的背离，他们再不愿像现代主义建筑师那样关注社会的变革。世界并没有如后现代主义者[①]所说的那般发生了变化，资本主义依然存在，它引起的社会矛盾比以往的任何时候都更加突出。建筑师需要解决的难题——无家可归者的不断增多、住房计划的流产、资源的浪费、城市环境的持续恶化——比以往任何时候都更加紧迫。建筑师却越来越没有信心做出改善。于是他们干脆躲进对风格、对历史文脉、对诙谐讽刺的追求，而不再直面社会。有意无意间，这一行为迎合了盛行于当时的右倾政治。后现代主义建筑兴起于福利性建筑衰落之际绝非偶然，它成为商业时代所追捧的风格顺理成章。

① 结合上下文，作者的本意应该指“现代主义者”，写为“后现代主义者”疑是笔误。——译注

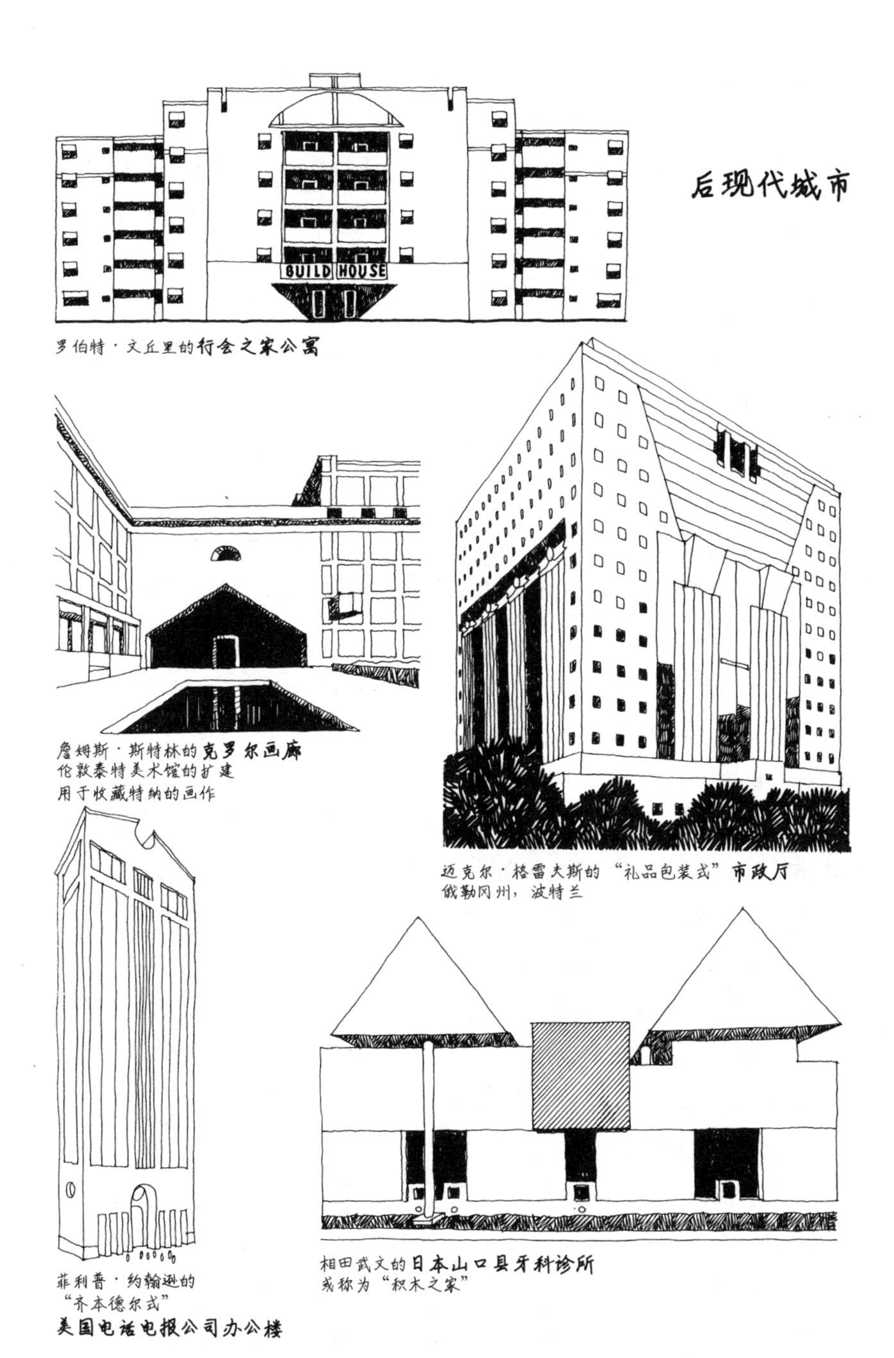
后现代城市
BUILD HOUSE
罗伯特·文丘里的行会之家公寓
詹姆斯·斯特林的克罗尔画廊
伦敦泰特美术馆的扩建
用于收藏特纳的画作
迈克尔·格雷夫斯的“礼品包装式”市政厅
俄勒冈州，波特兰
菲利普·约翰逊的
“齐本德尔式”
美国电话电报公司办公楼
相田武文的日本山口县牙科诊所
或称为“积木之家”

20世纪80年代中期，西方国家此前所实施的资本保护政策开始发酵。各地城市工人阶级的失业和贫困现象日益加剧。富有阶级反而更加富有，两大阶级之间的差距越来越大。所有这些体现于商业建筑的建造如雨后春笋：市中心新开发的办公楼光鲜亮丽，购物中心和超市与其周边破旧的内城形成鲜明的对比。一个著名的例子是理查德·罗杰斯为保险大鳄劳埃德公司在伦敦设计的大厦（1986年）。整栋建筑醒目突出，全部以金属贴面，粗细参差的管道裸露在外，看上去颇富美国科幻电影《银翼杀手》的末日美学特征。大厦成为20世纪后期高技派建筑的代表作，弥漫其间的现代主义意象显而易见，尽管它不带有任何社会目的性。

更大规模的实例是始于1980年的伦敦东区旧码头重建。那里曾经是伦敦的主要工业区，遭遇了历时20多年的衰退。到80年代初，当地成千上万的居民饱尝失业和家园破败的苦痛。新开发机遇来临之际，本应为当地居民提供住房和就业机会。相反，通过一个特殊的代理机构，政府将重建工作交给了房地产投机商，任由他们盖起了大量过剩的商业建筑。最突出的便是金丝雀码头区开发，其总建筑面积超过100万平方米，包括各式各样的办公楼、广场和购物中心，主体建筑是当时伦敦最高的办公楼——加拿大广场一号楼（One Canada Square），由阿根廷建筑师西萨·佩里（Cesar Pelli）设计。

在许多后工业化城市，随着资本向商业领域的转移，大批开发商利用短暂的信贷繁荣，将日渐衰落的工人居住区重塑为时髦的商住综合区，以满足那些从金融市场获利群体的生活方式。在巴黎的拉德方斯（La Défense），从卢浮宫到香榭丽舍大街“历史轴线”的尽头，一个崭新的办公楼和住宅综合区取代了昔日的棚户区和小市场；在巴塞罗那邻近市中心的地段，原先老旧的波布雷诺（Poblenou）工业区被改造为新伊卡利亚（Nova Icaria）高档商住综合区；在纽约的炮台公园城（Battery Park City），昔日的廉租房被改造为一片巨大的办公楼和豪华住宅开发区，长长的滨水大道面朝着哈德逊河；在洛杉矶市中心的邦克尔山（Bunker Hill）一带，原有的破败居民区摇身一变，成为簇拥着办公楼和高大上公寓的新城区。

东南亚的一些老城中心开发更为壮观。在香港中环和新加坡滨海艺术中心，密集雄伟的摩天楼，如雨后春笋般拔地而起。从东京到吉隆坡，类似的景象遍及亚洲。有时，高耸的大楼力图呈现国际式高科技风格，如诺曼·福斯特在香港设计的香港和上海汇丰银行大厦（1986年）。但日益增多的迹象表明，尽管目的大多是出于商业考量，建筑师开始回归当地的建筑传统。在争取投资者的竞争中，对城市来说重要的是通过一个地域形象来突出自己的独特身份——纵然这种表象的“地域主义”常常只是其背后的国际资本的一个面具。马来西亚建筑师杨经文（Ken Yeang）对新地域主义的理论与实践均做出了巨大贡献，自他在吉隆坡设计的“双屋顶”住宅（Roof-Roof House，1985年）开始，到他后来设计的建筑大多秉承类似的理念，其中又以雪兰莪州的梅纳拉商厦（Menara Mesiniaga，1992年）最为著名。

在80年代，“全球化”这个术语开始流行，以此描述远超国家或地区边界的世界性经济体系。这并不是一个新概念。1848年，马克思和恩格斯就描述了一个在全球范围内不断扩张的市场。

> 全球化意味着必须随地筑巢，到处生根，建立无所不在的联系。资产阶级通过对全球市场的开发和剥削，让每个国家的生产和消费都带上世界性特征……由此取代原有的地域隔离和自给自足，人们在各个领域广泛交流，各国之间相互依存。

经济领域的全球化同样体现于知识和创造力层面，世界最著名建筑师的作品纷纷走向国际。为了寻找投资项目，金钱在世界各地流转，建筑师紧随其后。其结果是，自20世纪末到21世纪初，世界上涌现出一大批前所未有极为壮观的建筑，其强大的意象堂而皇之地映照出各自主人的财富和政治力量，当然还有设计师的专业智慧。在许多人眼里，一些风靡于20世纪70年代的公共建筑，如悉尼歌剧院和蓬皮杜中心，已达到当代建筑的巅峰。其实那只是一个开端，接下来的城市中心大开发才是真正的雄心勃勃。越来越多的城市政要越过国家政府直接呼唤国际资本。一座强盛的城市应该制定其文化方面的政策，将自己打造为适合企业落户和商界精英居住的地方。除了税收减免、廉价劳动力和低门槛的工会组织，城市还可以提供光鲜耀眼的购物中心、豪华住宅以及新型的文化、体育与休闲娱乐设施。

城市更新

能够成功举办奥运会、世界杯足球赛或国际博览会的城市可能会发现，此举为它们的招商引资——无论在金融还是专业领域——都提供了催化剂。巴塞罗那借着举办1992年奥运会的东风，建造了大量的体育设施，包括矶崎新设计的圣乔治宫体育馆，以及E. 波内尔（Esteve Bonell）与F. 里乌斯（Francesc Rius）合作设计的自行车场地赛馆。建筑师V. 格雷戈蒂（Vittorio Gregotti）负责重建了蒙锥克（Montjuic）山上的老体育场。建于新伊卡利亚高档区的奥运村，在运动会期间向运动员提供住宿，赛后则作为商品房销售。许多其他工程也得以实施，包括圣地亚哥·卡拉特拉瓦（Santiago Calatrava）设计的新公路桥，诺曼·福斯特设计的、刻意使之略高于埃菲尔铁塔的科尔赛罗拉电信塔，以及一条围绕着整个城市中心的高速环路。此外，为行人开垦的滨水区、新海滩、码头、水边购物中心和一些豪华酒店，也都是奥运工程的子项目，为城市物质环境的改善打下了根基。

当然，城市的改善绝不能单靠一次性国际事件，重要的是着眼于长期投资。如今的巴塞罗那已纳入“南欧之北”长期大开发计划。这一高科技产业区从西班牙北部途经蒙彼利埃一直延伸到普罗旺斯。因其历史悠久的加泰罗尼亚-朗格多克（Catalan-Languedoc）特征，该地拥有一种文化上的独立性，有别于法国和西班牙的其他地区。在此，各城市试图保持强大的地方经济，使自己的经济基础多样化，并吸引新型工业。巴塞罗那于是有能力维持其公共部门的运作，继续建设低成本住房，在改善市政设施之时，立足于全体市民的利益。城市中新建的公共空间超过100多处。其中的很多处安置了由马里斯卡尔（Mariscal）、利希滕斯坦（Lichtenstein）、欧登伯格（Oldenburg）和其他人创作的雕塑，或高峻崔嵬或小巧玲珑，但都在以某种方式为社区生活增光添彩。

内环路对城镇景观的改善同样是功不可没。在途经港口之际，它部分地隐入新建的步道长廊（the Moll de la Fusta）之下。在它最大的交叉路口一带，建造了庞大的特尼达立交桥公园（Parc de la Trinitat）；在靠近老斗牛场的地段，建造了胡安·米罗公园（Parc de Joan Miró），内有湖泊、树荫成行的人行道、图书馆和一座米罗风格的方尖碑。在桑茨火车站（Sants Railway Station）外，建造了带有弯曲钢制遮阳篷的加泰罗尼亚广场（Plaça dels Països Catalans）；不远处是工业园区，内有高迪风格的塔楼；通往蒙锥克山的坡地上，从前的采石场如今是风景秀丽的拉佩德雷拉墓地（Fossar de la Pedrera），专为纪念加泰罗尼亚战争中的死难者而建；在太阳广场（Puerta del Sol）新铺的路面下，开辟了一座地下停车场，让格拉西亚小区（Gracia District）[①]的路面街道复归行人使用。甚至在拥挤的旧城中心，小型的公共空间也是随处可见，如乔治·奥威尔广场及其俏皮的金属雕塑，摩雷雷斯墓地纪念广场（Fossar de les Moreres）[②]及其庄严的花岗岩纪念碑，后者是为了纪念加泰罗尼亚历史上的先烈。

巴塞罗那改善城市的举措被誉为其他城市的榜样。1999年，英国皇家建筑师学会授予该市年度皇家建筑师学会金奖，这一荣誉通常只颁发给杰出的个人。当然，巴塞罗那的规划也遭到激烈的批评。2004

---

① 又译为“恩典区”。——译注

② 又译为“桑椹之墓”。——译注

年，一群当地的活动家举办了“抵抗组织论坛”，强烈抨击了同年另一场让巴塞罗那备受瞩目的重要活动——“世界文化论坛”。他们批评文化论坛以市场为导向的方针，并指出市政府决策所支持的其实是投机者和赞助商，而非当地居民。对旅游业的过度依赖，让巴塞罗那的城市生活变得商业化，有关城市未来的发展不重视生态可持续性，也缺乏让大众参与的民主辩论。通过对比，批评者还指出，大批巨额资金被用于商业性重建项目，用于改善残破的工人街区的资金却明显不足。

但是，海外资本一如既往源源不断地流入巴塞罗那以及类似的城市，建筑师们接踵而至。在这个过程中，一座高效的国际机场成为必不可少的重要工具。1992年，巴塞罗那重建了巴塞罗那机场，设计人是本地建筑师里卡多·波菲尔。诺曼·福斯特在斯坦斯特德设计了伦敦的第三座机场（1990年）和香港赤腊角机场（1996年）。赤腊角机场建筑面积超50万平方米，是有史以来建成的屋顶覆盖面积最大的空间。与伦佐·皮亚诺设计的日本大阪关西机场（1994年）一样，它也是建于从附近海域填海造地的基址之上，势必要解决由此引发的额外问题。两者的设计均采用了国际化风格，但日本建筑师黑川纪章设计的吉隆坡新机场（1998年）以地方风格取胜，让游客一下飞机就能够感受到马来西亚的文化特色。斯坦斯特德机场可能是第一座现代化机场[①]，其屋顶采用了轻型格网状结构和玻璃，让光线进入，给人通风良好和空间开敞的印象。福斯特在设计香港赤腊角机场时采用了相同的原理。斯图加特机场（1992年）和巴黎戴高乐机场高速列车中转站（1994年）是该设计原理的进一步发展。前者带有树状屋顶结构，由迈恩哈德·冯·格尔肯（Meinhard von Gerken）设计，后者采用了复杂的格网状结构，由保罗·安德鲁（Paul Andreu）与让-玛丽·迪蒂耶尔（Jean-Marie Duthilleul）合作设计。

---

① 该机场的智能化热量再生系统能够将其业务运营空间中的热量加以回收，从而使建筑处于最低的热耗水平。——译注

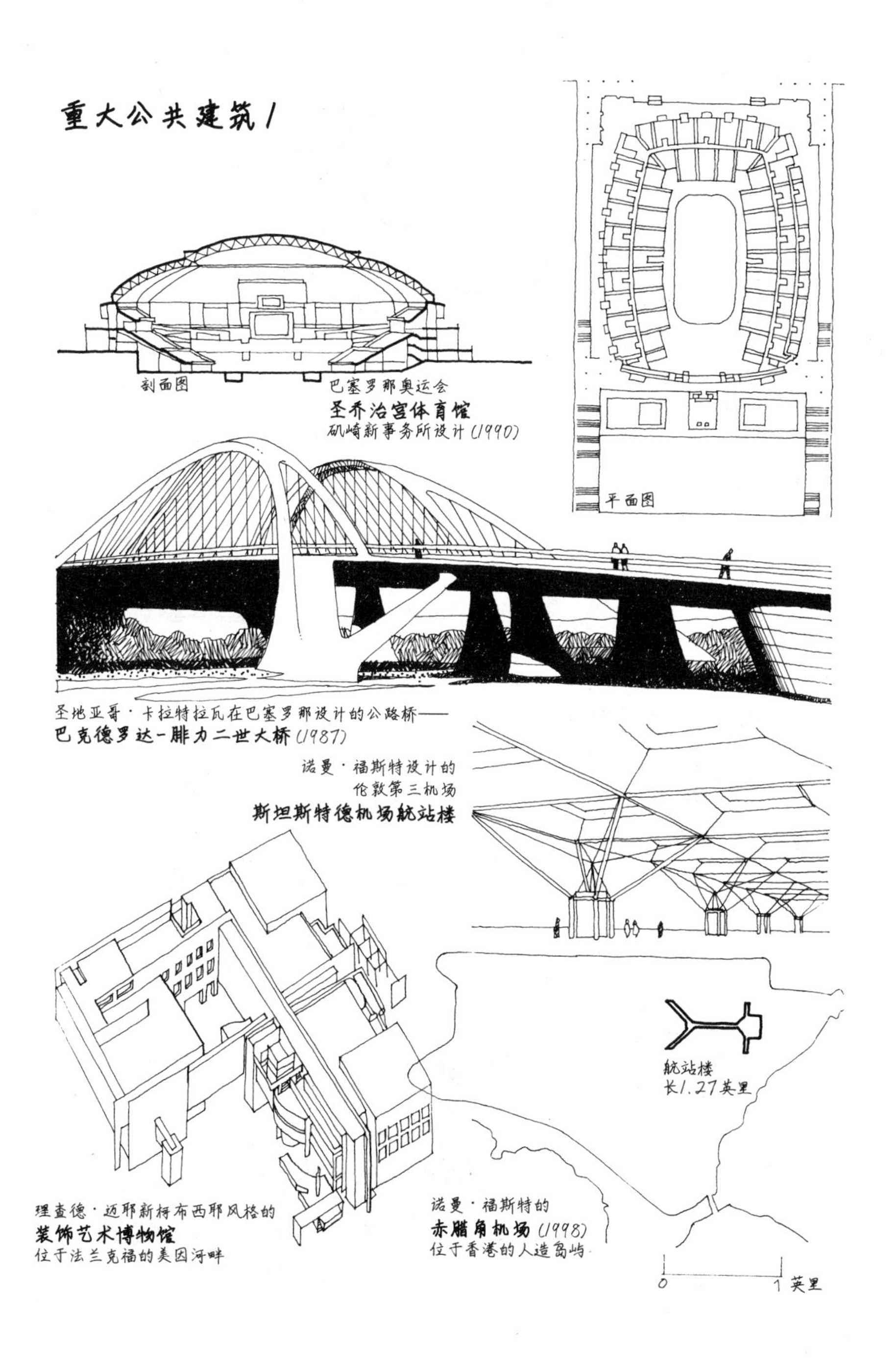
重大公共建筑/
剖面图
巴塞罗那奥运会
圣乔治宫体育馆
矶崎新事务所设计(1990)
平面图
圣地亚哥·卡拉特拉瓦在巴塞罗那设计的公路桥——
巴克德罗达-腓力二世大桥(1987)
诺曼·福斯特设计的
伦敦第三机场
斯坦斯特德机场航站楼
航站楼
长1.27英里
理查德·迈耶新柯布西耶风格的
装饰艺术博物馆
位于法兰克福的美因河畔
诺曼·福斯特的
赤腊角机场(1998)
位于香港的人造岛屿
0
1 英里

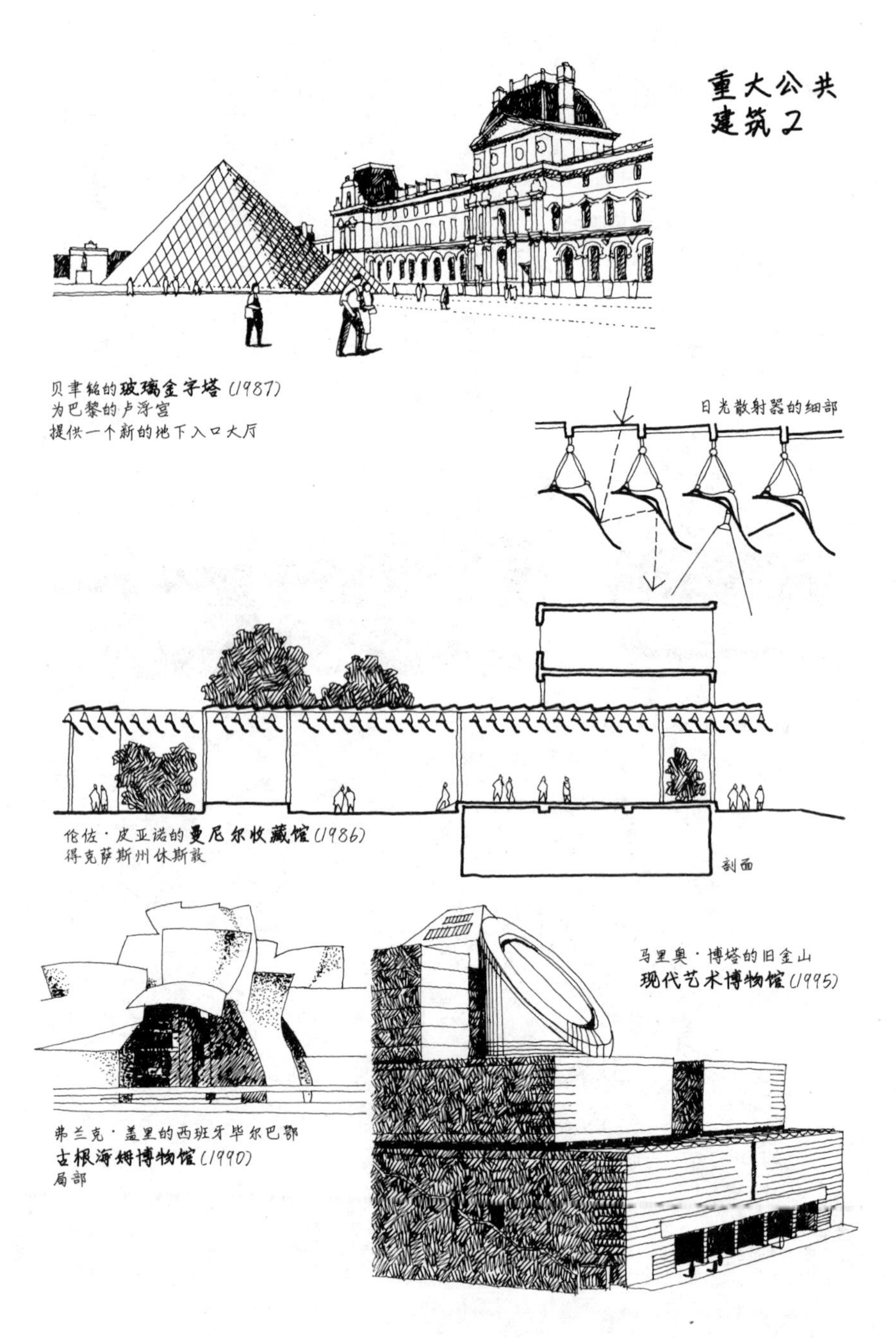
重大公共
建筑2
贝聿铭的玻璃金字塔(1987)
为巴黎的卢浮宫
提供一个新的地下入口大厅
日光散射器的细部
伦佐·皮亚诺的曼尼尔收藏馆(1986)
得克萨斯州休斯敦
剖面
马里奥·博塔的旧金山
现代艺术博物馆(1995)
弗兰克·盖里的西班牙毕尔巴鄂
古根海姆博物馆(1990)
局部

最能体现一座城市文化特征的建筑非文化建筑本身莫属。20世纪后期，城市之间的经济竞争往往围绕着博物馆、艺术画廊和文化中心展开。因为各自所处的地理位置和著名建筑师的独具匠心，其建筑形式丰富多彩。在法兰克福装饰艺术博物馆（1985年）和巴塞罗那当代艺术博物馆（1995年），美国建筑师理查德·迈耶（Richard Meier）发展出新柯布西耶的建筑风格，优雅别致。在西班牙的拉科鲁尼亚人类科学馆（Domus，1995年），为呼应基址所面对的浩瀚大海，矶崎新与波特拉（Portela）合作设计了一座令人震撼的庞然大物。与之形成鲜明对比的是鹿特丹自然历史博物馆（1991年），设计人艾瑞克·范·埃赫拉特（Erik von Egeraat）对原有老馆的扩建，含蓄内敛。在法国巴黎，贝聿铭为历史悠久的卢浮宫设计了一座著名的玻璃金字塔（1987年）作为入口大厅。同年，让·努维尔（Jean Nouvel）在巴黎设计的阿拉伯世界文化中心成功落成，其复杂的高科技设计对伊斯兰建筑的传统形式和图案做出了新的诠释。在法国尚贝里，马里奥·博塔（Mario Botta）设计了安德烈·马尔罗文化中心，一系列几何形体块强健有力。

加拿大裔美国建筑师弗兰克·盖里（Frank Gehry）的成名作是德国威尔-安-莱茵的维特拉设计博物馆（1988年）。随着毕尔巴鄂古根海姆博物馆（1990年）的问世，盖里震撼人心的表现主义风格享誉全球。毕尔巴鄂古根海姆博物馆构思大胆，它原是为了给衰败中的工业城市招商引资，盖里的设计突出了巴斯克地区独特的文化特征。不久，它所产生的影响被誉为“毕尔巴鄂效应”，刺激了更多城市大加效仿类似的“旗舰效应”。截至2001年，从里约热内卢到纽约，一大批市政当局纷纷向古根海姆基金会发出邀请，希望该基金会能够落户自己的城市，建造一座同样的博物馆。

美国拥有大量的私人收藏，长期以来始终站在博物馆设计领域的最前沿。赖特在纽约设计的第一座古根海姆博物馆，至今仍然是最著名的现代主义建筑实例。1986年，伦佐·皮亚诺设计的休斯敦曼尼尔收藏馆（Menil Collection at Houston）向公众开放，小小的建筑优美内敛，其精华尤见于屋顶设计，为世上最好的超现实主义艺术收藏地之一创造了理想的照明条件。与之形成对比的是马里奥·博塔设计的旧金山现代艺术博物馆（1995年），由砖石建造的后现代主义之风强悍有力。

在日本，现代主义建筑师安藤忠雄设计了大阪府立飞鸟博物馆（1993年），其形式与近处的中世纪墓地群结合得恰到好处。黑川纪章设计的和歌山县立近代美术馆/博物馆（1991年），以传统形式创作出一幅现代主义钢筋混凝土的建筑杰作。高松伸设计的植田正治写真美术馆（1995年），同样谱写了一曲现代主义钢筋混凝土篇章。

与其他资本主义国家相比，英国在建造或修缮博物馆方面最为滞后。但到了2000年，为庆祝千禧年，英国启动了不少相关的改建和扩建项目。伦敦泰特现代美术馆由从前的旧发电站改建，设计人是瑞士的赫尔佐格和德梅隆事务所（Jacques Herzog and Pierre de Meuron）。大英博物馆的大中庭改造由诺曼·福斯特事务所负责，他们在建筑师斯默科（Smirke）当初设计的阅览室四周，重建了一个优雅、利用计算机辅助设计的大玻璃屋顶，创造出一个新型的室内空间。在古老的工业城镇沃尔索尔（Walsall），卡鲁索圣约翰事务所（Caruso St John）设计的新艺术画廊，以其地道的赤陶墙面，营造出当地的“毕尔巴鄂效应”。

回到1958年的哥本哈根郊外，当地建筑师约尔根·博（Jørgen Bo）和威廉·沃勒特（Vilhelm Wohlert）小试牛刀，将一栋丹麦传统风格的乡间住宅路易斯安娜公馆改建为博物馆。改建后的路易斯安娜现代艺术博物馆是所有现代博物馆的典范。甘当无名英雄的建筑，为艺术品的收藏和展览提供了上好的依托，建筑本身则与其周围的景观（波罗的海岸边一片树木繁茂的地段）形成了天衣无缝的绝配。这才是现代建筑应有的精髓。到20世纪末期，除了少数值得称赞的例外，博物馆和美术馆建筑恰恰走向它的反面。参观博物馆的过程变成了一场建筑之旅，作为收藏之地的建筑，反倒比收藏品更为显要，许多展品却相形见小，小到令人难以置信。事实上，后现代主义建筑的本质是形式已盖过内容。

但无论如何，人们依然希望建造出像毕尔巴鄂古根海姆博物馆那样的奇妙建筑，以刺激更大规模的城市改善。建筑师常常将自己当作整个城市环境的调控者，持此观念的最著名人物应该是勒·柯布西耶了。对许多建筑师来说，城市规划不过是大规模的建筑设计。以巴黎为例，在对奥斯曼的老城中心实施大规模改造的宏伟项目中，蓬皮杜文化中心和卢浮宫金字塔只是其中两个。此外，在老城中心以东，有乌拉圭建筑师卡洛斯·奥特（Carlos Ott）设计的巴士底歌剧院（1983年），其高度透明平易近人的平民化特征，与加尼耶设计的巴黎歌剧院形成强烈对比，后者仅仅为资产阶级打造。往北，经过瑞士建筑师伯纳德·屈米（Bernard Tschumi）的规划设计，昔日的养牛场和屠宰场变成了拉维莱特公园。按照屈米的解构主义原则，广阔的绿地之上如今散置着各式各样用于休闲和教育的小建筑。往西，巨大的拉德方斯商业区再度扩展，增建了包括新凯旋门（Grande Arche，1989年）在内的众多新建筑。新凯旋门由丹麦建筑师约翰·奥托·冯·施普瑞克尔森（Johan Otto von Spreckelsen）设计。它兼具办公楼、广场和纪念碑功能，矗立于巴黎历史轴线的最尽头，为纪念法国大革命二百周年而建。

城市可供开发的区域越来越大。随着传统重工业的衰退，一批批工厂区、铁路货场和码头被推倒重建，建筑师们发现自己已接到委托，负责整个地区的设计。20世纪60年代，因其专制独裁的色彩，“总体规划”这个术语信誉尽毁。而今，它再度成为建筑师的口头禅。乍一听，很容易让人以为城市正得到极大的改善，但许多新建街区完全背离了昔日之城市的传统生活方式。说来有关的规划大都加进了一些为公众着想的新项目——此处有一方开放空间，彼处有一片低成本住房——但很多项目都是不加掩饰地完全依赖于商业办公楼开发，由此

新城市主义 I

伯纳德·屈米对**巴黎拉维莱特公园**的改造，
基于三个几何系统的叠合

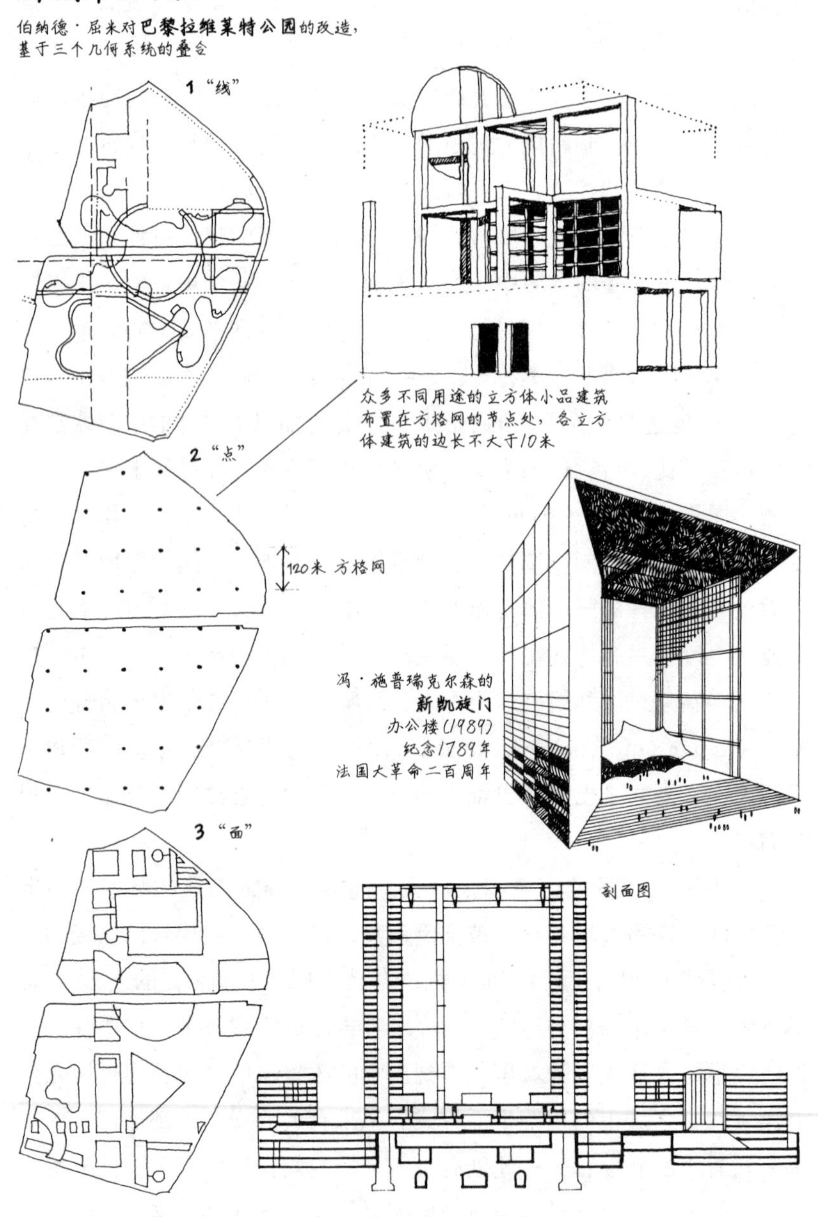

新城市主义 2

巴塞罗那加泰罗尼亚广场的
太阳能薄板(1983)
皮依和比亚普兰纳事务所设计，
恩瑞克·米拉莱斯协助

巴塞罗那的**木码头**(1987)
一条位于城市内环路上方的人行长廊
曼纽恩·杜·索拉-莫哈莱设计

特尼达立交桥公园(1992)
位于巴塞罗那最大
的立交桥道路交
叉口之内

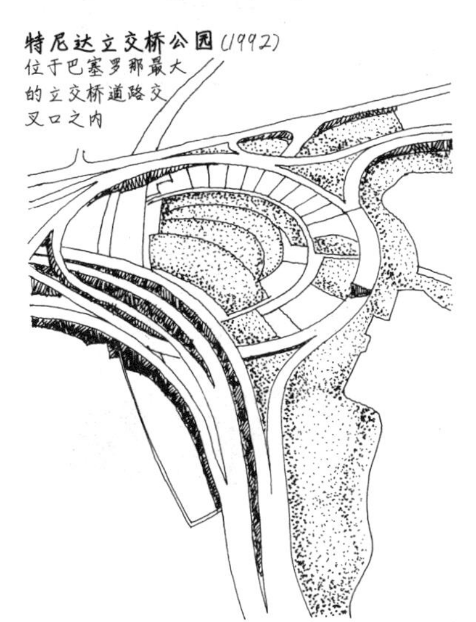

特尼达立交桥公园巨大
规模的几何形状来自于
道路的曲率

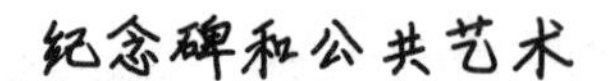

纪念碑和公共艺术

爱德华多·保罗齐在
伦敦大英图书馆院子里的**牛顿雕塑**
既散发着布莱克画作的气息
也充满了早期工业革命的意象

西班牙工业公园的方尖碑
和抽象的巴塞罗那巨龙(1985)
路易斯·佩纳和
弗朗切斯科·里乌斯设计

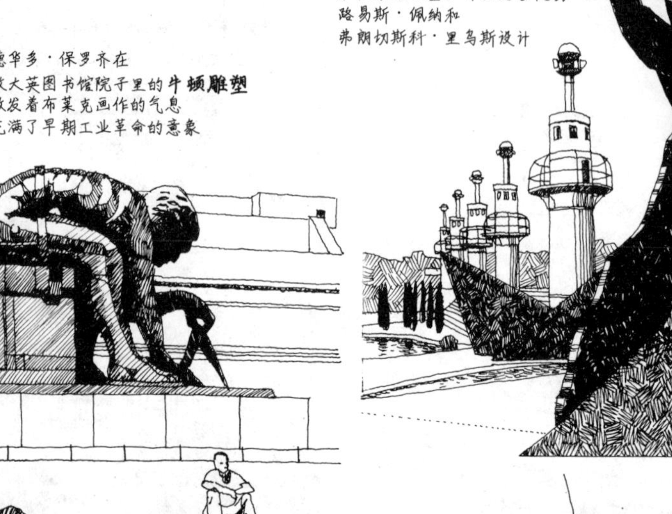

马里斯卡尔的巨型甲壳类动物
立于巴塞罗那木码头处一家海鲜餐馆的屋顶

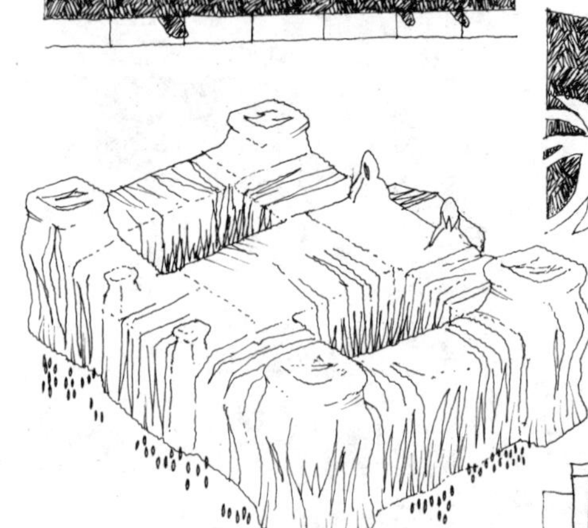

1995年6月到7月间
克里斯托和让娜·克劳德夫妇的作品
《包裹国会大厦》
将德国国会大厦仿佛一件包裹一样包了起来

巴塞罗那的
火柴盒子之屋(1992)
一本关于火柴的巨著
克拉斯·欧登伯格创作

带来白天活跃、夜间沉寂的怪象。始于20世纪80年代中期的伦敦布罗德盖特开发区（The Broadgate Development）便是如此。它位于伦敦两座老火车站的旧址和周边地带，由芝加哥SOM事务所主持规划和设计。不错，那里的确建造了公共广场、喷泉和溜冰场，但它其实只是一个拥有400万平方英尺的办公楼聚集区。与金丝雀码头、新伊卡利亚、炮台公园城和邦克尔山等开发项目一样，都是将昔日为工人阶级所居住的老城区变成富人的私家飞地。所带来的高地价倒是有助于清除内城那些本地的工业和低成本住房。

人们通常将如此过程称为“城市更新”。自20世纪80年代中期以来，“城市更新”作为一个专业术语，似乎已经取代了从前的“城市规划”，成为改善城市的公认方式。背后的含义是市政当局不再是城市变革的主要角色。反之，有一种说法是城市更新取决于公共部门与私营部门之间的合作伙伴关系。实践中，此举意味着后者将提供大部分资金，前者则利用权力获得土地，为获得规划许可铺平道路，必要时，如项目资金出现状况之际，还可注入资金补贴。伦敦的金丝雀码头开发和罗杰斯主持的伦敦东南部千禧年圆顶工程（1999年），均属此种“城市更新”。在这两大项目中，私人融资、企业赞助以及工程本身的收支结算都不够完善，但两者均得到政府公共部门慷慨的补贴资助。

通过一项20亿英镑的伦敦地铁银禧线扩建工程，它们还获得了间接补贴。银禧线工程出资聘请了英国一些最著名的建筑师，福斯特设计了金丝雀码头站，罗杰斯设计了北格林威治站。其大教堂一般的宏大尺度与伦敦地铁网其他破旧的老车站形成奇异的对比。后者反倒是急需维修的。金丝雀码头开发和千禧年圆顶项目均提出了问题，不仅体现于方法，也反映在结果上。与之前的同类项目一样，其局限性在于：让私营部门感兴趣的唯有利润，而非社会需求。在付出了如此庞大的代价之后，让城市真正得以更新的是什么？为什么不能将公共资金用于需求日益显著的其他领域？譬如用于帮助当地的就业、改善住房或学校、改善医疗服务或者当地的交通，而不是为了几个旗舰项目，

商业城市

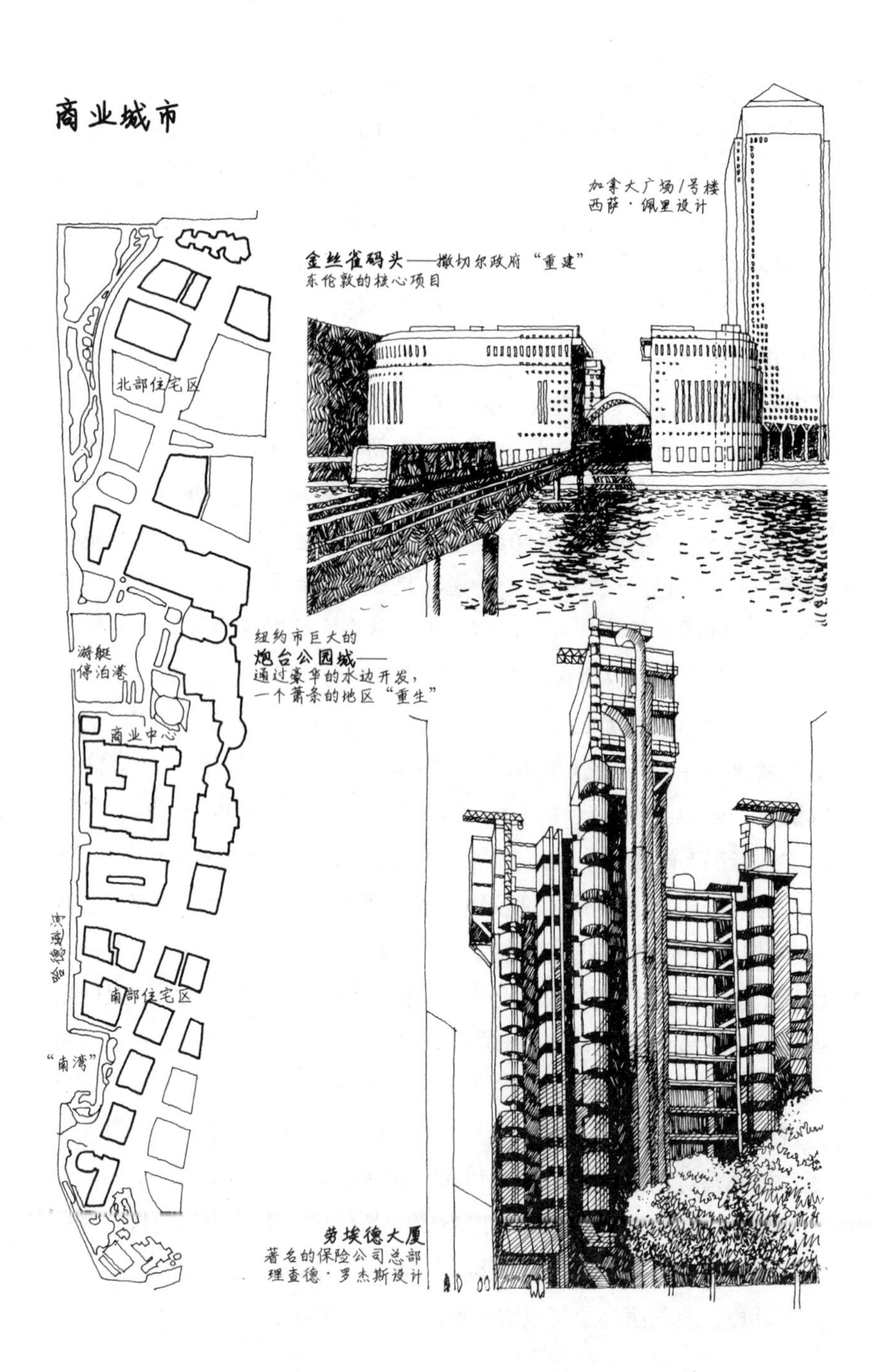
加拿大广场1号楼
西萨·佩里设计
金丝雀码头——撒切尔政府“重建”
东伦敦的核心项目
北部住宅区
游艇
停泊港
纽约市巨大的
炮台公园城——
通过豪华的水边开发，
一个萧条的地区“重生”
商业中心
哈德逊河
南部住宅区
“南湾”
劳埃德大厦
著名的保险公司总部
理查德·罗杰斯设计

让开发商中饱私囊?

常言道，建筑是社会的一面镜子。建筑的意识形态反映了整个社会的主流意识形态。能够得以付诸建造的建筑类型，代表着一个社会的运作优先权。20世纪80年代和90年代，资本从公共部门转向私营部门，从工业部门转向金融部门。要想考察这个时期的公共建筑，势必要以更大规模的商业建筑为背景：它们不仅局限于办公楼项目，还拓展到购物中心、郊区零售仓库、连锁酒店、豪华住宅，以及将从前的工业建筑改造为住宅区的大开发。20世纪80年代的新右派和后现代主义思想所带来的影响已根深蒂固，建筑理论与实践的脱节已日久月深。城市及其环境问题变得越来越尖锐，光鲜亮丽的开发个案就仿佛一座座孤岛，环绕在它们四周的是衰落退潮的汪洋大海。但在大多数情形下，建筑领域的作家和理论家们很少触及这个现实。

替代城市

新撒切尔式城市确实也遭到了批评，如威奇里（David Widgery）的《一些人的生活：一名社区医生眼中的伦敦东区》（1992年）、赖特（Patrick Wright）的《废墟之旅》（1992年）均提出反对意见。一些诗人和作家的著述，如辛克莱（Iain Sinclair）的《伦敦街区的灯火阑珊》（1997年）和几本诗论，阿克罗伊德（Peter Ackroyd）以伦敦为主题的小说，都对后工业化城市中的颓废景象抱以强烈关注。为描述这一类景观，人们还创造了一个专用术语——“荒原”（terrain vague）——并成为1996年巴塞罗那国际建筑师协会代表大会的主题之一。与某些其他词语一起，它被用来描述贝索斯（Besos）河谷颓败的工业区之间怪异的边缘地带。

现代主义建筑师认为，建筑应该让人易于理解。勒·柯布西耶的《走向新建筑》和格罗皮乌斯的《新建筑与包豪斯》均发出号召，要清除拥挤的街道和阴暗不健康的住房。取而代之的应该是阳光充足的优美环境，绿意盎然，清新明朗。在勒·柯布西耶和格罗皮乌斯眼里，理论与实践是紧密相连的。当他们着手设计一栋建筑或规划一座城市时，他们心中所想的，是如何创造一个有序和清晰的建筑模式。

可是，在后现代主义城市理论家的眼里，城市不必为人所领会。自20世纪80年代以来，城市建筑的复杂性、神秘性和不可知性被大加褒扬。法国哲学家巴什拉（Gaston Bachelard）的《空间诗学》（1958年初版）再度受到追捧。它告诉读者，如何通过对传统房屋的认知唤起记忆和梦想。卡尔维诺（Italo Calvino）的《看不见的城市》（1972年）同样广受欢迎。通过马可·波罗与忽必烈汗之间的虚拟对话，卡尔维诺描述了一系列美丽、空幻和神话般的城市。以这些文本为圭臬，后现代主义城市理论学派破土而出。既然理论脱离了实践，实体城市便甩给了政治家、开发商以及附庸其上的建筑师。理论家自己口口声声只谈神话般的往昔以及秘不可解、玄不可知的当今。一些后现代主义都市设计师，如里昂·克里尔（Leon Krier）和O. M. 翁格尔斯（Oswald Mathias Ungers），他们在图纸上描绘的净是些不可思议的历史主义城市。那些清风吹过、回音重重的广场，让人想到的是超现实主义画家笔下的梦幻般场景。

这种转向也体现于建筑学学院的教学方针，欧洲和美国都是如此。20世纪60年代是技术主义的时代，当时的建筑学被当作既是科学的又是艺术的，两者同等重要。若想完成城市重建和大规模住房建设的社会任务，需要组织、管理能力和利用现代技术。建筑学教育是为实现该目标所做的必要准备。但在80年代，住房建设已不再被列为首要任务，公共部门也不再致力于促进社会变革，建筑学的教育方针随之大变。在课程设置上，对技术的关注远不如对纯粹设计美学的赞赏，许多学生对弯曲力矩的理解比不上对巴什拉的熟悉程度。建筑学院的设计课不再将培养学生解决实际问题的能力作为头等大事，倒是反其道而行之。于是，出现了许多令人惊叹的解构主义意象，尖角状的、碎片式的建筑设计举目皆是。然而，所有的一切仅仅停留于工作室的墙上，或者穿插于杂志和专著的书页，只能在精英圈子里为学校及其名师赢得美誉。这是不幸的，因为解决社会问题的任务比以往任何时候都更为紧迫，更需要有才华的设计师。

1968年后，有关普通民众如何控制身边环境的讨论，成为西方环保工作的主要议题，涌现出一大批睿智的建筑师和设计师，他们试图走出精英主义的象牙塔，打破与社会的疏离感。早期的英雄式人物之一是倔强的西蒙·罗迪亚（Simon Rodia）。在50年代的很多年里，罗迪亚以自己所能找到的废旧材料，从零做起，硬生生地在位于洛杉矶华兹社区的自家后院建造了一座高塔。其建造过程虽历经艰辛，却证明了普通人哪怕是再难再苦也勇于表现自我的雄心和能量。前述打造“空投城市”的年轻人应该也是本着类似的想法——通过创建属于自己的房屋，冲出由资本主义所把控的“建造”樊笼。

70年代初，比利时建筑师吕西安·克罗尔（Lucien Kroll）对此做出了更为规范的探索。当他为鲁汶天主教大学设计医学院之家时，克罗尔不是把自己看作主宰一切的总设计师，而是扮演起协调人的角色，让学生、工作人员和建筑工人即兴设计建造了建筑物的不同部分。在英国工作的奥地利建筑师沃尔特·西格尔（Walter Segal）将“自建住宅”当作毕生的事业。事情发轫于西格尔1965年的一件小作品，当他在伦敦南部为自己建造一栋临时住宅时，西格尔开发了一套精致而简朴的木结构体系，尤其适用于建造两层高的住宅。即便是技术不熟练之人，也能够组队完成搭建。西格尔去世后，在沃尔特·西格尔信托基金的努力下，他所开创的事业得以继续，成百上千座自建房屋已经建成。

但是，能够亲自动手自建房屋的人毕竟属于少数。更常见的是，具有社区意识的建筑师继续沿用常规的建造流程，但让潜在的住户参与建筑设计，或者在设计时留有余地，让住户能够在未来根据自己的需求进行调整。这样做显然不利于建筑师精准地实现自己的理念，却能够让住户最为满意。反之，在波尔多附近的莱日卡（Lège）和佩萨克（Pessac），勒·柯布西耶精心设计的立体主义住宅区，让我们看到一段警世醒言：因为不满意勒·柯布西耶的设计，住户们后来根据自己的需求大动干戈，其调整的幅度之大，乃至加建了斜屋顶、屏墙和阳台等。

于是在阿珀尔多伦中央贝赫保险公司总部大楼（1973年），H. 赫兹伯格（Hermann Hertzberger）只是设计了一个可重复组合的基本框架或者说模块单元。每一模块单元的空间布局都能够根据用户的不同需求随意调整；在泰恩河畔纽卡斯尔的高密度住宅区"拜克墙"（The Wall，Byker，1978年）项目，自设计的起步阶段，拉尔夫·厄斯金就邀请了潜在的租户参与讨论，讨论的内容从住宅的不同类型到阳台和窗户的式样等，几乎是面面俱到；在阿姆斯特丹妇女和儿童庇护所"母亲之家"（1980年），阿尔多·凡·艾克做出了类似探索；在1985年落成的巴黎圣安东尼医院食堂大楼，为了显示对用户即食堂员工的尊重，H. 西里亚尼（Henri Ciriani）甚至着意营造了一个愉悦而体面的工作环境，搁在从前，食堂员工通常是受到建筑师的轻视。

泰德·库里南（Ted Cullinan）早期广为人知的一个项目，是他在伦敦南部设计的一家社区护理中心（1984年），可谓精心周到，满怀悲悯。第二年，在伦敦的怀特查普尔（Whitechapel）街区，弗洛里安·贝格尔（Florian Beigel）完成了半月剧院（Half Moon Theatre）的第一期扩建工程。技术上，此一扩建堪称绝妙，它解决了近旁繁忙的主干道所带来的噪音难题。从社会意义的角度看，它创建了一个社区空间，让生活在附近的居民有机会参与社区活动，畅所欲言。附近的贾格纳里中心（Jagonari Centre，1987年）是一家面向当地孟加拉妇女和儿童的社区中心。其设计基于女性主义设计机构马特克斯（Matrix）与用户的长期磋商。对于这样的理念，加泰罗尼亚建筑师弗兰克·费尔南德斯（Franc Fernández）总结道，人比建筑更重要。费尔南德斯设计了为数众多的社区建筑，包括巴塞罗那的伯纳特·比科内尔游泳池（Bernat Picornell swimming pool，1992年）。

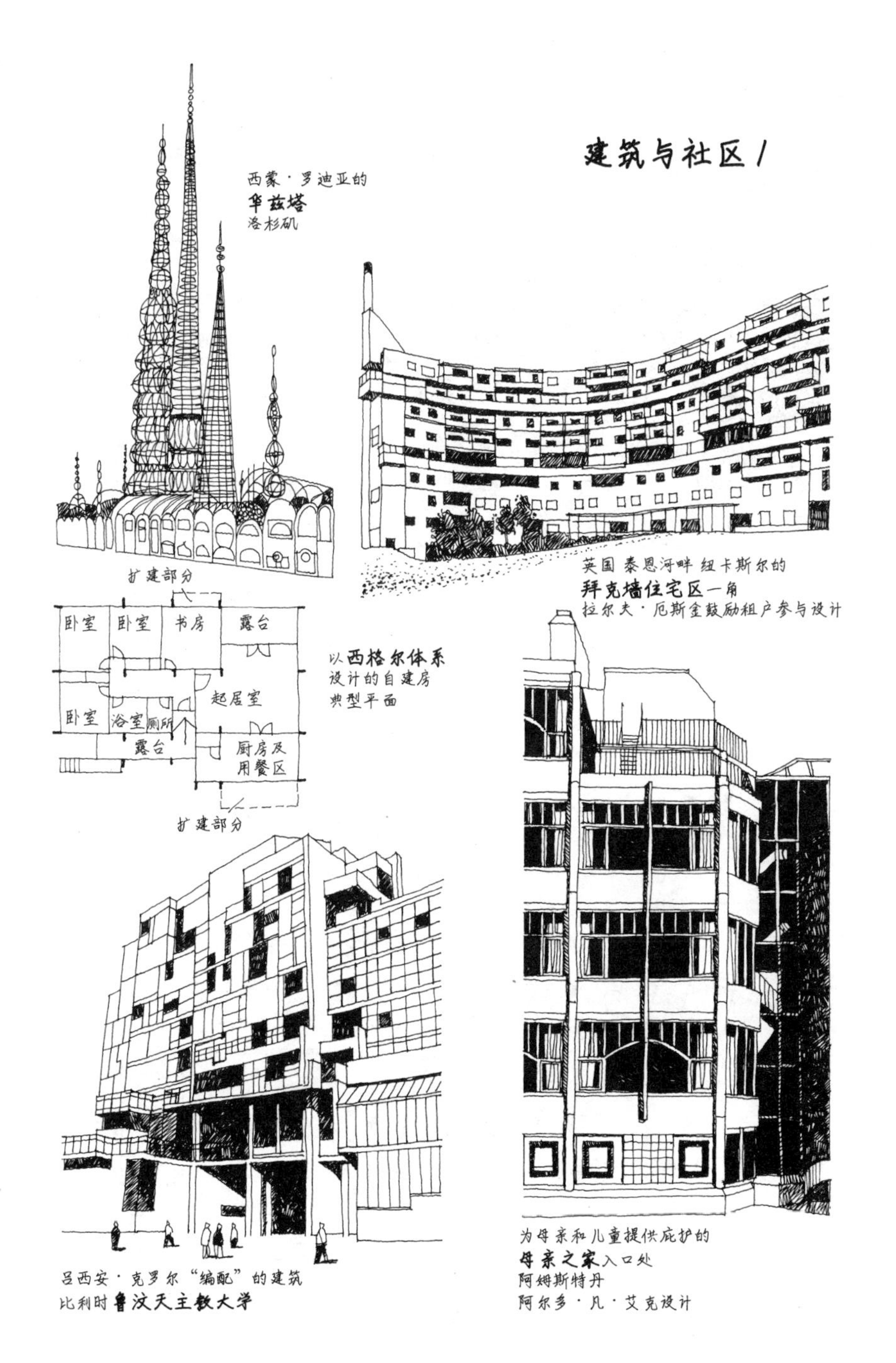
建筑与社区 I
西蒙·罗迪亚的
华兹塔
洛杉矶
英国 泰恩河畔 纽卡斯尔的
拜克墙住宅区一角
拉尔夫·厄斯金鼓励租户参与设计
扩建部分
卧室
卧室
书房
露台
卧室
浴室
厕所
起居室
露台
厨房及
用餐区
扩建部分
以西格尔体系
设计的自建房
典型平面
吕西安·克罗尔"编配"的建筑
比利时鲁汶天主教大学
为母亲和儿童提供庇护的
母亲之家入口处
阿姆斯特丹
阿尔多·凡·艾克设计

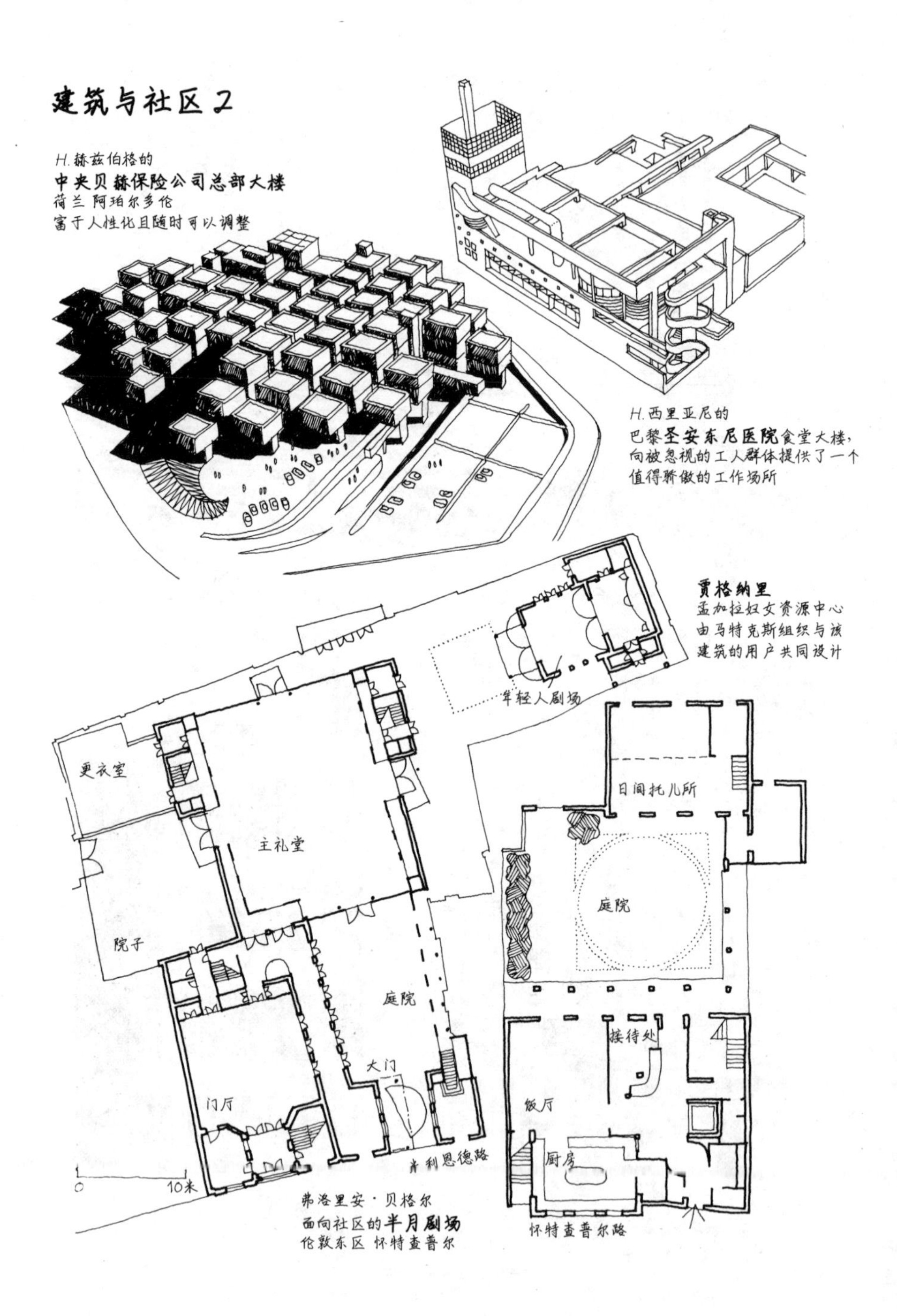
建筑与社区2
H.赫兹伯格的
中央贝赫保险公司总部大楼
荷兰 阿珀尔多伦
富于人性化且随时可以调整
H.西里亚尼的
巴黎圣安东尼医院食堂大楼，
向被忽视的工人群体提供了一个
值得骄傲的工作场所
贾格纳里
孟加拉妇女资源中心
由马特克斯组织与该
建筑的用户共同设计
年轻人剧场
更衣室
主礼堂
日间托儿所
庭院
院子
庭院
接待处
大门
门厅
饭厅
厨房
齐利恩德路
0
10米
弗洛里安·贝格尔
面向社区的半月剧场
伦敦东区 怀特查普尔
怀特查普尔路

在工业化世界，建造过程中的异化还涉及对材料和能源的超级滥用。从矿山、采石场和森林大规模采集原材料，掏空了资源，污染了环境，让大地遍体鳞伤，加剧了环境的恶化；将原材料加工成可用建材的过程，进一步消耗了能源；对它们的运输则需要消耗更多的能源，继续在破坏环境；在建造过程中，又消耗了更多的能源；到了建筑物竣工之后的使用期间，耗费的能源甚至更多。最终，当一座建筑完成了使用周期面临拆除之际，有关的处理工作依旧在消耗能源。如此巨大的能源消耗，是造成全球变暖和破坏臭氧层的显著因素。必须强调的是，这样说并不是反对工业社会，更不是反对最新的建筑技术（两者都是非常必要的），而是反对组织生产的方式，反对将建筑滥用作为资本积累的工具。

环境设计

自60年代以来，老牌资本主义国家涌现出许多关心环保的人士。政府和企业也开始认识到环境的恶化。许多有关环境问题的早期分析，如罗马俱乐部的报告《增长的极限》（1972年）和《布兰特委员会报告》（1980年）均得出结论：好的自然环境可以让资本主义更为有效地运作。但是，资本主义依赖于持续不断的扩张和剥削，单靠资本主义不可能提供真正的解决方案。因为大开发的刺激，一些新兴的工业化国家纷纷将自家的环境资源滥用到极致。相对而言，绿色倡议在较为富裕的国家更容易被接受，因为对资源的长期掠夺已让他们的生活处于一个较为舒适的水准。但即使在这些国家，有关环境议题的进展依旧是相当地缓慢。国家政府可能会试图通过法律来设立更高的环境标准，强大的利益集团却总是挡住前路。他们随时准备着反对或颠覆立法，要不就想方设法寻找门道，将环境保护的措施转化为有利可图的工程项目。政府官员纵然有心，资本家总是可以通过游说来拽住他们的脚。因此，就连一些最基本的环保措施都会被一再地推迟。1997

年，减少和限制温室气体排放的《京都议定书》被当作一个大突破，备受赞许。可该协议至今也没有完全生效。

所幸，尽管问题多多，依然有许多理论家和实干家勇于献计献策，以摆脱市场体系的紧箍咒。科学家詹姆斯·洛夫洛克（James Lovelock）的《盖亚假说》（1979年）向我们展示了一个新视角，将地球视作一个完整的生命有机体。弗里茨·舒马赫提出了切实可行的行动方案。他的“中间技术”概念建立于社区、本地工厂和小型生产单位之上。资本开始服务于人的需求，而不再是让人去满足资本的需求。

建筑师们也开始关注环保议题，在一些示范性建筑中，他们采用可再生资源和可回收材料，致力于节能并表现出对自然景观的尊重。早在1974年，亚瑟·夸姆比（Arthur Quarmby）就在英国的约克郡设计建造了一座位于山下的住宅。70年代末，托马斯·赫尔佐格（Thomas Herzog）在德国的乡间设计建造了一批拥有高效隔热性能的小住宅。马尔科姆·韦尔斯（Malcolm Wells）在马萨诸塞州布鲁斯特的住宅设计（1980年），还有奥比·鲍曼（Obie Bowman）在加利福尼亚州滨海牧场的开发项目（1987年）则向我们表明，如何让建筑与周边的景观完美地融为一体。80年代初期，当澳大利亚建筑师理查德·勒普拉斯提尔（Richard Leplastrier）为悉尼及其周边地区设计住宅时，他以诗意的方式，将廉价、不起眼的材料——如镀锌铁皮、瓦楞塑料、木材和硬质纤维等——发挥到极致，这么做应该是借鉴了澳大利亚土著人的民居传统。美国建筑师金伯利·阿克（Kimberly Acker）在澳大利亚西部所主持的“澳大利亚未来住宅”开发项目（1992年），同样借鉴了当地土著人的建造传统。芬德利-牛田（Findlay-Ushida）事务所在日本筑波设计的所谓“毛绒住宅”（1994年），让后现代主义与建筑的环境设计之间擦出火花，严肃的环境议题与俏皮的建筑形式融为一体。在卡迪夫附近的威尔士人生活露天博物馆，杰斯提科和怀尔斯事务所（Jestico and Whiles）设计了未来之家（2001年），堪称威尔士传统建筑与当代最新技术的完美结合。在瑞

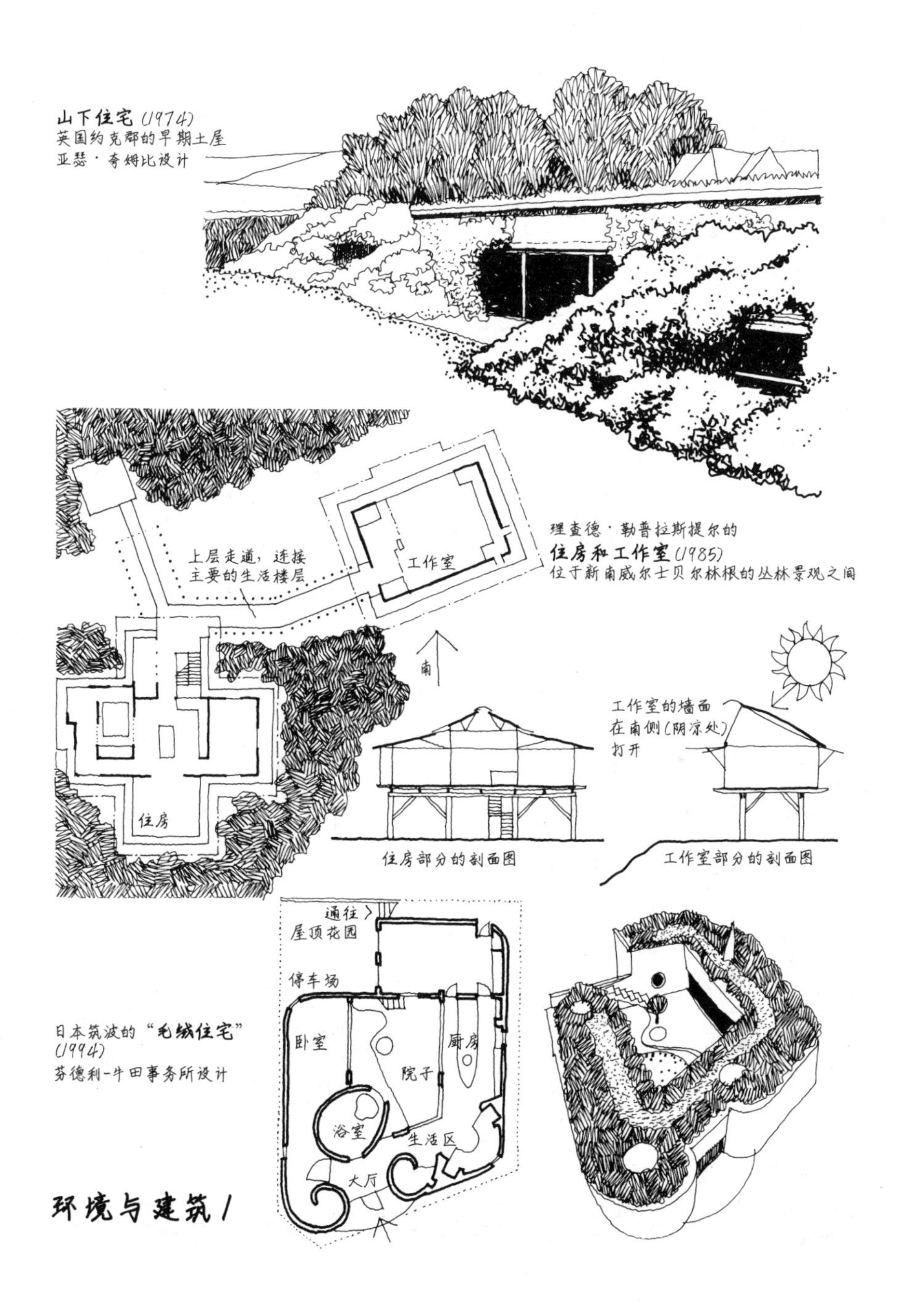
山下住宅(1974)
英国约克郡的早期土屋
亚瑟·奇姆比设计
理查德·勒普拉斯提尔的
住房和工作室(1985)
位于新南威尔士贝尔林根的丛林景观之间
上层走道，连接
主要的生活楼层
工作室
南
住房
工作室的墙面
在南侧(阴凉处)
打开
住房部分的剖面图
工作室部分的剖面图
通往
屋顶花园
停车场
卧室
厨房
院子
浴室
生活区
大厅
日本筑波的"毛绒住宅"
(1994)
芬德利-牛田事务所设计
环境与建筑 I

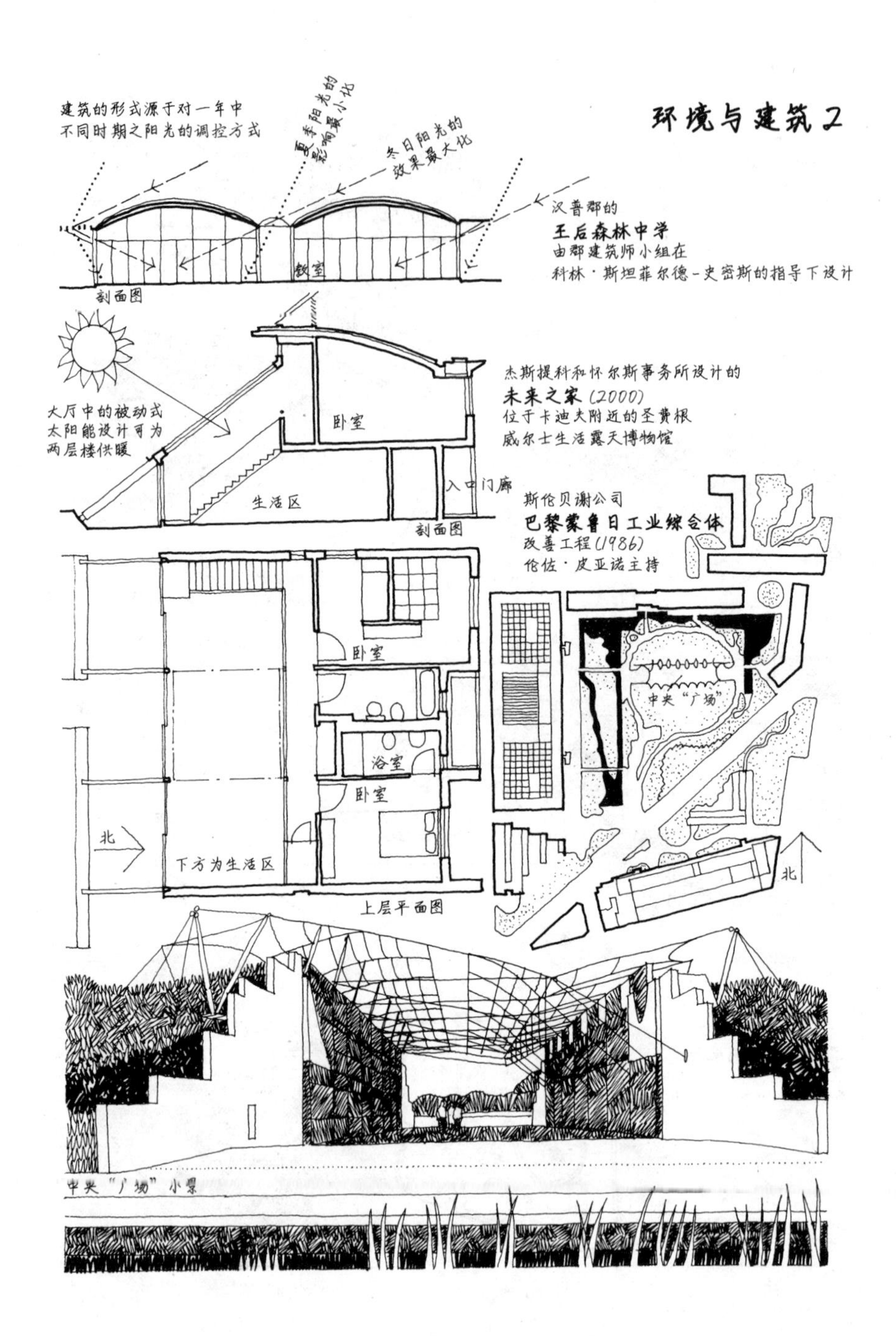

环境与建筑2
建筑的形式源于对一年中
不同时期之阳光的调控方式
夏季阳光的影响最小化
冬日阳光的效果最大化
汉普郡的
王后森林中学
由郡建筑师小组在
科林·斯坦菲尔德-史密斯的指导下设计
教室
剖面图
大厅中的被动式
太阳能设计可为
两层楼供暖
卧室
生活区
入口门廊
剖面图
杰斯提科和怀尔斯事务所设计的
未来之家(2000)
位于卡迪夫附近的圣费根
威尔士生活露天博物馆
斯伦贝谢公司
巴黎蒙鲁日工业综合体
改善工程(1986)
伦佐·皮亚诺主持
卧室
浴室
卧室
北
下方为生活区
上层平面图
中央"广场"
北
中央"广场"小景

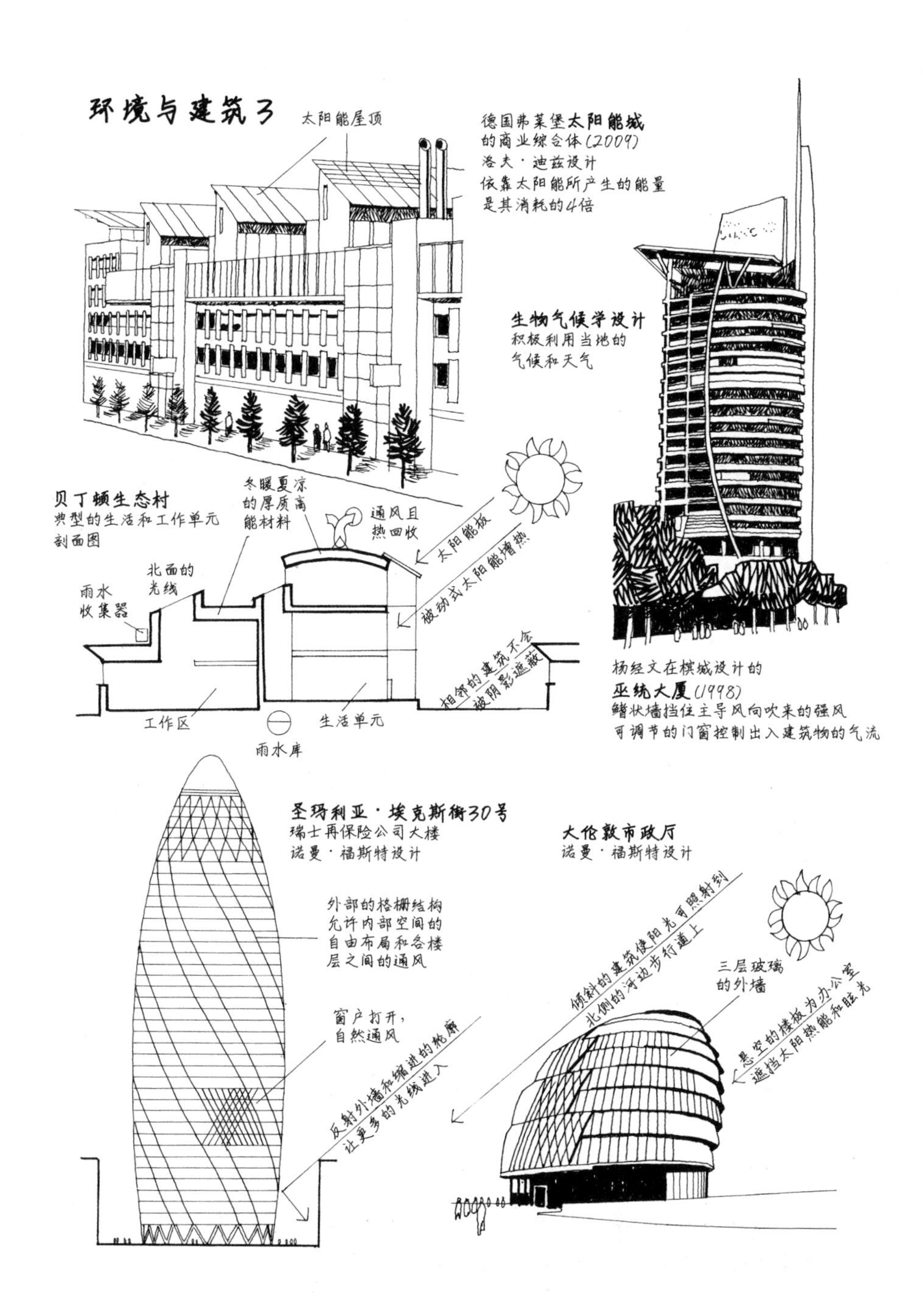

环境与建筑3
太阳能屋顶
德国弗莱堡太阳能城
的商业综合体(2009)
洛夫·迪兹设计
依靠太阳能所产生的能量
是其消耗的4倍
生物气候学设计
积极利用当地的
气候和天气
贝丁顿生态村
典型的生活和工作单元
剖面图
冬暖夏凉
的厚质高
能材料
通风且
热回收
太阳能板
被动式太阳能增热
北面的
光线
雨水
收集器
相邻的建筑不会
被阴影遮蔽
工作区
生活单元
雨水库
杨经文在槟城设计的
巫统大厦(1998)
鳍状墙挡住主导风向吹来的强风
可调节的门窗控制出入建筑物的气流
圣玛利亚·埃克斯街30号
瑞士再保险公司大楼
诺曼·福斯特设计
外部的格栅结构
允许内部空间的
自由布局和各楼
层之间的通风
窗户打开,
自然通风
反射外墙和缩进的檐廊
让更多的光线进入
大伦敦市政厅
诺曼·福斯特设计
倾斜的建筑使阳光可照射到
北侧的河边步行道上
三层玻璃
的外墙
悬空的楼板为办公室
遮挡太阳热能和眩光

士瓦尔斯（Vals）风景宜人的乡村，舍奇和C. 米勒事务所（Search & Christian Müller）设计了“地下住宅”（2009年），其中的大部分房间建于地下，与周边的景观美妙地亲和相谐，不仅在视觉上沉静低调，还获得冬暖夏凉之功效，大大节约了能源。

大型生态友好型住宅开发项目相对较少，其中最好的项目之一是比尔·邓斯特（Bill Dunster）设计的“零能耗开发区”——贝丁顿生态村（BedZed，2000年）。它位于伦敦南部，总共带有99套住宅。顾名思义，零能耗开发区所用的能源全都是就地再生，或来自太阳能电池板，或得益于朝南的建筑结构所带来的太阳热能。区内的大部分供水来自可循环利用的雨水。用于建设小区的材料要么是回收而来，要么属于可再生资源，全都是来自当地，节约了长途运输的成本。贝丁顿生态村没有私家车，居民的通行依靠公共交通。

自70年代以来，环保设计原则开始运用到非居住建筑。最为显著的是一些隶属公共部门和社区的建筑。1974—1992年间，在本郡建筑师科林·斯坦菲尔德-史密斯（Colin Stansfield-Smith）的带头下，英国汉普郡建造了一大批中小学，其中最著名的是考普兰村王后森林中学（Queen's Inclosure Middle School，Cowplain）。其设计最大限度地利用了自然采光，从而调控了太阳辐射热量。泰德·库里南近年在英国设计的许多建筑采取了同样手法，尽可能地使用可再生材料，如康沃尔郡德拉布尔的可再生能源中心（1999年）和威尔德和唐兰德露天博物馆（2001年），后者是英国第一座半天然格栅顶木结构建筑。

渐渐地，商业界也开始相信环境设计是一笔好业务。自梅纳拉商厦以来，马来西亚建筑师杨经文设计的一些商业大楼，皆为“生态气候”设计的佳例，实现了最新的建筑技术与生态原理的完美结合。伦佐·皮亚诺在他热那亚附近的研究工作室（1991年），与其合作者考察了植物纤维在建筑中的运用。在巴黎附近的蒙鲁日（Montrouge），当皮亚诺为斯伦贝谢有限公司的办公区进行改造设计时（1981年），他将一组功能主义的工业综合体升华为富于人性化的自然主义景观。美国建筑师威廉·麦克唐纳（William Mcdonough）秉承相同的环保理念，但涉及的范围更为广阔。福特汽车公司在密歇根州迪尔伯恩（Dearborn）胭脂河厂区的改造，便是一个极为庞大的工程。通过种植大面积草地景观和建造世界上最大的绿色植物屋顶，麦克唐纳解决了河流污染和排水不畅等问题。他稍后设计的俄亥俄州奥伯林学院刘易斯环境研究中心（2000年）和加利福尼亚州圣布鲁诺的《YouTube》总部大楼，是环保设计的重要实例，其中的太阳能和回收利用发挥了重要作用。通过与迈克尔·布朗加特（Michael Braungart）的合著《从摇篮到摇篮》（2009年），麦克唐纳探讨了工业与环境之间和谐共融的可能性。在他自己的建筑作品和越来越多的其他建筑实例中，这一点已得到印证。德国弗莱堡的太阳能城（Sonnenschiff，2009年）即为其一，那是一组商业建筑综合体，拥有大量的太阳能屋顶，所产生的能源是房屋本身耗能量的四倍。

一些商业建筑师，如诺曼·福斯特亦开始涉足环境设计[①]。他设计的两座建筑更是因为对环境议题的深思熟虑而超群出众。一是位于伦敦的瑞士再保险公司大楼。大楼幕墙表皮所采用的轻盈而高效的网格结构，既能够提供充足的自然采光，又有利于自然通风。大楼优雅的造型设计，旨在将光线反射到周边其他建筑和它自身下方的公共空间。它很快就赢得小黄瓜（The Gherkin）的别名，瞬即取代了其芳邻劳埃德大厦，成为现代化的伦敦金融城的象征。二是泰晤士河南侧用作新成立的大伦敦政府办公楼的大伦敦市政厅。作为公共建筑，它同样富于象征意义，譬如利用玻璃幕墙的透明性象征政府部门的透明运作。整座建筑拥有绝佳的保温隔热性能，其形状仿佛一只扭曲的鸡蛋，向南朝着太阳倾斜，由此不仅减少了建筑的能量消耗，还允许更多的光

① 本书作者有所误解，实际上诺曼·福斯特及其公司是世界上绿色建筑和环境设计方面的先驱。——译注

线照射到北侧的公共人行道。它的冷却系统利用了地下极深处的天然泉水。

有时，环保理念还能够惠及整个社区。威尔士马汉莱斯（Machynlleth）附近可替代技术中心的乡村社区，是可替代能源和节能研究方面最著名的团体之一。加利福尼亚州的戴维斯小镇集体制定了回收和节能计划。巴西南部城市库里提巴（Curitiba）因其众多的环保举措而闻名四方，这些举措包括运行良好的公交系统和环保教育计划。

20世纪的最后20年，主流政治进一步向右转。东欧共产党国家政权与真正的社会主义相距甚远，但它们在20世纪80年代末期的垮台，为各地反对派提供了借口，借以高呼社会主义已经死亡。与之相对应，这个时代最重要的建筑象征并非新建了很多，反倒是一座“建筑”的拆除——1989年柏林墙的倒塌。柏林墙曾经意味着自60年代初期以来欧洲的极度分裂。柏林统一不久，伦纳德·伯恩斯坦（Leonard Bernstein）指挥了一场贝多芬《第九交响曲》的演出。他将交响乐原有的席勒合唱词“欢乐”颂改为“自由”颂。至此，正如福山（Francis Fukuyama）在其《历史的终结与最后之人》（1992年）一书中所言，不同的意识形态之间，大概再也不会发生什么重大冲突了，历史宣告结束。对世界各地的政客而言，总算为自己的行为找到一个正当的理由——如果说在日益玩世不恭的政治气候中还需要正当理由的话——未来新政策的制定大可继续资本主义模式，即便是矛盾重重，似乎也只有资本主义才是唯一的出路。

不平等的世界

但随着21世纪的来临，上述的正当理由越来越站不住脚。1999年12月31日，令人惶恐不安的千年虫大关平安渡过，世界并没有走到尽头。这让人松了口气，但也没什么值得乐观。新世纪头十年，世界政治格局由美国总统乔治·布什和他的顾问主导，紧随其后的是友好国家的元首。布什于2000年入主白宫，他所继承的政策是里根总统的“新美国世纪计划”。该计划基于强大的军备经济和军事干预，目的是将市场资本主义推广到世界各地。

接着便是一系列破坏性战争，从阿富汗到伊拉克、到达尔富尔、到巴基斯坦、到黎巴嫩、到乍得、到索马里、到格鲁吉亚、到加沙。它们所引发的必然后果是敌对方一波又一波的报复性袭击，波及纽约、巴厘岛、莫斯科、马德里、别斯兰、伦敦、东帝汶和孟买。新时代的另一特征是对金融市场的过度依赖。20世纪90年代的互联网繁荣已经被证明为一个经济泡沫。然而在西方国家的全力鼓励下，对市场无节制的投机依然继续，更多的危机接踵而至。2007年，美国的抵押贷款危机导致全球的股价大幅下挫。次年，世界陷入更为严重的经济衰退，去工业化的第一世界国家与新兴的工业化国家均遭到严重打击。

自70年代以来的一段时期，“新兴的工业化国家”这一称谓通常用来描述亚洲的“四小龙”经济，如今它指的是一种世界性现象。增长最快的经济体依次是中国、印度、巴西、墨西哥、土耳其、泰国、南非、马来西亚和菲律宾。其经济增长得益于第一世界国家迅速流失的工业生产，这些新兴的工业化国家越来越拥护自由市场经济。为了吸引外资，上述各国的工资水平持续走低，就业者的权益被大大削弱。如此进程中，大城市面临的问题最为突出。

20世纪后期，信息技术革命激发了一种新理论——“城市已走到尽头”。金融交易现在可以在线操作，不再需要面对面。于是有人认为，虚拟的办公地点将取代实体办公楼。可此等看法低估了建筑物的交换价值，即一处有价值的房地产实际上是权力的象征。1973年，如同意大利文艺复兴时期的原始资本主义城市那样，纽约与芝加哥竞相建造起世界上最高的建筑，前者为山崎实设计的世贸中心双子塔，后者为芝加哥SOM事务所设计的西尔斯大厦，现称为威利斯大厦。此后，以建筑比高低的习气从未消失。1998年，西萨·佩里设计的吉隆坡双子塔成为当时世界上最高的建筑，但到2004年，这个纪录被李祖

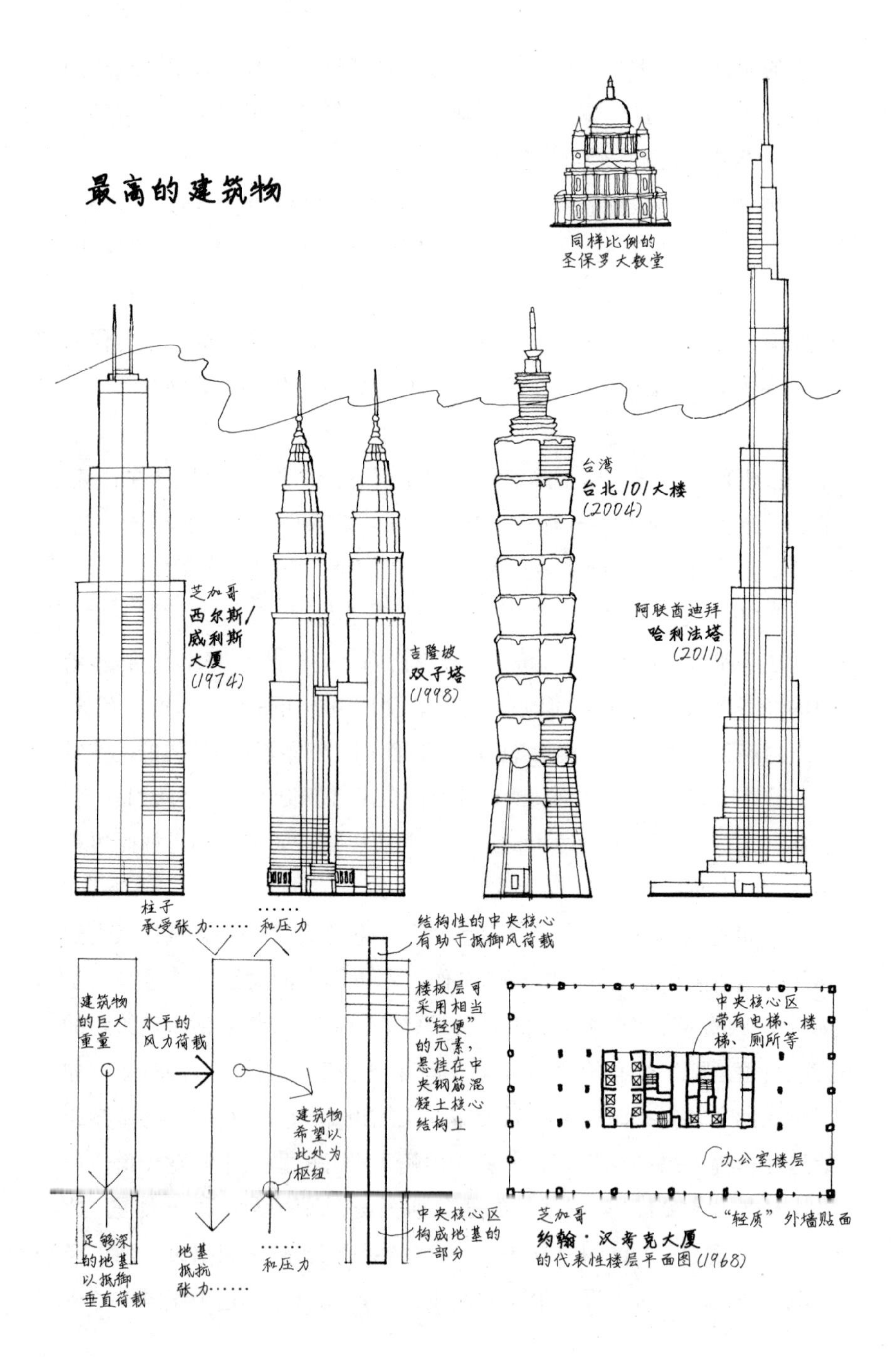
最高的建筑物
同样比例的
圣保罗大教堂
芝加哥
西尔斯/
威利斯
大厦
(1974)
吉隆坡
双子塔
(1998)
台湾
台北101大楼
(2004)
阿联酋迪拜
哈利法塔
(2011)
柱子
承受张力……
……和压力
建筑物
的巨大
重量
水平的
风力荷载
建筑物
希望以
此处为
枢纽
足够深
的地基
以抵御
垂直荷载
地基
抵抗
张力……
……和压力
结构性的中央核心
有助于抵御风荷载
楼板层可
采用相当
“轻便”
的元素，
悬挂在中
央钢筋混
凝土核心
结构上
中央核心区
构成地基的
一部分
中央核心区
带有电梯、楼
梯、厕所等
办公室楼层
“轻质”外墙贴面
芝加哥
约翰·汉考克大厦
的代表性楼层平面图(1968)

元设计的台北101大楼刷新。不几年，世界最高的名号又落到SOM在迪拜设计的哈利法塔（2010年）。哈利法塔高达828米，乃为前所未有之高楼。迪拜也是当今世界上拥有最多高层建筑的城市。

利用私有资金赞助公共建筑，可能是获得崇高声望的一种更微妙的方式。此刻，开发商大可美其名曰自己是出于对社会的责任感，建筑的戏剧性效果无须以建筑的高度取胜，而是来自其壮丽的象征性。很多设计师也是学者和教师，他们执教于最著名的建筑学院，如哈佛、耶鲁或伦敦的AA建筑学院。一大批棱角分明的解构主义造型在与学生、艺术家以及理论家之间的交流中孕育出来，从工作室流向了建筑工地。常常，当他们的构思付诸建造之际，那些偏重理论而非实践的设计师需要从速补习些建造知识。

2005年，赫尔佐格和德梅隆事务所完成了明尼阿波利斯沃克艺术中心（Walker Art Center in Minneapolis）以及旧金山德扬博物馆（De Young Museum in San Francisco）的扩建工程。他们还设计了北京奥运会国家体育场鸟巢（2004年动工）和巴塞罗那的文化论坛大厦（2004年竣工）。文化论坛大厦的建造远远超出了预算，让当地人对论坛议程本身的批评更为激烈。这种情况在当代建筑的建造过程中经常发生，部分责任在于所谓有抱负的客户。当那些人与明星建筑师合作时，他们孜孜以求的是独特的、创新的建筑。这样做始终存在着风险，因为求新的猎奇很有可能超越了严格的成本控制。悉尼歌剧院的帆状屋顶是悉尼和澳大利亚的有力象征，但它是以相当高的成本为代价的。在爱丁堡的荷里路德（Holyrood），恩瑞克·米拉莱斯（Enric Miralles）设计的苏格兰议会大楼（Scottish Parliament Building，2004年）同样如此，该大楼空间构型复杂，色彩纹理丰富，加上开放和民主的观感，让整座建筑拥有一种强烈的象征性，然而它最终的造价超出了当初预算的十倍。

具有影响力的荷兰建筑师库哈斯（Rem Koolhaas），和他多产的大都会事务所（OMA）的近期作品，包括西雅图中央图书馆（Seattle Central Library，2004年）、波尔图音乐厅（Casa de Mœsica in Porto，

解构主义
建筑外墙
大部分由
铜皮饰面
爱丁堡
苏格兰议会大楼
的碎片化形式
(2004)
恩瑞克·米拉莱斯设计
旧金山的
德扬博物馆(2005)
赫尔佐格和德梅隆事务所设计
扎哈·哈迪德在
莱茵河河畔威尔小镇
为维特拉公司设计的
消防站(1999)
后来被改造为一个家具博物馆
丹尼尔·李伯斯金的
柏林犹太人博物馆(1999)
参差不齐的形式包裹在锌板中，
旨在传达一种迷失方向和无窗幽闭的感觉

2005年）和北京中国中央电视台总部大楼（2009年），都是广受瞩目。出生于波兰的美国建筑师丹尼尔·李伯斯金（Daniel Libeskind）同样设计了一批具有影响力的建筑，包括柏林犹太人博物馆（Jewish Museum in Berlin，1999年）、曼彻斯特帝国战争博物馆（Imperial War Museum in Manchester，2001年）和科罗拉多州丹佛艺术博物馆（Denver Art Museum in Colorado，2006年）扩建。让·努维尔因阿拉伯世界文化中心设计而声名远扬，后来他又设计了巴塞罗那高耸的阿格巴塔（Torre Agbar in Barcelona，2003年）和现代主义风格的明尼阿波利斯古特里剧院（Guthrie Theater in Minneapolis，2006年）。出生于伊拉克的扎哈·哈迪德（Zaha Hadid）起初是建筑学院的知名教师，也是位才华横溢的设计师，但她的作品大多停留于理论阶段。大概只有一项设计得以施工建成，即莱茵河河畔威尔小镇的维特拉消防站（Vitra Fire Station at Weil am Rhein，1994年），其建筑造型在视觉上令人惊叹，却很难建造。最终得以落成归功于项目建筑师的高超技能。不过自2005年以来，哈迪德承接的实际项目络绎不绝，其中的许多建筑因其强有力的形式主义风格而广受赞誉，如莱比锡的宝马公司中央大楼（BMW Central Building in Leipzig，2005年）和罗马的21世纪艺术博物馆（MAXXI，2010年）。

上述建筑师及其辉煌的建筑作品大多赢得了国际奖项，要么是普利兹克奖，要么是英国皇家建筑师学会金奖。然而，很难说所有的这些建筑全都对环境的改善做出了切实贡献。它们很多都是以钢铁、混凝土和玻璃等昂贵的材料建造，内在能耗高，并往往带有大片的高散能外表面。在这些建筑中，强有力的雕塑般形象似乎与环境议题同等重要。鉴于我们已经拥有贝丁顿生态村和其他许多有环境担当的建筑工程，为什么获奖者里看不到致力于零能耗的设计作品？

就建筑气势而言，孟买的安迪利亚大厦（2010年）已然登峰造极。高达27层的大厦由美国建筑师帕金斯和威尔事务所（Perkins and Will）设计，负责装潢的是赫希贝德纳联合设计顾问公司（Hirsch

Bedner），屋主是印度最富有的实业家。虽然看上去如同办公大楼，但它实际上是一栋拥有37000平方米楼面积的独家别墅，包括健康水疗中心、游泳池、舞厅、直升机停机坪和多层停车场——被称为世界上最昂贵的住宅，屹立于世界上最昂贵的地皮之上。

地球上的穷人

与世界上很多贫困地区一样，孟买的富人与穷人之间悬殊巨大。孟买的城市总人口为2000万，流落街头的无家可归者超过100万。这一数字堪称地球上所有城市之最。其他人虽说头上有屋顶遮盖，所谓的屋顶，全部位于破烂的棚户区或者说贫民窟。孟买最大的贫民窟达拉维（Dharavi）挤满了一百来万人。算起来，孟买一半以上的人口居住在贫民窟，但所有贫民窟加起来的占地面积不到城市总土地的6%。最大的问题之一是健康。寄生虫疾病本是可以避免的，但因为污染、供水不当和排水不足，孟买贫困人口死亡总数中的40%都是死于这个疾病。

在第三世界和经济快速增长的新兴工业化国家，大约有十亿人生活在一些大城市边缘的贫民窟、帐篷和棚户区。这些大城市都是以资本主义经济为核心。同样，孟买的贫民窟居民也都在努力着参与资本主义经济体系，他们或通过再生垃圾制造产品，或从事于服务业，往往都是童工。20世纪60年代和70年代，人们常常谈论“贫民窟的希望”——贫民窟居民是如何自力更生足智多谋，社区间又是如何亲密无间。但随着城市的不断扩张，希望变得越来越渺茫。曾经属于贫民窟的土地，如今被那些梦想在大开发中获取暴利的地主和开发商所侵吞，乃至于整个贫民窟社区被连根拔起。世界上越来越多的贫民窟居民被驱逐到对开发商毫无益处的边缘地带——受污染的河流和有毒的湖泊附近，垃圾山、滑坡区和洪泛区，时不时发生地震和海啸的地带。自然灾害大有可能是天灾，但穷人的悲剧一般都是人力所致。

在阶级社会，大城市常常在空间上加以分隔。富人与穷人两极共

分离的建筑

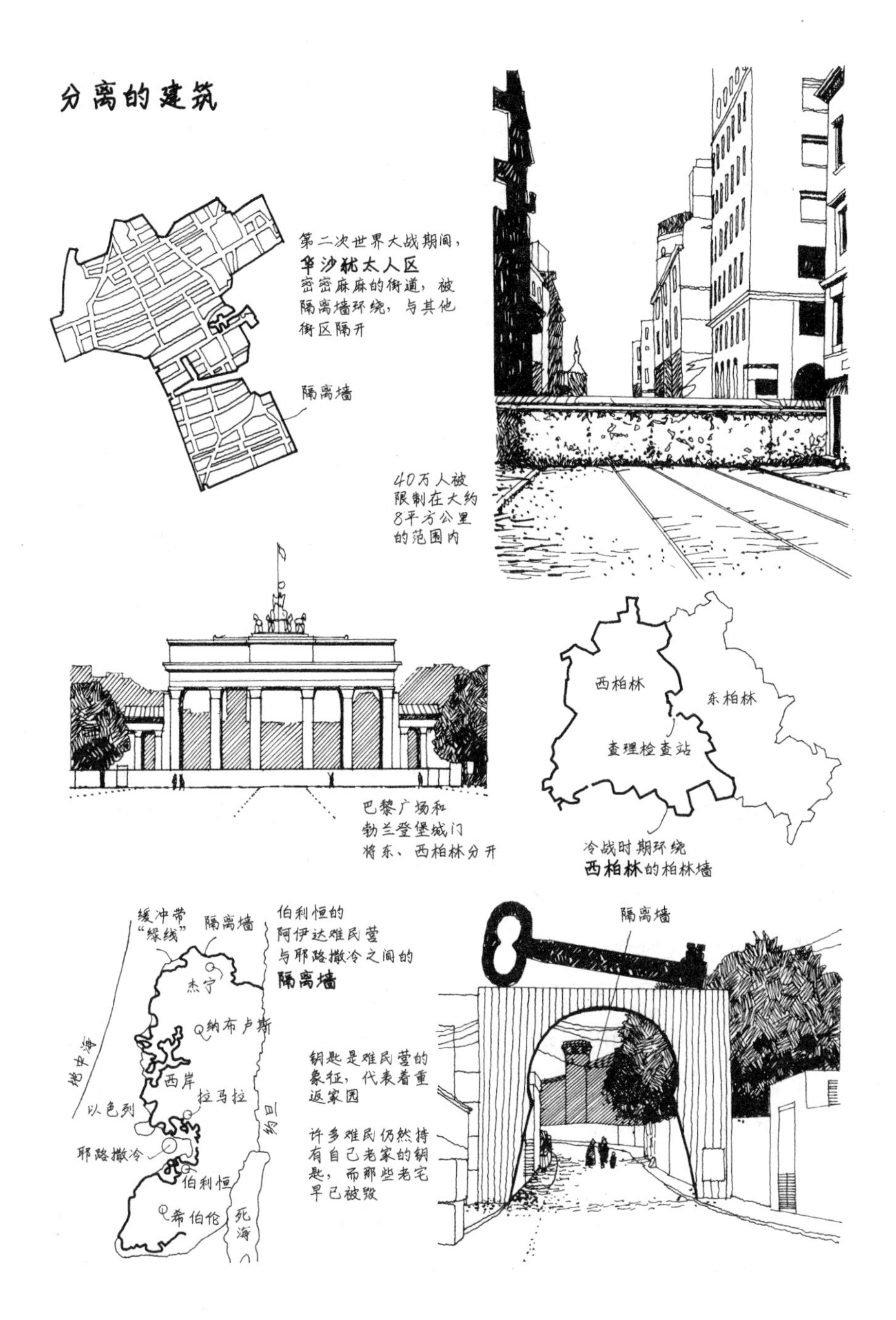
第二次世界大战期间，
华沙犹太人区
密密麻麻的街道，被
隔离墙环绕，与其他
街区隔开
隔离墙
40万人被
限制在大约
8平方公里
的范围内
巴黎广场和
勃兰登堡城门
将东、西柏林分开
西柏林
东柏林
查理检查站
冷战时期环绕
西柏林的柏林墙
缓冲带
“绿线”
隔离墙
伯利恒的
阿伊达难民营
与耶路撒冷之间的
隔离墙
杰宁
纳布卢斯
地中海
西岸
拉马拉
以色列
约旦
耶路撒冷
伯利恒
希伯伦
死海
钥匙是难民营的
象征，代表着重
返家园
许多难民仍然持
有自己老家的钥
匙，而那些老宅
早已被毁
隔离墙

存，各自扮演着自己应该扮演的经济角色，但在物理环境上两者间完全分离。恩格斯笔下的19世纪曼彻斯特，霓虹大道将富人从他们的住处直接带进工作场所，让富人对于光鲜外表背后的贫困地区充耳不闻。尽管富人的财富其实依赖于贫困地区，将不幸的穷人与特权阶层加以隔离的做法却早已是长期存在的现实。无论是奥斯曼男爵改建后的巴黎，还是华沙犹太人区，还是由斯大林主义风格主宰的柏林，同出一辙。

到了21世纪，这种隔离达到了一个新的高度。自2003年，以色列与约旦河西岸和加沙地带之间的路障已成为一个新型综合体，包括混凝土墙、电栅栏、移动传感器、摄像机、路障与检查站。此外，还得到天空巡逻队和地下战略通道的辅佐，可谓全方位控制。为《利未记书》的作者们所珍视的树木、橄榄园和农田，正在被日益增长的混凝土板块所覆盖。社会形态和环境肌理遭到了双重破坏。

城市反映了阶级社会和现代资本主义的本质。资本主义依赖于一个人数相对较少的群体，这个群体拥有生产资料，并将由此带来的财富据为己有。世界70亿人口中，最富有的10%人口拥有人类总财富的85%，最贫穷的50%人口所拥有的财富不及人类总财富的1%。就全球而言，北方地区之所以能够实现对南方地区的霸权，得益于多种方式，从鼓吹独立运动、煽动地方上的局部战争、任命友好的傀儡政府，到重组地方经济，以适应市场需求，为自己无法偿还的债务松绑。少数人的奢华生活完全建立在大多数人生活贫穷的基础之上。

在这部西方建筑故事的开篇，房屋建造是为了满足人类的需求，不仅为了有个遮风挡雨的住所，还为了满足人类实现自我发展的渴望。到了18世纪末，在工业革命的最初几年，席勒写道，人已经沦落为社会整体的一块“小碎片”：

> 他永远也不能发展出自己作为人之存在的和谐本质。他不是在人的自然本性之上添加人性的光辉，而是把自己变成了其职业

或专业知识的简单标识。[①]

到了21世纪初，建造过程的复杂化、碎片化特质更加深刻地反映了上述的异化。在社会的默许甚或鼓动下，建筑学院竞相追求的是学术上的出人头地；专业团体的宗旨是为了保护其会员的收入和地位；建筑事务所的负责人在意的是盈利；其手下员工最为关心的是有保障的工作职位。建筑职业作为一个整体因所接受的不同教育、观点和利益，已经与建筑业相脱离。与资本主义大旗下的其他机制一样，建筑业本身在资本与劳动力之间也已经两极分化。由于开发过程的异化，所有这些参与者与他们正在为之设计和建造的用户之间，失去了关联。导致这一切的主因是资本主义本身的经济逻辑，是将建筑视为可销售的商品而非社会需求的行事方式。

市场不能满足世界上大多数人的需求，或者说它再也不以满足此等需求为目标。虽然这个遭到异化的体系建造了大量的精美建筑，唤起了人们的激情，提升了人们的精神境界，但它无助于创造一个更好的整体环境，更不能让大众参与创造和掌控身边的环境，给他们带来成就感。伟大的建筑已经不再，不仅因为有太多的人生活于贫困之中，还因为那些建筑竟然也是导致大量贫困人口的原因之一。

纵观历史，始终有一批智者试图为人类寻求更美好的东西。苏格拉底、柏拉图和雅典卫城的建设者们，他们胸怀理想，渴望超越平凡的生活；圣奥古斯丁、哥特式建筑的石匠大师和拜占庭的圣像画画家们，他们试图唤醒人性，让人能看到尘世之外的天国荣耀；文艺复兴时期的艺术家和建筑师们，他们专注于人类自身和人力所能及的伟大境界；启蒙运动和1789年法国大革命的思想家们，他们寻求创造一个新世界，一个充满自由和博爱的新世界；到了19世纪，为了推翻剥削性质的资本主义制度，无论是改革派还是革命者，全都在致力于发展

① 席勒《美育书简》第6封信。——译注

推动社会前进的新策略；1917年的十月革命，激励了构成主义者和其他早期的现代主义者，他们寄希望于通过自己的作品，建立一个新型的社会主义社会；至于创立现代福利国家体制的改革家们，他们试图通过改良资本主义，重塑一个为自己所向往的社会主义社会。

当下，由于自由市场的霸权，寻求公平世界与和谐环境的官方渠道已经关闭，反对意见难以上达。然而在主流政治之外，世界各地各层面的政治和环境活动家们全都在寻求变革。有些时候，他们甚至不惜诉诸暴力。有些时候，仅仅通过具体的事务逐步改善大众的生活。值得称许的是，有许多建筑师参与了这一进程，让部分人的生活状况发生了定性的改变。但定量的问题却仍然存在——如何让世界上更多的人获益？这很难不让人想起罗莎·卢森堡曾经的论断：一个更平等的社会只能建立于资产阶级国家的废墟之上。

延伸阅读

本书涵盖了五千多年的建筑发展史，当是一份详尽完备的文本。下面推荐一些笔者以为最实用、最富于参考价值的其他书籍：

关于历史

作为思想史的启蒙读物，爱德华·霍列特·卡尔的《何为历史？》广受读者的欢迎。马克思和恩格斯合著的《德意志意识形态》第一部，以及马克思的《资本论》第一卷将历史研究置于人类社会的核心，内容丰富，引人入胜。其受欢迎程度如今稍有所减，但仍然是极为重要的基础读物。科林·麦克伊韦迪的《企鹅历史图集：古代、中世纪和现代历史》有助于读者全方位了解西方的政治和经济历史，可作为导论类读物。

关于建筑和城市发展史

班尼斯特·弗莱彻的《建筑史》堪称一份送给建筑历史学人的大礼，好比将《圣经》和《莎士比亚全集》送给漂泊于荒岛之人。尼古拉斯·佩夫斯纳的《欧洲建筑概论》尽管稍欠简洁，但它充满了伟大艺术史学家的自由主义价值观。帕特里克·纳特根斯的《建筑的故事》通俗易懂，其内容涵盖整个世界，并且将对建筑的考察纳入社会的大环境之中。如果刘易斯·芒福德的大作《历史中的城市》让您望而生畏，亚瑟·科恩的《历史构筑城镇》可让您轻松怡然。不过这两本书都有些年头，若想与时俱进，最好读一读彼得·霍尔有关现代城市的精彩描述《明日之城》。

关于远古

戈登·柴尔德的经典之作《历史上发生过什么》提出了"城市革命"的概念，让读者能够更好地领悟城市的意义。詹姆斯·亨利·布雷斯特德的《埃及史》写于1905年，在所有触及这一主题的书籍中，它仍然最为耀眼。迪特·阿诺德的《古埃及建筑百科全书》既富于学识，亦深入浅出。安德鲁·罗伯特与玛丽·伯恩合著的《希腊：活着的历史》既可作为基础读物，亦可用于历史景点的参观指南。莫蒂默·惠勒的《罗马艺术与建筑》至今仍然是同类著作中的佼佼者。当然，远古时代的很多思想大家，如希罗多德和普卢塔克等人，他们原本就留下了有关自己所处时代的历史著述，如果说他们记下的并非全是事实，至少都是生动娱人的。此外，维特鲁威的《建筑十书》永远是余音绕梁。

关于基督教时代

若想了解基督教发展的历史背景，有两本书值得一读：一本是休·特雷弗·罗珀的《基督教在欧洲的崛起》，一本是杰拉尔德·霍奇特的《中世纪欧洲的社会与经济史》。亨利·皮朗雷纳的名著《中世纪城市》描述了城市资产阶级的崛起，虽是旧作，却依然让读者备受启迪。理查德·克劳特海默的《早期基督教和拜占庭建筑》是一部经典之作，还有塔玛拉和大卫·塔尔博特·赖斯夫妇合著的多本著作，其中有关拜占庭和早期俄罗斯艺术与建筑的专业知识都是无与伦比。类似的经典，除了肯尼斯·科南特在罗马风建筑领域的著述，还有约翰·哈维在哥特式建筑方面的著述。前者的《加洛林和罗马风建筑》和后者的《建筑大师》均为开山之作。此外，当时的修士圣比德和平信徒傅华萨对中世纪的编年史均做有生动记述。维拉尔·德·奥讷库尔的建筑笔记和素描亦为当时的重要著述。

关于早期现代社会

经典的背景之作是雅各布·伯克哈特的《意大利文艺复兴时期的文明》。建筑研究方面的关键性著作，包括鲁道夫·维特科尔的《人文主义时代的建筑原理》，约翰·萨默森的《古典建筑语言》和莱昂纳多·本奈沃洛的两卷本《文艺复兴时期的建筑》。有关文艺复兴时期艺术家的崛起故事，可以读彼得·伯克的《意大利文艺复兴时期的传统与创新》。在他们自己的时代，阿尔伯蒂、塞利奥、帕拉弟奥和德洛姆等人都撰写过维特鲁威式的建筑手册。《金匠本韦努托·切利尼的自传》形象地描绘了一位艺术家的精彩人生。《达·芬奇笔记》则以图解的方式，让读者深切体会到一位伟大艺术家心智成长的历程。

关于工业时代

这个时代历史背景的最好描述，当推艾瑞克·霍布斯鲍姆撰写的两本书：一本是《革命的年代：1789—1848》，一本是《工业与帝国》。后者涵盖了从19世纪至20世纪初期的工业发展。维多利亚时代城市中的阶级分裂现象，当时的许多人都有记载，其中以恩格斯最为深刻，他的《英国工人阶级状况》对19世纪的曼彻斯特有生动描述。关于资本主义及其影响之研究的后学层出不穷，有爱德华·汤普森的《英国工人阶级的形成》，有彼得·卡罗尔与大卫·诺布尔合著的《自由与不自由》，有约翰·卡森着重描述美国崛起的《文明化的机器》，还有罗伯特·菲尔诺·约旦的《维多利亚时代的建筑》。海伦·罗西瑙的《建筑的社会目的》剖析了当时的建筑界所流行的乌托邦主义。肯尼斯·克拉克早年撰写的《哥特式建筑复兴》探讨了哥特式建筑风格及其复兴的发展历程。佩夫斯纳的名著《现代设计的先驱：从威廉·莫里斯到沃尔特·格罗皮乌斯》论述了设计学领域从19世纪到20世纪的过渡——尽管他将莫里斯看作一个不切实际的梦想家失之偏颇。事实上莫里斯自己的晚期著作，如《生命之美》和《有用的工作与无用的劳碌》均对资本主义的本质做有透彻解析，其深刻的洞察力在19世纪的同代人里绝对是独树一帜。

关于当代世界

我个人认为，这个时代背景的最好读物是艾瑞克·霍布斯鲍姆的《焦虑时代：短暂的二十世纪》。现代主义建筑的兴起激发了许多言辞激昂的宣言式表述，其中有两本最为重要，一本是勒·柯布西耶的《走向新建筑》，一本是埃尔·利西茨基的《俄罗斯：世界革命的建筑》。同为现代主义建筑雄辩的拥护者，吉姆·理查德在其短小精悍的《现代建筑》一书中，将现代主义建筑运动初起时的风云激荡表现得淋漓尽致。有关现代主义建筑的其他佳作，除了莱昂纳多·本奈沃洛的《现代建筑发展史》，还有曼弗雷多·塔夫里与弗朗切斯科·达尔·科合著的《现代建筑》，两者均为两卷本，其内容简明扼要，且它们看待问题的方式不再以盎格鲁-撒克逊为中心。我自己的《现代建筑与设计：另类历史》是一部单卷本。现代主义建筑在后来不断受到挑战，最早的挑战来自罗伯特·文丘里掷地有声的《建筑的复杂性和矛盾性》，后续的佳作有查尔斯·詹克斯的《后现代建筑语言》，还有黛安·吉拉多的《现代主义之后的建筑》。马尔科姆·米莱的《揭开现代建筑的神话》从一个结构工程师的角度出发，坦陈现代主义建筑的种种弊端。后现代主义自身也受到了批判，大卫·哈维的《后现代的状况》从学术层面对后现代主义提出质疑。我自己的《奇妙的构成：今日建筑与规划》更富于论辩意味。两本最好的关于生态设计的著述，虽说建筑不是它们的主题，依然值得推荐：舒马赫的经典之作《小的是美好的》和维克多·帕帕纳克的《为真实的世界设计》。还有许多——或者说太多——关于当代建筑杰作的种种书籍，它们装帧精美。然而我们更应该关注与之相悖的议题，因为当今人类面临的一个迫切问题是城市病。为此以下两本书当为必读：艾亚尔·魏兹曼的《空心土地》和迈克·戴维斯的《贫民窟的星球》。在某些方面，所有的书籍，包括我自己的这本《西方建筑的故事》，统统不无过时之虞。要想跟上时代的步伐，杂志及其网站至关重要。对我来说，《建筑设计》（*Building Design*）与《今日建筑》（*Architecture Today*）最为实用。

译后记：翻译的原则

感谢三联书店的编辑唐明星推荐这本有趣的好书。本书已被列入世界众多图书馆的编目书单和大学课程的参考书，亦被翻译成多种文字，并得到二次增补和修订。作者比尔·里斯贝罗不仅是一位建筑艺术理论的艺术史学家和历史学家，还是职业建筑师和城市规划师，且他自身更注重建筑的实用层面和担负的社会角色。他将西方建筑的前世今生与其背后的故事结合起来，尤其对20世纪以前的建筑史写得非常精彩，特别适合对城市和建筑历史以及背后的人文故事感兴趣的读者、学生、教师和专业人士阅读。当然，本书也是一本学好建筑学和设计的不可多得的优秀专业教科书。书中配有大量作者画的钢笔插图，十分精美。

翻译是一件辛苦的事情，要花很多时间精雕细琢，要遵循一些理论原则，不能随意，特别不能按照我们自以为是的理解，去进行添油加醋的翻译。在任何领域，不论是学术研究，还是专业实践，我们都崇尚有理论指导的工作，我们遵循的原则是：一、对整体的把握，即整体性原则；二、尊重原著文本的文风和写作方式，即科学性原则；三、对“信、达、雅”的新解。

所以，在翻译之前，我们要通读原文一遍或几遍，目的是追求对原文进行整体的把握，即遵循整体性原则。要对原作者的写作风格进行理解，以使翻译遵循原著的写作风格：是简朴的还是华丽的，是自然的还是浮夸的，是逻辑的还是散漫的，等等。不要随意采用自己擅长或喜欢的写作风格，因为这样原著的文风就变了，特别是对带有学术性和专业性的外文著作的翻译，一定要遵循原著的写作风格，而不要按照自己的理解去进行文学性的加工。如果这样，在很多时候就会改变原有英文的含义。我们读过很多中国译者翻译的学术著作，发现这是一个普遍问题：他们没有弄懂原著，就翻译了。在此方面，我们特别批判翻译是再创作的观点。翻译最重要的是尊重和保持原作者的“文本的原真性”，即遵循科学性原则！否则，原作者传达的信息和含义在中文译本中就会产生偏差。

本书的作者是一个睿智和具有良好文学修养的人，其文风带有一定的文学性。但是，这个文学性不等同于小说、散文等体裁的文学家那样具有纯文学的文采，它讲究史实书籍的简洁和明了。所以，在翻译时，不要添油加醋地去进行文学性的表达，把语言弄得花里胡哨的，要尊重原书作者的文风。

本书作者在书中很多地方喜欢用破折号，用来解释前一句的语义；然后，又是破折号，接着再进行叙述和写作。所以，译者要尊重作者的这种文体和文风。比如，原书第10章最后一段的“But perhaps the most significant aspect of the Cité Industrielle was its socialism——in the tradition of Proudhon and Fourier——which distinguished it from the modified laissez-faire proposals of Howard.”翻译为：但工业城市的精髓应该是它的社会主义倾向——继承了蒲鲁东和傅立叶的理念——这一点与霍华德改良式自由设计思想截然不同。还有，作者在很多段落用简洁的语言去进行表达，不太讲究规范的英文语法。这就要求译者具有非常好的英文素养，又对专业知识非常精通，才能准确、简洁地译出原著的精彩。

一些中文译者经常按照自己的理解去对外文进行所谓“文学性”翻译，导致笑话。我举一个简单的例子：近期有一部热门的印度剧，英文名“*Attack*”。结果，影片中文名译为《超级战士》，完全偏离了这个词的意义。译者根本没有理解“Attack”作为一个中性词的双重隐喻和含义。“Attack”一方面隐喻恐怖分子的攻击，另一方面又隐喻正方对敌方的反击。这样一个英文词恰当地表达了影片的双重含义。但是，中文把它自以为是地翻译成“超级战士”，简直就是离题万里、驴唇不对马嘴了。

因此，在翻译时切忌自作聪明，要以“准确”（科学性原则）为第一要义。“准确”是最重要的翻译原则，不要按照自己的理解去曲解了原著的意义。常说翻译要“信、达、雅”。我的理解：“信”，就是要准确；“达”，就是要符合原著的文风和文理；“雅”，就是要尊重原著文本的文学性，翻译要流畅。这样才能够保证一字一句的翻译，最接近原著作者所要表达的意义。

至于谈到文学作品的翻译，其中诗歌当然是最难的一类。好的诗歌表达的是“意象”，翻译也要翻译出这种“意象”。如果你的英文不到位，英文理解不佳，那么你翻译出来的意思可能会偏差很大，这是毫无疑问的。

比如，2020年6月庚子年新冠疫情期间，受顾孟潮先生之邀，参与了他在建筑评论圈组织的一次译诗游戏，我的译作被一众著名专家组成的评委组评为第一。该诗是美国诗人华莱士·史蒂文斯（Wallace Stevens）的一首自由体诗。原文如下：

Anecdote of the Jar

by Wallace Stevens

I placed a jar in Tennessee,

And round it was, upon a hill.

It made the slovenly wilderness,

Surround that hill.

The wilderness rose up to it,
And sprawled around, no longer wild.
The jar was round upon the ground,
And tall and of a port in air.

It took dominion everywhere,
The jar was gray and bare.
It did not give of bird or bush,
Like nothing else in Tennessee.

很多所谓的名人都译过这首诗，在百度上可查到，有些译得较可笑。译诗不是一件易事。首先要真正懂了英文的意思，可谓“信”；还要懂诗的意象，可谓“达”；译诗要遵循原诗的诗体，否则韵味和诗意会偏离，这点该特别注意。此外，译成中文，也应押韵，合乎原文的标点和格式，不可随意。

我的翻译如下：

《圣坛》

在田纳西的山巅，
我安放了一只浑圆的圣坛。
它使凌乱的荒野，
环绕着那座山。

荒野簇拥向坛子，
匍匐在四周，不再狂野。
坛子圆圆地立于地上，
高高耸立犹如空港。

于是它君临四方，
灰色而裸露无妆。
再不像田纳西别的东西，
它不生鸟儿也不生树秧。

总之，翻译不是一件容易的事，不是任何人都宜于从事的。我还是强调第一原则要准确，讲求科学性原则。当然。这本书的翻译还有很多不足。敬请读者批评指正，也非常欢迎广大读者进行交流和切磋。

罗隽

2023年8月癸卯年盛夏　于川大